Numerik gewöhnlicher Differentialgleichungen

Karl Strehmel • Rüdiger Weiner
Helmut Podhaisky

Numerik gewöhnlicher Differentialgleichungen

Nichtsteife, steife und differential-algebraische Gleichungen

2., überarbeitete und erweiterte Auflage

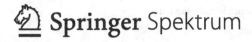

Prof. Dr. Karl Strehmel
Universität Halle
Deutschland

Prof. Dr. Rüdiger Weiner
Universität Halle
Deutschland

Dr. Helmut Podhaisky
Universität Halle
Deutschland

ISBN 978-3-8348-1847-8
DOI 10.1007/978-3-8348-2263-5

ISBN 978-3-8348-2263-5 (eBook)

Die Deutsche Nationalbibliothek verzeichnet diese Publikation in der Deutschen Nationalbibliografie; detaillierte bibliografische Daten sind im Internet über http://dnb.d-nb.de abrufbar.

Springer Spektrum
© Vieweg+Teubner Verlag | Springer Fachmedien Wiesbaden 1995, 2012

Planung und Lektorat: Ulrike Schmickler-Hirzebruch, Barbara Gerlach

Gedruckt auf säurefreiem und chlorfrei gebleichtem Papier

Springer Spektrum ist eine Marke von Springer DE.
Springer DE ist Teil der Fachverlagsgruppe Springer Science+Business Media
www.springer-Spektrum.de

Vorwort

Seit dem Erscheinen des Buches „Numerik gewöhnlicher Differentialgleichungen"
der beiden erstgenannten Autoren sind mehr als 15 Jahre vergangen. In dieser
Zeit gab es zahlreiche neue Entwicklungen auf dem Gebiet der numerischen Behandlung von Anfangswertaufgaben gewöhnlicher und differential-algebraischer
Gleichungen, die das vorliegende Buch widerspiegelt. Es stellt daher keine überarbeitete Fassung des Buches von Strehmel/Weiner dar, sondern wurde inhaltlich
neu konzipiert. Dazu trug die Hinzugewinnung des dritten Autors Helmut Podhaisky wesentlich mit bei.

Wir haben neue Diskretisierungsmethoden für gewöhnliche Differentialgleichungen, die in letzter Zeit verstärkt untersucht werden, in die Darstellung einbezogen,
dazu gehören Peer-Methoden und exponentielle Integratoren. Der Behandlung
steifer Differentialgleichungen und differential-algebraischer Gleichungen wird ein
breiter Raum eingeräumt. Als Anwendungsgebiete für differential-algebraische
Gleichungen haben wir elektrische Netzwerke und mechanische Mehrkörpersysteme aufgenommen.

Das Buch wendet sich an Studenten der Mathematik, Informatik, Physik und
Ingenieurwissenschaften sowie an Anwender aus Forschung und Industrie, die
sich mit der numerischen Lösung von gewöhnlichen Differentialgleichungen und
differential-algebraischen Gleichungen befassen. Große Teile des Buches können
für Grund- und Spezialvorlesungen zur numerischen Behandlung gewöhnlicher
und differential-algebraischer Gleichungen verwendet werden. Das Buch kann
auch als begleitendes Material für die Mathematikausbildung an Fachhochschulen
genutzt werden. Ferner soll es in der Praxis tätigen Mathematikern, Naturwis-
senschaftlern und Ingenieuren als Nachschlagewerk dienen.

Vorausgesetzt werden Kenntnisse der Analysis, der linearen Algebra und der Numerischen Mathematik, wie sie in den Mathematik-Grundvorlesungen geboten
werden.

Die ersten sechs Kapitel (Teil I) sind der numerischen Behandlung nichtsteifer
Differentialgleichungen gewidmet, die Kapitel 7 bis 12 (Teil II) behandeln stei-
fe Differentialgleichungen und die Kapitel 13 und 14 (Teil III) die Theorie und
Numerik differential-algebraischer Gleichungen.

In Kapitel 1 stellen wir verschiedene Beispiele von Anfangswertproblemen vor,
die dann in späteren Kapiteln zur Veranschaulichung verschiedener Lösungseigen-

schaften und als Testprobleme für numerische Methoden genutzt werden. Ferner sind im Text weitere Beispiele aus verschiedenen Anwendungsgebieten zur Illustration eingefügt. Zahlreiche Abbildungen tragen zum besseren Verständnis des Stoffes bei.

Am Ende von Teil I und II werden verschiedene Integratoren anhand bekannter Testbeispiele verglichen und typische Eigenschaften aufgezeigt. Eine allgemeine Einschätzung soll dem Anwender Anhaltspunkte für die Auswahl eines für sein Problem geeigneten Verfahrens geben. Wir stellen bekannte MATLAB- und Fortran-Programme vor und gehen auf Fragen der Implementierung ein.

Am Ende eines jeden Kapitels ist ein Abschnitt „Weiterführende Bemerkungen" aufgenommen worden, der zur Erweiterung des behandelten Stoffes dient und Hinweise auf zusätzliche Literatur gibt. Dies trägt auch zu dem recht umfangreichen Literaturverzeichnis bei. An einigen Stellen wird bewusst auf Beweise verzichtet und stattdessen auf entsprechende Originalarbeiten bzw. Monographien verwiesen. Die jedem Kapitel beigefügten Übungsaufgaben dienen zur Vertiefung des behandelten Stoffes und der Vervollständigung von Beweisen.

Es ist uns ein Bedürfnis, allen zu danken, die zum Gelingen dieses Projektes beigetragen haben.

Unser besonderer Dank gilt Martin Arnold für ausführliche Diskussionen, für viele hilfreiche Kommentare und Änderungsvorschläge, die wesentlich zur Verbesserung der Darstellung beitrugen, insbesondere bei differential-algebraischen Gleichungen.

Kristian Debrabant und Bernhard A. Schmitt danken wir für das Lesen und Korrigieren einzelner Kapitel sowie für zahlreiche Verbesserungsvorschläge, Robert Fiedler für die sorgfältige Durchsicht des gesamten Manuskriptes und für Vorschläge zur Textgestaltung. Unser Dank geht ferner an Christian Großmann, der uns ermutigte, dieses Buchprojekt zu starten, und an John Butcher für sein Interesse an diesem Buch.

Den Kollegen der Arbeitsgruppe „Numerische Mathematik" des Institutes für Mathematik der Universität Halle danken wir für anregende Diskussionen, Unterstützung in Detailfragen und für das angenehme Arbeitsklima. Frau Ulrike Schmickler-Hirzebruch und Frau Barbara Gerlach vom Verlag Springer Spektrum danken wir für die freundliche Zusammenarbeit.

Abschließend danken wir unseren Familien, ohne deren Verständnis die Fertigstellung des Buches nicht möglich gewesen wäre.

Halle/Saale, Januar 2012   Die Autoren

Inhaltsverzeichnis

Teil I

Nichtsteife Differentialgleichungen

1 Theoretische Grundlagen

In diesem einführenden Kapitel stellen wir einige Resultate aus der Theorie der Anfangswertprobleme gewöhnlicher Differentialgleichungen zusammen, die für die Untersuchungen von Diskretisierungsverfahren von Bedeutung sind. Eine ausführliche Darstellung der theoretischen Grundlagen für gewöhnliche Differentialgleichungen, einschließlich aller wichtigen „elementar lösbaren" Typen von Differentialgleichungen erster Ordnung, findet man z. B. in den Lehrbüchern von Heuser [147] und Walter [281].

1.1 Einführung

Ein *nichtautonomes* System von n gewöhnlichen Differentialgleichungen 1. Ordnung in expliziter Form hat die Gestalt

$$
\begin{aligned}
y_1'(t) &= f_1(t, y_1(t), \ldots, y_n(t)) \\
y_2'(t) &= f_2(t, y_1(t), \ldots, y_n(t)) \\
&\;\;\vdots \\
y_n'(t) &= f_n(t, y_1(t), \ldots, y_n(t)).
\end{aligned}
\tag{1.1.1}
$$

Dabei bezeichnet $y_i'(t)$ die Ableitung der Funktion $y_i(t)$ nach der Variablen t, $i = 1, \ldots, n$. Mit den Vektoren

$$
y(t) = (y_1(t), \ldots, y_n(t))^\top, \quad f(t, y) = (f_1(t, y_1, \ldots, y_n), \ldots, f_n(t, y_1, \ldots, y_n))^\top,
$$

können wir (1.1.1) kompakt in der Vektordarstellung

$$
y' = f(t, y)
\tag{1.1.2}
$$

schreiben, wobei $f(t, y)$ eine Abbildung $f : I \times \Omega \to \mathbb{R}^n$ ist. Das Intervall $I \subset \mathbb{R}$ kann hierbei abgeschlossen, offen oder halboffen sein. Die Variable t wird häufig als physikalische Zeit interpretiert. Das Gebiet $\Omega \subset \mathbb{R}^n$ heißt *Phasen-* oder *Zustands-Raum* und das Gebiet $I \times \Omega$ *erweiterter Phasenraum*. Eine Vektorfunktion $y(t)$, die (1.1.2) für alle $t \in I$ erfüllt, heißt Lösung des Differentialgleichungssystems.

Bei konkreten Aufgaben interessiert man sich i. Allg. nicht für die Gesamtheit der Lösungen von (1.1.2), sondern vielmehr für eine einzelne Lösung, die vorgeschriebenen Bedingungen genügt. Ein *Anfangswertproblem* für (1.1.2) verlangt dann, eine Lösung zu finden, die der *Anfangsbedingung* $y(t_0) = y_0 \in \Omega$ mit vorgeschriebenen Werten $t_0 \in I$ und y_0 genügt. Das zugehörige *Anfangswertproblem* ist dann durch

$$y' = f(t, y), \quad y(t_0) = y_0 \qquad (1.1.3)$$

charakterisiert. Um die Abhängigkeit der Lösung $y(t)$ von y_0 zu verdeutlichen, schreibt man auch $y(t, t_0, y_0)$.

Für gewisse Untersuchungen werden speziell *autonome* Anfangswertprobleme

$$z' = g(z), \quad z(t_0) = z_0$$

zugrunde gelegt. Bei ihnen ist die rechte Seite nicht explizit von der Variablen t abhängig, so dass mit $z(t)$ auch $z(t + t^*)$ eine Lösung der Differentialgleichung ist. Ohne Einschränkung wählt man deshalb $t_0 = 0$ und schreibt $z = z(t, z_0)$.

Die Lösungen von Differentialgleichungen kann man sich auf folgende Weise veranschaulichen, vgl. Abbildung 1.1.1:

- Im erweiterten Phasenraum $I \times \Omega$:
  Hier wird der Graph der Lösung $\{(t, z(t, z_0)), t \in I\}$, d. h. das Zeitbild, gezeichnet.

- Im Phasenraum Ω:
  Hier wird die zu z_0 gehörige *Phasenkurve* (auch *Bahnkurve*, *Trajektorie* oder *Orbit*), d. h. das Bild $\{z(t, z_0), t \in I\}$, dargestellt.

Ein nichtautonomes Anfangswertproblem (1.1.3) kann mittels der Transformation

$$z(t) = \begin{pmatrix} y(t) \\ t \end{pmatrix}$$

in die autonome Form

$$z' = \begin{pmatrix} f(t, y) \\ 1 \end{pmatrix} = g(z), \quad z(t_0) = \begin{pmatrix} y(t_0) \\ t_0 \end{pmatrix} \qquad (1.1.4)$$

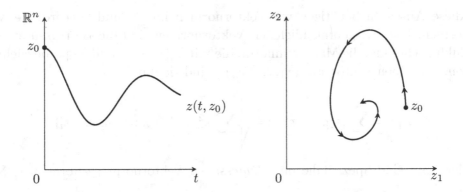

Abbildung 1.1.1: Erweiterter Phasenraum (links) und Phasenraum (rechts)

überführt werden.

In den Anwendungen treten häufig auch explizite Systeme von Anfangswertaufgaben gewöhnlicher Differentialgleichungen m-ter Ordnung

$$y^{(m)}(t) = g(t, y(t), y'(t), \ldots, y^{(m-1)}(t)) \tag{1.1.5}$$

$$y^{(i)}(t_0) = y_{0i}, \quad i = 0, \ldots, m-1$$

mit $y = (y_1, \ldots, y_n)^\top$, $g = (g_1, \ldots, g_n)^\top$ auf. Sie können in ein äquivalentes System der Form (1.1.3) überführt werden. Denn setzt man

$$z_i(t) = y^{(i-1)}(t) \quad \text{für } i = 1, \ldots, m, \tag{1.1.6}$$

so erhält man mit (1.1.5) das System von $n \cdot m$ Differentialgleichungen 1. Ordnung

$$z_i'(t) = z_{i+1}(t) \quad \text{für } i = 1, \ldots, m-1, \tag{1.1.7}$$

$$z_m'(t) = g(t, z_1(t), \ldots, z_m(t)),$$

mit den Anfangsbedingungen

$$z_i(t_0) = y_{0, i-1}, \quad i = 1, \ldots, m.$$

Kennt man eine Lösung von (1.1.7), so ist $y = z_1$ eine Lösung von (1.1.5), ist umgekehrt eine Lösung y von (1.1.5) bekannt, so löst $(z_1, \ldots, z_m)$ das System (1.1.7). Aufgrund dieser Äquivalenz beschränken wir uns in den weiteren Untersuchungen auf Differentialgleichungssysteme erster Ordnung.

1.2 Existenz, Eindeutigkeit und Sensitivität

Schon bei einfachen Anfangswertaufgaben lassen sich keine geschlossenen Formeln für die Lösung angeben. Es ist daher von Interesse zu wissen, unter welchen Voraussetzungen das Anfangswertproblem genau eine Lösung zulässt.

Für diese Aussagen benötigen wir Vektornormen im $\mathbb{R}^n$ und zugeordnete Matrixnormen. Die drei gebräuchlichsten Vektornormen sind die Betragssummen-, die Euklidische- und die Maximumnorm, die mit $\|\cdot\|_1$, $\|\cdot\|_2$ und $\|\cdot\|_\infty$ bezeichnet werden. Für einen Vektor $x = (x_1, \ldots, x_n)^\top$ sind sie durch

$$\|x\|_1 := \sum_{i=1}^{n} |x_i|, \quad \|x\|_2 := \sqrt{\sum_{i=1}^{n} x_i^2}, \quad \|x\|_\infty := \max_{i=1,\ldots,n} |x_i|$$

definiert und sind Spezialfälle der *Hölderschen* Vektornorm (*p*-Norm, $p \in \mathbb{N} \cup \{\infty\}$)

$$\|x\|_p := \left(\sum_{i=1}^{n} |x_i|^p \right)^{1/p}.$$

Alle Vektornormen auf dem $\mathbb{R}^n$ sind äquivalent, d. h., zu jedem Paar von Normen $\|\cdot\|$ und $\|\cdot\|'$ existieren positive Zahlen c_1 und c_2, so dass gilt

$$c_1\|x\| \leq \|x\|' \leq c_2\|x\|.$$

Der für jede (m,n)-Matrix A existierende Zahlenwert

$$\|A\|_p := \max_{x \neq 0} \frac{\|Ax\|_p}{\|x\|_p} \tag{1.2.1}$$

heißt der Vektornorm $\|\cdot\|_p$ *zugeordnete* Matrixnorm. Er wird auch *induzierte* oder *natürliche* Norm genannt. Für die Einheitsmatrix gilt damit $\|I\|_p = 1$. Aus (1.2.1) folgt sofort die Abschätzung

$$\|Ax\|_p \leq \|A\|_p \|x\|_p \quad \text{für alle } x \in \mathbb{R}^n. \tag{1.2.2}$$

Für mindestens ein $x \neq 0$ steht dabei in (1.2.2) das Gleichheitszeichen. Für alle durch (1.2.1) definierten Matrixnormen gilt

$$\|AB\|_p \leq \|A\|_p \cdot \|B\|_p \text{ für } A \in \mathbb{R}^{m,n}, \, B \in \mathbb{R}^{n,l}.$$

Diese Eigenschaft wird *Submultiplikativität* der Matrixnorm genannt.

Die der Betragssummennorm zugeordnete Matrixnorm ist die *Spaltensummennorm* (1-Norm)

$$\|A\|_1 = \max_{j=1,\ldots,n} \sum_{i=1}^{m} |a_{ij}|,$$

der Euklidischen Norm ist die *Spektralnorm* (2-Norm)

$$\|A\|_2 = \sqrt{\lambda_{\max}(A^\top A)}$$

und der Maximumnorm die *Zeilensummennorm* (∞-Norm)

$$\|A\|_\infty = \max_{i=1,\ldots,m} \sum_{j=1}^{n} |a_{ij}|$$

zugeordnet. Dabei bezeichnet $\lambda_{\max}(A^\top A)$ den größten Eigenwert der Matrix $A^\top A$, der stets nichtnegativ ist.

Weiterhin werden wir häufig die *Landau-Symbole* $\mathcal{O}(\cdot)$, $o(\cdot)$ verwenden. Sie sind für zwei Funktionen g, h gegeben durch:

$$g(x) = \mathcal{O}(h(x)) \text{ für } x \to x_0, \text{ falls } \lim_{x \to x_0} \frac{\|g(x)\|}{\|h(x)\|} < K < \infty,$$

$$g(x) = o(h(x)) \text{ für } x \to x_0, \text{ falls } \lim_{x \to x_0} \frac{\|g(x)\|}{\|h(x)\|} = 0.$$

Der folgende Satz von Picard-Lindelöf liefert eine sehr einfache und allgemeine Existenz- und Eindeutigkeitsaussage für das Anfangswertproblem (1.1.3). Wir geben zunächst die folgende

Definition 1.2.1. Die Funktion $f(t, y)$ genügt auf dem abgeschlossenen Gebiet

$$G := \{(t, y) : |t - t_0| \leq a, \|y - y_0\| \leq b\}, \quad a, b > 0 \tag{1.2.3}$$

einer Lipschitz-Bedingung bez. y, wenn eine Konstante $L > 0$ existiert, so dass

$$\|f(t, u) - f(t, v)\| \leq L\|u - v\| \quad \text{für alle } (t, u), (t, v) \in G \tag{1.2.4}$$

gilt. Man sagt auch, f ist bez. y auf G *Lipschitz-stetig*. $\square$

Bemerkung 1.2.1. Für die Lipschitz-Stetigkeit von f ist hinreichend, dass f in einer offenen Menge $D \supset G$ stetig differenzierbar bez. y ist. Der Mittelwertsatz für Vektorfunktionen

$$f(t, u) - f(t, v) = \int_0^1 f_y(t, v + \theta(u - v))(u - v)\, d\theta, \quad (t, u), (t, v) \in G \tag{1.2.5}$$

liefert dann die Abschätzung

$$\|f(t, u) - f(t, v)\| \leq \max_{(t, \xi) \in G} \|f_y(t, \xi)\| \cdot \|u - v\|.$$

Die dabei auftretende Matrix der ersten partiellen Ableitungen

$$f_y(t, y) = \left(\frac{\partial f_i(t, y)}{\partial y_j} \right) = \begin{pmatrix} \frac{\partial f_1}{\partial y_1} & \frac{\partial f_1}{\partial y_2} & \cdots & \frac{\partial f_1}{\partial y_n} \\ \frac{\partial f_2}{\partial y_1} & \frac{\partial f_2}{\partial y_2} & \cdots & \frac{\partial f_2}{\partial y_n} \\ \cdots\cdots\cdots\cdots\cdots\cdots \\ \frac{\partial f_n}{\partial y_1} & \frac{\partial f_n}{\partial y_2} & \cdots & \frac{\partial f_n}{\partial y_n} \end{pmatrix} (t, y) \tag{1.2.6}$$

heißt *Jacobi-Matrix*. Die Lipschitz-Stetigkeit von f ist gezeigt mit der Lipschitz-Konstanten

$$L = \max_{(t,\xi)\in G} \|f_y(t,\xi)\|. \quad \square$$

Es folgt nun der angekündigte Existenz- und Eindeutigkeitssatz.

Satz 1.2.1 (Satz von Picard-Lindelöf). *Auf dem Streifen* $S := \{(t,y) : t_0 \leq t \leq t_e, y \in \mathbb{R}^n\}$ *sei die Funktion* $f(t,y)$ *stetig und genüge dort einer Lipschitz-Bedingung* (1.2.4). *Dann besitzt das Anfangswertproblem* (1.1.3) *zu jedem* $y_0 \in \mathbb{R}^n$ *genau eine stetig differenzierbare Lösung* $y(t)$ *auf dem gesamten Intervall* $[t_0, t_e]$.

Beweis. Äquivalent zum Anfangswertproblem (1.1.3) ist die *Integralgleichung*

$$y(t) = y(t_0) + \int_{t_0}^{t} f(\tau, y(\tau))\, d\tau, \quad t \in [t_0, t_e], \tag{1.2.7}$$

die wir in der Form

$$y = Ty \quad \text{mit} \quad (Ty)(t) := y_0 + \int_{t_0}^{t} f(\tau, y(\tau))\, d\tau$$

schreiben können, d. h., es handelt sich um ein Fixpunktproblem. Dabei ist T ein Integraloperator, der den Banach-Raum der in $[t_0, t_e]$ stetigen Vektorfunktionen in sich abbildet. Als Norm $\|\cdot\|$ in dem Banach-Raum wird die gewichtete Norm

$$\|u\|_L := \max_{t\in[t_0,t_e]} \{\|u(t)\|e^{-L(t-t_0)}\}$$

eingeführt. Mit der Voraussetzung (1.2.4) lässt sich zeigen, dass T kontraktiv ist. Denn für beliebige $u(t), v(t) \in (C[t_0, t_e])^n$ mit $u(t_0) = v(t_0) = y_0$ gilt

$$\|Tu - Tv\|_L = \max_{t\in[t_0,t_e]} e^{-L(t-t_0)} \left\| \int_{t_0}^{t} (f(\tau,u(\tau)) - f(\tau,v(\tau)))\, d\tau \right\|$$

$$\leq \max_{t\in[t_0,t_e]} e^{-L(t-t_0)} \int_{t_0}^{t} \|f(\tau,u(\tau)) - f(\tau,v(\tau))\|\, d\tau$$

$$\leq L \max_{t\in[t_0,t_e]} e^{-L(t-t_0)} \int_{t_0}^{t} e^{L(\tau-t_0)} e^{-L(\tau-t_0)} \|u(\tau) - v(\tau)\|\, d\tau$$

$$\leq L \max_{t\in[t_0,t_e]} e^{-L(t-t_0)} \int_{t_0}^{t} e^{L(\tau-t_0)}\, d\tau\, \|u - v\|_L$$

$$= \left(1 - e^{-L(t_e-t_0)}\right) \|u - v\|_L.$$

Wegen $t_e - t_0 < \infty$ ist $1 - e^{-L(t_e-t_0)} < 1$. T ist demzufolge kontraktiv. Nach dem Banachschen Fixpunktsatz gibt es daher einen eindeutigen Fixpunkt $y = Ty$ mit $y \in (C[t_0, t_e])^n$. Aufgrund der Stetigkeit von $f(t, y(t)) = y'(t)$ in $[t_0, t_e]$ ist $y(t)$ sogar stetig differenzierbar auf $[t_0, t_e]$. $\blacksquare$

Bemerkung 1.2.2. Der Satz zeigt, dass ausgehend von der Funktion $\Phi_0(t) := y_0$ die Folge der *sukzessiven Approximationen (Picard-Iteration)* gemäß

$$\Phi_{i+1}(t) = y_0 + \int_{t_0}^{t} f(\xi, \Phi_i(\xi)) \, d\xi, \quad i = 0, 1, \dots$$

berechnet werden kann und dass diese Folge gleichmäßig in $[t_0, t_e]$ gegen die Lösung $y(t)$ des Anfangswertproblems (1.1.3) konvergiert. Diese sukzessive Approximation ist für eine numerische Behandlung eines Anfangswertproblems (1.1.3) i. Allg. ungeeignet. In den folgenden Kapiteln wird daher die Differentialgleichung (1.1.3) direkt diskretisiert, d. h. ohne Verwendung der Methode der sukzessiven Approximation. □

Bemerkung 1.2.3. Verzichtet man auf die Lipschitz-Stetigkeit und setzt nur die Stetigkeit von f im Streifen S voraus, so kann man nur die Existenz, aber nicht mehr die Eindeutigkeit einer Lösung zeigen (*Existenzsatz von Peano*). □

In zahlreichen praktischen Fällen ist der Anfangswert y_0 nicht genau bekannt. Er liegt häufig als Messwert vor oder muss aus funktionalen Beziehungen bestimmt werden. In diesem Zusammenhang interessiert die *Sensitivität* der Lösung gegenüber Störungen des Anfangswertes, d. h., ob bei „kleiner" Änderung von y_0 sich auch die Lösung $y(t)$ von (1.1.3) auf dem Intervall $I = [t_0, t_e]$ nur wenig ändert, oder anders gesagt, ob die Lösung $y(t)$ stetig vom Anfangswert y_0 abhängt. Zum Nachweis der stetigen Abhängigkeit der Lösung von y_0 benötigen wir das folgende Lemma.

Lemma 1.2.1 (Lemma von Gronwall). *Seien $u(t), v(t) \in C[t_0, t_e]$ mit $v(t) \geq 0$ gegeben. Gelte weiterhin*

$$u(t) \leq c + \int_{t_0}^{t} u(\tau)v(\tau) \, d\tau \,, \ t \in [t_0, t_e], \ c \in \mathbb{R}.$$

Dann genügt $u(t)$ in $[t_0, t_e]$ der Abschätzung

$$u(t) \leq c \exp \left(\int_{t_0}^{t} v(\tau) \, d\tau \right).$$

Beweis. Es sei $\varepsilon > 0$ und

$$\Phi(t) := (c + \varepsilon) \exp \left(\int_{t_0}^{t} v(\tau) \, d\tau \right).$$

Die Funktion $\Phi(t)$ genügt der Differentialgleichung

$$\Phi'(t) = (c + \varepsilon)v(t) \exp \left(\int_{t_0}^{t} v(\tau) \, d\tau \right) = v(t)\Phi(t),$$

also wegen $\Phi(t_0) = c + \varepsilon$ der Integralgleichung

$$\Phi(t) = c + \varepsilon + \int_{t_0}^{t} v(\tau)\Phi(\tau)\,d\tau.$$

Wir zeigen nun, dass $u(t) < \Phi(t)$ für $t \in [t_0, t_e]$. Diese Ungleichung ist sicher für t_0 richtig. Nehmen wir an, diese Behauptung sei falsch und es sei t^*, $t_0 < t^* \leq t_e$, die erste Stelle mit $u(t^*) = \Phi(t^*)$. Dann ist $u(t) \leq \Phi(t)$ für $t_0 \leq t \leq t^*$ und deshalb

$$u(t^*) \leq c + \int_{t_0}^{t^*} u(\tau)v(\tau)\,d\tau < c + \varepsilon + \int_{t_0}^{t^*} v(\tau)\Phi(\tau)\,d\tau = \Phi(t^*).$$

Dieser Widerspruch zeigt, dass tatsächlich $u(t) < \Phi(t)$ in $[t_0, t_e]$ ist. Da $\varepsilon > 0$ beliebig klein gewählt werden kann, gilt die Behauptung des Lemmas. ■

Nunmehr können wir folgenden Satz zeigen.

Satz 1.2.2. *Die Funktion f sei auf dem Streifen S stetig und genüge dort einer Lipschitz-Bedingung (1.2.4). Seien $y(t)$ und $w(t)$ Lösungen der Differentialgleichung (1.1.2) zu den Anfangswerten*

$$y(t_0) = y_0,\ w(t_0) = w_0.$$

Dann gilt die Abschätzung

$$\|y(t) - w(t)\| \leq \exp(L(t - t_0))\|y_0 - w_0\| \tag{1.2.8}$$

für alle $t \in I$, d. h., die Lösung hängt stetig vom Anfangswert y_0 ab.

Beweis. Aus der Differenz der beiden für $y(t)$ und $w(t)$ geltenden Integralgleichungen (1.2.7) folgt

$$\|y(t) - w(t)\| = \|y_0 - w_0 + \int_{t_0}^{t} (f(\tau, y(\tau)) - f(\tau, w(\tau)))\,d\tau\|$$

$$\leq \|y_0 - w_0\| + L \int_{t_0}^{t} \|y(\tau) - w(\tau)\|\,d\tau.$$

Für $u(t) = \|y(t) - w(t)\|$ gilt folglich die Ungleichung

$$u(t) \leq \|y_0 - w_0\| + L \int_{t_0}^{t} u(\tau)\,d\tau.$$

Mit dem Lemma von Gronwall ergibt sich die Behauptung. ■

Die Abschätzung (1.2.8) ist häufig zu pessimistisch, vgl. Kapitel 7.

1.3 Lineare Systeme mit konstanten Koeffizienten

Für zahlreiche theoretische Untersuchungen von Diskretisierungsverfahren werden *lineare* Differentialgleichungssysteme mit konstanten Koeffizienten zugrunde gelegt. Im Folgenden stellen wir daher einige wichtige Aussagen über derartige Systeme zusammen.

Unter einem *homogenen* linearen System mit konstanten Koeffizienten versteht man das System

$$y'(t) = Ay(t) \tag{1.3.1}$$

mit $A = (a_{ij})_{i,j=1}^n$, $a_{ij} \in \mathbb{R}$. Enthält die rechte Seite von (1.3.1) noch eine Inhomogenität $g(t) = (g_1(t), \ldots, g_n(t))^\top$, d. h., betrachten wir das System

$$y'(t) = Ay(t) + g(t), \tag{1.3.2}$$

so spricht man von einem *inhomogenen* linearen System mit konstanten Koeffizienten.

Für das homogene Anfangswertproblem

$$y'(t) = Ay(t), \quad y(t_0) = y_0 \tag{1.3.3}$$

gilt der

Satz 1.3.1. *Das Anfangswertproblem* (1.3.3) *besitzt bei beliebigen* $t_0 \in \mathbb{R}$ *und* $y_0 \in \mathbb{R}^n$ *die eindeutig bestimmte und auf ganz* $\mathbb{R}$ *definierte Lösung*

$$y(t) = \exp(A(t - t_0))y_0.$$

Dabei ist die Matrixexponentialfunktion $\exp(A(t - t_0))$ *für alle Matrizen* A *und* $t \in \mathbb{R}$ *durch die konvergente Potenzreihe*

$$\exp(A(t - t_0)) = \sum_{i=0}^\infty \frac{1}{i!} A^i (t - t_0)^i$$

definiert. □

Für das inhomogene Anfangswertproblem

$$y'(t) = Ay(t) + g(t), \quad y(t_0) = y_0 \tag{1.3.4}$$

gilt (vgl. Aufgabe 4) der

Satz 1.3.2. *Ist die Funktion* $g(t)$ *stetig auf dem Intervall* I, *so besitzt das Anfangswertproblem* (1.3.4) *bei beliebigen* $t_0 \in I$ *und* $y_0 \in \mathbb{R}^n$ *genau eine Lösung auf dem Intervall* I. *Diese ist durch*

$$y(t) = \exp(A(t - t_0))y_0 + \int_{t_0}^t \exp(A(t - \tau))g(\tau) \, d\tau, \quad t \in I,$$

gegeben. □

Ferner gilt der

Satz 1.3.3. *Jede Linearkombination von Lösungen des homogenen Systems* (1.3.1) *ist ebenfalls eine Lösung des homogenen Systems. Man erhält alle Lösungen des inhomogenen Systems* (1.3.2), *indem man zu irgendeiner speziellen („partikulären") Lösung desselben die allgemeine Lösung des zugehörigen homogenen Systems addiert, d. h.*

> *allgemeine Lösung des inhomogenen Systems*
>
> = *partikuläre Lösung des inhomogenen Systems*
>
> + *allgemeine Lösung des zugehörigen homogenen Systems.* □

Zur Bestimmung der Matrixexponentialfunktion geht man wie folgt vor: Sei c ein Eigenvektor von A zum Eigenwert λ. Dann gilt

$$e^{A(t-t_0)}c = \left(\sum_{l=0}^{\infty} \frac{A^l(t-t_0)^l}{l!}\right) c = \sum_{l=0}^{\infty} \frac{(t-t_0)^l \lambda^l}{l!} c = e^{\lambda(t-t_0)}c.$$

Daher löst $y(t) = e^{\lambda(t-t_0)}c$ die Differentialgleichung $y'(t) = Ay$ mit dem Anfangswert $y(t_0) = c$. Man muss also die Eigenräume von A bestimmen. Mit Satz 1.3.2 erhält man dann das im Folgenden beschriebene Verfahren zur Lösung des inhomogenen Systems (1.3.2).

a) Lösung des homogenen Systems

Erster Schritt: Bestimmung aller Wurzeln des charakteristischen Polynoms.
Zur Lösung des homogenen Systems (1.3.1) werden sämtliche Nullstellen des charakteristischen Polynoms

$$\chi(\lambda) = \det(A - \lambda I) \tag{1.3.5}$$

mitsamt ihren Vielfachheiten bestimmt. Die unter sich verschiedenen Nullstellen seien mit $\lambda_1, \ldots, \lambda_r$ und ihre zugehörigen Vielfachheiten mit $n_1, \ldots, n_r$ bezeichnet. Die Nullstellen λ_i (Eigenwerte der Matrix A) ordnen wir so an, dass die ersten m alle reell, die darauffolgenden $r - m$ alle nichtreell sind und in konjugiert komplexen Paaren aufeinanderfolgen:

$$\underbrace{\lambda_1, \ldots, \lambda_m,}_{\text{reell}} \quad \underbrace{(\lambda_{m+1}, \overline{\lambda}_{m+1}), \ldots, (\lambda_{m+s}, \overline{\lambda}_{m+s}),}_{\text{konjugiert komplexe Paare}} \quad (m + 2s = r).$$

Selbstverständlich kann eine dieser beiden Gruppen von Nullstellen auch leer sein.
Zweiter Schritt: Lösungsansatz.
Für die Lösung $y(t)$ wird der Ansatz

$$y(t) = \sum_{i=1}^{m} P_i(t)e^{\lambda_i t} + \sum_{i=m+1}^{m+s} Q_i(t)e^{\alpha_i t}\cos\beta_i t + \sum_{i=m+1}^{m+s} R_i(t)e^{\alpha_i t}\sin\beta_i t \tag{1.3.6}$$

gemacht. Hierbei ist

$$\alpha_i = \operatorname{Re}\lambda_i, \quad \beta_i = \operatorname{Im}\lambda_i,$$

und die Komponenten der Vektoren $P_i(t)$, $Q_i(t)$ und $R_i(t)$ sind Polynome in t vom Grad $n_i - 1$.

Dritter Schritt: Einsetzen des Lösungsansatzes in das System (1.3.1).

Den Lösungsansatz (1.3.6) setzt man in das System (1.3.1) ein. Damit ergeben sich Beziehungen zwischen den Koeffizienten der Polynomkomponenten. Man kann alle Koeffizienten durch n freie Parameter $(c_1, \ldots, c_n)$ ausdrücken und erhält so die *allgemeine* Lösung des Systems. Diese Parameter dienen bei Vorliegen eines Anfangswertproblems dazu, die Anfangsbedingungen zu erfüllen.

Bemerkung 1.3.1. Gehören zum n_i-fachen Eigenwert λ_i des charakteristischen Polynoms m_i linear unabhängige Eigenvektoren, so sind die entsprechenden Komponenten von $P_i(t)$ bzw. $Q_i(t)$ und $R_i(t)$ Polynome $(n_i - m_i)$-ten Grades, im Fall $m_i = n_i$ sind sie folglich konstant. $\square$

b) Bestimmung einer partikulären Lösung

Eine spezielle Lösung des inhomogenen Systems (1.3.4) kann mittels der *Methode der Variation der Konstanten* gewonnen werden. Sie besteht darin, dass man in der allgemeinen Lösung des homogenen Systems die freien Parameter c_k durch (differenzierbare) Funktionen $c_k(t)$ ersetzt. Dieser Ansatz wird dann in das inhomogene System (1.3.2) eingesetzt. Man erhält daraus zunächst die Ableitungen $c_k'(t)$. Anschließend werden durch unbestimmte Integration, wobei die Integrationskonstanten null gesetzt werden, die Funktionen $c_k(t)$ bestimmt. Auf diese Weise erhält man eine spezielle Lösung des inhomogenen Systems.

Satz 1.3.3 liefert dann die allgemeine Lösung des inhomogenen Systems.

Beispiel 1.3.1.

$$\begin{pmatrix} y_1 \\ y_2 \end{pmatrix}' = \begin{pmatrix} 1 & 4 \\ 2 & 3 \end{pmatrix} \begin{pmatrix} y_1 \\ y_2 \end{pmatrix} + \begin{pmatrix} e^t \\ 0 \end{pmatrix}$$

Das charakteristisches Polynom $\chi(\lambda) = \lambda^2 - 4\lambda - 5$ hat die Nullstellen $\lambda_1 = 5$ und $\lambda_2 = -1$. Daraus ergibt sich der Lösungsansatz

$$y_h(t) = \begin{pmatrix} a_1 \\ a_2 \end{pmatrix} e^{5t} + \begin{pmatrix} b_1 \\ b_2 \end{pmatrix} e^{-t}$$

für das homogene System. Einsetzen liefert $a_1 = a_2$ und $b_1 = -2b_2$ und damit

$$y_h(t) = c_1 \begin{pmatrix} 1 \\ 1 \end{pmatrix} e^{5t} + c_2 \begin{pmatrix} -2 \\ 1 \end{pmatrix} e^{-t}.$$

Eine partikuläre Lösung erhält man durch Variation der Konstanten, indem man den Ansatz

$$y_{sp}(t) = c_1(t) \begin{pmatrix} 1 \\ 1 \end{pmatrix} e^{5t} + c_2(t) \begin{pmatrix} -2 \\ 1 \end{pmatrix} e^{-t}$$

in das inhomogene System einsetzt. Das liefert

$$\begin{pmatrix} e^{5t} & -2e^{-t} \\ e^{5t} & e^{-t} \end{pmatrix} \begin{pmatrix} c_1' \\ c_2' \end{pmatrix} = \begin{pmatrix} e^t \\ 0 \end{pmatrix}$$

$$\Rightarrow \quad c_1(t) = -\frac{1}{12} e^{-4t}, \quad c_2(t) = -\frac{1}{6} e^{2t}$$

$$\Rightarrow \quad y_{sp}(t) = \frac{1}{4} \begin{pmatrix} 1 \\ -1 \end{pmatrix} e^t.$$

Man erhält damit die allgemeine Lösung des inhomogenen Systems

$$y(t) = c_1 \begin{pmatrix} 1 \\ 1 \end{pmatrix} e^{5t} + c_2 \begin{pmatrix} -2 \\ 1 \end{pmatrix} e^{-t} + \frac{1}{4} \begin{pmatrix} 1 \\ -1 \end{pmatrix} e^t. \qquad \square$$

Bemerkung 1.3.2. Häufig führt ein spezieller Lösungsansatz in Abhängigkeit von der Gestalt der Inhomogenität $g(t)$ schneller zum Ziel als die Variation der Konstanten (vgl. Aufgabe 14). $\quad \square$

1.4 Beispiele

In diesem Abschnitt betrachten wir einige konkrete Anfangswertprobleme, auf die in den weiteren Kapiteln immer wieder zurückgegriffen wird. Sie dienen zur Veranschaulichung spezieller Lösungseigenschaften und als Testprobleme für numerische Methoden.

Beispiel 1.4.1. Prothero-Robinson-Gleichung
Diese Gleichung wurde von Prothero und Robinson [222] als Testgleichung zur Untersuchung numerischer Methoden für steife Systeme verwendet. Es ist eine inhomogene lineare Differentialgleichung 1. Ordnung:

$$\begin{aligned} y' &= \lambda(y - g(t)) + g'(t), \quad \lambda \in \mathbb{R} \\ y(0) &= y_0. \end{aligned} \tag{1.4.1}$$

Dabei ist $g(t)$ eine gegebene, langsam veränderliche, stetig differenzierbare Funktion. Mit der Substitution $z = y - g$ erhält man

$$z' = \lambda z, \quad z(0) = y_0 - g(0)$$

und damit unmittelbar die Lösung des Anfangswertproblems $z(t) = e^{\lambda t} z(0)$ bzw.

$$y(t) = g(t) + e^{\lambda t}(y_0 - g(0)).$$

Für $y_0 = g(0)$ folgt $y(t) = g(t)$. Für $y_0 \neq g(0)$ hängt das Verhalten der Lösung vom Vorzeichen von λ ab. Im Fall negativer λ nähert sich $y(t)$ der Funktion $g(t)$, für $\lambda \ll -1$ geschieht das sehr schnell. Solches Verhalten ist typisch für sog. *steife Differentialgleichungen*, mit denen wir uns in Kapitel 7 ausführlich befassen werden. $\square$

Beispiel 1.4.2. Van der Pol Gleichung

Die van der Pol Gleichung, benannt nach dem niederländischen Physiker Balthasar van der Pol, der sie im Rahmen seiner Untersuchungen an Vakuumröhren beschrieb, hat folgende Gestalt:

$$x'' + \mu(x^2 - 1)x' + x = 0, \quad \mu \geq 0.$$

Es handelt sich um eine nichtlineare Differentialgleichung 2. Ordnung, die ein oszillierendes System mit nichtlinearer Dämpfung und Selbsterregung beschreibt. Für $|x| > 1$ wird die Schwingung gedämpft, bei $|x| < 1$ wird sie wieder angeregt. Für die van der Pol Gleichung kann keine geschlossene Lösung angegeben werden. Überführt man die Gleichung in ein System 1. Ordnung, so erhält man

$$\begin{aligned} x' &= y \\ y' &= -\mu(x^2 - 1)y - x. \end{aligned} \tag{1.4.2}$$

Die van der Pol Gleichung besitzt den instabilen Fixpunkt $(0,0)$, man kann aber zeigen, dass sie einen stabilen Grenzzyklus besitzt, an den sich alle Trajektorien für $t \to \infty$ anschmiegen. Diese Annäherung erfolgt umso schneller, je größer μ ist. Abbildung 1.4.1 zeigt diese Annäherung für Startwerte innerhalb (gepunktet) und außerhalb (durchgezogen) des Grenzzyklus für die Fälle $\mu = 0.1$ und $\mu = 10$. Die van der Pol Gleichung ist eines der am häufigsten verwendeten Testbeispiele für steife Differentialgleichungen, da sie für $\mu \gg 1$ sehr steif wird und sich in der Lösung Intervalle, in denen die Lösung sich nur langsam ändert, mit Intervallen abwechseln, in denen eine sehr starke Änderung der Lösung vonstattengeht. $\square$

Beispiel 1.4.3. Lorenz-Oszillator

Beim Lorenz-Oszillator handelt es sich um ein gekoppeltes nichtlineares System aus drei Differentialgleichungen. Es wurde 1963 vom Meteorologen Lorenz bei der

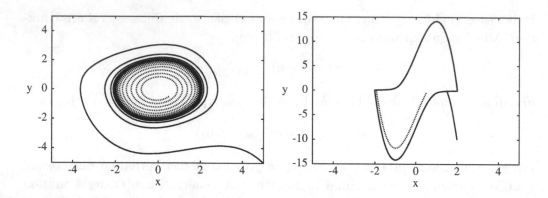

Abbildung 1.4.1: Grenzzyklus der van der Pol Gleichung für $\mu = 0.1$ (links) und $\mu = 10$ (rechts)

Modellierung der Zustände in der Erdatmosphäre formuliert und besitzt folgende Gestalt:

$$y_1' = \sigma(y_2 - y_1)$$
$$y_2' = (\varrho - y_3)y_1 - y_2 \qquad\qquad (1.4.3)$$
$$y_3' = y_1 y_2 - \beta y_3$$

mit positiven Parametern σ, ϱ, β. Das System ist nicht geschlossen lösbar. Die Gleichungen sind ein sehr einfaches Beispiel für ein System mit chaotischem Verhalten. Die numerisch berechneten Trajektorien folgen für bestimmte Parameter einem sog. *seltsamen Attraktor* (Lorenz-Attraktor, vgl. z. B. [276]). Das System dient auch zur Veranschaulichung des sog. *Schmetterlingseffektes.* Damit bezeichnet man den Effekt, dass in komplexen, dynamischen Systemen eine große Empfindlichkeit gegenüber kleinen Abweichungen in den Anfangsbedingungen besteht. Geringfügig veränderte Anfangsbedingungen können im langfristigen Verlauf zu einem völlig anderen Lösungsverlauf führen. Die typischen Parameterwerte sind

$$\sigma = 10, \quad \varrho = 28, \quad \beta = 8/3. \qquad\qquad (1.4.4)$$

Abbildung 1.4.2 zeigt die Trajektorie für diese Parameter für $t \in [0, 48]$. $\square$

Beispiel 1.4.4. Arenstorf-Orbit

Arenstorf-Orbits sind geschlossene Trajektorien des eingeschränkten Drei-Körper-Problems, vgl. [7]. Als Beispiel dient die Bahnkurve eines Satelliten, der sich im Gravitationsfeld von Erde und Mond bewegt. Dabei wird die Masse des Satelliten vernachlässigt. Für den Fall, dass die drei Himmelskörper sich in einer Ebene bewegen, sind in einem mitrotierenden Koordinatensystem die Differentialglei-

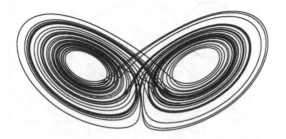

Abbildung 1.4.2: Trajektorie für den Lorenz-Attraktor

chungen für die x- und y-Koordinaten des Satelliten gegeben durch

$$x'' = x + 2y' - \mu_1 \frac{x + \mu_2}{N_1} - \mu_2 \frac{x - \mu_1}{N_2}$$
$$y'' = y - 2x' - \mu_1 \frac{y}{N_1} - \mu_2 \frac{y}{N_2}. \tag{1.4.5}$$

Dabei sind die relativen Massen μ_1 und μ_2 gegeben durch

$$\mu_1 = \frac{m_E}{m_E + m_M}, \quad \mu_2 = \frac{m_M}{m_E + m_M} = 1 - \mu_1,$$

mit der Erdmasse m_E und der Mondmasse m_M. N_1 und N_2 sind definiert durch

$$N_1 = \left((x + \mu_2)^2 + y^2\right)^{3/2}, \quad N_2 = \left((x - \mu_1)^2 + y^2\right)^{3/2}.$$

Die Erde befindet sich dabei im Punkt $(-\mu_2, 0)$, der Mond im Punkt $(\mu_1, 0)$. Mit den Anfangswerten

$$x(0) = 0.994, \quad x'(0) = 0, \quad y(0) = 0,$$
$$y'(0) = -2.00158510637908252240537862224$$

ergibt sich für $\mu_2 = 0.012277471$ in der x-y-Ebene der bekannte vierblättrige periodische Arenstorf-Orbit mit der Periode $T = 17.0652165601579625588917206249$ (Abbildung 1.4.3). Die Berechnung solcher Arenstorf-Orbits ist sehr sensitiv gegenüber kleinen Störungen, sie sind daher beliebte Testbeispiele für die Genauigkeit numerischer Methoden. □

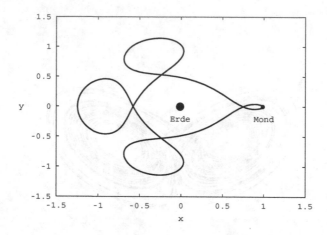

Abbildung 1.4.3: Arenstorf-Orbit

Beispiel 1.4.5. Robertson-Problem

Das Robertson-Problem [227] beschreibt die Kinetik einer autokatalytischen Reaktion, an der drei Stoffe beteiligt sind:

$$A \xrightarrow{k_1} B$$

$$B + B \xrightarrow{k_2} C + B$$

$$B + C \xrightarrow{k_3} A + C$$

Diese Reaktion führt auf folgendes Differentialgleichungssystem für die Konzentrationen y_1, y_2 und y_3 der Stoffe A, B und C (vgl. Abschnitt 7.4.2):

$$\begin{aligned}
y_1' &= -k_1 y_1 + k_3 y_2 y_3 \\
y_2' &= k_1 y_1 - k_2 y_2^2 - k_3 y_2 y_3 \\
y_3' &= k_2 y_2^2.
\end{aligned} \qquad (1.4.6)$$

Am Anfang ist nur Stoff A vorhanden, d. h., die Anfangswerte sind

$$y_1(0) = 1, \quad y_2(0) = 0, \quad y_3(0) = 0.$$

Die Reaktionskonstanten sind gegeben durch

$$k_1 = 0.04, \quad k_2 = 3 \cdot 10^7, \quad k_3 = 10^4.$$

Sie sind von stark unterschiedlicher Größenordnung. Während die erste Reaktion langsam abläuft, ist die zweite extrem schnell. Wegen dieses Verhaltens ist dieses Beispiel ein sehr beliebtes Testproblem („ROBER") zur Einschätzung von

Verfahren für steife Systeme. Als weitere Schwierigkeit für numerische Methoden kommt hier noch das sehr lange Zeitintervall $t \in [0, 10^{11}]$ hinzu. Das System (1.4.6) zeigt eine typische Eigenschaft der Gleichungen der chemischen Kinetik: Die Gesamtmasse bleibt konstant, man sieht unmittelbar, dass die Beziehung

$$y_1' + y_2' + y_3' = 0, \text{ also } y_1(t) + y_2(t) + y_3(t) = 1$$

gilt. □

Bemerkung 1.4.1. Neben Anfangswertproblemen kommen in zahlreichen Anwendungen auch Randwertprobleme für gewöhnliche Differentialgleichungen erster Ordnung vor. In ihrer einfachsten Form treten sie als *Zweipunkt-Randwertprobleme*

$$y' = f(t, y), \quad t \in [t_0, t_e], \quad r(y(t_0), y(t_e)) = 0, \quad r : \mathbb{R}^{2n} \to \mathbb{R}^n$$

auf. Im Unterschied zu Anfangswertproblemen muss der gesuchte Lösungsvektor $y(t)$ jetzt in den beiden Randpunkten $t = t_0$ und $t = t_e$ des Integrationsintervalles $[t_0, t_e]$ die vorgeschriebene *Zweipunkt-Randbedingung* $r(y(t_0), y(t_e)) = 0$ erfüllen. Die numerische Behandlung von Zweipunkt-Randwertproblemen ist nicht Gegenstand des vorliegenden Buches, den interessierten Leser verweisen wir auf die Bücher von Ascher u. a. [18], Deuflhard/Bornemann [89] und Hermann [144]. □

1.5 Aufgaben

1. Man wandle die Differentialgleichung

$$y''' + (y'')^2 \sin t - ty = 0$$

   in ein System 1. Ordnung um.

2. Man überführe das nichtautonome Anfangswertproblem

$$y' = t^2 y + \sin t$$
$$y(0) = 1$$

   in ein autonomes.

3. Man löse das Anfangswertproblem

$$\begin{pmatrix} y_1 \\ y_2 \end{pmatrix}' = \begin{pmatrix} -25 & 24 \\ 24 & -25 \end{pmatrix} \begin{pmatrix} y_1 \\ y_2 \end{pmatrix}, \quad \begin{pmatrix} y_1(0) \\ y_2(0) \end{pmatrix} = \begin{pmatrix} 2 \\ 0 \end{pmatrix}.$$

4. Zeigen Sie, dass die Lösung des Anfangswertproblems $y' = Ay$, $y(t_0) = y_0$, $A \in \mathbb{R}^{n,n}$, durch $y(t) = \exp(A(t - t_0))y_0$ gegeben ist. Verwenden Sie diese Lösung, um mittels Variation der Konstanten eine explizite Lösungsdarstellung des Anfangswertproblems

$$y' = Ay + f(t), \quad y(t_0) = y_0$$

   zu erhalten.

5. Man bestimme die allgemeine Lösung des linearen Differentialgleichungssystems

$$\begin{pmatrix} y_1 \\ y_2 \end{pmatrix}' = \begin{pmatrix} 1 & -1 \\ 4 & -3 \end{pmatrix} \begin{pmatrix} y_1 \\ y_2 \end{pmatrix}.$$

Welche spezielle Lösung genügt den Anfangsbedingungen $y_1(0) = 1$, $y_2(0) = 1$?

6. Man löse das Anfangswertproblem

$$\begin{pmatrix} y_1 \\ y_2 \end{pmatrix}' = \begin{pmatrix} 0 & -2 \\ 2 & 0 \end{pmatrix} \begin{pmatrix} y_1 \\ y_2 \end{pmatrix}, \qquad \begin{pmatrix} y_1(0) \\ y_2(0) \end{pmatrix} = \begin{pmatrix} 1 \\ 1 \end{pmatrix}.$$

7. Man diskutiere die Lösbarkeit des Anfangswertproblems

$$y' = \sqrt{y}, \ y(0) = 0.$$

Man gebe eine Lösung an, die zusätzlich $y(5) = 4$ erfüllt.

8. Es sei A eine beliebige, B eine invertierbare (n, n)-Matrix. Man zeige die Beziehung

$$B^{-1} e^A B = e^{B^{-1} A B}.$$

9. Man berechne e^{At} für die Matrix

$$A = \begin{pmatrix} 2 & 1 \\ 0 & 2 \end{pmatrix}.$$

Hinweis: Man verwende die Beziehung

$$\begin{pmatrix} 2 & 1 \\ 0 & 2 \end{pmatrix} = 2 \begin{pmatrix} 1 & 0 \\ 0 & 1 \end{pmatrix} + \begin{pmatrix} 0 & 1 \\ 0 & 0 \end{pmatrix}.$$

Sei weiterhin $A = B + C$ mit

$$B = \begin{pmatrix} 2 & 0 \\ 0 & 1 \end{pmatrix}, \quad C = \begin{pmatrix} 0 & 1 \\ 0 & 1 \end{pmatrix}.$$

Gilt auch $\exp(A) = \exp(B) \exp(C)$?

10. Man bestimme die allgemeine Lösung des linearen Differentialgleichungssystems

$$y_1'(t) = y_2(t)$$
$$y_2'(t) = -y_1(t) - 2y_2(t)$$

mit Hilfe eines Computeralgebraprogramms.

11. Man zeige unter den Voraussetzungen von Satz 1.2.1 mittels vollständiger Induktion für die Picard-Iteration die Abschätzung

$$\|\Phi_{k+1}(t) - \Phi_k(t)\| \le ML^k \frac{(t - t_0)^{k+1}}{(k+1)!}.$$

12. Mit Hilfe der Picard-Iteration löse man das Anfangswertproblem

$$y' = y \cos t, \qquad y(0) = 1.$$

13. Es sei $f(t, y) = Ay$ mit $A = \begin{pmatrix} 1 & 5 \\ 3 & 2 \end{pmatrix}$. Man bestimme die kleinstmögliche Lipschitz-Konstante für f in den Normen $\| \cdot \|_1$, $\| \cdot \|_2$ und $\| \cdot \|_\infty$.

14. Man bestimme die allgemeine Lösung des inhomogenen Differentialgleichungssystems

$$y_1' = 2y_1 + y_2 + e^{2t}$$
$$y_2' = 3y_1 + 4y_2$$

durch Variation der Konstanten bzw. durch den Ansatz

$$y_{sp}(t) = \begin{pmatrix} a_1 \\ a_2 \end{pmatrix} e^{2t}$$

für eine spezielle Lösung der inhomogenen Gleichung.

2 Einschrittverfahren

Gegenstand dieses Kapitels sind Einschrittverfahren zur Bestimmung einer Näherungslösung für die Lösung $y(t)$ des Anfangswertproblems

$$y' = f(t, y), \quad t \in [t_0, t_e]$$
$$y(t_0) = y_0 \tag{2.0.1}$$

für ein System von n gewöhnlichen Differentialgleichungen erster Ordnung. Dabei setzen wir voraus, dass die Funktion $f(t, y)$ auf dem Streifen

$$S := \{(t, y) : t_0 \leq t \leq t_e, \, y \in \mathbb{R}^n\}$$

stetig ist und dort einer Lipschitz-Bedingung (1.2.4) genügt. Das Anfangswertproblem (2.0.1) hat dann nach Satz 1.2.1 stets eine eindeutig bestimmte Lösung $y(t)$ auf dem abgeschlossenen Intervall $[t_0, t_e]$.

2.1 Einführung in klassische Diskretisierungsverfahren

Numerische Verfahren arbeiten mit einer *Diskretisierung*, d.h., man betrachtet eine Zerlegung des Integrationsintervalls

$$t_0 < t_1 < t_2 \cdots < t_N \leq t_e$$

und Näherungen $u_m \approx y(t_m)$, $m = 0, 1, \ldots, N$. Die t_m heißen *Gitterpunkte*, $I_h = \{t_0, t_1, \ldots, t_N\}$ heißt *Punktgitter*, die $h_m := t_{m+1} - t_m$ heißen *Schrittweiten* und $h_{max} = \max h_m$ charakterisiert die *Feinheit* des Gitters I_h. Sind die Schrittweiten h_m konstant ($h_m = h$ für alle $m = 0, \ldots, N - 1$), so heißt das Gitter *äquidistant*, andernfalls spricht man von einem *nichtäquidistanten* Gitter. Die Näherungen lassen sich auch als Funktionswerte einer sogenannten *Gitterfunktion* u_h interpretieren.

Definition 2.1.1. Unter einem *Diskretisierungsverfahren* zur Approximation der Lösung $y(t)$ des Anfangswertproblems (2.0.1) versteht man eine *Verfahrensvorschrift*, die jedem Punktgitter I_h eine Gitterfunktion $u_h : I_h \to \mathbb{R}^n$ zuordnet. □

Das einfachste Diskretisierungsverfahren ist das *explizite Euler-Verfahren*

$$u_{m+1} = u_m + h_m f(t_m, u_m), \quad m = 0, \ldots, N-1$$
$$u_0 = y_0. \tag{2.1.1}$$

Man erhält es, wenn man in $y'(t_m) = f(t_m, y(t_m))$ die Lösung $y(t_m)$ durch u_m und deren Ableitung durch den *Vorwärts-Differenzenquotienten* $(u_{m+1} - u_m)/h_m$ ersetzt. Die Näherungen u_{m+1}, $m = 0, \ldots, N-1$, lassen sich sukzessiv berechnen, so dass die Verfahrensvorschrift (2.1.1) für jedes Gitter I_h eine eindeutige Gitterfunktion u_h erzeugt.

Das explizite Euler-Verfahren lässt eine einfache geometrische Interpretation zu. Man berechnet, ausgehend vom Punkt (t_m, u_m), eine Näherungslösung u_{m+1} an der Stelle t_{m+1}, indem man in (t_m, u_m) die Tangente

$$g_m(t) = u_m + (t - t_m)f(t_m, u_m) \tag{2.1.2}$$

an die Lösung $y(t, t_m, u_m)$ des Anfangswertproblems

$$y'(t) - f(t, y(t))$$
$$y(t_m) = u_m, \quad m = 0, \ldots, N-1, \quad u_0 = y_0 \tag{2.1.3}$$

legt. Im Intervall $[t_m, t_{m+1}]$ stellt sie eine *lineare* Approximation der Funktion $y(t, t_m, u_m)$ dar (vgl. Abbildung 2.1.1).

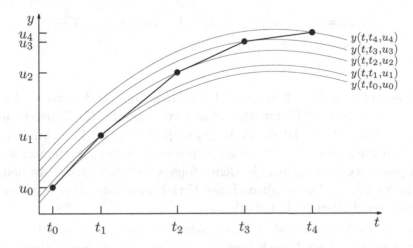

Abbildung 2.1.1: Explizites Euler-Verfahren

Für $t = t_{m+1}$ ergibt sich mit $u_{m+1} = g_m(t_{m+1})$ aus (2.1.2) das explizite Euler-Verfahren. Die Näherungen u_{m+1} hängen offensichtlich von den Schrittweiten h_m ab. Um eine vorgegebene Genauigkeit zu erreichen, müssen die Schrittweiten h_m

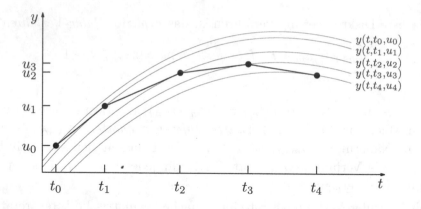

Abbildung 2.1.2: Implizites Euler-Verfahren

hinreichend klein gewählt werden. Die Geradenstücke $g_m(t)$, $t \in [t_m, t_{m+1}]$, liefern auf dem gesamten Intervall $[t_0, t_e]$ eine polygonale Approximation für die Lösung $y(t)$ des Anfangswertproblems (2.0.1). Daher wird das explizite Euler-Verfahren häufig als *Eulersches Polygonzugverfahren* bezeichnet.

Nimmt man statt des Vorwärts-Differenzenquotienten den *Rückwärts-Differenzen-quotienten* $(u_m - u_{m-1})/h_{m-1}$, so ergibt sich nach Indexverschiebung das *implizite Euler-Verfahren* (vgl. Abbildung 2.1.2)

$$u_{m+1} = u_m + h_m f(t_{m+1}, u_{m+1}), \quad m = 0, \ldots, N-1 \qquad (2.1.4)$$
$$u_0 = y_0.$$

Der gesuchte Lösungsvektor u_{m+1} tritt hier links *und* rechts vom Gleichheits-zeichen auf, so dass eine Fixpunktgleichung vorliegt, die für hinreichend kleine Schrittweiten kontrahiert. Ist das Anfangswertproblem (2.0.1) nichtlinear, so hat man in jedem Integrationsschritt ein nichtlineares Gleichungssystem zu lösen. Der Aufwand pro Integrationsschritt ist demzufolge wesentlich größer als beim expli-ziten Euler-Verfahren. Das implizite Euler-Verfahren besitzt aber deutlich bessere Stabilitätseigenschaften (vgl. Teil II).

Die beiden Euler-Verfahren sind *Einschrittverfahren*: Allein mittels t_m und u_m berechnet man gemäß den Vorschriften (2.1.1) bzw. (2.1.4) einen Näherungsvektor u_{m+1} an der Stelle t_{m+1}. Im Gegensatz dazu stehen die *linearen Mehrschrittver-fahren*, die außer auf u_m und $f(t_m, u_m)$ auf weitere vorangegangene Näherungen $u_{m-1}, u_{m-2}, \ldots$ und $f(t_{m-1}, u_{m-1})$, $f(t_{m-2}, u_{m-2}), \ldots$ zurückgreifen. Abschlie-ßend wollen wir noch ein lineares Mehrschrittverfahren kennenlernen. Integrieren wir in (2.0.1) über die Intervalle $[t_m, t_{m+1}]$, $[t_{m+1}, t_{m+2}]$ mit den Intervalllängen

$h_{m+1} = h_m = h$ und approximieren das Integral durch

$$\int_{t_m}^{t_{m+2}} f(t, y(t))\, dt \approx 2hf(t_{m+1}, y(t_{m+1})),$$

so erhalten wir die *explizite Mittelpunktregel*

$$u_{m+2} = u_m + 2hf(t_{m+1}, u_{m+1}), \quad m = 0, \ldots, N-2$$
$$u_0 = y_0.$$

(2.1.5)

Dies ist ein *explizites Zweischrittverfahren*, denn zur Berechnung des Näherungswertes u_{m+2} müssen die Werte u_m und u_{m+1} bereits vorliegen. Das ist im ersten Schritt problematisch, da nur der Anfangswert $u_0 = y_0$ und nicht der Wert u_1 bekannt ist. Man benötigt also einen Schritt eines Einschrittverfahrens zur Berechnung von u_1.

2.2 Konsistenz und Konvergenz

Der Einfachheit halber verzichten wir im Folgenden auf den Index bei der Schrittweite h.

Definition 2.2.1. Ein Einschrittverfahren zur Bestimmung einer Gitterfunktion u_h hat die Gestalt

$$u_{m+1} = u_m + h\varphi(t_m, u_m, h), \quad m = 0, \ldots, N-1$$
$$u_0 = y_0.$$

(2.2.1)

Dabei heißt φ *Verfahrensfunktion* oder *Inkrementfunktion* des Einschrittverfahrens. $\square$

Die Darstellung (2.2.1) ist nur formal explizit und umfasst auch implizite Einschrittverfahren. Das explizite Euler-Verfahren (2.1.1) besitzt die von h unabhängige Verfahrensfunktion

$$\varphi(t_m, u_m, h) = f(t_m, u_m),$$

und für das implizite Euler-Verfahren (2.1.4) ist φ implizit gegeben durch

$$\varphi(t_m, u_m, h) = f(t_{m+1}, u_m + h\varphi(t_m, u_m, h)).$$

Im Weiteren setzen wir voraus, dass für jede hinreichend kleine Schrittweite $h > 0$ jeder Lipschitz-stetigen Funktion f eine bez. y Lipschitz-stetige Verfahrensfunktion $\varphi(t, y, h)$ zugeordnet wird und dass $\varphi(t, y, h)$ in h stetig ist.

Für eine qualitative Beurteilung eines Einschrittverfahrens spielt der lokale Diskretisierungsfehler eine zentrale Rolle.

Definition 2.2.2. Sei $\tilde{u}_{m+1}$ das Resultat eines Schrittes von (2.2.1) mit dem exakten Startvektor $u_m = y(t_m)$, d. h.

$$\tilde{u}_{m+1} = y(t_m) + h\varphi(t_m, y(t_m), h). \tag{2.2.2}$$

Dann heißt

$$le_{m+1} = le(t_m + h) = y(t_{m+1}) - \tilde{u}_{m+1}, \quad m = 0, \dots, N-1 \tag{2.2.3}$$

lokaler Diskretisierungsfehler des Einschrittverfahrens an der Stelle t_{m+1}. □

Definition 2.2.3. Ein Einschrittverfahren heißt *konsistent*, wenn für alle Anfangswertaufgaben (2.0.1) gilt

$$\lim_{h \to 0} \frac{\|le(t+h)\|}{h} = 0 \text{ für } t_0 \le t < t_e. \quad □ \tag{2.2.4}$$

Bemerkung 2.2.1. Der Fehler $le(t+h)/h$ heißt lokaler Fehler pro Schrittlänge (engl. *local error per unit step*). □

Aus (2.2.2) ergibt sich mit (2.2.3)

$$\frac{y(t+h) - y(t)}{h} - \frac{le(t+h)}{h} = \varphi(t, y(t), h). \tag{2.2.5}$$

Mit der Stetigkeit von φ für hinreichend kleine h folgt aus (2.2.5) für konsistente Verfahren für $h \to 0$

$$y'(t) = \varphi(t, y(t), 0).$$

Damit erhält man

Folgerung 2.2.1. *Sei $y(t)$ die Lösung der Anfangswertaufgabe (2.0.1). Dann ist ein Einschrittverfahren konsistent genau dann, wenn die Beziehung*

$$\varphi(t, y(t), 0) = f(t, y(t)) \tag{2.2.6}$$

gilt. □

Bemerkung 2.2.2. Wegen

$$\varphi(t, y, h) = f(t, y)$$

ist das explizite Euler-Verfahren (2.1.1) offensichtlich konsistent. Das implizite Euler-Verfahren (2.1.4) mit der Verfahrensfunktion

$$\varphi(t, y, h) = f(t + h, y + h\varphi(t, y, h))$$

ist ebenfalls konsistent. □

Die Güte der Approximation $\tilde{u}_{m+1}$ an $y(t_{m+1})$ wird durch den Begriff der Konsistenzordnung beschrieben. Sie erlaubt, verschiedene Diskretisierungsverfahren zu vergleichen.

Definition 2.2.4. Ein Einschrittverfahren (2.2.1) besitzt die *Konsistenzordnung* $p \in \mathbb{N}$, wenn für hinreichend oft stetig partiell differenzierbare Funktionen f gilt

$$\|le(t+h)\| \le Ch^{p+1} \quad \text{für alle } h \in (0, H] \quad \text{und} \quad t_0 \le t \le t_e - h, \qquad (2.2.7)$$

mit einer von h unabhängigen Konstante C. $\quad\square$

Die Konstante C ist von Schranken für die Funktion f und ihren partiellen Ableitungen bis zur Ordnung p abhängig, d. h., C hängt insbesondere von der Lipschitz-Konstanten L ab. Für stetig differenzierbare Verfahrensfunktionen φ folgt aus der Konsistenz die Konsistenzordnung $p = 1$, denn es ist

$$\begin{aligned} le_{m+1} &= y(t_{m+1}) - \tilde{u}_{m+1} \\ &= y(t_m) + hy'(t_m) + \mathcal{O}(h^2) - y(t_m) - h\varphi(t_m, y(t_m), h) \\ &= hf(t_m, y(t_m)) - h\varphi(t_m, y(t_m), 0) + \mathcal{O}(h^2) \\ &= \mathcal{O}(h^2). \end{aligned}$$

Ist $f(t, y)$ p-mal stetig differenzierbar auf S, so lässt sich die Konsistenzordnung aus der Taylorentwicklung des lokalen Diskretisierungsfehlers le_{m+1} an der Stelle $(t_m, y(t_m))$ bestimmen. Zur Demonstration betrachten wir zwei Beispiele. Zur Vereinfachung sei dabei das Differentialgleichungssystem autonom, d. h. $y'(t) = f(y(t))$.

Beispiel 2.2.1. Das explizite Euler-Verfahren

$$u_{m+1} = u_m + hf(u_m), \quad u_0 = y(t_0)$$

hat die Konsistenzordnung $p = 1$.
Für das implizite Euler-Verfahren

$$u_{m+1} = u_m + hf(u_{m+1}), \quad u_0 = y(t_0)$$

ergibt sich

$$u_{m+1} = u_m + \mathcal{O}(h) \quad \text{für } h \to 0.$$

Setzen wir dies in die rechte Seite des impliziten Euler-Verfahrens ein, so erhalten wir

$$u_{m+1} = u_m + hf(u_m + \mathcal{O}(h)) = u_m + hf(u_m) + \mathcal{O}(h^2).$$

Ein nochmaliges Einsetzen dieser Beziehung in die rechte Seite des Verfahrens ergibt

$$u_{m+1} = u_m + hf(u_m + hf(u_m) + \mathcal{O}(h^2))$$
$$= u_m + hf(u_m + hf(u_m)) + \mathcal{O}(h^3).$$

Damit folgt

$$\widetilde{u}_{m+1} = y(t_m) + hf(y(t_m) + hf(y(t_m))) + \mathcal{O}(h^3).$$

Durch Abgleich der Glieder in der Taylorentwicklung der exakten Lösung

$$y(t_{m+1}) = y(t_m) + hf(y(t_m)) + \frac{h^2}{2}f_y(y(t_m))f(y(t_m)) + \mathcal{O}(h^3)$$

mit den entsprechenden Gliedern der Taylorentwicklung der Näherungslösung

$$\widetilde{u}_{m+1} = y(t_m) + hf(y(t_m)) + h^2 f_y(y(t_m))f(y(t_m)) + \mathcal{O}(h^3)$$

ergibt sich für das implizite Euler-Verfahren die Konsistenzordnung $p = 1$.   □

Beispiel 2.2.2. Wir betrachten das Einschrittverfahren

$$u_{m+1} = u_m + h[b_1 f(u_m) + b_2 f(u_m + h a_{21} f(u_m))] \qquad (2.2.8)$$
$$u_0 = y(t_0), \quad m = 0, \ldots, N - 1.$$

Die reellen Parameter a_{21}, b_1, b_2 wollen wir so bestimmen, dass das Verfahren eine möglichst hohe Konsistenzordnung hat.

Für die Ableitungen der Lösung $y(t)$ gilt (vgl. Abschnitt 2.4.2)

$$y'(t) = f(y(t))$$
$$y''(t) = f_y(y(t))f(y(t))$$
$$y'''(t) = f_{yy}(y(t))(f(y(t)), f(y(t))) + f_y(y(t))f_y(y(t))f(y(t)).$$

Die einzelnen Summanden der rechten Seiten bezeichnet man als *elementare Differentiale*.Die Ordnung eines elementaren Differentials ist gleich der Ordnung der Ableitung von $y(t)$, in deren Darstellung das Differential auftritt.

Die Taylorreihen von exakter Lösung und Näherungslösung sind (hierbei lassen wir zur Vereinfachung bei den Ableitungen von f das Argument $y(t_m)$ weg)

$$y(t_{m+1}) = y(t_m) + hf + \frac{h^2}{2}f_y f + \frac{h^3}{6}[f_{yy}(f, f) + f_y f_y f] + \mathcal{O}(h^4)$$

und

$$\widetilde{u}_{m+1} = y(t_m) + (b_1 + b_2)hf + 2b_2 a_{21}\frac{h^2}{2}f_y f + 3b_2 a_{21}^2 \frac{h^3}{6}f_{yy}(f, f) + \mathcal{O}(h^4).$$

Wir erhalten für die Konsistenzordnung $p = 3$ die folgenden Bedingungen:

$$(b_1 + b_2)f = f \tag{2.2.9a}$$

$$2b_2 a_{21} f_y f = f_y f \tag{2.2.9b}$$

$$3b_2 a_{21}^2 f_{yy}(f, f) = f_{yy}(f, f) + f_y f_y f. \tag{2.2.9c}$$

Da das Differential $f_y f_y f$ in der Taylorentwicklung der numerischen Lösung $\widetilde{u}_{m+1}$ nicht auftritt, lässt sich die Konsistenzordnung $p = 3$ nicht erreichen. Für die Konsistenzordnung $p = 2$ sind die Gleichungen (2.2.9a) und (2.2.9b) die zugehörigen Bedingungen und für $p = 1$ ist (2.2.9a) die einzige Bedingung. Die Konsistenzbedingungen für die Ordnungen 1 und 2 lauten folglich:

$$p = 1: \quad b_1 + b_2 = 1$$

$$p = 2: \quad b_1 + b_2 = 1 \quad \text{und} \quad b_2 a_{21} = 1/2.$$

Für $p = 2$ sind die Parameter durch

$$b_1 = 1 - b_2, \quad a_{21} = \frac{1}{2b_2} \text{ mit } b_2 \neq 0 \tag{2.2.10}$$

festgelegt, d. h., es verbleibt ein Freiheitsgrad. $\quad\square$

Wir wenden uns nun den Begriffen Konvergenz und Konvergenzordnung eines Einschrittverfahrens zu.

Definition 2.2.5. Ein Einschrittverfahren (2.2.1) heißt *konvergent*, wenn für alle Anfangswertprobleme (2.0.1) für den *globalen Diskretisierungsfehler*

$$e_m = y(t_m) - u_h(t_m)$$

die Beziehung

$$\max_m \|e_m\| \to 0 \quad \text{für } h_{max} \to 0$$

gilt. Das Einschrittverfahren hat die *Konvergenzordnung* p^*, wenn gilt

$$\max_m \|e_m\| \leq C h_{max}^{p^*} \quad \text{für } h_{max} \in (0, H] \text{ mit } t_0 \leq t_m \leq t_e,$$

wobei die Konstante C unabhängig von den verwendeten Schrittweiten ist. $\quad\square$

Der folgende Satz gibt eine Abschätzung des globalen Diskretisierungsfehlers und zeigt den Zusammenhang zwischen Konsistenz- und Konvergenzordnung eines Einschrittverfahrens.

Satz 2.2.1. *Sei $y(t)$ die Lösung des Anfangswertproblems (2.0.1) und sei f hinreichend oft stetig partiell differenzierbar. Die Verfahrensfunktion φ sei Lipschitzstetig mit der Lipschitz-Konstanten L_φ und das Verfahren besitze die Konsistenzordnung p, d. h., für den lokalen Diskretisierungsfehler gilt*

$$\|le(t+h)\| \leq Ch^{p+1} \quad \text{für } h \in (0,H], \quad t \in [t_0, t_e - h]. \tag{2.2.11}$$

Dann lässt sich der globale Diskretisierungsfehler für $h_{max} \leq H$ durch

$$\|e_m\| \leq \frac{C}{L_\varphi}\left(e^{L_\varphi(t_m - t_0)} - 1\right)h_{max}^p \tag{2.2.12}$$

abschätzen.

Beweis. Es gilt

$$
\begin{aligned}
e_m &= y(t_m) - u_m \\
&= y(t_m) - \widetilde{u}_m + \widetilde{u}_m - u_m \\
&= y(t_m) - \widetilde{u}_m + y(t_{m-1}) + h_{m-1}\varphi(t_{m-1}, y(t_{m-1}), h_{m-1}) \\
&\quad - u_{m-1} - h_{m-1}\varphi(t_{m-1}, u_{m-1}, h_{m-1}).
\end{aligned}
$$

Damit folgt

$$
\begin{aligned}
\|e_m\| &\leq Ch_{m-1}^{p+1} + (1 + h_{m-1}L_\varphi)\|e_{m-1}\| \\
&\leq Ch_{m-1}^{p+1} + e^{h_{m-1}L_\varphi}\|e_{m-1}\| \\
&\leq Ch_{m-1}^{p+1} + e^{h_{m-1}L_\varphi}(Ch_{m-2}^{p+1} + e^{h_{m-2}L_\varphi}\|e_{m-2}\|) \\
&\leq Ch_{m-1}^{p+1} + Ch_{m-2}^{p+1}e^{h_{m-1}L_\varphi} + e^{(h_{m-1}+h_{m-2})L_\varphi}(Ch_{m-3}^{p+1} + e^{h_{m-3}L_\varphi}\|e_{m-3}\|) \\
&\vdots \\
&\leq Ch_{max}^p(h_{m-1} + h_{m-2}e^{h_{m-1}L_\varphi} + h_{m-3}e^{(h_{m-1}+h_{m-2})L_\varphi} + \cdots \\
&\quad + h_0 e^{(h_{m-1}+\cdots+h_1)L_\varphi}) + e^{(t_m - t_0)L_\varphi}\|e_0\|.
\end{aligned}
$$

Offensichtlich gilt

$$\int_{t_i}^{t_{i+1}} e^{(t_m - t)L_\varphi}\, dt \geq (t_{i+1} - t_i)e^{(t_m - t_{i+1})L_\varphi} = h_i e^{(t_m - t_{i+1})L_\varphi},$$

denn der Integrand ist eine monoton fallende Funktion. Damit folgt, unter Beachtung von $\|e_0\| = 0$, für den globalen Fehler e_m die Abschätzung

$$\|e_m\| \le Ch_{max}^p \sum_{i=0}^{m-1} \int_{t_i}^{t_{i+1}} e^{L_\varphi(t_m-t)}\, dt$$

$$= Ch_{max}^p \int_{t_0}^{t_m} e^{L_\varphi(t_m-t)}\, dt$$

$$= \frac{C}{L_\varphi}\left(e^{L_\varphi(t_m-t_0)} - 1\right) h_{max}^p.$$

∎

Aus Satz 2.2.1 erhält man sofort

Folgerung 2.2.2. *Genügt der lokale Fehler der Abschätzung (2.2.11), so besitzt ein Einschrittverfahren mit Lipschitz-stetiger Verfahrensfunktion φ die Konvergenzordnung p, d. h.*

$$\textit{Konsistenz der Ordnung } p \implies \textit{Konvergenz der Ordnung } p. \qquad \square$$

2.3 Rundungsfehleranalyse bei Einschrittverfahren

Bei unseren bisherigen Untersuchungen sind wir von exakter Arithmetik ausgegangen, haben also die bei der Durchführung auf einem Computer auftretenden Rundungsfehler vernachlässigt. Diese können aber, insbesondere bei großer Anzahl von Schritten, die erreichte Genauigkeit erheblich beeinflussen.

In diesem Abschnitt wollen wir den Einfluss der Rundungsfehler erfassen, wobei wir von einer *Gleitpunktarithmetik* (*floating point arithmetic*) ausgehen, in der alle elementaren Operationen

$$\circ \in \{+, -, \cdot, /\}$$

mit einer *relativen Computergenauigkeit eps* durchgeführt werden. Bei einfacher Genauigkeit (*single precision*) ist *eps* $\approx 10^{-7}$, bei doppelter Genauigkeit (*double precision*) ist *eps* $\approx 10^{-16}$. Für die Verknüpfung zweier Gleitpunktzahlen (*floating point numbers*) z, w gilt

$$fl(z \circ w) = (z \circ w)(1 + \varepsilon) \quad \text{für ein } \varepsilon = \varepsilon(z, w) \text{ mit } |\varepsilon| \le eps,$$

wobei fl die in der Gleitpunktrechnung ausgeführte Operation bezeichnet. Der *relative Fehler* ist also kleiner oder gleich der relativen Computergenauigkeit *eps*. Man beachte, dass die Operationen $\circ$ i. Allg. nicht assoziativ sind, so dass es auf die Reihenfolge der Operationen ankommt. Für die Verfahrensfunktion $\varphi(t_m, u_m, h_m)$ eines Einschrittverfahrens (2.2.1) gilt in Gleitpunktarithmetik

$$fl(\varphi) = \varphi(1 + \varepsilon_1) \quad \text{mit } |\varepsilon_1| \le C\,eps,$$

wobei die Konstante C sich aus den zur Bestimmung von φ erforderlichen Rechenoperationen ergibt und für $h_m \to 0$ beschränkt bleibt. Entsprechend gilt dann

$$fl(h_m\, fl(\varphi)) = h_m\, fl(\varphi)(1 + \varepsilon_2) = h_m\varphi(1 + \varepsilon_1)(1 + \varepsilon_2)$$
$$fl(u_m + fl(h_m\, fl(\varphi))) = (u_m + h_m\varphi(1 + \varepsilon_1)(1 + \varepsilon_2))(1 + \varepsilon_3)$$
$$= (u_m + h_m\varphi)(1 + \varepsilon_3) + h_m\varphi(\varepsilon_1 + \varepsilon_2) + \mathcal{O}(eps^2)$$

mit $|\varepsilon_2| \le eps$, $|\varepsilon_3| \le eps$. Im Ergebnis der Computerauswertung der Verfahrensvorschrift (2.2.1) ergibt sich demzufolge statt der Näherung u_{m+1} eine durch Rundung *verfälschte* Näherung v_{m+1}, die dem Gleichungssystem

$$v_{m+1} = v_m + h_m\varphi(t_m, v_m, h_m) + \rho_{m+1}, \quad m = 0, \dots, N-1 \qquad (2.3.1)$$
$$v_0 = u_0 + r_0$$

genügt. Dabei stellen r_0 den absoluten Fehler im Anfangswert (*Einlesefehler*) und ρ_{m+1} den *lokalen Rundungsfehler* dar, der für $h_m \to 0$ durch $u_m\varepsilon_3$ bestimmt ist. Subtrahiert man von der ersten Gleichung (2.3.1) die erste Gleichung von (2.2.1), so erhält man

$$v_{m+1} - u_{m+1} = v_m - u_m + h_m(\varphi(t_m, v_m, h_m) - \varphi(t_m, u_m, h_m)) + \rho_{m+1}.$$

Mit der Lipschitz-Bedingung von φ ergibt sich

$$\|v_{m+1} - u_{m+1}\| \le (1 + h_m L_\varphi)\|v_m - u_m\| + \|\rho_{m+1}\|$$
$$\le e^{L_\varphi(t_{m+1} - t_m)}\|v_m - u_m\| + \|\rho_{m+1}\|.$$

Diese Abschätzung ist von der gleichen Art wie die im Beweis des Konvergenzsatzes 2.2.1. Mit der gleichen Technik wie dort erhalten wir jetzt

$$\|v_{m+1} - u_{m+1}\| \le e^{L_\varphi(t_{m+1} - t_0)}\|v_0 - u_0\| + \sum_{l=0}^{m} e^{L_\varphi(t_{m+1} - t_{l+1})}\|\rho_{l+1}\|$$

$$\le e^{L_\varphi(t_{m+1} - t_0)}\|r_0\| + \frac{1}{L_\varphi}\left(e^{L_\varphi(t_{m+1} - t_0)} - 1\right)\max_{l=0,\dots,m}\frac{\|\rho_{l+1}\|}{h_l}.$$

Mit (2.2.12) kann dann der *Gesamtfehler*

$$y(t_{m+1}) - v_{m+1} = y(t_{m+1}) - u_{m+1} + u_{m+1} - v_{m+1}$$
$$= e_h(t_{m+1}) - (v_{m+1} - u_{m+1})$$

abgeschätzt werden. Wir fassen das Ergebnis im folgenden Satz zusammen:

Satz 2.3.1. *Das Einschrittverfahren* (2.2.1) *habe die Konsistenzordnung p und die Verfahrensfunktion φ sei auf dem Streifen S Lipschitz-stetig. Dann gilt für den Gesamtfehler $y(t_m) - v_m$, $t_m \in [t_0, t_e]$, die Abschätzung*

$$\|y(t_m) - v_m\| \leq e^{L_\varphi(t_m - t_0)} \|r_0\| +$$

$$\frac{1}{L_\varphi} \left(e^{L_\varphi(t_m - t_0)} - 1 \right) \left(Ch_{\max}^p + \max_{l=0,\ldots,m-1} \frac{\|\rho_l\|}{h_l} \right).$$

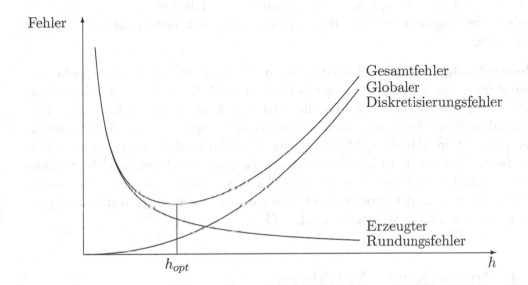

Abbildung 2.3.1: Qualitatives Verhalten der Normen der verschiedenen Fehleranteile

Die Abbildung 2.3.1 zeigt den qualitativen Verlauf des erzeugten Rundungs- und des globalen Diskretisierungsfehlers sowie den des Gesamtfehlers bei konstanter Schrittweite h. Bis zu einer optimalen Schrittweite h_{opt} wird der Gesamtfehler im Wesentlichen durch den globalen Diskretisierungsfehler bestimmt, der sich wie h^p verhält. Bei einer weiteren Verkleinerung der Schrittweiten dominiert dann der Rundungsfehleranteil, der sich wie $1/h$ verhält. Er strebt, im Gegensatz zum globalen Diskretisierungsfehler, für $h \to 0$ nicht gegen null. Der Gesamtfehler lässt sich somit nicht durch genügend kleine Wahl der Schrittweite beliebig klein machen. Demzufolge müssen in der Praxis zu kleine Schrittweiten, bei denen der Rundungsfehleranteil dominiert, vermieden werden. Außerdem bedeuten kleine Schrittweiten große Rechenzeiten. Man ist daher an Diskretisierungsverfahren hoher Konvergenzordnung interessiert, die schon bei verhältnismäßig „großen" Schrittweiten kleine globale Diskretisierungsfehler liefern. Der erzeugte Rundungsfehler hängt nicht nur von der verwendeten Computerarithmetik, sondern auch von der Implementierung ab. Bei der *Rundungsfehlerkompensation* [149] ersetzt man die Verfahrensvorschrift (2.3.1) durch

$$u_{m+1} = u_m + (h_m\varphi(t_m, u_m, h_m) + \widetilde{\rho}_m), \qquad (2.3.2a)$$

$$\widetilde{\rho}_{m+1} = (u_{m+1} - u_m) - h_m\varphi(t_m, u_m, h_m), \qquad (2.3.2b)$$

mit $\widetilde{\rho}_0 = 0$. In exakter Arithmetik wäre $\widetilde{\rho}_{m+1}$ null, aber auf dem Computer ist es eine Schätzung für den Rundungsfehler ρ_{m+1}. Im *nächsten* Schritt addiert man $\widetilde{\rho}_{m+1}$ zu $h_{m+1}\varphi(t_{m+1}, u_{m+1}, h_{m+1})$, also etwas „Kleines" zu etwas „Kleinem", wobei – im Gegensatz zur Addition mit u_m – erheblich kleinere Rundungsfehler auftreten.

Beispiel 2.3.1. Wir betrachten den Gesamtfehler $err = \|y(t_e) - u_h(t_e)\|_2$ bei der Berechnung des Arenstorf-Orbits aus Beispiel 1.4.4. Dazu haben wir das klassische Runge-Kutta-Verfahren (Tabelle 2.4.4) mit konstanter Schrittweite in Fortran 90 implementiert. Alle verwendeten Größen wurden als *single* bzw. *double* vereinbart. Wie Abbildung 2.3.2 zeigt, dominiert für große Schrittweiten der Diskretisierungsfehler. Bei ca. 2^{15} Schritten sieht man den Rundungsfehlereinfluss in der einfachen und bei 2^{22} Schritten in der doppelten Genauigkeit. Die Lösung bleibt bei weiterer Schrittweitenverkleinerung genau, wenn die Rundungsfehlerkompensation (2.3.2) verwendet wird. □

2.4 Runge-Kutta-Verfahren

In diesem Abschnitt führen wir die wichtigste Klasse von Einschrittverfahren zur numerischen Lösung nichtsteifer Anfangswertprobleme, die expliziten Runge-Kutta-Verfahren, ein.

2.4.1 Struktur der Runge-Kutta-Verfahren

Das explizite Euler-Verfahren (2.1.1) kann auch als Abbruch der Taylorreihe der Funktion $y(t_m + h)$ nach dem zweiten Glied interpretiert werden. Setzt man voraus, dass $f(t, y)$ hinreichend oft stetig differenzierbar ist, so könnte man analog Einschrittverfahren der Konsistenzordnung p erzeugen, indem man das Taylorpolynom vom Grade p nimmt. Diese so konstruierten Verfahren heißen *Taylorverfahren*.

Bricht man z. B. die Taylorreihe von $y(t_m + h)$ nach dem dritten Glied ab, so erhält man das Einschrittverfahren

$$u_{m+1} = u_m + hf(t_m, u_m) + \frac{h_m^2}{2}(f_t(t_m, u_m) + f_y(t_m, u_m)f(t_m, u_m)), \quad (2.4.1)$$

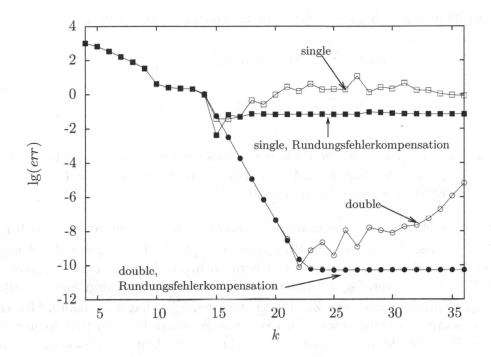

Abbildung 2.3.2: Gesamtfehler *err* bei Rechnung mit 2^k Schritten

das die Konsistenzordnung $p = 2$ hat.

Hierbei müssen allerdings neben $f(t_m, u_m)$ die zusätzlichen elementaren Differentiale $f_t(t_m, u_m)$ und $f_y f(t_m, u_m)$ berechnet werden. Für höhere Ordnung müssen weitere Ableitungen von f bestimmt werden. Das führt zu einem hohen Rechenaufwand, so dass den Taylorverfahren in den Anwendungen kaum Bedeutung zukommt. Für Probleme kleiner Dimension und für hohe Genauigkeitsanforderungen können diese Methoden aber durchaus effizient sein [21].

Bemerkung 2.4.1. Eine Möglichkeit zur Berechnung der Ableitungen von f bietet die *automatische Differentiation* (vgl. Griewank und Walter [123]). □

Bei Runge-Kutta-Verfahren wird die Verfahrensfunktion $\varphi(t, y, h)$ des Einschrittverfahrens (2.1.1) als Linearkombination von Werten der Funktion $f(t, y)$ in diskreten Punkten gewählt, d. h., eine Differentiation von $f(t, y(t))$ wird völlig vermieden. Dieser Ansatz geht auf Runge (1895, [232]), Heun (1900, [146]) und Kutta (1901, [181]) zurück. Wir geben die folgende

Definition 2.4.1. Sei $s \in \mathbb{N}$. Ein Einschrittverfahren der Gestalt

$$u_{m+1} = u_m + h \sum_{i=1}^{s} b_i f(t_m + c_i h, u_{m+1}^{(i)})$$

$$u_{m+1}^{(i)} = u_m + h \sum_{j=1}^{s} a_{ij} f(t_m + c_j h, u_{m+1}^{(j)}), \quad i = 1, \ldots, s \tag{2.4.2}$$

heißt *s-stufiges Runge-Kutta-Verfahren* (*s-stufiges RK-Verfahren*). Dabei ist $c = (c_1, \ldots, c_s)^{\top}$ der *Knotenvektor*, $A = (a_{ij})$ die *Verfahrensmatrix*, $b = (b_1, \ldots, b_s)^{\top}$ der *Gewichtsvektor* und s die *Stufenzahl*. $\square$

Ist die Verfahrensmatrix A eine strikt untere Dreiecksmatrix, d. h. $a_{ij} = 0$ für alle $j \geq i$, so lassen sich die Hilfsgrößen $u_{m+1}^{(i)}$, $i = 1, \ldots, s$, der Reihe nach explizit aus den Gleichungen (2.4.2) berechnen. Es liegt ein *explizites Runge-Kutta-Verfahren* vor. Ist mindestens ein $a_{ij} \neq 0$, $j \geq i$, so liegt ein *implizites Runge-Kutta-Verfahren* vor. Zur Berechnung von $u_{m+1}^{(i)}$ hat man dann i. Allg. ein nichtlineares Gleichungssystem zu lösen, was zu einem höheren Rechenaufwand führt. Derartige Verfahren können aber sehr gute Stabilitätseigenschaften besitzen, wir betrachten sie in Teil II.

Eine äquivalente Formulierung eines s-stufigen RK-Verfahrens ist gegeben durch

$$u_{m+1} = u_m + h \sum_{i=1}^{s} b_i k_i(t_m, u_m, h)$$

$$k_i(t_m, u_m, h) = f(t_m + c_i h, u_m + h \sum_{j=1}^{s} a_{ij} k_j(t_m, u_m, h)), \quad i = 1, \ldots, s. \tag{2.4.3}$$

Die Darstellung (2.4.2) basiert auf den *Stufenwerten* $u_{m+1}^{(i)}$ und die Darstellung (2.4.3) auf den *Steigungswerten* $k_i(t_m, u_m, h)$.

Lemma 2.4.1. *Ein RK-Verfahren ist konsistent genau dann, wenn*

$$\sum_{i=1}^{s} b_i = 1$$

gilt.

Beweis. Es ist

$$\varphi(t, y(t), h) = \sum_{i=1}^{s} b_i f(t_m + c_i h, \widetilde{u}_{m+1}^{(i)}),$$

wobei $\tilde{u}_{m+1}^{(i)}$ die Stufenwerte mit $\tilde{u}_m = y(t_m)$ sind. Die Beziehung

$$\varphi(t, y(t), 0) = f(t, y(t))$$

ist für beliebiges Lipschitz-stetiges f genau dann erfüllt, wenn $\sum_{i=1}^{s} b_i = 1$ gilt. Mit der Folgerung 2.2.1 folgt die Behauptung. $\blacksquare$

Die Koeffizienten eines s-stufigen RK-Verfahrens werden üblicherweise durch das von Butcher eingeführte Parameterschema („*Butcher-Schema*") charakterisiert.

$$
\begin{array}{c|ccc}
c_1 & a_{11} & \cdots & a_{1s} \\
\vdots & \vdots & & \vdots \\
c_s & a_{s1} & \cdots & a_{ss} \\
\hline
& b_1 & \cdots & b_s
\end{array}
\qquad \text{bzw. in Matrixschreibweise} \qquad
\begin{array}{c|c}
c & A \\
\hline
& b^{\mathsf{T}}
\end{array}
$$

Tabelle 2.4.1: Butcher-Schema eines s-stufigen RK-Verfahrens

Beispiel 2.4.1. Die bekanntesten einstufigen RK-Verfahren der Konsistenzordnung $p = 1$ sind das explizite Euler-Verfahren (2.1.1) und das implizite Euler-Verfahren (2.1.4). Sie sind durch die Parameterschemata

$$
\begin{array}{c|c}
0 & 0 \\
\hline
& 1
\end{array}
\qquad \text{und} \qquad
\begin{array}{c|c}
1 & 1 \\
\hline
& 1
\end{array}
$$

charakterisiert. $\quad\square$

Beim Aufstellen der Ordnungsbedingungen (vgl. Beispiel 2.2.2) beschränkt man sich üblicherweise auf autonome Anfangswertprobleme. Dies bedeutet gegenüber nichtautonomen Anfangswertproblemen jedoch keine Einschränkung, wenn die sogenannte *Knotenbedingung*

$$c_i = \sum_{j=1}^{s} a_{ij}, \quad i = 1, \ldots, s \tag{2.4.4}$$

erfüllt ist, wie der folgende Satz zeigt.

Satz 2.4.1. *Sei u_m die numerische Lösung eines konsistenten RK-Verfahrens angewendet auf das nichtautonome System (2.0.1), und sei z_m die numerische Lösung des autonomen Systems*

$$z'(t) = g(z) \ \textit{mit} \ g(z) = \begin{pmatrix} f(t, y) \\ 1 \end{pmatrix}, \quad z = \begin{pmatrix} y \\ t \end{pmatrix}, \quad z(t_0) = \begin{pmatrix} y_0 \\ t_0 \end{pmatrix}. \tag{2.4.5}$$

Erfüllt das Verfahren die Knotenbedingung (2.4.4), so gilt

$$z_m = \begin{pmatrix} u_m \\ t_m \end{pmatrix}.$$

Beweis. Wir zeigen die Behauptung durch Induktion über m. Für $t = t_0$ stimmen z_0 und $(u_0^\top, t_0)^\top$ überein. Im m-ten Schritt gilt

$$z_{m+1}^{(i)} = z_m + \sum_{j=1}^{s} h a_{ij} g(z_{m+1}^{(j)}), \quad i = 1, \ldots, s,$$

$$z_{m+1} = z_m + \sum_{i=1}^{s} h b_i g(z_{m+1}^{(i)}).$$

Zum Aufspalten der Komponenten führen wir die Schreibweise $\underline{z}_m := z_{m,n+1}$ und $\overline{z}_m := (z_{m,1}, \ldots, z_{m,n})^\top$ ein. Mit der Induktionsvoraussetzung $\overline{z}_m = u_m$ erhalten wir

$$\begin{pmatrix} \overline{z}_{m+1}^{(i)} \\ \underline{z}_{m+1}^{(i)} \end{pmatrix} = \begin{pmatrix} u_m + \sum_{j=1}^{s} h a_{ij} f(\underline{z}_{m+1}^{(j)}, \overline{z}_{m+1}^{(j)}) \\ t_m + \sum_{j=1}^{s} h a_{ij} \cdot 1 \end{pmatrix}, \quad i = 1, \ldots, s, \qquad (2.4.6a)$$

$$\begin{pmatrix} \overline{z}_{m+1} \\ \underline{z}_{m+1} \end{pmatrix} = \begin{pmatrix} u_m + \sum_{i=1}^{s} h b_i f(\underline{z}_{m+1}^{(i)}, \overline{z}_{m+1}^{(i)}) \\ t_m + \sum_{i=1}^{s} h b_i \cdot 1 \end{pmatrix}. \qquad (2.4.6b)$$

Mit der Knotenbedingung und der Konsistenzbedingung folgen $\underline{z}_{m+1}^{(i)} = t_m + c_i h$ und $\underline{z}_{m+1} = t_m + h$, und daher ist die Vorschrift (2.4.6) äquivalent zur Anwendung des RK-Verfahrens auf das nichtautonome System, d. h., es gilt $\overline{z}_{m+1}^{(i)} = u_{m+1}^{(i)}$, $\underline{z}_{m+1} = t_{m+1}$ und $\overline{z}_{m+1} = u_{m+1}$. ∎

Die Einschränkung auf autonome Anfangswertprobleme vereinfacht das Aufstellen der Ordnungsbedingungen wesentlich, vgl. Abschnitt 2.4.3.

Bemerkung 2.4.2. Die Knotenbedingung besagt, dass $\widetilde{u}_{m+1}^{(i)}$, $i = 1, \ldots, s$, Approximationen von mindestens erster Ordnung an die Zwischenwerte $y(t_m + c_i h)$ sind, d. h., für den lokalen Diskretisierungsfehler $le_{m+1}^{(i)}$ der i-ten Stufe gilt

$$le_{m+1}^{(i)} = y(t_m + c_i h) - \widetilde{u}_{m+1}^{(i)} = \mathcal{O}(h^2) \quad \text{für} \quad h \to 0.$$

Sie gilt für alle praktisch verwendeten Runge-Kutta-Verfahren, für Verfahren niedriger Ordnung ist sie jedoch nicht notwendig, vgl. Aufgabe 6. □

Bemerkung 2.4.3. Wird ein s-stufiges RK-Verfahren auf ein Anfangswertproblem

$$y'(t) = f(t), \quad y(t_m) = y_m,$$

d. h. auf ein *Quadraturproblem*

$$y(t_m + h) = y(t_m) + \int_{t_m}^{t_{m+1}} f(t)\, dt$$

angewendet, so stellt (2.4.2) ein *Quadraturverfahren*

$$u_{m+1} = u_m + h \sum_{i=1}^{s} b_i f(t_m + c_i h)$$

dar, das durch das Paar $\{c, b\}$ eindeutig bestimmt ist. Besitzt das RK-Verfahren die Konsistenzordnung p, so ist die Ordnung des Quadraturverfahrens mindestens p. Die Umkehrung gilt i. Allg. nicht. $\square$

2.4.2 Ordnungsaussagen und B-Reihen

Wir betrachten im Folgenden autonome Systeme $y' = f(y)$. Die rechte Seite $f(y)$ sei hinreichend oft stetig differenzierbar. Damit die Ergebnisse auch für nichtautonome Systeme gültig bleiben, setzen wir die Knotenbedingung (2.4.4) voraus.

Für die Herleitung der Ordnungsbedingungen vergleichen wir die Taylorentwicklung der exakten Lösung $y(t_m + h)$ von (2.0.1) mit der h-Entwicklung der numerischen Lösung $\tilde{u}_{m+1}$ (vgl. Definition 2.2.2): Stimmen in beiden Entwicklungen alle Glieder bis zur Ordnung p überein, so hat das Runge-Kutta-Verfahren nach Definition 2.2.4 die Konsistenzordnung p. Leider wird die Rechnung für wachsende Ordnung bald sehr unübersichtlich, wie man bereits bei Beispiel 2.2.2 ahnen kann. Durch die wiederholte Anwendung der Kettenregel entstehen im Verlauf der Rechnung immer mehr elementare Differentiale, die alle einzeln mitgeführt werden müssen. Diese einfache Rechnung stößt deshalb schon bei Ordnung $p = 5$ an Grenzen, für $p > 5$ ist sie praktisch nur durchführbar, wenn man die im Folgenden beschriebene zugrunde liegende rekursive Struktur geschickt ausnutzt.

Die Grundidee der von Butcher 1963 ([42, 47], vgl. auch Hairer und Wanner [139]) eingeführten *algebraischen Theorie der RK-Verfahren* besteht darin, den Ableitungen sogenannte Wurzelbäume zuzuordnen. Dadurch werden die Rechnungen einfacher und die Ordnungsbedingungen können für jede gewünschte Ordnung sofort aufgestellt werden (vgl. Satz 2.4.4). Als Erstes ordnet man $f(y)$ einen Baum zu, der nur aus der Wurzel . besteht. Dann differenziert man und erhält unter Beachtung der Differentialgleichung $y' = f(y)$

$$y'' = \frac{d}{dt} f(y) = f'(y) y' = f'(y) f(y),$$

wobei $f'(y) = f_y(y)$ die Ableitung nach der vektoriellen Variable y darstellt, also die Jacobi-Matrix (1.2.6). Das elementare Differential $f'(y)f(y)$ kann durch den Baum

$$\begin{array}{c} \bullet\, f \\ \big| \\ \bullet\, f' \end{array}$$

symbolisiert werden. Zur besseren Übersicht lassen wir nun das Argument y weg, leiten weiter ab und erhalten

$$y''' = f''(f,f) + f'f'f. \tag{2.4.7}$$

Die Struktur der Summanden kann mit den Bäumen

$$f \underset{f''}{\bigvee} f \qquad \text{und} \qquad \begin{array}{c} \bullet\, f \\ \big| \\ \bullet\, f' \\ \big| \\ \bullet\, f' \end{array}$$

wiedergegeben werden: Eine erste Ableitung von f entspricht einem Knoten mit einem „Ast", eine zweite Ableitung von f einem Knoten mit zwei „Ästen". Um die Zuordnung zu verdeutlichen, schreiben wir im Folgenden die Bäume neben die Gleichungen. Differenzieren wir die beiden Summanden in (2.4.7), so ergibt sich

$$(f''(f,f))' = f'''(f,f,f) + f''(f'f,f) + f''(f,f'f), \quad \vee\!\!\!\vee + \vee\!\!\!\vee + \vee\!\!\!\vee,$$

$$= f'''(f,f,f) + 2f''(f,f'f), \quad \vee\!\!\!\vee + 2\vee\!\!\!\vee,$$

und

$$(f'f'f)' = f''(f,f'f) + f'f''(f,f) + f'f'f'f, \quad \vee\!\!\!\vee + Y + \vert\!\vert.$$

Zusammen erhalten wir

$$y^{(4)} = f'''(f,f,f) + 3f''(f,f'f) + f'f''(f,f) + f'f'f'f, \quad \vee\!\!\!\vee + 3\vee\!\!\!\vee + Y + \vert\!\vert.$$

Dabei haben wir Argumente von f'' getauscht, denn f'' ist ein symmetrischer Operator, d.h. $f''(x_1, x_2) = f''(x_2, x_1)$. Für höhere Ableitungen gilt entsprechend: $f^{(k)}$ ist ein symmetrischer (multilinearer) Operator, d.h.

$$f^{(k)}(x_1, \ldots, x_k) = f^{(k)}(x_{\pi(1)}, \ldots, x_{\pi(k)})$$

für jede Permutation π der Indizes $\{1, \ldots, k\}$. Die gleiche Eigenschaft fordert man auch von den Wurzelbäumen, also

$$\underset{\textstyle\bigvee}{\mathbf{t}_1\,\mathbf{t}_2\,\cdots\,\mathbf{t}_k} = \underset{\textstyle\bigvee}{\mathbf{t}_{\pi(1)}\,\mathbf{t}_{\pi(2)}\,\cdots\,\mathbf{t}_{\pi(k)}}, \tag{2.4.8}$$

wobei $t_1, \ldots, t_k$ selbst beliebige Bäume sind, die an eine neue Wurzel angehängt werden. Dieses Anhängen benötigen wir häufiger, und deshalb definieren wir die Operation

$$[t_1, t_2, \ldots, t_k] := \overset{t_1\,t_2\,\cdots\,t_k}{\bigvee}. \tag{2.4.9}$$

Durch mehrfache Anwendung von $[\cdot]$ kann jeder Baum dargestellt werden, z. B. gehört zu $f''(f''(f,f), f'f'f)$ der Baum $\psi = [\mathsf{v}, \mathsf{i}] = [[.,.], [[.]]]$. Die Menge aller Bäume

$$T = \left\{ ., \; \mathsf{i}, \; \mathsf{v}, \mathsf{i}, \; \mathsf{v}, \mathsf{v}, \mathsf{Y}, \mathsf{i}, \; \mathsf{v}, \mathsf{v}, \mathsf{v}, \mathsf{i}, \mathsf{Y}, \mathsf{Y}, \mathsf{v}, \mathsf{Y}, \mathsf{i}, \; \mathsf{v}, \mathsf{v}, \ldots \right\}$$

$$:= \{.\} \cup \{[t_1, t_2, \ldots, t_k] : t_i \in T\} \tag{2.4.10}$$

entsteht rekursiv. Der Zusammenhang zwischen den Bäumen und den elementaren Differentialen kann ebenfalls rekursiv definiert werden.

Definition 2.4.2. Das einem Baum $t \in T$ zugeordnete elementare Differential ist durch

$$F(t)(y) = \begin{cases} f(y) & \text{für} \quad t = ., \\ f^{(k)}(y)[F(t_1)(y), F(t_2)(y), \ldots, F(t_k)(y)] & \text{für} \quad t = [t_1, t_2, \ldots, t_k] \end{cases}$$

gegeben. $\square$

Bemerkung 2.4.4. Bei der Darstellung der elementaren Differentiale haben wir der Übersichtlichkeit halber auf eine komponentenweise Darstellung verzichtet. Die i-te Komponente des elementaren Differentials $f'f$ ergibt sich mit der Komponentenschreibweise

$$y_i'(t) = f_i(y_1, \ldots, y_n), \quad i = 1, \ldots, n$$

des Differentialgleichungssystems (2.0.1) durch Differentiation nach t zu

$$(f'f)_i = \sum_k \frac{\partial f_i}{\partial y_k} f_k.$$

Für die i-te Komponente der elementaren Differentiale $f''ff$ und $f'f'f$ erhält man die Darstellungen

$$(f''(f,f))_i = \sum_{k,l} \frac{\partial^2 f_i}{\partial y_k \partial y_l} f_k f_l$$

$$(f'f'f)_i = \sum_{k,l} \frac{\partial f_i}{\partial y_k} \frac{\partial f_k}{\partial y_l} f_l.$$

Analog berechnen sich die Komponenten der elementaren Differentiale höherer Ordnung. □

Setzen wir in die Taylorentwicklung

$$y(t + h) = y(t) + y'(t)h + \frac{1}{2}y''(t)h^2 + \frac{1}{3!}y'''(t)h^3 + \frac{1}{4!}y^{(4)}(t)h^4 + \mathcal{O}(h^5) \quad (2.4.11)$$

die bereits berechneten Ableitungen von $y(t)$ ein, so ergibt sich mit Definition 2.4.2 eine Entwicklung

$$\begin{aligned}
y(t + h) &= y(t) + F(\boldsymbol{\cdot})h + \frac{1}{2}F(\boldsymbol{\mathfrak{t}})h^2 + \frac{1}{3!}(F(\boldsymbol{\vee}) + F(\boldsymbol{\mathfrak{i}}))h^3 \\
&\quad + \frac{1}{4!}(F(\boldsymbol{\vee\!\!\!\vee}) + 3F(\boldsymbol{\vee\!\!\cdot}) + F(\boldsymbol{Y}) + F(\boldsymbol{\mathfrak{i}}))h^4 + \mathcal{O}(h^5)
\end{aligned} \tag{2.4.12}$$

in elementaren Differentialen. Für die Verallgemeinerung auf beliebige Ordnung benötigen wir folgende

Definition 2.4.3. Die Anzahl der Knoten eines Baumes $\mathbf{t} \in \mathbf{T}$ heißt *Ordnung* $\rho(\mathbf{t})$. Mit $\mathbf{T}_p := \{\mathbf{t} \in \mathbf{T} : \rho(\mathbf{t}) \le p\}$ bezeichnen wir die Menge aller Bäume bis zur Ordnung p. Die *Symmetrie* $\sigma(\mathbf{t})$ ist definiert durch

$$\sigma(\boldsymbol{\cdot}) = 1$$
$$\sigma([\mathbf{t}_1^{l_1}, \mathbf{t}_2^{l_2}, \dots, \mathbf{t}_k^{l_k}]) = l_1!\sigma(\mathbf{t}_1)^{l_1}\, l_2!\sigma(\mathbf{t}_2)^{l_2} \cdots l_k!\sigma(\mathbf{t}_k)^{l_k},$$

wobei die Exponenten die Anzahl der gleichen Teilbäume wiedergeben, d. h.

$$[\underbrace{\mathbf{t}_1, \dots, \mathbf{t}_1}_{l_1}, \underbrace{\mathbf{t}_2, \dots, \mathbf{t}_2}_{l_2}, \dots, \underbrace{\mathbf{t}_k, \dots, \mathbf{t}_k}_{l_k}] =: [\mathbf{t}_1^{l_1}, \mathbf{t}_2^{l_2}, \dots, \mathbf{t}_k^{l_k}].$$

Die *Dichte* $\gamma(\mathbf{t})$ ist definiert durch

$$\gamma(\boldsymbol{\cdot}) = 1$$
$$\gamma(\mathbf{t}) = \rho(\mathbf{t})\gamma(\mathbf{t}_1)\gamma(\mathbf{t}_2) \cdots \gamma(\mathbf{t}_k) \quad \text{für} \quad \mathbf{t} = [\mathbf{t}_1, \mathbf{t}_2, \dots, \mathbf{t}_k]. \quad \square$$

Die Symmetrie $\sigma(\mathbf{t})$ kann kombinatorisch interpretiert werden (vgl. Aufgabe 3). Für Bäume bis zur Ordnung $p = 5$ findet man Dichte und Symmetrie in Tabelle 2.4.2. Im folgenden Beispiel zeigen wir, wie man die entsprechenden Werte für einen Baum mit sieben Knoten bestimmen kann.

Beispiel 2.4.2. Der Baum $\mathbf{t} = \boldsymbol{\vee\!\!\!\mathfrak{i}} = [\boldsymbol{\vee}, \boldsymbol{\mathfrak{i}}] = [[\boldsymbol{\cdot}^2], [[\boldsymbol{\cdot}]]]$ hat sieben Knoten, also ist $\rho(\boldsymbol{\vee\!\!\!\mathfrak{i}}) = 7$. Für die Dichte gilt $\gamma(\boldsymbol{\vee\!\!\!\mathfrak{i}}) = 7 \cdot \gamma(\boldsymbol{\vee})\gamma(\boldsymbol{\mathfrak{i}}) = 7 \cdot 3 \cdot (3 \cdot 2) = 126$. Der Teilbaum $\boldsymbol{\vee}$ hat eine Spiegelsymmetrie, deshalb ist

$$\sigma(\boldsymbol{\vee\!\!\!\mathfrak{i}}) = \sigma(\boldsymbol{\vee})\sigma(\boldsymbol{\mathfrak{i}}) = \sigma([\boldsymbol{\cdot}^2])\sigma(\boldsymbol{\mathfrak{i}}) = 2 \cdot 1 = 2. \quad \square$$

Die Verallgemeinerung der Entwicklung (2.4.12) kann nun mit Hilfe von Dichte und Symmetrie kompakt angegeben werden. Es gilt (vgl. Butcher [53]) der folgende

Satz 2.4.2. *Für die analytische Lösung von $y' = f(y)$ gilt*

$$y(t_m + h) = y(t_m) + \sum_{\mathbf{t} \in \mathbf{T}_p} \frac{1}{\gamma(\mathbf{t})} \frac{h^{\rho(\mathbf{t})}}{\sigma(\mathbf{t})} F(\mathbf{t})(y(t_m)) + \mathcal{O}(h^{p+1}). \qquad (2.4.13)$$

Beweis. Wir zeigen, dass die rechte Seite von (2.4.13) die Differentialgleichung bis zur Ordnung $\mathcal{O}(h^p)$ erfüllt. Differenzieren nach h liefert

$$\frac{d}{dh} y(t_m + h) = \sum_{\mathbf{t} \in \mathbf{T}_p} \frac{\rho(\mathbf{t})}{\gamma(\mathbf{t})} \frac{h^{\rho(\mathbf{t})-1}}{\sigma(\mathbf{t})} F(\mathbf{t})(y(t_m)) + \mathcal{O}(h^p). \qquad (2.4.14)$$

Diese abgeleitete Reihe wollen wir mit der Entwicklung von $f(y(t_m+h))$ gliedweise vergleichen. Die multivariate Taylorformel liefert

$$f(y(t_m) + \xi) = f(y(t_m)) + \sum_{k=1}^{p-1} \frac{1}{k!} f^{(k)} \underbrace{[\xi, \ldots, \xi]}_{k\text{-fach}} + \mathcal{O}(h^p), \qquad (2.4.15)$$

mit $\xi = y(t_m + h) - y(t_m) = \mathcal{O}(h)$. Da $f^{(k)}$ multilinear ist, können wir ξ unter Beachtung von (2.4.13) einsetzen und dann ausmultiplizieren. Das ergibt dann eine Entwicklung der Form (2.4.14). Es bleibt zu zeigen, dass beide Entwicklungen die gleichen Koeffizienten haben. Für $\mathbf{t} = \cdot$ sind die Koeffizienten gleich, denn es gilt

$$\frac{1}{1!} f(y(t_m)) = \frac{\rho(\cdot)}{\gamma(\cdot)} \frac{h^0}{\sigma(\cdot)} F(\cdot)(y(t_m)),$$

da $\rho(\cdot) = \gamma(\cdot) = \sigma(\cdot) = 1$ ist. Sei nun $\mathbf{t} = [\mathbf{t}_1, \mathbf{t}_2, \ldots, \mathbf{t}_k]$ ein beliebiger zusammengesetzter Baum mit Ordnung $\rho(\mathbf{t}) = q \leq p$. Per Induktion können wir annehmen, dass die Koeffizienten in (2.4.14) und (2.4.15) für alle Bäume bis zur Ordnung $q - 1$, also auch für $\mathbf{t}_1$ bis $\mathbf{t}_k$ übereinstimmen. Der Koeffizient für $\mathbf{t}$ in (2.4.14) ist

$$\frac{\rho(\mathbf{t})}{\gamma(\mathbf{t})\sigma(\mathbf{t})} = \frac{1}{\gamma(\mathbf{t}_1)\gamma(\mathbf{t}_2)\cdots\gamma(\mathbf{t}_k)\sigma(\mathbf{t})}. \qquad (2.4.16)$$

In (2.4.15) tritt der Baum $\mathbf{t}$ durch das Ausmultiplizieren der ξ wegen der Symmetrie von $f^{(k)}$ mehrfach auf, so ist z. B. $f^{(k)}(\mathbf{t}_1, \mathbf{t}_2, \ldots, \mathbf{t}_k) = f^{(k)}(\mathbf{t}_2, \mathbf{t}_1, \ldots, \mathbf{t}_k) = F(\mathbf{t})$ mit $\mathbf{t}_1 \neq \mathbf{t}_2$. Sei β die Anzahl aller geordneten Tupel, die aus der Menge $\{\mathbf{t}_1, \mathbf{t}_2, \ldots, \mathbf{t}_k\}$ gebildet werden können. Dann ist der Koeffizient von $\mathbf{t}$ gegeben durch

$$\frac{\beta}{k!} \prod_{i=1}^{k} \text{Koeffizient von } \mathbf{t}_i \text{ in (2.4.14)} = \frac{\beta}{k!} \prod_{i=1}^{k} \frac{1}{\gamma(\mathbf{t}_i)\sigma(\mathbf{t}_i)}$$

$$= \frac{\beta}{k!} \frac{1}{\gamma(\mathbf{t}_1)\gamma(\mathbf{t}_2)\cdots\gamma(\mathbf{t}_k)\sigma(\mathbf{t}_1)\sigma(\mathbf{t}_2)\cdots\sigma(\mathbf{t}_k)}. \quad (2.4.17)$$

Die Gleichheit von (2.4.16) und (2.4.17) folgt nun aus der Definition 2.4.3 für die Symmetrie $\sigma(\mathbf{t})$, denn es gilt (vgl. Aufgabe 2)

$$\sigma([\mathbf{t}_1, \mathbf{t}_2, \ldots, \mathbf{t}_k]) = \frac{k!}{\beta}\sigma(\mathbf{t}_1)\sigma(\mathbf{t}_2)\cdots\sigma(\mathbf{t}_k).$$

■

Wenden wir uns nun der Entwicklung der numerischen Lösung $\widetilde{u}_{m+1}$ zu.

Definition 2.4.4. Das *elementare Gewicht* $\Phi(\mathbf{t})$ eines s-stufigen RK-Verfahrens ist definiert durch

$$\Phi(\textbf{.}) = \sum_i b_i$$

$$\Phi([\mathbf{t}_1, \mathbf{t}_2, \ldots, \mathbf{t}_k]) = \sum_i b_i(\widetilde{\Phi}_i(\mathbf{t}_1)\widetilde{\Phi}_i(\mathbf{t}_2)\cdots\widetilde{\Phi}_i(\mathbf{t}_k))$$

mit den Vektoren

$$\widetilde{\Phi}(\textbf{.}) = c$$

$$\widetilde{\Phi}([\mathbf{t}_1, \mathbf{t}_2, \ldots, \mathbf{t}_k]) = \left(\sum_j a_{ij}\left(\widetilde{\Phi}_j(\mathbf{t}_1)\widetilde{\Phi}_j(\mathbf{t}_2)\cdots\widetilde{\Phi}_j(\mathbf{t}_k)\right)\right)_{i=1,\ldots,s}. \qquad \square$$

Beispiel 2.4.3. Wir bestimmen das elementare Gewicht nach Definition 2.4.4 für den Baum Λ. Das gelingt am einfachsten grafisch: Als Erstes beschriften wir die Wurzel mit $b^\top$, die „Blätter" mit c und alle inneren Knoten mit A,

$$\begin{array}{cc} & c \\ c \quad\ c & A \\ A \diagdown\diagup & A \\ & b^\top \end{array}$$

und dann multiplizieren wir auf gleicher Ebene komponentenweise $\circledast$ und entlang der Kanten mit Matrix-Vektor-Multiplikation $*$. Mit dieser Tensorschreibweise erhalten wir

$$\Phi(\overset{\vee}{\vee}) = b^{\top} * ((A * (c \circledast c)) \circledast (A * A * c)), \qquad (2.4.18)$$

und das entspricht komponentenweise

$$\Phi(\overset{\vee}{\vee}) = \sum_i b_i \widetilde{\Phi}_i(\mathbf{v}) \widetilde{\Phi}_i(\mathbf{l}) = \sum_{i,j,k,l} b_i (a_{ij} c_j^2)(a_{ik} a_{kl} c_l).$$

$\square$

Bemerkung 2.4.5. Die Tensorschreibweise (2.4.18) eignet sich für praktische Berechnungen. In MATLAB wird (2.4.18) zu `b'*((A*(c.*c)).*(A*A*c))`, der entsprechende Mathematica-Ausdruck ist `b.((A.(c*c))*(A.A.c))`. $\square$

Mit Hilfe der elementaren Gewichte kann die Entwicklung der numerischen Lösung angegeben werden. Es gilt (vgl. Butcher [53]) der folgende

Satz 2.4.3. *Für die Lösung $\widetilde{u}_{m+1}$ des Runge-Kutta-Verfahrens gilt*

$$\widetilde{u}_{m+1}^{(i)} = y(t_m) + \sum_{\mathbf{t} \in \mathbf{T}_p} \widetilde{\Phi}_i(\mathbf{t}) \frac{h^{\rho(\mathbf{t})}}{\sigma(\mathbf{t})} F(\mathbf{t})(y(t_m)) + \mathcal{O}(h^{p+1}), \quad i = 1, \dots, s, \quad (2.4.19)$$

$$\widetilde{u}_{m+1} = y(t_m) + \sum_{\mathbf{t} \in \mathbf{T}_p} \Phi(\mathbf{t}) \frac{h^{\rho(\mathbf{t})}}{\sigma(\mathbf{t})} F(\mathbf{t})(y(t_m)) + \mathcal{O}(h^{p+1}). \qquad (2.4.20)$$

Beweis. Wir zeigen nur die Aussage (2.4.19) für die Stufen. Die Entwicklung (2.4.20) erhält man anschließend leicht durch Hinzufügen einer $(s+1)$-ten Stufe mit $a_{s+1,i} = b_i$, für $i = 1, \dots, s$ und $a_{s+1,s+1} = 0$.

Zu zeigen ist, dass $\widetilde{u}_{m+1}^{(i)}$ aus (2.4.19) die Stufengleichung

$$\widetilde{u}_{m+1}^{(i)} = y(t_m) + h \sum_j a_{ij} f(\widetilde{u}_{m+1}^{(j)}) \qquad (2.4.21)$$

erfüllt. Wir setzen die Reihe in die rechte Seite von (2.4.21) ein

$$y(t_m) + h \sum_j a_{ij} f \left(y(t_m) + \sum_{\mathbf{t} \in \mathbf{T}_p} \widetilde{\Phi}_j(\mathbf{t}) \frac{h^{\rho(\mathbf{t})}}{\sigma(\mathbf{t})} F(\mathbf{t}) + \mathcal{O}(h^{p+1}) \right). \qquad (2.4.22)$$

Mit Hilfe der multivariaten Taylorformel erhalten wir

$$y(t_m) + h \sum_j a_{ij} \sum_{k=1}^p \frac{1}{k!} f^{(k)} \underbrace{[\xi, \dots, \xi]}_{k\text{-fach}} + \mathcal{O}(h^{p+1}) \qquad (2.4.23)$$

mit

$$\xi = \sum_{t \in T_p} \widetilde{\Phi}_j(t) \frac{h^{\rho(t)}}{\sigma(t)} F(t).$$

Analog zur Argumentation im Beweis von Satz 2.4.2 vergleichen wir nun die Koeffizienten in (2.4.19) und (2.4.23). Für $t = .$ folgt $\widetilde{\Phi}_i(t) = c_i$. Für einen beliebigen zusammengesetzten Baum $t = [t_1, t_2, \ldots, t_k]$ stimmen die Koeffizienten überein, falls

$$\frac{1}{\sigma(t)} \widetilde{\Phi}_i([t_1, t_2 \ldots, t_k]) = \frac{\beta}{k! \sigma(t_1) \sigma(t_2) \cdots \sigma(t_k)} \sum_j a_{ij} \left(\widetilde{\Phi}_j(t_1) \widetilde{\Phi}_j(t_2) \cdots \widetilde{\Phi}_j(t_k) \right)$$

gilt. Nach dem Kürzen der Vorfaktoren erhalten wir die Rekursion für das elementare Gewicht aus Definition 2.4.4. ∎

Ein Vergleich der Koeffizienten in (2.4.13) und (2.4.20) liefert die Ordnungsbedingungen:

Satz 2.4.4. *Ein Runge-Kutta-Verfahren hat genau dann die Ordnung p, wenn für alle Bäume $t \in \mathbf{T}$ mit $\rho(t) \leq p$ die Bedingung*

$$\frac{1}{\gamma(t)} = \Phi(t) \tag{2.4.24}$$

gilt. □

Beispiel 2.4.4. Die Ordnungsbedingung für den Baum $\bigvee$ aus Beispiel 2.4.2 bzw. Beispiel 2.4.3 ist mit Satz 2.4.4

$$\frac{1}{126} = \sum_{i,j,k,l} b_i (a_{ij} c_j^2)(a_{ik} a_{kl} c_l).$$

□

Bemerkung 2.4.6. Satz 2.4.4 bezieht sich auf beliebige Systeme: Man kann durch spezielle Wahl von rechten Seiten f zeigen, dass die elementaren Differentiale linear unabhängig sind und Bedingung (2.4.24) nicht nur hinreichend, sondern auch notwendig ist. Für bestimmte rechte Seiten $f(y)$, z.B. für skalare Gleichungen oder für lineare Systeme, fallen elementare Differentiale zusammen, und ein RK-Verfahren kann für solche Probleme höhere Ordnung besitzen, als in Satz 2.4.4 ausgesagt wird. □

In Tabelle 2.4.2 sind die Ordnungsbedingungen bis Ordnung $p = 5$ dargestellt. Für $p > 5$ nimmt die Zahl der Bedingungsgleichungen stark zu, siehe Tabelle 2.4.3.

Die Rekursionen für die Dichte $\gamma(t)$ und die elementaren Gewichte $\Phi(t)$ lassen sich auch für Beweise verwenden, z.B. für den folgenden

p	t	$F(\mathbf{t})$	$\sigma(\mathbf{t})$	$\gamma(\mathbf{t})$	Bedingung
1		f	1	1	$1 = \sum b_i$
2		$f'f$	1	2	$\frac{1}{2} = \sum b_i c_i$
3		$f''(f,f)$	2	3	$\frac{1}{3} = \sum b_i c_i^2$
		$f'f'f$	1	6	$\frac{1}{6} = \sum b_i a_{ij} c_j$
4		$f'''(f,f,f)$	6	4	$\frac{1}{4} = \sum b_i c_i^3$
		$f''(f,f'f)$	1	8	$\frac{1}{8} = \sum b_i c_i a_{ij} c_j$
		$f'f''(f,f)$	2	12	$\frac{1}{12} = \sum b_i a_{ij} c_j^2$
		$f'f'f'f$	1	24	$\frac{1}{24} = \sum b_i a_{ij} a_{jk} c_k$
5		$f^{(4)}(f,f,f,f)$	24	5	$\frac{1}{5} = \sum b_i c_i^4$
		$f'''(f,f,f'f)$	2	10	$\frac{1}{10} = \sum b_i c_i^2 a_{ij} c_j$
		$f''(f,f''(f,f))$	2	15	$\frac{1}{15} = \sum b_i c_i a_{ij} c_j^2$
		$f''(f,f'f'f)$	1	30	$\frac{1}{30} = \sum b_i c_i a_{ij} a_{jk} c_k$
		$f''(f'f,f'f)$	2	20	$\frac{1}{20} = \sum b_i a_{ij} c_j a_{ik} c_k$
		$f'f'''(f,f,f)$	6	20	$\frac{1}{20} = \sum b_i a_{ij} c_j^3$
		$f'f''(f,f'f)$	1	40	$\frac{1}{40} = \sum b_i a_{ij} c_j a_{jk} c_k$
		$f'f'f''(f,f)$	2	60	$\frac{1}{60} = \sum b_i a_{ij} a_{jk} c_k^2$
		$f'f'f'f'f$	1	120	$\frac{1}{120} = \sum b_i a_{ij} a_{jk} a_{kl} c_l$

Tabelle 2.4.2: Ordnungsbedingungen für Runge-Kutta-Methoden bis Ordnung 5

p	1	2	3	4	5	6	7	8	9	10	11	12	13
N_p	1	2	4	8	17	37	85	200	486	1205	3047	7813	20299

Tabelle 2.4.3: Anzahl der Bedingungsgleichungen N_p für RK-Verfahren der Ordnung p

Satz 2.4.5. *Erfüllt ein RK-Verfahren die vereinfachende Bedingung*

$$D(1): \quad \sum_{i=1}^{s} b_i a_{ij} = b_j(1 - c_j), \quad j = 1, \ldots, s \qquad (2.4.25)$$

und die Ordnungsbedingungen für die beiden Bäume $\overset{t_1 \cdots t_k}{\vee}{}^{t_k}$ *und* $\overset{t_1 \cdots \quad t_k}{\vee}$ *,*
so ist die Ordnungsbedingung für den Baum $\overset{t_1 \cdots t_k}{\underset{\bullet}{\vee}}$ *automatisch erfüllt.*

Beweis. Sei $p - 1$ die Ordnung des ersten Baumes. Die beiden anderen Bäume haben einen Knoten mehr, sind also von Ordnung p. Nach Voraussetzung, Satz 2.4.4 und Definitionen 2.4.3 und 2.4.4 gilt für die ersten beiden Bäume

$$\frac{1}{\gamma([\mathbf{t}_1, \ldots, \mathbf{t}_k])} = \frac{1}{(p-1)\gamma(\mathbf{t}_1) \cdots \gamma(\mathbf{t}_k)} = \sum_j b_j \widetilde{\Phi}_j(\mathbf{t}_1) \cdots \widetilde{\Phi}_j(\mathbf{t}_k), \qquad (2.4.26)$$

und

$$\frac{1}{\gamma([\mathbf{t}_1, \ldots, \mathbf{t}_k, .])} = \frac{1}{p\gamma(\mathbf{t}_1) \cdots \gamma(\mathbf{t}_k)} = \sum_j b_j \widetilde{\Phi}_j(\mathbf{t}_1) \cdots \widetilde{\Phi}_j(\mathbf{t}_k) \cdot \underbrace{\widetilde{\Phi}_j(.)}_{=c_j}. \qquad (2.4.27)$$

Die Ordnungsbedingung für den dritten Baum

$$\frac{1}{\gamma([[\mathbf{t}_1, \ldots, \mathbf{t}_k]])} = \frac{1}{p(p-1)\gamma(\mathbf{t}_1) \cdots \gamma(\mathbf{t}_k)} = \sum_i b_i \sum_j a_{ij} \widetilde{\Phi}_j(\mathbf{t}_1) \cdots \widetilde{\Phi}_j(\mathbf{t}_k)$$

$$\qquad (2.4.28)$$

ergibt sich als Differenz von (2.4.26) und (2.4.27), falls (2.4.25) gilt. ∎

Beispiel 2.4.5. Nach Satz 2.4.5 ist die Ordnungsbedingung für den Baum Υ erfüllt, falls $D(1)$ gilt und die Bedingungen für die Bäume $\vee$ und $\vee\!\!\!\cdot$ erfüllt sind. □

Satz 2.4.6 (Butcher Schranken). *Für die maximal erreichbare Ordnung p eines expliziten Runge-Kutta-Verfahrens mit s Stufen gilt $p \leq s$. Ferner gelten folgende verschärfte Abschätzungen für die minimale Stufenzahl s_p:*

p	1	2	3	4	5	6	7	8	$p \geq 9$
s_p	1	2	3	4	6	7	9	11	$s_p \geq p+3$

.

Beweis. Der erste Teil ($p \leq s$) ist Inhalt von Aufgabe 10. Für die komplizierten Beweise der anderen Schranken verweisen wir auf die Originalarbeiten von Butcher [45], [50]. ∎

Bemerkung 2.4.7. Die Ordnungsbedingungen können mit Hilfe von Computeralgebraprogrammen automatisch aufgestellt werden, vgl. [29]. In Mathematica gibt es dafür das Paket *NumericalDifferentialEquationAnalysis*, in dem die Objekte dieses Abschnittes implementiert sind. Wir zeigen im Folgenden, wie man die Definitionen und Sätze in Mathematica (Version 7 oder höher) umsetzen kann. Dabei verwenden wir das Symbol `L[]` für die Operation $[\cdot]$. Durch geschachtelte Anwendung kann jeder Baum dargestellt werden, z. B. ist $\vee$ durch `L[L[],L[]]` und $\vdots$ durch `L[L[L[]]]` gegeben. Für die Eigenschaft (2.4.8) gibt es in Mathematica eine spezielle Syntax: Die Anweisung

```
1  SetAttributes[L, Orderless]
```

bewirkt, dass Mathematica die Bäume automatisch in Normalform transformiert, d. h., äquivalente Bäume werden durch einen Vertreter repräsentiert. Zum Beispiel wird aus der Eingabe `L[L[L[L[]]],L[L[L[]],L[]],L[]]`, also $\curlywedge$, der äquivalente Baum $\curlywedge$, nämlich `L[L[],L[L[L[]]],L[L[],L[L[]]]]`. Um die L-Ausdrücke als Baumgraph anzuzeigen, verwenden wir `TreeForm`:

```
2  draw[x_] := x /. L[y__] -> TreeForm[L[y], VertexLabeling -> False,
3      PlotStyle -> Directive[PointSize[Medium]], ImageSize -> 30]
```

Für die Berechnung von Ordnung, Dichte und Symmetrie aus Definition 2.4.3

```
4  r[L[tt___]] := 1 + Plus @@ (r /@ {tt})
5  g[L[tt___]] := r[L[tt]] Times @@ (g /@ {tt})
6  s[L[tt___]] := Times @@ (Length[#]!s[#[[1]]]^Length[#]
7                  & /@ Gather[{tt}])
```

nutzt man aus, dass leere Summen den Wert 0 und leere Produkte den Wert 1 haben. Die Menge aller Bäume `Tree[p]` aus $\mathbf{T}_p$ erzeugt man rekursiv, durch Anhängen von jeweils einem Knoten an Teilbäume.

```
8   addLeaf[t_] := Join[
9   {Append[t, L[]]}, Join @@ Table[
10      (ReplacePart[t, k -> #] &) /@ addLeaf[t[[k]]], {k, 1, Length[t]}]
11  ]
12  Trees[p_:5] := Flatten[NestList[Union @@ addLeaf /@ # &, {L[]}, p-1]];
```

Mit `Table[Length[Tree[p]],{p,1,13}]` erhalten wir die Tabelle von Satz 2.4.6. Dabei werden alle Bäume aus $\mathbf{T}_p$ innerhalb weniger Sekunden erzeugt und gezählt. Von der exakte Lösung benötigen wir nur die Koeffizienten $\frac{1}{\gamma(t)}$ in der Entwicklung (2.4.13),

```
13  exact[p_Integer:5]:=1 + Sum[1/g[t] t,{t,Trees[p]}]
```

wobei der Baum t im Mathematica-Ausdruck für $\frac{h^\rho(t)}{\sigma(t)}F(t)$ steht. Mit den elementaren Gewichten aus Definition 2.4.4

```
14  phi[L[]]      := b.e
15  phi[L[tt__]]  := b.Times @@ phi /@ {tt}
16  phit[L[]]     := A.e
```

17 `phit[L[tt__]] := A.Times @@ phit /@ {tt}`

wird (2.4.20) zu

18 `numerical[p_Integer:5]:=1+Sum[phi[t] t ,{t,Trees[p]}]`

Setzen wir ein konkretes Verfahren, z. B. das klassische RK-Verfahren aus Tabelle 2.4.4, ein

19 `rk4 = numerical[5]/.`
20 `{A -> {{0, 0, 0, 0},`
21 `     {1/2, 0, 0, 0},`
22 `      {0, 1/2, 0, 0},`
23 `       {0, 0, 1, 0}},`
24 `  b -> {1/6, 1/3, 1/3, 1/6},`
25 `  e-> {1,1,1,1}}`

und bilden die Differenz,

26 `error=exact[5]-rk4`

so erhalten wir den führenden Fehlerterm

$$(\frac{1}{120}\frac{F(\overset{\bullet}{\overset{\bullet}{\overset{\bullet}{\bullet}}})}{1} - \frac{1}{240}\frac{F(\overset{\bullet}{\overset{\vee}{\bullet}})}{2} + \frac{1}{240}\frac{F(\overset{\vee}{\overset{\bullet}{\vee}})}{1} + \frac{1}{120}\frac{F(\overset{\vee}{\vee})}{3!} - \frac{1}{120}\frac{F(\overset{\vee}{\bullet})}{1} +$$

$$\frac{1}{240}\frac{F(\overset{\vee}{\vee})}{2} - \frac{1}{80}\frac{F(\overset{\vee}{\vee})}{2} - \frac{1}{240}\frac{F(\overset{\vee}{\smile})}{2} - \frac{1}{120}\frac{F(\smile\!\!\vee)}{4!})h^5,$$

d. h., das Verfahren ist von der Ordnung 4.   □

Die Darstellung von exakter Lösung (2.4.13) und numerischer Lösung (2.4.20) als formale Potenzreihe, die als Indexmenge die Wurzelbäume $\mathbf{T}$ verwendet, stammt von Hairer und Wanner [139]. Eine Verallgemeinerung führt auf B-Reihen.

Definition 2.4.5. Sei $a\colon (\mathbf{T} \cup \{\emptyset\}) \to \mathbb{R}$ eine beliebige Abbildung. Dann heißt die formale Reihe

$$B(a, y_0) = a(\emptyset)y_0 + \sum_{t \in \mathbf{T}} a(\mathbf{t})\frac{h^{r(\mathbf{t})}}{\sigma(\mathbf{t})}F(\mathbf{t})(y_0)$$

B-Reihe mit Koeffizienten $a(\mathbf{t})$. Der „Baum" $\emptyset$ heißt *leerer Baum*.   □

Beispiel 2.4.6. 1. Für die analytische Lösung gilt nach Satz 2.4.13

$$y(t_m + h) = B(E, y(t_m))$$

mit den Koeffizienten

$$E(\emptyset) = 1,$$

$$E(\mathbf{t}) = \frac{1}{\gamma(\mathbf{t})} \quad \text{für} \quad \mathbf{t} \in \mathbf{T}.$$

2. Satz 2.4.20 liefert die Darstellung der numerischen Lösung als B-Reihe. Es gilt $\tilde{u}_{m+1} = B(a, y(t_m))$ mit

$$a(\emptyset) = 1,$$
$$a(\mathbf{t}) = \Phi(\mathbf{t}) \quad \text{für} \quad \mathbf{t} \in \mathbf{T}.$$

3. Die k-te Ableitung, $k > 0$, kann als Auswertung einer B-Reihe aufgefasst werden. Sei $h^k y^{(k)}(t_m) = B(D_k, y(t_m))$. Dann gilt mit Satz 2.4.13

$$D_k(\emptyset) = 0,$$
$$D_k(\mathbf{t}) = \begin{cases} \frac{k!}{\gamma(\mathbf{t})} & \text{für} \quad \rho(\mathbf{t}) = k \\ 0 & \text{sonst.} \end{cases}$$

Für die erste Ableitung $hy'(t_m) = B(D_1, y(t_m))$ ist nur ein Koeffizient nicht null, nämlich $D_1(.) = 1$.

$\square$

B-Reihen werden bei violen theoretischen Fragestellungen verwendet, z. B. bei Hintereinanderausführungen von Runge-Kutta-Verfahren.

2.4.3 Explizite Runge-Kutta-Verfahren bis zur Ordnung vier

Ausgehend von den in der Tabelle 2.4.2 aufgeführten Konsistenzbedingungen wollen wir in diesem Abschnitt explizite RK-Verfahren mit minimaler Stufenzahl bis zur Ordnung $p = 4$ herleiten. Dabei setzen wir voraus, dass die Knotenbedingung

$$c_i = \sum_{j=1}^{i-1} a_{ij}, \quad i = 1, \ldots, s,$$

also insbesondere $c_1 = 0$ gilt. Sie vereinfacht die Herleitung der Ordnungsbedingungen für Verfahren höherer Ordnungen. Das einzige einstufige explizite RK-Verfahren der Konsistenzordnung $p = 1$ ist dann das explizite Euler-Verfahren. Zweistufige RK-Verfahren der Ordnung $p = 2$ haben wir bereits in Beispiel 2.2.1 betrachtet. Sie sind durch das Parameterschema

$$\begin{array}{c|cc} 0 & & \\ c_2 & c_2 & \\ \hline & 1 - 1/(2c_2) & 1/(2c_2) \end{array} \quad , \quad c_2 \neq 0$$

gekennzeichnet. Für den Knoten $c_2 = 1/2$ erhält man das Verfahren von Runge (1895), das für ein Quadraturproblem in die Mittelpunktregel übergeht. Für $c_2 =$

1 bekommt man das Verfahren von Heun (1900), das für ein Quadraturproblem in die Trapezregel übergeht.

Für explizite RK-Verfahren der Ordnung $p = 3$ sind mindestens drei Stufen erforderlich. Ein dreistufiges RK-Verfahren

$$
\begin{array}{c|ccc}
0 & & & \\
c_2 & a_{21} & & \\
c_3 & a_{31} & a_{32} & \\
\hline
 & b_1 & b_2 & b_3
\end{array}
$$

ist nach der Tabelle 2.4.2 genau dann von dritter Ordnung, wenn die vier Bedingungsgleichungen

$$b_1 + b_2 + b_3 = 1 \qquad\qquad (2.4.29a)$$

$$b_2 c_2 + b_3 c_3 = \frac{1}{2} \qquad\qquad (2.4.29b)$$

$$b_2 c_2^2 + b_3 c_3^2 = \frac{1}{3} \qquad\qquad (2.4.29c)$$

$$b_3 a_{32} c_2 = \frac{1}{6} \qquad\qquad (2.4.29d)$$

erfüllt sind. Wir fassen die Knoten c_2 und c_3 als freie Parameter (mit $c_2 \neq 0$ wegen (2.4.29d)) auf und unterscheiden die folgenden drei Fälle:

Fall I: $c_2 \neq c_3$, $c_3 \neq 0$. Dann ergeben sich aus (2.4.29b) und (2.4.29c) die Gewichte b_2 und b_3 zu

$$b_2 = \frac{3c_3 - 2}{6c_2(c_3 - c_2)}, \quad b_3 = \frac{2 - 3c_2}{6c_3(c_3 - c_2)}.$$

Nach Gleichung (2.4.29d) muss $b_3 \neq 0$ und damit $c_2 \neq \frac{2}{3}$ sein. Aus (2.4.29a) und (2.4.29d) folgt

$$b_1 = 1 - b_2 - b_3, \quad a_{32} = \frac{1}{6b_3 c_2}.$$

Fall II: $c_3 = 0$. Aus (2.4.29b) und (2.4.29c) folgt $c_2 = \frac{2}{3}$ und $b_2 = \frac{3}{4}$. Mit $b_3 \neq 0$ als freien Parameter ergeben sich weiterhin

$$b_1 = \frac{1}{4} - b_3, \quad a_{32} = \frac{1}{4b_3}.$$

Fall III: $c_2 = c_3$. Aus (2.4.29b) und (2.4.29c) ergibt sich $c_2 = c_3 = \frac{2}{3}$ und $b_2 + b_3 = \frac{3}{4}$. Mit $b_3 \neq 0$ als freien Parameter erhalten wir

$$b_1 = \frac{1}{4}, \quad b_2 = \frac{3}{4} - b_3, \quad a_{32} = \frac{1}{4b_3}.$$

Die Butcher-Schemata für die drei Fälle sind:

Fall I:

$$
\begin{array}{c|ccc}
0 & & & \\
c_2 & c_2 & & \\
c_3 & \dfrac{c_3(3c_2 - 3c_2^2 - c_3)}{c_2(2 - 3c_2)} & \dfrac{c_3(c_3 - c_2)}{c_2(2 - 3c_2)} & \\
\hline
& \dfrac{-3c_3 + 6c_2c_3 + 2 - 3c_2}{6c_2c_3} & \dfrac{3c_3 - 2}{6c_2(c_3 - c_2)} & \dfrac{2 - 3c_2}{6c_3(c_3 - c_2)}
\end{array}
$$

Fall II:

$$
\begin{array}{c|ccc}
0 & & & \\
\frac{2}{3} & \frac{2}{3} & & \\
0 & -\dfrac{1}{4b_3} & \dfrac{1}{4b_3} & \\
\hline
& \frac{1}{4} - b_3 & \frac{3}{4} & b_3
\end{array}
$$

Fall III:

$$
\begin{array}{c|ccc}
0 & & & \\
\frac{2}{3} & \frac{2}{3} & & \\
\frac{2}{3} & \frac{2}{3} - \dfrac{1}{4b_3} & \dfrac{1}{4b_3} & \\
\hline
& \frac{1}{4} & \frac{3}{4} - b_3 & b_3
\end{array}
$$

Die erste Verfahrensklasse enthält das Verfahren von Heun ($c_2 = 1/3$, $c_3 = 2/3$) und das Verfahren von Kutta ($c_2 = 1/2$, $c_3 = 1$), das für ein Quadraturproblem in die *Simpson-Regel* übergeht. Die dritte Verfahrensklasse enthält das Verfahren von Nyström ($b_3 = 3/8$).

Für RK-Verfahren vierter Ordnung erhalten wir aus Tabelle 2.4.2 das unterbestimmte nichtlineare Gleichungssystem

$$b_1 + b_2 + b_3 + b_4 = 1 \qquad (2.4.30\text{a})$$

$$b_2 c_2 + b_3 c_3 + b_4 c_4 = \frac{1}{2} \qquad (2.4.30\text{b})$$

$$b_2 c_2^2 + b_3 c_3^2 + b_4 c_4^2 = \frac{1}{3} \qquad (2.4.30\text{c})$$

$$b_3 a_{32} c_2 + b_4 a_{42} c_2 + b_4 a_{43} c_3 = \frac{1}{6} \qquad (2.4.30\text{d})$$

$$b_2 c_2^3 + b_3 c_3^3 + b_4 c_4^3 = \frac{1}{4} \qquad (2.4.30\text{e})$$

$$b_3 c_3 a_{32} c_2 + b_4 c_4 a_{42} c_2 + b_4 c_4 a_{43} c_3 = \frac{1}{8} \qquad (2.4.30\text{f})$$

$$b_3 a_{32} c_2^2 + b_4 a_{42} c_2^2 + b_4 a_{43} c_3^2 = \frac{1}{12} \qquad (2.4.30\text{g})$$

$$b_4 a_{43} a_{32} c_2 = \frac{1}{24} \qquad (2.4.30\text{h})$$

Lemma 2.4.2. *Für vierstufige RK-Verfahren der Ordnung $p = 4$ gilt stets $c_4 = 1$.*

Beweis. Wir definieren folgende Matrizen

$$V = \begin{pmatrix} c_2 & c_2^2 & -c_2^2/2 \\ c_3 & c_3^2 & a_{32} c_2 - c_3^2/2 \\ c_4 & c_4^2 & a_{42} c_2 + a_{43} c_3 - c_4^2/2 \end{pmatrix}, \quad U = \begin{pmatrix} b_2 & b_3 & b_4 \\ b_2 c_2 & b_3 c_3 & b_4 c_4 \\ u_{31} & u_{32} & u_{33} \end{pmatrix}$$

mit

$$u_{31} = b_3 a_{32} + b_4 a_{42} - b_2(1 - c_2), \quad u_{32} = b_4 a_{43} - b_3(1 - c_3), \quad u_{33} = -b_4(1 - c_4).$$

Für das Produkt beider Matrizen erhalten wir unter Beachtung von (2.4.30)

$$UV = \begin{pmatrix} 1/2 & 1/3 & 0 \\ 1/3 & 1/4 & 0 \\ 0 & 0 & 0 \end{pmatrix}.$$

Mindestens eine der Matrizen U und V muss folglich singulär sein. Sei V singulär. Dann existiert ein $x \in \mathbb{R}^3$, $x \neq 0$, so dass $Vx = 0$ und damit $UVx = 0$. Da die linke obere (2,2)-Matrix regulär ist, folgt $x_1 = x_2 = 0$, d. h. $x = e_3 = (0, 0, 1)^\top$. Das bedeutet aber, dass wegen $Vx = 0$ die 3. Spalte von V null ist. Wegen $v_{13} = -c_2^2/2 \neq 0$ nach (2.4.30h) ist das aber nicht möglich. Folglich muss U singulär sein. Wir erhalten analog $x^\top U = x^\top UV = 0$ und $x = e_3^\top$. Damit ist die 3. Zeile von U null. Aus $u_{33} = 0$ folgt wegen $b_4 \neq 0$ nach (2.4.30h) schließlich $c_4 = 1$. ∎

Folgerung 2.4.1. *Vierstufige RK-Verfahren der Ordnung $p = 4$ erfüllen die vereinfachende Bedingung $D(1)$ (2.4.25).*

Beweis. Für $j = 2, 3, 4$ folgt die Aussage sofort aus der Tatsache, dass die 3. Zeile von U im vorigen Beweis null war. Für $j = 1$ erhalten wir unter Beachtung der Knotenbedingung

$$b_2 a_{21} + b_3 a_{31} + b_4 a_{41}$$
$$= b_2 c_2 + b_3 (c_3 - a_{32}) + b_4 (c_4 - a_{42} - a_{43})$$
$$= \frac{1}{2} - b_3 a_{32} - b_4 a_{42} - b_4 a_{43}$$
$$= \frac{1}{2} - b_2 (1 - c_2) - b_3 (1 - c_3) = \frac{1}{2} + b_2 c_2 + b_3 c_3 - b_2 - b_3$$
$$= \frac{1}{2} + b_2 c_2 + b_3 c_3 + b_4 c_4 - b_4 c_4 - b_2 - b_3$$
$$= \frac{1}{2} + \frac{1}{2} - b_2 - b_3 - b_4 \quad \text{wegen } c_4 = 1$$
$$= b_1 \quad \text{wegen (2.4.30a)}.$$

∎

Bemerkung 2.4.8. Die Differenz von (2.4.30d) und (2.4.30f) ergibt unter Beachtung von $c_4 = 1$

$$\frac{1}{24} = b_3 a_{32} c_2 + b_4 (a_{42} c_2 + a_{43} c_3) - [b_3 c_3 a_{32} c_2 + b_4 (a_{42} c_2 + a_{43} c_3)]$$
$$= b_3 a_{32} c_2 (1 - c_3).$$

Für alle vierstufigen RK-Verfahren mit $p = 4$ gilt daher $c_3 \neq 1$. □

Nach Bemerkung 2.4.3 enthält jedes RK-Verfahren eine Quadraturformel mit den Gewichten b_i und den Knoten c_i. Die Ordnungsbedingungen

$$\sum b_i = 1, \quad \sum b_i c_i = \frac{1}{2}, \quad \sum b_i c_i^2 = \frac{1}{3}, \quad \sum b_i c_i^3 = \frac{1}{4}$$

besagen, dass diese Quadraturformel alle Polynome bis zum Grad 3 exakt integriert (vgl. z. B. Hermann [145] und Schwarz/Köckler [243]). Es liegt daher nahe, bei der Konstruktion der RK-Methode auf bekannten Quadraturformeln aufzubauen. Wir betrachten dafür zwei Newton-Cotes-Quadraturformeln:

1. Newtonsche 3/8-Regel: Die Gewichte b_i und die Knoten c_i sind durch

$$b = (1/8, 3/8, 3/8, 1/8)^\top, \quad c = (0, 1/3, 2/3, 1)^\top$$

gegeben. Aus dem linearen Gleichungssystem (2.4.30d), (2.4.30f) erhalten wir

$$a_{32} = 1, \quad a_{42}c_2 + a_{43}c_3 = \frac{1}{3} \tag{2.4.31}$$

und aus (2.4.30h) ergibt sich dann $a_{43} = 1$. Aus (2.4.31) folgt damit $a_{42} = -1$. Die Knotenbedingung liefert schließlich $a_{21} = 1/3$, $a_{31} = -1/3$, $a_{41} = 1$. Diese Werte erfüllen auch die Gleichung (2.4.30g). Damit sind alle Koeffizienten des vierstufigen RK-Verfahrens bestimmt. Dieses RK-Verfahren, die sog. *Kuttasche 3/8-Regel*, wurde von Kutta (1901) aufgestellt. Das zugehörige Butcher-Schema findet man in der Tabelle 2.4.4.

2. Simpson-Regel: Sie besitzt nur drei Knoten 0, 1/2, 1 und Gewichte 1/6, 2/3, 1/6. Ein äquivalentes Quadraturverfahren ergibt sich, wenn wir den Knoten 1/2 verdoppeln und das zugehörige Gewicht gleichmäßig aufteilen, d. h.

$$b = (1/6, 1/3, 1/3, 1/6)^\top, \quad c = (0, 1/2, 1/2, 1)^\top.$$

Aus dem linearen Gleichungssystem (2.4.30d), (2.4.30f) erhalten wir

$$a_{32} = 1/2, \quad a_{42} + a_{43} = 1. \tag{2.4.32}$$

Damit ergibt sich aus (2.4.30h) $a_{43} = 1$ und dann aus (2.4.32) $a_{42} = 0$. Aus der Knotenbedingung folgt schließlich $a_{21} = 1/2$, $a_{31} = a_{41} = 0$. Die bisher unberücksichtigte Gleichung (2.4.30g) wird von den ermittelten Werten erfüllt. Dieses Runge-Kutta-Verfahren 4. Ordnung ist das *klassische Runge-Kutta-Verfahren*. Das zugehörige Butcher-Schema findet man in Tabelle 2.4.4.

Kuttasche 3/8–Regel

0			
$\frac{1}{3}$	$\frac{1}{3}$		
$\frac{2}{3}$	$-\frac{1}{3}$	1	
1	1	-1	1
	$\frac{1}{8}$	$\frac{3}{8}$	$\frac{3}{8}$	$\frac{1}{8}$

Klassisches RK-Verfahren

0			
$\frac{1}{2}$	$\frac{1}{2}$		
$\frac{1}{2}$	0	$\frac{1}{2}$	
1	0	0	1
	$\frac{1}{6}$	$\frac{1}{3}$	$\frac{1}{3}$	$\frac{1}{6}$

Tabelle 2.4.4: Zwei Runge-Kutta-Verfahren der Ordnung 4

Abschließend fassen wir einen Integrationsschritt eines s-stufigen expliziten RK-Verfahrens in folgendem Algorithmus zusammen:

Algorithmus 2.4.1. Ein Runge-Kutta-Schritt

Ausgehend von t_m, u_m werden t_{m+1}, u_{m+1} berechnet.

S1: Berechne $k_1 = f(t_m, u_m)$

S2: for $i = 2 : s$

$\qquad$ Berechne $u_{m+1}^{(i)} = u_m + h \sum_{j=1}^{i-1} a_{ij} k_j$

$\qquad$ Funktionsaufruf $k_i = f(t_m + c_i h, u_{m+1}^{(i)})$

$\quad$ end

S3: Neuer Wert an der Stelle $t_{m+1} = t_m + h$: $\quad u_{m+1} = u_m + h \sum_{i=1}^{s} b_i k_i$.

2.4.4 Explizite Runge-Kutta-Verfahren höherer Ordnung

Die Ordnungsbedingungen für ein s-stufiges Runge-Kutta-Verfahren lassen sich mit Hilfe der Wurzelbäume (vgl. Abschnitt 2.4.2) für jede beliebige Ordnung leicht angeben. Wesentlich komplizierter ist es, explizite RK-Verfahren höherer Ordnung zu konstruieren, da das zu lösende Gleichungssystem zur Bestimmung der Runge-Kutta-Koeffzienten (b, A) nichtlinear ist und die Anzahl der Bedingungen mit wachsender Ordnung stark zunimmt (vgl. Tabelle 2.4.3). Man verwendet deshalb von Butcher eingeführte vereinfachende Bedingungen, wodurch zahlreiche Ordnungsbedingungen automatisch erfüllt bzw. auf andere zurückgeführt werden.

Für die Konstruktion von expliziten RK-Verfahren der Ordnung $p = 5$ mit 6 Stufen ($s = p = 5$ ist nach Satz 2.4.6 nicht möglich) folgen wir Butcher [53]. Wir legen die vereinfachenden Bedingungen

$$D(1): \quad \sum_{i=1}^{6} b_i a_{ij} = b_j (1 - c_j), \quad j = 1, \dots, 6, \qquad (2.4.33)$$

$$C(2): \quad \sum_{j=1}^{i-1} a_{ij} c_j = \frac{c_i^2}{2}, \qquad i = 3, \dots, 6 \qquad (2.4.34)$$

und die Bedingung

$$b_2 = 0 \qquad (2.4.35)$$

zugrunde, vgl. Abschnitt 8.1.1. Damit reduzieren sich die 17 Ordnungsbedingungen aus Tabelle 2.4.2 auf die Quadraturbedingungen

$$\sum_{i=1}^{6} b_i c_i^{q-1} = \frac{1}{q}, \quad q = 1, 2, 3, 4, 5 \qquad (2.4.36)$$

und die beiden Ordnungsbedingungen

$$\sum_{i,j,k} b_i c_i a_{ij} a_{jk} c_k = \frac{1}{30} \qquad (2.4.37)$$

$$\sum_{i,j} b_i c_i a_{ij} c_j^2 = \frac{1}{15}. \qquad (2.4.38)$$

Die Bedingung $C(2)$ kann für $i = 2$ nicht gelten, denn dies würde $c_i = 0$ für alle i zur Folge haben. Für $j = 6$ folgt aus $D(1)$ sofort $c_6 = 1$.

Wir nehmen noch folgende Vereinfachungen vor:

1. Aus (2.4.37) und (2.4.38) folgt

$$\sum_{i,j} b_i c_i a_{ij} \left(\sum_k a_{jk} c_k - \frac{c_j^2}{2} \right) = 0.$$

Wegen $c_1 = 0$ ist der Klammerausdruck für $j = 1$ null, und wegen (2.4.34) verschwindet er für $j = 3, 4, 5, 6$ ebenfalls. Demzufolge muss für $j = 2$

$$\sum_{i=3}^{6} b_i c_i a_{i2} = 0 \qquad (2.4.39)$$

gelten. Ferner ergibt sich mit (2.4.35) aus (2.4.33) für $j = 2$

$$\sum_i b_i a_{i2} = 0, \qquad (2.4.40)$$

so dass wir die Ordnungsbedingung (2.4.37) durch die Differenz von (2.4.39) und (2.4.40) ersetzen können, d. h.

$$\sum_i b_i (1 - c_i) a_{i2} = 0. \qquad (2.4.41)$$

2. Aus (2.4.38) folgt mittels der Bedingungsgleichungen für die Bäume $\mathtt{!}$, $\mathtt{\lor}$ und $\mathtt{Y}$ aus Tabelle 2.4.2

$$\sum_{i,j} b_i (1 - c_i) a_{ij} c_j (c_j - c_3) = \frac{1}{60} - \frac{c_3}{24}. \qquad (2.4.42)$$

Mit (2.4.41) und $c_6 = 1$ reduziert sich (2.4.42) auf

$$b_5 (1 - c_5) a_{54} c_4 (c_4 - c_3) = \frac{1}{60} - \frac{c_3}{24}, \qquad (2.4.43)$$

so dass wir (2.4.38) durch (2.4.43) ersetzen.

Damit ergibt sich für die Bestimmung der RK-Koeffizienten folgender Algorithmus:

Algorithmus 2.4.2. 6-stufiges RK-Verfahren der Ordnung $p = 5$

S1: Setze $c_6 = 1$, wähle c_2, c_3, c_4, c_5,

S2: Setze $b_2 = 0$, bestimme b_1, b_3, b_4, b_5, b_6 aus $\sum_{i=1}^{6} b_i c_i^{k-1} = \frac{1}{k}$, $\quad k = 1, \ldots, 5$,

S3: Wähle a_{42}, bestimme a_{32}, a_{43}, a_{53} aus $\sum_{j=1}^{i-1} a_{ij} c_j = \frac{1}{2} c_i^2$, $\quad i = 3, 4, 5$,

S4: Bestimme a_{i1} aus $\sum_{j=1}^{i-1} a_{ij} = c_i$, $\quad i = 2, 3, 4, 5$,

S5: Bestimme a_{52} aus $\sum_{i=3}^{5} b_i (1 - c_i) a_{i2} = 0$,

S6: Bestimme a_{54} aus $b_5 (1 - c_5) a_{54} c_4 (c_4 - c_3) = \frac{1}{60} - \frac{c_3}{24}$,

S7: Bestimme a_{6i} aus $\sum_{i=j+1}^{6} b_i a_{ij} = b_j (1 - c_j)$, $\quad j = 1, 2, 3, 4, 5$.

In Spezialfällen, z. B. bei mehrfachen Knoten, kann der Algorithmus versagen, da man die Gleichungen nicht auflösen kann. Das folgende Beispiel gibt ein auf diesem Algorithmus basierendes Verfahren an.

Beispiel 2.4.7. 6-stufiges RK-Verfahren der Ordnung 5

$$
\begin{array}{c|cccccc}
0 & & & & & & \\
\frac{3}{5} & \frac{3}{5} & & & & & \\
\frac{2}{5} & \frac{4}{15} & \frac{2}{15} & & & & \\
\frac{1}{5} & \frac{3}{20} & 0 & \frac{1}{20} & & & \\
\frac{4}{5} & -\frac{1}{5} & -\frac{2}{5} & \frac{7}{5} & 0 & & \\
1 & \frac{59}{84} & \frac{40}{21} & -\frac{165}{28} & \frac{20}{7} & \frac{10}{7} & \\
\hline
& \frac{1}{12} & 0 & \frac{25}{72} & \frac{25}{144} & \frac{25}{72} & \frac{7}{144}
\end{array}
$$

Auf ähnliche Weise konstruiert Butcher [53] RK-Verfahren der Ordnung 6 mit 7 Stufen sowie der Ordnung 7 mit 9 Stufen. Methoden der Ordnung 8 mit 11 Stufen wurden von Curtis (1970, [76]) und Cooper/Verner (1972, [73]) hergeleitet. Curtis (1975, [77]) konstruierte ferner ein 18-stufiges RK-Verfahren der Ordnung 10 und Hairer (1978, [131]) ein 17-stufiges Verfahren ebenfalls mit $p = 10$.

Die meisten dieser RK-Verfahren haben nur theoretische Bedeutung. Im nächsten Abschnitt stellen wir einige häufig verwendete Verfahren vor.

2.5 Fehlerschätzung und Schrittweitensteuerung

Bisher haben wir die Verfahren größtenteils mit konstanter Schrittweite betrachtet. Der Konvergenzsatz 2.2.1 zeigt, dass der globale Fehler eines Verfahrens der

Konsistenzordnung p durch Ch^p abgeschätzt werden kann. Wir illustrieren das an folgendem Beispiel.

Beispiel 2.5.1. Wir berechnen mit konstanter Schrittweite die numerische Lösung für den Arenstorf-Orbit (Beispiel 1.4.4). Das verwendete Verfahren 5. Ordnung DOPRI5 wird in Abschnitt 2.5.2 vorgestellt. Die Abbildung 2.5.1 zeigt den Logarithmus des globalen Fehlers im Endpunkt t_e nach einer Periode in Abhängigkeit von der Anzahl der Schritte *nstep* mit konstanter Schrittweite $h = t_e/nstep$. Man erkennt für hinreichend kleine Schrittweiten die proportionale Abhängigkeit des Fehlers von h^5. Durch die doppelt-logarithmische Skala wird diese Abhängigkeit als Gerade sichtbar, deren Anstieg durch die Ordnung bestimmt ist.   □

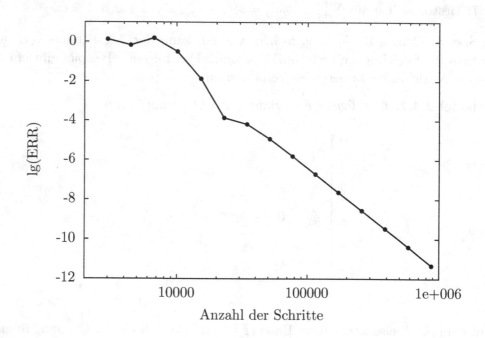

Abbildung 2.5.1: Integration des Arenstorf-Orbits mit dem Verfahren DOPRI5 mit konstanter Schrittweite

Die Effizienz eines Diskretisierungsverfahrens ist von der Schrittweite h abhängig. Will man eine vorgegebene Genauigkeit einhalten, so muss man die Schrittweite entsprechend wählen. In die Abschätzung des globalen Fehlers (2.2.12) gehen Schranken für den lokalen Fehler der Form Ch_m^{p+1} ein, wobei in die Konstante C Schranken für die elementaren Differentiale der Ordnung $p+1$ eingehen. Sind diese klein, so wird man h_m groß wählen können, ist die Norm der elementaren Differentiale dagegen groß, so wird man die Schrittweite h_m klein wählen müssen, damit der Fehler klein bleibt. Es ist einleuchtend, dass diese adaptive

Schrittweitenwahl effizienter und zuverlässiger als eine Rechnung mit konstanter Schrittweite sein wird. Bei sich stark ändernder Lösung ist die Rechnung mit konstanter Schrittweite ineffizient bzw. überhaupt nicht möglich.

Ziel einer *automatischen Schrittweitensteuerung* ist es, die Schrittweite so klein wie nötig zu wählen, um die gewünschte Genauigkeit einzuhalten, und so groß wie möglich zu wählen, um Rechenzeit zu sparen. Sie beruht auf einer Schätzung des lokalen Diskretisierungsfehlers. Die Schrittweite wird so gewählt, dass der lokale Fehler eine vom Nutzer vorgegebene Fehlertoleranz nicht überschreitet. Man hofft, dass dann auch der globale Fehler nicht zu sehr anwächst.

Zwei bewährte Methoden der Schrittweitensteuerung bei RK-Verfahren sind die *Richardson-Extrapolation* und die *Einbettung*.

2.5.1 Fehlerschätzung mittels Richardson-Extrapolation

Wir betrachten ein s-stufiges explizites RK-Verfahren der Konsistenzordnung p mit der Verfahrensfunktion φ. Wir befinden uns im Punkt (t_m, u_m), und es sei eine Schrittweite h gegeben. Wir bezeichnen mit $\widetilde{y}(t)$ die exakte Lösung zum Startwert $\widetilde{y}(t_m) = u_m$ und wollen den lokalen Fehler bez. dieser Lösung schätzen. Dazu berechnen wir zwei Näherungslösungen an der Stelle $t_m + h$:

1. $u_h = u_h(t_m + h)$ mit einem Schritt der Schrittweite h,
2. $u_{2 \times h/2} = u_{h/2}(t_m + h)$ durch zwei Schritte mit der Schrittweite $h/2$.

Dann gilt für den lokalen Fehler

$$\widetilde{y}(t_m + h) - u_h = C(t_m)h^{p+1} + \mathcal{O}(h^{p+2}), \tag{2.5.1}$$

wobei $C(t_m)$ eine Linearkombination der elementaren Differentiale $(p+1)$-ter Ordnung im Punkt (t_m, u_m) ist.

Beispiel 2.5.2. Für das zweistufige RK-Verfahren

$$
\begin{array}{c|cc}
0 & & \\
1 & 1 & \\
\hline
& 1/2 & 1/2
\end{array}
$$

gilt für autonome Systeme (vgl. Beispiel 2.2.2)

$$C(t_m) = \left(-\frac{1}{12} f_{yy}(f, f) + \frac{1}{6} f_y f_y f \right)(\widetilde{y}(t_m)). \qquad \square$$

Weiterhin bezeichnen wir mit $u_{h/2} = u_{h/2}(t_m + h/2)$ die numerische Lösung nach dem ersten Schritt mit $h/2$ und mit $\widehat{u}_{h/2} = \widehat{u}_{h/2}(t_m + h)$ eine Näherung im Punkt

$t_m + h$, die mit dem Anfangswert $\widetilde{y}(t_m + h/2)$ an der Stelle $t_m + h/2$ berechnet wird, d. h. nach (2.2.1)

$$\widehat{u}_{h/2} = \widetilde{y}(t_m + \frac{h}{2}) + \frac{h}{2}\varphi(t_m + \frac{h}{2}, \widetilde{y}(t_m + \frac{h}{2}), \frac{h}{2}).$$

Während u_h und $u_{2\times h/2}$ tatsächlich berechnet werden, ist $\widehat{u}_{h/2}$ eine fiktive Näherung, die nur für die theoretischen Untersuchungen benötigt wird.

Wir erhalten dann

$$\widetilde{y}(t_m + h) - u_{2\times h/2} = \widetilde{y}(t_m + h) - \widehat{u}_{h/2} + \widehat{u}_{h/2} - u_{2\times h/2}$$

$$= C(t_m + \frac{h}{2})\left(\frac{h}{2}\right)^{p+1} + \mathcal{O}(h^{p+2}) + \widehat{u}_{h/2} - u_{2\times h/2}$$

$$= C(t_m + \frac{h}{2})\left(\frac{h}{2}\right)^{p+1} + \mathcal{O}(h^{p+2})$$

$$+ \widetilde{y}(t_m + \frac{h}{2}) + \frac{h}{2}\varphi(t_m + \frac{h}{2}, \widetilde{y}(t_m + \frac{h}{2}), \frac{h}{2})$$

$$- u_{h/2} - \frac{h}{2}\varphi(t_m + \frac{h}{2}, u_{h/2}, \frac{h}{2}).$$

Für den Fehler nach einem Schritt mit $h/2$ gilt

$$\widetilde{y}(t_m + \frac{h}{2}) - u_{h/2} = C(t_m)\left(\frac{h}{2}\right)^{p+1} + \mathcal{O}(h^{p+2}).$$

Damit sowie mit $C(t_m + h/2) = C(t_m) + \mathcal{O}(h)$ und der Lipschitz-Stetigkeit von φ folgt

$$\widetilde{y}(t_m + h) - u_{2\times h/2} = 2C(t_m)\left(\frac{h}{2}\right)^{p+1} + \mathcal{O}(h^{p+2}). \tag{2.5.2}$$

Subtrahieren wir (2.5.2) von (2.5.1), so ergibt sich nach Umformung

$$2C(t_m) = \frac{u_{2\times h/2} - u_h}{2^p - 1}\left(\frac{h}{2}\right)^{-(p+1)} + \mathcal{O}(h) \tag{2.5.3}$$

und damit nach (2.5.2)

$$\widetilde{y}(t_m + h) - u_{2\times h/2} = \frac{u_{2\times h/2} - u_h}{2^p - 1} + \mathcal{O}(h^{p+2}). \tag{2.5.4}$$

Die Formel (2.5.4) gestattet, den Fehler $\widetilde{y}(t_m + h) - u_{2\times h/2}$ in erster Näherung zu schätzen. Gleichzeitig erkennt man aus (2.5.4), dass der Näherungswert

$$w_h = u_{2\times h/2} + \frac{u_{2\times h/2} - u_h}{2^p - 1} \tag{2.5.5}$$

eine Approximation der Konsistenzordnung $p + 1$ für die Lösung $\widetilde{y}(t)$ des Anfangswertproblems im Punkt $t_m + h$ darstellt. Der Übergang von u_h und $u_{2\times h/2}$ zur „verbesserten" Näherung w_h wird *Richardson-Extrapolation* genannt.

Bemerkung 2.5.1. w_h ist der Schnittpunkt der interpolierenden Geraden

$$g(\xi) = u_{2\times h/2} + (u_h - u_{2\times h/2})\frac{\xi - \left(\frac{h}{2}\right)^p}{h^p - \left(\frac{h}{2}\right)^p}$$

durch die beiden Punkte

$$((h/2)^p, u_{2\times h/2}) \quad \text{und} \quad (h^p, u_h)$$

mit der g-Achse, d. h. $w_h = g(0)$. Man spricht deshalb auch von *Extrapolation auf die Schrittweite null* bzw. von *linearer Grenzwertextrapolation*. $\square$

Wir kommen nun zur Beschreibung einer automatischen Schrittweitensteuerung. Die Schrittweite h_{neu} für den nächsten Schritt soll so bestimmt werden, dass der Hauptteil des durch (2.5.4) bestimmten Fehlers eine vorgegebene Genauigkeitsforderung erfüllt. Man betrachtet dabei i. Allg. eine Mischung zwischen absolutem und relativem Fehler mit Hilfe skalierter Toleranzvektoren sk. Das führt auf

$$\|(\widetilde{y}(t_m + h) - u_{2\times h/2})./sk\| \approx \left\|\frac{1}{2^p - 1}(u_{2\times h/2} - u_h)./sk\right\| =: err. \qquad (2.5.6)$$

Dabei sind die Komponenten des Skalierungsvektors gegeben durch

$$sk_i = atol_i + \max(|u_{m,i}|, |u_{2\times h/2,i}|) \cdot rtol_i, \qquad (2.5.7)$$

mit vom Anwender vorgegebenen Toleranzen $atol_i$ und $rtol_i$. Die Division „ ./ " in (2.5.6) ist im MATLAB-Sinne komponentenweise zu verstehen. Häufig verwendete Normen sind

$$err = \sqrt{\frac{1}{n}\sum_{i=1}^{n}\left(\frac{u_{h,i} - u_{2\times h/2,i}}{(2^p - 1)sk_i}\right)^2} \quad \text{oder} \quad err = \max_{i=1,\ldots,n}\frac{|u_{h,i} - u_{2\times h/2,i}|}{(2^p - 1)sk_i}. \qquad (2.5.8)$$

Oft wählt man die Toleranzen für alle Komponenten gleich, d. h.

$$atol_i = atol, \quad rtol_i = rtol, \quad i = 1, \ldots, n.$$

Ist $err \leq 1$, so wird der Integrationsschritt $t_m \to t_m + h$ akzeptiert und man geht mit der Näherungslösung $u_{2\times h/2}$ bzw. w_h zum nächsten Integrationsschritt über. Im letzten Fall spricht man von *lokaler Extrapolation*. Im Fall $err > 1$ wird der Schritt mit kleinerer Schrittweite wiederholt.

Wir schauen uns jetzt an, wie die neue Schrittweite h_{neu} zur Fortsetzung bzw. Wiederholung des Schrittes bestimmt wird. Als Schätzung für den lokalen Fehler im nächsten Schritt erhalten wir analog für die Schrittweite h_{neu}

$$\widetilde{y}(t_{m+1} + h_{neu}) - u_{2\times h_{neu}/2}(t_{m+1} + h_{neu}) = 2C(t_{m+1})\left(\frac{h_{neu}}{2}\right)^{p+1} + \mathcal{O}(h_{neu}^{p+2}). \qquad (2.5.9)$$

Hier bezeichnet jetzt $\widetilde{y}$ die von der numerischen Lösung u_{m+1} ausgehende exakte Lösung. Wegen $C(t_{m+1}) = C(t_m) + \mathcal{O}(h)$ gilt mit (2.5.3)

$$\widetilde{y}(t_{m+1} + h_{neu}) - u_{2 \times h_{neu}/2}(t_{m+1} + h_{neu}) = \frac{u_{2 \times h/2} - u_h}{2^p - 1} \left(\frac{h_{neu}}{h} \right)^{p+1}$$
$$+ \mathcal{O}(h_{neu}^{p+2}) + \mathcal{O}(h)h_{neu}^{p+1}.$$

Daraus folgt mit der Norm (2.5.6) unter Vernachlässigung der $\mathcal{O}$-Terme

$$err_{neu} \approx err \left(\frac{h_{neu}}{h} \right)^{p+1}.$$

h_{neu} wird nun so gewählt, dass

$$err \left(\frac{h_{neu}}{h} \right)^{p+1} = 1$$

gilt. Daraus ergibt sich der neue Schrittweitenvorschlag h_{neu} zu

$$h_{neu} = \left(\frac{1}{err} \right)^{1/(p+1)} h.$$

Praktisch wird die Berechnung der Schrittweite noch etwas modifiziert:

- Vermeidung von häufigen Schrittwiederholungen durch einen Sicherheitsfaktor α (z. B. $\alpha = 0.9$).
- Verhinderung zu großer Schwankungen der Schrittweite durch Schranken α_{max} und α_{min}.
- Zur Vermeidung einer zufälligen Division durch Null kann man z. B. $err = \max(err, 10^{-50})$ setzen.

Damit erhält man schließlich

$$h_{neu} = \min \left(\alpha_{max}, \max(\alpha_{min}, \alpha(1/err)^{1/(p+1)}) \right) h. \tag{2.5.10}$$

Für α_{max} sind Werte zwischen 1.5 und 10, für α_{min} zwischen 0.1 und 0.5 gebräuchlich.

Wir wollen jetzt einen Algorithmus für die Implementierung eines expliziten RK-Verfahrens angeben. Dazu sind noch einige Details erforderlich:

- Man muss eine Anfangsschrittweite festlegen. Diese Wahl ist für explizite RK-Verfahren relativ unkritisch, da die Schrittweitensteuerung sehr schnell eine schlechte Wahl von h_0 korrigiert. Mögliche Varianten sind z. B. $h_0 = 10^{-6}$ oder $h_0 = 10^{-4}(t_e - t_0)$. Eine Berechnung mit Hilfe von y_0 und $f(t_0, y_0)$ findet man in [138].

- Man bricht die Integration ab, wenn die Schrittweite einen vorgegebenen Wert h_{min} unterschreitet oder die Anzahl der Schritte größer als ein vorgegebener Wert *stepmax* ist.

- Es kann passieren, dass der letzte Schritt extrem klein sein müsste. Um das zu vermeiden, kann man die letzten beiden Schritte gleich lang wählen.

- Wegen möglicher Rundungsfehler testet man nicht das Integrationsende über $t + h \overset{?}{=} t_e$ ab, sondern setzt eine Integer- oder logische Variable, z. B. iend=1 oder done=true.

Damit könnte ein Algorithmus für ein explizites RK-Verfahren mit Richardson-Extrapolation folgendermaßen aussehen:

Algorithmus 2.5.1. Ein s-stufiges explizites RK-Verfahren der Ordnung p mit Schrittweitensteuerung durch Richardson-Extrapolation

geg.: $t_0, y_0, atol_i, rtol_i, \alpha, \alpha_{max}, \alpha_{min}, h_{min}$.

ges.: Berechnung von Näherungswerten für $y(t)$ im Intervall $[t_0, t_e]$.

$t = t_0$, $u = y_0$, Wahl der Anfangsschrittweite h

done=false

while not done

  if $t + h \geq t_e$

    $h = t_e - t$, done=true

  else

    $h = \min(h, (t_e - t)/2)$

  end

  Berechnung von u_h mit der Schrittweite h ausgehend von (t, u)

  Berechnung von $u_{h/2}$ mit $h/2$

  Berechnung von $u_{2 \times h/2}$ ausgehend von $(t + h/2, u_{h/2})$

  Berechnung von err nach (2.5.6) und h_{neu} nach (2.5.10)

  if $h_{neu} < h_{min}$

    Abbruch

  end

  if $err \leq 1$

    $u = u_{2 \times h/2} + \frac{u_{2 \times h/2} - u_h}{2^p - 1}$ (lokale Extrapolation)

    $t = t + h$

  else

    done=false (Schrittwiederholung)

  end

  $h = h_{neu}$

end

Bemerkung 2.5.2. Der Funktionswert $f(t, u)$ wird bei der Berechnung von u_h und $u_{2 \times h/2}$ verwendet, braucht aber nur einmal berechnet zu werden. Außerdem kann er bei Schrittwiederholung wieder verwendet werden.　　□

2.5.2 Fehlerschätzung mittels eingebetteter Verfahren

Die Idee der Einbettung besteht darin, zwei Näherungen durch zwei Runge-Kutta-Verfahren unterschiedlicher Ordnung mit gleichem Knotenvektor c und gleicher Verfahrensmatrix $A = (a_{ij})$, aber mit unterschiedlichen Gewichten b_i und $\widehat{b}_i$, zu berechnen. Da beide Verfahren die gleichen k_i verwenden, entsteht kaum zusätzlicher Aufwand.

Das Parameterschema eines eingebetteten RK-Verfahrens hat die Gestalt

$$
\begin{array}{c|ccccc}
0 & & & & & \\
c_2 & a_{21} & & & & \\
c_3 & a_{31} & a_{32} & & & \\
\vdots & \vdots & \vdots & \ddots & & \\
c_s & a_{s1} & a_{s2} & \cdots & a_{s,s-1} & \\
\hline
 & b_1 & b_2 & \cdots & b_{s-1} & b_s \\
\hline
 & \widehat{b}_1 & \widehat{b}_2 & \cdots & \widehat{b}_{s-1} & \widehat{b}_s
\end{array}
$$

Die Koeffizienten werden jetzt so gewählt, dass der Näherungswert

$$
u_{m+1} = u_m + h \sum_{i=1}^{s} b_i k_i \tag{2.5.11}
$$

die Konsistenzordnung p und der Näherungswert

$$
\widehat{u}_{m+1} = u_m + h \sum_{i=1}^{s} \widehat{b}_i k_i \tag{2.5.12}
$$

die Konsistenzordnung $q \neq p$ hat (i. Allg. $q = p - 1$ oder $q = p + 1$).

Sei $q > p$. Dann gilt für den lokalen Fehler des Verfahrens der Ordnung p:

$$
\begin{aligned}
\widetilde{y}(t_m + h) - u_{m+1} &= C(t_m)h^{p+1} + \mathcal{O}(h^{p+2}) \\
&= \widetilde{y}(t_m + h) - \widehat{u}_{m+1} + \widehat{u}_{m+1} - u_{m+1} \\
&= \widehat{u}_{m+1} - u_{m+1} + \mathcal{O}(h^{q+1}).
\end{aligned}
$$

$$
\Rightarrow \quad \widehat{u}_{m+1} - u_{m+1} = C(t_m)h^{p+1} + \mathcal{O}(h^{p+2}) \quad \text{wegen } q > p.
$$

Der Fall $q < p$ ist analog.

Die Differenz $\widehat{u}_{m+1} - u_{m+1}$ ist folglich eine Schätzung für den Hauptteil des lokalen Diskretisierungsfehlers des RK-Verfahrens der Konsistenzordnung $q^* = \min(p, q)$. Die Fehlerschätzung erfolgt nur für die „zweitbeste" Approximation von $\widetilde{y}(t_m + h)$. Mit $err = \|(u_{m+1} - \widehat{u}_{m+1})./sk\|$ in der Norm (2.5.6) mit

$$sk_i = atol_i + \max(|u_{m,i}|, |u_{m+1,i}|) \cdot rtol_i$$

ergibt sich der neue Schrittweitenvorschlag entsprechend aus (2.5.10) mit q^* statt p. Diese Art der Fehlerschätzung erfordert i. Allg. weniger Rechenaufwand als eine Fehlerschätzung mittels Richardson-Extrapolation. Bei sehr scharfen Toleranzen ist aber mitunter Richardson-Extrapolation günstiger, da man durch die lokale Extrapolation ein Verfahren höherer Ordnung hat.

Im Folgenden wollen wir einige eingebettete RK-Verfahren vorstellen. Die verwendete Bezeichnung „$p(q)$" bedeutet, dass u_{m+1} die Konsistenzordnung p und der *Fehlerschätzer* $\widehat{u}_{m+1}$ die Konsistenzordnung q hat.

Beispiel 2.5.3. Dreistufiges Runge-Kutta-Fehlberg-Verfahren mit 2(3), RKF2(3)

	0		
	1	1	
	$\frac{1}{2}$	$\frac{1}{4}$	$\frac{1}{4}$
$p = 2$	$\frac{1}{2}$	$\frac{1}{2}$	0
$q = 3$	$\frac{1}{6}$	$\frac{1}{6}$	$\frac{4}{6}$

Für ein Quadraturproblem liefert der Näherungswert $\widehat{u}_{m+1}$ die Simpsonregel. □

Von Fehlberg wurden zahlreiche solcher eingebetteten Verfahren mit $q > p$, auch höherer Ordnung, entwickelt [101].

Obwohl man den Fehler des Verfahrens geringerer Ordnung schätzt, möchte man eigentlich mit der Näherung höherer Ordnung weiterrechnen. Von Dormand und Prince ([94], [221]) wurden Verfahren entwickelt, bei denen der Fehlerterm des Verfahrens höherer Ordnung minimiert ist und wo mit diesem weitergerechnet wird.

Das wohl bekannteste Verfahren DOPRI5 ist durch folgendes Parameterschema gegeben:

Beispiel 2.5.4. Verfahren von Dormand/Prince mit 5(4)

0						
$\frac{1}{5}$	$\frac{1}{5}$					
$\frac{3}{10}$	$\frac{3}{40}$	$\frac{9}{40}$				
$\frac{4}{5}$	$\frac{44}{45}$	$-\frac{56}{15}$	$\frac{32}{9}$			
$\frac{8}{9}$	$\frac{19372}{6561}$	$-\frac{25360}{2187}$	$\frac{64448}{6561}$	$-\frac{212}{729}$		
1	$\frac{9017}{3168}$	$-\frac{355}{33}$	$\frac{46732}{5247}$	$\frac{49}{176}$	$-\frac{5103}{18656}$	
1	$\frac{35}{384}$	0	$\frac{500}{1113}$	$\frac{125}{192}$	$-\frac{2187}{6784}$	$\frac{11}{84}$
$p=5$	$\frac{35}{384}$	0	$\frac{500}{1113}$	$\frac{125}{192}$	$-\frac{2187}{6784}$	$\frac{11}{84}$	0
$q=4$	$\frac{5179}{57600}$	0	$\frac{7571}{16695}$	$\frac{393}{640}$	$-\frac{92097}{339200}$	$\frac{187}{2100}$	$\frac{1}{40}$

DOPRI5(4) ist ein 7-stufiges Verfahren. Pro Schritt werden nur 6 neue Funktionsaufrufe benötigt. Wegen $a_{7i} = b_i$ für $i = 1, \ldots, 6$ und $b_7 = 0$ gilt $u_{m+1} = u_{m+1}^{(7)}$, d. h., der letzte Funktionsaufruf $f(t_{m+1}, u_{m+1}^{(7)})$ stimmt mit dem ersten Funktionsaufruf des nächsten Schrittes überein. Diese Eigenschaft heißt FSAL („first same as last"). Eine MATLAB-Implementierung dieses Verfahrens ist der bekannte Code ode45 [251]. □

Beispiel 2.5.5. Die FSAL-Eigenschaft besitzt auch ein weiteres explizites RK-Verfahren, welches in MATLAB als ode23 implementiert ist, vgl. [28]. Das Parameterschema ist gegeben durch

0				
$\frac{1}{2}$	$\frac{1}{2}$			
$\frac{3}{4}$	0	$\frac{3}{4}$		
1	$\frac{2}{9}$	$\frac{1}{3}$	$\frac{4}{9}$	
$p=3$	$\frac{2}{9}$	$\frac{1}{3}$	$\frac{4}{9}$	
$q=2$	$\frac{7}{24}$	$\frac{1}{4}$	$\frac{1}{3}$	$\frac{1}{8}$	□

Ein eingebettetes RK-Verfahren hoher Ordnung ist DOP853 [138]. DOP853 besitzt 13 Stufen und die Ordnung $p = 8$. Die Schrittweitensteuerung erfolgt mit Hilfe eingebetteter Verfahren der Ordnung 5 und 3. Dieses Verfahren ist für hohe Genauigkeitsforderungen sehr effizient.

Ziel der Schrittweitensteuerung war es, die Schrittweite so zu wählen, dass der lokale Fehler unter einer vorgegebenen Toleranz bleibt und das Verfahren dabei möglichst effizient ist. Wir vergleichen daher jetzt die Ergebnisse mit konstanter

Schrittweite aus Beispiel 2.5.1 mit den Ergebnissen mit Schrittweitensteuerung. Wir rechnen mit DOPRI5 mit Einbettung, zum Vergleich haben wir das Verfahren auch mit Richardson-Extrapolation implementiert. Abbildung 2.5.2 zeigt die erzielte Genauigkeit in Abhängigkeit vom Aufwand (gemessen in der Anzahl der Funktionsaufrufe). Man erkennt deutlich die Überlegenheit der Implementierung mit Schrittweitensteuerung (man beachte die logarithmische Skala). Für mittlere Genauigkeiten ist die Einbettung gegenüber Richardson-Extrapolation überlegen, für sehr hohe Genauigkeiten zahlt sich aber die durch die lokale Extrapolation erhaltene höhere Ordnung aus.

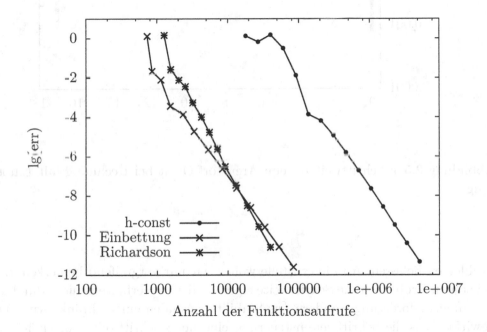

Abbildung 2.5.2: Arenstorf-Orbit mit Schrittweitensteuerung

Abbildung 2.5.3 zeigt die verwendeten Schrittweiten für $atol = rtol = 10^{-6}$ bei Einbettung. Man sieht, dass in der Nähe des Mondes, d. h. für $t \approx 0$ und $t \approx t_e$ (vgl. Abbildung 1.4.3), die Schrittweite sehr klein wird.

2.5.3 PI-Regler

Bei praktischen Rechnungen beobachtet man mitunter, dass die Schrittweite sehr stark oszilliert, akzeptierte und verworfene Schritte wechseln sich laufend ab. Das kann insbesondere bei der Lösung „mittelsteifer" Probleme mit expliziten Verfahren auftreten. Wir werden uns in Teil II des Buches ausführlich mit steifen

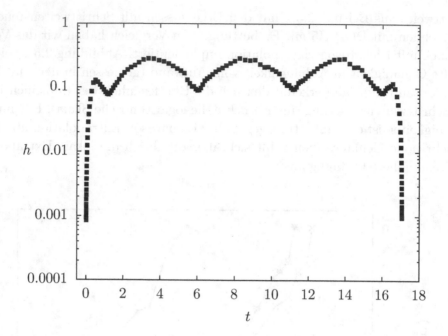

Abbildung 2.5.3: Schrittweiten beim Arenstorf-Orbit bei Rechnung mit Einbettung

Problemen befassen. An dieser Stelle wollen wir nur vorgreifend bemerken, dass bei steifen Problemen die Schrittweite eines expliziten Verfahrens nicht durch die Genauigkeitsforderung, sondern aus Stabilitätsgründen eingeschränkt wird. Das bewirkt, dass die Schrittweitensteuerung eine neue Schrittweite vorschlägt, die aber für eine stabile Integration zu groß ist. Das führt dann auch zu einem großen Fehler, der von der Schrittweitensteuerung erkannt wird und zu einer Verkleinerung der Schrittweite führt. Der Fehler im nächsten (stabilen) Schritt ist deutlich kleiner und die Schrittweitensteuerung schlägt eine Vergrößerung vor. Das kann sich im Extremfall ständig wiederholen, Vergrößerungen und Verkleinerungen der Schrittweite wechseln sich ab. Gustafsson, Lundh und Söderlind [130] haben dieses Phänomen mit Hilfe der Regelungstheorie untersucht und erklärt. Die Bestimmung der neuen Schrittweite kann als Regler interpretiert werden, für Einzelheiten verweisen wir auf Gustafsson u. a. [130], siehe auch Deuflhard/Bornemann [89].

Zur Vermeidung häufiger Oszillationen der Schrittweite wird vorgeschlagen, einen sog. *PI-Regler* zu verwenden. Für die Berechnung der neuen Schrittweite bedeutet das, dass nicht nur der aktuelle Fehlerschätzer err_m, sondern auch der Fehlerschätzer vom letzten Schritt err_{m-1} verwendet wird. Die Bestimmung von h_{neu}

sieht jetzt wie folgt aus:

$$h_{neu} = \left(\frac{1}{err_m}\right)^{\alpha/(q^*+1)} \left(\frac{1}{err_{m-1}}\right)^{\beta/(q^*+1)} h. \tag{2.5.13}$$

Die Bestimmung der Konstanten α und β ist dabei eine schwierige Aufgabe. Die jeweils optimale Wahl hängt vom Verfahren und vom Problem ab. In Auswertung numerischer Tests wird von Gustafsson [129] als geeignete Parameterwahl

$$\alpha = 0.7, \quad \beta = -0.4 \tag{2.5.14}$$

für eine breite Anwendbarkeit vorgeschlagen. Für weitere Untersuchungen zur Anwendung der Regelungstheorie in der numerischen Lösung von Differential-gleichungen verweisen wir auf [259] und [260].

Zur Illustration haben wir DOPRI5 mit der Standard-Schrittweitensteuerung und mit (2.5.13), (2.5.14) implementiert. Wir betrachten als Beispiel die Prothero-Robinson-Gleichung (1.4.1) mit $\lambda = -10^4$, $g(t) = \sin t$, $y(0) = 0$ und $t_e = \pi/2$. Als Toleranz haben wir $atol = rtol = 10^{-3}$ gewählt. Abbildung 2.5.4 zeigt die durch die jeweilige Schrittweitensteuerung vorgeschlagenen Schrittweiten der akzeptierten Schritte im Intervall $[0.5, 0.6]$. Man erkennt deutlich das oszillierende

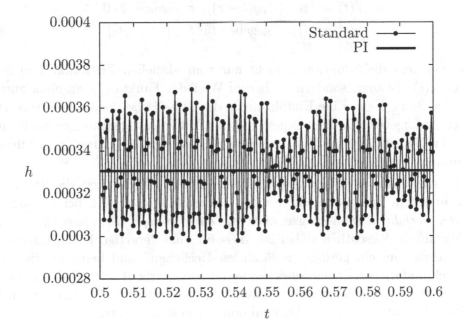

Abbildung 2.5.4: Schrittweiten bei klassischer und PI-Steuerung

Verhalten der Schrittweiten bei der klassischen Steuerung gemäß (2.5.10). Dem-gegenüber bleibt die Schrittweite bei der PI-Regelung nahezu konstant. Auch die

Anzahl der Schrittwiederholungen nimmt merklich ab, sie reduziert sich für das
Beispiel von 146 auf 2.

Wir wollen abschließend bemerken, dass die Standardsteuerung schneller auf Änderungen des Lösungsverhaltens reagiert als die PI-Steuerung. Im Normalfall
nichtsteifer Systeme ist sie der PI-Regelung leicht überlegen.

2.6 Stetige explizite Runge-Kutta-Verfahren

Bei den klassischen Runge-Kutta-Verfahren zur Lösung eines Anfangswertproblems (1.1.3) ist man bestrebt, bei vorgegebener Genauigkeit *tol*, die Integration
bis zum Endpunkt t_e mit möglichst großen Schrittweiten h_m auszuführen. In
verschiedenen Anwendungen wird jedoch die Näherungslösung u_h häufig außerhalb des durch die Schrittweitensteuerung erzeugten Punktgitters I_h benötigt.
So möchte man z. B. u_h an vorgegebenen Punkten ausgeben (*dense output*), eine
grafische Darstellung der Näherungslösung haben oder ein retardiertes Anfangswertproblem, wie z. B.

$$y'(t) = f(t, y(t), y(t - \tau)), \ \tau = const. > 0$$
$$y(t) = \varphi(t), \quad \text{gegeben für } t \in [t_0 - \tau, t_0]$$

lösen, bei dem die Funktion f nicht nur vom aktuellen Zeitpunkt t und den
Werten $y(t)$ abhängt, sondern auch vom Wert der Funktion y an einer zurückliegenden Stelle $t - \tau$. Eine Einführung in die numerische Behandlung von retar-
dierten Anfangswertproblemen gewöhnlicher Differentialgleichungen findet man
in Hairer/Nørsett/Wanner [138] und Strehmel/Weiner [273], für eine ausführliche
Behandlung verweisen wir auf Bellen/Zennaro [24].

Es ist demzufolge wünschenswert, RK-Verfahren zu konstruieren, die Näherungswerte in jedem Zwischenpunkt $t = t_m + \theta h$ mit $0 < \theta \leq 1$ liefern, sog. *stetige RK-Verfahren*. Man spricht auch von einer *stetigen Erweiterung* s-stufiger
RK-Verfahren. Wesentlich dabei ist, dass für eine derartige lokale Interpolationsvorschrift nur ein geringer zusätzlicher Rechenaufwand benötigt wird. Dies
lässt sich dadurch erreichen, dass die Verfahrensmatrix $A = (a_{ij})$ des s-stufigen
RK-Verfahrens vom Parameter θ unabhängig ist, lediglich die zugehörigen Gewichtskoeffizienten b_i werden als Funktionen von θ angesetzt.

Definition 2.6.1. Eine Interpolationsvorschrift

$$v(t_m + \theta h) = u_m + h \sum_{i=1}^{s} b_i(\theta) f(t_m + c_i h, u_{m+1}^{(i)}), \quad 0 \leq \theta \leq 1 \tag{2.6.1}$$

mit

$$u_{m+1}^{(i)} = u_m + h \sum_{j=1}^{i-1} a_{ij} f(t_m + c_j h, u_{m+1}^{(j)}), \quad i = 1, \dots, s$$

heißt *stetiges explizites Runge-Kutta-Verfahren*, wenn die Gewichtskoeffizienten $b_i(\theta)$, $i = 1, \dots, s$, Polynome in θ mit $b_i(0) = 0$ und $b_i(1) = b_i$ sind. $\square$

Beispiel 2.6.1. Wir betrachten lineare Interpolation. Gegeben seien die Stützstellen (t_m, t_{m+1}) mit den Stützwerten (u_m, u_{m+1}). Das lineare Interpolationspolynom ist dann gegeben durch

$$v(t_m + \theta h) = u_m + \theta(u_{m+1} - u_m). \tag{2.6.2}$$

Setzt man u_{m+1} aus (2.4.2) in (2.6.2) ein, so erhält man das stetige RK-Verfahren

$$v(t_m + \theta h) = u_m + \theta h \sum_{i=1}^{s} b_i f(t_m + c_i h, u_{m+1}^{(i)}), \quad 0 \le \theta \le 1 \tag{2.6.3}$$

$$u_{m+1}^{(i)} = u_m + h \sum_{j=1}^{i-1} a_{ij} f(t_m + c_j h, u_{m+1}^{(j)}), \quad i = 1, \dots, s.$$

Es gilt hier $b_i(\theta)$ θb_i. Für jedes s-stufige RK-Verfahren der Konsistenzordnung $p \ge 1$ hat das s-stufige stetige RK-Verfahren (2.6.3) die *gleichmäßige Ordnung* 1, d. h., für den lokalen Fehler

$$y(t_m + \theta h) - v(t_m + \theta h) \quad \text{mit} \quad v(t_m) = y(t_m)$$

gilt

$$\|y(t_m + \theta h) - v(t_m + \theta h)\| = \mathcal{O}(h^2) \quad \text{für alle} \quad \theta \in [0, 1]. \quad \square$$

Im Folgenden geben wir zwei Beispiele von stetigen RK-Verfahren an, deren gleichmäßige Ordnung größer als 1 ist.

Beispiel 2.6.2. Zu den dreistufigen RK-Verfahren der Ordnung $p = 3$ (vgl. Abschnitt 2.4.3) wollen wir stetige RK-Verfahren möglichst hoher gleichmäßiger Ordnung konstruieren. Die Bedingungen für ein stetiges RK-Verfahren der gleichmäßigen Ordnung 3 lauten (vgl. (2.4.29))

$$b_1(\theta) + b_2(\theta) + b_3(\theta) = \theta$$

$$b_2(\theta)c_2 + b_3(\theta)c_3 = \frac{\theta^2}{2}$$

$$b_2(\theta)c_2^2 + b_3(\theta)c_3^2 = \frac{\theta^3}{3}$$

$$b_3(\theta)a_{32}c_2 = \frac{\theta^3}{6}.$$

Die zweite und dritte Bedingung liefern für $c_2, c_3 \neq 0, c_2 \neq c_3$ und $c_2 \neq 2/3$

$$b_2(\theta) = \frac{3\theta^2 c_3 - 2\theta^3}{6c_2(c_3 - c_2)}, \qquad b_3(\theta) = \frac{2\theta^3 - 3\theta^2 c_2}{6c_3(c_3 - c_2)},$$

und aus der ersten Bedingungsgleichung erhält man damit

$$b_1(\theta) = \theta - \frac{3\theta^2(c_2 + c_3) - 2\theta^3}{6c_2 c_3}.$$

Die vierte Bedingung lässt sich für von θ unabhängiges $a_{32}c_2$ nicht erfüllen. Wir fordern daher, dass die dreistufigen stetigen RK-Verfahren nur den drei ersten Bedingungen genügen, so dass sie die gleichmäßige Ordnung 2 besitzen. Die zugehörigen RK-Verfahren ($\theta = 1$) sollen die Ordnung $p = 3$ haben. Diese stetigen RK-Verfahren sind dann durch das Butcher-Schema

$$
\begin{array}{c|ccc}
0 & & & \\
c_2 & c_2 & & \\
c_3 & c_3 - 1/(6b_3 c_2) & 1/(6b_3 c_2) & \\
\hline
 & b_1(\theta) & b_2(\theta) & b_3(\theta)
\end{array}
$$

charakterisiert. Die zugehörigen RK-Verfahren sind durch Fall I in Abschnitt 2.4.3 gegeben. □

Bemerkung 2.6.1. Eine einfache Methode, um Näherungswerte u_h in vorgeschriebenen Punkten auszugeben, besteht in der Konstruktion des Hermite-Interpolationspolynoms vom Grad 3 für die Werte (u_m, f_m) und (u_{m+1}, f_{m+1}) mit $f_m := f(t_m, u_m)$, vgl. Shampine [247]:

$$
\begin{aligned}
v(t_m + \theta h) &= (1 - \theta)u_m + \theta u_{m+1} \\
&\quad + \theta(\theta - 1)\big((1 - 2\theta)(u_{m+1} - u_m) + (\theta - 1)hf_m + \theta h f_{m+1}\big).
\end{aligned}
\tag{2.6.4}
$$

Setzt man u_{m+1} aus (2.4.2) in (2.6.4) ein, so erkennt man, dass der Hermite-Interpolant v ein Spezialfall von (2.6.1) ist. Hat das RK-Verfahren die Ordnung $p \geq 3$, so stellt der Hermite-Interpolant v ein stetiges RK-Verfahren der Ordnung $p = 3$ dar, das eine globale C^1-Approximation der exakten Lösung liefert. □

Beispiel 2.6.3. Das in Abschnitt 2.5 angegebene siebenstufige RK-Verfahren von Dormand und Prince (DOPRI5) besitzt, ohne einen zusätzlichen Funktionsaufruf, eine stetige Erweiterung der gleichmäßigen Ordnung vier. Die Gewichtskoeffizienten $b_i(\theta)$ sind gegeben durch (vgl. Hairer/Nørsett/Wanner [138])

$$b_1(\theta) = \theta^2(3 - 2\theta)b_1 + \theta(\theta - 1)^2$$
$$\quad - \theta^2(\theta - 1)^2 5(2558722523 - 31403016\,\theta)/11282082432$$
$$b_2(\theta) = 0$$
$$b_3(\theta) = \theta^2(3 - 2\theta)b_3 + \theta^2(\theta - 1)^2 100(882725551 - 15701508\,\theta)/32700410799$$
$$b_4(\theta) = \theta^2(3 - 2\theta)b_4 - \theta^2(\theta - 1)^2 25(443332067 - 31403016\,\theta)/1880347072$$
$$b_5(\theta) = \theta^2(3 - 2\theta)b_5 + \theta^2(\theta - 1)^2 32805(23143187 - 3489224\,\theta)/199316789632$$
$$b_6(\theta) = \theta^2(3 - 2\theta)b_6 - \theta^2(\theta - 1)^2 55(29972135 - 7076736\,\theta)/822651844$$
$$b_7(\theta) = \theta^2(\theta - 1) + \theta^2(\theta - 1)^2 10(7414447 - 829305\,\theta)/29380423.$$

Für $\theta = 1$ geht $v(t_m + \theta h)$ in die Näherungslösung u_{m+1} über. Diese stetige Erweiterung des Verfahrens von Dormand/Prince ist global stetig differenzierbar (Aufgabe 21) und zur grafischen Darstellung der Näherungslösung und zur numerischen Behandlung nichtsteifer retardierter Anfangswertprobleme sehr gut geeignet. $\square$

2.7 Weiterführende Bemerkungen

In zahlreichen Anwendungen, insbesondere in der klassischen Mechanik, treten Anfangswertprobleme für Differentialgleichungssysteme zweiter Ordnung

$$y''(t) = f(t, y(t), y'(t)), \quad f\colon [t_0, t_e] \times \mathbb{R}^n \times \mathbb{R}^n \to \mathbb{R}^n$$
$$y(t_0) = y_0, \ y'(t_0) = y_0' \tag{2.7.1}$$

auf. Ein derartiges System lässt sich, wie bereits in Kapitel 1 dargestellt, in ein System erster Ordnung überführen, indem man den Vektor $(y^\top, y'^\top)^\top$ als neue Variable auffasst

$$\begin{pmatrix} y \\ y' \end{pmatrix}' = \begin{pmatrix} y' \\ f(t, y, y') \end{pmatrix}, \quad \begin{pmatrix} y(t_0) \\ y'(t_0) \end{pmatrix} = \begin{pmatrix} y_0 \\ y_0' \end{pmatrix}. \tag{2.7.2}$$

Wendet man auf (2.7.2) ein konsistentes RK-Verfahren (explizit oder implizit) an, so erhält man

$$u_{m+1} = u_m + h \sum_{i=1}^{s} b_i k_i, \qquad u'_{m+1} = u'_m + h \sum_{i=1}^{s} b_i k'_i \tag{2.7.3}$$

$$k_i = u'_m + h \sum_{j=1}^{s} a_{ij} k'_j, \qquad k'_i = f(t_m + c_i h, u_m + h \sum_{j=1}^{s} a_{ij} k_j, u'_m + h \sum_{j=1}^{s} a_{ij} k'_j).$$

Setzt man die dritte Gleichung von (2.7.3) in die anderen ein, so ergeben sich die Gleichungen

$$u_{m+1} = u_m + hu'_m + h^2 \sum_{i=1}^{s} \bar{b}_i k'_i, \qquad u'_{m+1} = u'_m + h \sum_{i=1}^{s} b_i k'_i \qquad (2.7.4)$$

$$k'_i = f(t_m + c_i h, u_m + c_i h u'_m + h^2 \sum_{j=1}^{s} \bar{a}_{ij} k'_j, u'_m + h \sum_{j=1}^{s} a_{ij} k'_j)$$

mit

$$\bar{a}_{ij} = \sum_{l=1}^{s} a_{il} a_{lj}, \qquad \bar{b}_j = \sum_{i=1}^{s} b_i a_{ij}. \qquad (2.7.5)$$

Die Verfahrensvorschrift (2.7.4) geht auf Nyström (1925, [209]) zurück.

Ein s-stufiges Nyström-Verfahren wird durch das Butcher-Schema

$$
\begin{array}{c|c|c}
c & \bar{A} & A \\
\hline
 & \bar{b}^\top & b^\top
\end{array}
$$

charakterisiert. Es besitzt die Konvergenzordnung p, wenn für genügend oft stetig differenzierbare Funktionen $f(t, y, y')$ gilt

$$\|y(t_m + h) - u_{m+1}\| = \mathcal{O}(h^p), \qquad \|y'(t_m + h) - u'_{m+1}\| = \mathcal{O}(h^p).$$

Die Tabelle 2.7.1 zeigt ein explizites Nyström-Verfahren der Ordnung $p = 4$. Die Bedingungen (2.7.5) sind hier nicht erfüllt, dieses Verfahren entstand nicht durch die oben beschriebene Transformation, sondern wurde direkt für (2.7.1) konstruiert.

$$
\begin{array}{c|cccc|cccc}
0 & & & & & 0 & & & \\
\frac{1}{2} & \frac{1}{8} & & & & \frac{1}{2} & & & \\
\frac{1}{2} & \frac{1}{8} & 0 & & & 0 & \frac{1}{2} & & \\
1 & 0 & 0 & \frac{1}{2} & & 0 & 0 & 1 & \\
\hline
 & \frac{1}{6} & \frac{1}{6} & \frac{1}{6} & 0 & \frac{1}{6} & \frac{1}{3} & \frac{1}{3} & \frac{1}{6}
\end{array}
$$

Tabelle 2.7.1: Nyström-Verfahren 4. Ordnung

Bezüglich des Rechenaufwandes bietet ein Nyström-Verfahren zur Lösung des allgemeinen Anfangswertproblems (2.7.1) keinerlei Vorteile gegenüber einem Runge-Kutta-Verfahren, das man auf das transformierte Problem (2.7.2) anwendet. Vorteile ergeben sich aber, wenn die Funktion f nicht von y' abhängt, d. h. für Differentialgleichungssysteme der Form

$$y'' = f(t, y), \quad y(t_0) = y_0, \quad y'(t_0) = y'_0. \qquad (2.7.6)$$

Derartige Systeme treten z. B. in der Himmelsmechanik auf. Ein Nyström-Verfahren für (2.7.6) hat die Gestalt

$$u_{m+1} = u_m + hu'_m + h^2 \sum_{i=1}^{s} \bar{b}_i k'_i, \qquad u'_{m+1} = u'_m + h \sum_{i=1}^{s} b_i k'_i$$

$$k'_i = f(t_m + c_i h, u_m + c_i h u'_m + h^2 \sum_{j=1}^{s} \bar{a}_{ij} k'_j),$$

d. h., die Koeffizienten a_{ij} werden nicht mehr benötigt. Das zugehörige Butcher-Schema ist

$$\begin{array}{c|c} c & \bar{A} \\ \hline & \bar{b}^\top \\ \hline & b^\top \end{array}$$

Zwei Nyström-Verfahren sind in der Tabelle 2.7.2 angegeben. Das Verfahren fünfter Ord-

$p = 4$

0			
$\frac{1}{2}$	$\frac{1}{8}$		
1	0	$\frac{1}{2}$	
	$\frac{1}{6}$	$\frac{1}{3}$	0
	$\frac{1}{6}$	$\frac{2}{3}$	$\frac{1}{6}$

$p = 5$

0				
$\frac{1}{5}$	$\frac{1}{50}$			
$\frac{2}{3}$	$-\frac{1}{27}$	$\frac{7}{27}$		
1	$\frac{3}{10}$	$-\frac{2}{35}$	$\frac{9}{35}$	
	$\frac{14}{336}$	$\frac{100}{336}$	$\frac{54}{336}$	0
	$\frac{14}{336}$	$\frac{125}{336}$	$\frac{162}{336}$	$\frac{35}{336}$

Tabelle 2.7.2: Nyström-Verfahren für $y'' = f(t, y)$

nung benötigt pro Integrationsschritt nur vier Funktionsaufrufe. Dies ist, verglichen mit einem RK-Verfahren, das sechs Funktionsauswertungen erfordert, ein beträchtlicher Vorteil.

Eine Schrittweitensteuerung in Nyström-Verfahren kann, wie bei Runge-Kutta-Verfahren, mittels Richardson-Extrapolation oder Einbettung erfolgen. Mehrere eingebettete Nyström-Verfahren wurden von Fehlberg (1972) entwickelt. Diese Verfahren verwenden zur Schrittweitenkontrolle eine Approximation von $(p + 1)$-ter Ordnung für $y(t_m + h)$. Ebenso wie bei Runge-Kutta-Verfahren für Differentialgleichungssysteme erster Ordnung zeigt sich jedoch, dass es vorteilhaft ist, für den Fehlerschätzer das Verfahren mit der niedrigeren Ordnung zu verwenden. Ein derartiges Verfahren der Ordnung 7(6) wurde von Dormand/Prince [93] konstruiert.

Weitere Ausführungen zu Nyström-Verfahren findet der Leser in Hairer/Nørsett/Wanner [138].

2.8 Aufgaben

1. Zum Baum ⋎⋎ gebe man das elementare Differential und die zugehörige Ordnungsbedingung für RK-Verfahren an.

2. Gegeben seien die Menge $M = \{\mathbf{t}_1, \mathbf{t}_2, \ldots, \mathbf{t}_k\}$ von paarweise verschiedenen Elementen
   und natürliche Zahlen $l_i \geq 1$ mit $i = 1, \ldots, k$. Aus den Elementen der Menge M
   werden nun geordnete Tupel der Länge $l = l_1 + l_2 + \cdots + l_k$ gebildet, wobei jedes
   Tupel das Element $\mathbf{t}_i$ genau l_i-mal enthält. Zeigen Sie, dass für die Anzahl β dieser
   Tupel die Beziehung

   $$\beta = \frac{l!}{l_1! l_2! \cdots l_k!}$$

   gilt. Folgern Sie daraus (vgl. Definition 2.4.3)

   $$\frac{\beta}{l!} \sigma([\mathbf{t}_1^{l_1}, \mathbf{t}_2^{l_2}, \ldots, \mathbf{t}_k^{l_k}]) = \sigma(\mathbf{t}_1)^{l_1} \sigma(\mathbf{t}_2)^{l_2} \cdots \sigma(\mathbf{t}_k)^{l_k}.$$

3. Bestimmen Sie alle Automorphismen des *monoton indizierten Baumes*

   $$\mathbf{t} = \begin{array}{c} 5\ 7\ 8\quad 4\ 6 \\ \diagdown\!\!\diagup\ \diagdown\!\!\diagup \\ 2\quad\cdot\quad 3 \\ 1 \end{array},$$

   d. h., bestimmen Sie alle Permutationen $\pi\colon \{1, \ldots, 8\} \to \{1, \ldots, 8\}$ mit $\pi(1) = 1$ und
   $\pi(V(i)) = V(\pi(i))$, wobei $V(i)$ die Vorgängerrelation des Baumes ist, also $V(2) =
   V(3) = 1$, $V(5) = V(7) = V(8) = 2$, $V(4) = V(6) = 3$. Welchen Wert hat $\sigma(\mathbf{t})$?

4. (a) Man zeige, dass für skalare, autonome Differentialgleichungen die elementaren

   Differentiale zu den Bäumen ⋎ und ⋎̇ übereinstimmen.

   (b) Man gebe an, für welche Bäume der Ordnung 5 aus Tabelle 2.4.2 die elementaren
   Differentiale für skalare, autonome Differentialgleichungen gleich sind.

5. Für die Funktion $f\colon \mathbb{R}^2 \to \mathbb{R}^2$ mit $f\colon (y_1, y_2) \mapsto (y_2^2, y_1)$ bestimme man die elemen-

   taren Differentiale zu den Bäumen ⦙, ⋎̇, ⦙, ⋎ und ⋎̇. Ist $F(⋎) = F(⋎̇)$?

6. Man bestimme die Konsistenzbedingungen für RK-Verfahren der Ordnung $p = 2$, die
   nicht der Knotenbedingung (2.4.4) genügen (Oliver [210]).

7. Man gebe alle RK-Verfahren der Ordnung $p = 2$ der Form

0			
c_2	c_2		
c_3	0	c_3	
	0	0	1

   an. Derartige RK-Verfahren besitzen die Eigenschaft, dass sie nur relativ wenig Spei-
   cherplatz erfordern (van der Houwen [163]).

8. Man bestimme das eingebettete RK-Verfahren $p(q) = 1(2)$ mit zwei Stufen und der Bedingung $a_{21} = b_1$. Man vergleiche den geschätzten Fehler für dieses RKF-Verfahren bei Anwendung auf $y' = \lambda y$, $y(0) = 1$ mit der entsprechenden Fehlerschätzung bei Richardson-Extrapolation.

9. Man schreibe für das klassische RK-Verfahren vierter Ordnung ein Programm mit Schrittweitensteuerung mittels Richardson-Extrapolation (vgl. Algorithmus 2.5.1) und wende es zur Lösung des Arenstorf-Orbits (1.4.5) an. Man überführe dazu das System 2. Ordnung in ein System 1. Ordnung.

10. Man beweise: Wendet man ein explizites s-stufiges RK-Verfahren auf die Anfangswertaufgabe

$$y' = \lambda y, \quad y(t_0) = y_0, \quad \lambda \in \mathbb{C} \qquad (2.8.1)$$

an, so gilt

$$u_{m+1}^{(i)} = P_i(h\lambda)u_m, \quad i = 1, \ldots, s, \quad z - h\lambda$$

mit Polynomen P_i vom Grad höchstens $i - 1$.

11. Mit Hilfe von Aufgabe 10 zeige man, dass jedes s-stufige RK-Verfahren der Ordnung $p = s$ bei Anwendung auf (2.8.1) die Näherungslösung

$$u_{m+1} = \left(\sum_{i=0}^{s} \frac{z^i}{i!} \right) u_m$$

liefert.

12. Die Verfahrensfunktion eines Einschrittverfahrens sei durch

$$\varphi(t, y, h) = f(t, y) + \frac{h}{2} g(t + ch, y + chf(t, y))$$

mit

$$g(t, y) = f_t(t, y) + f_y(t, y)f(t, y), \quad c \in \mathbb{R}$$

gegeben. Man bestimme die maximale Konsistenzordnung des Verfahrens.

13. Unter Verwendung der Ordnungsbedingungen (Tabelle 2.4.2) beweise man: Jedes explizite RK-Verfahren der Ordnung $p = 5$ genügt der Beziehung

$$\sum_{i=1}^{s} b_i \left(\sum_{j=1}^{s} a_{ij}c_j - \frac{c_i^2}{2} \right)^2 = 0. \qquad (2.8.2)$$

Daraus folgt: Es existiert kein explizites RK-Verfahren der Ordnung 5 mit $b_i > 0$ für alle i.

14. Man gebe eine geometrische Interpretation des verbesserten Euler-Verfahrens

$$u_{m+1} = u_m + hf(t_m + \frac{1}{2}h, u_m + h\frac{1}{2}f(t_m, u_m))$$

an.

15. Man gebe $C(t_0)$ aus (2.5.1) für s-stufige RK-Verfahren der Ordnungen $p = 1$ und $p = 2$ an.

16. Bestimmen Sie das zweistufige explizite RK-Verfahren der Ordnung $p = 2$ mit minimalen Koeffizienten beim führenden Fehlerterm für autonome Systeme.

17. Man zeige, dass ein s-stufiges RK-Verfahren der Ordnung p für

$$y' = P(t), \quad P(t) \text{ ein Polynom vom Grad höchstens } p - 1,$$

die exakte Lösung liefert.

18. Das Anfangswertproblem

$$y' = \sqrt{y}, \quad y(0) = 0$$

hat als eine nichttriviale Lösung

$$y(t) = \left(\frac{t}{2}\right)^2.$$

Man führe einen Integrationsschritt mit dem expliziten und dem impliziten Euler-Verfahren aus und diskutiere das Ergebnis.

19. Die Funktion $f(t, y)$ sei Lipschitz-stetig mit der Lipschitz-Konstanten L. Man zeige, dass dann das implizite Euler-Verfahren

$$u_{m+1} = u_m + hf(t_m + h, u_{m+1})$$

für alle $hL < 1$ eine eindeutig bestimmte Lösung besitzt.

20. Man bestimme die Konsistenzordnung des impliziten Einschrittverfahrens (Trapezregel)

$$u_{m+1} = u_m + \frac{h}{2}[f(t_m, u_m) + f(t_{m+1}, u_{m+1})],$$

indem man das Verfahren als RK-Verfahren schreibt und Tabelle 2.4.2 verwendet.

21. Man beweise, dass die stetige Erweiterung von DOPRI5 (Beispiel 2.6.3) global stetig differenzierbar ist.

3 Explizite Extrapolationsverfahren

Die Extrapolation ist ein Verfahren zur Erhöhung der Konvergenzordnung. Das Prinzip ist von der Romberg-Quadratur zur näherungsweisen Berechnung eines bestimmten Integrals bekannt. Die theoretische Grundlage für Extrapolationsverfahren ist die Existenz einer asymptotischen Entwicklung des globalen Fehlers. Für Einschrittverfahren reicht dafür bereits eine asymptotische Entwicklung des lokalen Fehlers.

3.1 Asymptotische Entwicklung des globalen Fehlers

Wir legen ein äquidistantes Punktgitter I_h zugrunde. Das Einschrittverfahren

$$u_h(t + h) - u_h(t) + h\psi(t, u_h(t), h), \quad t \in [t_0, t_e - h]$$
$$u_h(t_0) = y_0 \quad (3.1.1)$$

besitze die Konsistenzordnung p, d. h., für den lokalen Diskretisierungsfehler gilt nach (2.2.7)

$$le(t + h) = y(t + h) - y(t) - h\varphi(t, y(t), h) = \mathcal{O}(h^{p+1}) \quad \text{für} \quad h \to 0,$$

falls die Verfahrensfunktion φ auf dem Streifen $S = \{(t, y) : t_0 \leq t \leq t_e, y \in \mathbb{R}^n\}$ für $h \to 0$ genügend oft stetig differenzierbar ist. Für RK-Verfahren ist dafür die entsprechende Differenzierbarkeit der Funktion $f(t, y)$ hinreichend. Daraus folgt, dass eine asymptotische h-Entwicklung des lokalen Diskretisierungsfehlers

$$le(t + h) = d_{p+1}(t)h^{p+1} + d_{p+2}(t)h^{p+2} + \cdots + d_{N+1}(t)h^{N+1} + \mathcal{O}(h^{N+2}) \quad (3.1.2)$$

existiert. Für den globalen Fehler $e_h(t) = y(t) - u_h(t)$ gilt der

Satz 3.1.1. *(Gragg 1965, [119]) Seien $f(t, y)$ und die Verfahrensfunktion $\varphi(t, u, h)$ auf S hinreichend oft stetig differenzierbar und der lokale Fehler besitze eine asymptotische h-Entwicklung der Gestalt (3.1.2). Dann hat der globale Fehler $e_h(t)$ nach n Schritten mit der Schrittweite h in $t^* = t_0 + nh$ eine asymptotische Entwicklung der Form*

$$e_h(t^*) = e_p(t^*)h^p + e_{p+1}(t^*)h^{p+1} + \cdots + e_N(t^*)h^N + E_{N+1}(t^*, h)h^{N+1}, \quad (3.1.3)$$

wobei das Restglied $E_{N+1}(t^*, h)$ für $0 < h \leq h_0$ beschränkt ist.

Beweis. Wir folgen dem Beweis von Hairer/Lubich [134] und konstruieren ein neues Einschrittverfahren der Ordnung $p + 1$. Zu diesem Zweck bestimmen wir im ersten Schritt eine Funktion $e_p(t)$ mit

$$y(t) - u_h(t) = e_p(t)h^p + \mathcal{O}(h^{p+1}). \qquad (3.1.4)$$

Die Summe

$$\overline{u}_h(t) := u_h(t) + h^p e_p(t) \qquad (3.1.5)$$

interpretieren wir als neues Einschrittverfahren mit der Verfahrensvorschrift

$$\overline{u}_h(t + h) = \overline{u}_h(t) + h\overline{\varphi}(t, \overline{u}_h(t), h) \qquad (3.1.6)$$
$$\overline{u}_h(t_0) = y_0.$$

Für die Verfahrensfunktion $\overline{\varphi}$ ergibt sich mit (3.1.1) und (3.1.5) die Beziehung

$$\overline{\varphi}(t, \overline{u}_h(t), h) = \varphi(t, u_h(t), h) + [e_p(t + h) - e_p(t)]h^{p-1}$$
$$= \varphi(t, \overline{u}_h(t) - e_p(t)h^p, h) + [e_p(t + h) - e_p(t)]h^{p-1}.$$

Wir wollen nun erreichen, dass $\overline{\varphi}$ ein Verfahren der Ordnung $p + 1$ definiert. Für den lokalen Diskretisierungsfehler von (3.1.6) gilt

$$\overline{le}(t + h) = y(t + h) - y(t) - h\overline{\varphi}(t, y(t), h)$$
$$= y(t + h) - y(t) - h\varphi(t, y(t) - e_p(t)h^p, h) - [e_p(t + h) - e_p(t)]h^p$$
$$= y(t + h) - y(t) - h\varphi(t, y(t), h) - [e_p(t + h) - e_p(t)]h^p$$
$$+ h[\varphi(t, y(t), h) - \varphi(t, y(t) - e_p(t)h^p, h)].$$

Mit den Entwicklungen

$$\varphi(t, y(t), h) - \varphi(t, y(t) - e_p(t)h^p, h) = \frac{\partial}{\partial y}\varphi(t, y(t), h)e_p(t)h^p + \mathcal{O}(h^{2p})$$

$$e_p(t + h) - e_p(t) = e_p'(t)h + \mathcal{O}(h^2)$$

ergibt sich für $\overline{le}(t + h)$ mit (3.1.2) die Beziehung

$$\overline{le}(t + h) = \left(d_{p+1}(t) + \frac{\partial\varphi}{\partial y}(t, y(t), h)e_p(t) - e_p'(t) \right) h^{p+1} + \mathcal{O}(h^{p+2}).$$

Aufgrund der Konsistenz, d. h. $\varphi(t, y(t), 0) = f(t, y(t))$, gilt

$$\frac{\partial\varphi}{\partial y}(t, y(t), 0) = f_y(t, y(t)).$$

Damit erhält man

$$\overline{le}(t + h) = [d_{p+1}(t) + f_y(t, y(t))e_p(t) - e_p'(t)]h^{p+1} + \mathcal{O}(h^{p+2}).$$

Falls die gesuchte Funktion $e_p(t)$ dem Anfangswertproblem

$$e_p'(t) = f_y(t, y(t))e_p(t) + d_{p+1}(t)$$
$$e_p(t_0) = 0$$

genügt, ist (3.1.6) ein Verfahren der Ordnung $p+1$. Für den globalen Fehler von (3.1.6) gilt nach Satz (2.2.1)

$$y(t^*) - \bar{u}_h(t^*) = E_{p+1}(t^*, h)h^{p+1} \quad \text{mit} \quad \|E_{p+1}(t^*, h)\| \le M_{p+1} \quad \text{für alle} \ h \le h_0,$$

und mit (3.1.5) folgt

$$e_h(t^*) = e_p(t^*)h^p + E_{p+1}(t^*, h)h^{p+1}.$$

Die nächste Koeffizientenfunktion $e_{p+1}(t)$ bestimmt man analog, ausgehend vom Verfahren (3.1.6). ∎

Bei der Trapezsummenextrapolation, die bei der Romberg-Integration verwendet wird, liegt eine asymptotische h^2-Entwicklung vor. Es ist daher naheliegend, nach Einschrittverfahren zu suchen, die ebenfalls eine asymptotische Entwicklung des globalen Fehlers in Potenzen von h^2 besitzen. Die theoretische Grundlage hierfür bilden die gespiegelten und symmetrischen Einschrittverfahren, denen wir uns jetzt zuwenden.

3.2 Gespiegelte und symmetrische Verfahren

Zur Spiegelung eines Verfahrens gehen wir wie folgt vor:

1. Ersetze in der Verfahrensvorschrift (3.1.1) die Schrittweite h durch $-h$:

$$u_{-h}(t - h) = u_{-h}(t) - h\varphi(t, u_{-h}(t), -h).$$

2. Ersetze t durch $t + h$:

$$u_{-h}(t) = u_{-h}(t + h) - h\varphi(t + h, u_{-h}(t + h), -h).$$

Daraus folgt

$$u_{-h}(t + h) = u_{-h}(t) + h\varphi(t + h, u_{-h}(t + h), -h). \tag{3.2.1}$$

Dies ist eine implizite Beziehung für die Näherungslösung $u_{-h}(t + h)$, die nach dem Satz über implizite Funktionen für hinreichend kleine h stets eine eindeutige Lösung hat. Wir schreiben (3.2.1) in der Form

$$u_{-h}(t + h) = u_{-h}(t) + h\widehat{\varphi}(t, u_{-h}(t), h) \tag{3.2.2}$$

und geben folgende

Definition 3.2.1. (Scherer (1977), [234]) Das Einschrittverfahren (3.2.2) heißt zum Einschrittverfahren (3.1.1) zugehöriges *gespiegeltes (adjungiertes)* Einschrittverfahren, und $\widehat{\varphi}$ heißt gespiegelte (adjungierte) Verfahrensfunktion.   □

Beispiel 3.2.1. Die Spiegelung des expliziten Euler-Verfahrens

$$u_h(t+h) = u_h(t) + hf(t, u_h(t))$$

ergibt

$$u_{-h}(t+h) = u_{-h}(t) + hf(t+h, u_{-h}(t+h)),$$

d. h., man erhält das implizite Euler-Verfahren.   □

Für RK-Verfahren lassen sich die Koeffizienten des gespiegelten Verfahrens direkt angeben.

Satz 3.2.1. *Die Spiegelung eines s-stufigen RK-Verfahrens ergibt wieder ein s-stufiges RK-Verfahren mit dem Butcher-Schema*

$$
\begin{array}{c|cccc}
(1-c_1) & (b_1 - a_{11}) & (b_2 - a_{12}) & \cdots & (b_s - a_{1s}) \\
\vdots & \vdots & \vdots & & \vdots \\
(1-c_s) & (b_1 - a_{s1}) & (b_2 - a_{s2}) & \cdots & (b_s - a_{ss}) \\
\hline
& b_1 & b_2 & \cdots & b_s
\end{array}
\tag{3.2.3}
$$

Beweis. Zur Bestimmung des zum s-stufigen RK-Verfahren (2.4.3) zugehörigen gespiegelten Verfahrens hat man in (2.4.3) h durch $-h$ und anschließend t durch $t+h$ zu ersetzen. Dies führt auf

$$u_{-h}(t+h) = u_{-h}(t) + h \sum_{i=1}^{s} b_i k_i$$

$$k_i = f\Big(t + (1-c_i)h, u_{-h}(t) + h \sum_{j=1}^{s}(b_j - a_{ij})k_j\Big), \quad i = 1, \ldots, s. \tag{3.2.4}$$

■

Bemerkung 3.2.1. Das RK-Verfahren (3.2.3) ist äquivalent zum RK-Verfahren

$$
\begin{array}{c|cccc}
(1-c_s) & (b_s - a_{ss}) & (b_{s-1} - a_{s,s-1}) & \cdots & (b_1 - a_{s1}) \\
\vdots & \vdots & \vdots & & \vdots \\
(1-c_1) & (b_s - a_{1s}) & (b_{s-1} - a_{1,s-1}) & \cdots & (b_1 - a_{11}) \\
\hline
& b_s & b_{s-1} & \cdots & b_1
\end{array}
$$

Diese Anordnung erweist sich als günstig im Zusammenhang mit symmetrischen Verfahren (Definition 3.2.2), da bei diesen dann die Butcher-Schemata von gespiegeltem und Ausgangsverfahren übereinstimmen. $\square$

Wie man unmittelbar sieht, gilt der

Satz 3.2.2. *Die Spiegelung eines gespiegelten Einschrittverfahrens ergibt das Ausgangsverfahren.* $\square$

Bezüglich der Konsistenzordnung eines gespiegelten Verfahrens gilt

Satz 3.2.3. *Das gespiegelte Einschrittverfahren hat die gleiche Konsistenzordnung wie das Ausgangsverfahren.*

Beweis. Nach (3.1.2) gilt für den lokalen Diskretisierungsfehler des Ausgangsverfahrens

$$le(t+h) = y(t+h) - y(t) - h\varphi(t, y(t), h) = d_{p+1}(t)h^{p+1} + \mathcal{O}(h^{p+2}).$$

Hierauf wenden wir den Spiegelungsprozess an und ersetzen h durch $-h$. Wir erhalten

$$y(t-h) - y(t) + h\varphi(t, y(t), -h) = d_{p+1}(t)(-h)^{p+1} + \mathcal{O}(h^{p+2}). \qquad (3.2.5)$$

Jetzt wird t durch $t+h$ ersetzt. Dies ergibt

$$y(t) - y(t+h) + h\varphi(t+h, y(t+h), -h) = d_{p+1}(t+h)(-h)^{p+1} + \mathcal{O}(h^{p+2}).$$

Unter Beachtung von $d_{p+1}(t+h) = d_{p+1}(t) + \mathcal{O}(h)$ erhält man

$$y(t) - y(t+h) + h\varphi(t+h, y(t+h), -h) = d_{p+1}(t)(-h)^{p+1} + \mathcal{O}(h^{p+2}). \quad (3.2.6)$$

Der lokale Diskretisierungsfehler des gespiegelten Einschrittverfahrens ist gegeben durch

$$\widehat{le}(t+h) = y(t+h) - y(t) - h\widehat{\varphi}(t, y(t), h).$$

Mit der Definition von $\widehat{\varphi}$ aus (3.2.1), (3.2.2) folgt

$$\widehat{le}(t+h) = y(t+h) - y(t) - h\varphi(t+h, y(t+h), -h),$$

woraus mit (3.2.6)

$$\widehat{le}(t+h) = (-1)^p d_{p+1}(t)h^{p+1} + \mathcal{O}(h^{p+2}) \qquad (3.2.7)$$

folgt, d. h., das gespiegelte Verfahren hat die Ordnung p. $\blacksquare$

Aus (3.2.7) ergibt sich unmittelbar die

Folgerung 3.2.1. *Der Hauptfehlerterm des lokalen Diskretisierungsfehlers des gespiegelten Einschrittverfahrens ist gleich dem des Ausgangsverfahrens multipliziert mit dem Faktor* $(-1)^p$. □

Bezüglich der asymptotischen Entwicklung des globalen Fehlers $e_{-h}(t)$ des gespiegelten Verfahrens gilt der

Satz 3.2.4. *Bei genügender Glattheit von* $f(t,y)$ *und der Verfahrensfunktion* $\widehat{\varphi}$ *besitzt der globale Diskretisierungsfehler* $e_{-h}(t)$ *des gespiegelten Einschrittverfahrens in* $t^* = t_0 + nh$ *die asymptotische* h-*Entwicklung*

$$e_{-h}(t^*) = e_p(t^*)(-h)^p + e_{p+1}(t^*)(-h)^{p+1} + \cdots + e_N(t^*)(-h)^N$$
$$+ E_{N+1}(t^*, -h)(-h)^{N+1},$$

wobei das Restglied $E_{N+1}(t^*, -h)$ *für hinreichend kleine* h *beschränkt ist.*

Beweis. Analog zum Beweis von Satz 3.1.1. ∎

Bemerkung 3.2.2. Die asymptotische h-Entwicklung für das gespiegelte Einschrittverfahren ergibt sich aus der des Einschrittverfahrens (3.1.1), indem man in (3.1.3) h durch $-h$ ersetzt. □

Wir kommen nun zum Begriff der symmetrischen Einschrittverfahren, die sich besonders für die Konstruktion effizienter Extrapolationsverfahren eignen (vgl. Abschnitt 3.4).

Definition 3.2.2. Ein Einschrittverfahren heißt *symmetrisch*, wenn für die Verfahrensfunktionen φ und $\widehat{\varphi}$ die Beziehung $\varphi = \widehat{\varphi}$ gilt. □

Beispiel 3.2.2. Die Trapezregel

$$u_h(t+h) = u_h(t) + \frac{h}{2}\left(f(t, u_h(t)) + f(t+h, u_h(t+h))\right)$$

und die implizite Mittelpunktregel

$$u_h(t+h) = u_h(t) + hf\left(t + \frac{h}{2}, \frac{u_h(t) + u_h(t+h)}{2}\right)$$

mit den Butcher-Schemata

$$
\begin{array}{c|cc}
0 & 0 & 0 \\
1 & \frac{1}{2} & \frac{1}{2} \\
\hline
 & \frac{1}{2} & \frac{1}{2}
\end{array}
\qquad\qquad
\begin{array}{c|c}
\frac{1}{2} & \frac{1}{2} \\
\hline
 & 1
\end{array}
$$

Trapezregel   Mittelpunktregel

sind nach Satz 3.2.1 symmetrische Einschrittverfahren. $\quad\square$

Der folgende Satz gibt eine hinreichende Bedingung für die Symmetrie eines impliziten Runge-Kutta-Verfahrens.

Satz 3.2.5. *Gilt für die Koeffizienten eines s-stufigen konsistenten Runge-Kutta-Verfahrens*

$$a_{s+1-i,s+1-j} + a_{ij} = b_{s+1-j} = b_j, \quad i,j = 1,\ldots,s, \qquad (3.2.8)$$

dann ist das RK-Verfahren symmetrisch.

Beweis. Wir zeigen die Identität des gespiegelten Verfahrens in der Form von Bemerkung 3.2.1 mit den Koeffizienten

$$\tilde{a}_{ij} = b_{s+1-j} - a_{s+1-i,s+1-j}, \quad \tilde{b}_j = b_{s+j-1}, \quad \tilde{c}_j = 1 - c_{s|j-1}$$

mit dem Ausgangsverfahren mit den Koeffizienten a_{ij}, b_j, c_j. Mit (3.2.8) folgt sofort $\tilde{a}_{ij} = a_{ij}$, $\tilde{b}_j = b_j$. Die Beziehung $\tilde{c}_i = c_i$ ergibt sich mit der Knotenbedingung $\sum_{j=1}^{s} a_{ij} = c_i$ und der Konsistenzbedingung $\sum_{j=1}^{s} b_j = 1$ aus (3.2.8) durch Summation über j. $\blacksquare$

Eine wesentliche Eigenschaft symmetrischer Verfahren gibt der folgende

Satz 3.2.6. *Das Einschrittverfahren sei symmetrisch. Unter den Voraussetzungen von Satz 3.1.1 besitzt dann der globale Diskretisierungsfehler in $t^* = t_0 + nh$ eine asymptotische h^2-Entwicklung, d. h.*

$$e_h(t^*) = e_{2\gamma}(t^*)h^{2\gamma} + e_{2\gamma+2}(t^*)h^{2\gamma+2} + \ldots \qquad (3.2.9)$$

mit $e_{2j}(t_0) = 0$.

Beweis. Wegen $\varphi = \hat{\varphi}$ folgt aus (3.2.2) $u_{-h}(t+h) = u_h(t+h)$. Mit den Sätzen 3.1.1 und 3.2.4 ergibt sich dann, dass die ungeraden Glieder in der asymptotischen Entwicklung (3.1.3) verschwinden, d. h.

$$e_{2j+1}(t^*) = 0, \quad j = \gamma, \gamma+1, \ldots$$

$\blacksquare$

3.3 Der Extrapolationsvorgang

Gegeben seien eine Grundschrittweite (Makroschrittweite) $H > 0$, eine monoton fallende Folge lokaler Schrittweiten (Mikroschrittweiten)

$$\{h_1, h_2, \ldots\} \quad \text{mit } h_i = \frac{H}{n_i}, \; n_i \in \mathbb{N} \text{ und } n_i < n_{i+1} \qquad (3.3.1)$$

sowie ein Einschrittverfahren (Grundverfahren) der Konsistenzordnung p. Mit dem Einschrittverfahren und den Mikroschrittweiten h_i berechnen wir zunächst im Gitterpunkt $t_0 + H$ eine Folge von Näherungswerten

$$u_{h_i}(t_0 + H) =: T_{i,1} \qquad (3.3.2)$$

für die Lösung $y(t_0 + H)$ des Anfangswertproblems (2.0.1). Dabei steht der Buchstabe „T" in (3.3.2) aus historischen Gründen und soll auf die Trapezregel hinweisen. Unser Ziel ist nun, in der asymptotischen Entwicklung (3.1.3) möglichst viele Terme zu eliminieren. Zu diesem Zweck bestimmen wir das Interpolationspolynom

$$P(h) = e_0 - e_p h^p - \cdots - e_{p+k-2} h^{p+k-2},$$

welches die k Interpolationsbedingungen

$$P(h_i) = T_{i,1}, \ i = l, l-1, \ldots, l-k+1$$

erfüllt.

Für eine kompakte Schreibweise erweist sich die Verwendung des Kronecker-Produktes als vorteilhaft.

Definition 3.3.1. Seien $Q \in \mathbb{R}^{r,s}$ und $M \in \mathbb{R}^{k,n}$. Dann ist das *Kronecker-Produkt* $Q \otimes M$ durch die Blockmatrix

$$Q \otimes M = \begin{pmatrix} q_{11}M & \cdots & q_{1s}M \\ \vdots & & \vdots \\ q_{r1}M & \cdots & q_{rs}M \end{pmatrix} \in \mathbb{R}^{rk,sn}$$

definiert. □

Später werden wir noch einige Eigenschaften des Kronecker-Produktes benötigen, die wir gleich hier mit angeben:
Für $A, C \in \mathbb{R}^{s,s}$ und $B, D \in \mathbb{R}^{n,n}$ gilt

$$(A \otimes B)(C \otimes D) = AC \otimes BD. \qquad (3.3.3)$$

Sind zusätzlich A und B regulär, so gilt

$$(A \otimes B)^{-1} = A^{-1} \otimes B^{-1}. \qquad (3.3.4)$$

Unter Beachtung von (3.3.1) erhalten wir zur Bestimmung der k Unbekannten

$$e_0, \ e_p H^p, \ \ldots, \ e_{p+k-2} H^{p+k-2}$$

das lineare Gleichungssystem

$$\left(\underbrace{\begin{pmatrix} 1 & \frac{1}{n_l^p} & \cdots & \frac{1}{n_l^{p+k-2}} \\ 1 & \frac{1}{n_{l-1}^p} & \cdots & \frac{1}{n_{l-1}^{p+k-2}} \\ \multicolumn{4}{c}{\cdots\cdots\cdots\cdots\cdots} \\ 1 & \frac{1}{n_{l-k+1}^p} & \cdots & \frac{1}{n_{l-k+1}^{p+k-2}} \end{pmatrix}}_{A} \otimes I \right) \begin{pmatrix} e_0 \\ -e_p H^p \\ \cdots \\ -e_{p+k-2} H^{p+k-2} \end{pmatrix} = \begin{pmatrix} T_{l,1} \\ T_{l-1,1} \\ \cdots \\ T_{l-k+1,1} \end{pmatrix}. \quad (3.3.5)$$

Die Vandermonde-ähnliche Matrix A ist regulär (vgl. Aufgabe 5). Wegen $(A \otimes I)^{-1} = A^{-1} \otimes I$ ist auch die Koeffizientenmatrix $A \otimes I$ des Gleichungssystems (3.3.5) regulär. Nach Lösung von (3.3.5) extrapolieren wir auf die Schrittweite 0 (polynomiale Grenzwertextrapolation) und fassen

$$P(0) = e_0 =: T_{l,k}$$

als neue Näherung an der Stelle $t_0 + H$ auf.

Den Extrapolationsalgorithmus wollen wir an folgendem Beispiel verdeutlichen.

Beispiel 3.3.1. Wir betrachten $k = 2$, $n_1 = 1$, $n_2 = 2$ und $l = 2$. Dann lautet das Interpolationspolynom

$$P(h) = e_0 - e_p h^p.$$

Mit den beiden Interpolationsbedingungen

$$P(H) = T_{1,1} \text{ und } P(H/2) = T_{2,1}$$

erhält man das lineare Gleichungssystem

$$\left(\begin{pmatrix} 1 & \frac{1}{2^p} \\ 1 & 1 \end{pmatrix} \otimes I \right) \begin{pmatrix} e_0 \\ -e_p H^p \end{pmatrix} = \begin{pmatrix} T_{2,1} \\ T_{1,1} \end{pmatrix}. \quad (3.3.6)$$

Daraus folgt

$$\begin{pmatrix} e_0 \\ -e_p H^p \end{pmatrix} = \frac{1}{1 - \frac{1}{2^p}} \left(\begin{pmatrix} 1 & -\frac{1}{2^p} \\ -1 & 1 \end{pmatrix} \otimes I \right) \begin{pmatrix} T_{2,1} \\ T_{1,1} \end{pmatrix}.$$

Damit ergibt sich

$$e_0 = T_{2,1} + \frac{T_{2,1} - T_{1,1}}{2^p - 1} = T_{2,2}.$$

Dies ist gerade die in Abschnitt 2.5.1 betrachtete Richardson-Extrapolation (vgl. (2.5.5)). □

Der folgende Satz zeigt, dass die Extrapolation zu einer Erhöhung der Konsistenzordnung führt.

Satz 3.3.1. *Die Näherungswerte* $T_{l,k}$ *bestimmen ein Diskretisierungsverfahren von der Konsistenzordnung mindestens* $p + k - 1$, *es gilt*

$$y(t_0 + H) - T_{l,k} = \mathcal{O}(H^{p+k}).$$

Beweis. Nach (3.1.3) ist

$$(A \otimes I) \begin{pmatrix} y(t_0 + H) \\ -e_p(t_0 + H)H^p \\ \cdots \\ -e_{p+k-2}(t_0 + H)H^{p+k-2} \end{pmatrix} - \begin{pmatrix} \Delta_l \\ \Delta_{l-1} \\ \cdots \\ \Delta_{l-k+1} \end{pmatrix} = \begin{pmatrix} T_{l,1} \\ T_{l-1,1} \\ \cdots \\ T_{l-k+1,1} \end{pmatrix} \quad (3.3.7)$$

mit

$$\Delta_i = e_{p+k-1}(t_0 + H)h_i^{p+k-1} + E_{p+k}(t_0 + H, h_i)h_i^{p+k}.$$

Wegen

$$e_{p+k-1}(t_0) = 0 \quad \text{und} \quad h_i \le H$$

folgt

$$\Delta_i = \mathcal{O}(H^{p+k}) \quad \text{für} \quad i = l, l-1, \ldots, l-k+1.$$

Aus (3.3.5) und (3.3.7) ergibt sich

$$\underbrace{\begin{pmatrix} y(t_0 + H) - e_0 \\ -[e_p(t_0 + H) - e_p]H^p \\ \cdots \\ -[e_{p+k-2}(t_0 + H) - e_{p+k-2}]H^{p+k-2} \end{pmatrix}}_{Y} = (A^{-1} \otimes I) \begin{pmatrix} \Delta_l \\ \Delta_{l-1} \\ \cdots \\ \Delta_{l-k+1} \end{pmatrix}. \quad (3.3.8)$$

Versehen wir den Blockvektor Y mit der Norm

$$\|Y\| = \max \left(\|y(t_0 + H) - e_0\|, \ldots, \|e_{p+k-2}(t_0 + H) - e_{p+k-2}\|H^{p+k-2} \right),$$

so folgt aus (3.3.8)

$$\|y(t_0 + H) - e_0\| \le \|A^{-1}\|_\infty \max_i \|\Delta_i\| = \mathcal{O}(H^{p+k}),$$

die Näherungswerte $T_{l,k}$ besitzen damit die Konsistenzordnung $p + k - 1$. ∎

Folgerung 3.3.1. *Für ein symmetrisches Einschrittverfahren mit der asymptotischen* h^2-*Entwicklung (3.2.9) gilt für die Näherungswerte* $T_{l,k}$

$$\|y(t_0 + H) - T_{l,k}\| = \mathcal{O}(H^{2\gamma+2k-1}),$$

d. h., die Werte $T_{l,k}$ *bestimmen bezüglich der Grundschrittweite* H *ein Diskretisierungsverfahren der Konsistenzordnung* $p = 2\gamma + 2k - 2$. □

Bemerkung 3.3.1. Die Trapezregel und implizite Mittelpunktregel besitzen aufgrund ihrer Symmetrie (vgl. Beispiel 3.2.2) asymptotische h^2-Entwicklungen. $\square$

Üblicherweise ordnet man die $T_{l,k}$ in einem *Extrapolationstableau* (Neville-Tableau) an:

$$
\begin{array}{lllll}
T_{1,1} & & & & \\
T_{2,1} & \to T_{2,2} & & & \\
T_{3,1} & \to T_{3,2} & \to T_{3,3} & & \\
T_{4,1} & \to T_{4,2} & \to T_{4,3} & \to T_{4,4} & \\
\ldots & \ldots & \ldots & \ldots & \ldots
\end{array}
$$

Hat das Einschrittverfahren die asymptotische Entwicklung (3.1.3) mit $p = 1$, so besitzen die Werte $T_{l,k}$ die Konsistenzordnung k, d. h., pro Spalte des Extrapolationstableaus gewinnen wir eine Ordnung. Ist das Einschrittverfahren symmetrisch und hat die Ordnung 2, so haben die Werte $T_{l,k}$ die Konsistenzordnung $p = 2k$. Pro Extrapolationsspalte gewinnen wir zwei Ordnungen. Dies zeigt deutlich den Vorteil eines symmetrischen Einschrittverfahrens gegenüber einem nichtsymmetrischen. Zur Berechnung der ersten Spalte dieses Extrapolationstableaus werden verschiedene Unterteilungsfolgen $\{n_i\} = \{n_1, n_2, \ldots\}$ verwendet:

Die *Romberg-Folge*

$$
F_R = \{1, 2, 4, 8, 16, 32, 128, \ldots\}, \quad n_i = 2^{i-1}.
$$

Die *Bulirsch-Folge*

$$
F_B = \{1, 2, 3, 4, 6, 8, 12, 16, 24, \ldots\}, \quad n_i = 2n_{i-2} \quad \text{für} \quad i \geq 4.
$$

Die *harmonische Folge*

$$
F_H = \{1, 2, 3, 4, 5, \ldots\}, \quad n_i = i.
$$

Bemerkung 3.3.2. Die Romberg-Folge hat den Nachteil, dass sich die Anzahl der Stützstellen von Schrittweite zu Schrittweite verdoppelt, also sehr schnell anwächst. Die Romberg- sowie die Bulirsch-Folge besitzen die Eigenschaft, dass für Quadraturprobleme $y'(t) = f(t)$ zahlreiche Funktionswerte für kleinere Schrittweiten h_i wiederverwendet werden können. Für ein Anfangswertproblem (2.0.1) ist jedoch die harmonische Folge vorteilhaft (vgl. Deuflhard [87]). $\square$

Besitzt das Grundverfahren die Konsistenzordnung $p = 1$, so liegt eine klassische Interpolationsaufgabe vor. Da man nur den Wert des Interpolationspolynoms

$$P(h) = e_0 - e_1 h - \cdots - e_{k-1} h^{k-1} \tag{3.3.9}$$

im Punkt $h = 0$ benötigt, bietet sich zu seiner Berechnung der Aitken-Neville-Algorithmus an (vgl. z. B. Stoer [267], Deuflhard/Hohmann [91]). Er beruht auf der Rechenvorschrift

$$T_{l,k+1} = T_{l,k} + \frac{T_{l,k} - T_{l-1,k}}{n_l/n_{l-k} - 1}.$$

Das Element $T_{l,k+1}$ der $(k+1)$-ten Spalte erhält man aus den beiden Nachbarn $T_{l,k}$ und $T_{l-1,k}$ der k-ten Spalte.

Ein symmetrisches Einschrittverfahren mit der Konsistenzordnung $p = 2$ besitzt bei genügender Glattheit von $f(t,y)$ die asymptotische h^2-Entwicklung

$$e_h(t) = e_2(t)h^2 + e_4(t)h^4 + \cdots + e_{2k}(t)h^{2k} + \mathcal{O}(h^{2k+2})$$

(vgl. Satz 3.2.6). Im Interpolationspolynom (3.3.9) können wir demzufolge h durch h^2 ersetzen, der Aitken-Neville-Algorithmus ergibt sich damit zu

$$T_{l,k+1} = T_{l,k} + \frac{T_{l,k} - T_{l-1,k}}{(n_l/n_{l-k})^2 - 1}. \tag{3.3.10}$$

3.4 Das Gragg-Bulirsch-Stoer-Verfahren

Für eine effiziente Anwendung der Extrapolation sind asymptotische h^2-Entwicklungen des globalen Diskretisierungsfehlers wünschenswert. Gragg konnte in seiner Dissertation 1964 nachweisen, dass die nach dem Algorithmus

$$u_1 = u_0 + hf(t_0, u_0) \tag{3.4.1a}$$

$$u_{m+1} = u_{m-1} + 2hf(t_m, u_m), \quad m = 1, 2, \ldots, 2N \tag{3.4.1b}$$

$$S_h(t) = \frac{1}{4}(u_{2N-1} + 2u_{2N} + u_{2N+1}) \tag{3.4.1c}$$

($u_0 = y_0$, $t_m = t_0 + mh$, $t = t_0 + 2Nh$) berechnete Näherungslösung $S_h(t)$ eine asymptotische h^2-Entwicklung hat. Der Algorithmus setzt sich aus dem expliziten Euler-Verfahren (3.4.1a) (Startwert), aus $2N$-Schritten mit der expliziten Mittelpunktregel (3.4.1b) und aus dem *Schlussschritt* (3.4.1c), der aus einer gewichteten Mittelung der drei Näherungswerte u_{2N-1}, u_{2N}, u_{2N+1} besteht, zusammen.

Der Gragg'sche Beweis (vgl. Gragg [118] bzw. Grigorieff [124]) für die asymptotische h^2-Entwicklung des globalen Fehlers $e_h(t) = y(t) - S_h(t)$ ist kompliziert und umfangreich. Von Stetter (vgl. [265]) stammt die Idee, das Zweischrittverfahren

(3.4.1b) mit dem Startwert (3.4.1a) als symmetrisches Einschrittverfahren von doppelter Dimension zu formulieren. Wir folgen im Weiteren der Darstellung in Hairer/Nørsett/Wanner [138]. Die Anwendung des Satzes 3.2.6 liefert dann die Behauptung für die asymptotische h^2-Entwicklung von $S_h(t)$.

Mit den Bezeichnungen

$$h^* = 2h, \quad t_k^* = t_0 + kh^* \tag{3.4.2}$$

$$\xi_k = u_{2k}, \quad \eta_k = u_{2k+1} - hf(t_{2k}, u_{2k}) = \frac{1}{2}(u_{2k+1} + u_{2k-1})$$

erhält man aus (3.4.1b) mit (3.4.1a)

$$\begin{pmatrix} \xi_{k+1} \\ \eta_{k+1} \end{pmatrix} = \begin{pmatrix} \xi_k \\ \eta_k \end{pmatrix} + h^* \begin{pmatrix} f\left(t_k^* + \frac{h^*}{2}, \eta_k + \frac{h^*}{2}f(t_k^*, \xi_k)\right) \\ \frac{1}{2}\left(f(t_k^* + h^*, \xi_{k+1}) + f(t_k^*, \xi_k)\right) \end{pmatrix}. \tag{3.4.3}$$

Für die Anfangswerte von (3.4.3) gilt nach (3.4.2) mit (3.4.1a)

$$\xi_0 = y_0, \quad \eta_0 = u_1 - hf(t_0, u_0) = y_0. \tag{3.4.4}$$

Das Einschrittverfahren (3.4.3) mit (3.4.4) ist symmetrisch, dies folgt, wenn man in (3.4.3) h^* durch $-h^*$ und anschließend t_k^* durch $t_k^* + h^*$ ersetzt. Ferner ist das Verfahren konsistent mit dem Anfangswertproblem

$$\xi'(t) = f(t, \eta), \quad \xi(t_0) = y_0$$
$$\eta'(t) = f(t, \xi), \quad \eta(t_0) = y_0.$$

Der Existenz- und Eindeutigkeitssatz von Picard-Lindelöf liefert

$$\xi(t) = \eta(t) = y(t).$$

Unter der Voraussetzung, dass $f(t, y)$ hinreichend glatt ist, existiert dann nach Satz 3.2.6 für die Näherungslösungen $\xi_{h^*}(t)$, $\eta_{h^*}(t)$ eine asymptotische $(h^*)^2$-Entwicklung der Form

$$y(t) - \xi_{h^*}(t) = \sum_{i=1}^{\nu} a_{2i}(t)(h^*)^{2i} + A_{2\nu+2}(t, h^*)(h^*)^{2\nu+2} \tag{3.4.5a}$$

$$y(t) - \eta_{h^*}(t) = \sum_{i=1}^{\nu} b_{2i}(t)(h^*)^{2i} + B_{2\nu+2}(t, h^*)(h^*)^{2\nu+2} \tag{3.4.5b}$$

mit $a_{2i}(t_0) = 0$, $b_{2i}(t_0) = 0$, wobei die Restglieder $A_{2\nu+2}(t, h^*)$, $B_{2\nu+2}(t, h^*)$ für $t \in [t_0, t_e]$ und $h^* \in (0, h_0]$ normmäßig beschränkt sind. Aus (3.4.2) und

(3.4.5) folgt, dass die Näherungslösung $u_h(t)$ für gerade Schrittzahlen, d.h. für $t = t_0 + 2Nh$, eine asymptotische h^2-Entwicklung

$$y(t) - u_h(t) = \sum_{i=1}^{\nu} \widetilde{a}_{2i}(t)h^{2i} + \widetilde{A}_{2\nu+2}(t,h)h^{2\nu+2}$$

mit

$$\widetilde{a}_{2i}(t) = 2^{2i}a_{2i}(t) \quad \text{und} \quad \widetilde{A}_{2\nu+2}(t,h) = 2^{2\nu+2}A_{2\nu+2}(t,2h)$$

besitzt.

Bemerkung 3.4.1. Auch für ungerade Indizes, d.h. für $t = t_0 + (2k+1)h$, besitzt $u_h(t)$ eine asymptotische h^2-Entwicklung (vgl. Aufgabe 7). □

In Abschnitt 4.2.2 zeigen wir, dass die explizite Mittelpunktregel (3.4.1b) schwach instabil ist (vgl. Beispiel 4.2.5). Im Verlauf der Rechnung bilden sich zwei Folgen von Näherungswerten $u_0, u_2, u_4, \ldots$ und $u_1, u_3, u_5, \ldots$ heraus, die sich in einer Oszillation direkt aufeinanderfolgender Näherungen bemerkbar machen. Um dieser Oszillation entgegenzuwirken, schlug Gragg vor, die Näherung u_{2N} durch Hinzufügen eines symmetrischen Schlussschrittes $S_h(t)$, eines sog. *Glättungsschrittes*, zu ersetzen. Man beachte, dass die Berechnung von u_{2N+1} nur für den Glättungsschritt erforderlich ist. Diesem Schritt kommt im Extrapolationsvorgang keine wesentliche Bedeutung zu (vgl. Shampine und Baca [249]). Er benötigt etwas mehr Rechenaufwand, hat aber den Vorteil, dass das Stabilitätsgebiet größer als ohne Glättungsschritt ist (vgl. Abbildung 8.8.1).

Bezüglich der asymptotischen Entwicklung der Näherungslösung $S_h(t)$ gilt der

Satz 3.4.1. (Gragg [119]) *Sei $f(t, y) \in C^{2\nu}(S)$. Dann hat die durch (3.4.1) definierte Näherungslösung $S_h(t)$ für $t = t_0 + 2Nh$ eine asymptotische h^2-Entwicklung*

$$y(t) - S_h(t) = \sum_{i=1}^{\nu} e_{2i}(t)h^{2i} + E_{2\nu+2}(t,h)h^{2\nu+2}. \tag{3.4.6}$$

Dabei ist $e_{2i}(t_0) = 0$, und das Restglied $E_{2\nu+2}(t, h)$ ist normmäßig beschränkt für alle $t \in [t_0, t_e]$ und $0 < h \le h_0$.

Beweis. Aus

$$S_h(t) = \frac{1}{4}(u_{2N-1} + 2u_{2N} + u_{2N+1})$$

folgt mit (3.4.1b) und (3.4.2)

$$S_h(t) = \frac{1}{4}[u_{2N+1} - 2hf(t_{2N}, u_{2N}) + 2u_{2N} + u_{2N+1}]$$

$$= \frac{1}{2}(\xi_N + \eta_N).$$

Durch Addition von (3.4.5a), (3.4.5b) und mit $h^* = 2h$ erhält man die asymptotische h^2-Entwicklung (3.4.6) mit $e_{2i}(t) = [a_{2i}(t) + b_{2i}(t)]2^{2i-1}$. ∎

Die symmetrische Diskretisierungsmethode (3.4.1a) – (3.4.1c) ist das Grundverfahren für den Gragg-Bulirsch-Stoer-Extrapolationsalgorithmus (*GBS-Verfahren*), vgl. Bulirsch/Stoer [36]. Man wählt eine monoton fallende Schrittweitenfolge $\{h_i\} = \{H/n_i\}$ mit einer geraden Unterteilungsfolge $\{n_i\}$, z. B. die

- doppelte Romberg-Folge

$$F_{2R} = \{2, 4, 8, 16, 32, 64, 128, 256, \dots\},$$

- doppelte Bulirsch-Folge

$$F_{2B} = \{2, 4, 6, 8, 12, 16, 24, 32, \dots\},$$

- doppelte harmonische Folge

$$F_{2H} = \{2, 4, 6, 8, 10, 12, 14, 16, \dots\}.$$

Dann setzt man

$$T_{l,1} = S_{h_i}(t_0 + H)$$

und berechnet die Werte $T_{l,k}$ nach dem Aitken-Neville-Algorithmus (3.3.10).

3.5 Explizite Runge-Kutta-Verfahren beliebiger Ordnung

Extrapolationsverfahren erzeugen aus einfachen Verfahren niedriger Ordnung Diskretisierungsverfahren beliebig hoher Ordnung. Legt man als Grundverfahren ein explizites Runge-Kutta-Verfahren zugrunde, so repräsentiert jedes $T_{l,k}$ eines Extrapolationstableaus wieder ein explizites RK-Verfahren. Verwenden wir z. B. das explizite Euler-Verfahren als Grundverfahren für die Extrapolation mit der harmonischen Unterteilungsfolge $F_H = \{1, 2, 3, \dots\}$, so ist $T_{3,3}$ äquivalent zum folgenden expliziten RK-Verfahren der Ordnung $p = 3$:

$$
\begin{array}{c|cccc}
0 & & & & \\
\frac{1}{3} & \frac{1}{3} & & & \\
\frac{2}{3} & \frac{1}{3} & \frac{1}{3} & & \\
\frac{1}{2} & \frac{1}{2} & 0 & 0 & \\
\hline
& 0 & \frac{3}{2} & \frac{3}{2} & -2
\end{array}
$$

Allgemein gilt folgender

Satz 3.5.1. *Sei $f(t, y)$ genügend oft stetig differenzierbar. Dann liefert der Näherungswert $T_{k,k}$ des extrapolierten Euler-Verfahrens bei Zugrundelegung der harmonischen Unterteilungsfolge F_H ein explizites RK-Verfahren der Ordnung $p = k$ mit der Stufenzahl $s = p(p-1)/2 + 1$.*

Beweis. Die Aussage ergibt sich durch Abzählen der erforderlichen Funktionsauswertungen. ∎

Betrachtet man das GBS-Verfahren ohne Glättungsschritt und verwendet man die doppelte harmonische Unterteilungsfolge, so erhält man (Aufgabe 3)

Satz 3.5.2. *Sei $f(t, y)$ genügend oft stetig differenzierbar. Dann existiert zu jedem $p \in 2\mathbb{N}$ ein explizites Runge-Kutta-Verfahren der Ordnung p mit $s = \frac{1}{4}p^2 + 1$ Stufen.* □

Bemerkung 3.5.1. Die angegebenen Stufenzahlen sind nicht optimal. Zum Beispiel ergibt Satz 3.5.1 46 Stufen für $p = 10$ und Satz 3.5.2 26 Stufen, während Hairer [131] ein Verfahren mit 17 Stufen konstruierte. □

3.6 Bemerkungen zur Schrittweiten- und Ordnungssteuerung

Aus dem Extrapolationstableau, das mit Grundschrittweite H bis zur k-ten Zeile berechnet worden ist, können Approximationen unterschiedlicher Ordnung an $y(t + H)$ gewonnen werden. Die höchste Ordnung, und damit für kleine H die beste Genauigkeit, hat das Diagonalelement $T_{k,k}$. Andere Approximationen, wie $T_{k,k-1}$, haben niedrigere Ordnungen, d. h., sie sind i. Allg. ungenauer. Bildet man Differenzen wie $T_{k,k} - T_{k,k-1}$, so kann man damit wie bei eingebetteten Runge-Kutta-Verfahren (vgl. Abschnitt 2.5.2) Fehler schätzen und daraus Schrittweitenvorschläge für den nächsten Schritt berechnen. Durch Änderung von k ist es darüber hinaus möglich, auch die Ordnung des Verfahrens für den nächsten Schritt anzupassen.

Im Folgenden legen wir als Grundverfahren ein symmetrisches Einschrittverfahren (z. B. das GBS-Verfahren) mit der asymptotischen Entwicklung (3.2.9) mit $\gamma = 1$ zugrunde. Damit stehen für ein k-spaltiges Extrapolationstableau im Integrationspunkt $t + H$ die Werte $T_{k,l}$, $l = 1, 2, \ldots, k$, zur Verfügung. Die beiden Näherungslösungen $T_{k,k-1}$ und $T_{k,k}$ besitzen die Konsistenzordnung $p = 2k - 2$ und $p = 2k$. Aus der Differenz von $T_{k,k}$ und $T_{k,k-1}$ können wir wie in (2.5.8) die Größe err_k berechnen. Das Diagonalelement $T_{k,k}$ wird als Näherungslösung akzeptiert, wenn es dem *subdiagonalen Fehlerkriterium*

$$err_k \leq 1$$

genügt. Für den nächsten Integrationsschritt ergibt sich dann wie in Abschnitt 2.5.1 ein Schrittweitenvorschlag

$$H_k = \alpha \left(\frac{1}{err_k} \right)^{1/(2k-1)} H, \tag{3.6.1}$$

wobei der Sicherheitsfaktor α auch von k abhängen kann.

Bemerkung 3.6.1. Wie bei den eingebetteten Runge-Kutta-Verfahren wird auch hier nur der Fehler der „zweitbesten" Näherungslösung, d.h. der Fehler des Subdiagonalelementes $T_{k,k-1}$, geschätzt. $\square$

Die Gleichung (3.6.1) liefert für jede Spalte $k \geq 2$ des Extrapolationstableaus einen Vorschlag für die Grundschrittweite H_k. Für die Steuerung von k verwendet man als Maß für den Aufwand zur Berechnung der Näherungswerte $T_{k,k}$ die Größe

$A_k =$ Anzahl der zur Berechnung von $T_{k,k}$ benötigten f-Auswertungen.

Die A_k können aus der verwendeten Unterteilungsfolge $F = \{n_1, n_2, \dots\}$ rekursiv berechnet werden.

Da eine große Anzahl von Funktionsauswertungen durch eine große Schrittweite kompensiert werden kann, ist es zweckmäßig, den *Aufwand pro Grundschrittweite* H_k (engl. *work per unit step*)

$$W_k = \frac{A_k}{H_k}$$

zu betrachten. Das Ziel besteht nun darin, die Ordnung so zu wählen, dass W_k minimal wird.

Ausführliche Beschreibungen von simultaner Schrittweiten- und Ordnungssteuerung findet man in Deuflhard [87], [88] sowie in Hairer/Nørsett/Wanner [138].

Zusammenfassend lässt sich sagen, dass durch Extrapolation aus einfachen Diskretisierungsverfahren Verfahren beliebig hoher Ordnung erzeugt werden können, die sich für scharfe Genauigkeitsforderungen als sehr effektiv erwiesen haben. Für das Grundverfahren wird in der Regel ein Einschrittverfahren mit einer asymptotischen h^2-Entwicklung verwendet.

Bemerkung 3.6.2. Der erste Extrapolations-Code wurde 1966 von Bulirsch und Stoer [36] entwickelt. Dieser Code basierte auf *rationaler Extrapolation*. Numerische Experimente [87] haben gezeigt, dass rationale Extrapolation keine Vorteile gegenüber polynomialer Extrapolation bietet. In speziellen Fällen kann sie sogar zu Einschränkungen der Grundschrittweite H führen. In neueren Extrapolations-Codes wird daher ausschließlich polynomiale Extrapolation verwendet. $\square$

Effiziente Extrapolations-Codes sind der von Deuflhard entwickelte Code DIFEX1 [87] und der von Hairer/Wanner entwickelte Code ODEX1 [138]. Beide Fortran-Subroutinen verwenden die doppelte harmonische Unterteilungsfolge F_{2H} und liefern bei einer vorgegebenen Fehlertoleranz annähernd gleiche Ergebnisse. In der Ordnungssteuerung unterscheiden sie sich jedoch im Detail.

Bemerkung 3.6.3. Die Stabilitätsgebiete für die Näherungen $T_{k,k}$, $k = 1, \ldots, 4$, die sich nach dem GBS-Algorithmus (mit und ohne Glättungsschritt) bei Verwendung der doppelten harmonischen Unterteilungsfolge F_{2H} und polynomialer Extrapolation ergeben, sind in Abschnitt 8.8 dargestellt. □

3.7 Weiterführende Bemerkungen

Für Anfangswertaufgaben gewöhnlicher Differentialgleichungen zweiter Ordnung der Gestalt

$$y''(t) = f(t, y), \quad y(t_0) = u_0, \quad y'(t_0) = v_0 \tag{3.7.1}$$

bildet das Störmer-Verfahren

$$u_h(t_{m+1}) = 2u_h(t_m) - u_h(t_{m-1}) + h^2 f(t_m, u_h(t_m))$$

das Grundverfahren für einen Extrapolationsalgorithmus. Er ergibt sich, wenn in (3.7.1) die Ableitung $y''(t_m)$ durch den zentralen Differenzenquotienten 2. Ordnung

$$\frac{u_h(t_{m+1}) - 2u_h(t_m) + u_h(t_{m-1})}{h^2}$$

approximiert wird. Zusammen mit einem geeigneten Start- und Schlussschritt erhalten wir folgendes Extrapolationsverfahren für (3.7.1)

$$u_1 = u_0 + h\left(v_0 + \frac{h}{2} f(t_0, u_0)\right) \tag{3.7.2a}$$

$$u_{m+1} = 2u_m - u_{m-1} + h^2 f(t_m, u_m), \quad m = 1, \ldots, N-1 \tag{3.7.2b}$$

$$v_N = \frac{u_N - u_{N-1}}{h} + \frac{h}{2} f(t_N, u_N). \tag{3.7.2c}$$

Der Startschritt (3.7.2a) ist die nach dem 3. Glied abgebrochene Taylor-Entwicklung von $y(t_0 + h)$ an der Stelle t_0 und der Schlussschritt (3.7.2c) ergibt sich durch Umstellen der nach dem 3. Glied abgebrochenen Taylor-Entwicklung von $y(t_N - h)$ an der Stelle t_N. Ist $f(t, y)$ genügend oft stetig differenzierbar, dann besitzen die globalen Fehler

$$e_h(t) := y(t) - u_h(t) \text{ und } e'_h(t) := y'(t) - v_h(t)$$

des Extrapolationsalgorithmus (3.7.2) nach N Schritten mit der Schrittweite h in $t^* = t_0 + Nh$ die asymptotischen h^2-Entwicklungen

$$e_h(t^*) = e_0(t^*)h^2 + \cdots + e_{k-1}(t^*)h^{2k} + \mathcal{O}(h^{2k+2})$$

$$e'_h(t^*) = q_0(t^*)h^2 + \cdots + q_{k-1}(t^*)h^{2k} + \mathcal{O}(h^{2k+2}).$$

Einen Beweis findet man in [89].

Die Fortran-Subroutine DIFEX2 (Deuflhard [88]) basiert auf (3.7.2). ODEX2 (Hairer/ Nørsett/Wanner [138]) wendet das GBS-Verfahren auf das in ein System 1. Ordnung transformierte Anfangswertproblem (3.7.1) an. In beiden Codes werden zu vorgegebenen lokalen Fehlertoleranzen Ordnung und Schrittweiten simultan gesteuert. Im Unterschied zu DIFEX1 oder ODEX1, den Extrapolationsverfahren mit der expliziten Mittelpunktregel, besteht bei dem Extrapolationsverfahren mit dem Störmer-Verfahren keine Einschränkung an die Unterteilungsfolge. Deuflhard [88] verwendet für DIFEX2 die einfache harmonische Folge $F_H = \{1, 2, 3, 4, \dots\}$.

3.8 Aufgaben

1. Gegeben sei das zweistufige RK-Verfahren

$$
\begin{array}{c|cc}
0 & & \\
c_2 & c_2 & \\
\hline
 & 1 - 1/(2c_2) & 1/(2c_2)
\end{array}
$$

mit $c_2 \neq 0$. Man wende es auf das Anfangswertproblem

$$y' = \lambda y, \quad y(0) = 1$$

an und bestimme die Fehlerterme $d_3(t)$, $d_4(t)$ des lokalen Diskretisierungsfehlers sowie die Fehlerterme $e_3(t)$, $e_4(t)$ des globalen Fehlers.

2. Man bestimme die RK-Verfahren, die zu den Elementen $T_{1,1}$ und $T_{2,2}$ des GBS-Verfahrens (mit und ohne Glättungsschritt) gehören. Werden diese RK-Verfahren auf die Anfangswertaufgabe

$$y' = \lambda y, \quad y(t_0) = 1$$

angewendet, so erhält man

$$T_{l,l} = P_l(z)u_m, \quad z = H\lambda.$$

Man bestimme die Polynome $P_l(z)$.

3. Man beweise Satz 3.5.2.

4. Man beweise: Das Verfahren

$$u_1 = u_0 + h[bf(t_0, u_0) + (1 - b)f(t_1, u_1)]$$
$$u_{m+1} = u_{m-1} + h[(1 - b)f(t_{m-1}, u_{m-1}) + 2bf(t_m, u_m)$$
$$+ (1 - b)f(t_{m+1}, u_{m+1})]$$

hat für alle $0 \leq b \leq 1$ eine asymptotische h^2-Entwicklung (Stetter [265]).

5. Man beweise, dass die Matrix

$$
A = \begin{pmatrix}
1 & a_1^p & \cdots & a_1^{p+n-2} \\
1 & a_2^p & \cdots & a_2^{p+n-2} \\
\multicolumn{4}{c}{\dotfill} \\
1 & a_n^p & \cdots & a_n^{p+n-2}
\end{pmatrix} \tag{3.8.1}
$$

mit $0 < a_1 < a_2 < \cdots < a_n$ regulär ist.

Hinweis: Nehmen Sie für einen indirekten Beweis an, $A\alpha = 0$ hätte eine nichttriviale Lösung $\alpha = [\alpha_0, \alpha_1, \ldots, \alpha_{n-1}]^\top$, und zeigen Sie, dass das Polynom $p(x) = \alpha_0 + \alpha_1 x^p + \cdots + \alpha_{n-1} x^{p+n-2}$ dann n Nullstellen $a_i > 0$ besäße. Betrachten Sie anschließend die Nullstellen von $p'(x)$ für $x > 0$, und leiten Sie daraus einen Widerspruch her.

6. Man beweise Satz 3.2.4.

7. Für die nach

$$
u_1 = y_0 + h f(t_0, y_0)
$$
$$
u_{m+1} = u_{m-1} + 2h f(t_m, u_m), \quad m = 0, 1, \ldots, 2k
$$

berechnete Näherung u_{2k+1} beweise man:

Ist $f(t, y) \in C^{2l+2}(S)$, dann besitzt u_{2k+1} die asymptotische h^2-Entwicklung

$$
y(t_0 + (2k+1)h) - u_{2k+1} = \sum_{i=1}^{l} \widetilde{b}_{2i}(t_0 + (2k+1)h) h^{2i} + h^{2l+2} \widetilde{B}(t_0 + (2k+1)h, h)
$$

mit $\widetilde{b}_{2i}(t_0) = 0$.

Hinweis: Mit den in Abschnitt 3.4 eingeführten Bezeichnungen verwende man für u_{2k+1} die symmetrische Darstellung

$$
u_{2k+1} = \frac{1}{2}(\eta_k + \eta_{k+1}) + \frac{h}{2}(f(t_k^*, \xi_k) - f(t_{k+1}^*, \xi_{k+1}))
$$

und zeige, dass der globale Fehler $y(t_0 + (2k+1)h) - u_{2k+1}$ symmetrisch in h ist.

4 Lineare Mehrschrittverfahren

Lineare Mehrschrittverfahren bilden neben den Einschrittverfahren eine zweite umfangreiche Verfahrensklasse zur numerischen Lösung von (2.0.1). Das Prinzip dieser Verfahren besteht darin, die in den Gitterpunkten t_{m+l}, $l = 0, 1, \ldots, k-1$, bereits berechneten Näherungen u_{m+l} zur Berechnung der neuen Näherung u_{m+k} in t_{m+k} zu verwenden. Schwerpunkte dieses Kapitels sind Ordnungsaussagen in Abhängigkeit von den Parametern des linearen Mehrschrittverfahrens, Stabilitätsaussagen und Konvergenzuntersuchungen. Ferner gehen wir auf Prädiktor-Korrektor-Verfahren ein, befassen uns mit der Nordsieck-Darstellung linearer Mehrschrittverfahren und mit Fragen der Implementierung.

Die Theorie der linearen Mehrschrittverfahren wurde maßgeblich von Dahlquist (1956, 1959) entwickelt.

4.1 Adams-Verfahren

Die wichtigste Klasse linearer Mehrschrittverfahren für nichtsteife Anfangswertaufgaben sind die k-Schritt-Adams-Verfahren. Sie werden durch numerische Quadratur aus der zu (2.0.1) äquivalenten Integralgleichung

$$y(t_{m+k}) - y(t_{m+k-1}) = \int_{t_{m+k-1}}^{t_{m+k}} f(t, y(t)) \, dt \qquad (4.1.1)$$

erzeugt.

4.1.1 Explizite Adams-Verfahren

Die expliziten k-Schritt-Adams-Verfahren, auch Adams-Bashforth-Verfahren genannt, erhält man aus (4.1.1), indem man den Integranden $f(t, y(t))$ durch ein Vektor-Interpolationspolynom $P(t)$ vom maximalen Grad $k-1$ approximiert, das durch die zurückliegenden (bekannten) k Stützstellen

$$(t_{m+l}, f_{m+l}), \quad l = 0, 1, \ldots, k-1, \quad f_{m+l} := f(t_{m+l}, u_{m+l}),$$

verläuft, vgl. Abbildung 4.1.1.

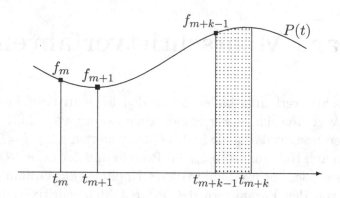

Abbildung 4.1.1: Interpolationspolynom bei expliziten Adams-Verfahren

Das numerische Analogon zu (4.1.1) ist dann gegeben durch

$$u_{m+k} - u_{m+k-1} = \int_{t_{m+k-1}}^{t_{m+k}} P(t)\,dt. \tag{4.1.2}$$

Im Weiteren legen wir ein äquidistantes Gitter $I_h = \{t_0 + lh,\ l = 0, \ldots, N\}$ zugrunde. Mit der Variablentransformation $t = t_{m+k-1} + hs$, $dt = h\,ds$ folgt

$$\int_{t_{m+k-1}}^{t_{m+k}} P(t)\,dt = h \int_0^1 P(t_{m+k-1} + hs)\,ds.$$

Wählen wir die Lagrange-Darstellung, so ist das Polynom $P(t_{m+k-1}+hs)$ gegeben durch

$$P(t) = P(t_{m+k-1} + hs) = \sum_{l=0}^{k-1} f_{m+l} L_l(s) \tag{4.1.3}$$

mit den Lagrange-Polynomen

$$L_l(s) = \prod_{\substack{\nu=0 \\ \nu \neq l}}^{k-1} \frac{k-1-\nu+s}{l-\nu}, \quad l = 0, \ldots, k-1.$$

Damit erhält man aus (4.1.2) für die expliziten k-Schritt-Adams-Verfahren die Darstellung

$$u_{m+k} = u_{m+k-1} + h \sum_{l=0}^{k-1} \beta_l f_{m+l} \tag{4.1.4}$$

mit

$$\beta_l = \int_0^1 L_l(s)\,ds, \quad l = 0,\ldots,k-1.$$

Für $k = 1, 2, 3, 4$ lauten die expliziten Adams-Verfahren

$$k = 1: \quad u_{m+1} = u_m + hf_m, \quad \text{explizites Euler-Verfahren}$$
$$k = 2: \quad u_{m+2} = u_{m+1} + \tfrac{h}{2}(3f_{m+1} - f_m)$$
$$k = 3: \quad u_{m+3} = u_{m+2} + \tfrac{h}{12}(23f_{m+2} - 16f_{m+1} + 5f_m)$$
$$k = 4: \quad u_{m+4} = u_{m+3} + \tfrac{h}{24}(55f_{m+3} - 59f_{m+2} + 37f_{m+1} - 9f_m).$$

Bemerkung 4.1.1. Die Darstellung (4.1.2) macht keinen Gebrauch von einem äquidistanten Punktgitter, so dass sich die expliziten Adams-Verfahren auch auf einem nicht-äquidistanten Gitter definieren lassen. Diese Möglichkeit wird zur adaptiven Gittersteuerung benutzt (vgl. Abschnitt 4.4). $\square$

Verwendet man für das Interpolationspolynom $P(t)$ die Newtonsche Darstellung, so lässt sich mit Hilfe der *Rückwärtsdifferenzen*

$$\nabla^0 f_l = f_l, \quad \nabla^i f_l = \nabla^{i-1} f_l - \nabla^{i-1} f_{l-1}, \quad i = 1, 2, \ldots$$

$P(t)$ in der Form

$$P(t) = P(t_{m+k-1} + sh) = \sum_{l=0}^{k-1} (-1)^l \binom{-s}{l} \nabla^l f_{m+k-1} \tag{4.1.5}$$

schreiben. Setzen wir (4.1.5) in (4.1.2) ein, so erhalten wir

$$u_{m+k} = u_{m+k-1} + h \sum_{l=0}^{k-1} \gamma_l \nabla^l f_{m+k-1}, \tag{4.1.6}$$

wobei die Koeffizienten γ_l durch

$$\gamma_l = (-1)^l \int_0^1 \binom{-s}{l} ds, \quad l = 0,\ldots,k-1 \tag{4.1.7}$$

bestimmt sind. Einige Koeffizienten γ_l sind in Tabelle 4.1.1 aufgeführt.
Die Darstellung (4.1.7) zeigt, dass die Koeffizienten γ_l unabhängig von der Schrittzahl k sind, so dass eine Erhöhung des Polynomgrades (Wechsel von k) sehr einfach durch Hinzufügen weiterer Summanden möglich ist.

l	0	1	2	3	4	5	6
γ_l	1	$\frac{1}{2}$	$\frac{5}{12}$	$\frac{3}{8}$	$\frac{251}{720}$	$\frac{95}{288}$	$\frac{19087}{60480}$

Tabelle 4.1.1: Koeffizienten der expliziten Adams-Verfahren

Bemerkung 4.1.2. Die Koeffizienten γ_l können auch durch eine Potenzreihenentwicklung berechnet werden. Aus

$$G(t) := \sum_{l=0}^{\infty} \gamma_l t^l = \sum_{l=0}^{\infty} \int_0^1 \binom{-s}{l}(-t)^l\, ds = \int_0^1 \underbrace{\sum_{l=0}^{\infty} \binom{-s}{l}(-t)^l}_{=(1-t)^{-s}\ \text{für}\ |t|<1}\, ds$$

$$= -\frac{t}{(1-t)\ln(1-t)}$$

erhält man die erzeugende Funktion

$$G(t) = \frac{-t}{(1-t)\ln(1-t)} = 1+\frac{1}{2}t+\frac{5}{12}t^2+\frac{3}{8}t^3+\frac{251}{720}t^4+\frac{95}{288}t^5+\frac{19087}{60480}t^6+\cdots . \qquad \square$$

4.1.2 Implizite Adams-Verfahren

Eine zur Herleitung der expliziten Adams-Verfahren analoge Betrachtung führt zu den impliziten k-Schritt-Adams-Verfahren, die auch als Adams-Moulton-Verfahren bezeichnet werden. Wir ersetzen $f(t,y)$ in (4.1.1) durch ein Vektor-Interpolationspolynom $P^*(t)$ vom Grad k, das nun durch die $k+1$ Stützpunkte

$$(t_{m+l}, f_{m+l}), \quad l = 0, 1, \dots, k$$

gehen soll. Weil die noch zu bestimmende Näherung u_{m+k} in $P^*(t)$ mit eingeht, ist das so erhaltene Verfahren

$$u_{m+k} - u_{m+k-1} = \int_{t_{m+k-1}}^{t_{m+k}} P^*(t)\, dt$$

implizit (vgl. Abbildung 4.1.2). Für äquidistantes Gitter erhalten wir

$$\int_{t_{m+k-1}}^{t_{m+k}} P^*(t)\, dt = h \int_0^1 P^*(t_{m+k-1}+hs)\, ds.$$

Wählen wir die Lagrange-Darstellung

$$P^*(t) = P^*(t_{m+k-1}+hs) = \sum_{l=0}^{k} f_{m+l} L_l(s) \qquad (4.1.8)$$

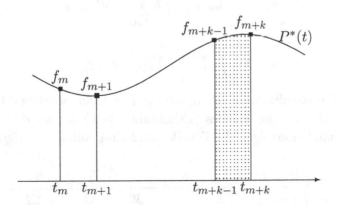

Abbildung 4.1.2: Interpolationspolynom bei impliziten Adams-Verfahren

mit

$$L_l(s) = \prod_{\substack{\nu=0 \\ \nu \neq l}}^{k} \frac{k-1-\nu+s}{l-\nu}, \quad l = 0, \ldots, k,$$

so ergibt sich

$$u_{m+k} = u_{m+k-1} + h \sum_{l=0}^{k} \beta_l f_{m+l} \tag{4.1.9}$$

mit

$$\beta_l = \int_0^1 L_l(s)\, ds, \quad l = 0, 1, \ldots, k.$$

Für $k = 0, 1, 2, 3$ erhält man

$k = 0:\quad u_m = u_{m-1} + h f_m$ bzw.

$\quad\quad\quad u_{m+1} = u_m + h f_{m+1}$, implizites Euler-Verfahren

$k = 1:\quad u_{m+1} = u_m + \frac{h}{2}(f_{m+1} + f_m)$, Trapezregel

$k = 2:\quad u_{m+2} = u_{m+1} + \frac{h}{12}(5f_{m+2} + 8f_{m+1} - f_m)$

$k = 3:\quad u_{m+3} = u_{m+2} + \frac{h}{24}(9f_{m+3} + 19f_{m+2} - 5f_{m+1} + f_m).$

Bemerkung 4.1.3. Für das implizite Euler-Verfahren gilt $k = 0$. Trotzdem werden wir es wie üblich als Einschrittverfahren bezeichnen. $\square$

In der Newtonschen Darstellung ist das Interpolationspolynom gegeben durch

$$P^*(t) = P^*(t_{m+k-1} + sh) = \sum_{l=0}^{k} (-1)^l \binom{1-s}{l} \nabla^l f_{m+k}. \tag{4.1.10}$$

Hieraus folgt

$$u_{m+k} = u_{m+k-1} + h \sum_{l=0}^{k} \gamma_l^* \nabla^l f_{m+k}$$

mit

$$\gamma_l^* = (-1)^l \int_0^1 \binom{1-s}{l} ds, \quad l = 0, \dots, k. \tag{4.1.11}$$

Da auch hier die Koeffizienten γ_l^* unabhängig von der Schrittzahl k sind, kann eine Erhöhung des Polynomgrades (Erhöhung von k) wieder durch Hinzufügen weiterer Summanden erfolgen. In Tabelle 4.1.2 sind einige γ_l^* aufgeführt.

l	0	1	2	3	4	5	6
γ_l^*	1	$-\frac{1}{2}$	$-\frac{1}{12}$	$-\frac{1}{24}$	$-\frac{19}{720}$	$-\frac{3}{160}$	$-\frac{863}{60480}$

Tabelle 4.1.2: Koeffizienten der impliziten Adams-Verfahren

Bemerkung 4.1.4. Die Koeffizienten γ_l^* erhält man aus der Potenzreihenentwicklung von

$$G^*(t) = \sum_{l=0}^{\infty} \gamma_l^* t^l = \int_{-1}^0 \underbrace{\sum_{l=0}^{\infty} \binom{-s}{l}(-t)^l}_{=(1-t)^{-s} \text{ für } |t|<1} ds = -\frac{t}{\ln(1-t)}$$

$$= 1 - \frac{1}{2}t - \frac{1}{12}t^2 - \frac{1}{24}t^3 - \frac{19}{720}t^4 - \frac{3}{160}t^5 - \frac{863}{60480}t^6 - \cdots,$$

vgl. Bemerkung 4.1.2.   □

Analog zur Herleitung der Adams-Verfahren lassen sich weitere lineare Mehrschrittverfahren konstruieren. Integriert man $y' = f(t, y)$ über zwei Teilintervalle, d. h.

$$y(t_{m+k}) = y(t_{m+k-2}) + \int_{t_{m+k-2}}^{t_{m+k}} f(t, y(t)) \, dt, \tag{4.1.12}$$

so ist das numerische Analogon

$$u_{m+k} - u_{m+k-2} = \int_{t_{m+k-2}}^{t_{m+k}} P(t) \, dt.$$

Wählt man $P(t)$ wie in (4.1.3), so erhält man die Nyström-Verfahren. Ein Beispiel dafür ist

$$u_{m+2} = u_m + 2h f_{m+1},$$

d. h., man erhält die beim Gragg-Bulirsch-Stoer-Verfahren verwendete Mittelpunktregel.

Ersetzt man in (4.1.12) $f(t, y(t))$ durch $P^*(t)$ nach (4.1.8) so ergeben sich die Milne-Simpson-Verfahren. Ein Beispiel dafür ist das Verfahren

$$u_{m+2} = u_m + \frac{h}{3}(f_{m+2} + 4f_{m+1} + f_m),$$

das eine Verallgemeinerung der Simpsonschen Quadraturformel darstellt. Für weitere Ausführungen bez. dieser beiden Verfahrensklassen verweisen wir den Leser auf [138], [273].

4.2 Allgemeine lineare Mehrschrittverfahren auf äquidistantem Gitter

Die in Abschnitt 4.1 betrachteten speziellen linearen Mehrschrittverfahren haben gemeinsam, dass in die Berechnungsvorschrift sowohl die Näherungswerte u_{m+l} als auch die zugehörigen Funktionswerte f_{m+l}, $l = 0, \ldots, k$, linear eingehen. Dies führt auf folgende

Definition 4.2.1. Zu vorgegebenen reellen Zahlen $\alpha_0, \ldots, \alpha_k$ und $\beta_0, \ldots, \beta_k$ heißt die Vorschrift

$$\sum_{l=0}^{k} \alpha_l u_{m+l} = h \sum_{l=0}^{k} \beta_l f(t_{m+l}, u_{m+l}), \quad m = 0, 1, \ldots, N - k \tag{4.2.1}$$

lineares Mehrschrittverfahren (lineares k-Schrittverfahren). Hierbei wird stets $\alpha_k \neq 0$ sowie $|\alpha_0| + |\beta_0| > 0$ vorausgesetzt. Falls $\beta_k = 0$ gilt, ist das Verfahren explizit, andernfalls implizit. $\square$

Durch die Forderung $|\alpha_0| + |\beta_0| > 0$ ist die Schrittzahl k eindeutig festgelegt. Im Falle $\beta_k = 0$ lässt sich die Näherungsfolge $\{u_{m+k}\}$, $m = 0, 1, \ldots, N - k$, direkt berechnen. Die Verfahrensvorschrift (4.2.1) liefert demzufolge für jedes äquidistante Gitter I_h eine eindeutig bestimmte Gitterfunktion $u_h(t)$. Ist $\beta_k \neq 0$, so hat man zur Bestimmung von u_{m+k} ein i. Allg. nichtlineares Gleichungssystem der Form

$$u_{m+k} = h\frac{\beta_k}{\alpha_k} f(t_{m+k}, u_{m+k}) + v, \tag{4.2.2}$$

zu lösen, wobei der von u_{m+k} unabhängige Vektor v durch

$$v = \frac{1}{\alpha_k} \sum_{l=0}^{k-1} \Big(h\beta_l f(t_{m+l}, u_{m+l}) - \alpha_l u_{m+l} \Big)$$

gegeben ist. Zur Lösung von (4.2.2) verwendet man für nichtsteife Systeme Funktionaliteration, d. h.

$$u_{m+k}^{(\varkappa+1)} = h\frac{\beta_k}{\alpha_k}f(t_{m+k}, u_{m+k}^{(\varkappa)}) + v, \quad \varkappa = 0, 1, \ldots$$

Unter der Schrittweiteneinschränkung

$$h\left|\frac{\beta_k}{\alpha_k}\right|L < 1, \tag{4.2.3}$$

wobei L eine Lipschitz-Konstante für $f(t, y)$ darstellt, konvergiert die Folge $\{u_{m+k}^{(\varkappa)}\}$ bei beliebig vorgegebenem Startvektor $u_{m+k}^{(0)}$ gegen die eindeutige Lösung von (4.2.2). Für ein nichtsteifes Anfangswertproblem ist die Bedingung (4.2.3) an h keine wesentliche Einschränkung.

Ein lineares Mehrschrittverfahren setzt sich zusammen aus zwei Bestandteilen:

1. Der *Startphase* zur Berechnung der Näherungswerte $u_1, \ldots, u_{k-1}$ in den Gitterpunkten $t_l = t_0 + lh$, $l = 1, \ldots, k-1$, die mit einem Einschrittverfahren, z. B. mit einem expliziten Runge-Kutta-Verfahren, oder mit Mehrschrittformeln niedriger Schrittzahlen und sehr kleinen Schrittweiten bestimmt werden können.

2. Der *Laufphase*, d. h. einer Mehrschrittformel (4.2.1) zur sukzessiven Berechnung der Approximationen u_{m+k} in den Gitterpunkten t_{m+k}.

4.2.1 Konsistenz und Ordnungsaussagen

Zur Definition der Konsistenz führen wir wie bei den Einschrittverfahren den lokalen Diskretisierungsfehler ein.

Definition 4.2.2. Sei $\tilde{u}_{m+k}$ das Resultat eines Schrittes von (4.2.1) mit den Startvektoren $u_m, u_{m+1}, \ldots, u_{m+k-1}$ auf der exakten Lösungskurve $y(t)$ der Anfangswertaufgabe (2.0.1), d. h.

$$\alpha_k \tilde{u}_{m+k} = \sum_{l=0}^{k-1}\Big(h\beta_l f(t_{m+l}, y(t_{m+l})) - \alpha_l y(t_{m+l})\Big) + h\beta_k f(t_{m+k}, \tilde{u}_{m+k}).$$

Dann heißt

$$le_{m+k} = le(t_{m+k}) = y(t_{m+k}) - \tilde{u}_{m+k}, \quad m = 0, 1, \ldots, N-k \tag{4.2.4}$$

lokaler Diskretisierungsfehler (lokaler Fehler) des linearen Mehrschrittverfahrens (4.2.1) an der Stelle t_{m+k}, vgl. Abbildung 4.2.1. □

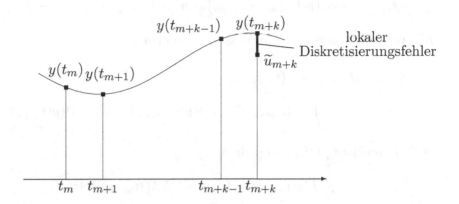

Abbildung 4.2.1: Lokaler Diskretisierungsfehler bei linearen Mehrschrittverfahren

Bemerkung 4.2.1. Für $k = 1$ stimmt Definition 4.2.2 mit der für den lokalen Fehler eines Einschrittverfahrens überein. $\Box$

Ordnet man dem linearen Mehrschrittverfahren den linearen *Differenzenoperator*

$$L[y(t), h] = \sum_{l=0}^{k} \Big(\alpha_l y(t + lh) - h\beta_l y'(t + lh) \Big) \qquad (4.2.5)$$

zu, so besteht zwischen dem lokalen Fehler (4.2.4) und dem Differenzenoperator (4.2.5) folgender Zusammenhang:

Lemma 4.2.1. *Sei $f(t, y)$ auf dem Streifen S stetig differenzierbar und sei $y(t)$ die Lösung der Anfangswertaufgabe (2.0.1). Für hinreichend kleine Schrittweiten gilt dann für den lokalen Fehler des linearen Mehrschrittverfahrens (4.2.1) die Beziehung*

$$le(t_{m+k}) = \Big(\alpha_k I - h\beta_k M(t_{m+k}) \Big)^{-1} L[y(t_m), h]$$

mit

$$M(t_{m+k}) = \int_0^1 f_y(t_{m+k}, \tilde{u}_{m+k} + \theta(y(t_{m+k}) - \tilde{u}_{m+k})) \, d\theta.$$

Beweis. Nach (4.2.1) ist $\tilde{u}_{m+k}$ implizit durch

$$\sum_{l=0}^{k-1} \Big(\alpha_l y(t_m + lh) - h\beta_l f(t_m + lh, y(t_m + lh)) \Big) + \alpha_k \tilde{u}_{m+k}$$

$$- h\beta_k f(t_{m+k}, \tilde{u}_{m+k}) = 0$$

bestimmt. Damit ergibt sich für den linearen Differenzenoperator (4.2.5)

$$L[y(t_m), h] = \alpha_k\big(y(t_{m+k}) - \widetilde{u}_{m+k}\big) - h\beta_k\big(f(t_{m+k}, y(t_{m+k})) - f(t_{m+k}, \widetilde{u}_{m+k})\big).$$

Mit dem Mittelwertsatz für Vektorfunktionen

$$f(t_{m+k}, y(t_{m+k})) - f(t_{m+k}, \widetilde{u}_{m+k})$$
$$= \int_0^1 f_y(t_{m+k}, \widetilde{u}_{m+k} + \theta(y(t_{m+k}) - \widetilde{u}_{m+k}))(y(t_{m+k}) - \widetilde{u}_{m+k})\, d\theta$$

(vgl. Bemerkung 1.2.1) folgt dann

$$L[y(t_m), h] = \big(\alpha_k I - h\beta_k M(t_{m+k})\big)le(t_{m+k}).$$

∎

Nach Lemma 4.2.1 gilt damit für den lokalen Fehler $le(t_{m+k})$ die Beziehung

$$le(t_{m+k}) = \frac{1}{\alpha_k}L[y(t_m), h](1 + \mathcal{O}(h)), \tag{4.2.6}$$

so dass manchmal auch $L[y(t), h]$ als lokaler Diskretisierungsfehler des Mehrschrittverfahrens bezeichnet wird (Dahlquist [79]). Für explizite lineare Mehrschrittverfahren gilt $le(t_{m+k}) = \frac{1}{\alpha_k}L[y(t_m), h]$.

Bemerkung 4.2.2. Setzt man die exakte Lösung des Anfangswertproblems in die Verfahrensvorschrift (4.2.1) ein, so stellt $L[y(t), h]$ das Residuum dar. □

Die Konsistenz- und Konsistenzordnung eines linearen Mehrschrittverfahrens definieren wir mit Hilfe des linearen Differenzenoperators $L[y(t), h]$.

Definition 4.2.3. Ein lineares Mehrschrittverfahren heißt *präkonsistent*, wenn für alle Funktionen $y(t) \in C^1[t_0, t_e]$ gilt

$$\lim_{h\to 0} L[y(t), h] = 0.$$

Es heißt *konsistent*, wenn für alle Funktionen $y(t) \in C^2[t_0, t_e]$ gilt

$$\lim_{h\to 0} \frac{1}{h}L[y(t), h] = 0.$$

Es hat die *Konsistenzordnung* p, wenn für alle Funktionen $y(t) \in C^{p+1}[t_0, t_e]$ gilt

$$L[y(t), h] = \mathcal{O}(h^{p+1}) \quad \text{für} \quad h \to 0. \quad \square$$

Mit (4.2.6) folgt damit:

Ein lineares Mehrschrittverfahren ist konsistent, wenn für $y(t) \in C^2[t_0, t_e]$ für den lokalen Diskretisierungsfehler für jedes feste t_m gilt

$$\lim_{h \to 0} \frac{1}{h} le_{m+k} = \lim_{h \to 0} \frac{1}{h} le(t_m + kh) = 0.$$

Es hat die Konsistenzordnung p, wenn für $y(t) \in C^{p+1}[t_0, t_e]$

$$le_{m+k} = le(t_m + kh) = \mathcal{O}(h^{p+1}) \quad \text{für} \quad h \to 0$$

gilt. Dies entspricht der Definition der Konsistenz und Konsistenzordnung bei Einschrittverfahren.

Bemerkung 4.2.3. Präkonsistenz bedeutet, dass mit exakten Startwerten das Anfangswertproblem $y' = 0$, $y(t_0) = 1$ exakt gelöst wird. □

Die Konsistenzordnung linearer Mehrschrittverfahren wird durch Taylor-Entwicklung bestimmt. Dies führt auf lineare Bedingungen an die Koeffizienten α_l und β_l.

Satz 4.2.1. *Ein lineares Mehrschrittverfahren ist konsistent genau dann, wenn*

$$\sum_{l=0}^{k} \alpha_l = 0, \quad \sum_{l=0}^{k} (l\alpha_l - \beta_l) = 0 \tag{4.2.7}$$

gilt. Es besitzt die Konsistenzordnung p genau dann, wenn (4.2.7) und

$$\sum_{l=0}^{k} \left[\frac{1}{\nu!} l^\nu \alpha_l - \frac{1}{(\nu-1)!} l^{\nu-1} \beta_l \right] = 0, \quad \nu = 2, 3, \ldots, p \tag{4.2.8}$$

gelten.

Beweis. Für $y(t) \in C^{p+1}[t_0, t_e]$ liefert eine Taylor-Entwicklung von $y(t+lh)$ und $y'(t+lh)$ im Gitterpunkt t

$$y(t + lh) = \sum_{\nu=0}^{p} \frac{(lh)^\nu}{\nu!} y^{(\nu)}(t) + \mathcal{O}(h^{p+1})$$

$$y'(t + lh) = \sum_{\nu=1}^{p} \frac{(lh)^{\nu-1}}{(\nu-1)!} y^{(\nu)}(t) + \mathcal{O}(h^p). \tag{4.2.9}$$

Damit erhält man für den linearen Differenzenoperator $L[y(t), h]$ die Beziehung

$$
L[y(t), h] = \sum_{l=0}^{k} \left(\alpha_l \sum_{\nu=0}^{p} \frac{(lh)^\nu}{\nu!} y^{(\nu)}(t) - h\beta_l \sum_{\nu=1}^{p} \frac{(lh)^{\nu-1}}{(\nu-1)!} y^{(\nu)}(t) \right) + \mathcal{O}(h^{p+1})
$$

$$
= y(t) \sum_{l=0}^{k} \alpha_l + \sum_{\nu=1}^{p} h^\nu y^{(\nu)}(t) \sum_{l=0}^{k} \left(\frac{l^\nu}{\nu!} \alpha_l - \frac{l^{\nu-1}}{(\nu-1)!} \beta_l \right) + \mathcal{O}(h^{p+1}).
$$

$$(4.2.10)$$

Sind die Bedingungen (4.2.7) erfüllt, so gilt

$$
\lim_{h \to 0} \frac{1}{h} L[y(t), h] = 0,
$$

d. h., das Verfahren ist konsistent. Sind zusätzlich die Bedingungen (4.2.8) erfüllt, so bleibt in (4.2.10) nur der Term $\mathcal{O}(h^{p+1})$ übrig, d. h., das Mehrschrittverfahren hat die Konsistenzordnung p. Soll für jede Anfangswertaufgabe (2.0.1) mit hinreichend glatter rechter Seite die Beziehung $L[y(t), h] = \mathcal{O}(h^{p+1})$ erfüllt sein, so müssen die Koeffizienten von h^ν, $\nu = 0, 1, \ldots, p$, verschwinden. Daher müssen die Bedingungen (4.2.7) und (4.2.8) gelten. ∎

Folgerung 4.2.1. *Ein lineares Mehrschrittverfahren hat genau dann die Konsistenzordnung p, wenn für jedes Polynom $q(t)$ vom Grad $\leq p$ gilt $L[q(t), h] = 0$.*

Beweis. Hat das Verfahren die Ordnung p, so gelten nach Satz 4.2.1 die Bedingungen (4.2.7) und (4.2.8). Für ein Polynom $q(t)$ vom Grad $\leq p$ ist $q^{(j)}(t) = 0$ für alle $j > p$ und nach (4.2.10) folgt $L[q(t), h] = 0$. Ist umgekehrt $L[q(t), h] = 0$ für alle Polynome $q(t)$ mit Grad $\leq p$, so folgen aus (4.2.10) die Bedingungen (4.2.7) und (4.2.8). ∎

Eine zentrale Rolle bei der theoretischen Untersuchung linearer Mehrschrittverfahren spielen die beiden *erzeugenden Polynome*

$$
\rho(\xi) := \alpha_k \xi^k + \alpha_{k-1} \xi^{k-1} + \cdots + \alpha_0
$$
$$
\sigma(\xi) := \beta_k \xi^k + \beta_{k-1} \xi^{k-1} + \cdots + \beta_0.
$$

Sie wurden erstmals von Dahlquist [79] zur Stabilitätsuntersuchung linearer Mehrschrittverfahren verwendet. Mit den erzeugenden Polynomen lassen sich die Konsistenzbedingungen (4.2.7) in der Form

$$
\rho(1) = 0 \quad \text{und} \quad \rho'(1) = \sigma(1). \tag{4.2.11}
$$

schreiben. Die Bedingung für die Präkonsistenz lautet

$$\rho(1) = \sum_{l=0}^{k} \alpha_l = 0.$$

Führt man den Shiftoperator (Verschiebungsoperator) E_h durch

$$E_h u_m = u_{m+1}, \quad E_h f(t_m, u_m) = f(t_{m+1}, u_{m+1}) \tag{4.2.12}$$

ein, so lässt sich das lineare Mehrschrittverfahren (4.2.1) in der kompakten Form

$$\rho(E_h) u_m = h\sigma(E_h) f(t_m, u_m)$$

schreiben. Die erzeugenden Polynome ρ und σ definieren also Differenzenoperatoren

$$\rho(E_h) u_m = \sum_{l=0}^{k} \alpha_l u_{m+l}, \quad \sigma(E_h) f(t_m, u_m) = \sum_{l=0}^{k} \beta_l f(t_{m+l}, u_{m+l}).$$

Lemma 4.2.2. *Ein lineares Mehrschrittverfahren besitzt die Konsistenzordnung p genau dann, wenn die Bedingung*

$$\rho(e^h) - h\sigma(e^h) = \mathcal{O}(h^{p+1}), \quad h \to 0 \tag{4.2.13}$$

bzw.

$$\frac{\rho(\xi)}{\ln \xi} - \sigma(\xi) = \mathcal{O}((\xi - 1)^p), \quad \xi \to 1 \tag{4.2.14}$$

erfüllt ist.

Beweis. Es ist

$$\rho(e^h) - h\sigma(e^h) = \sum_{l=0}^{k} \alpha_l e^{lh} - h \sum_{l=0}^{k} \beta_l e^{lh}.$$

Mit der Taylorentwicklung

$$e^{lh} = \sum_{\nu=0}^{p} \frac{h^\nu}{\nu!} l^\nu + \mathcal{O}(h^{p+1})$$

folgt dann

$$\rho(e^h) - h\sigma(e^h) = \sum_{l=0}^{k} \alpha_l + \sum_{\nu=1}^{p} h^\nu \sum_{l=0}^{k} \left(\frac{l^\nu}{\nu!} \alpha_l - \frac{l^{\nu-1}}{(\nu-1)!} \beta_l \right) + \mathcal{O}(h^{p+1}).$$

Hieraus ergibt sich die Äquivalenz von (4.2.13) mit den in Satz 4.2.1 angegebenen Konsistenzbedingungen.

Mit der Transformation

$$\xi = e^h \quad \text{bzw.} \quad h = \ln \xi$$

lässt sich (4.2.13) für $\xi \to 1$ in der Form

$$\rho(\xi) - \ln \xi \sigma(\xi) = \mathcal{O}((\ln \xi)^{p+1}) \tag{4.2.15}$$

schreiben. Aufgrund der asymptotischen Beziehung

$$\ln \xi = (\xi - 1) + \mathcal{O}((\xi - 1)^2) \quad \text{für} \quad \xi \to 1$$

ist (4.2.15) äquivalent mit (4.2.14). ∎

Ist $y(t) \in C^{p+2}[t_0, t_e]$, so kann man die Entwicklungen in (4.2.9) noch um ein Glied fortführen, und nach Satz 4.2.1 gilt dann für ein Verfahren der Konsistenzordnung p

$$L[y(t), h] = C_{p+1} h^{p+1} y^{(p+1)}(t) + \mathcal{O}(h^{p+2})$$

mit

$$C_{p+1} = \sum_{l=0}^{k} \left(\frac{1}{(p+1)!} l^{p+1} \alpha_l - \frac{1}{p!} l^p \beta_l \right). \tag{4.2.16}$$

Man könnte nun vermuten, dass die von den Gitterpunkten $t \in I_h$ unabhängige Abbruchkonstante C_{p+1} ein geeignetes Fehlermaß für das lineare Mehrschrittverfahren darstellt. Dies ist aber nicht der Fall. Multipliziert man nämlich das lineare Mehrschrittverfahren (4.2.1) mit einer reellen Konstante $c \neq 0$, d.h.

$$c \sum_{l=0}^{k} \alpha_l u_{m+l} = ch \sum_{l=0}^{k} \beta_l f(t_{m+l}, u_{m+l}),$$

so ergibt sich die neue Abbruchkonstante $C_{p+1,neu}$ zu

$$C_{p+1,neu} = c C_{p+1},$$

d.h., man kann durch geeignete Wahl von c die Größe C_{p+1} beliebig klein machen, ohne dass die Näherungsfolge $\{u_m\}$ sich dadurch ändert. Da die Konstante $\sigma(1)$ für alle konsistenten und nullstabilen linearen Mehrschrittverfahren von null verschieden ist (vgl. Bemerkung 4.2.8), ist die durch

$$C_{p+1}^* = \frac{C_{p+1}}{\sigma(1)} \tag{4.2.17}$$

definierte Konstante ein geeignetes Fehlermaß. Sie ist invariant gegenüber einer Multiplikation des linearen Mehrschrittverfahrens mit einer Konstanten $c \neq 0$.

Definition 4.2.4. Die Konstante

$$C_{p+1}^* = \frac{C_{p+1}}{\sigma(1)}$$

heißt *Fehlerkonstante* des linearen Mehrschrittverfahrens (4.2.1) der Ordnung p.
□

Bezüglich der Konsistenzordnung der in Abschnitt 4.1.1 betrachteten Adams-Verfahren gilt folgender

Satz 4.2.2. *Die expliziten k-Schritt-Adams-Verfahren haben die Konsistenzordnung $p = k$. Die Fehlerkonstante ist gegeben durch γ_k.*
Die impliziten k-Schritt-Adams-Verfahren haben die Konsistenzordnung $p = k+1$. Die Fehlerkonstante ist γ_{k+1}^*.

Bemerkung 4.2.4. Für das implizite Euler-Verfahren ist hier $k = 0$, vgl. Bemerkung 4.1.3.   □

Beweis. Sei $q(t)$ ein Polynom vom Grad $\le k$, das die Lösung der Differentialgleichung $y'(t) = q'(t)$ im Intervall $[t_0, t_e]$ darstellt. Das Adams-Dashforth-Verfahren liefert die exakte Lösung dieser Differentialgleichung, d. h., der lokale Fehler $L[q(t), h]$ ist null für alle Polynome $q(t)$ vom Grad $\le k$. Nach Folgerung 4.2.1 hat dann das k-Schritt-Adams-Bashforth-Verfahren die Konsistenzordnung mindestens k.

In analoger Weise folgt, dass das k-Schritt-Adams-Moulton-Verfahren die Konsistenzordnung mindestens $k + 1$ hat.

Zur Bestimmung der Fehlerkonstanten des k-Schritt-Adams-Bashforth-Verfahrens betrachten wir das Anfangswertproblem $y'(t) = (k + 1)t^k$, $y(0) = 0$ mit der Lösung $y(t) = q(t) = t^{k+1}$. Ein $(k+1)$-Schritt-Adams-Bashforth-Verfahren integriert diese Differentialgleichung exakt. Gemäß (4.1.6) haben wir

$$y(t_{m+k}) - y(t_{m+k-1}) = h \sum_{l=0}^{k} \gamma_l \nabla^l q'(t_{m+k-1}).$$

Für den lokalen Fehler des k-Schritt-Adams-Bashforth-Verfahrens

$$y(t_{m+k}) - \tilde{u}_{m+k} = y(t_{m+k}) - y(t_{m+k-1}) - h \sum_{l=0}^{k-1} \gamma_l \nabla^l q'(t_{m+k-1})$$

ergibt sich damit

$$y(t_{m+k}) - \tilde{u}_{m+k} = h \gamma_k \nabla^k q'(t_{m+k-1}) = h^{k+1} \gamma_k q^{(k+1)}(t_m).$$

Wegen $\gamma_k \neq 0$ (vgl. (4.1.7)) ist die Konsistenzordnung des k-Schritt-Adams-Bashforth-Verfahrens höchstens k. Ein Vergleich mit (4.2.16) liefert $C_{k+1} = \gamma_k$. Ferner gilt für das Adams-Bashforth-Verfahren $\rho(\xi) = \xi^k - \xi^{k-1}$ und damit $\rho'(1) = 1$, so dass mit $\rho'(1) = \sigma(1)$ nach (4.2.17) die Fehlerkonstante durch $C_{k+1}^* = \gamma_k$ gegeben ist. Eine analoge Betrachtung liefert für das k-Schrittt-Adams-Moulton-Verfahren die Fehlerkonstante $C_{k+1}^* = \gamma_{k+1}^*$. ∎

Ein implizites Adams-Verfahren mit k Schritten ist also für $h \to 0$ genauer als ein explizites Adams-Verfahren mit k Schritten. Der Preis, den man dafür zu zahlen hat, besteht in der numerischen Lösung eines nichtlinearen Gleichungssystems für den Näherungsvektor u_{m+k}. Die Lösung erfolgt mittels Funktionaliteration in Form eines Prädiktor-Korrektor-Verfahrens (vgl. Abschnitt 4.3).

Mit Hilfe der Bedingungsgleichungen (4.2.7), (4.2.8) und der Formeln (4.2.16), (4.2.17) lassen sich die Ordnung und die Fehlerkonstante eines gegebenen linearen Mehrschrittverfahrens bestimmen. Andererseits kann man (4.2.7) und (4.2.8) auch zur Konstruktion linearer Mehrschrittverfahren von bestimmter Struktur verwenden.

Beispiel 4.2.1. Für das implizite 2-Schrittverfahren

$$\sum_{l=0}^{2} \alpha_l u_{m+l} = h \sum_{l=0}^{2} \beta_l f_{m+l} \quad \text{mit } \alpha_2 = 1$$

bezeichnen wir (vgl. (4.2.7), (4.2.8))

$$c_0 = \alpha_0 + \alpha_1 + 1, \qquad\qquad c_1 = \alpha_1 + 2 - (\beta_0 + \beta_1 + \beta_2),$$

$$c_2 = \frac{1}{2}(\alpha_1 + 4) - (\beta_1 + 2\beta_2), \qquad c_3 = \frac{1}{6}(\alpha_1 + 8) - \frac{1}{2}(\beta_1 + 4\beta_2),$$

$$c_4 = \frac{1}{24}(\alpha_1 + 16) - \frac{1}{6}(\beta_1 + 8\beta_2), \quad c_5 = \frac{1}{120}(\alpha_1 + 32) - \frac{1}{24}(\beta_1 + 16\beta_2).$$

Um die Konsistenzordnung 3 zu erhalten, muss $c_0 = c_1 = c_2 = c_3 = 0$ gelten. Dies wird mit $\alpha := \alpha_0$ erfüllt, wenn wir

$$\alpha_1 = -1 - \alpha, \quad \beta_0 = -\frac{1}{12}(1 + 5\alpha), \quad \beta_1 = \frac{2}{3}(1 - \alpha), \quad \beta_2 = \frac{1}{12}(5 + \alpha)$$

setzen. Das 2-Schrittverfahren der Ordnung 3 hat (in Abhängigkeit vom Parameter α) die Gestalt

$$u_{m+2} - (1 + \alpha)u_{m+1} + \alpha u_m = \frac{h}{12}\left((5 + \alpha)f_{m+2} + 8(1 - \alpha)f_{m+1} - (1 + 5\alpha)f_m\right).$$

Aus den Gleichungen $c_4 = -(1 + \alpha)/24$ und $c_5 = -(17 + 13\alpha)/360$ folgt:

1. Für $\alpha = -1$ ergibt sich das Milne-Simpson-Verfahren (Milne 1926)

$$u_{m+2} - u_m = \frac{h}{3}(f_{m+2} + 4f_{m+1} + f_m),$$

das die Konsistenzordnung $p = 4$ hat. Die Fehlerkonstante ist $C_5^* = -\frac{1}{180}$.

2. Für $\alpha \neq -1$ ist die Konsistenzordnung $p = 3$. Für $\alpha = 0$ erhält man z. B. das 2-Schritt-Adams-Moulton-Verfahren, für $\alpha = -5$ ergibt sich das explizite Verfahren

$$u_{m+2} + 4u_{m+1} - 5u_m = h(4f_{m+1} + 2f_m).$$

Dieses Verfahren besitzt praktisch keine Bedeutung, da es nicht nullstabil ist, d. h., kleine Störungen werden so verstärkt, dass man nach wenigen Schritten völlig unbrauchbare Näherungswerte erhält (vgl. Abschnitt 4.2.3).

□

Abschließend wollen wir uns noch der Frage nach der maximalen Konsistenzordnung eines linearen k-Schrittverfahrens zuwenden. Da (4.2.1) homogen von den Parametern $\alpha_0, \ldots, \alpha_k, \beta_0, \ldots, \beta_k$ abhängt und $\alpha_k \neq 0$ sein muss, kann man ohne Einschränkung der Allgemeinheit $\alpha_k = 1$ setzen. Damit hat man für ein implizites lineares k-Schrittverfahren insgesamt $2k + 1$ freie Parameter $\alpha_0, \ldots, \alpha_{k-1}, \beta_0, \ldots, \beta_k$ zur Verfügung. Im Falle eines expliziten Verfahrens reduziert sich die Anzahl der freien Parameter um eins. Im impliziten Fall kann man daher die maximale Konsistenzordnung $p_{max} = 2k$ und im expliziten Fall die maximale Ordnung $p_{max} = 2k-1$ erwarten. Man kann zeigen, dass mit $\alpha_k = 1$ das lineare Gleichungssystem (4.2.7), (4.2.8) für die Parameter $\alpha_0, \ldots, \alpha_{k-1}, \beta_0, \ldots, \beta_k$ regulär ist, so dass gilt

- Es existiert genau ein implizites lineares k-Schrittverfahren der Ordnung $2k$ mit $\alpha_k = 1$.

- Es existiert genau ein explizites lineares k-Schrittverfahren der Ordnung $2k - 1$ mit $\alpha_k = 1$.

Für $k > 2$ (implizit) und $k > 1$ (explizit) sind die Verfahren maximaler Ordnung jedoch nicht konvergent, da sie instabil sind (vgl. Satz 4.2.8).

Beschränkt man sich auf die Bestimmung von Verfahren der Konsistenzordnung $p \leq k + 1$, so kann man unter der alleinigen Einschränkung $\rho(1) = \sum_{l=0}^{k} \alpha_l = 0$ die Koeffizienten $\alpha_0, \ldots, \alpha_k$ beliebig vorschreiben. Dies ist von Bedeutung, um Verfahren mit speziellen asymptotischen Stabilitätseigenschaften zu bestimmen, da diese durch die Eigenschaften des Polynoms $\rho(\xi)$ bestimmt sind (vgl. Abschnitt 4.2.3). Die Koeffizienten $\beta_0, \ldots, \beta_k$ ergeben sich anschließend aus dem linearen Gleichungssystem

$$\sum_{l=0}^{k}(l\alpha_l - \beta_l) = 0, \quad \sum_{l=0}^{k}\left[\frac{1}{\nu!}l^\nu \alpha_l - \frac{1}{(\nu-1)!}l^{\nu-1}\beta_l\right] = 0, \quad \nu = 2, 3, \ldots, p.$$

4.2.2 Lineare Differenzengleichungen

Das Stabilitätsverhalten linearer Mehrschrittverfahren lässt sich durch lineare homogene Differenzengleichungen k-ter Ordnung mit konstanten Koeffizienten beschreiben.

Definition 4.2.5. Eine Gleichung der Form

$$u_{m+k} + \alpha_{k-1} u_{m+k-1} + \cdots + \alpha_0 u_m = f_m, \quad m = 0, 1, \ldots \qquad (4.2.18)$$

mit $\alpha_l \in \mathbb{R}$ heißt *lineare Differenzengleichung k-ter Ordnung* mit konstanten Koeffizienten. Falls alle f_m verschwinden, nennt man (4.2.18) *homogen*, sonst *inhomogen*. $\square$

Zu gegebenen Startwerten $u_0, u_1, \ldots, u_{k-1}$ gibt es genau eine Zahlenfolge $\{u_m\}$, die (4.2.18) löst. Die Existenz und Eindeutigkeit dieser Lösungsfolge ergibt sich daraus, dass u_{m+k} in (4.2.18) durch die vorangehenden Glieder eindeutig bestimmt ist.

Die homogene lineare Differenzengleichung

$$u_{m+k} + \alpha_{k-1} u_{m+k-1} + \cdots + \alpha_0 u_m = 0 \qquad (4.2.19)$$

besitzt offenbar stets die triviale Lösungsfolge $\{u_m\} = 0$. Sie wird ferner durch die nichttriviale Zahlenfolge $\{u_m\}$ mit $u_m = c\xi^m$, $(\xi \neq 0, \ c \neq 0)$ genau dann erfüllt, wenn

$$c\xi^{m+k} + \alpha_{k-1} c\xi^{m+k-1} + \cdots + \alpha_0 c\xi^m = 0$$

ist, d. h., wenn

$$\psi(\xi) \equiv \xi^k + \alpha_{k-1}\xi^{k-1} + \cdots + \alpha_0 = 0 \qquad (4.2.20)$$

gilt. Die Gleichung (4.2.20) heißt *charakteristische Gleichung* zu (4.2.19), $\psi(\xi)$ nennt man das *charakteristische Polynom*. Es gilt der

Satz 4.2.3. *Besitzt die charakteristische Gleichung (4.2.20) k verschiedene Wurzeln $\xi_1, \xi_2, \ldots, \xi_k$, so ergibt sich die allgemeine Lösung von (4.2.19) aus Zahlenfolgen $\{u_m\}$, wobei*

$$u_m = c_1\xi_1^m + c_2\xi_2^m + \cdots + c_k\xi_k^m \qquad (4.2.21)$$

ist und $c_1, c_2, \ldots, c_k$ beliebige Konstanten sind.

Beweis. Dass die Folge $\{u_m\}$ die Gleichung (4.2.19) erfüllt, ergibt sich aufgrund von (4.2.20) und der Linearität der Gleichung. Die Parameter $c_1, c_2, \ldots, c_k$ können zu beliebig vorgegebenen Startwerten $u_0, u_1, \ldots, u_{k-1}$ aus dem linearen Gleichungssystem

$$
\begin{pmatrix}
1 & 1 & \ldots & 1 \\
\xi_1 & \xi_2 & \ldots & \xi_k \\
\cdots\cdots\cdots\cdots\cdots\cdots \\
\xi_1^{k-1} & \xi_2^{k-1} & \ldots & \xi_k^{k-1}
\end{pmatrix}
\begin{pmatrix}
c_1 \\
c_2 \\
\ldots \\
c_k
\end{pmatrix}
=
\begin{pmatrix}
u_0 \\
u_1 \\
\ldots \\
u_{k-1}
\end{pmatrix},
$$

dessen Koeffizientenmatrix eine Vandermondesche Matrix und wegen der paarweise verschiedenen Nullstellen regulär ist, eindeutig bestimmt werden. Die allgemeine Lösung der linearen homogenen Differenzengleichung (4.2.19) ist demzufolge durch (4.2.21) gegeben. ∎

Satz 4.2.4. *Ist ξ_i eine ν fache Nullstelle der charakteristischen Gleichung, so ist die Zahlenfolge $\{u_m\}$ mit*

$$
u_m = p(m)\xi_i^m
$$

eine Lösung der Differenzengleichung (4.2.19), wobei $p(m)$ ein beliebiges Polynom vom Grad $\leq \nu - 1$ ist.

Beweis. Wir schreiben das Polynom $p(m)$ in der Newtonschen Darstellung

$$
p(m) = b_0 + b_1 m + b_2 m(m-1) + \cdots + b_{\nu-1} m(m-1)\cdots(m-\nu+2). \quad (4.2.22)
$$

Aufgrund der Linearität von (4.2.19) genügt es zu zeigen, dass (4.2.19) erfüllt ist für

$$
u_m = \prod_{k=1}^{l}(m-k+1)\xi_i^m, \quad l = 0, 1, \ldots, \nu - 1,
$$

d. h., wenn

$$
u_m = \left[\xi^l \frac{d^l}{d\xi^l}(\xi^m) \right]_{\xi=\xi_i} \quad (4.2.23)
$$

gilt. Mit (4.2.23) erhalten wir

$$
u_{m+k} + \alpha_{k-1} u_{m+k-1} + \cdots + \alpha_0 u_m = \left\{ \xi^l \frac{d^l}{d\xi^l} \left[\xi^{m+k} + \cdots + \alpha_0 \xi^m \right] \right\}_{\xi=\xi_i}
$$

$$
= \left\{ \xi^l \frac{d^l}{d\xi^l} \left[\xi^m \psi(\xi) \right] \right\}_{\xi=\xi_i},
$$

wobei $\psi(\xi)$ das charakteristische Polynom ist. Mit der Leibnizschen Produktregel

$$
\frac{d^l}{d\xi^l} \left[\xi^m \psi(\xi) \right] = \sum_{j=0}^{l} \binom{l}{j} \psi^{(j)}(\xi) \frac{d^{l-j}}{d\xi^{l-j}}(\xi^m)
$$

folgt

$$u_{m+k} + \alpha_{k-1}u_{m+k-1} + \cdots + \alpha_0 u_m = \left\{ \xi^l \left[\sum_{j=0}^{l} \binom{l}{j} \psi^{(j)}(\xi) \frac{d^{l-j}}{d\xi^{l-j}}(\xi^m) \right] \right\}_{\xi=\xi_i}.$$

Wegen $\psi^{(j)}(\xi_i) = 0$ für $j = 0, 1, \ldots, \nu - 1$ folgt die Behauptung. ∎

Im Falle mehrfacher Wurzeln der charakteristischen Gleichung gilt dann für die allgemeine Lösung von (4.2.19) der

Satz 4.2.5. *Es seien $\xi_1, \xi_2, \ldots, \xi_l$ die paarweise verschiedenen Nullstellen der charakteristischen Gleichung (4.2.20) und $\nu_1, \nu_2, \ldots, \nu_l$ mit $\nu_1 + \nu_2 + \cdots + \nu_l = k$ die zugehörigen Vielfachheiten. Dann besitzt die homogene Differenzengleichung (4.2.19) die allgemeine Lösungsfolge $\{u_m\}$ mit*

$$u_m = \sum_{i=1}^{l} p_i(m)\xi_i^m, \tag{4.2.24}$$

wobei $p_i(m)$ ein Polynom vom Grad $\leq \nu_i - 1$ ist.

Beweis. Nach Satz 4.2.4 und wegen der Linearität ist jeder Summand von (4.2.24) eine Lösung der Differenzengleichung (4.2.19). Auf ähnliche Weise wie in Satz 4.2.3 zeigt man, dass zu jeder Wahl von k Startwerten $u_0, u_1, \ldots, u_{k-1}$ das lineare Gleichungssystem

$$p_1(m)\xi_1^m + p_2(m)\xi_2^m + \cdots + p_l(m)\xi_l^m = u_m \quad \text{für } m = 0, 1, \ldots, k-1$$

für die k unbekannten Koeffizienten der Polynome $p_i(m)$, $i = 1, 2, \ldots, l$, eindeutig lösbar ist. ∎

Bemerkung 4.2.5. Die Lösungen $m^j\xi_i^m$, $i = 1, \ldots, l$, $j = 0, \ldots, \nu_i - 1$, heißen Fundamentallösungen von (4.2.19). □

Beispiel 4.2.2. Gegeben sei die Fibonacci-Differenzengleichung

$$u_{m+2} - u_{m+1} - u_m = 0 \tag{4.2.25}$$

mit den Anfangswerten $u_0 = 0$, $u_1 = 1$. Das zugehörige charakteristische Polynom lautet

$$\psi(\xi) = \xi^2 - \xi - 1.$$

Dessen Nullstellen sind

$$\xi_1 = \frac{1 + \sqrt{5}}{2}, \quad \xi_2 = \frac{1 - \sqrt{5}}{2}.$$

Damit ergibt sich die allgemeine Lösung von (4.2.25) zu

$$u_m = c_0 \left(\frac{1+\sqrt{5}}{2} \right)^m + c_1 \left(\frac{1-\sqrt{5}}{2} \right)^m.$$

Einsetzen der Anfangswerte liefert $c_0 = -c_1 = 5^{-1/2}$ und man erhält die Lösung

$$u_m = \frac{1}{\sqrt{5}} \left(\left(\frac{1+\sqrt{5}}{2} \right)^m - \left(\frac{1-\sqrt{5}}{2} \right)^m \right). \tag{4.2.26}$$

Die bekannte Folge der Fibonacci-Zahlen $0, 1, 1, 2, 3, 5, 8, 13, 21, 34, 55, \ldots$ wird durch die Formel (4.2.26) explizit dargestellt. $\square$

Abschließend wollen wir noch auf die Lösung der inhomogenen linearen Differenzengleichung (4.2.18) eingehen. Es gilt der

Satz 4.2.6. *Die allgemeine Lösung einer inhomogenen linearen Differenzengleichung k-ter Ordnung erhält man, indem man zu einer speziellen Lösung $u_{m,sp}$ die allgemeine Lösung der zugehörigen homogenen Differenzengleichung addiert.*
$\square$

Eine spezielle Lösung der inhomogenen Differenzengleichung findet man häufig durch einen speziellen Ansatz in Abhängigkeit von der Inhomogenität f_m. Tabelle 4.2.1 gibt einen Überblick über die Ansätze bei typischen Inhomogenitäten. Die Koeffizienten d_i sind durch Einsetzen des Ansatzes in die inhomogene Gleichung (4.2.18) zu bestimmen.

f_m	Ansatz	dabei ist
a^m	$d_0 m^\nu a^m$	a ν-fache Nullstelle von $\psi(\xi)$
$m^l a^m$	$a^m m^\nu (d_0 + d_1 m + \cdots + d_l m^l)$	a ν-fache Nullstelle von $\psi(\xi)$
$a^m \sin bm$ $a^m \cos bm$	$a^m m^\nu (d_0 \sin bm + d_1 \cos bm)$	$ae^{\pm ib}$ ν-fache Nullstelle von $\psi(\xi)$

Tabelle 4.2.1: Ansätze für spezielle Inhomogenitäten

Bemerkung 4.2.6. Ist f_m eine Linearkombination der in den Tabellen betrachteten Funktionen, dann kann man den Ansatz ebenfalls als Linearkombination der entsprechenden Ansätze wählen. $\square$

Beispiel 4.2.3. Gegeben sei die lineare inhomogene Differenzengleichung erster Ordnung

$$u_{m+1} - 2u_m = a^m \quad \text{mit dem Anfangswert } u_0 = 1. \tag{4.2.27}$$

Die charakteristische Gleichung ist

$$\xi - 2 = 0,$$

und damit ist die allgemeine Lösung der homogenen Differenzengleichung

$$u_{m,hom} = c_1 2^m.$$

Sei $a \neq 2$. Dann ist a keine Nullstelle der charakteristischen Gleichung ($\nu = 0$) und der Ansatz für eine spezielle Lösung ist

$$u_{m,sp} = d_0 a^m.$$

Setzt man diese Lösung in (4.2.27) ein, so erhält man

$$d_0 a^{m+1} - 2 d_0 a^m = a^m.$$

Daraus folgt

$$d_0 = \frac{1}{a - 2}.$$

Die allgemeine Lösung der inhomogenen Differenzengleichung lautet daher für $a \neq 2$

$$u_m = c_1 2^m + \frac{a^m}{a - 2}.$$

Für $m = 0$ folgt

$$1 = \frac{1}{a - 2} + c_1$$

und damit

$$u_m = 2^m + \frac{a^m - 2^m}{a - 2}.$$

Im Fall $a = 2$ ist a eine einfache Nullstelle der charakteristischen Gleichung ($\nu = 1$). Nach Tabelle 4.2.1 lautet der Ansatz damit

$$u_{m,sp} = d_0 m 2^m.$$

Einsetzen liefert

$$d_0(m + 1)2^{m+1} - 2 d_0 m 2^m = 2^m,$$

also $d_0 = 1/2$. Unter Beachtung der Anfangsbedingung erhält man damit für die allgemeine Lösung der inhomogenen Gleichung $u_m = 2^m + m 2^{m-1}$. $\square$

4.2.3 Nullstabilität und erste Dahlquist-Schranke

Ein lineares Mehrschrittverfahren hoher Konsistenzordnung und mit kleiner Fehlerkonstante liefert unter Umständen keine brauchbare Näherungslösung. Das Verfahren kann instabil sein. Man benötigt, anders als bei Einschrittverfahren, eine zusätzliche Stabilitätsbedingung, um Konvergenz zu zeigen.

Beispiel 4.2.4. Gegeben sei das lineare Mehrschrittverfahren der Konsistenzordnung $p = 3$ aus Beispiel 4.2.1

$$u_{m+2} + 4u_{m+1} - 5u_m = h(4f_{m+1} + 2f_m).$$

Die Anwendung auf die Anfangswertaufgabe

$$y'(t) = 0, \quad y_0 = 1 \text{ mit der exakten Lösung } y(t) = 1 \tag{4.2.28}$$

liefert die lineare homogene Differenzengleichung (3-Term-Rekursion)

$$u_{m+2} + 4u_{m+1} - 5u_m = 0. \tag{4.2.29}$$

Das Polynom $\rho(\xi) = \xi^2 + 4\xi - 5 = (\xi - 1)(\xi + 5)$ hat die Nullstellen $\xi_1 = 1, \xi_2 = -5$. Die allgemeine Lösung der Differenzengleichung ist nach Satz 4.2.3 gegeben durch

$$u_m = c_1 \xi_1^m + c_2 \xi_2^m = c_1 + c_2(-5)^m, \quad c_1, c_2 \in \mathbb{R}.$$

Uns interessiert das Verhalten der Lösungen bei leicht gestörten Startwerten. Dazu betrachten wir den exakten Startwert $u_0 = 1$ und den gestörten Wert $u_1 = 1 + h\varepsilon$, der für $h \to 0$ gegen die Lösung $y(t) = 1$ geht. Durch die Startwerte ergeben sich die Konstanten

$$c_1 = 1 + \frac{h\varepsilon}{6}, \quad c_2 = -\frac{h\varepsilon}{6}.$$

Die Lösung von (4.2.29) ist dann

$$u_m = (1 + \frac{h\varepsilon}{6}) - \frac{h\varepsilon}{6} \cdot (-5)^m.$$

Im Fall $\varepsilon = 0$ liegen die Startwerte $u_0 = 1$, $u_1 = 1$ auf der exakten Lösung $y(t) = 1$ von (4.2.28). Die numerische Lösung $u_m = 1$, $m = 0, 1, \ldots$ stimmt mit der exakten Lösung überein. Im Fall $\varepsilon \neq 0$ ist der Startwert u_1 leicht gestört. Diese Störung wird durch den Faktor $(-5)^m$ enorm verstärkt. Der Grund dafür ist, dass die homogene Differenzengleichung eine unbeschränkte Fundamentallösung $(-5)^m$ hat. $\square$

Dieses Beispiel führt zum Begriff der *Nullstabilität*.

Definition 4.2.6. Ein lineares Mehrschrittverfahren (4.2.1) heißt *nullstabil*, wenn alle Lösungen der homogenen Differenzengleichung

$$\sum_{l=0}^{k} \alpha_l u_{m+l} = 0$$

beschränkt bleiben. $\square$

Als Folgerung von Satz 4.2.5 ergibt sich der

Satz 4.2.7. *Ein lineares Mehrschrittverfahren (4.2.1) ist genau dann nullstabil, wenn das erzeugende Polynom $\rho(\xi)$ der* Wurzelbedingung *genügt, d. h.,*

1. *Alle Wurzeln von $\rho(\xi)$ liegen im oder auf dem Einheitskreis $|\xi| \leq 1$ der komplexen ξ-Ebene.*

2. *Die auf dem Einheitskreis $|\xi| = 1$ liegenden Wurzeln von $\rho(\xi)$ sind einfach.* $\square$

Bemerkung 4.2.7. Zu Ehren von Dahlquist wird die Nullstabilität häufig auch *D-Stabilität* genannt. $\square$

Bemerkung 4.2.8. Aufgrund der Präkonsistenzbedingung $\rho(1) = 0$ liegt eine Wurzel $\xi_1 = 1$ fest. Für ein nullstabiles Verfahren muss diese Wurzel einfach sein. Nach (4.2.11) gilt dann für konsistente Verfahren

$$\sigma(1) = \rho'(1) \neq 0. \quad \square$$

Liegen bis auf die einfache Nullstelle $\xi_1 = 1$ alle weiteren Nullstellen $\xi_2, \ldots, \xi_k$ von $\rho(\xi)$ im Inneren des Einheitskreises $|\xi| < 1$, so heißt das lineare k-Schrittverfahren *stark nullstabil*.

Für die Adams-Verfahren ist

$$\rho(\xi) = \xi^k - \xi^{k-1} = \xi^{k-1}(\xi - 1). \tag{4.2.30}$$

Es gilt also für die Nullstellen von $\rho(\xi)$

$$\xi_1 = 1, \quad \xi_2 = \cdots = \xi_k = 0.$$

Verfahren mit dieser Eigenschaft heißen *optimal nullstabil*.

Wir wenden uns jetzt der Frage nach der maximalen Konsistenzordnung eines nullstabilen linearen Mehrschrittverfahrens zu. Eine Antwort darauf gibt die erste Dahlquist-Schranke, die wir in Satz 4.2.8 beweisen wollen.

Wir betrachten das erzeugende Polynom $\rho(\xi)$ mit reellen Koeffizienten über der komplexen ξ-Ebene. Mit der konformen Abbildung

$$z = \frac{\xi - 1}{\xi + 1} \quad \text{oder} \quad \xi = \frac{1 + z}{1 - z} \tag{4.2.31}$$

wird das Innere des Einheitskreises $|\xi| < 1$ der ξ-Ebene umkehrbar eindeutig auf die linke Halbebene $\mathrm{Re}\, z < 0$ der komplexen z-Ebene und der Einheitskreis $|\xi| = 1$ auf die imaginäre Achse $\mathrm{Re}\, z = 0$ abgebildet. Insbesondere gehen der Punkt $\xi = 1$ in $z = 0$, der Punkt $\xi = 0$ in $z = -1$ und der Punkt $\xi = -1$ in $z = \infty$ über. Mit Hilfe von (4.2.31) führen wir die Polynome

$$R(z) = \left(\frac{1-z}{2}\right)^k \rho(\xi) = \sum_{l=0}^{k} a_l z^l \tag{4.2.32a}$$

$$S(z) = \left(\frac{1-z}{2}\right)^k \sigma(\xi) = \sum_{l=0}^{k} b_l z^l \tag{4.2.32b}$$

vom Grad $\leq k$ ein. Sei das Verfahren nullstabil. Dann gehen die von -1 verschiedenen Wurzeln von $\rho(\xi)$ in Wurzeln von $R(z)$ mit $\mathrm{Re}\, z \leq 0$ mit gleicher Vielfachheit über, d. h., alle Nullstellen von $R(z)$ haben einen nicht positiven Realteil und keine mehrfache Nullstelle von $R(z)$ liegt auf der imaginären Achse. Besitzt $\rho(\xi)$ eine einfache Nullstelle im Punkt $\xi_j = -1$, so ergibt sich mit $\rho(\xi) = (\xi + 1)\rho_1(\xi)$

$$R(z) = \left(\frac{1-z}{2}\right)^{k-1} \rho_1(\xi).$$

Dadurch reduziert sich der Grad des Polynoms $R(z)$ auf $k-1$.

Lemma 4.2.3. *Ein konsistentes lineares k-Schrittverfahren sei nullstabil. Dann gilt für die Koeffizienten des Polynoms $R(z) = a_0 + a_1 z + \cdots + a_k z^k$:*

1. *$a_0 = 0$ und $a_1 = 2^{1-k}\rho'(1) \neq 0$.*
2. *Alle von null verschiedenen Koeffizienten a_l von $R(z)$ haben gleiches Vorzeichen.*

Beweis. Aufgrund der Konsistenz und der Nullstabilität gilt

$$\rho(1) = 0 \quad \text{und} \quad \rho'(1) \neq 0.$$

Damit folgt

$$a_0 = R(0) = 0 \quad \text{und} \quad a_1 = R'(0) = \frac{1}{2^{k-1}}\rho'(1) \neq 0,$$

womit der erste Teil des Lemmas gezeigt ist. Sind $x_1, \ldots, x_m$ die reellen und $(x_{m+1} \pm iy_{m+1}), \ldots, (x_{m+\mu} \pm iy_{m+\mu})$ die Paare konjugiert komplexer Nullstellen von $R(z)$, so gilt für $R(z)$ die Faktorisierung

$$
\begin{aligned}
R(z) &= a_\gamma \prod_{j=1}^{m} (z - x_j) \prod_{j=1}^{\mu} [z - (x_{m+j} + iy_{m+j})][z - (x_{m+j} - iy_{m+j})] \\
&= a_\gamma \prod_{j=1}^{m} (z - x_j) \prod_{j=1}^{\mu} [(z - x_{m+j})^2 + y_{m+j}^2],
\end{aligned}
\tag{4.2.33}
$$

wobei $\gamma = m + 2\mu = k$ gilt, falls $\xi = -1$ keine Nullstelle von $\rho(\xi)$ ist, bzw. $\gamma = k - 1$, falls $\xi = -1$ einfache Nullstelle ist. Wegen $x_j \leq 0$ für alle j folgt beim Ausmultiplizieren aus (4.2.33), dass alle Koeffizienten a_l von $R(z)$ gleiches Vorzeichen haben. ∎

Im Folgenden wollen wir die Ordnungsaussage für ein lineares Mehrschrittverfahren (vgl. Lemma 4.2.2) durch die Polynome $R(z)$ und $S(z)$ ausdrücken.

Lemma 4.2.4. *Ein lineares Mehrschrittverfahren hat genau dann die Konsistenzordnung p, wenn gilt*

$$R(z)\left(\ln \frac{1+z}{1-z}\right)^{-1} - S(z) = 2^{p-k}C_{p+1}z^p + \mathcal{O}(z^{p+1}), \quad z \to 0. \quad (4.2.34)$$

Beweis. Nach (4.2.32a) und (4.2.32b) ist

$$R(z)\left(\ln \frac{1+z}{1-z}\right)^{-1} - S(z) = \left(\frac{1-z}{2}\right)^k \left(\frac{\rho(\xi)}{\ln \xi} - \sigma(\xi)\right).$$

Gemäß (4.2.14) hat ein lineares Mehrschrittverfahren genau dann die Konsistenzordnung p, wenn gilt

$$\frac{\rho(\xi)}{\ln \xi} - \sigma(\xi) = C_{p+1}(\xi - 1)^p + \mathcal{O}((\xi - 1)^{p+1}), \quad \xi \to 1.$$

Aus (4.2.31) folgt

$$(\xi - 1)^p = 2^p z^p + \mathcal{O}(z^{p+1}) \quad \text{für } z \to 0.$$

Damit erhält man

$$R(z)\left(\ln \frac{1+z}{1-z}\right)^{-1} - S(z) = 2^{p-k}C_{p+1}z^p + \mathcal{O}(z^{p+1}), \quad z \to 0,$$

was zu zeigen war. ∎

Ferner benötigen wir noch folgendes

Lemma 4.2.5. *Es gilt die Potenzreihenentwicklung*

$$z\left(\ln \frac{1+z}{1-z}\right)^{-1} = \mu_0 + \mu_2 z^2 + \mu_4 z^4 + \ldots, \quad |z| < 1 \quad (4.2.35)$$

mit $\mu_0 = \frac{1}{2}$ und $\mu_{2j} < 0$ für $j = 1, 2, \ldots$

Beweis. Mit Hilfe der Potenzreihenentwicklung

$$\ln \frac{1+z}{1-z} = 2\left(z + \frac{1}{3}z^3 + \frac{1}{5}z^5 + \cdots\right), \quad |z| < 1$$

folgt aus (4.2.35)

$$\frac{1}{2} = \left(1 + \frac{1}{3}z^2 + \frac{1}{5}z^4 + \cdots\right)(\mu_0 + \mu_2 z^2 + \mu_4 z^4 + \cdots).$$

Ein Koeffizientenvergleich liefert

$$\mu_0 = \frac{1}{2}, \quad \mu_2 = -\frac{1}{6}, \quad \mu_4 = -\frac{2}{45}.$$

Allgemein ergibt sich die Rekursionsformel

$$\sum_{j=0}^{r} \mu_{2j} d_{r-j} = 0, \quad r = 1, \ldots, \quad d_r = \frac{1}{2r+1}, \quad r = 0, 1, \ldots \tag{4.2.36}$$

Ersetzen wir in (4.2.36) r durch $r+1$, so erhalten wir

$$\sum_{j=0}^{r} \mu_{2j} d_{r-j+1} + \mu_{2(r+1)} = 0, \quad r = 0, 1, \tag{4.2.37}$$

Multiplizieren wir (4.2.36) mit d_{r+1}, (4.2.37) mit d_r und subtrahieren beide Gleichungen voneinander, so ergibt sich

$$d_r \mu_{2(r+1)} = \sum_{j=1}^{r} \mu_{2j}(d_{r-j}d_{r+1} - d_{r-j+1}d_r), \quad r = 1, 2, \ldots$$

mit

$$d_{r-j}d_{r+1} - d_{r-j+1}d_r > 0$$

für $j \geq 1$. Mit $\mu_2 = -\frac{1}{6}$ folgt hieraus $\mu_{2j} < 0$ für $j = 2, \ldots, r$. Die Behauptung ergibt sich nun durch vollständige Induktion. ■

Nunmehr können wir die bereits angekündigte erste Dahlquist-Schranke (Dahlquist [79]) beweisen.

Satz 4.2.8 (Erste Dahlquist-Schranke). *Ein nullstabiles k-Schrittverfahren* $\sum_{l=0}^{k} \alpha_l u_{m+l} = h \sum_{l=0}^{k} \beta_l f_{m+l}$ *hat die maximale Konsistenzordnung*

1. $p_{\max} = k + 2$, *falls k gerade ist,*

2. $p_{\max} = k + 1$, *falls k ungerade ist,*

3. $p_{\max} = k$, *falls $\beta_k/\alpha_k \leq 0$ ist,*

insbesondere falls das Verfahren explizit ist.

Beweis. Nach Lemma 4.2.4 hat ein lineares k-Schrittverfahren genau dann die Konsistenzordnung p, wenn gilt

$$\frac{R(z)}{z} \cdot z \ln\left(\frac{1+z}{1-z}\right)^{-1} - S(z) = \mathcal{O}(z^p), \ z \to 0.$$

Mit (4.2.32a), (4.2.32b) und Lemma 4.2.5 ergibt sich daraus für ein nullstabiles lineares k-Schrittverfahren der Ordnung p

$$b_0 + b_1 z + b_2 z^2 + \cdots + b_k z^k$$
$$= [a_1 + a_2 z + a_3 z^2 + \cdots + a_k z^{k-1}][\mu_0 + \mu_2 z^2 + \mu_4 z^4 + \ldots] + \mathcal{O}(z^p), \quad (4.2.38)$$

wobei die Koeffizienten $\mu_{2j} < 0$ für $j = 1, 2, \ldots$ sind und alle a_l gleiches Vorzeichen haben. Für ein Verfahren der Ordnung $p = k + 1$ erhält man aus (4.2.38) durch Koeffizientenvergleich für die Koeffizienten b_l, $l = 0, 1, \ldots, k$, mit $a_{k+1} = 0$ die Bedingungsgleichungen

$$b_l = a_{l+1}\mu_0 + a_{l-1}\mu_2 + \cdots + \begin{cases} a_1 \mu_l, & \text{falls } l \text{ gerade} \\ a_2 \mu_{l-1}, & \text{falls } l \text{ ungerade.} \end{cases} \quad (4.2.39)$$

Damit sind die Koeffizienten von $S(z)$ eindeutig durch die Koeffizienten a_l des Polynoms $R(z)$ festgelegt, die den in Lemma 4.2.3 angegebenen Bedingungen genügen müssen.

1. Sei k gerade. Für die Ordnung $p = k + 2$ muss außer (4.2.39) noch die Bedingungsgleichung

$$0 = a_k \mu_2 + a_{k-2}\mu_4 + \cdots + a_2 \mu_k \quad (4.2.40)$$

erfüllt sein. Wegen $\mu_{2j} < 0$ für $j = 1, 2, \ldots$, und da alle a_l gleiches Vorzeichen haben, gilt (4.2.40) genau dann, wenn

$$a_2 = a_4 = \cdots = a_k = 0 \quad (4.2.41)$$

ist, d. h., $R(z)$ muss ein ungerades Polynom sein. Wegen $R(z) = -R(-z)$ ist mit $+z_i$ auch $-z_i$ eine Nullstelle von $R(z)$. Aufgrund der Nullstabilität gilt $\operatorname{Re} z_i \leq 0$ und

$$\operatorname{Re}(-z_i) = -\operatorname{Re}(z_i),$$

d. h., sämtliche Nullstellen von $R(z)$ sind rein imaginär. Bei der Transformation (4.2.31) geht die imaginäre Achse der z-Ebene in den Rand des Einheitskreises der ξ-Ebene über. Alle Nullstellen des erzeugenden Polynoms $\rho(\xi)$ liegen demzufolge auf dem Kreis $|\xi| = 1$. Wählt man nun ein Polynom $\rho(\xi)$ mit der Eigenschaft, dass alle Nullstellen auf dem Einheitskreis liegen und einfach sind, wobei $\xi = 1$

eine Nullstelle ist, dann ist (4.2.41) erfüllt. Durch Festlegung der b_l nach (4.2.39) erhält man ein nullstabiles Verfahren der Ordnung $k + 2$.

Wir müssen noch zeigen, dass die Ordnung $p = k + 3$ nicht erreicht werden kann. Für $p = k + 3$ muss außer (4.2.39) und (4.2.40) noch die Bedingung

$$A = a_{k-1}\mu_4 + a_{k-3}\mu_6 + \cdots + a_1\mu_{k+2} = 0$$

gelten. Nach Lemma 4.2.3 und wegen $\mu_{2j} < 0$ folgt $A \neq 0$, so dass die Ordnung eines nullstabilen linearen k-Schrittverfahrens, k gerade, höchstens $p = k + 2$ sein kann.

2. Sei k ungerade. Für ein Verfahren mit der Ordnung $p = k+1$ gilt die Forderung (4.2.39). Die Ordnung $p = k + 2$ kann nicht erreicht werden, da für $p = k + 2$ noch

$$\widetilde{A} = a_k\mu_2 + a_{k-2}\mu_4 + \cdots + a_1\mu_{k+1} = 0$$

gelten muss. Nach Lemma 4.2.3 und wegen $\mu_{2j} < 0$ ist $\widetilde{A} \neq 0$. Demzufolge kann für ungerades k die Konsistenzordnung höchstens $k + 1$ sein.

Ausgehend von einem Polynom $\rho(\xi)$, das die Wurzelbedingung und $\rho(1) = 0$ erfüllt, kann durch Wahl der b_l nach (4.2.39) ein Verfahren der Ordnung $k + 1$ gefunden werden.

3. Den Beweis der dritten Aussage des Satzes führen wir indirekt. Angenommen, p sei größer als k. Nach Lemma 4.2.4 gilt mit Lemma 4.2.5

$$R(z)\left(\frac{\mu_0}{z} + \mu_2 z + \mu_4 z^3 + \dots\right) - S(z) = \mathcal{O}(z^{k+1}), \quad z \to 0.$$

Da $S(z)$ ein Polynom vom Grad k ist, gilt

$$S(z) = R(z)\frac{1}{2z} + \sum_{l=1}^{k} a_l z^l \sum_{j=1}^{k-l+1} \mu_j z^{j-1}, \tag{4.2.42}$$

wobei für ungerade Indizes $\mu_j = 0$ gesetzt wird. Für $z = 1$ ergibt sich

$$S(1) = \frac{1}{2}R(1) + \sum_{l=1}^{k} a_l \sum_{j=1}^{k-l+1} \mu_j. \tag{4.2.43}$$

Ferner erhält man aus (4.2.32a) und (4.2.32b)

$$R(1) = a_1 + \cdots + a_k = \alpha_k \quad \text{und} \quad S(1) = \beta_k.$$

Mit $\alpha_k \neq 0$ folgt aus (4.2.43)

$$\frac{\beta_k}{\alpha_k} = \frac{1}{2} + \sum_{l=1}^{k} \frac{a_l}{R(1)} \sum_{j=1}^{k-l+1} \mu_j.$$

Da alle a_l gleiches Vorzeichen haben, gilt

$$0 \leq \frac{a_l}{R(1)} \leq 1.$$

Die Potenzreihenentwicklung (4.2.35) liefert für $z \to 1$

$$\sum_{j=1}^{\infty} \mu_j = -\frac{1}{2}.$$

Wegen $\mu_{2l} < 0$ für $l \geq 1$ folgt

$$\sum_{l=1}^{k} \frac{a_l}{R(1)} \sum_{j=1}^{k-l+1} \mu_j > -\frac{1}{2}, \quad \text{d.h.} \quad \frac{\beta_k}{\alpha_k} > 0,$$

was ein Widerspruch zur Voraussetzung ist. ∎

4.2.4 Schwach stabile lineare Mehrschrittverfahren

Für lineare Mehrschrittverfahren mit der maximalen Ordnung $k+2$ ist $R(z) = -R(-z)$. Nach (4.2.32a) ist diese Beziehung äquivalent zu $\rho(\xi) = -\xi^k \rho(1/\xi)$. Ist ξ_l eine Nullstelle von $\rho(\xi)$, dann ist auch $1/\xi_l$ Nullstelle von $\rho(\xi)$ ist. Das heißt, alle Nullstellen von nullstabilen linearen Mehrschrittverfahren der Ordnung $k+2$ liegen auf dem Einheitskreis $|\xi| = 1$, siehe Beweis von Satz 4.2.8.

Ein nullstabiles lineares Mehrschrittverfahren, bei dem außer der einfachen Nullstelle $\xi_1 = 1$ mindestens eine weitere einfache Nullstelle des erzeugenden Polynoms $\rho(\xi)$ auf dem Einheitskreis liegt, nennt man *schwach nullstabil*.

Für schwach nullstabile Mehrschrittverfahren ist charakteristisch, dass sie bei der Integration von dissipativen Systemen (vgl. Abschnitt 7.2) über ein langes Zeitintervall keine brauchbaren Näherungen liefern.

Beispiel 4.2.5. Die explizite Mittelpunktregel

$$u_{m+2} = u_m + 2hf(t_{m+1}, u_{m+1})$$

liefert bei Anwendung auf das skalare, dissipative Anfangswertproblem

$$y' = -y, \quad y(0) = 1 \tag{4.2.44}$$

mit der exakten Lösung $y(t) = \exp(-t)$ die lineare homogene Differenzengleichung

$$u_{m+2} + 2hu_{m+1} - u_m = 0. \tag{4.2.45}$$

Die charakteristische Gleichung $\xi^2 + 2h\xi - 1 = 0$ hat die beiden Lösungen

$$\xi_1 = -h + \sqrt{1 + h^2} \approx 1 - h + \frac{1}{2}h^2 \approx \exp(-h)$$

$$\xi_2 = -h - \sqrt{1 + h^2} \approx -1 - h - \frac{1}{2}h^2 \approx -\exp(h).$$

Die allgemeine Lösung von (4.2.45) lautet damit

$$u_m = c_1 \xi_1^m + c_2 \xi_2^m, \tag{4.2.46}$$

wobei die reellen Konstanten c_1 und c_2 durch die Startwerte u_0, u_1 bestimmt sind. Setzen wir die approximierten Werte von ξ_1 und ξ_2 in (4.2.46) ein, so erhalten wir

$$u_m \approx c_1 \exp(-mh) + c_2(-1)^m \exp(mh).$$

Der erste Summand liefert eine Approximation an die Lösung der Anfangswertaufgabe (4.2.44). Der zweite Summand, der eine parasitäre Lösung der Differenzengleichung (4.2.45) darstellt, liefert dagegen einen von Gitterpunkt zu Gitterpunkt alternierenden Anteil mit dem Faktor $\exp(mh)$. Dieser Anteil wächst für $t = mh \to \infty$ sehr schnell an, obwohl die Lösung der Differentialgleichung exponentiell abklingt, vgl. Abbildung 4.2.2. Dieses Verhalten widerspricht nicht der Konvergenz der expliziten Mittelpunktregel. Für festes t und $h \to 0$ geht der zweite Summand gegen null, da für konsistente Startwerte c_2 für $h \to 0$ gegen null geht.

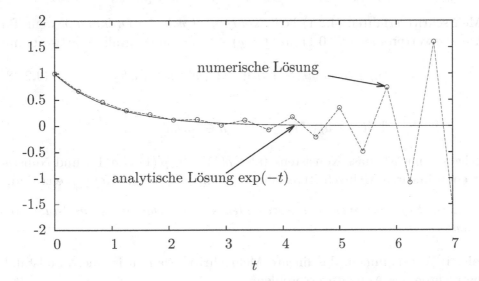

Abbildung 4.2.2: Mittelpunktregel angewandt auf $y' = -y$ mit exakten Startwerten und Schrittweite $h = 0.4$

Wendet man die Mittelpunktregel auf die nichtdissipative Anfangswertaufgabe $y' = y$, $y(0) = 1$ an, so ist die Lösung der zugehörigen Differenzengleichung gegeben durch

$$u_m \approx c_1 \exp(mh) + c_2(-1)^m \exp(-mh).$$

In diesem Fall stimmt das Verhalten der Lösung der Differenzengleichung mit dem Verhalten der Lösung der Differentialgleichung für große mh überein. $\Box$

4.2.5 Konvergenz

Der erste Konvergenzbeweis für lineare Mehrschrittverfahren geht auf Dahlquist [79] zurück. Ein eleganter Beweis, bei dem das Mehrschrittverfahren in Form eines Einschrittverfahrens höherer Dimension geschrieben wird, stammt von Butcher [46].

Im Unterschied zu Einschrittverfahren müssen wir für die Konvergenz jetzt auch die Fehler in den Startwerten $u_0, \ldots, u_{k-1}$ berücksichtigen.

Definition 4.2.7. Ein lineares Mehrschrittverfahren (4.2.1) heißt *konvergent*, wenn für alle Anfangswertprobleme (2.0.1) mit $f(t, y) \in C^1(S)$ und für alle Startwerte $u(t_0 + lh) = u_l$, $l = 0, 1, \ldots, k - 1$, mit

$$\|y(t_0 + lh) - u_l\| \to 0 \quad \text{für} \quad h \to 0 \tag{4.2.47}$$

gilt

$$\|y(t^*) - u_h(t^*)\| \to 0, \quad h \to 0, \quad t^* = t_0 + mh \in [t_0, t_e], \quad t^* \text{ fest}.$$

Das Mehrschrittverfahren (4.2.1) heißt *konvergent von der Ordnung p*, wenn für alle Anfangswertprobleme (2.0.1) mit $f(t, y) \in C^p(S)$ und für alle Startwerte mit

$$\|y(t_0 + lh) - u_h(t_0 + lh)\| \leq C_1 h^p, \quad h \in (0, h_0] \tag{4.2.48}$$

gilt

$$\|y(t^*) - u_h(t^*)\| \leq C h^p, \quad h \in (0, h_0]. \quad \Box$$

Wir zeigen zunächst, dass Konsistenz (also $\rho(1) = 0$, $\rho'(1) = \sigma(1)$) und Nullstabilität eines linearen Mehrschrittverfahrens notwendig für die Konvergenz sind.

Satz 4.2.9. *Ein konvergentes lineares Mehrschrittverfahren ist nullstabil und konsistent.*

Beweis. i) Angenommen, das lineare Mehrschrittverfahren ist nicht nullstabil. Wir betrachten das Anfangswertproblem

$$y'(t) = 0, \quad y(0) = 0 \tag{4.2.49}$$

mit der exakten Lösung $y(t) = 0$. Ein lineares Mehrschrittverfahren liefert bei Anwendung auf (4.2.49) die lineare homogene Differenzengleichung

$$\alpha_k u_{m+k} + \cdots + \alpha_0 u_m = 0. \tag{4.2.50}$$

Hat das zugehörige charakteristische Polynom $\rho(\xi) = \sum_{l=0}^{k} \alpha_l \xi^l$ eine Wurzel $|\xi_2| > 1$ bzw. eine Wurzel $|\xi_3| = 1$ mit einer Vielfachheit > 1, dann sind

$$u_m^{(2)} = c_2 \xi^m \quad \text{bzw.} \quad u_m^{(3)} = c_3 m \xi_3^m, \quad c_2, c_3 \in \mathbb{R} \tag{4.2.51}$$

Lösungen der homogenen Differenzengleichung (4.2.50). Mit $t^* = mh$ und $c_2 = c_3 = \sqrt{h}$ erfüllen die Lösungen

$$u_m^{(2)} = \sqrt{h} \xi_2^{t^*/h} \quad \text{bzw.} \quad u_m^{(3)} = m\sqrt{h}\xi_3^m = \frac{t^*}{\sqrt{h}}\xi_3^{t^*/h}$$

die Bedingungen (4.2.47) für die Startwerte und sind für $h \to 0$ divergent, was ein Widerspruch zur vorausgesetzten Konvergenz ist. Ein konvergentes lineares Mehrschrittverfahren ist folglich nullstabil.

ii) Wir betrachten das Anfangswertproblem

$$y'(t) = 0, \quad y(0) = 1 \tag{4.2.52}$$

mit der exakten Lösung $y(t) = 1$. Ein lineares Mehrschrittverfahren mit den Startwerten $u_0 = \cdots = u_{k-1} = 1$ auf der exakten Lösung lautet

$$\alpha_k u_k + \alpha_{k-1} u_{k-1} + \cdots + \alpha_0 = 0.$$

Die Konvergenz ($u_k \to 1$ für $h \to 0$) impliziert

$$\sum_{l=0}^{k} \alpha_l = 0, \quad \text{d. h., es gilt } \rho(1) = 0.$$

iii) Zum Nachweis der Beziehung $\rho'(1) = \sigma(1)$ betrachten wir das Anfangswertproblem

$$y'(t) = 1, \ y(0) = 0 \tag{4.2.53}$$

mit der exakten Lösung $y(t) = t$. Das lineare Mehrschrittverfahren zu den exakten Startwerten $u_l = lh, \ l = 0, \ldots, k-1$, lautet

$$\alpha_k u_k + h \sum_{l=1}^{k-1} l\alpha_l = h \sum_{l=0}^{k} \beta_l.$$

Daraus folgt mit $\rho'(1) = \sum_{l=1}^{k} l\alpha_l$

$$\alpha_k(u_k - hk) + h\rho'(1) = h\sigma(1)$$

und mit der Konvergenz $u_k \to kh$ ergibt sich $\rho'(1) = \sigma(1)$. Zusammen mit $\rho(1) = 0$ impliziert dies, dass die Konsistenz notwendig für die Konvergenz ist. ∎

Wir wollen nun zeigen, dass Konsistenz und Nullstabilität hinreichend für die Konvergenz eines linearen Mehrschrittverfahrens sind. Zu diesem Zweck schreiben wir das lineare Mehrschrittverfahren (4.2.1) zunächst in Form eines Einschrittverfahrens entsprechend höherer Dimension. Ohne Einschränkung der Allgemeinheit setzen wir dabei $\alpha_k = 1$ voraus. Wir schreiben das lineare Mehrschrittverfahren in der Form

$$u_{m+k} = -\sum_{l=0}^{k-1} \alpha_l u_{m+l} + h\varphi \qquad (4.2.54)$$

mit der implizit definierten Funktion

$$h\varphi(t_m, u_m, \ldots, u_{m+k-1}, h) = h\sum_{l=0}^{k-1} \beta_l f(t_{m+l}, u_{m+l}) + h\beta_k f\left(t_{m+k}, h\varphi - \sum_{l=0}^{k-1} \alpha_l u_{m+l}\right).$$

Weiterhin definieren wir die nk-dimensionalen Vektoren

$$U_m = (u_{m+k-1}^\top, u_{m+k-2}^\top, \ldots, u_m^\top)^\top, \quad m \geq 0,$$
$$\phi(t_m, U_m, h) = (\varphi(t_m, U_m, h)^\top, 0, \ldots, 0)^\top.$$

Es gilt dann

$$U_{m+1} = \begin{pmatrix} u_{m+k} \\ u_{m+k-1} \\ \vdots \\ u_{m+1} \end{pmatrix} = \begin{pmatrix} -\sum_{l=0}^{k-1} \alpha_l u_{m+l} + h\varphi(t_m, U_m, h) \\ u_{m+k-1} \\ \vdots \\ u_{m+1} \end{pmatrix} \qquad (4.2.55)$$

Für ein skalares Anfangswertproblem ($n = 1$) lässt sich (4.2.55) schreiben in der Form

$$U_{m+1} = AU_m + h\phi(t_m, U_m, h) \qquad (4.2.56)$$
$$U_0 = (u_{k-1}, \ldots, u_0)^\top$$

mit der Begleitmatrix

$$A = \begin{pmatrix} -\alpha_{k-1} & -\alpha_{k-2} & \ldots & -\alpha_1 & -\alpha_0 \\ 1 & 0 & \ldots & 0 & 0 \\ 0 & 1 & \ldots & 0 & 0 \\ \hdotsfor{5} \\ 0 & 0 & \ldots & 1 & 0 \end{pmatrix}.$$

Dies ist jetzt ein Einschrittverfahren für den Näherungsvektor $U_m \in \mathbb{R}^k$. Darauf lassen sich die bekannten Aussagen für Einschrittverfahren anwenden, wobei noch einige Definitionen angepasst werden müssen.

Bemerkung 4.2.9. Für $n > 1$ lautet die Verfahrensvorschrift (4.2.56) unter Verwendung des Kronecker-Produktes

$$U_{m+1} = (A \otimes I_n)U_m + h\phi(t_m, U_m, h). \quad \square$$

Im Folgenden beschränken wir uns auf den Fall $n = 1$. Für den Fall $n > 1$ verläuft der folgende Konvergenzbeweis mit Hilfe der Kroneckerschreibweise völlig analog.

Definition 4.2.8. Sei $\widetilde{U}_{m+1}$ das Resultat eines Schrittes des Einschrittverfahrens (4.2.56) mit dem exakten Startvektor

$$Y(t_m) = (y(t_{m+k-1}), y(t_{m+k-2}), \ldots, y(t_m))^\top,$$

d. h.

$$\widetilde{U}_{m+1} = AY(t_m) + h\phi(t_m, Y(t_m), h).$$

Dann heißt

$$LE_{m+1} = Y(t_{m+1}) - \widetilde{U}_{m+1}$$

lokaler Diskretisierungsfehler des Einschrittverfahrens (4.2.56). $\quad \square$

Lemma 4.2.6. *Sei $f(t, y)$ genügend oft stetig differenzierbar auf S und sei das lineare Mehrschrittverfahren konsistent von der Ordnung p. Dann gilt für den lokalen Diskretisierungsfehler LE_{m+1} des Einschrittverfahrens* (4.2.56)

$$\|LE_{m+1}\| \leq Ch^{p+1}, \quad h \in (0, h_0], \quad m = 0, 1, \ldots, N - k,$$

wobei die Konstante C unabhängig von h ist.

Beweis. Die erste Komponente von LE_{m+1} ist gerade der lokale Diskretisierungsfehler le_{m+k} des linearen Mehrschrittverfahrens (vgl. Definition 4.2.2), alle weiteren Komponenten von LE_{m+1} verschwinden. $\blacksquare$

Lemma 4.2.7. *Ist das lineare Mehrschrittverfahren (4.2.1) konsistent und null-stabil, dann existiert auf $\mathbb{R}^k$ eine Vektornorm, so dass für die Matrix A von (4.2.56) in der zugeordneten Matrixnorm gilt*

$$\|A\| = 1.$$

Beweis. Die Eigenwerte der Matrix A sind die Nullstellen ξ_i des charakteristischen Polynoms $\rho(\xi)$ von A (vgl. Aufgabe 7). Für den Spektralradius $\widetilde{\rho}(A)$ der Matrix A gilt folglich

$$\widetilde{\rho}(A) = \max_i |\xi_i| = 1.$$

Weiterhin sind aufgrund der Nullstabilität die betragsgrößten Eigenwerte von A einfach. Man kann dann eine Vektornorm und eine zugeordnete Matrixnorm finden, so dass gilt

$$\|A\| = \widetilde{\rho}(A) = 1$$

(vgl. Stoer/Bulirsch [268], S.82). ∎

Nunmehr können wir zeigen, dass Konsistenzordnung p und Nullstabilität hinreichend für die Konvergenzordnung p eines linearen Mehrschrittverfahrens sind.

Satz 4.2.10. *Sei $f(t, y)$ genügend oft stetig differenzierbar auf dem Streifen S und sei das lineare Mehrschrittverfahren nullstabil und konsistent von der Ordnung p. Dann ist es auch konvergent von der Ordnung p.*

Beweis. Sei $U_h(t_l, Y(t_j))$ die Lösung des Einschrittverfahrens (4.2.56) im Gitterpunkt $t_l \in [t_0, t_e]$ mit dem Startvektor $Y(t_j)$, $j \geq 0$, $l \geq j$, d. h. $U_h(t_j, Y(t_j)) = Y(t_j) = (y(t_{j+k-1}), \dots, y(t_j))^\top$. Mit (4.2.56) gilt für die Differenz zweier Näherungslösungen $U_h(t_l, Y(t_\nu))$ und $U_h(t_l, Y(t_{\nu-1}))$, $l \geq \nu + 1$,

$$U_h(t_l, Y(t_\nu)) - U_h(t_l, Y(t_{\nu-1})) = A[U_h(t_{l-1}, Y(t_\nu)) - U_h(t_{l-1}, Y(t_{\nu-1}))]$$
$$+ h[\phi(t_{l-1}, U_h(t_{l-1}, Y(t_\nu)), h) - \phi(t_{l-1}, U_h(t_{l-1}, Y(t_{\nu-1})), h)]. \quad (4.2.57)$$

Da f hinreichend oft stetig differenzierbar auf S ist, genügt die Funktion $\varphi(t, U, h)$ und damit $\phi(t, U, h)$ für hinreichend kleine h bezüglich des zweiten Argumentes einer globalen Lipschitz-Bedingung mit einer Lipschitz-Konstanten L^*. Damit folgt aus (4.2.57) mit der Norm aus Lemma 4.2.7 die Abschätzung

$$\|U_h(t_l, Y(t_\nu)) - U_h(t_l, Y(t_{\nu-1}))\| \leq (1 + hL^*)\|U_h(t_{l-1}, Y(t_\nu)) - U_h(t_{l-1}, Y(t_{\nu-1}))\|.$$

Daraus ergibt sich

$$\|U_h(t_l, Y(t_\nu)) - U_h(t_l, Y(t_{\nu-1}))\| \leq (1 + hL^*)^{l-\nu} \| \underbrace{\underbrace{U_h(t_\nu, Y(t_\nu))}_{Y(t_\nu)} - U_h(t_\nu, Y(t_{\nu-1}))}_{LE_\nu} \|.$$

Aufgrund der Konsistenzordnung p folgt dann

$$\|U_h(t_l, Y(t_\nu)) - U_h(t_l, Y(t_{\nu-1}))\| \leq C(1 + hL^*)^{l-\nu} h^{p+1}. \quad (4.2.58)$$

Nunmehr wenden wir die Beweistechnik von Satz 2.2.1 an. Wir zerlegen im Gitterpunkt t_l den globalen Diskretisierungsfehler

$$E_h(t_l) = Y(t_l) - U_h(t_l)$$

in die $l + 1$ Terme

$$E_h(t_l) = [Y(t_l) - U_h(t_l, Y(t_{l-1}))] + [U_h(t_l, Y(t_{l-1})) - U_h(t_l, Y(t_{l-2}))] + \cdots$$
$$+ [U_h(t_l, Y(t_1)) - U_h(t_l, Y(t_0))] + [U_h(t_l, Y(t_0)) - U_h(t_l)].$$

Für den letzten Summanden gilt

$$U_h(t_l, Y(t_0)) - U_h(t_l) = A(U_h(t_{l-1}, Y(t_0)) - U_h(t_{l-1})) +$$
$$h(\phi(t_{l-1}, U_h(t_{l-1}, Y(t_0)), h) - \phi(t_{l-1}, U_h(t_{l-1}), h)).$$

Daraus folgt

$$\|U_h(t_l, Y(t_0)) - U_h(t_l)\| \leq (1 + hL^*)\|U_h(t_{l-1}, Y(t_0)) - U_h(t_{l-1})\|$$
$$\vdots$$
$$\leq (1 + hL^*)^l \|Y(t_0) - U_h(t_0)\|.$$

Mit (4.2.58) folgt dann

$$\|E_h(t_l)\| \leq C[1 + (1 + hL^*) + \cdots + (1 + hL^*)^{l-1}]h^{p+1}$$
$$+ (1 + hL^*)^l \|Y(t_0) - U_h(t_0)\|$$
$$\leq \frac{C}{L^*}\left(e^{lhL^*} - 1\right)h^p + e^{lhL^*}\|Y(t_0) - U_h(t_0)\|,$$

d. h.

$$\|E_h(t_l)\| \leq \frac{C}{L^*}\left(e^{L^*(t_l - t_0)} - 1\right)h^p + e^{L^*(t_l - t_0)}\|Y(t_0) - U_h(t_0)\|, \qquad (4.2.59)$$

woraus mit (4.2.48) die Konvergenzordnung p für das lineare Mehrschrittverfahren (4.2.1) folgt. ∎

Die Konvergenztheorie der linearen Mehrschrittverfahren fassen wir zusammen in der einprägsamen Form

Konsistenz der Ordnung p + Nullstabilität $\Longrightarrow$ Konvergenz der Ordnung p.

Folgerung 4.2.2. *Die k-Schritt-Adams-Bashforth-Verfahren haben die Konvergenzordnung $p = k$. Die k-Schritt-Adams-Moulton-Verfahren haben die Ordnung $p = k + 1$, für k ungerade besitzen sie die maximale Konvergenzordnung eines nullstabilen linearen Mehrschrittverfahrens, vgl. Satz 4.2.8.* $\square$

Abschließend wollen wir auf der Grundlage der vorangegangenen Ausführungen für $k = 2$ das nullstabile Mehrschrittverfahren maximaler Konvergenzordnung $p = 4$ bestimmen.

Beispiel 4.2.6. Nach dem Beweis von Satz 4.2.8 gilt für das erzeugende Polynom $\rho(\xi)$ eines nullstabilen Verfahrens mit $k = 2$ und $p = 4$

$$\rho(\xi) = (\xi - 1)(\xi + 1) = \xi^2 - 1.$$

Aus (4.2.32a) folgt

$$R(z) = \left(\frac{1-z}{2}\right)^2 \rho\left(\frac{1+z}{1-z}\right) = z.$$

Mit (4.2.34) und (4.2.35) folgt

$$S(z) = z\left[\ln\frac{1+z}{1-z}\right]^{-1} + \mathcal{O}(z^4)$$

$$= \mu_0 + \mu_2 z^2 + \mathcal{O}(z^4).$$

Damit ergibt sich für $k = 2$ das Polynom $S(z)$ zu

$$S(z) = \frac{1}{2} - \frac{1}{6}z^2.$$

Aus (4.2.32b) folgt dann mit der Transformation (4.2.31)

$$\sigma(\xi) = \frac{1}{3}[\xi^2 + 4\xi + 1].$$

Damit erhält man das Zweischrittverfahren

$$u_{m+2} - u_m = \frac{h}{3}[f(t_{m+2}, u_{m+2}) + 4f(t_{m+1}, u_{m+1}) + f(t_m, u_m)]$$

von *Milne-Simpson* der Ordnung $p = 4$. $\square$

4.3 Prädiktor-Korrektor-Verfahren

Implizite lineare Mehrschrittverfahren zur Lösung nichtsteifer Anfangswertprobleme werden i. Allg. als *Prädiktor-Korrektor-Verfahren* (engl. *predictor-corrector method*), kurz: *PC-Verfahren* implementiert. Mit einem expliziten linearen Mehr-schrittverfahren, dem sogenannten *Prädiktor*, wird zunächst ein Startvektor $u_{m+k}^{(0)}$ berechnet. Anschließend werden mit einem impliziten linearen Mehrschrittverfahren, dem sogenannten *Korrektor*, mittels Funktionaliteration Näherungen $u_{m+k}^{(1)}$, $\ldots, u_{m+k}^{(M)}$ berechnet.

Bemerkung 4.3.1. Wird die Iteration so lange durchgeführt, bis die Korrektor-formel numerisch exakt erfüllt ist, so spricht man von „Iteration bis zur Konvergenz". Die Konsistenzordnung eines derartigen PC-Verfahrens ist offensichtlich gleich der des Korrektors. Die Genauigkeit der Prädiktorformel beeinflusst hier lediglich die Anzahl der erforderlichen Iterationsschritte.   □

Praktisch wird man nur eine feste Anzahl von Korrektor-Iterationen durchführen. Dann hängt die Konvergenzordnung auch vom Prädiktor ab.

Man unterscheidet zwei verschiedene Arten von PC-Verfahren:

1. Wird nach Abschluss der Korrektor-Iteration mit dem Näherungswert $u_{m+k}^{(M)}$ noch eine Funktionsberechnung $f(t_{m+k}, u_{m+k}^{(M)})$ ausgeführt, so spricht man von einem $P(EC)^M E$-Verfahren. Dieser f-Wert wird dann bei Anwendung des Prädiktors für den nächsten Integrationsschritt verwendet.

2. Verzichtet man auf die letzte Funktionsauswertung $f(t_{m+k}, u_{m+k}^{(M)})$, so spricht man von einem $P(EC)^M$-Verfahren. Für den nächsten Integrationsschritt wird dann der Funktionswert $f(t_{m+k}, u_{m+k}^{(M-1)})$ verwendet.

Charakterisiert man die einzelnen Teilschritte eines PC-Verfahrens durch die Buchstaben **P** (Predictor), **C** (Corrector) und **E** (Evaluation, d.h. f-Aufruf), so lassen sich die beiden PC-Typen folgendermaßen darstellen:

Algorithmus 4.3.1. $P(EC)^M E$-Verfahren

$$\mathbf{P:}\ u_{m+k}^{(0)} + \sum_{l=0}^{k-1} \alpha_l^P u_{m+l} = h \sum_{l=0}^{k-1} \beta_l^P f_{m+l}$$

$$\left.\begin{array}{l} \mathbf{E:}\ \quad f_{m+k}^{(\varkappa-1)} = f(t_{m+k}, u_{m+k}^{(\varkappa-1)}) \\[2mm] \mathbf{C:}\ u_{m+k}^{(\varkappa)} + \sum_{l=0}^{k-1} \alpha_l u_{m+l} = h\beta_k f_{m+k}^{(\varkappa-1)} + h \sum_{l=0}^{k-1} \beta_l f_{m+l} \end{array}\right\}\ \varkappa = 1, \ldots, M$$

$$\mathbf{E:}\ \quad f_{m+k}^{(M)} = f(t_{m+k}, u_{m+k}^{(M)})$$

Man setzt dann $u_{m+k} = u_{m+k}^{(M)}$, $f_{m+k} = f(t_{m+k}, u_{m+k}^{(M)})$.

Algorithmus 4.3.2. $P(EC)^M$-Verfahren

$$\textbf{P: } u_{m+k}^{(0)} + \sum_{l=0}^{k-1} \alpha_l^P u_{m+l} = h \sum_{l=0}^{k-1} \beta_l^P f_{m+l}$$

$$\left.\begin{array}{l}\textbf{E: } \qquad\qquad f_{m+k}^{(\varkappa-1)} = f(t_{m+k}, u_{m+k}^{(\varkappa-1)}) \\[2mm] \textbf{C: } u_{m+k}^{(\varkappa)} + \sum_{l=0}^{k-1} \alpha_l u_{m+l} = h\beta_k f_{m+k}^{(\varkappa-1)} + h \sum_{l=0}^{k-1} \beta_l f_{m+l}\end{array}\right\} \varkappa = 1, \ldots, M$$

Man setzt dann $u_{m+k} = u_{m+k}^{(M)}, \quad f_{m+k} = f(t_{m+k}, u_{m+k}^{(M-1)})$.

Bemerkung 4.3.2. Ein Prädiktor-Korrektor-Verfahren enthält *geschachtelte f-Auswertungen* und ist demzufolge *kein* lineares Mehrschrittverfahren. Es gehört zu den *mehrstufigen Mehrschrittverfahren* und fällt damit in die umfangreiche Klasse der allgemeinen linearen Methoden, vgl. Abschnitt 5.5.   □

Bezüglich der Konvergenzordnung von Prädiktor-Korrektor-Verfahren gilt der

Satz 4.3.1. *Sei $f(t,y)$ auf dem Streifen S hinreichend oft stetig differenzierbar. Der Prädiktor habe die Konsistenzordnung $p^* \geq 1$ und der Korrektor die Ordnung $p \geq 1$. Dann besitzen das $P(EC)^M E$- und das $P(EC)^M$-Verfahren die Konsistenzordnung*

$$p_M = \min(p, p^* + M).$$

Erfüllt das charakteristische Polynom $\rho(\xi)$ des Korrektors die Wurzelbedingung, so konvergieren das $P(EC)^M E$-Verfahren und das $P(EC)^M$-Verfahren von der Ordnung p_M, falls die Startwerte u_l, $l = 0, 1, \ldots, k-1$, von dieser Ordnung sind.

Beweis. Wir beweisen den Satz für $P(EC)^M E$-Verfahren, für $P(EC)^M$-Verfahren verweisen wir auf [273]. Für die lokalen Diskretisierungsfehler le_{m+k}^P des Prädiktors und le_{m+k}^C des Korrektors gilt nach Lemma 4.2.1 mit $\alpha_k^P = \alpha_k = 1$, $\beta_k^P = 0$

$$le_{m+k}^P = \sum_{l=0}^{k} [\alpha_l^P y(t_{m+l}) - h\beta_l^P y'(t_{m+l})], \qquad\qquad (4.3.1a)$$

$$le_{m+k}^C = [I - h\beta_k M(t_{m+k})]^{-1} \sum_{l=0}^{k} [\alpha_l y(t_{m+l}) - h\beta_l y'(t_{m+l})]. \qquad (4.3.1b)$$

Stellt $\widetilde{u}_{m+k}^{(\varkappa)}$ das Resultat eines Schrittes eines $P(EC)^\varkappa E$-Verfahrens mit den Startwerten $u_m, \ldots, u_{m+k-1}$ auf der exakten Lösung $y(t)$ des Anfangswertproblems (2.0.1) dar, d. h.

$$\widetilde{u}_{m+k}^{(\varkappa)} = h\beta_k f(t_{m+k}, \widetilde{u}_{m+k}^{(\varkappa-1)}) + \underbrace{\sum_{l=0}^{k-1} [h\beta_l y'(t_{m+l}) - \alpha_l y(t_{m+l})]}_{S(h)}, \quad \varkappa > 0,$$

dann ist der lokale Diskretisierungsfehler $le_{m+k}^{(\varkappa)}$ des P(EC)$^\varkappa$E-Verfahrens durch

$$
\begin{aligned}
le_{m+k}^{(\varkappa)} &= y(t_{m+k}) - \tilde{u}_{m+k}^{(\varkappa)} \\
&= y(t_{m+k}) - h\beta_k f(t_{m+k}, \tilde{u}_{m+k}^{(\varkappa-1)}) - S(h), \quad \varkappa > 0,
\end{aligned} \tag{4.3.2}
$$

gegeben. Aus (4.3.1b) erhält man

$$
y(t_{m+k}) = h\beta_k y'(t_{m+k}) + S(h) + [I - h\beta_k M(t_{m+k})]le_{m+k}^C.
$$

Damit folgt nach (4.3.2)

$$
le_{m+k}^{(\varkappa)} = h\beta_k[f(t_{m+k}, y(t_{m+k})) - f(t_{m+k}, \tilde{u}_{m+k}^{(\varkappa-1)})] + [I - h\beta_k M(t_{m+k})]le_{m+k}^C.
$$

Mit der Lipschitz-Stetigkeit von $f(t, y)$ und unter Beachtung von $\|le_{m+k}^C\| = \mathcal{O}(h^{p+1})$ ergibt sich

$$
\|le_{m+k}^{(\varkappa)}\| \le h\,|\beta_k|\,L\|y(t_{m+k}) - \tilde{u}_{m+k}^{(\varkappa-1)}\| + \mathcal{O}(h^{p+1}),
$$

d. h.

$$
\|le_{m+k}^{(\varkappa)}\| - \mathcal{O}(h)\|le_{m+k}^{(\varkappa-1)}\| + \mathcal{O}(h^{p+1}).
$$

Durch Induktion folgt

$$
\|le_{m+k}^{(M)}\| = \mathcal{O}(h^M)\|le_{m+k}^{(0)}\| + \mathcal{O}(h^{p+1}).
$$

Mit

$$
le_{m+k}^{(0)} = le_{m+k}^P = \mathcal{O}(h^{p^*+1})
$$

erhält man

$$
\|le_{m+k}^{(M)}\| = \mathcal{O}(h^{p^*+M+1}) + \mathcal{O}(h^{p+1}).
$$

Das Verfahren hat also die Konsistenzordnung

$$
p_M = \min(p^* + M, p).
$$

Zur Untersuchung der Nullstabilität betrachten wir wieder die Testgleichung $y' = 0$, $y(0) = 1$. Das PC-Verfahren reduziert sich wegen $f = 0$ auf

$$
u_{m+k} + \sum_{l=0}^{k-1} \alpha_l u_{m+l} = 0,
$$

das charakteristische Polynom ist daher identisch mit dem charakteristischen Polynom des Korrektors. Nach Voraussetzung ist das Verfahren nullstabil. Obwohl das PC-Verfahren kein lineares Mehrschrittverfahren mehr ist, bleibt der Beweis von Satz 4.2.10 (mit entsprechender Definition der Verfahrensfunktion ϕ) gültig. Damit folgt Konvergenz von der Ordnung p_M. ∎

Bemerkung 4.3.3. Satz 4.3.1 zeigt, dass jeder Iterationsschritt die Konsistenzordnung um 1 erhöht, solange die Konsistenzordnung des Korrektors noch nicht erreicht ist. □

Die wichtigsten PC-Verfahren basieren auf den Adams-Verfahren. Sie verwenden als Prädiktor das k-Schritt-Adams-Bashforth- und als Korrektor das k-Schritt-Adams-Moulton-Verfahren und sind als PECE-Verfahren implementiert, vgl. Abschnitt 4.5. Die Implementierung als PEC-Verfahren besitzt keine praktische Bedeutung, da sie in gewissem Sinne einem $(k + 1)$-Schritt-Adams-Bashforth-Verfahren entspricht.

Satz 4.3.2. *Sei ein k-Schritt-Adams-PEC-Verfahren gegeben durch*

$$u_{m+k}^P = u_{m+k-1} + h\sigma_P(E_h)f_m$$
$$u_{m+k} = u_{m+k-1} + h\sigma_C(E_h)f_m$$

mit $f_m = f(t_m, u_m^P)$. Dann gilt die Rekursion

$$u_{m+k+1}^P = u_{m+k}^P + h\sigma_P^*(E_h)f_m,$$

wobei $\sigma_P^*(E_h)$ das erzeugende Polynom des $(k+1)$-Schritt-Adams-Bashforth-Verfahrens ist.

Beweis. Es ist

$$
\begin{aligned}
u_{m+k+1}^P &= u_{m+k} + h\sigma_P(E_h)E_h f_m \\
&= u_{m+k-1} + h(\sigma_C(E_h) + \sigma_P(E_h)E_h)f_m \\
&= u_{m+k}^P + h\underbrace{(\sigma_C(E_h) + \sigma_P(E_h)(E_h - I))}_{=:\sigma_P^*(E_h)}f_m.
\end{aligned}
$$

Wegen

$$\sigma_P(E_h) = E_h^{k-1}\sum_{l=0}^{k-1}\gamma_l(I - E_h^{-1})^l, \quad \sigma_C(E_h) = E_h^k\sum_{l=0}^{k}\gamma_l^*(I - E_h^{-1})^l$$

folgt mit (4.1.7), (4.1.11) und Ausnutzung der Eigenschaften der Binomialkoeffizienten, dass σ_P^* gerade das erzeugende Polynom des $(k + 1)$-Schritt-Adams-Bashforth-Verfahrens ist. ∎

Ein $(k+1)$-Schritt-Adams-Bashforth-Verfahren, das die gleiche Ordnung $p = k+1$ besitzt wie das PECE-Verfahren vom Adams-Typ mit k Schritten, benötigt pro Schritt nur eine f-Auswertung. Man könnte daher annehmen, dass dieses dem PECE-Verfahren vorzuziehen wäre. Jedoch ist das PECE-Verfahren gleicher Ordnung genauer und besitzt ein wesentlich größeres Stabilitätsgebiet, vgl. Abschnitt 9.1. Daher wird in Implementierungen stets das PECE-Verfahren verwendet.

Bemerkung 4.3.4. Die Adams-Bashforth-Verfahren wurden erstmals zur numerischen Behandlung der Kapillar-Anziehung eingesetzt (Bashforth und Adams 1883). Die Adams-Moulton-Verfahren traten erstmalig im Zusammenhang mit der numerischen Untersuchung von Problemen der Ballistik auf (Moulton 1926). Moulton führte die Prädiktor-Korrektor-Verfahren ein, während Adams bei den impliziten Verfahren die auftretenden nichtlinearen Gleichungen mit dem Newton-Verfahren löste. ☐

4.4 Lineare Mehrschrittverfahren auf variablem Gitter

Von den Einschrittverfahren ist bekannt, dass ein effizientes Diskretisierungsverfahren in der Lage sein muss, die Schrittweite in jedem Schritt dem Problem automatisch anzupassen. Bei Mehrschrittverfahren ist eine Schrittweitenänderung wesentlich schwieriger durchzuführen als bei Einschrittverfahren, da die Koeffizienten des Verfahrens von vorangegangenen Schrittweiten abhängen.

Im Folgenden stellen wir zwei Möglichkeiten der Verallgemeinerung der Adams-Methoden auf variable Gitter vor:

1. Polynominterpolation unter Verwendung der Newtonschen Darstellung, was zu gitterabhängigen Koeffizienten des Mehrschrittverfahrens führt.

2. Verwendung von Approximationen an höhere Ableitungen in der sog. *Nordsieck-Darstellung.*

4.4.1 Adams-Verfahren auf variablem Gitter

Das zum Anfangswertproblem (4.1.1) zugehörige numerische Analogon

$$u_{m+k} - u_{m+k-1} = \int_{t_{m+k-1}}^{t_{m+k}} P(t)\, dt \tag{4.4.1}$$

setzt kein äquidistantes Gitter voraus, und wir können (4.4.1) zur Konstruktion der k-Schritt-Adams-Verfahren auf variablem Gitter benutzen. Das Vektor-Interpolationspolynom $P(t)$ vom maximalen Grad $k-1$ verwendet für die expliziten Adams-Verfahren die k Stützstellen (t_{m+l}, f_{m+l}), $l = 0, 1, \ldots, k-1$. In der Newtonschen Darstellung ist $P(t)$ gegeben durch

$$P(t) = \sum_{l=0}^{k-1} f[t_{m+k-1}, \ldots, t_{m+k-1-l}] \prod_{i=0}^{l-1} (t - t_{m+k-1-i}), \tag{4.4.2}$$

wobei die *dividierten Differenzen* $f[t_{m+k-1}, \ldots, t_{m+k-1-l}]$ rekursiv durch

$$f[t_{m+k-1}] = f_{m+k-1}$$

$$f[t_{m+k-1}, \ldots, t_{m+k-1-l}] = \frac{f[t_{m+k-1}, \ldots, t_{m+k-l}] - f[t_{m+k-2}, \ldots, t_{m+k-1-l}]}{t_{m+k-1} - t_{m+k-1-l}}$$

definiert sind.

Für die Berechnung des Interpolationspolynoms ist es zweckmäßig, $P(t)$ in der Form

$$P(t) = \sum_{l=0}^{k-1} \phi_l^*(m) \prod_{i=0}^{l-1} \frac{t - t_{m+k-1-i}}{t_{m+k} - t_{m+k-1-i}} \tag{4.4.3}$$

mit

$$\phi_l^*(m) = \prod_{i=0}^{l-1} (t_{m+k} - t_{m+k-1-i}) f[t_{m+k-1}, \ldots, t_{m+k-1-l}] \tag{4.4.4}$$

zu schreiben, vgl. Krogh [177]. Damit ergeben sich aus (4.4.1) die expliziten k-Schritt-Adams-Verfahren auf variablem Gitter zu

$$u_{m+k} = u_{m+k-1} + h_{m+k-1} \sum_{l=0}^{k-1} g_l(m) \phi_l^*(m) \tag{4.4.5}$$

mit $h_{m+k-1} = t_{m+k} - t_{m+k-1}$ und

$$g_l(m) = \frac{1}{h_{m+k-1}} \int_{t_{m+k-1}}^{t_{m+k}} \prod_{i=0}^{l-1} \frac{t - t_{m+k-1-i}}{t_{m+k} - t_{m+k-1-i}} \, dt. \tag{4.4.6}$$

Bemerkung 4.4.1. Für ein äquidistantes Punktgitter I_h mit den Gitterpunkten $t_m = t_0 + mh$, $m = 0, 1, \ldots, N$, erhält man aus (4.4.6)

$$g_l(m) = \frac{1}{h} \int_{t_{m+k-1}}^{t_{m+k}} \prod_{i=0}^{l-1} \frac{t - t_{m+k-1-i}}{(1+i)h} \, dt,$$

und mit der Variablentransformation $s = \frac{1}{h}(t - t_{m+k-1})$ folgt daraus

$$g_l(m) = \int_0^1 \prod_{i=0}^{l-1} \frac{s+i}{1+i} \, ds = (-1)^l \int_0^1 \binom{-s}{l} \, ds = \gamma_l.$$

Das heißt, man bekommt die Koeffizienten des expliziten Adams-Verfahrens in Rückwärtsdifferenzen (vgl. (4.1.7)). Ferner gilt für ein äquidistantes Gitter

$$\phi_l^*(m) = \nabla^l f_{m+k-1}.$$

Damit geht (4.4.5) in ein explizites k-Schritt-Adams-Verfahren in Rückwärtsdifferenzen (4.1.6) über. $\square$

In analoger Weise ergeben sich die impliziten Adams-Verfahren auf variablem Gitter. Das Vektor-Interpolationspolynom $P^*(t)$ durch die $k + 1$ Stützstellen $(t_{m+l}, f(t_{m+l}, u_{m+l}))$, $l = 0, 1, \ldots, k$, ist mit (4.4.2) in der Newtonschen Darstellung gegeben durch

$$P^*(t) = P(t) + \prod_{i=0}^{k-1} (t - t_{m+k-1-i}) f[t_{m+k}, \ldots, t_m]. \qquad (4.4.7)$$

Die numerische Lösung, definiert durch

$$u_{m+k} = u_{m+k-1} + \int_{t_{m+k-1}}^{t_{m+k}} P^*(t) \, dt,$$

ergibt sich damit zu

$$u_{m+k} = p_{m+k} + h_{m+k-1} g_k(m) \phi_k(m+1), \qquad (4.4.8)$$

wobei

$$p_{m+k} = u_{m+k-1} + h_{m+k-1} \sum_{l=0}^{k-1} g_l(m) \phi_l^*(m) \qquad (4.4.9)$$

die numerische Lösung des expliziten Adams-Verfahrens mit k Schritten bezeichnet und $\phi_k(m+1)$ gegeben ist durch

$$\phi_k(m+1) = \prod_{i=0}^{k-1} (t_{m+k} - t_{m+k-1-i}) f[t_{m+k}, \ldots, t_m]. \qquad (4.4.10)$$

Bemerkung 4.4.2. Zur Bestimmung der Funktionen $g_l(m)$, $\phi_l(m)$ und $\phi_l^*(m)$ hat Krogh [177] Rekursionsformeln hergeleitet, siehe [138], [273]. Die aufwendige Berechnung von $g_l(m)$, $\phi_l(m)$ und $\phi_l^*(m)$ bildet im Wesentlichen den Overhead für entsprechende Implementierungen. Der Overhead bezeichnet dabei den Anteil des Gesamtrechenaufwandes, der von den f-Auswertungen und dem Lösen der nichtlinearen Gleichungssysteme unabhängig ist. $\square$

Abschließend wollen wir das explizite und implizite Zweischritt-Adams-Verfahren auf variablem Gitter angeben.

Beispiel 4.4.1. Für das explizite Zweischritt-Adams-Verfahren ist

$$u_{m+2} - u_{m+1} = \int_{t_{m+1}}^{t_{m+2}} P(t) \, dt \qquad (4.4.11)$$

mit

$$P(t) = \frac{1}{h_m} \left(-(t - t_{m+1}) f_m + (t - t_m) f_{m+1} \right).$$

Aus (4.4.11) folgt

$$u_{m+2} - u_{m+1} = \frac{1}{h_m} \int_{t_{m+1}}^{t_{m+2}} \left(-(t - t_{m+1})f_m + (t - t_m)f_{m+1} \right) dt$$

$$= \frac{1}{2h_m} \left((t - t_m)^2 f_{m+1} - (t - t_{m+1})^2 f_m \right) \Big|_{t_{m+1}}^{t_{m+2}}$$

$$= \frac{1}{h_m} \left((h_{m+1}^2 + 2h_m h_{m+1} + h_m^2)f_{m+1} - h_{m+1}^2 f_m - h_m^2 f_{m+1} \right)$$

$$= h_{m+1} \left((1 + \frac{1}{2}\omega_{m+1})f_{m+1} - \frac{1}{2}\omega_{m+1}f_m \right),$$

wobei $\omega_{m+1} = h_{m+1}/h_m$ das Schrittweitenverhältnis darstellt.
Analog erhält man für das implizite Adams-Zweischrittverfahren

$$u_{m+2} - u_{m+1} = p_{m+2} + \int_{t_{m+1}}^{t_{m+2}} (t - t_{m+1})(t - t_m)f[t_{m+2}, t_{m+1}, t_m] \, dt$$

$$= \frac{h_{m+1}}{6(1 + \omega_{m+1})} \left((3 + 2\omega_{m+1})f_{m+2} \right.$$

$$\left. + (3 + \omega_{m+1})(1 + \omega_{m+1})f_{m+1} - \omega_{m+1}^2 f_m \right). \quad \Box$$

4.4.2 Konsistenz, Stabilität und Konvergenz

Das Beispiel 4.4.1 legt für ein allgemeines lineares Mehrschrittverfahren folgende Definition nahe:

Definition 4.4.1. Ein lineares Mehrschrittverfahren mit k Schritten auf einem variablen Gitter hat die Gestalt

$$u_{m+k} + \sum_{l=0}^{k-1} \alpha_{lm} u_{m+l} = h_{m+k-1} \sum_{l=0}^{k} \beta_{lm} f(t_{m+l}, u_{m+l}), \quad m = 0, \ldots, N - k,$$

$$(4.4.12)$$

wobei die Koeffizienten α_{lm} und β_{lm} mit

$$\alpha_{lm}, \beta_{lm} \in \mathbb{R}, \quad |\alpha_{0,m}| + |\beta_{0,m}| > 0$$

von den Schrittweitenverhältnissen $\omega_i = h_i/h_{i-1}$, $i = m+1, \ldots, m+k-1$, $k > 1$, abhängen. $\Box$

Bemerkung 4.4.3. Für lineare Mehrschrittverfahren auf variablen Gittern ist es vorteilhaft, die Normierung der Koeffizienten so vorzunehmen, dass $\alpha_{km} = 1$ gilt. $\Box$

In Analogie zu Mehrschrittverfahren auf äquidistanten Gittern geben wir die

Definition 4.4.2. Das lineare Mehrschrittverfahren (4.4.12) hat die Konsistenz-ordnung p, wenn für alle Polynome $q(t)$ vom Grad $\leq p$ und für alle Gitter I_h gilt

$$q(t_{m+k}) + \sum_{l=0}^{k-1} \alpha_{lm} q(t_{m+l}) = h_{m+k-1} \sum_{l=0}^{k} \beta_{lm} q'(t_{m+l}). \quad \Box$$

Aufgrund der Konstruktion der Adams-Verfahren mit Hilfe von Interpolations-polynomen erhält man die

Folgerung 4.4.1. *Die expliziten Adams-Verfahren (4.4.5) haben die Konsistenz-ordnung $p = k$ und die impliziten Adams-Verfahren (4.4.7) die Ordnung $p = k+1$.*
$\Box$

Für den lokalen Diskretisierungsfehler $le_{m+k} = y(t_{m+k}) - \widetilde{u}_{m+k}$ von (4.4.12) gilt der

Satz 4.4.1. *Das lineare Mehrschrittverfahren (4.4.12) habe die Konsistenzord-nung p. Ferner gelte:*
  1. *Die Schrittweitenverhältnisse $\omega_i = h_i/h_{i-1}$, $i = m+1, \ldots, m+k-1$, seien für alle m beschränkt.*
  2. *Die Koeffizienten α_{lm} und β_{lm} seien beschränkt.*

Dann genügt unter der Voraussetzung $f(t,y) \in C^p(S)$ der lokale Diskretisierungs-fehler der asymptotischen Beziehung $le_{m+k} = \mathcal{O}(h_m^{p+1})$.

Beweis. Es ist

$$\widetilde{u}_{m+k} + \sum_{l=0}^{k-1} \alpha_{lm} y(t_{m+l}) - h_{m+k-1} \sum_{l=0}^{k-1} \beta_{lm} y'(t_{m+l}) - h_{m+k-1} \beta_{km} f(t_{m+k}, \widetilde{u}_{m+k}) = 0.$$

Eine Taylorentwicklung liefert

$$y(t) = y(t_m) + \underbrace{\sum_{j=1}^{p} \frac{(t - t_m)^j}{j!} y^{(j)}(t_m)}_{=q(t)} + \mathcal{O}((t - t_m)^{p+1})$$

und

$$y'(t) = \underbrace{\sum_{j=0}^{p-1} \frac{(t - t_m)^j}{j!} y^{(j+1)}(t_m)}_{=q'(t)} + \mathcal{O}((t - t_m)^p).$$

Damit erhalten wir

$$y(t_{m+l}) = q(t_{m+l}) + \mathcal{O}((t_{m+l} - t_m)^{p+1}), \quad y'(t_{m+l}) = q'(t_{m+l}) + \mathcal{O}((t_{m+l} - t_m)^p).$$

Diese Werte setzen wir in das lineare Mehrschrittverfahren (4.4.12) ein. Da nach Voraussetzung für alle Polynome $q(t)$ vom Grad $\leq p$

$$q(t_{m+k}) + \sum_{l=0}^{k-1} \alpha_{lm} q(t_{m+l}) - h_{m+k-1} \sum_{l=0}^{k} \beta_{lm} q'(t_{m+l}) = 0$$

gilt, fallen die Polynom-Terme weg. Zur Abschätzung von $\mathcal{O}((t_{m+l} - t_m)^{p+1})$ verwenden wir

$$\frac{h_{m+2}}{h_m} = \frac{h_{m+2}}{h_{m+1}} \frac{h_{m+1}}{h_m} = \omega_{m+2}\omega_{m+1}, \quad \text{allgemein} \quad \frac{h_{m+j}}{h_m} = \prod_{i=1}^{j} \omega_{m+i}.$$

Damit ist

$$\begin{aligned}
\mathcal{O}((t_{m+l} - t_m)^{p+1}) &= \mathcal{O}((h_m + \cdots + h_{m+l-1})^{p+1}) \\
&= \mathcal{O}(h_m^{p+1}(1 + \omega_{m+1} + \omega_{m+1}\omega_{m+2} + \omega_{m+1} \cdots \omega_{m+l-1})^{p+1}) \\
&= \mathcal{O}(h_m^{p+1}).
\end{aligned}$$

Mit der Beschränktheit der Koeffizienten α_{lm}, β_{lm} und der ω_i folgt damit

$$y(t_{m+k}) + \sum_{l=0}^{k-1} \alpha_{lm} y(t_{m+l}) - h_{m+k-1} \sum_{l=0}^{k} \beta_{lm} y'(t_{m+l}) = \mathcal{O}(h_m^{p+1}).$$

Wir erhalten folglich

$$y(t_{m+k}) - \widetilde{u}_{m+k} - h_{m+k-1}\beta_{km}(f(t_{m+k}, y(t_{m+k})) - f(t_{m+k}, \widetilde{u}_{m+k})) = \mathcal{O}(h_m^{p+1}),$$

und analog zu Lemma 4.2.1 ergibt sich dann

$$(I + \mathcal{O}(h_{m+k-1}))le_{m+k} = \mathcal{O}(h_m^{p+1}).$$

■

Wir kommen nun zur Übertragung der Nullstabilität linearer Mehrschrittverfahren für variable Gitter. Wendet man (4.4.12) wieder auf die Differentialgleichung $y' = 0$ an, so ergibt sich

$$u_{m+k} + \sum_{l=0}^{k-1} \alpha_{lm} u_{m+l} = 0.$$

Das ist mit $U_m = (u_{m+k-1}, \ldots, u_m)^\top$ und der Begleitmatrix (vgl. (4.2.5))

$$A_m = \begin{pmatrix} -\alpha_{k-1,m} & -\alpha_{k-2,m} & \cdots & -\alpha_{1,m} & -\alpha_{0,m} \\ 1 & 0 & \cdots & 0 & 0 \\ \multicolumn{5}{c}{\dotfill} \\ 0 & 0 & \cdots & 1 & 0 \end{pmatrix} \tag{4.4.13}$$

äquivalent zu

$$U_{m+1} = A_m U_m.$$

Bei konstanten Schrittweiten gab es eine Norm, so dass $\|A\| = 1$ war. Für variable Schrittweiten lässt sich diese Eigenschaft zum Nachweis der Konvergenz nicht verwenden, da hier die Norm von m abhängen würde.

Definition 4.4.3. Ein lineares Mehrschrittverfahren (4.4.12) auf einem variablen Gitter heißt stabil, wenn

$$\|A_{m+j} A_{m+j-1} \cdots A_{m+1} A_m\| \leq M \tag{4.4.14}$$

für alle m und $j \geq 0$ gilt. $\quad\square$

Für die Adams-Verfahren hängen die Koeffizienten α_{lm} nicht von m ab. Da ein Eigenwert von A gleich 1 ist und alle anderen null sind, sind die Adams-Verfahren für alle Schrittweitenfolgen stabil, d. h. $\|A^l\| = 1$ in der Norm aus Lemma 4.2.7.

Für den Nachweis der Konvergenz wird das Mehrschrittverfahren, wie im Fall konstanter Schrittweite (vgl. Abschnitt 4.2.5), in ein Einschrittverfahren umgeschrieben. Dabei beschränken wir uns in der Darstellung wieder auf skalare Anfangswertaufgaben. Führen wir den Vektor

$$\phi_m(t_m, U_m, h_m) = (\varphi_m(t_m, U_m, h_m), 0, \ldots, 0)^\top$$

ein, wobei $\varphi_m(t_m, U_m, h_m)$ implizit durch

$$\varphi_m = \sum_{l=0}^{k-1} \beta_{lm} f(t_{m+l}, u_{m+l}) + \beta_{km} f(t_{m+k}, h_{m+k-1}\varphi_m - \sum_{l=0}^{k-1} \alpha_{lm} u_{m+l})$$

definiert ist, so lässt sich, analog zu (4.2.56), das Mehrschrittverfahren (4.4.12) in der Form eines Einschrittverfahrens

$$U_{m+1} = A_m U_m + h_{m+k-1}\phi_m(t_m, U_m, h_m) \tag{4.4.15}$$

schreiben. Sei ferner $Y(t_m) = (y(t_{m+k-1}), \ldots, y(t_m))^\top$. Dann gilt der

Satz 4.4.2. *Das Mehrschrittverfahren* (4.4.12) *sei stabil, von der Konsistenzordnung p und die Koeffizienten α_{lm}, β_{lm} seien beschränkt. Ferner seien die Startwerte von der Ordnung p, d. h. $\|Y(t_0) - U_0\| = \mathcal{O}(h_0^p)$, und die Schrittweitenquotienten $\omega_m = h_m/h_{m-1}$ seien für alle $m \geq 1$ beschränkt. Dann ist das Mehrschrittverfahren konvergent von der Ordnung p, d. h., für den globalen Diskretisierungsfehler gilt*

$$\|y(t_m) - u_m\| \leq Ch^p, \quad t_m \in [t_0, t_e], \quad h = \max_l h_l.$$

Beweis. Der lokale Diskretisierungsfehler des Einschrittverfahrens (4.4.15) ist durch

$$LE_{m+1} = Y(t_{m+1}) - A_m Y(t_m) - h_{m+k-1}\phi_m(t_m, Y(t_m), h_m) \qquad (4.4.16)$$

definiert. Aufgrund von Satz 4.4.1 gilt

$$LE_{m+1} = \mathcal{O}(h_m^{p+1}). \qquad (4.4.17)$$

Aus (4.4.15) und (4.4.16) folgt

$$\begin{aligned}
Y(t_{m+1}) - U_{m+1} = {}& A_m[Y(t_m) - U_m] \\
& + h_{m+k-1}[\phi_m(t_m, Y(t_m), h_m) - \phi_m(t_m, U_m, h_m)] + LE_{m+1}.
\end{aligned}$$

Mittels vollständiger Induktion erhält man daraus

$$\begin{aligned}
Y(t_{m+1}) - U_{m+1} = {}& (A_m \cdots A_0)[Y(t_0) - U_0] \\
& + \sum_{j=0}^{m} h_{j+k-1}(A_m A_{m-1} \cdots A_{j+1})(\phi_j(t_j, Y(t_j), h_j) - \phi_j(t_j, U_j, h_j)) \\
& + \sum_{j=0}^{m} (A_m A_{m-1} \cdots A_{j+1}) LE_{j+1}. \qquad (4.4.18)
\end{aligned}$$

Da $f(t,y)$ auf dem Streifen S hinreichend oft stetig differenzierbar ist, genügen die Funktionen φ_m und ϕ_m bezüglich des zweiten Argumentes für hinreichend kleine h einer Lipschitz-Bedingung mit einer Lipschitz-Konstanten L^*. Aufgrund der Stabilität und mit (4.4.17) folgt aus (4.4.18)

$$\begin{aligned}
\|Y(t_{m+1}) - U_{m+1}\| \leq {}& M\|Y(t_0) - U_0\| + \sum_{j=0}^{m} h_{j+k-1} M L^* \|Y(t_j) - U_j\| \\
& + C \sum_{j=0}^{m} h_j^{p+1}. \qquad (4.4.19)
\end{aligned}$$

Mit

$$\sum_{j=0}^{m} h_j^{p+1} \leq h^p \sum_{j=0}^{m} h_j \leq h^p(t_e - t_0)$$

und $\|Y(t_0) - U_0\| = \mathcal{O}(h^p)$ folgt hieraus

$$\|Y(t_{m+1}) - U_{m+1}\| \leq \sum_{j=0}^{m} h_{j+k-1} ML^* \|Y(t_j) - U_j\| + C^* h^p.$$

Wir definieren

$$\varepsilon_0 := \|Y(t_0) - U_0\| \quad \text{und} \quad \varepsilon_{l+1} := \sum_{j=0}^{l} h_{j+k-1} ML^* \varepsilon_j + C^* h^p. \tag{4.4.20}$$

Durch Induktion zeigt man

$$\|Y(t_{m+1}) - U_{m+1}\| \leq \varepsilon_{m+1}.$$

Damit gilt

$$\begin{aligned}
\|Y(t_{m+1}) - U_{m+1}\| \leq \varepsilon_{m+1} &= \sum_{j=0}^{m} h_{j+k-1} ML^* \varepsilon_j + C^* h^p \\
&= \varepsilon_m + h_{m+k-1} ML^* \varepsilon_m \\
&\leq \exp(h_{m+k-1} ML^*) \varepsilon_m \\
&\leq \exp((h_{m+k-1} + h_{m+k-2}) ML^*) \varepsilon_{m-1} \\
&\leq \dots \\
&\leq \exp((t_e - t_0) ML^*) \varepsilon_1 \\
&= \exp((t_e - t_0) ML^*)(h_{k-1} ML^* \varepsilon_0 + C^* h^p).
\end{aligned}$$

Mit $\varepsilon_0 = \mathcal{O}(h^p)$ ergibt sich die Behauptung. ∎

4.4.3 Adams-Verfahren in Nordsieckform

Für den Konvergenzbeweis in Abschnitt 4.2.5 haben wir Mehrschrittverfahren in Einschrittverfahren höherer Dimension umgeformt, weil der Beweis in dieser Form einfacher ist. Dieses Zurückgreifen auf Einschrittverfahren lässt sich auch für Schrittweitenänderungen nutzen, wie wir im Folgenden sehen werden. Ausgangspunkt sind die impliziten k-Schritt-Adams-Verfahren (4.1.9), die wir für skalare Differentialgleichungen für den Schritt von t_m nach t_{m+1} mit der konstanten Schrittweite h als „Einschrittverfahren" der Form

$$
\underbrace{\begin{pmatrix} u_{m+1} \\ hf_{m+1} \\ hf_m \\ \vdots \\ hf_{m-k+2} \end{pmatrix}}_{=u^{[m+1]}} = \underbrace{\begin{pmatrix} 1 & \beta_{k-1} & \beta_{k-2} & \cdots & \beta_1 & \beta_0 \\ 0 & 0 & 0 & \cdots & 0 & 0 \\ 0 & 1 & 0 & \cdots & 0 & 0 \\ \multicolumn{6}{c}{\cdots\cdots\cdots\cdots\cdots\cdots\cdots} \\ 0 & 0 & 0 & \cdots & 1 & 0 \end{pmatrix}}_{=A} \underbrace{\begin{pmatrix} u_m \\ hf_m \\ hf_{m-1} \\ \vdots \\ hf_{m-k+1} \end{pmatrix}}_{=u^{[m]}} + \underbrace{\begin{pmatrix} \beta_k \\ 1 \\ 0 \\ \vdots \\ 0 \end{pmatrix}}_{=v} hf_{m+1},
$$

also

$$
u^{[m+1]} = Au^{[m]} + vhf_{m+1}, \tag{4.4.21}
$$

schreiben. Der Einfachheit halber gehen wir von Iteration bis zur Konvergenz aus, d. h. $f_{m+1} = f(t_{m+1}, u_{m+1})$. Obwohl (4.4.21) die Form eines Einschrittverfahrens hat, sind Schrittweitenwechsel aufwendig, da die Komponenten von $u^{[m]}$ Näherungen $hf_{m-i} \approx hy'(t_m - ih)$ an zurückliegenden Gitterpunkten enthalten, die auf das neue Gitter umgerechnet werden müssten. Dies lässt sich vermeiden, indem man (4.4.21) auf *Nordsieckform* [204] transformiert und anstelle von $u^{[m]}$ einen sogenannten *Nordsieckvektor*

$$
z^{[m]} = \left(y(t_m), hy'(t_m), \tfrac{h^2}{2}y''(t_m), \ldots, \tfrac{h^k}{k!}y^{(k)}(t_m) \right)^{\top} + \mathcal{O}(h^{k+1}) \tag{4.4.22}
$$

verwendet. Die Umrechnung zwischen $u^{[m]}$ und $z^{[m]}$ ergibt sich aus dem Zusammenhang zwischen den zugrunde liegenden exakten Größen, die wegen der Konvergenz mit Ordnung $k + 1$ bis auf $\mathcal{O}(h^{k+1})$ mit den numerischen Größen übereinstimmen. Aus

$$
hy'(t_m - ih) = \sum_{j=1}^{k} j(-i)^{j-1}\frac{h^j}{j!}y^{(j)}(t_m) + \mathcal{O}(h^{k+1})
$$

folgt

$$
\begin{pmatrix} y(t_m) \\ hy'(t_m) \\ hy'(t_m - h) \\ hy'(t_m - 2h) \\ \vdots \\ hy'(t_m - h(k-1)) \end{pmatrix} = \underbrace{\begin{pmatrix} 1 & 0 & \cdots & 0 \\ 0 & & & \\ \vdots & & \widehat{W} & \\ 0 & & & \end{pmatrix}}_{=:W} \begin{pmatrix} y(t_m) \\ hy'(t_m) \\ \frac{1}{2!}h^2y''(t_m) \\ \frac{1}{3!}h^3y'''(t_m) \\ \vdots \\ \frac{1}{k!}h^ky^{(k)}(t_m) \end{pmatrix} + \mathcal{O}(h^{k+1})
$$

mit $\widehat{W}_{ij} = j(-i+1)^{j-1}$, $i,j = 1,\ldots,k$, wobei $0^0 = 1$ ist. Setzt man

$$z^{[m]} := W^{-1}u^{[m]},$$

so erhält man aus (4.4.21) das transformierte Verfahren in Nordsieckform

$$z^{[m+1]} = W^{-1}AWz^{[m]} + lhf_{m+1} \qquad (4.4.23)$$

mit $l = W^{-1}v$.

Die Darstellung (4.4.23) kann noch vereinfacht werden. Da

$$\begin{pmatrix} y(t_m + h) \\ hy'(t_m + h) \\ \frac{1}{2!}h^2y''(t_m+h) \\ \frac{1}{3!}h^3y'''(t_m+h) \\ \vdots \\ \frac{1}{k!}h^k y^{(k)}(t_m+h) \end{pmatrix} = \underbrace{\begin{pmatrix} 1 & 1 & 1 & \cdots & 1 & 1 \\ 0 & 1 & 2 & \cdots & k-1 & k \\ 0 & 0 & 1 & \cdots & \binom{k}{2}{}^{1} & \binom{k}{2} \\ & & & \cdots\cdots\cdots\cdots\cdots & & \\ 0 & 0 & 0 & \cdots & 0 & 1 \end{pmatrix}}_{=:P} \begin{pmatrix} y(t_m) \\ hy'(t_m) \\ \frac{1}{2!}h^2y''(t_m) \\ \frac{1}{3!}h^3y'''(t_m) \\ \vdots \\ \frac{1}{k!}h^k y^{(k)}(t_m) \end{pmatrix} + \mathcal{O}(h^{k+1})$$

mit der Pascalschen-Dreiecksmatrix $P = \binom{j-1}{i-1}_{i,j=1}^{k+1}$ ist, können wir einen „extrapolierten Nordsieckvektor"

$$z_{ex}^{[m+1]} = Pz^{[m]}$$

bilden und diesen mit $z^{[m+1]}$ vergleichen. Es gilt $z^{[m+1]} - z_{ex}^{[m+1]} = \mathcal{O}(h^{k+1})$.

Mit der Bezeichnung

$$\Delta_m := hf_{m+1} - e_2^\top Pz^{[m]}$$

und der Beziehung

$$W^{-1}AW = (I - l \cdot e_2^\top)P, \qquad (4.4.24)$$

vgl. Aufgabe 11, erhält man die zu (4.4.23) äquivalente Darstellung des Nordsieckverfahrens

$$z^{[m+1]} = Pz^{[m]} + l\Delta_m. \qquad (4.4.25)$$

Für Systeme wird (4.4.25) zu

$$z^{[m+1]} = (P \otimes I)z^{[m]} + (l \otimes I)\Delta_m.$$

Bemerkung 4.4.4. Wir haben das k-Schritt-Adams-Verfahren transformiert und daraus (4.4.25) erhalten. Man könnte auch umgekehrt von (4.4.25) ausgehen und sich fragen, wie die Nordsieck-Koeffizienten l gewählt werden müssen, damit das resultierende Verfahren nullstabil ist. Man kann sich $l_1 = \beta_k$ vorgeben und die übrigen Komponenten von l so bestimmen, dass die Eigenwerte von $(I - l \cdot e_2^\top)P$ bis auf einen gleich null sind. Das Nordsieckverfahren ist dann äquivalent zum impliziten Adams-Verfahren. Man kann auch allgemein unter bestimmten Voraussetzungen zeigen, dass Nordsieckverfahren (4.4.25) äquivalent zu linearen Mehrschrittverfahren sind, vgl. [138]. $\quad\Box$

Beispiel 4.4.2. Für $k = 4$ erhalten wir die Matrizen

$$
A = \begin{pmatrix}
1 & \frac{323}{360} & -\frac{11}{30} & \frac{53}{360} & -\frac{19}{720} \\
0 & 0 & 0 & 0 & 0 \\
0 & 1 & 0 & 0 & 0 \\
0 & 0 & 1 & 0 & 0 \\
0 & 0 & 0 & 1 & 0
\end{pmatrix}, \quad
W = \begin{pmatrix}
1 & 0 & 0 & 0 & 0 \\
0 & 1 & 0 & 0 & 0 \\
0 & 1 & -2 & 3 & -4 \\
0 & 1 & -4 & 12 & -32 \\
0 & 1 & -6 & 27 & -108
\end{pmatrix}
$$

und

$$
P = \begin{pmatrix}
1 & 1 & 1 & 1 & 1 \\
0 & 1 & 2 & 3 & 4 \\
0 & 0 & 1 & 3 & 6 \\
0 & 0 & 0 & 1 & 4 \\
0 & 0 & 0 & 0 & 1
\end{pmatrix}
$$

sowie die Vektoren $v = \left(\frac{251}{720}, 1, 0, 0, 0\right)^\top$ und $l = \left(\frac{251}{720}, 1, \frac{11}{12}, \frac{1}{3}, \frac{1}{24}\right)^\top$. $\quad\Box$

Für $k = 1, \ldots, 6$ sind die Koeffizienten l in Tabelle 4.4.1 angegeben.

Der Vorteil der Nordsieck-Darstellung (4.4.25) ist, dass Schrittweitenänderungen sehr einfach durchgeführt werden können. Soll bei dem Integrationsschritt von $t_m \to t_{m+1}$ anstelle von h die Schrittweite h_{neu} verwendet werden, so muss man im Nordsieckvektor (4.4.22) h durch h_{neu} ersetzen, was man durch Multiplikation mit einer Diagonalmatrix erreicht:

$$
z_{neu}^{[m+1]} := \mathrm{diag}\left(1, \frac{h_{neu}}{h}, \frac{h_{neu}^2}{h^2}, \ldots, \frac{h_{neu}^k}{h^k}\right) z^{[m+1]}.
$$

Die Koeffizienten l und P sind dabei konstant, also nicht schrittweitenabhängig. Das resultierende Verfahren ist i. Allg. *nicht* mehr äquivalent zum impliziten Adams-Verfahren auf variablem Gitter aus Abschnitt 4.4.1. Ein Nachteil der Nordsieckform ist die schlechtere Stabilität, insbesondere kann bei großen Schrittweitenänderungen die Nullstabilität verloren gehen: Für $f(t, y) \equiv 0$ erhält man

	$k = 1$	$k = 2$	$k = 3$	$k = 4$	$k = 5$	$k = 6$
l_1	$\frac{1}{2}$	$\frac{5}{12}$	$\frac{3}{8}$	$\frac{251}{720}$	$\frac{95}{288}$	$\frac{19087}{60480}$
l_2	1	1	1	1	1	1
l_3		$\frac{1}{2}$	$\frac{3}{4}$	$\frac{11}{12}$	$\frac{25}{24}$	$\frac{137}{120}$
l_4			$\frac{1}{6}$	$\frac{1}{3}$	$\frac{35}{72}$	$\frac{5}{8}$
l_5				$\frac{1}{24}$	$\frac{5}{48}$	$\frac{17}{96}$
l_6					$\frac{1}{120}$	$\frac{1}{40}$
l_7						$\frac{1}{720}$

Tabelle 4.4.1: Nordsieck-Koeffizienten für implizite Adams-Verfahren

die Rekursion

$$z_{neu}^{[m+1]} = \underbrace{\mathrm{diag}(1, \omega, \omega^2, \dots, \omega^k)(I - l \cdot e_2^\top)P}_{=:Q(\omega)} z^{[m]}$$

mit $\omega = h_{neu}/h$. Die parasitären Eigenwerte von $Q(\omega)$ sind für $\omega \neq 1$ nicht mehr null. So ist das implizite Adams-Verfahren mit $k = 4$ bei wiederholter Vergrößerung der Schrittweite mit dem konstanten Faktor ω nur für $\omega \leq 1.609\dots$ nullstabil.

4.5 Schrittweiten- und Ordnungssteuerung in PECE-Verfahren

Für die Implementierung linearer Mehrschrittverfahren werden im Falle nichtsteifer Anfangswertprobleme fast ausnahmslos die Adams-Verfahren in Form eines Prädiktor-Korrektor-Prozesses mit simultaner Schrittweiten- und Ordnungssteuerung verwendet. Dazu gibt es unterschiedliche Möglichkeiten, i. Allg. verwendet man die Darstellung mittels dividierter Differenzen oder die Nordsieck-Darstellung. Diese Varianten sind in verschiedenen Programmpaketen realisiert, wobei die Verfahren alle „selbststartend" sind, d. h., man beginnt in t_0 die numerische Integration mit dem Verfahren der Ordnung $p = 1$ und mit sehr kleiner Schrittweite. Dann wird in der Anlaufrechnung die Ordnung sukzessiv erhöht.

Die Notwendigkeit der Schrittweitensteuerung haben wir bereits im Zusammenhang mit Einschrittverfahren in Abschnitt 2.5 dargestellt. Bei linearen Mehrschrittverfahren ist eine Änderung der Schrittweite mit einem wesentlich höheren

Aufwand verbunden als bei Einschrittverfahren. Durch eine gleichzeitige Steuerung der Konsistenzordnung lässt sich aber eine hohe Effektivität der Mehrschrittverfahren erreichen.

Im Folgenden beschreiben wir eine Schrittweiten- und Ordnungssteuerung für PECE-Verfahren auf der Basis der Adams-Verfahren auf variablem Gitter in der Formulierung mit dividierten Differenzen. Sie orientiert sich an der Darstellung in Shampine und Gordon (1975, [250]) und liegt dem MATLAB-Code ode113 mit den Ordnungen $1 \leq p \leq 13$ zugrunde.

Für die Ableitung einer Strategie zur Fehlerschätzung gehen wir davon aus, dass bis zum Punkt t_{m+k-1} die Integration mit einem PC-Verfahren der Ordnung $k+1$ mit einer maximalen Schrittweite h_{max} so durchgeführt wurde, dass die globalen Fehler von der Ordnung $\mathcal{O}(h_{max}^{k+1})$ sind. Insbesondere gilt

$$u_{m+l} = y(t_{m+l}) + \mathcal{O}(h_{max}^{k+1}), \quad l = 0, \ldots, k-1. \tag{4.5.1}$$

Analog zu eingebetteten RK-Verfahren werden wir jetzt den lokalen Fehler des PC-Verfahrens der Ordnung $p = k$ schätzen. Wir betrachten dazu die exakte Lösung von

$$\widetilde{y}'(t) = f(t, \widetilde{y}(t)), \quad \widetilde{y}(t_{m+k-1}) = u_{m+k-1}.$$

Wegen $y(t_{m+k-1}) - u_{m+k-1} = \mathcal{O}(h_{max}^{k+1})$ gilt lokal

$$y(t_{m+l}) - \widetilde{y}(t_{m+l}) = \mathcal{O}(h_{max}^{k+1}), \quad l = 0, \ldots, k. \tag{4.5.2}$$

Wir nehmen an, dass wir ausgehend von den Werten

$$\widetilde{u}_{m+l} = \widetilde{y}(t_{m+l}), \quad l = 0, \ldots, k-1,$$

für den Prädiktor der Ordnung k fiktive Näherungen $\widetilde{u}_{m+k}(k)$ bzw. $\widetilde{u}_{m+k}$ mit einem Korrektor der Ordnung k bzw. $k+1$ berechnen würden. Dann wollen wir den lokalen Fehler des Verfahrens der Ordnung k

$$le_k(t_{m+k}) = \widetilde{y}(t_{m+k}) - \widetilde{u}_{m+k}(k)$$

schätzen. Man beachte, dass der lokale Fehler $le_k(t_{m+k})$ nicht identisch mit Definition 4.2.2 ist, sondern sich auf die exakte Lösung $\widetilde{y}(t)$ bezieht.

Mit der Konsistenzordnung folgt

$$\widetilde{y}(t_{m+k}) - \widetilde{u}_{m+k}(k) = \mathcal{O}(h_{m+k-1}^{k+1}) \quad \text{und} \quad \widetilde{y}(t_{m+k}) - \widetilde{u}_{m+k} = \mathcal{O}(h_{m+k-1}^{k+2}).$$

Damit gilt

$$\begin{aligned}
le_k(t_{m+k}) &= \widetilde{y}(t_{m+k}) - \widetilde{u}_{m+k}(k) \\
&= \widetilde{y}(t_{m+k}) - \widetilde{u}_{m+k} + \widetilde{u}_{m+k} - \widetilde{u}_{m+k}(k) \\
&= \widetilde{u}_{m+k} - \widetilde{u}_{m+k}(k) + \mathcal{O}(h_{m+k-1}^{k+2}).
\end{aligned}$$

Weiterhin gilt

$$\widetilde{u}_{m+k} - \widetilde{u}_{m+k}(k) = \widetilde{u}_{m+k} - u_{m+k} + u_{m+k}(k) - \widetilde{u}_{m+k}(k) + u_{m+k} - u_{m+k}(k),$$

wobei die Werte ohne Tilde die tatsächlich berechneten Näherungen u_{m+l}, $l = 0, \ldots, k-1$, verwenden. Seien $P(t)$ bzw. $\widetilde{P}(t)$ die Interpolationspolynome, die die Werte $f(t_{m+l}, u_{m+l})$ bzw. $f(t_{m+l}, \widetilde{y}(t_{m+l}))$, $l = 0, \ldots, k-1$, interpolieren. Für den Prädiktor

$$p_{m+k} = u_{m+k-1} + \int_{t_{m+k-1}}^{t_{m+k}} P(t)\, dt,$$

$$\widetilde{p}_{m+k} = u_{m+k-1} + \int_{t_{m+k-1}}^{t_{m+k}} \widetilde{P}(t)\, dt,$$

folgt dann mit (4.5.2) und der Lipschitz-Stetigkeit von f

$$\widetilde{p}_{m+k} - p_{m+k} = \mathcal{O}(h_{max}^{k+2}),$$

und damit auch für die entsprechenden Korrektorwerte

$$\widetilde{u}_{m+k} \quad u_{m+k} = \mathcal{O}(h_{max}^{k+2}).$$

Analog ergibt sich

$$u_{m+k}(k) - \widetilde{u}_{m+k}(k) = \mathcal{O}(h_{max}^{k+2}).$$

Hieraus folgt schließlich

$$le_k(t_{m+k}) = u_{m+k} - u_{m+k}(k) + \mathcal{O}(h_{max}^{k+2}),$$

so dass mit

$$LE(t_{m+k}) = u_{m+k} - u_{m+k}(k) \tag{4.5.3}$$

ein geeigneter Schätzer für den lokalen Fehler des PECE-Verfahrens der Ordnung k zur Verfügung steht. Nach (4.4.8) hat man für u_{m+k} die Darstellung

$$u_{m+k} = p_{m+k} + h_{m+k-1} g_k(m) \phi_k^P(m+1) \tag{4.5.4}$$

mit dem Prädiktor (4.4.9). Die Funktion $\phi_k^P(m+1)$ ist dabei gegeben durch

$$\phi_k^P(m+1) = \prod_{i=0}^{k-1} (t_{m+k} - t_{m+k-1-i}) f^P[t_{m+k}, \ldots, t_m],$$

vgl. (4.4.10). Der Index P von f zeigt an, dass der in die dividierte Differenz $f^P[t_{m+k}, \ldots, t_m]$ eingehende Funktionswert $f_{m+k} = f(t_{m+k}, u_{m+k})$ ersetzt ist durch $f(t_{m+k}, p_{m+k})$. In analoger Weise ergibt sich für $u_{m+k}(k)$ die Darstellung

$$u_{m+k}(k) = p_{m+k} + h_{m+k-1} g_{k-1}(m) \phi_k^P(m+1). \tag{4.5.5}$$

Mit (4.5.4) und (4.5.5) folgt aus (4.5.3)

$$LE(t_{m+k}) = h_{m+k-1} \left(g_k(m) - g_{k-1}(m) \right) \phi_k^P(m+1). \qquad (4.5.6)$$

Haben wir (4.5.6) berechnet, so wird der Schritt von $t_{m+k-1} \to t_{m+k}$ akzeptiert, wenn mit

$$sk_i = \max(atol_i, rtol_i |u_{m+k-1,i}|)$$

für

$$\|LE(t_{m+k})\| = \max_i \frac{|[LE(t_{m+k})]_i|}{sk_i}$$

gilt

$$\|LE(t_{m+k})\| \leq 1. \qquad (4.5.7)$$

War der Schritt von $t_{m+k-1} \to t_{m+k}$ erfolgreich, so verwenden wir für den nächsten Schritt, d. h. von $t_{m+k} \to t_{m+k+1}$, statt der Näherung $u_{m+k}(k)$ die Näherung

$$u_{m+k} := u_{m+k}(k) + \underbrace{(u_{m+k} - u_{m+k}(k))}_{LE(t_{m+k})},$$

die zu einem Adams-Moulton-Korrektor der Ordnung $k+1$ äquivalent ist. Der Übergang von $u_{m+k}(k)$ zur „verbesserten Näherung" u_{m+k} wird *lokale Extrapolation* genannt. Wie bei RK-Verfahren schätzen wir den Fehler eines Verfahrens geringerer Ordnung, setzen aber die Rechnung mit der Näherung des Verfahrens höherer Ordnung fort. Abschließend wird noch der letzte Schritt E des Prädiktor-Korrektor-Verfahrens ausgeführt, d. h., es wird

$$f_{m+k} := f(t_{m+k}, u_{m+k})$$

berechnet.

Um die Ordnung während des Integrationsprozesses steuern zu können, werden Näherungen für die Verfahrensfehler der PECE-Verfahren der Ordnung $k-2$, $k-1$ und $k+1$ bestimmt. Dazu berechnet man aus dem Schema der dividierten Differenzen die Fehlerterme

$$LE_{k-2}(t_{m+k}) = h_{m+k-1} \gamma_{k-2}^* \phi_{k-2}^P(m+1),$$
$$LE_{k-1}(t_{m+k}) = h_{m+k-1} \gamma_{k-1}^* \phi_{k-1}^P(m+1),$$
$$LE_k(t_{m+k}) = h_{m+k-1} \gamma_k^* \phi_k^P(m+1),$$
$$LE_{k+1}(t_{m+k}) = h_{m+k-1} \gamma_{k+1}^* \phi_{k+1}^P(m+1).$$

Diese Ausdrücke schätzen den lokalen Fehler unter der Annahme, dass die vorangegangenen Schritte mit konstanter Schrittweite h_{m+k-1} ausgeführt wurden.

Sie sind gleichzeitig eine Schätzung für den lokalen Fehler an der Stelle t_{m+k+1}, wenn die Rechnung mit h_{m+k-1} fortgesetzt wird.

Anhand überwiegend heuristischer Kriterien wird mit Hilfe dieser Fehler eine neue Ordnung q aus dem „Ordnungsfenster" $\{k-1, k, k+1\}$ ausgewählt. Für die Einzelheiten verweisen wir auf [250]. Man beachte, dass q hier die Ordnung des Verfahrens bezeichnet, für das der Fehler geschätzt wird, die Fortsetzung der Rechnung aber wegen der lokalen Extrapolation mit dem Verfahren der Ordnung $q+1$ erfolgt.

Nachdem die Ordnung festgelegt wurde, wird die neue Schrittweite bestimmt. Wurde der Schritt akzeptiert, d. h., (4.5.7) ist erfüllt, so bestimmt sich die neue Schrittweite h_{neu} mit $err = \|LE_q(t_{m+k})\|$ wie folgt:

$$h_{neu} = \begin{cases} 2h_{m+k-1}, & \text{für } err \leq \frac{1}{2^{q+2}}, \\ h_{m+k-1}, & \text{für } \frac{1}{2^{q+2}} < err \leq \frac{1}{2}, \\ h_{m+k-1} \max(0.5, \min(0.9, \left(\frac{0.5}{err}\right)^{\frac{1}{q+1}})), & \text{für } 0.5 < err. \end{cases}$$

Die Strategie ist, möglichst mit konstanter Schrittweite zu rechnen, da dadurch der Overhead stark reduziert wird. Außerdem basiert die vorgestellte Fehlerschätzung weitgehend auf der Annahme, dass die Rechnung mit konstanter Schrittweite erfolgte.

Ist (4.5.7) nicht erfüllt, so wird der Schritt mit

$$h_{neu} = 0.5 h_{m+k-1}$$

und eventuell geringerer Ordnung wiederholt. Bei dreimaliger aufeinanderfolgender Wiederholung wird die Ordnung auf $q = 1$ gesetzt (Neustart) und die Schrittweite nach

$$h_{neu} = h_{m+k-1} \min\left(0.5, \left(\frac{0.5}{\|LE_k(t_{m+k}\|}\right)^{1/2}\right)$$

gewählt.

Bemerkung 4.5.1. In [250] wird gezeigt, dass unter zusätzlichen Voraussetzungen an das Verhalten des globalen Fehlers zur Schätzung des Fehlers des Verfahrens der Ordnung $k+1$ der Funktionswert $f(t_{m+k}, u_{m+k})$ des Korrektors der Ordnung $k+1$ statt des eigentlich zu berechnenden Funktionswertes des Prädiktors der Ordnung $k+1$ genutzt werden kann. Dadurch werden für jeden Schritt $t_{m+k-1} \rightarrow t_{m+k}$ nur zwei f-Auswertungen benötigt. $\square$

4.6 Weiterführende Bemerkungen

Es existieren zahlreiche Verallgemeinerungen linearer k-Schrittverfahren, die das Ziel haben, die erste Dahlquist-Schranke (vgl. Satz 4.2.8) zu brechen. An erster Stelle seien hier die *linearen q-zyklischen Mehrschrittverfahren* genannt. Diese Verfahren wurden erstmals von Donelson und Hansen ([92]) untersucht, vgl. auch [2]. Zur Berechnung von q aufeinanderfolgenden Näherungen $u_{m+k}, \ldots, u_{m+k+q-1}$ werden q lineare k-Schrittverfahren

$$u_{m+k} = -\sum_{i=0}^{k-1} \alpha_{1i} u_{m+i} + h \sum_{i=0}^{k} \beta_{1i} f(t_{m+i}, u_{m+i})$$

$$u_{m+k+1} = -\sum_{i=0}^{k-1} \alpha_{2i} u_{m+i+1} + h \sum_{i=0}^{k} \beta_{2i} f(t_{m+i+1}, u_{m+i+1})$$

$$\vdots$$

$$u_{m+k+q-1} = -\sum_{i=0}^{k-1} \alpha_{qi} u_{m+i+q-1} + h \sum_{i=0}^{k} \beta_{qi} f(t_{m+i+q-1}, u_{m+i+q-1})$$

in fester Reihenfolge zyklisch angewendet. Die einzelnen linearen Mehrschrittformeln heißen Stufen des Verfahrens. Es lassen sich lineare k-zyklische k-Schrittverfahren mit (instabilen) Stufen der Konsistenzordnung $2k - 1$ konstruieren, die mit der (maximalen) Ordnung $2k$ konvergieren.

Beispiel 4.6.1. 3-zyklisches 3-Schrittverfahren von Donelson und Hansen, vgl. [92]

$$u_{m+3} + \frac{24}{33} u_{m+2} - \frac{57}{33} u_{m+1} = \frac{h}{33}(10 f_{m+3} + 57 f_{m+2} + 24 f_{m+1} - f_m)$$
$$u_{m+4} - \frac{144}{125} u_{m+3} - \frac{117}{125} u_{m+2} + \frac{136}{125} u_{m+1} = \frac{3h}{125}(14 f_{m+4} + 39 f_{m+3} - 48 f_{m+2} - 15 f_{m+1})$$
$$u_{m+5} + \frac{531}{58} u_{m+4} - \frac{306}{58} u_{m+3} - \frac{283}{58} u_{m+2} = \frac{3h}{58}(3 f_{m+5} + 102 f_{m+4} + 177 f_{m+3} + 28 f_{m+2}).$$

Alle drei Stufen sind instabil und haben die Konsistenzordnung $p = 5$, dennoch konvergiert das Gesamtverfahren mit der Ordnung $p = 6$, falls die Startwerte die entsprechende Ordnung haben. $\square$

Eine weitere Verfahrensklasse sind die *Hybrid-Verfahren*. Diese sind durch

$$\sum_{l=0}^{k} \alpha_l u_{m+l} = h \sum_{l=0}^{k} \beta_l f(t_{m+l}, u_{m+l}) + h \beta_\nu f(t_{m+\nu}, u_{m+\nu})$$

mit $\nu \notin \{0, 1, \ldots, k\}$ und $|\alpha_0| + |\beta_0| > 0$ definiert. Der erforderliche Funktionswert $f_{m+\nu}$ im Zwischenpunkt $t_{m+\nu} = t_m + \nu h$ („off-step point") wird mittels eines geeigneten Prädiktors

$$u_{m+\nu} = -\sum_{l=0}^{k-1} \bar{\alpha}_l u_{m+l} + h \sum_{l=0}^{k-1} \bar{\beta}_l f(t_{m+l}, u_{m+l})$$

ermittelt. Diese Verfahren wurden von Gragg und Stetter [120], Butcher [44] und Gear [107] vorgeschlagen und untersucht. Hybrid-Verfahren werden, wie lineare implizite Mehrschrittverfahren, in Form eines Prädiktor-Korrektor-Prozesses implementiert. In diesem Zusammenhang spricht man von *Hybrid-Prädiktor-Korrektor-Verfahren* (Stetter [266]).

Verschiedene Typen von Hybrid-Prädiktor-Korrektor-Verfahren findet man in Lambert [183].

Eine einheitliche theoretische Behandlung dieser untereinander recht verschiedenen Verfahren ist im Rahmen der allgemeinen linearen Verfahren möglich, vgl. Abschnitt 5.5.

Lineare k-Schrittverfahren lassen sich, ebenso wie Runge-Kutta-Verfahren, auf Anfangswertprobleme für Differentialgleichungssysteme zweiter Ordnung anwenden. Für den wichtigen Fall

$$y''(t) = f(t, y), \quad y(t_0) = y_0, \quad y'(t_0) = v_0 \tag{4.6.1}$$

erhält man eine spezielle Klasse linearer k-Schrittverfahren (*Störmer-Verfahren*), indem man (4.6.1) in eine äquivalente Integralgleichung umformt und anschließend den Integranden durch ein Interpolationspolynom approximiert. Dies entspricht der Vorgehensweise bei den Adams-Verfahren, vgl. Abschnitt 4.1. Eine zweimalige Integration von (4.6.1) ergibt die Integralgleichung

$$y(t + h) = y(t) + hy'(t) + h^2 \int_0^1 (1 - s)f(t + sh, y(t + sh)) \, ds. \tag{4.6.2}$$

Zur Elimination von $y'(t)$ ersetzen wir in (4.6.2) h durch $-h$. Die resultierende Gleichung addieren wir zu (4.6.2) und erhalten

$$y(t + h) - 2y(t) + y(t - h)$$
$$= h^2 \int_0^1 (1 - s) \left(f(t + sh, y(t + sh)) + f(t - sh, y(t - sh)) \right) \, ds. \tag{4.6.3}$$

Ersetzt man $f(t, y(t))$ durch das Vektor-Interpolationspolynom (4.1.5), so erhält man aus (4.6.3) die *expliziten Störmer-Verfahren*

$$u_{m+k} - 2u_{m+k-1} + u_{m+k-2} = h^2 \sum_{l=0}^{k-1} \sigma_l \nabla^l f_{m+k-1}, \quad m = 0, 1, \ldots, N - k \tag{4.6.4}$$

mit den Koeffizienten

$$\sigma_l = (-1)^l \int_0^1 (1 - s) \left(\binom{-s}{l} + \binom{s}{l} \right) \, ds.$$

Einige Koeffizienten σ_l sind in Tabelle 4.6.1 aufgeführt.

l	0	1	2	3	4	5
σ_l	1	0	$\frac{1}{12}$	$\frac{1}{12}$	$\frac{19}{240}$	$\frac{3}{40}$

Tabelle 4.6.1: Koeffizienten der expliziten Störmer-Verfahren

Für $k = 2$ und $k = 3$ erhält man

$$k = 2: \quad u_{m+2} - 2u_{m+1} + u_m = h^2 f_{m+1}$$
$$k = 3: \quad u_{m+3} - 2u_{m+2} + u_{m+1} = h^2 \left(\tfrac{13}{12} f_{m+2} - \tfrac{1}{6} f_{m+1} + \tfrac{1}{12} f_m \right).$$

Das Verfahren mit $k = 2$ bildet den Grundalgorithmus für ein Extrapolations-Verfahren für (4.6.1), vgl. Abschnitt 3.7.

Wird in (4.6.2) $f(t, y(t))$ durch das Vektor-Interpolationspolynom $P^*(t)$ aus (4.1.10) ersetzt, so ergeben sich die *impliziten Störmer-Verfahren*

$$u_{m+k} - 2u_{m+k-1} + u_{m+k-2} = h^2 \sum_{l=0}^{k} \sigma_l^* \nabla^l f_{m+k} \tag{4.6.5}$$

mit den Koeffizienten

$$\sigma_l^* = (-1)^l \int_{-1}^{0} (-s) \left(\binom{-s}{l} + \binom{s+2}{l} \right) ds.$$

Ein allgemeines lineares k-Schrittverfahren für (4.6.1) ist definiert durch

$$\sum_{l=0}^{k} \alpha_l u_{m+l} = h^2 \sum_{l=0}^{k} \beta_l f(t_{m+l}, u_{m+l}). \tag{4.6.6}$$

Dem linearen Mehrschrittverfahren (4.6.6) ordnet man wieder die erzeugenden Polynome

$$\rho(\xi) = \sum_{l=0}^{k} \alpha_l \xi^l \quad \text{und} \quad \sigma(\xi) = \sum_{l=0}^{k} \beta_l \xi^l$$

zu. Für die Nullstabilität des Mehrschrittverfahren (4.6.6) wird die Testgleichung

$$y''(t) = 0, \quad y_0 = 0, \quad y_0' = 0$$

betrachtet. Das lineare Mehrschrittverfahren heißt nullstabil, wenn

1. alle Wurzeln von $\rho(\xi)$ im oder auf dem Einheitskreis $|\xi| \leq 1$ liegen,
2. die Vielfachheit der Wurzeln auf dem Einheitskreis höchstens 2 ist.

Die Störmer-Verfahren (4.6.4) und (4.6.5) sind nullstabil.

Das Mehrschrittverfahren (4.6.6) besitzt die Konsistenzordnung p, wenn für alle hinreichend oft differenzierbaren Funktionen $y(t)$ gilt

$$L(y, t, h) := \sum_{l=0}^{k} \left(\alpha_l y(t + lh) - h^2 \beta_l y''(t + lh) \right) = \mathcal{O}(h^{p+2}).$$

Analog zu den Adams-Verfahren besitzen die expliziten Störmer-Verfahren (4.6.4) die Konsistenzordnung $p = k$ und die impliziten Störmer-Verfahren die Ordnung $p = k + 1$. Ferner gilt die Ordnungsschranke:

Ein nullstabiles lineares k-Schrittverfahren (4.6.6) hat die maximale Konsistenzordnung

1. $p_{\max} = k + 2$, falls k gerade ist,
2. $p_{\max} = k + 1$, falls k ungerade ist.

Ein nullstabiles lineares Mehrschrittverfahren (4.6.6) der Konsistenzordnung p hat die Konvergenzordnung p, wenn für alle Anfangswertprobleme (4.6.1) gilt

$$\|y(t^*) - u_h(t^*)\| \leq Ch^p, \quad h \in (0, h_0], \quad t^* = t_0 + mh \in [t_0, t_e], \quad t^* \text{ fest},$$

falls die Startwerte den Bedingungen

$$y(t_0 + lh) - u_h(t_l) = \mathcal{O}(h^{p+1}), \quad \text{für} \quad l = 0, 1 \ldots, k-1$$

genügen. Bezüglich der theoretischen Untersuchung der Verfahren verweisen wir auf [138].

4.7 Aufgaben

1. Man löse folgende Differenzengleichungen:

   a) $u_{m+2} - 2u_{m+1} - 3u_m = 0, \quad u_0 = 0, \quad u_1 = 1$

   b) $u_{m+1} - u_m = 2^m, \quad u_0 = 0$

   c) $u_{m+2} - 2u_{m+1} - 3u_m = 1, \quad u_0 = 0, \quad u_1 = 0$

   d) $u_{m+1} - u_m = m, \quad u_0 = 0.$

2. Man bestimme das α-Intervall, für das die explizite lineare 3-Schrittmethode

$$u_{m+3} + \alpha(u_{m+2} - u_{m+1}) - u_m = \frac{h}{2}(3 + \alpha)(f_{m+2} + f_{m+1}), \quad \alpha \in \mathbb{R},$$

   nullstabil ist. Ferner zeige man, dass ein α existiert, für das die Methode die Konsistenzordnung $p = 4$ hat, dass aber für eine nullstabile Methode die Konsistenzordnung höchstens $p = 2$ sein kann.

3. Man beweise: Für ein nullstabiles lineares Mehrschrittverfahren der Konsistenzordnung p gilt

$$\xi_1(h\lambda) = e^{h\lambda} + \mathcal{O}(h^{p+1}), \quad h \to 0,$$

   wobei $\xi_1(h\lambda)$ die Nullstelle des charakteristischen Polynoms

$$Q(\xi, h\lambda) = \rho(\xi) - h\lambda\sigma(\xi)$$

   (vgl. (9.1.3)) mit $\xi_1(h\lambda) \to \xi_1(0) = 1$ für $h\lambda \to 0$ ist.

4. Man beweise: Alle nullstabilen linearen 4-Schrittverfahren der Ordnung $p = 6$ sind durch

$$\rho(\xi) = (\xi^2 - 1)(\xi^2 + 2\mu\xi + 1), \quad |\mu| < 1$$

$$\sigma(\xi) = \frac{1}{45}(14 - \mu)(\xi^4 + 1) + \frac{1}{45}(64 + 34\mu)\xi(\xi^2 + 1) + \frac{1}{15}(8 + 38\mu)\xi^2$$

   gegeben.

5. Es seien γ_l und γ_l^* die Koeffizienten eines k-Schritt-Adams-Bashforth-Verfahrens und eines k-Schritt-Adams-Moulton-Verfahrens in Rückwärtsdifferenzen (vgl. (4.1.7) und (4.1.11)).

Man beweise die Beziehungen

$$\gamma_l = \sum_{i=0}^{l} \gamma_i^*, \quad l = 0, 1, \ldots$$

$$\gamma_l - \gamma_{l-1} = \gamma_l^*, \quad l = 1, 2, \ldots$$

$$\sum_{l=0}^{k-1} (\gamma_l^* \nabla^l f_{m+k} - \gamma_l \nabla^l f_{m+k-1}) = \gamma_{k-1} \nabla^k f_{m+k}, \quad k = 1, 2, \ldots$$

6. Bestimmen Sie die Koeffizienten β_i des impliziten 4-Schritt-Adams-Verfahrens mit Hilfe eines Computeralgebraprogramms (wie z. B. Mathematica oder Maple) aus Gleichung (4.2.14).

7. Man zeige, dass die Begleitmatrix (4.2.5) das charakteristische Polynom $p(\lambda) = (-1)^k (\lambda^k + \sum_{l=0}^{k-1} \alpha_l \lambda^l)$ besitzt.

8. Gegeben sei das nullstabile 2-Schritt-Hybrid-Verfahren

$$u_{m+2} - (1 + \alpha) u_{m+1} + \alpha u_m = h[\beta_1 f_{m+1} + \beta_0 f_m + \beta_\nu f_{m+\nu}], \quad -1 \le \alpha < 1.$$

Der zugeordnete lineare Differenzenoperator, die Konsistenzordnung und die Fehlerkonstante können analog wie bei linearen Mehrschrittverfahren definiert werden. Man beweise: Zu jedem α mit $-1 < \alpha < 1$ existiert ein $\nu \in \mathbb{R}$, so dass das Verfahren die Ordnung $p = 4$ hat. Welche Beziehung besteht zwischen ν und α? Man zeige ferner, dass es einen eindeutig bestimmten Wert für ν und α gibt, so dass das Verfahren die Ordnung $p = 5$ hat.

9. Gegeben sei das implizite Hybrid-Verfahren

$$u_{m+2}^* = 2u_{m+1} - u_m + \frac{h}{3}(4f_{m+\frac{3}{2}} - 3f_{m+1} - f_m)$$

$$u_{m+2} = u_{m+2}^* - 6\alpha(u_{m+1} - u_m) + \alpha h(f_{m+2} - 4f_{m+\frac{3}{2}} + 7f_{m+1} + 2f_m).$$

Man bestimme das α-Intervall, für das das Verfahren nullstabil ist.

10. Sei $p(t) = a_0 + a_1 t + a_2 t^2 + \cdots + a_k t^k$ ein beliebiges Polynom vom Grad k.
    1. Man gebe an, wie die Koeffizienten b_i des verschobenen Polynoms $q(t) = p(t + 1) = b_0 + b_1 t + b_2 t^2 + \cdots + b_k t^k$ aus den Koeffizienten a_i berechnet werden können.
    2. Man bestimme alle Ableitungen $p^{(i)}(0)$ mit $i = 1, \ldots, k$ sowie $p'(1)$.
    3. Man zeige, dass eine Linearkombination

$$c_0 p'(1) + \sum_{i=1}^{k} \frac{1}{i!} c_i p^{(i)}(0)$$

für alle Polynome p vom Grad k genau dann verschwindet, wenn für die Koeffizienten

$$(c_0, c_1, c_2, c_3, \ldots, c_k) \in \alpha \cdot (-1, 1, 2, 3, \ldots, k), \quad \alpha \in \mathbb{R}$$

gilt.

11. Man beweise (4.4.24).

Hinweis: Man betrachte ein beliebiges Polynom $p(t)$ vom Grad k und zeige, dass für die impliziten Adams-Verfahren mit A aus (4.4.23) gilt

$$W^{-1}AW \begin{pmatrix} p(0) \\ p'(0) \\ \vdots \\ p^{(k)}(0) \end{pmatrix} + lp'(1) = P \begin{pmatrix} p(0) \\ p'(0) \\ \vdots \\ p^{(k)}(0) \end{pmatrix}.$$

Man drücke $p'(1)$ durch die Ableitungen an der Stelle 0 aus (vgl. Aufgabe 10).

5 Explizite Peer-Methoden

Explizite RK-Verfahren verwenden nur den letzten Näherungswert u_m zur Berechnung der neuen Näherung u_{m+1}, berechnen aber dazu interne Stufenwerte. Lineare Mehrschrittverfahren nutzen mehrere bereits berechnete Näherungen, benötigen aber keine Stufenwerte. Diese beiden Verfahrensklassen sind (die bekanntesten und am besten untersuchten) Spezialfälle der großen Klasse allgemeiner linearer Methoden (engl. *general linear methods, GLM*). Diese wurden von Butcher [46] eingeführt, eine ausführliche Darstellung allgemeiner linearer Methoden findet man in Butcher [52], [53] und Jackiewicz [166]. Wegen der Allgemeinheit dieser Methoden ist es allerdings schwierig, Methoden zu charakterisieren, die tatsächlich konkurrenzfähig zu den expliziten RK-Verfahren und den linearen Mehrschrittverfahren sind und nicht in eine der beiden Klassen fallen. Wir wollen in diesem Kapitel auf eine ganz spezielle Klasse allgemeiner linearer Methoden eingehen, die expliziten Peer-Methoden. Sie gehören weder zu expliziten RK-Verfahren noch zu linearen Mehrschrittverfahren und haben sich als sehr effizient zur Lösung nichtsteifer Probleme erwiesen. Sie wurden in [287] eingeführt.

5.1 Definition der Methoden und Konsistenz

Eine s-stufige explizite Peer-Methode zur Lösung des Anfangswertproblems (2.0.1) ist gegeben durch

$$U_{m,i} = \sum_{j=1}^{s} b_{ij} U_{m-1,j} + h_m \sum_{j=1}^{s} a_{ij} f(t_{m-1,j}, U_{m-1,j}) + h_m \sum_{j=1}^{i-1} r_{ij} f(t_{m,j}, U_{m,j}),$$
$$i = 1, \ldots, s. \tag{5.1.1}$$

In jedem Zeitschritt von t_m nach $t_{m+1} = t_m + h_m$ werden s Näherungen $U_{m,i} \approx y(t_{m,i})$ an den Stellen $t_{m,i} = t_m + c_i h_m$ berechnet. Dabei setzen wir stets voraus, dass die Knoten c_i paarweise verschieden sind. Die s Stufenwerte $U_{m,i}$, die gleichzeitig auch die neuen Näherungen sind, sind formal untereinander gleichberechtigt, woraus auch die Bezeichnung *Peer-Methode* resultiert. Im Gegensatz zu expliziten RK-Verfahren gibt es keinen speziell ausgezeichneten Wert wie u_{m+1}. Genau wie lineare Mehrschrittverfahren benötigen Peer-Methoden zusätzliche Startwerte $U_{0,i}$, die z. B. mit einem expliziten RK-Verfahren berechnet werden können.

Die Koeffizienten sind i. Allg. abhängig vom Schrittweitenverhältnis

$$\sigma_m = h_m/h_{m-1}. \tag{5.1.2}$$

Bemerkung 5.1.1. Im Unterschied zu linearen Mehrschrittverfahren bezeichnen wir hier, zur besseren Übereinstimmung mit der Literatur zu Peer-Methoden, das Schrittweitenverhältnis mit σ statt ω. $\square$

Für eine kompakte Darstellung verwenden wir die Bezeichnungen

$$U_m = (U_{m,i})_{i=1}^s \in \mathbb{R}^{sn}, \ F(t_m, U_m) = (f(t_{m,i}, U_{m,i}))_{i=1}^s,$$
$$A_m = (a_{ij})_{i,j=1}^s, \ B_m = (b_{ij})_{i,j=1}^s, \ R_m = (r_{ij})_{i,j=1}^s.$$

Die Verfahren lassen sich kompakt in der folgenden Form angeben:

$$U_m = (B_m \otimes I)U_{m-1} + h_m(A_m \otimes I)F(t_{m-1}, U_{m-1}) + h_m(R_m \otimes I)F(t_m, U_m). \tag{5.1.3}$$

Dabei ist R_m eine streng untere Dreiecksmatrix. Für $R_m = 0$ sind die Methoden parallel, d. h., alle s Stufenwerte können parallel berechnet werden.

Zur Definition der Konsistenzordnung von expliziten Peer-Methoden betrachten wir das Residuum, d. h. den Fehler, der entsteht, wenn wir die exakte Lösung in die Verfahrensvorschrift einsetzen. Damit ergibt sich für das Residuum $\Delta_{m,i}$ der i-ten Stufe

$$\Delta_{m,i} := y(t_{m,i}) - \sum_{j=1}^s b_{ij} y(t_{m-1,j}) - h_m \sum_{j=1}^s a_{ij} y'(t_{m-1,j}) - h_m \sum_{j=1}^{i-1} r_{ij} y'(t_{m,j}),$$
$$i = 1, \ldots, s. \tag{5.1.4}$$

Definition 5.1.1. Die explizite Peer-Methode (5.1.1) besitzt die Konsistenzordnung p, falls

$$\Delta_{m,i} = \mathcal{O}(h_m^{p+1})$$

gilt für $i = 1, \ldots, s$. $\square$

Alle Stufenwerte besitzen damit im Unterschied zu expliziten RK-Verfahren die Ordnung p.

Durch Taylorentwicklung der exakten Lösung können wir Ordnungsbedingungen für die Koeffizienten der Methode ableiten, wobei wir das Schrittweitenverhältnis

(5.1.2) beachten müssen. Bei hinreichender Glattheit der Lösung ist

$$y(t_m + c_i h_m) = \sum_{l=0}^{p} \frac{c_i^l h_m^l}{l!} y^{(l)}(t_m) + \mathcal{O}(h_m^{p+1}) \tag{5.1.5}$$

$$y(t_{m-1} + c_i h_{m-1}) = y(t_m + (c_i - 1)h_{m-1}) = y\left(t_m + \frac{(c_i - 1)h_m}{\sigma_m}\right) \tag{5.1.6}$$

$$= \sum_{l=0}^{p} \frac{(c_i - 1)^l h_m^l}{l! \sigma_m^l} y^{(l)}(t_m) + \mathcal{O}(h_m^{p+1}), \tag{5.1.7}$$

analoge Entwicklungen gelten für die Ableitungen. Einsetzen in (5.1.4) liefert

$$\Delta_{m,i} = \left(1 - \sum_{j=1}^{s} b_{ij}\right) y(t_m) + \sum_{l=1}^{p} \left\{ c_i^l - \sum_{j=1}^{s} b_{ij} \frac{(c_j - 1)^l}{\sigma_m^l} - l \sum_{j=1}^{s} a_{ij} \frac{(c_j - 1)^{l-1}}{\sigma_m^{l-1}} \right.$$

$$\left. - l \sum_{j=1}^{i-1} r_{ij} c_j^{l-1} \right\} \frac{h_m^l}{l!} y^{(l)}(t_m) + \mathcal{O}(h_m^{p+1}). \tag{5.1.8}$$

Analog zu den vereinfachenden Bedingungen bei RK-Verfahren (vgl. Abschnitt 8.1.1) führen wir folgende Bezeichnung ein:

$$AB_i(l) := c_i^l - \sum_{j=1}^{s} b_{ij} \frac{(c_j - 1)^l}{\sigma_m^l} - l \sum_{j=1}^{s} a_{ij} \frac{(c_j - 1)^{l-1}}{\sigma_m^{l-1}} - l \sum_{j=1}^{i-1} r_{ij} c_j^{l-1}. \tag{5.1.9}$$

Damit ergibt sich mit $AB(l) = \left(AB_i(l)\right)_{i=1}^{s}$ aus (5.1.8) unmittelbar

Satz 5.1.1. *Die explizite Peer-Methode (5.1.1) besitzt die Konsistenzordnung p genau dann, wenn gilt*

$$AB(l) = 0 \quad \text{für} \quad l = 0, 1, \ldots, p. \quad \square \tag{5.1.10}$$

Mit den Bezeichnungen

$$\widehat{D} = \text{diag}(0, 1, \ldots, s), \quad S_m = \text{diag}(1, \sigma_m, \ldots, \sigma_m^{s-1}), \quad \widehat{S_m} = \text{diag}(1, \sigma_m, \ldots, \sigma_m^{s})$$

können wir die Bedingungen (5.1.10) für die Konsistenzordnung $p = s$ dann in der Form einer Matrixgleichung

$$\begin{pmatrix} 1 & c_1 & \cdots & c_1^s \\ \vdots & & & \vdots \\ 1 & c_s & \cdots & c_s^s \end{pmatrix} - B_m \begin{pmatrix} 1 & c_1 - 1 & \cdots & (c_1 - 1)^s \\ \vdots & & & \vdots \\ 1 & c_s - 1 & \cdots & (c_s - 1)^s \end{pmatrix} \widehat{S_m}^{-1} \tag{5.1.11}$$

$$- A_m \begin{pmatrix} 0 & 1 & \cdots & (c_1 - 1)^{s-1} \\ \vdots & & & \vdots \\ 0 & 1 & \cdots & (c_s - 1)^{s-1} \end{pmatrix} \widehat{D} \begin{pmatrix} 0 & 0 \\ 0 & S_m^{-1} \end{pmatrix} - R_m \begin{pmatrix} 0 & 1 & \cdots & c_1^{s-1} \\ \vdots & & & \vdots \\ 0 & 1 & \cdots & c_s^{s-1} \end{pmatrix} \widehat{D} = 0$$

schreiben. Mit den Bezeichnungen

$$D = \text{diag}(1,\ldots,s), \quad C = \text{diag}(c_i), \quad V_0 = \left(c_i^{j-1}\right)_{i,j=1}^s, \quad V_1 = \left((c_i-1)^{j-1}\right)_{i,j=1}^s$$

lassen sich die Bedingungen für die Ordnung $p = s$ einer expliziten Peer-Methode kompakt formulieren. Multipliziert man die einzelnen Faktoren in (5.1.11) aus, so bekommt man Matrizen, die jeweils $s + 1$ Spalten besitzen. Die erste Spalte liefert eine Bedingung nur an B_m (das entspricht $l = 0$ in (5.1.10)):

$$B_m \mathbb{1} = \mathbb{1} \tag{5.1.12}$$

mit dem Vektor $\mathbb{1} = (1,1,\ldots,1)^\top$. Diese Bedingung muss durch geeignete Wahl von B_m erfüllt werden. Die Bedingungen für die restlichen s Spalten (das entspricht (5.1.10) für $l = 1,\ldots,s$) lassen sich dann für gegebene Koeffizientenmatrizen B_m und R_m durch

$$A_m - (CV_0 D^{-1} - R_m V_0) S_m V_1^{-1} - \frac{1}{\sigma_m} B_m (C - I) V_1 D^{-1} V_1^{-1} \tag{5.1.13}$$

erfüllen. Da die Knoten c_i paarweise verschieden sind, ist die Vandermonde-Matrix V_1 regulär und A_m eindeutig bestimmbar.

Bemerkung 5.1.2. Bedingung (5.1.12) ist die *Präkonsistenz* bei allgemeinen linearen Methoden, und $\mathbb{1}$ ist der *Präkonsistenzvektor* [166]. □

Erfüllt eine explizite Peer-Methode (5.1.12) und (5.1.13), so besitzt sie die Konsistenzordnung $p = s$. Da die Methoden aber keine Einschrittverfahren sind, benötigen wir für die Konvergenz wie bei linearen Mehrschrittverfahren noch die Nullstabilität. Anwendung auf die Testgleichung $y' = 0$ liefert

$$U_m = B_m U_{m-1}.$$

Analog zu Definition 4.4.3 geben wir folgende

Definition 5.1.2. Eine explizite Peer-Methode heißt nullstabil, wenn eine Konstante $K > 0$ existiert, so dass für alle $m, k \geq 0$

$$\|B_{m+k} \cdots B_{m+1} B_m\| \leq K \tag{5.1.14}$$

gilt. □

Wie bei linearen Mehrschrittverfahren lässt sich dann zeigen, dass aus der Konsistenzordnung p und der Nullstabilität die Konvergenzordnung p folgt. Die Schwierigkeit bei der Untersuchung konkreter Verfahren ist der Nachweis der Nullstabilität. Analog zu den Adams-Methoden haben sich auch Peer-Methoden für die praktische Anwendung als besonders vorteilhaft erwiesen, bei denen die Matrix B_m konstant, d. h. unabhängig vom Schrittweitenverhältnis, ist [287], [292]. Auf diese speziellen Verfahren wollen wir im Folgenden genauer eingehen.

5.2 Konvergenz

Um die Nullstabilität von vornherein zu garantieren, werden wir jetzt konstante Matrizen $B_m = B$ betrachten. Dann ist (5.1.14) äquivalent damit, dass für den Spektralradius von B gilt

$$\varrho(B) \leq 1$$

und alle Eigenwerte vom Betrag 1 einfach sind. Diese Forderung werden wir noch verschärfen. In Analogie zu den Adams-Methoden betrachten wir *optimal nullstabile* explizite Peer-Methoden, bei denen für die Eigenwerte λ_i von B gilt

$$\lambda_1 = 1, \quad \lambda_2 = \cdots = \lambda_s = 0. \tag{5.2.1}$$

Wegen (5.1.12) muss immer ein Eigenwert $\lambda_1 = 1$ existieren. Für optimal nullstabile Methoden gilt $\varrho(B) = 1$ und $\lambda_1 = \varrho(B)$ ist einfacher Eigenwert. Dann existiert eine Vektornorm, so dass in der zugeordneten Matrixnorm

$$\|B\| = \varrho(B) = 1 \tag{5.2.2}$$

gilt ([268], S.82). Diese Norm werden wir im folgenden Konvergenzsatz verwenden. Mit der kompakten Schreibweise

$$Y(t_m) = \begin{pmatrix} y(t_m + c_1 h_m) \\ \vdots \\ y(t_m + c_s h_m) \end{pmatrix}$$

für die exakte Lösung ist der globale Fehler gegeben durch

$$\varepsilon_m = Y(t_m) - U_m.$$

Satz 5.2.1. *Seien $h_{max} = \max_m h_m$, $\sigma_m \leq \sigma_{max}$ und der Fehler der Startwerte $\varepsilon_0 = \mathcal{O}(h_0^s)$. Die explizite Peer-Methode (5.1.1) sei optimal nullstabil und erfülle (5.1.12). Die Koeffizientenmatrizen R_m seien gleichmäßig beschränkt für $\sigma_m \leq \sigma_{max}$ und A_m sei gegeben durch (5.1.13). Dann ist die Methode konvergent von der Ordnung $p = s$, d. h., es gilt $\varepsilon_m = \mathcal{O}(h_{max}^s)$ für $h_{max} \to 0$.*

Beweis. Zur Vereinfachung der Schreibweise betrachten wir skalare Gleichungen. Es ist

$$\varepsilon_m = Y(t_m) - U_m = B\varepsilon_{m-1} + h_m A_m (F(t_{m-1}, Y(t_{m-1})) - F(t_{m-1}, U_{m-1}))$$
$$+ h_m R_m (F(t_m, Y(t_m)) - F(t_m, U_m)) + \Delta_m.$$

Mit (5.1.12) und der Wahl von A_m nach (5.1.13) ist die Methode konsistent von der Ordnung $p = s$, es gilt $\|\Delta_m\| \le d_1 h_m^{s+1}$. Mit der Lipschitz-Bedingung an f gilt in der Norm (5.2.2)

$$\|\varepsilon_m\| \le \|\varepsilon_{m-1}\| + h_m L \|A_m\| \|\varepsilon_{m-1}\| + h_m L \|R_m\| \|\varepsilon_m\| + d_1 h_m^{s+1}.$$

R_m ist für $\sigma_m \le \sigma_{max}$ beschränkt. Damit folgt mit (5.1.13) auch die Beschränktheit von $\sigma_m A_m$. Unter Beachtung von $h_m = \sigma_m h_{m-1}$ erhalten wir

$$\|\varepsilon_m\| \le (1 + h_{m-1} d_2) \|\varepsilon_{m-1}\| + h_{m-1} d_3 \|\varepsilon_m\| + d_4 h_{m-1}^{s+1}$$
$$(1 - h_{m-1} d_3) \|\varepsilon_m\| \le (1 + h_{m-1} d_2) \|\varepsilon_{m-1}\| + d_4 h_{m-1}^{s+1}$$
$$\|\varepsilon_m\| \le (1 + d_5 h_{m-1}) \|\varepsilon_{m-1}\| + d_6 h_{m-1}^{s+1}.$$

Analog zum Beweis von Satz 2.2.1 ergibt sich

$$\|\varepsilon_m\| \le \frac{d_6}{d_5} (e^{d_5(t_m - t_0)} - 1) h_{max}^s + e^{d_5(t_m - t_0)} \|\varepsilon_0\|,$$

woraus mit der Voraussetzung an die Startwerte die Behauptung folgt. ∎

5.3 Superkonvergenz

Zur Herleitung konkreter optimal nullstabiler Verfahren muss die Matrix B so gewählt werden, dass (5.1.12) und (5.2.1) erfüllt sind. Wird für beliebiges R_m die Matrix A_m dann nach (5.1.13) bestimmt, so besitzt das resultierende Verfahren die Konvergenzordnung $p = s$. Für die Matrix B betrachten wir wie in [292] folgenden Ansatz:

$$B = \mathbb{1} v^\top + QWQ^{-1} \tag{5.3.1}$$

mit

$$v = \begin{pmatrix} \widetilde{v} \\ 1 - \widetilde{v}^\top \mathbb{1} \end{pmatrix}, \quad W = \begin{pmatrix} \widetilde{W} & -\widetilde{W} \mathbb{1} \\ 0^\top & 0 \end{pmatrix},$$

$$Q = \begin{pmatrix} (I - \mathbb{1} \widetilde{v}^\top) \widetilde{Q} & (1 + \widetilde{v}^\top \widetilde{Q} \mathbb{1}) \mathbb{1} - \widetilde{Q} \mathbb{1} \\ -\widetilde{v}^\top \widetilde{Q} & 1 + \widetilde{v}^\top \widetilde{Q} \mathbb{1} \end{pmatrix},$$

wobei $\widetilde{W}$ eine streng obere Dreiecksmatrix und $\widetilde{Q}$ eine reguläre Matrix ist.

Lemma 5.3.1. *Sei B durch (5.3.1) gegeben. Dann ist die Methode optimal null-stabil und besitzt die Eigenschaften*

$$B\mathbb{1} = \mathbb{1}, \qquad B^j = \mathbb{1} v^\top \quad \text{für } j \ge s - 1. \tag{5.3.2}$$

Beweis. Mit (5.3.1) ergibt sich unmittelbar

$$Q\mathbb{1} = \mathbb{1}, \qquad W\mathbb{1} = 0 \quad \text{und} \quad v^\top Q = e_s^\top.$$

Ersetzen wir damit $\mathbb{1} = Q\mathbb{1}$ und $v^\top = e_s^\top Q^{-1}$, so können wir (5.3.1) in der Form

$$B = Q(\mathbb{1}e_s^\top + W)Q^{-1}$$

schreiben. B besitzt damit die gleichen Eigenwerte wie $\mathbb{1}e_s^\top + W$, und da W eine streng obere Dreiecksmatrix ist, folgt die optimale Nullstabilität. Weiterhin ist

$$B\mathbb{1} = Q(\mathbb{1}e_s^\top + W)Q^{-1}\mathbb{1} = Q(\mathbb{1}e_s^\top + W)\mathbb{1} = \mathbb{1}.$$

Wegen $WQ^{-1}\mathbb{1} = W\mathbb{1} = 0$ und $v^\top QW = e_s^\top W = 0^\top$ gilt

$$B^j = \mathbb{1}v^\top + QW^j Q^{-1}$$

und aus der Nilpotenz von W folgt

$$B^j = \mathbb{1}v^\top \quad \text{für } j \geq s - 1.$$

■

Bei den bisher untersuchten Verfahren war stets die Konvergenzordnung höchstens so hoch wie die Konsistenzordnung. Der globale Fehler ist eine h-Potenz niedriger als das lokale Residuum, weil eine h-Potenz durch die Summation über m Schritte verloren geht, vgl. Beweis von Satz 2.2.1. Wir wollen jetzt spezielle explizite Peer-Methoden betrachten, bei denen das nicht der Fall ist, d. h., der globale Fehler ist von der gleichen Ordnung wie das Residuum. Diese Methoden bezeichnen wir als *superkonvergent*. Der folgende Satz gibt Bedingungen für die Superkonvergenz von der Ordnung $p = s + 1$ an.

Satz 5.3.1. *Sei $h = \max_m h_m$, $\max_m \sigma_m \leq \sigma_{max}$, $\varepsilon_0 = \mathcal{O}(h_0^{s+1})$. Sei B von der Form (5.3.1) und die streng unteren Dreiecksmatrizen R_m seien gleichmäßig beschränkt für $\sigma_m \leq \sigma_{max}$. A_m sei bestimmt durch (5.1.13). Es sei weiterhin*

$$v^\top AB(s + 1) = 0. \qquad (5.3.3)$$

Dann ist die explizite Peer-Methode superkonvergent von der Ordnung $p = s + 1$, d. h., es gilt $\varepsilon_m = \mathcal{O}(h^{s+1})$.

Beweis. Zur Vereinfachung der Schreibweise beschränken wir uns auf autonome Probleme und betrachten wieder den skalaren Fall $n = 1$. Weiterhin beschränken wir uns im Beweis auf konstante Schrittweiten $h_m = h$, für den allgemeinen Fall verweisen wir auf [292].

Für den globalen Fehler gilt

$$\varepsilon_m = Y(t_m) - U_m = B\varepsilon_{m-1} + hA\big(F(Y(t_{m-1})) - F(U_{m-1})\big)$$
$$+ hR(F(Y(t_m)) - F(U_m)) + \Delta_m.$$

Nach Satz 5.2.1 ist die Konvergenzordnung $p = s$ garantiert, d. h. $\|\varepsilon_m\| \leq Ch^s$. Nach dem Mittelwertsatz für Vektorfunktionen (vgl. Bemerkung 1.2.1) gilt für $i = 1, \ldots, s$

$$f(y(t_{m-1,i})) - f(U_{m-1,i}) = J_{m-1,i}\varepsilon_{m-1,i}$$

mit

$$J_{m-1,i} = \int_0^1 f_y(y(t_{m-1,i}) + \theta(U_{m-1,i} - y(t_{m-1,i})))\, d\theta.$$

Daraus folgt

$$A(F(Y(t_{m-1})) - F(U_{m-1})) = G_m\varepsilon_{m-1} \quad \text{mit} \quad G_m = A\,\mathrm{diag}(J_{m-1,i}).$$

Analog erhalten wir

$$R(F(Y(t_m)) - F(U_m)) = H_m\varepsilon_{m1} \quad \text{mit} \quad H_m = R\,\mathrm{diag}(J_{m,i}).$$

Die Rekursion für den globalen Fehler lautet dann

$$\varepsilon_m = B\varepsilon_{m-1} + hG_m\varepsilon_{m-1} + hH_m\varepsilon_m + \Delta_m.$$

Diese Darstellung sieht nur formal implizit aus, wegen der streng unteren Dreiecksstruktur von R können die Komponenten von ε_m sukzessiv über die Stufen berechnet werden. Wir wollen diese Rekursion jetzt schrittweise auf ε_0 zurückführen. Durch Einsetzen der entsprechenden Darstellung an der Stelle t_{m-1} erhalten wir

$$\varepsilon_m = B\big(B\varepsilon_{m-2} + hG_{m-1}\varepsilon_{m-2} + hH_{m-1}\varepsilon_{m-1} + \Delta_{m-1}\big) + hG_m\varepsilon_{m-1}$$
$$+ hH_m\varepsilon_m + \Delta_m$$
$$= B^2\varepsilon_{m-2} + hBG_{m-1}\varepsilon_{m-2} + hG_m\varepsilon_{m-1} + hBH_{m-1}\varepsilon_{m-1} + hH_m\varepsilon_m$$
$$+ \Delta_m + B\Delta_{m-1}.$$

Wiederholtes Einsetzen führt auf

$$\varepsilon_m = B^m\varepsilon_0 + h\sum_{j=0}^{m-1} B^j G_{m-j}\varepsilon_{m-j-1} + h\sum_{j=0}^{m-1} B^j H_{m-j}\varepsilon_{m-j} + \sum_{j=0}^{m-1} B^j \Delta_{m-j}.$$

$$(5.3.4)$$

Wir spalten die letzte Summe auf in zwei Summen

$$\sum_{j=0}^{m-1} B^j \Delta_{m-j} = \sum_{j=s-1}^{m-1} B^j \Delta_{m-j} + \sum_{j=0}^{s-2} B^j \Delta_{m-j}. \tag{5.3.5}$$

Für die Summanden der ersten Summe gilt wegen (5.3.2)

$$B^j \Delta_{m-j} = \mathbb{1} v^\top \Delta_{m-j} = \mathbb{1} v^\top A B (s+1) \frac{h^{s+1}}{(s+1)!} y^{(s+1)}(t_{m-j}) + \mathcal{O}(h^{s+2})$$

$$= \mathcal{O}(h^{s+2}) \quad \text{wegen} \quad (5.3.3).$$

Damit ergibt sich

$$\| \sum_{j=s-1}^{m-1} B^j \Delta_{m-j} \| \leq C(m-s+1) h^{s+2} \leq C(t_e - t_0) h^{s+1}.$$

Die zweite Summe in (5.3.5) besteht nur aus $s-1$ Summanden, jeder davon ist von der Ordnung $\mathcal{O}(h^{s+1})$. Damit gilt für (5.3.5)

$$\| \sum_{j=0}^{m-1} B^j \Delta_{m-j} \| \leq C_1 h^{s+1}.$$

Die Matrizen A und R sind beschränkt und wegen der Nullstabilität sind die Potenzen von B gleichmäßig beschränkt. Damit existiert eine Konstante C_2, so dass

$$\| B^j G_{m-j} \| \leq C_2, \quad \| B^j H_{m-j} \| \leq C_2.$$

Es folgt für (5.3.4)

$$\| \varepsilon_m \| \leq \| B^m \varepsilon_0 \| + 2 C_2 h \sum_{j=0}^{m-1} \| \varepsilon_j \| + h C_2 \| \varepsilon_m \| + C_1 h^{s+1}.$$

Mit der Voraussetzung an die Startwerte und aus der Konvergenzordnung $p = s$ ergibt sich

$$\| \varepsilon_m \| \leq 2 C_2 h \sum_{j=1}^{m-1} \| \varepsilon_j \| + C_3 h^{s+1}. \tag{5.3.6}$$

Wir zeigen durch Induktion, dass aus (5.3.6)

$$\| \varepsilon_m \| \leq (1 + 2 C_2 h)^{m-1} C_3 h^{s+1} \tag{5.3.7}$$

folgt. Für $m = 1$ ist die Behauptung offensichtlich richtig.
Sei die Behauptung erfüllt bis $m - 1$. Dann gilt

$$\|\varepsilon_m\| \leq 2C_2h \sum_{j=1}^{m-1}(1 + 2C_2h)^{j-1}C_3h^{s+1} + C_3h^{s+1}$$

$$= \left(1 + 2C_2h \sum_{j=1}^{m-1}(1 + 2C_2h)^{j-1}\right)C_3h^{s+1}$$

$$= (1 + 2C_2h)^{m-1}C_3h^{s+1} \quad \text{(Partialsumme der geometrischen Reihe)},$$

d. h., (5.3.7) ist gezeigt. Damit erhalten wir schließlich

$$\|\varepsilon_m\| \leq C_3 e^{2C_2(t_e - t_0)}h^{s+1},$$

d. h. die Konvergenzordnung $p = s + 1$. ∎

Bedingung (5.3.3) ist für konstante Schrittweiten nur eine zusätzliche Bedingung an die Koeffizienten der Peer-Methode. Bei variablen Schrittweiten muss sie aber für alle $\sigma_m \leq \sigma_{max}$ erfüllt sein. Wir konstruieren jetzt eine spezielle Klasse su perkonvergenter Methoden für variable Schrittweiten.
Wir betrachten im Folgenden den speziellen Vektor $v = e_s = (0, \ldots, 0, 1)^\top$ in (5.3.1). Dann gilt

Satz 5.3.2. *Sei* $c_s = 1$, $v = e_s$ *und* B *durch (5.3.1) gegeben. Sei* R *eine konstante Matrix und es gelte*

$$\sum_{i=1}^{s-1} r_{si}c_i^{l-1} = \frac{1}{l}, \quad l = 2, \ldots, s+1. \tag{5.3.8}$$

Dann ist die explizite Peer-Methode unter den Voraussetzungen von Satz 5.3.1 superkonvergent von der Ordnung $p = s + 1$.

Beweis. Wir zeigen, dass für $v = e_s$, $c_s = 1$ und mit (5.3.8) die Bedingung (5.3.3) erfüllt ist. Mit der Bezeichnung $c^l = (c_1^l, \ldots, c_s^l)^\top$ hat (5.3.3) jetzt folgende Form:

$$e_s^\top\left[c^{s+1} - \frac{1}{\sigma^{s+1}}B(c - \mathbb{1})^{s+1} - \frac{s+1}{\sigma^s}A(c - \mathbb{1})^s - (s+1)Rc^s\right] = 0.$$

Wegen $e_s^\top Q = e_s^\top$ und $c_s = 1$ fällt der Summand mit B weg. Weiterhin gilt

$$e_s^\top A = [e_s^\top(CV_0S_m - RV_0DS_m) - \frac{1}{\sigma}e_s^\top B(C - I)V_1]D^{-1}V_1^{-1}$$

$$= e_s^\top(CV_0D^{-1} - RV_0)S_mV_1^{-1}.$$

Bedingung (5.3.3) lautet damit

$$0 = 1 - (s+1)e_s^\top R c^s - \frac{s+1}{\sigma^s} e_s^\top (CV_0 D^{-1} - RV_0) S_m V_1^{-1} (c-\mathbb{1})^s. \qquad (5.3.9)$$

Dafür sind die folgenden Bedingungen hinreichend

$$1 - (s+1)e_s^\top R c^s = 0$$
$$e_s^\top (CV_0 D^{-1} - RV_0) = 0.$$

Wegen $e_s^\top CV_0 = \mathbb{1}^\top$ ist die zweite Bedingung äquivalent zu

$$\mathbb{1}^\top D^{-1} - e_s^\top RV_0 = 0.$$

Damit stellen die verbleibenden Gleichungen Bedingungen an die letzte Zeile von R und an die Knoten c_i. Hinreichend für die Erfüllung von (5.3.3) ist somit

$$\sum_{i=1}^{s-1} r_{si} c_i^{l-1} = \frac{1}{l}, \quad l = 1, \ldots, s+1.$$

Im Unterschied zur Bedingung (5.3.8) steht hier noch eine Bedingung für $l = 1$. Wir werden abschließend zeigen, dass diese Bedingung redundant ist. Die Bedingung sagt, dass die erste Komponente des Vektors $e_s^\top (CV_0 D^{-1} - RV_0)$ null ist. Diese erste Komponente wird aber in (5.3.9) mit der ersten Komponente des Vektors $S_m V_1^{-1} (c-\mathbb{1})^s$ multipliziert. Wir bezeichnen diese mit

$$w_1 = e_1^\top S_m V_1^{-1} (c-\mathbb{1})^s.$$

Wenn wir also zeigen, dass $w_1 = 0$ gilt, dann ist die Bedingung für $l = 1$ überflüssig. Dazu betrachten wir das Polynom

$$\Psi(t) = \prod_{i=1}^{s} (t - c_i + 1) = t^s + \sum_{k=0}^{s-1} \psi_k t^k.$$

Wegen $\Psi(c_i - 1) = 0$ erfüllt der Vektor $\psi = (\psi_0, \ldots, \psi_{s-1})^\top$ daher das lineare Gleichungssystem

$$\left(\mathbb{1}, \quad c - \mathbb{1}, \quad \cdots, \quad (c-\mathbb{1})^{s-1} \right) \psi + (c-\mathbb{1})^s = V_1 \psi + (c-\mathbb{1})^s = 0. \qquad (5.3.10)$$

Mit $c_s = 1$ gilt $\Psi(c_s - 1) = \Psi(0) = \psi_0 = 0$. Andererseits ist nach (5.3.10)

$$\psi_0 = -e_1^\top V_1^{-1} (c-\mathbb{1})^s.$$

Folglich gilt $w_1 = e_1^\top V_1^{-1} (c-\mathbb{1})^s = 0$. Damit bleiben nur s Bedingungen an die letzte Zeile von R und an die Knoten $c_1, \ldots, c_{s-1}$. ∎

Es bietet sich daher folgendes Konstruktionsprinzip für superkonvergente Methoden an [292]:

1. Man setzt $c_s = 1$, $v = e_s$, wählt eine streng obere Dreiecksmatrix $\widetilde{W}$, eine reguläre Matrix $\widetilde{Q}$ und berechnet B nach (5.3.1).

2. Man wählt $c_1, \ldots, c_{s-2}$ und eine streng untere Dreiecksmatrix R mit Ausnahme der letzten Zeile.

3. Man berechnet $c_{s-1}, r_{s1}, \ldots, r_{s,s-1}$ aus (5.3.8).

4. Man bestimmt in jedem Schritt A_m nach (5.1.13).

Beispiel 5.3.1. Die folgende 5-stufige explizite Peer-Methode wurde in [292] konstruiert, indem die freien Parameter in R, $\widetilde{W}$ und $\widetilde{Q}$ durch numerische Suche so bestimmt wurden, dass die Methode kleine Fehlerkonstanten und ein möglichst großes Stabilitätsgebiet besitzt. Sie hat die Konsistenzordnung 5 und die Konvergenzordnung $p = 6$.

$c_1 = 2.6253906145296059e{-}1,\quad c_2 = -4.5084835056541489e{-}1,\quad c_3 = 5.3342794429347851e{-}1,$

$c_4 = 8.8436957860504257e{-}1,\quad c_5 = 1,$

$b_{11} = -2.6450504575881 0e{-}4,\quad b_{12} = 1.09262249117390648e{-}1,\quad b_{13} = -0.2209673167220 72e{-}2,$

$b_{14} = 9.940555813835337e{-}2,\quad b_{15} = 8.5336630290100207 8e{-}1,\quad b_{21} = 5.178615497383580e{-}3,$

$b_{22} = -1.206355264685848e{-}2,\quad b_{23} = 6.990887494730430e{-}3,\quad b_{24} = 7.925463075151968e{-}2,$

$b_{25} = 9.2063941890322479e{-}1,\quad b_{31} = 3.994983506969810e{-}3,\quad b_{32} = -2.385618272380575e{-}2,$

$b_{33} = 1.670733655832579e{-}2,\quad b_{34} = 3.822920245341178e{-}2,\quad b_{35} = 9.6492466020509837e{-}1,$

$b_{41} = 2.75545576901500e{-}5,\quad b_{42} = -6.277590805222870e{-}3,\quad b_{43} = 3.205603348231960e{-}3,$

$b_{44} = -4.379277965708490e{-}3,\quad b_{45} = 1.00742371086500925,\quad b_{51} = 0,$

$b_{52} = 0,\quad b_{53} = 0,\quad b_{54} = 0,$

$b_{55} = 1,$

$r_{21} = -2.877792364899069e{-}1,\quad r_{31} = 9.3155353133683094e{-}1,\quad r_{32} = -3.0305763367796318e{-}1,$

$r_{41} = -6.6180366504122503e{-}1,\quad r_{42} = -7.1631078103836625e{-}1,\quad r_{43} = 1.16888920439989306,$

$r_{51} = 2.7844424440928423e{-}1,\quad r_{52} = -1.621317290902460e{-}3,\quad r_{53} = 3.3342629724516491e{-}1,$

$r_{54} = 2.8077360740772402e{-}1.$

$\square$

5.4 Implementierung

Die Implementierung von expliziten Peer-Methoden ist vor allem aus zwei Gründen komplizierter als bei expliziten RK-Verfahren:

1. Man benötigt Startwerte $U_{0,i}$.

2. Die Koeffizienten sind von den Schrittweitenquotienten σ_m abhängig.

Die Startwerte lassen sich z. B. durch ein explizites RK-Verfahren bestimmen, evtl. unter Ausnutzung einer stetigen Erweiterung zur Einsparung von Funktionsaufrufen. Das geschieht auf folgende Weise:

Sei $c_s = 1$ und alle anderen Knoten seien kleiner als 1. Mit dem RK-Verfahren wird mit der Schrittweite h_{RK} die Näherung $U_{0,s}$ an der Stelle $t_1 = t_0 + h_{RK}$ berechnet. Dann startet die Peer-Methode an der Stelle t_1 mit der Schrittweite h_1 und benötigt mit $\sigma_1 = 1$ weiterhin Näherungen $U_{0,i}$, $i = 1, \ldots, s-1$ an den Stellen $t_1 + (c_i - 1)h_1$. Sei

$$cmin = \min_i c_i = c_{imin}.$$

Mit der Wahl

$$h_1 = \frac{h_{RK}}{1 - cmin}$$

gilt gerade $t_1 + (cmin - 1)h_1 = t_0$, d. h., $U_{0,imin} = y_0$ braucht nicht berechnet zu werden. Für $i \neq imin$ werden die $U_{0,i}$ berechnet mit den Schrittweiten $(c_i - cmin)h_{RK}/(1 - cmin)$. Man sieht, dass für diese Strategie auch bei $c_{imin} < 0$ keine Rechnung des RK-Verfahrens mit negativer Schrittweite erforderlich ist.

Für die Wahl von B nach (5.3.1) und konstantes R ist nur die Matrix A_m von σ_m abhängig. Durch die folgende Umformulierung der Methode kann der Aufwand der Neuberechnung bei Schrittweitenänderung gering gehalten werden. Zur Vereinfachung der Schreibweise beschränken wir uns im Folgenden wieder auf den skalaren Fall. Wir führen den Vektor Z_m

$$Z_m = h_m D^{-1} V_1^{-1} F(t_m, U_m) \tag{5.4.1}$$

ein. Die Berechnung der neuen Näherung U_m nach (5.1.3) mit (5.1.13) lässt sich dann schreiben in der Form

$$\begin{pmatrix} U_m \\ Z_m \end{pmatrix} = \begin{pmatrix} R & B & CV_0 - RV_0 D \\ D^{-1}V_1^{-1} & 0 & 0 \end{pmatrix} \begin{pmatrix} h_m F(t_m, U_m) \\ U_{m-1} \\ \sigma_m S_m Z_{m-1} \end{pmatrix}$$

$$- \begin{pmatrix} 0 & 0 & B(C-I)V_1 \\ 0 & 0 & 0 \end{pmatrix} \begin{pmatrix} 0 \\ 0 \\ Z_{m-1} \end{pmatrix}. \tag{5.4.2}$$

Der zusätzliche Aufwand bei Schrittweitenänderung besteht also lediglich in der Skalierung des Vektors Z_{m-1}.

Bemerkung 5.4.1. Setzen wir in die Darstellung (5.4.1) für Z_{m-1} die Ableitung der exakten Lösung $Y'(t_{m-1})$ für $F(t_{m-1}, U_{m-1})$ ein, so ergibt sich

$$
Z_{m-1} = h_{m-1} D^{-1} V_1^{-1} \begin{pmatrix} y'(t_m + (c_1 - 1)h_{m-1}) \\ \vdots \\ y'(t_m + (c_s - 1)h_{m-1}) \end{pmatrix} = \begin{pmatrix} h_{m-1} y'(t_m) \\ \vdots \\ \frac{h_{m-1}^s}{s!} y^{(s)}(t_m) \end{pmatrix} + \mathcal{O}(h_{m-1}^{s+1}),
$$

und wir können (5.4.2) als verallgemeinerte Nordsieckform einer expliziten Peer-Methode interpretieren. $\square$

Die ersten $s - 1$ Komponenten des Vektors Z_{m-1} können zur Berechnung einer eingebetteten Lösung der Ordnung $p = s - 1$ genutzt werden. Der Vektor

$$
\widehat{U}_{m,s} = U_{m-1,s} + \sum_{j=1}^{s-1} \sigma_m^j Z_{m-1,j}
$$

stellt eine Näherungslösung der Ordnung $s - 1$ an der Stelle $t_m + h_m$ dar. Die Differenz $U_{m,s} - \widehat{U}_{m,s}$ kann damit zur Fehlerschatzung und Schrittweitensteuerung verwendet werden. Weiterhin ist

$$
u_h(t_m + \theta h_{m-1}) = U_{m-1,s} + \sum_{j=1}^{s} \theta^j Z_{m-1,j}
$$

eine Näherung der Ordnung $p = s$ an der Stelle $t_m + \theta h_{m-1}$. Explizite Peer-Methoden erlauben damit im Unterschied zu expliziten RK-Verfahren wesentlich einfacher einen „dense output" hoher Ordnung, vgl. Abschnitt 2.6.

5.5 Weiterführende Bemerkungen

Allgemeine lineare Methoden werden für konstante Schrittweiten üblicherweise durch einen Knotenvektor $c = (c_1, \ldots, c_s)^\top$ und vier Koeffizientenmatrizen

$$
A \in \mathbb{R}^{s,s}, \quad U \in \mathbb{R}^{s,r}, \quad B \in \mathbb{R}^{r,s}, \quad V \in \mathbb{R}^{r,r}
$$

in Form des Schemas

$$
\begin{bmatrix} A & U \\ \hline B & V \end{bmatrix} \tag{5.5.1}
$$

charakterisiert [40]. Die Methoden haben für autonome Systeme folgende Gestalt [53], [166]:

$$Y_i^{[m]} = h \sum_{j=1}^{s} a_{ij} f(Y_j^{[m]}) + \sum_{j=1}^{r} u_{ij} y_j^{[m-1]}, \quad i = 1, \ldots, s$$

$$y_i^{[m]} = h \sum_{j=1}^{s} b_{ij} f(Y_j^{[m]}) + \sum_{j=1}^{r} v_{ij} y_j^{[m-1]}, \quad i = 1, \ldots, r. \tag{5.5.2}$$

Aus r Eingangswerten $y_j^{[m-1]}$ werden im m-ten Schritt s Stufenwerte $Y_j^{[m]}$ und r Ausgangsgrößen $y_j^{[m]}$ berechnet. Die Stufenwerte $Y_j^{[m]}$ sind Approximationen an $y(t_{m-1} + c_j h)$, die $y_j^{[m]}$ sind Approximationen an gewisse Linearkombinationen der Lösung und deren Ableitungen [166]. Ist A eine streng untere Dreiecksmatrix, so ist das Verfahren explizit. Mit den Vektoren

$$Y^{[m]} = \begin{pmatrix} Y_1^{[m]} \\ \vdots \\ Y_s^{[m]} \end{pmatrix}, \quad F(Y^{[m]}) = \begin{pmatrix} f(Y_1^{[m]}) \\ \vdots \\ f(Y_s^{[m]}) \end{pmatrix}, \quad y^{[m]} = \begin{pmatrix} y_1^{[m]} \\ \vdots \\ y_r^{[m]} \end{pmatrix}$$

können GLM kompakt in der Form

$$\begin{pmatrix} Y^{[m]} \\ y^{[m]} \end{pmatrix} = \left[\begin{array}{c|c} A \otimes I & U \otimes I \\ \hline B \otimes I & V \otimes I \end{array} \right] \begin{pmatrix} hF(Y^{[m]}) \\ y^{[m-1]} \end{pmatrix}$$

geschrieben werden.

Die Darstellung (5.5.1) enthält als Spezialfälle die Runge-Kutta-Verfahren und die linearen Mehrschrittverfahren. Zur Vereinfachung betrachten wir wieder skalare Differentialgleichungen. Dann kann ein s-stufiges RK-Verfahren (2.4.2) mit dem Butcher-Schema

$$\begin{array}{c|c} c & A \\ \hline & b^{\top} \end{array}$$

formal als GLM mit s Stufen, $r = 1$ und

$$y^{[m]} = u_m, \quad Y^{[m]} = \begin{pmatrix} u_m^{(1)} \\ \vdots \\ u_m^{(s)} \end{pmatrix}$$

durch die Matrizen

$$\left[\begin{array}{c|c} A & U \\ \hline B & V \end{array} \right] = \left[\begin{array}{c|c} A & \mathbb{1} \\ \hline b^{\top} & 1 \end{array} \right]$$

dargestellt werden. RK-Verfahren mit s Stufen und der FSAL-Eigenschaft $u_{m+1} = u_{m+1}^{(s)}$ lassen sich aber auch als GLM mit $s - 1$ Stufen und $r = 2$ schreiben, da die Ableitung der letzten Stufe $u^{(s)}_{m+1}$ im nächsten Schritt wiederverwendet wird. So erhalten wir für das vierstufige RK-Verfahren der Ordnung 3 aus Beispiel 2.5.5 mit den Vektoren

$$Y^{[m]} := \begin{pmatrix} u_m^{(2)} \\ u_m^{(3)} \\ u_m^{(4)} \end{pmatrix} \quad \text{und} \quad y^{[m]} := \begin{pmatrix} u_m \\ hf_m \end{pmatrix}$$

die GLM-Darstellung

$$\begin{pmatrix} Y^{[m+1]} \\ y^{[m+1]} \end{pmatrix} = \left(\left[\begin{array}{ccc|cc} 0 & 0 & 0 & 1 & \frac{1}{2} \\ \frac{3}{4} & 0 & 0 & 1 & 0 \\ \frac{1}{3} & \frac{4}{9} & 0 & 1 & \frac{2}{9} \\ \hline \frac{1}{3} & \frac{4}{9} & 0 & 1 & \frac{2}{9} \\ 0 & 0 & 1 & 0 & 0 \end{array} \right] \otimes I \right) \begin{pmatrix} hf(Y^{[m+1]}) \\ y^{[m]} \end{pmatrix}.$$

Ein lineares k-Schrittverfahren

$$u_{m+k} = -\sum_{i=0}^{k-1} \alpha_i u_{m+i} + h \sum_{j=0}^{k} \beta_j f_{m+j}$$

kann mit $s = 1$, $r = 2k$ und

$$Y^{[m]} = u_{m+k}, \quad y^{[m-1]} = (u_{m+k-1}^{\top}, \ldots, u_m^{\top}, hf_{m+k-1}^{\top}, \ldots, hf_m^{\top})^{\top}$$

durch die GLM-Matrizen

$$\left[\begin{array}{c|c} A & U \\ \hline B & V \end{array} \right] = \left[\begin{array}{c|ccccccccc} \beta_k & -\alpha_{k-1} & \cdots & -\alpha_1 & -\alpha_0 & \beta_{k-1} & \cdots & \beta_1 & \beta_0 \\ \hline \beta_k & -\alpha_{k-1} & \cdots & -\alpha_1 & -\alpha_0 & \beta_{k-1} & \cdots & \beta_1 & \beta_0 \\ 0 & 1 & \cdots & 0 & 0 & 0 & \cdots & 0 & 0 \\ \vdots & \vdots & \ddots & \vdots & \vdots & \vdots & \ddots & \vdots & \vdots \\ 0 & 0 & \cdots & 1 & 0 & 0 & \cdots & 0 & 0 \\ 1 & 0 & \cdots & 0 & 0 & 0 & \cdots & 0 & 0 \\ 0 & 0 & \cdots & 0 & 0 & 1 & \cdots & 0 & 0 \\ \vdots & \vdots & \ddots & \vdots & \vdots & \vdots & \ddots & \vdots & \vdots \\ 0 & 0 & \cdots & 0 & 0 & 0 & \cdots & 1 & 0 \end{array} \right]$$

repräsentiert werden. Eine reduzierte Darstellung mit $r = k$ wird in [57] hergeleitet, einfachere Darstellungen für spezielle Mehrschrittverfahren findet man in [53].

Prädiktor-Korrektor-Verfahren sind mehrstufige GLM. Als Beispiel betrachten wir ein Verfahren bestehend aus einem Zweischritt-Adams-Bashforth- und einem Zweischritt-Adams-Moulton-Verfahren. Hierzu bezeichnen wir die Prädiktorapproximation mit $u_m^{(0)}$

und den korrigierten Wert mit u_m. Der PECE-Algorithmus lautet dann

$$u_{m+2}^{(0)} = \qquad\qquad u_{m+1} + \frac{3}{2} h f(t_{m+1}, u_{m+1}) - \frac{1}{2} h f(t_m, u_m) \qquad (5.5.3a)$$

$$u_{m+2} = \frac{5}{12} h f(t_{m+2}, u_{m+2}^{(0)}) + u_{m+1} + \frac{2}{3} h f(t_{m+1}, u_{m+1}) - \frac{1}{12} h f(t_m, u_m). \qquad (5.5.3b)$$

Mit den Vektoren

$$Y^{[m+2]} := \begin{pmatrix} u_{m+2}^{(0)} \\ u_{m+2} \end{pmatrix} \quad \text{und} \quad y^{[m+2]} := \begin{pmatrix} u_{m+2} \\ h f_{m+2} \\ h f_{m+1} \end{pmatrix}$$

erhalten wir aus (5.5.3) das allgemeine lineare Verfahren

$$\begin{pmatrix} Y^{[m+2]} \\ y^{[m+2]} \end{pmatrix} = \left[\begin{array}{c|c} A \otimes I & U \otimes I \\ \hline B \otimes I & V \otimes I \end{array} \right] \begin{pmatrix} h f(Y^{[m+2]}) \\ y^{[m+1]} \end{pmatrix}$$

mit

$$\left[\begin{array}{c|c} A & U \\ \hline B & V \end{array} \right] = \left[\begin{array}{cc|ccc} 0 & 0 & 1 & \frac{3}{2} & -\frac{1}{2} \\ \frac{5}{12} & 0 & 1 & \frac{2}{3} & -\frac{1}{12} \\ \hline \frac{5}{12} & 0 & 1 & \frac{2}{3} & -\frac{1}{12} \\ 0 & 1 & 0 & 0 & 0 \\ 0 & 0 & 0 & 1 & 0 \end{array} \right].$$

Für eine s-stufige explizite Peer-Methode (5.1.3) mit den Matrizen B, A, R lautet mit $r = 2s$ und

$$Y^{[m+1]} = U_m, \quad y^{[m+1]} = \begin{pmatrix} U_m \\ h F(U_m) \end{pmatrix}$$

die Darstellung als GLM

$$\begin{pmatrix} Y^{[m+1]} \\ y^{[m+1]} \end{pmatrix} = \left[\begin{array}{c|cc} R & B & A \\ \hline R & B & A \\ I & 0 & 0 \end{array} \right] \begin{pmatrix} h F(Y^{[m+1]}) \\ y^{[m]} \end{pmatrix}.$$

Für $R = 0$ können alle s Stufen einer Peer-Methode auf einem Parallelrechner mit mindestens s Prozessoren gleichzeitig berechnet werden. Solche parallelen expliziten Peer-Methoden wurden in [239] untersucht und auf einem Parallelrechner getestet. Für aufwendige rechte Seiten ergab sich damit ein speed-up von annähernd s.

Explizite Peer-Methoden für Differentialgleichungssysteme 2. Ordnung wurden in [169] untersucht.

Skeel [255] führte das Konzept der Quasi-Konsistenz ein und zeigte für konstante Schritt-weiten, dass eine quasi-konsistente Methode der Ordnung $p+1$ auch konvergent von der Ordnung $p+1$ ist. Quasi-Konsistenz der Ordnung $p+1$ ist eine schwächere Forderung als Konsistenzordnung $p+1$, sie erfordert Konsistenzordnung p und eine zusätzliche Bedingung, die im Fall der expliziten Peer-Methoden gerade Bedingung (5.3.3) ist. In [292] wurde mit den superkonvergenten Peer-Methoden erstmals die Existenz von Me-thoden nachgewiesen, bei denen auch für variable Schrittweiten der globale Fehler die gleiche Ordnung wie der Residuenfehler besitzt. Eine Verschärfung der Quasi-Konsistenz, die doppelte Quasi-Konsistenz, wird in parallelen expliziten Peer-Methoden in [179] zur Schätzung des globalen Fehlers genutzt.

5.6 Aufgaben

1. Man zeige, dass die Vandermonde-Matrizen V_0 und V_1 der Beziehung $V_0 = V_1 P$ mit der Pascal-Matrix

$$P = (p_{ij})_{i,j=1}^{s} = \left(\binom{j-1}{i-1} \right)_{i,j=1}^{s} = \begin{pmatrix} 1 & 1 & 1 & 1 & \cdots \\ & 1 & 2 & 3 & \cdots \\ & & 1 & 3 & \cdots \\ & & & 1 & \cdots \\ & & & & \cdots \\ & & & & & 1 \end{pmatrix}$$

genügen.

2. Man bestimme die superkonvergente zweistufige Peer-Methode zu $B = \mathbb{1} e_s^\top$.

3. Man implementiere das Verfahren aus Aufgabe 2 mit konstanter Schrittweite.

4. Man zeige, dass (5.3.8) für $s = 3$ mit $c_3 = 1$ für $c_1 = 0$ oder $c_1 = 2/3$ keine Lösung besitzt.

6 Numerischer Vergleich nichtsteifer Integratoren

6.1 Vergleichskriterien und spezielle Integratoren

In den vorangegangenen Kapiteln haben wir die wesentlichen Klassen nichtsteifer Integratoren eingeführt, ihre Konsistenz, Konvergenz und Stabilität untersucht:

- Explizite RK-Verfahren,
- Lineare Mehrschrittverfahren, speziell implizite Adams-Verfahren,
- Explizite Extrapolationsverfahren,
- Explizite Peer-Methoden.

Zu diesen verschiedenen Verfahrenstypen gibt es zahlreiche Implementierungen. In früheren Jahren waren die entsprechenden Codes überwiegend in Fortran, in jüngerer Zeit wird meist C oder MATLAB verwendet. Alle modernen Codes besitzen eine Schrittweitensteuerung. Während bei Extrapolations- und Mehrschritt-Codes auch die Ordnung gesteuert wird, handelt es sich bei den Einschrittverfahren und Peer-Methoden i. Allg. um Algorithmen fester Ordnung.

Maßstäbe bei der Entwicklung effektiver, für ein breites Aufgabenspektrum geeigneter und für Anwender leicht handhabbarer Software wurden vor allem durch Hindmarsh u. a. mit den Programmpaketen EPISODE [60], [153], ODEPACK [150], [151] und VODE [32] gesetzt. Diese Programmpakete basieren auf linearen Mehrschrittverfahren und verwenden die Nordsieck-Form (vgl. Abschnitt 4.4.3). Aufbauend auf diesen Codes wurde in den letzten Jahren von Hindmarsh u. a. ein umfassendes Programmsystem in C für eine Vielzahl von Problemstellungen entwickelt: SUNDIALS – Suite of Nonlinear and Differential/Algebraic Equation Solvers, einen Überblick gibt [152]. Für gewöhnliche Differentialgleichungen ist das Basisverfahren CVODE, das für nichtsteife Probleme die impliziten Adams-Verfahren bis zur Ordnung 13 enthält. Zur Lösung der nichtlinearen Gleichungssysteme sind verschiedene Optionen vorhanden, für nichtsteife Probleme wird die PECE-Implementierung empfohlen.

Durch Standardparameter wird dem Nutzer die Anwendung erleichtert. Diese können durch optionale Parameter überschrieben werden. Die Fehlerschätzung erfolgt ähnlich zu (2.5.8) in einer Mischung aus relativem und absolutem Fehler.

Eine Übertragung dieses Standards auf Einschritt- und Extrapolationsverfahren erfolgte in den Codes von Hairer und Wanner (s. [143], [138]). Dazu gehören für nichtsteife Systeme:

- DOPRI5, das explizite Runge-Kutta-Verfahren der Ordnung 5 mit einem eingebetteten Verfahren der Ordnung 4 aus Beispiel 2.5.4,

- DOP853, ein explizites Runge-Kutta-Verfahren der Ordnung 8. Die Schrittweitensteuerung erfolgt mit Hilfe von eingebetteten Verfahren der Ordnung 5 und 3 (vgl. [138]),

- ODEX, ein auf dem GBS-Verfahren (vgl. Abschnitt 3.4) basierender Extrapolationscode.

In MATLAB sind für nichtsteife Systeme implementiert:

- ode45, das explizite RK-Verfahren von Dormand und Prince aus Beispiel 2.5.4,

- ode23, das explizite RK-Verfahren der Ordnung 3(2) aus [28] (Beispiel 2.5.5),

- ode113, das implizite Adams-Verfahren in PECE-Form mit dem expliziten Adams-Verfahren als Prädiktor.

Die MATLAB-Codes erlauben ebenfalls, gewisse Standardeinstellungen wie Anfangsschrittweite, relative und absolute Toleranzen u. a. anzupassen sowie statistische Daten wie Anzahl der Schritte, Funktionsaufrufe usw. zu bekommen.

Für einen Vergleich der Verfahren, ihre Einschätzung und darauf basierende Schlussfolgerungen ist die Festlegung geeigneter Kriterien wichtig. Die wesentlichen Kriterien sind

- Effektivität (Rechenzeit). Bei nichtsteifen Problemen wird die Rechenzeit vor allem durch die Anzahl der Funktionsaufrufe und den Organisationsaufwand der Verfahren (Overhead) beeinflusst.

- Genauigkeit und Zuverlässigkeit. Die heutigen Codes basieren darauf, den lokalen Fehler unter einer vorgegebenen skalierten Toleranz zu halten (vgl. Abschnitt 2.5).

- Robustheit und breite Anwendbarkeit der Verfahren. Sie sollen nicht nur für ausgewählte Testbeispiele gut funktionieren.

- Einfache Anwendung. Auch der ungeübte Anwender sollte die Verfahren ohne großen Aufwand nutzen können.

6.2 Numerische Tests von Verfahren für nichtsteife Systeme

Im Folgenden wollen wir die MATLAB-Codes und zwei explizite Peer-Methoden (ebenfalls in MATLAB) auf vier Testbeispiele anwenden. Vergleiche von Fortran-Codes werden in Kapitel 12 gegeben.

Die Peer-Methoden sind

- peer5, die 5-stufige superkonvergente Methode der Konvergenzordnung $p = 6$ aus Beispiel 5.3.1.

- peer7, eine 7-stufige superkonvergente Methode der Konvergenzordnung $p = 8$ aus [292].

Wir wenden die Codes auf folgende Beispiele an:

1. AREN – der Arenstorf-Orbit aus Beispiel 1.4.4 mit $t_e = T$.

2. BRUS – der nichtsteife Brusselator aus [138]. Man betrachtet hierbei ein gekoppeltes System aus 2 Diffusions-Reaktions-Gleichungen

$$u_t = \alpha(u_{xx} + u_{yy}) + u^2 v - 4.4u + 1$$
$$v_t = \alpha(v_{xx} + v_{yy}) + 3.4u - u^2 v$$
$$0 \le x \le 1, \quad 0 \le y \le 1, \quad 0 \le t \le 7.5,$$

mit Neumann-Randbedingungen und den Anfangsbedingungen

$$u(0, x, y) = 0.5 + y, \quad v(0, x, y) = 1 + 5x.$$

Diese partiellen Differentialgleichungen werden mit der Linienmethode mit zentralen Differenzen zweiter Ordnung diskretisiert (vgl. Abschnitt 7.4.2). Mit der Ortsschrittweite $\Delta x = \Delta y = 1/20$ entsteht ein gewöhnliches Differentialgleichungssystem 1. Ordnung der Dimension 882. Für die betrachtete Diffusionskonstante $\alpha = 2 \cdot 10^{-3}$ ist das System nichtsteif.

3. LRNZ – der Lorenz-Oszillator aus Beispiel 1.4.3.

4. PLEI – ein System aus der Himmelsmechanik, das die Bewegung von 7 Sternen in einer Ebene beschreibt [138]. Die Differentialgleichungen zweiter Ordnung haben die Form

$$x_i'' = \sum_{j \neq i} m_j (x_j - x_i)/r_{ij}$$
$$y_i'' = \sum_{j \neq i} m_j (y_j - y_i)/r_{ij}, \quad i = 1, \dots, 7,$$

mit $r_{ij} = \left((x_i - x_j)^2 + (y_i - y_j)^2\right)^{3/2}$ und $m_i = i$ für $i = 1, \dots, 7$ und den

Anfangswerten

$$x(0) = (3, 3, -1, -3, 2, -2, 2)^\top, \quad y(0) = (3, -3, 2, 0, 0, -4, 4)^\top$$
$$x'(0) = (0, 0, 0, 0, 0, 1.75, -1.5)^\top, \quad y'(0) = (0, 0, 0, -1.25, 1, 0, 0)^\top.$$

Überführung in ein System 1. Ordnung ergibt 28 Differentialgleichungen. Die Integration erfolgt bis $t_e = 3$.

Alle Verfahren wurden mit den Toleranzen $atol = rtol = 10^{-2}, 10^{-3}, \ldots, 10^{-12}$ gerechnet. In den folgenden Abbildungen sind die Fehler im Endpunkt zum einen gegenüber der Anzahl der Funktionsaufrufe, zum anderen gegenüber der Rechenzeit dargestellt. Für AREN gilt $y(t_e) = y(t_0)$, für die anderen Beispiele wurde eine Vergleichslösung mit sehr hoher Genauigkeit berechnet.

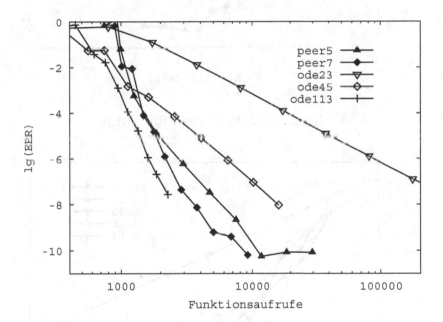

Abbildung 6.2.1: Funktionsaufrufe für AREN

Die Ergebnisse zeigen einige typische Eigenschaften der verschiedenen Verfahren auf:

- Wegen der geringen Ordnung ist ode23 nur bei sehr groben Toleranzen konkurrenzfähig. Je schärfer die Toleranzen sind, umso deutlicher wird der Vorteil der Verfahren hoher Ordnung ode113 und peer7.

- Mehrschrittverfahren besitzen den größten Overhead, benötigen i. Allg. aber die geringste Anzahl von Funktionsaufrufen. Dies macht sich bez. der Rechenzeit speziell bei Systemen mit großer Dimension und/oder aufwendiger Berechnung der rechten Seite bemerkbar, wie bei BRUS.

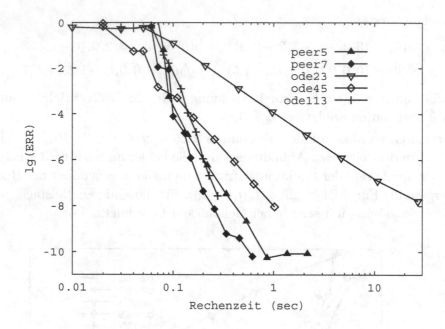

Abbildung 6.2.2: Rechenzeit für AREN

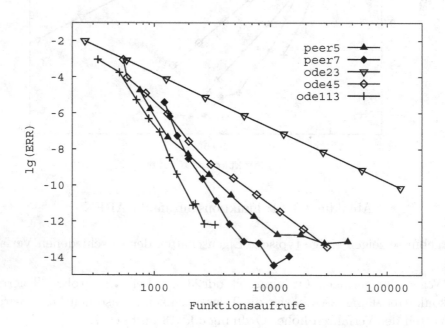

Abbildung 6.2.3: Funktionsaufrufe für BRUS

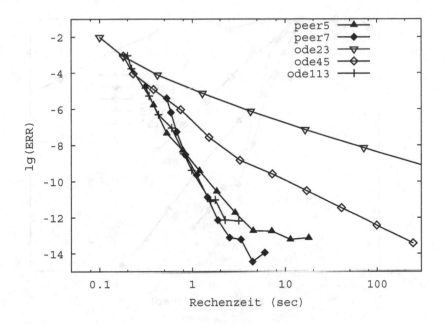

Abbildung 6.2.4: Rechenzeit für BRUS

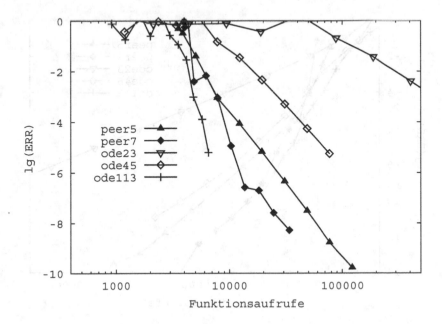

Abbildung 6.2.5: Funktionsaufrufe für LRNZ

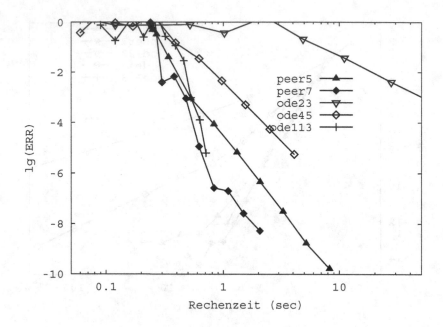

Abbildung 6.2.6: Rechenzeit für LRNZ

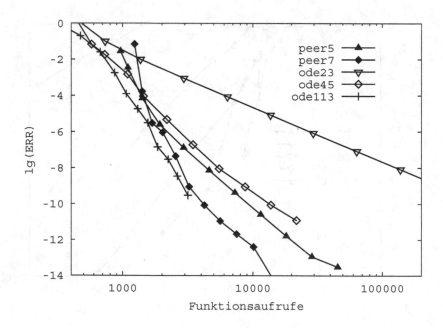

Abbildung 6.2.7: Funktionsaufrufe für PLEI

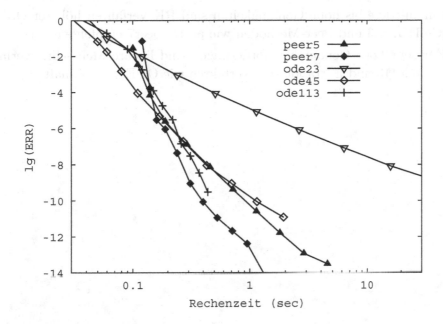

Abbildung 6.2.8: Rechenzeit für PLEI

- Explizite RK-Verfahren besitzen den geringsten Overhead. Bei billigen Funktionsaufrufen und groben Toleranzen sind sie daher sehr effizient.

- Bei nichtsteifen Systemen werden i. Allg. auftretende Störungen der exakten Lösung nicht stark gedämpft. Die erreichte Genauigkeit der Verfahren ist daher häufig deutlich schlechter als die vorgegebene Toleranz, z. B. bei LRNZ, Abbildung 6.2.5. In unseren Tests weisen die Peer-Methoden die beste Übereinstimmung von geforderter und erreichter Genauigkeit auf. Generell empfiehlt es sich, ein Anfangswertproblem mit unterschiedlichen Toleranzvorgaben und unterschiedlichen Verfahren zu lösen. Weiterhin lassen sich aus den statistischen Daten Rückschlüsse auf eventuelle Schwierigkeiten der numerischen Verfahren ziehen (z. B. viele Schrittwiederholungen).

Die vorgestellten numerischen Ergebnisse können nur ein grober Anhaltspunkt bei der Auswahl eines geeigneten Verfahrens sein. Es gibt umfangreiche Vergleiche in der Literatur. In [138] werden Fortran-Implementierungen expliziter RK-Verfahren, linearer Mehrschrittverfahren und Extrapolationsverfahren miteinander verglichen, in [292] Peer-Methoden und explizite RK-Verfahren. Fazit dieser Tests ist, dass es kein Verfahren gibt, das für alle Beispiele und alle Toleranzen das beste ist. Als grobe Richtlinie kann man formulieren

- Für niedrige bis mittlere Genauigkeitsforderungen sind explizite RK-Verfahren wie DOPRI5 bzw. ode45 sehr gut geeignet.

- Für mittlere bis hohe Genauigkeiten sind RK-Verfahren höherer Ordnung wie DOP853 und Peer-Methoden wie peer5, peer7 empfehlenswert.
- Für sehr hohe Genauigkeitsforderungen sind lineare Mehrschrittverfahren wie ode113 und Extrapolationsverfahren wie ODEX vorteilhaft.

Teil II

Steife Differentialgleichungen

7 Qualitatives Lösungsverhalten von Differentialgleichungen

In diesem Kapitel untersuchen wir das qualitative Verhalten von Lösungen gewöhnlicher Differentialgleichungen. Zentrale Begriffe sind Stabilität, Kontraktivität und Dissipativität. Unser Ziel besteht darin, Bedingungen für Diskretisierungsverfahren anzugeben, so dass die Näherungslösung das Langzeitverhalten der exakten Lösung steifer Anfangswertaufgaben möglichst gut widerspiegelt.

7.1 Ljapunov-Stabilität

Wir betrachten die Differentialgleichung

$$y'(t) = f(t, y(t)) \tag{7.1.1}$$

mit einer Lipschitz-stetigen Funktion $f \colon [0, \infty) \times \mathbb{R}^n \to \mathbb{R}^n$ und die zugehörige Anfangswertaufgabe

$$y'(t) = f(t, y(t)), \quad y(0) = y_0. \tag{7.1.2}$$

Um die Abhängigkeit der Lösung vom Anfangswert zu kennzeichnen, verwenden wir im Folgenden die Bezeichnung $y(t, y_0)$ für die Lösung $y(t)$ mit $y(0) = y_0$.

Definition 7.1.1. 1. Sei $y^*(t) \in C^1[0, \infty)$ eine Lösung der Differentialgleichung (7.1.1). Sie heißt *stabil im Sinne von Ljapunov*, falls für ein $\alpha > 0$ alle Anfangswertaufgaben (7.1.2) mit $\|y_0 - y^*(0)\| \leq \alpha$ Lösungen auf $[0, \infty)$ haben und zu jedem $\varepsilon > 0$ ein $\delta(\varepsilon) > 0$ existiert, so dass für alle $t \geq 0$ gilt

$$\|y_0 - y^*(0)\| \leq \delta(\varepsilon) \quad \Rightarrow \quad \|y(t, y_0) - y^*(t)\| \leq \varepsilon.$$

2. Die Lösung y^* heißt *asymptotisch stabil im Sinne von Ljapunov*, wenn sie stabil ist und wenn zusätzlich ein $\bar{\alpha} > 0$ existiert, so dass gilt

$$\|y_0 - y^*(0)\| \leq \bar{\alpha} \quad \Rightarrow \quad \|y(t, y_0) - y^*(t)\| \to 0 \quad \text{für} \quad t \to \infty.$$

3. Eine Lösung y^* heißt *instabil*, wenn sie nicht stabil ist.   □

Definition 7.1.2. Ein Vektor $c \in \mathbb{R}^n$ heißt *Gleichgewichtslage* von (7.1.1), falls $f(t, c) = 0$ für alle $t \geq 0$ gilt. Die Funktion $y(t) \equiv c$ heißt dann *stationäre Lösung*.
□

Beispiel 7.1.1. 1. Sei $y'(t) = -t^3 y(t)$. Die Lösungen sind gegeben durch

$$y(t, y_0) = e^{-\frac{t^4}{4}} y_0.$$

Die stationäre Lösung $y^*(t) \equiv 0$ ist asymptotisch stabil.

2. Die Differentialgleichung

$$y'(t) = y(t) - y^3(t), \quad t \in [0, \infty), \quad y(0) = y_0 \qquad (7.1.3)$$

hat die Lösungen

$$y(t, y_0) = \frac{e^t y_0}{\sqrt{1 + (e^{2t} - 1) y_0^2}}.$$

Die Gleichgewichtslagen sind $-1, 0$ und 1. Die stationären Lösungen $y^*(t) \equiv -1$ und $y^*(t) \equiv 1$ sind asymptotisch stabil, die stationäre Lösung $y^*(t) \equiv 0$ ist instabil.

3. Die Prothero-Robinson-Gleichung, Beispiel 1.4.1,

$$y'(t) = \lambda(y(t) - g(t)) + g'(t), \quad g \in C^1[0, \infty), \quad \lambda \in \mathbb{R} \qquad (7.1.4)$$
$$y(0) = y_0,$$

besitzt die Lösung

$$y(t, y_0) = \exp(\lambda t)(y_0 - g(0)) + g(t).$$

Für $\lambda < 0$ ist die Lösung $y^*(t) = g(t)$ asymptotisch stabil, für $\lambda > 0$ ist sie instabil, vgl. Abbildung 7.1.1.   □

Für lineare Systeme mit konstanten Koeffizienten

$$y' = Ay, \quad A \in \mathbb{R}^{n,n}$$
$$y(0) = y_0 \qquad (7.1.5)$$

lässt sich die Stabilität der Nulllösung leicht anhand der Eigenwerte der Matrix A überprüfen.

Satz 7.1.1. *1. Die Nulllösung des Problems* (7.1.5) *ist asymptotisch stabil genau dann, wenn für jeden Eigenwert λ_i von A gilt*

$$\operatorname{Re} \lambda_i < 0.$$

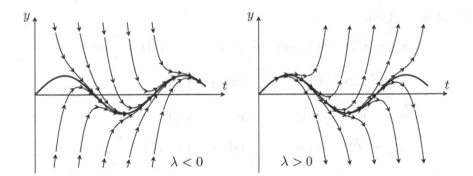

Abbildung 7.1.1: Stabiles und instabiles Lösungsverhalten für Gleichung (7.1.4)

2. Sie ist stabil genau dann, wenn für jeden Eigenwert gilt

$$\operatorname{Re} \lambda_i \le 0,$$

und zu jeder k-fachen Nullstelle λ_i des charakteristischen Polynoms mit $\operatorname{Re} \lambda_i = 0$ gehören k linear unabhängige Eigenvektoren. □

Beweis. Aus der Lösungsdarstellung (1.3.6) folgt die erste Aussage, die zweite ergibt sich unmittelbar aus (1.3.6) und Bemerkung 1.3.1. ∎

Die Stabilität bei allgemeinen nichtlinearen Systemen ist wesentlich schwieriger zu überprüfen. Schon für lineare nichtautonome Systeme

$$y'(t) = A(t)y(t)$$
$$y(0) = y_0$$

ist die Bedingung

$$\operatorname{Re} \lambda_i < 0$$

für alle Eigenwerte weder notwendig noch hinreichend für asymptotische Stabilität.

Beispiel 7.1.2. 1. Sei

$$A(t) = \begin{pmatrix} \cos^2 3t - 5\sin^2 3t & -6\cos 3t \sin 3t + 3 \\ -6\cos 3t \sin 3t - 3 & \sin^2 3t - 5\cos^2 3t \end{pmatrix}.$$

Die Matrix besitzt den doppelten Eigenwert $\lambda(t) = -2$. Andererseits ist die Lösung zum Anfangswert $y_0 = (c_1, 0)^\top$ gegeben durch

$$y_1(t, y_0) = c_1 e^t \cos 3t, \quad y_2(t, y_0) = -c_1 e^t \sin 3t,$$

die Nulllösung (stationäre Lösung) ist offensichtlich instabil.

2. Die Matrix A mit

$$a_{11} = \sqrt{2}\left(-0.1\cos(t - \frac{\pi}{4})\cos t - 4.1\sin(t - \frac{\pi}{4})\sin t\right)$$

$$a_{12} = \sqrt{2}\left(-4\cos(t - \frac{\pi}{4})\sin t + \frac{1}{2}\sqrt{2}\right)$$

$$a_{21} = \sqrt{2}\left(-4\sin(t - \frac{\pi}{4})\cos t - \frac{1}{2}\sqrt{2}\right)$$

$$a_{22} = \sqrt{2}\left(-0.1\sin(t - \frac{\pi}{4})\sin t - 4.1\cos(t - \frac{\pi}{4})\cos t\right)$$

besitzt die Eigenwerte

$$\lambda_1 = -2.1 - \sqrt{7} < 0, \quad \lambda_2 = -2.1 + \sqrt{7} > 0.$$

Die allgemeine Lösung lautet

$$\begin{pmatrix} y_1(t) \\ y_2(t) \end{pmatrix} = \begin{pmatrix} c_1 \cos(t - \frac{\pi}{4})e^{-0.1t} + c_2 \sin t\, e^{-4.1t} \\ -c_1 \sin(t - \frac{\pi}{4})e^{-0.1t} + c_2 \cos t\, e^{-4.1t} \end{pmatrix}.$$

Trotz des positiven Eigenwertes λ_2 ist die Nulllösung asymptotisch stabil. $\quad\square$

Im folgenden Abschnitt geben wir für eine spezielle Klasse nichtlinearer Probleme hinreichende Stabilitätsbedingungen an.

7.2 Einseitige Lipschitz-Konstante und logarithmische Matrixnorm

Wir beginnen mit einem Beispiel. Gegeben sei die skalare Differentialgleichung

$$y'(t) = \lambda y(t), \quad \lambda \in \mathbb{R}, \quad \lambda \le 0. \tag{7.2.1}$$

Für das Lösungsverhalten von (7.2.1) gilt folgender

Satz 7.2.1. *Für zwei Lösungen $y(t)$, $v(t)$ von (7.2.1) gilt*

$$|y(t) - v(t)| \le |y(0) - v(0)|$$

für alle $t \ge 0$. Ist $\lambda < 0$, so gilt $\lim_{t\to\infty} y(t) = 0$ für alle Anfangswerte $y_0 \in \mathbb{R}$.
$\square$

Um dieses Lösungsverhalten, d.h. das Abklingen

$$\|y(t_2) - v(t_2)\| \le \|y(t_1) - v(t_1)\| \quad \text{für} \quad 0 \le t_1 \le t_2 < \infty$$

auf nichtlineare Differentialgleichungssysteme zu übertragen, erweist sich die *einseitige Lipschitz-Bedingung* als hilfreich.

Definition 7.2.1. Sei $\langle \cdot, \cdot \rangle$ ein Skalarprodukt im $\mathbb{R}^n$ mit der zugehörigen Norm $\|y\|^2 = \langle y, y \rangle$. Die Funktion $f \colon [0, \infty) \times \mathbb{R}^n \to \mathbb{R}^n$ genügt einer *einseitigen Lipschitz-Bedingung*, wenn gilt

$$\langle f(t,y) - f(t,v), y - v \rangle \leq \nu \|y - v\|^2, \quad \text{für } t \geq 0 \text{ und } y, v \in \mathbb{R}^n. \quad (7.2.2)$$

Dabei heißt $\nu \in \mathbb{R}$ *einseitige Lipschitz-Konstante*. □

Beispiel 7.2.1. 1. Sei $y' = ay$, $a \in \mathbb{R}$. Dann ist

$$\langle f(t,y) - f(t,v), y - v \rangle = a(y - v)^2, \quad (7.2.3)$$

d.h., (7.2.2) ist für $\nu = a$ erfüllt.

2. Sei $y' = -y^3$. Es ist

$$\begin{aligned}
\langle f(t,y) - f(t,v), y - v \rangle &= -(y^3 - v^3)(y - v) \\
&= -(y^2 + yv + v^2)(y - v)^2 \\
&= -((y + \tfrac{1}{2}v)^2 + \tfrac{3}{4}v^2)(y - v)^2 \\
&\leq 0.
\end{aligned}$$

Die einseitige Lipschitz-Bedingung (7.2.2) ist mit $\nu = 0$ erfüllt.

3. Sei $y' = y^4$, dann ist

$$\begin{aligned}
\langle f(t,y) - f(t,v), y - v \rangle &= (y^4 - v^4)(y - v) \\
&= (y^2 + v^2)(y^2 - v^2)(y - v) \\
&= (y^2 + v^2)(y + v)(y - v)^2
\end{aligned}$$

d.h., die Bedingung (7.2.2) ist nicht erreichbar. □

Bemerkung 7.2.1. 1. Ist f Lipschitz-stetig mit der Lipschitz-Konstanten L, so folgt mittels der Cauchy-Schwarzschen Ungleichung

$$\langle f(t,y) - f(t,v), y - v \rangle \leq \|f(t,y) - f(t,v)\| \, \|u - v\| \leq L \|y - v\|^2,$$

d.h., die einseitige Lipschitz-Bedingung (7.2.2) ist mit $\nu = L$ erfüllt.

2. Im Unterschied zur klassischen Lipschitz-Konstanten kann die einseitige Lipschitz-Konstante auch negativ sein, vgl. (7.2.3) für $a < 0$. □

Die entscheidende Bedeutung der einseitigen Lipschitz-Bedingung liegt im nachfolgenden

Satz 7.2.2. *Sei ν eine einseitige Lipschitz-Konstante für f. Dann gilt für zwei beliebige Lösungen von (7.1.2) in der durch das Skalarprodukt induzierten Norm die Abschätzung*

$$\|y(t) - v(t)\| \leq e^{\nu t} \|y(0) - v(0)\|, \quad t \geq 0. \quad (7.2.4)$$

Beweis. Wir definieren

$$\varphi(t) := \|y(t) - v(t)\|^2 = \langle y(t) - v(t), y(t) - v(t) \rangle.$$

Die Funktion φ ist stetig differenzierbar, es gilt

$$\begin{aligned}
\varphi'(t) &= 2\langle y'(t) - v'(t), y(t) - v(t) \rangle \\
&= 2\langle f(t, y(t)) - f(t, v(t)), y(t) - v(t) \rangle.
\end{aligned}$$

Mit der einseitigen Lipschitz-Bedingung (7.2.2) folgt die Differentialungleichung

$$\varphi'(t) \le 2\nu \|y(t) - v(t)\|^2 = 2\nu\varphi(t).$$

Daraus ergibt sich

$$\varphi(t) \le \varphi(0) + 2\nu \int_0^t \varphi(\tau)d\tau.$$

Die Anwendung des Gronwall-Lemmas 1.2.1 liefert

$$\varphi(t) \le e^{2\nu t}\varphi(0),$$

dies impliziert

$$\|y(t) - v(t)\| \le e^{\nu t}\|y(0) - v(0)\|,$$

d. h., es gilt die Abschätzung (7.2.4). ■

Definition 7.2.2. Erfüllt die Differentialgleichung (7.1.1) die einseitige Lipschitz-Bedingung (7.2.2) mit $\nu < 0$ ($\nu \le 0$), so heißt die Differentialgleichung *exponentiell kontraktiv (schwach kontraktiv, dissipativ)*. □

Folgerung 7.2.1. *Ist die Differentialgleichung (7.1.1) schwach kontraktiv, so ist jede Lösung $y(t)$ von (7.1.2) stabil. Ist sie exponentiell kontraktiv, so ist jede Lösung $y(t)$ asymptotisch stabil.* □

Zur Bestimmung der einseitigen Lipschitz-Konstante ν führen wir das folgende „Maß" einer Matrix $A \in \mathbb{R}^{n,n}$ ein, vgl. Lozinski (1958, [189]), Dahlquist (1959, [80]).

Definition 7.2.3. Sei $\|\cdot\|$ eine beliebige Vektornorm im $\mathbb{R}^n$. Für jede zugeordnete Matrixnorm heißt der Grenzwert

$$\mu[A] = \lim_{\delta \to +0} \frac{\|I + \delta A\| - 1}{\delta} \tag{7.2.5}$$

die zugeordnete *logarithmische Norm* der Matrix A. □

Lemma 7.2.1. *Der Grenzwert in (7.2.5) existiert für alle zugeordneten Matrixnormen $\| \cdot \|$ und alle Matrizen A.*

Beweis. Sei $0 < \theta < 1$. Dann ist

$$\|I + \theta\delta A\| = \|\theta(I + \delta A) + (1 - \theta)I\| \leq \theta\|I + \delta A\| + (1 - \theta)\|I\|.$$

Für zugeordnete Matrixnormen gilt $\|I\| = 1$. Damit folgt

$$\frac{\|I + \theta\delta A\| - 1}{\theta\delta} \leq \frac{\|I + \delta A\| - 1}{\delta},$$

d. h., $(\|I + \delta A\| - 1)/\delta$ ist eine nicht fallende Funktion in δ. Weiterhin folgt mit

$$-\delta\|A\| \leq \|I + \delta A\| - \|I\| \leq \delta\|A\|,$$

dass $(\|I + \delta A\| - 1)/\delta$ durch $\pm\|A\|$ beschränkt ist. Der Grenzwert in (7.2.5) existiert und ist endlich. ∎

Die logarithmische Matrixnorm $\mu[A]$ ist keine Norm im klassischen Sinn, sie kann auch negativ sein.

Satz 7.2.3. *Wird die Norm $\| \cdot \|$ durch ein Skalarprodukt $\langle \cdot, \cdot \rangle$ erzeugt, so gilt*

$$\mu[A] = \max_{x \neq 0} \frac{\langle Ax, x \rangle}{\langle x, x \rangle}. \tag{7.2.6}$$

Beweis. Es ist

$$\|I + \delta A\| = \max_{x \neq 0} \frac{\|(I + \delta A)x\|}{\|x\|}$$

$$= 1 + \delta \max_{x \neq 0} \frac{\langle Ax, x \rangle}{\langle x, x \rangle} + \mathcal{O}(\delta^2) \quad \text{für } \delta \to 0.$$

Mit (7.2.5) folgt (7.2.6). ∎

Im folgenden Satz geben wir für einige häufig verwendete Matrixnormen für eine Matrix $A \in \mathbb{R}^{n,n}$ die zugehörigen logarithmischen Matrixnormen an:

Satz 7.2.4. *Die den Matrixnormen $\| \cdot \|_p$, $p = 1, 2, \infty$, zugeordneten logarithmischen Matrixnormen $\mu_p[\cdot]$ sind für eine Matrix $A \in \mathbb{R}^{n,n}$ gegeben durch*

$$\|A\|_1 = \max_{j=1}^{n} \sum_{i=1}^{n} |a_{ij}|, \qquad \mu_1[A] = \max_{j=1}^{n}(a_{jj} + \sum_{\substack{i=1 \\ i \neq j}}^{n} |a_{ij}|)$$

$$\|A\|_\infty = \max_{i=1}^{n} \sum_{j=1}^{n} |a_{ij}|, \qquad \mu_\infty[A] = \max_{i=1}^{n}(a_{ii} + \sum_{\substack{j=1 \\ j \neq i}}^{n} |a_{ij}|)$$

$$\|A\|_2 = \sqrt{\lambda_{max}(A^\top A)}, \qquad \mu_2[A] = \lambda_{max}(\frac{1}{2}(A + A^\top)),$$

wobei $\lambda_{max}(\cdot)$ *den maximalen Eigenwert der Matrix bezeichnet.*

Beweis. Die Ausdrücke für μ_1 und μ_∞ ergeben sich unmittelbar aus (7.2.5). Aus

$$\|I + \delta A\|_2 = \sqrt{\lambda_{max}((I + \delta A)^\top (I + \delta A))}$$

$$= \sqrt{\lambda_{max}(I + \delta(A^\top + A) + \delta^2 A^\top A)}$$

$$= 1 + \frac{\delta}{2}\lambda_{max}(A^\top + A) + \mathcal{O}(\delta^2)$$

ergibt sich mit (7.2.5) der Ausdruck für $\mu_2(A)$. ∎

Die logarithmische Matrixnorm besitzt eine Reihe wichtiger Eigenschaften, von denen wir einige aufführen, vgl. [86].

1. Seien λ_i, $i = 1, 2, \ldots, n$, die Eigenwerte von $A \in \mathbb{R}^{n,n}$. Dann gilt

$$\max_i \operatorname{Re} \lambda_i \leq \mu[A] \leq \|A\|. \tag{7.2.7}$$

   Ist $\mu[A] < 0$, so liegen alle Eigenwerte von A in der linken komplexen Halbebene, die Umkehrung gilt nicht.

2. $\mu[cA] = c\mu[A]$ für alle $c \geq 0$.

3. $\mu[A + cI] = \mu[A] + c$ für alle $c \in R$.

4. $\mu[A + B] \leq \mu[A] + \mu[B]$.

5. $|\mu[A] - \mu[B]| \leq \max(|\mu[A - B]|, |\mu[B - A]|) \leq \|A - B\|$.

6. Ist A regulär, dann ist $\|A^{-1}\|^{-1} \geq \max(-\mu[-A], -\mu[A])$.

Die zentrale Bedeutung der logarithmische Matrixnorm liegt im folgenden Satz, Dahlquist [80]. Er zeigt, dass sich das Stabilitätsverhalten eines nichtlinearen Differentialgleichungssystems unter Verwendung der logarithmischen Matrixnorm in einfacher Weise beurteilen lässt.

Satz 7.2.5. *Sei* $\|\cdot\|$ *eine Norm im* $\mathbb{R}^n$. *Ferner sei* f *stetig differenzierbar mit beschränkter Ableitung in* $[0, \infty) \times \mathbb{R}^n$ *und*

$$\mu[f_y(t, y)] \leq \mu_0 \quad \text{für } t \in [0, \infty),\ y \in \mathbb{R}^n.$$

Dann gilt für zwei Lösungen $y(t)$ *und* $v(t)$ *die Abschätzung*

$$\|y(t) - v(t)\| \leq e^{\mu_0 t}\|y(0) - v(0)\|, \quad t \geq 0. \quad \Box \tag{7.2.8}$$

Für den Beweis verweisen wir auf Strehmel und Weiner [272]. Für lineare Systeme $y' = Ay$ mit konstanter Matrix A folgt mit der Lösungsdarstellung $y(t) = \exp(tA)y(0)$ aus (7.2.8) für eine zugeordnete Matrixnorm

$$\|\exp(tA)\| \leq e^{t\mu[A]}. \tag{7.2.9}$$

Die Aussage von Satz 7.2.5 gilt für eine beliebige Vektornorm. Man kann daher die Norm so wählen, dass μ möglichst klein ausfällt, bzw. man kann sie der betrachteten Problemklasse anpassen.

Bei Verwendung einer Skalarproduktnorm besteht zwischen einseitiger Lipschitz-Bedingung und logarithmischer Matrixnorm ein enger Zusammenhang. Es gilt folgender

Satz 7.2.6. *Die Funktion $f(t,y)$ sei bez. y stetig differenzierbar für alle $(t,y) \in [0,\infty) \times \mathbb{R}^n$, und die Norm sei durch ein Skalarprodukt $\langle \cdot, \cdot \rangle$ definiert. Dann sind die Aussagen*

$$a) \quad \mu[f_y(t,y)] \leq \nu, \quad t \geq 0, \quad y \in \mathbb{R}^n$$
$$b) \quad \langle f(t,y) - f(t,v), y - v \rangle \leq \nu \|y - v\|^2, \quad t \geq 0, \quad y, v \in \mathbb{R}^n$$

äquivalent.

Beweis. $a) \Rightarrow b)$: Mit (1.2.5) (Mittelwertsatz) gilt

$$\langle f(t,y) - f(t,v), y - v \rangle = \langle \int_0^1 f_y(t, v + \theta(y - v))(y - v)\, d\theta, y - v \rangle$$
$$= \int_0^1 \langle f_y(t, v + \theta(y - v))(y - v), y - v \rangle\, d\theta.$$

Mit (7.2.6) folgt

$$\langle f(t,y) - f(t,v), y - v \rangle \leq \nu \|y - v\|^2.$$

$b) \Rightarrow a)$: Taylorentwicklung von f liefert

$$\langle f_y(t,v)(y - v), y - v \rangle = \lim_{\xi \to 0} \frac{1}{\xi} \langle f(t, v + \xi(y - v)) - f(t,v), y - v \rangle.$$

Mit der Voraussetzung $b)$ folgt

$$\lim_{\xi \to 0} \frac{1}{\xi^2} \langle f(t, v + \xi(y - v)) - f(t,v), \xi(y - v) \rangle \leq \nu \|y - v\|^2.$$

Damit gilt

$$\langle f_y(t,v)(y - v), y - v \rangle \leq \nu \|y - v\|^2,$$

und nach (7.2.6) folgt die Behauptung. ∎

7.3 Differentialgleichungen als dynamische Systeme

Zeitabhängige Prozesse, die durch autonome Differentialgleichungen modelliert werden, sind homogen bezüglich der Zeit, d. h., der Verlauf der Lösung hängt nur vom Anfangszustand, aber nicht vom Anfangszeitpunkt ab. Mit $y(t)$ ist auch $v(t) = y(t + t_0)$ Lösung der Differentialgleichung. Solche Prozesse gehören unter geeigneten Voraussetzungen zu den *dynamischen Systemen*.

Definition 7.3.1. Die Differentialgleichung $y' = f(y)$ definiert auf einer Menge $E \subseteq \mathbb{R}^n$ ein *dynamisches System*, wenn für jedes $y_0 \in E$ die Anfangswertaufgabe

$$y'(t) = f(y(t)), \quad y(0) = y_0 \tag{7.3.1}$$

eine eindeutige Lösung besitzt, die für alle $t \in [0, \infty)$ definiert ist und die für alle $t \in [0, \infty)$ in E verbleibt.   □

Beispiel 7.3.1. 1. Die Differentialgleichung $y'(t) = \lambda y(t)$, $\lambda \in \mathbb{R}$, besitzt die Lösung

$$y(t) = e^{\lambda t} y_0, \quad y_0 \in \mathbb{R},$$

sie definiert auf $E = \mathbb{R}$ ein dynamisches System.

2. Die Differentialgleichung

$$y'(t) = -y^3(t), \quad y(0) = y_0$$

hat die Lösung

$$y(t) = \frac{y_0}{\sqrt{1 + 2ty_0^2}} \quad \text{für } t \in [0, \infty),$$

sie definiert auf $E = \mathbb{R}$ ein dynamisches System.

Wir betrachten weiterhin die Menge $B = \{y : -a < y < a\}$ mit $a > 0$. Es ist

$$\frac{d}{dt}(y(t))^2 = 2y(t)y'(t) = -2(y(t))^4 \leq 0,$$

d. h., $|y(t)|$ ist nicht wachsend. Für $y_0 \in B$ ist auch die Lösung $y(t) \in B$ für alle $t \geq 0$. Die Differentialgleichung definiert demzufolge auf $E = B$ ein dynamisches System.

3. Die Differentialgleichung

$$y'(t) = y^3(t), \quad y(0) = y_0$$

mit der Lösung

$$y(t) = \frac{y_0}{\sqrt{1 - 2ty_0^2}}$$

definiert kein dynamisches System auf einer offenen Menge E, da die Lösung nur für $t \in [0, 1/(2y_0^2))$ existiert.   □

Schon sehr einfache autonome Differentialgleichungen erfüllen oft für $t \geq 0, y \in \mathbb{R}^n$ keine Lipschitz-Bedingung (1.2.4), so dass die Voraussetzungen für den Existenz- und Eindeutigkeitssatz 1.2.1 nicht erfüllt sind. Andererseits erfüllen diese Differentialgleichungen für $t \geq 0$, $y \in \mathbb{R}^n$ häufig eine einseitige Lipschitz-Bedingung (7.2.2), z.B. ist $\nu = 0$ für $y(t) = -y^3$ eine einseitige Lipschitz-Konstante. Steife Systeme sind oft durch eine einseitige Lipschitz-Bedingung charakterisiert. Die folgenden Untersuchungen stellen eine Verallgemeinerung des Existenz- und Eindeutigkeitssatzes 1.2.1 für dynamische Systeme dar, die eine einseitige Lipschitz-Bedingung erfüllen. Wir geben zunächst folgende

Definition 7.3.2. (vgl. [276]) Sei durch (7.3.1) ein dynamisches System auf $E \subseteq \mathbb{R}^n$ gegeben. Die Familie von Operatoren

$$S(t)\colon E \to E, \quad S(t)y_0 := y(t, y_0), \quad y_0 \in E, \ t \geq 0$$

heißt *Evolutionshalbgruppe* der Differentialgleichung. $\square$

Wegen $y(t + s, y_0) = y(t, y(s, y_0))$ besitzt der Operator $S(t)$ folgende Eigenschaften:

(i) $S(t + s) = S(t)S(s) = S(s)S(t)$, für alle $t, s \geq 0$

(ii) $S(0)$ ist der identische Operator auf $\mathbb{R}^n$.

Wir kommen nun zum angekündigten Existenz- und Eindeutigkeitssatz.

Satz 7.3.1. *Die Differentialgleichung (7.3.1) erfülle eine einseitige Lipschitz-Bedingung*

$$\langle f(y) - f(v), y - v \rangle \leq \nu \|y - v\|^2, \quad y, v \in \mathbb{R}^n.$$

Dann sind alle Anfangswertaufgaben (7.3.1) auf $[0, \infty)$ eindeutig lösbar, d.h., die Differentialgleichung generiert auf $\mathbb{R}^n$ ein dynamisches System.

Beweis. Wir zeigen zuerst die Eindeutigkeit. Angenommen, es existieren zwei Lösungen $y(t)$ und $v(t)$ von (7.3.1) auf $[0, \infty)$ mit $y(0) = v(0)$. Aus Satz 7.2.2 folgt dann $y(t) \equiv v(t)$ für alle $t \geq 0$, d.h. die Eindeutigkeit.

Für den Nachweis der Existenz verwenden wir, dass für jeden Anfangswert y_0 nach dem Satz von Peano, vgl. z.B. Walter [281], eine Lösung auf einem Intervall $[0, \delta]$ existiert. Falls (7.3.1) kein dynamisches System generiert, so muss ein y_0 existieren, so dass die Lösung $y(t, y_0)$ für $t < \delta^*$ existiert und

$$\lim_{t \to \delta^*} \|y(t, y_0)\| = \infty$$

gilt. Wegen Satz 7.2.2 muss das dann für jede Lösung $u(t, u_0)$ mit dem gleichen δ^* gelten. Betrachten wir die Lösung $y(t, y(\delta^*/2, y_0))$. Für sie gilt

$$y(t, y(\delta^*/2, y_0)) = S(t)y(\delta^*/2, y_0) = S(t)S(\delta^*/2)y_0 \to \infty \quad \text{für } t \to \delta^*/2.$$

Das ist ein Widerspruch zur Annahme, dass alle Lösungen erst zum Zeitpunkt δ^* unbeschränkt werden. Folglich kann keine Lösung unbeschränkt werden und (7.3.1) definiert ein dynamisches System. ∎

Satz 7.3.2. *Die Differentialgleichung (7.3.1) genüge einer einseitigen Lipschitz-Bedingung mit $\nu < 0$. Dann besitzt sie genau eine Gleichgewichtslage $c \in \mathbb{R}^n$. Diese ist exponentiell attraktiv, d. h., es gilt*

$$\|y(t) - c\| \le e^{\nu t}\|y(0) - c\|, \quad t \ge 0$$

für jede Lösung $y(t)$.

Beweis. Sei $T > 0$ fest. Wir definieren die beiden Folgen $y_m = S(mT)y(0)$ und $v_m = S(mT)v(0)$. Aufgrund der Abschätzung (7.2.4) gilt für diese Folgen

$$\|y_{m+1} - v_{m+1}\| \le e^{\nu T}\|y_m - v_m\|.$$

Wegen $\nu < 0$ ist $S(T)$ ein kontraktiver Lösungsoperator auf $\mathbb{R}^n$. Dann existiert nach dem Banachschen Fixpunktsatz ein eindeutiger Fixpunkt $y_T \in \mathbb{R}^n$ mit $S(T)y_T = y_T$. Es bleibt zu zeigen, dass y_T kein Punkt einer periodischen Lösung ist, sondern dass $y(t, y_T) \equiv y_T$ gilt, d. h., y_T ist Gleichgewichtslage.

Wir nehmen an, das sei nicht der Fall. Dann existiert ein $t_1 < T$, so dass $y_1 = y(t_1, y_T) \ne y_T$ gilt. Dann ist wegen

$$y(T, y_1) = S(T)y_1 = y_1$$

y_1 auch Fixpunkt von $S(T)$, was ein Widerspruch ist. Folglich ist y_T eine Gleichgewichtslage, die wegen Satz 7.2.2 exponentiell attraktiv ist. ∎

Die Voraussetzung $\nu < 0$ in Satz 7.3.2 ist notwendig, damit alle Lösungen von (7.3.1) gegen die eindeutige Gleichgewichtslage c konvergieren, wie folgendes Beispiel zeigt:

Beispiel 7.3.2. Gegeben sei das Differentialgleichungssystem

$$y_1'(t) = -y_2(t)$$
$$y_2'(t) = y_1(t)$$
$$y_3'(t) = 0.$$

Dann ist

$$\langle f(y) - f(v), y - v \rangle = \left\langle \begin{pmatrix} -y_2 + v_2 \\ y_1 - v_1 \\ 0 \end{pmatrix}, \begin{pmatrix} y_1 - v_1 \\ y_2 - v_2 \\ y_3 - v_3 \end{pmatrix} \right\rangle$$
$$= (-y_2 + v_2)(y_1 - v_1) + (y_1 - v_1)(y_2 - v_2)$$
$$= 0,$$

d. h., die einseitige Lipschitz-Bedingung ist nur für $\nu = 0$ erfüllt. Gleichgewichts-lagen sind alle Punkte $c = (0, 0, c_3), c_3 \in \mathbb{R}$. $\square$

7.4 Steife Differentialgleichungen

7.4.1 Charakterisierung steifer Systeme

Curtiss und Hirschfelder (1952, [78]) beobachteten, dass explizite Runge-Kutta-Verfahren für gewisse Probleme der chemischen Reaktionskinetik versagen. Sie führten den Begriff der steifen Differentialgleichungen (engl. *stiff differential equations*) für solche chemischen Reaktionen ein, bei denen sich die schnell reagieren-den Komponenten in sehr kurzer Zeit einem Gleichgewichtszustand nähern, wenn die langsam veränderlichen Komponenten eingefroren, d. h. „steif" gemacht wer-den.

Es gibt keine zufriedenstellende Definition für den Begriff „Steifheit einer Differen-tialgleichung", da das Problem der Steifheit sehr vielschichtig sein kann. Anhand von Beispielen wollen wir in diesem Abschnitt typische Aspekte der Steifheit bei Differentialgleichungen beschreiben.

Beispiel 7.4.1. Lineare Systeme mit konstanten Koeffizienten

Wir betrachten die Anfangswertprobleme

$$
y'(t) = \underbrace{\begin{pmatrix} -2 & 1 \\ 1 & -2 \end{pmatrix}}_{A_1} y(t) + \begin{pmatrix} 2\sin t \\ 2(\cos t - \sin t) \end{pmatrix}, \quad y(0) = \begin{pmatrix} 2 \\ 3 \end{pmatrix}, \tag{7.4.1a}
$$

$$
y'(t) = \underbrace{\begin{pmatrix} -2 & 1 \\ 998 & -999 \end{pmatrix}}_{A_2} y(t) + \begin{pmatrix} 2\sin t \\ 999(\cos t - \sin t) \end{pmatrix}, \quad y(0) = \begin{pmatrix} 2 \\ 3 \end{pmatrix}. \tag{7.4.1b}
$$

Beide Anfangswertprobleme (7.4.1a) und (7.4.1b) besitzen die gleiche Lösung

$$
y(t) = 2\exp(-t)\begin{pmatrix} 1 \\ 1 \end{pmatrix} + \begin{pmatrix} \sin t \\ \cos t \end{pmatrix}.
$$

Die Anfangswertprobleme lösen wir im Intervall $t \in [0, 10]$ mit den MATLAB-Codes ode45 und dem für steife Probleme geeigneten ode15s. Tabelle 7.4.1 zeigt den dafür benötigten Aufwand. Obwohl die exakte Lösung in beiden Fällen die gleiche ist, erfordert die Lösung von (7.4.1b) mit ode45 mehr als den hundertfa-chen Aufwand, ode15s löst beide Probleme mit annähernd gleichem Aufwand.

	ode45	ode15s
Anfangswertproblem (7.4.1a)	23 + 3 Schritte 157 f-Auswertungen	40 + 0 Schritte 84 f-Auswertungen
Anfangswertproblem (7.4.1b)	3011 + 176 Schritte 19123 f-Auswertungen	37 + 1 Schritte 80 f-Auswertungen

Tabelle 7.4.1: Anzahl der akzeptierten und verworfenen Schritte und der Funktionsauswertungen für ode45 und ode15s für Beispiel 7.4.1 bei absoluter und relativer Toleranz 0.001

Um das Verhalten des expliziten Verfahrens erklären zu können, betrachten wir die allgemeine Lösung der zugehörigen Systeme. Für (7.4.1a) ist sie gegeben durch

$$y(t) = c_1 \exp(-t) \begin{pmatrix} 1 \\ 1 \end{pmatrix} + c_2 \exp(-3t) \begin{pmatrix} 1 \\ -1 \end{pmatrix} + \begin{pmatrix} \sin t \\ \cos t \end{pmatrix},$$

und für (7.4.1b) erhält man

$$y(t) = c_1 \exp(-t) \begin{pmatrix} 1 \\ 1 \end{pmatrix} + c_2 \exp(-1000t) \begin{pmatrix} 1 \\ -998 \end{pmatrix} + \begin{pmatrix} \sin t \\ \cos t \end{pmatrix}$$

mit $c_1, c_2 \in \mathbb{R}$.

Die Eigenwerte der Koeffizientenmatrix A_1 von (7.4.1a) sind $\lambda_1 = -1$, $\lambda_2 = -3$ und für die Eigenwerte von A_2 des Systems (7.4.1b) erhält man $\lambda_1 = -1$, $\lambda_2 = -1000$. Die Lösungen der Anfangswertprobleme (7.4.1a) und (7.4.1b) sind jeweils durch $c_1 = 2$ und $c_2 = 0$ gegeben.

Die allgemeine Lösung des zweiten Systems enthält eine sehr schnell abklingende Lösungskomponente ($\exp(-1000t)$), während sich die allgemeine Lösung des ersten Systems relativ langsam ändert. Obwohl die schnell abklingende Lösungskomponente in der exakten Lösung des Anfangswertproblems (7.4.1b) wegen $c_2 = 0$ nicht auftritt, muss das explizite Verfahren mit sehr kleinen Schrittweiten im gesamten Intervall rechnen, da durch die Diskretisierungsfehler diese Komponente in der numerischen Lösung erscheint.

Für eine weitere Charakterisierung der Steifheit berechnen wir für die Systeme (7.4.1) eine Lipschitz-Konstante und die zugehörige logarithmische Matrixnorm von A_1 und A_2. Man erhält in der Maximumnorm

$$\|A_1\|_\infty = 3, \quad \|A_2\|_\infty = 1997$$

und in der zugeordneten logarithmischen Matrixnorm

$$\mu_\infty[A_1] = -1, \quad \mu_\infty[A_2] = -1.$$

Beide Systeme sind in der Maximumnorm exponentiell kontraktiv. Für das System (7.4.1a) gilt

$$\mu_\infty[A_1] = -1 < \|A_1\|_\infty = 3,$$

und für das System (7.4.1b)

$$\mu_\infty[A_2] = -1 \ll \|A_2\|_\infty = 1997. \tag{7.4.2}$$

Die Beziehung (7.4.2) ist ein charakteristisches Merkmal für ein steifes System. □

Beispiel 7.4.2. Prothero-Robinson-Gleichung

Wir betrachten die Prothero-Robinson-Gleichung aus Beispiel 1.4.1

$$y' = \lambda(y - g(t)) + g'(t), \quad \lambda < 0.$$

Die allgemeine Lösung $y(t) = c\exp(\lambda t) + g(t)$ mit $c \in \mathbb{R}$ setzt sich wieder aus einem glatten Lösungsanteil $g(t)$ und einem abklingenden Anteil (transienten Anteil) $c\exp(\lambda t)$ zusammen.

Wir wählen $g(t) = \exp(-t)$ und $y(0) = g(0)$. Die exakte Lösung $y(t) = \exp(-t)$ ist dann unabhängig von λ. In Tabelle 7.4.2 geben wir für das explizite Euler-Verfahren (2.1.1) und das implizite Euler-Verfahren (2.1.4) bei Rechnung mit konstanter Schrittweite $h = 2^{-k}$ den Fehler an der Stelle $t_e = 1$ an. Für den Parameter λ wählen wir dabei zwei verschiedene Werte.

	expl. Euler-Verfahren		impl. Euler-Verfahren	
k	$\lambda = -10$	$\lambda = -1000$	$\lambda = -10$	$\lambda = -1000$
4	$1.2e{-}3$	$1.3e{+}24$	$1.3e{-}3$	$1.1e{-}5$
6	$3.2e{-}4$	$2.9e{+}69$	$3.2e{-}4$	$2.9e{-}6$
8	$8.0e{-}5$	$8.0e{+}112$	$8.0e{-}5$	$7.2e{-}7$
10	$2.0e{-}5$	$1.8e{-}7$	$2.0e{-}5$	$1.8e{-}7$

Tabelle 7.4.2: Fehler bei Lösung der Prothero-Robinson-Gleichung mit Schrittweite 2^{-k}

Für $\lambda = -10$ liefern beide Verfahren für die verwendeten Schrittweiten fast identische Fehler. Für $\lambda = -1000$ ändert sich das grundlegend. Während das implizite Euler-Verfahren keine Probleme hat, liefert das explizite Euler-Verfahren für $k \leq 8$ völlig unbrauchbare Werte, erst für $k = 10$ stimmt das Ergebnis wieder mit dem des impliziten Euler-Verfahrens überein.

Wir fragen nun nach den Ursachen für dieses unterschiedliche Verhalten der beiden Verfahren. Zu diesem Zweck betrachten wir den globalen Fehler für den Fall $y(0) = g(0)$.

Nehmen wir an, wir haben bis t_m integriert. Dann ergibt sich für das explizite Euler-Verfahren der globale Fehler

$$
\begin{aligned}
e_h(t_{m+1}) &= y(t_{m+1}) - u_{m+1} \\
&= g(t_{m+1}) - u_m - h(\lambda(u_m - g(t_m)) + g'(t_m)) \\
&= g(t_{m+1}) - g(t_m) - hg'(t_m) + (1 + h\lambda)(g(t_m) - u_m) \\
&= (1 + h\lambda)e_h(t_m) + le_{m+1}.
\end{aligned}
$$

Der globale Fehler des expliziten Euler-Verfahrens an der Stelle t_{m+1} setzt sich additiv zusammen aus dem lokalen Fehler le_{m+1} und dem globalen Fehler $e_h(t_m)$ an der Stelle t_m, der mit dem Faktor $(1 + h\lambda)$ multipliziert wird. Der zweite Summand charakterisiert die Genauigkeit des Verfahrens, der erste Summand beschreibt die Fortpflanzung des globalen Fehlers von t_m nach t_{m+1}. Damit sich dieser Fehler nicht verstärkt (damit das Verfahren stabil ist), ist

$$|1 + h\lambda| \leq 1, \text{ d.h. } \quad h \leq 2/|\lambda|$$

erforderlich. Die Schrittweite h wird nicht durch Genauigkeitsforderung, sondern in erster Linie durch Stabilität bestimmt.

Betrachten wir nun das implizite Euler-Verfahren. Dann erhält man für den globalen Fehler

$$
\begin{aligned}
e_h(t_{m+1}) &= y(t_{m+1}) - u_{m+1} \\
&= g(t_{m+1}) - (u_m + h\lambda(u_{m+1} - g(t_{m+1})) - hg'(t_{m+1})) \\
&= g(t_{m+1}) - hg'(t_{m+1}) - u_m + h\lambda e_h(t_{m+1}) \\
&= g(t_{m+1}) - hg'(t_{m+1}) - g(t_m) + e_h(t_m) + h\lambda e_h(t_{m+1}) \\
e_h(t_{m+1}) &= \frac{1}{1 - h\lambda}e_h(t_m) + le_{m+1}.
\end{aligned}
$$

Auch hier setzt sich der globale Fehler $e_h(t_{m+1})$ wieder aus einem Fehlerfortpflanzungsanteil (erster Summand) und einem Genauigkeitsanteil (zweiter Summand) zusammen. Der wesentliche Unterschied ist der Faktor, mit dem der globale Fehler $e_h(t_m)$ multipliziert wird. Wegen $\lambda < 0$ ist die Ungleichung

$$\frac{1}{|1 - h\lambda|} < 1$$

für alle $h > 0$ erfüllt, der globale Fehler des impliziten Euler-Verfahrens wird demzufolge stets gedämpft. Die Schrittweite kann somit allein aus Genauigkeitsgründen so bestimmt werden, dass der lokale Fehler le_{m+1} unter einer vorgegebenen Toleranz bleibt. $\square$

Beispiel 7.4.3. Van der Pol Gleichung

Die van der Pol Gleichung aus Beispiel 1.4.2

$$x''(t) + \mu(x^2 - 1)x'(t) + x(t) = 0, \quad \mu \geq 0 \qquad (7.4.3)$$

besitzt einen Grenzzyklus. Transformiert man die Gleichung (7.4.3) auf die neue Zeit $\tau = t/\mu$, so ist die Periode unabhängig von μ. Mit $u(\tau) = x(\mu\tau)$, $\dot{u} = \frac{du}{d\tau} = \mu x'$, folgt

$$\frac{1}{\mu^2}\ddot{u} + (u^2 - 1)\dot{u} + u = 0.$$

Von Interesse ist der Fall $\mu \gg 1$. Setzt man $\varepsilon := 1/\mu^2$, so erhält man das singulär gestörte System, vgl. Abschnitt 7.4.2

$$\dot{y}_1 = y_2$$
$$\varepsilon\dot{y}_2 = (1 - y_1^2)y_2 - y_1.$$

Die MATLAB-Codes ode45 und ode15s verwenden für $y_0 = (2,0)^\top$ und $\varepsilon = 10^{-4}$ die in Abbildung 7.4.1 dargestellten Schrittweiten. In den transienten Abschnitten verwenden beide Verfahren sehr kleine Schrittweiten. In den Intervallen, wo sich die Lösung wenig ändert, kann ode15s dagegen mit relativ großer Schrittweite integrieren, während ode45 kleine Schrittweiten verwenden muss. Dies deutet wieder auf Stabilitätsprobleme hin. $\square$

Zusammenfassend zeigen die betrachteten Beispiele folgende Eigenschaften steifer Systeme:

- Ein System gewöhnlicher Differentialgleichungen ist steif, wenn gewisse Komponenten der Lösung sehr viel schneller abklingen als andere.
- Ein System gewöhnlicher Differentialgleichungen ist steif, wenn explizite Verfahren aus Stabilitätsgründen sehr kleine Schrittweiten verwenden, obwohl sich die Lösung kaum ändert, implizite Verfahren dagegen große Schrittweiten zulassen. Das heißt, die Schrittweite wird durch die Stabilität des Verfahrens und nicht durch Genauigkeitsanforderungen bestimmt.

Quantitativ kann man diese Eigenschaften mit Hilfe der logarithmischen Matrixnorm charakterisieren:

$$\mu[f_y] \ll \|f_y\|.$$

Zusätzlich spielt aber auch die Länge des Integrationsintervalls eine Rolle, denn die schnell abklingenden Lösungsanteile liefern lediglich bei großen Intervallen eine starke Einschränkung an die Schrittweite. Wir sagen daher:

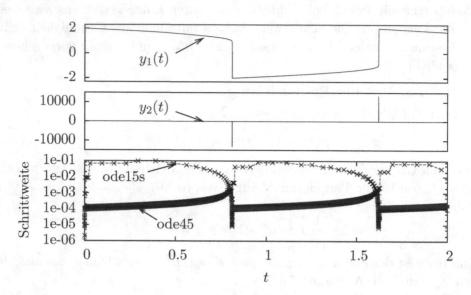

Abbildung 7.4.1: Lösung und zugehörige Schrittweiten für die van der Pol Gleichung

Ein Anfangswertproblem $y' = f(t,y)$, $y(t_0) = y_0$ ist auf dem Intervall $[t_0, t_e]$ steif, wenn eine logarithmische Matrixnorm existiert, so dass für $v \in \mathbb{R}^n$ aus einer Umgebung der exakten Lösung $y(t)$ gilt

$$(t_e - t_0)\sup \|f_y(t,v)\| \gg 1 \quad und \quad \mu_0 = \sup \mu[f_y(t,v)] \ll \sup \|f_y(t,v)\|. \quad (7.4.4)$$

Bemerkung 7.4.1.   1. Da die Bestimmung einer geeigneten logarithmischen Matrixnorm für nichtlineare Probleme kompliziert ist, wird i. Allg.

$$(t_e - t_0)L \gg 1, \qquad (7.4.5)$$

L die klassische Lipschitz-Konstante, als Kennzeichen für die Steifheit verwendet.

2. In zahlreichen Anwendungen gilt $\mu_0 < 0$, $(\mu_0 = 0)$. Nach Satz 7.2.5 ist das Differentialgleichungssystem dann exponentiell kontraktiv (schwach kontraktiv). $\square$

7.4.2 Auftreten steifer Systeme

Wir stellen hier einige typische Beispiele für das Auftreten steifer Systeme vor.

Gleichungen der chemischen Reaktionskinetik

Die Reaktionskinetik beschreibt den zeitlichen Verlauf chemischer Reaktionen. Man interessiert sich dabei für Stoffkonzentrationen in einem Reaktorgefäß und nimmt an, dass sie dem Massenwirkungsgesetz unterliegen. Dies besagt, dass die Reaktionsgeschwindigkeiten proportional zum Produkt der Konzentrationen der Ausgangsstoffe ist.

Wir betrachten ein abgeschlossenes, homogenes System, in dem N chemische Reaktionen zwischen n chemischen Substanzen G_i, $i = 1, \ldots, n$, gleichzeitig stattfinden. Setzen wir hierbei konstantes Volumen und konstante Temperatur voraus, so lässt sich die j-te Elementarreaktion beschreiben durch

$$\sum_{i=1}^{n} p_{ij} G_i \xrightarrow{k_j} \sum_{i=1}^{n} q_{ij} G_i, \quad j = 1, \ldots, N.$$

Dabei sind p_{ij} und q_{ij} ganze, positive Zahlen (die stöchiometrischen Koeffizienten) und k_j kinetische Parameter, sog. Reaktionsgeschwindigkeitskonstanten. Die Geschwindigkeit, mit der die j-te Elementarreaktion abläuft, ist proportional zu

$$k_j \prod_{l=1}^{n} (y_l(t))^{p_{lj}},$$

wobei $y_1(t), \ldots, y_n(t)$ die Konzentrationen der miteinander reagierenden chemischen Substanzen G_i bezeichnen. Damit erhält man das folgende Anfangswertproblem gewöhnlicher Differentialgleichungen [95]

$$y_i'(t) = \sum_{j=1}^{N} (q_{ij} - p_{ij}) k_j \prod_{l=1}^{n} (y_l(t))^{p_{lj}}, \quad i = 1, \ldots, n \qquad (7.4.6)$$

$$y_i(t_0) = y_{i0}.$$

Die Vorschrift (7.4.6) stellt ein allgemeines Schema dar, um Differentialgleichungsmodelle für chemische Reaktionen zu erzeugen. Charakteristisch ist dabei die polynomiale rechte Seite.

Zahlreiche chemische Reaktionen enthalten zugleich langsame Teilreaktionen (charakteristisch dafür sind kleine Reaktionskonstanten) und sehr schnelle Teilreaktionen (sehr große Reaktionskonstanten), vgl. Beispiel 1.4.5. Diese großen Reaktionskonstanten führen zu einer großen Norm der Jacobi-Matrix und damit zu einer großen Lipschitz-Konstanten L. Nach (7.4.5) sind die entsprechenden Systeme folglich steif.

Singulär gestörte Systeme

Eine umfangreiche Klasse steifer Systeme stellen die singulär gestörten Systeme

$$\begin{aligned} u'(t) &= f(t, u(t), v(t)), & u(t_0) &= u_0 \\ \varepsilon v'(t) &= g(t, u(t), v(t)), & v(t_0) &= v_0, & 0 < \varepsilon \ll 1 \end{aligned} \qquad (7.4.7)$$

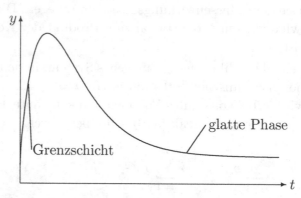

Abbildung 7.4.2: Lösungsverhalten singulär gestörter Systeme

mit Funktionen

$$f\colon [t_0, t_e] \times \mathbb{R}^{n_u} \times \mathbb{R}^{n_v} \to \mathbb{R}^{n_u}, \qquad g\colon [t_0, t_e] \times \mathbb{R}^{n_u} \times \mathbb{R}^{n_v} \to \mathbb{R}^{n_v}$$

dar, vgl. die van der Pol Gleichung und Abschnitt 13.4.3. Die Steifheit wird durch den reellen Parameter $\varepsilon \ll 1$ hervorgerufen. Je kleiner ε, umso größer wird die Norm der Jacobi-Matrix $\frac{1}{\varepsilon} g_v$ und damit die Steifheit. Die Funktionen f und g können auch glatt von ε abhängen.

Beim Lösungsverhalten unterscheidet man *Grenzschichten* und *glatte Phasen*, vgl. Abbildung 7.4.2. Zur Berechnung der Grenzschichten benötigt jedes Diskretisierungsverfahren kleine Schrittweiten. In asymptotischen Phasen sind große Schrittweiten vorteilhaft, hier sind implizite Verfahren den expliziten überlegen.

Semidiskretisierung parabolischer Differentialgleichungen

Ein bewährtes Verfahren zur Lösung parabolischer Anfangs-Randwert-Aufgaben ist die sog. *Linienmethode* (engl. *method of lines*, MOL). Hierbei werden die Ortsableitungen z. B. durch Differenzenquotienten oder mit Hilfe von Finiten Elementen ersetzt, man spricht von *Semidiskretisierung*. Im Ergebnis erhält man ein Anfangswertproblem gewöhnlicher Differentialgleichungen, welches i. Allg. steif ist, insbesondere erhöht sich die Steifheit mit feiner werdendem Ortsgitter.

Beispiel 7.4.4. Wir betrachten die Wärmeleitungsgleichung

$$\frac{\partial u}{\partial t} = \frac{\partial^2 u}{\partial x^2} + f(t, x), \quad 0 \le t \le t_e, \quad 0 \le x \le 1,$$

$$u(t, 0) = u(t, 1) = 0$$

$$u(0, x) = g(x).$$

Mit der äquidistanten Ortsschrittweite $\triangle x = \frac{1}{N}$ ersetzen wir in den Punkten $x_i = i \triangle x$ die Ortsableitung durch zentrale Differenzenquotienten. Vernachlässigt man den dabei auftretenden Fehler, so erhält man ein gewöhnliches Differentialgleichungssystem für $y_i(t) \approx u(t, x_i)$:

$$\frac{dy_i(t)}{dt} = \frac{1}{(\triangle x)^2}[y_{i+1}(t) - 2y_i(t) + y_{i-1}(t)] + f(t, x_i), \quad i = 1, 2, \ldots, N - 1,$$

$$y_i(0) = g(x_i)$$

oder in kompakter Form

$$y' = Ay + \widetilde{f}(t)$$
$$y(0) = g_0$$

mit

$$A = \frac{1}{(\triangle x)^2} \begin{pmatrix} -2 & 1 & 0 & \ldots & 0 & 0 & 0 \\ 1 & -2 & 1 & \ldots & 0 & 0 & 0 \\ \cdots\cdots\cdots\cdots\cdots\cdots\cdots\cdots\cdots\cdots \\ 0 & 0 & 0 & \ldots & 1 & -2 & 1 \\ 0 & 0 & 0 & \ldots & 0 & 1 & -2 \end{pmatrix},$$

$$g_0 = \Big(g(x_1), \ldots, g(x_{N-1})\Big)^\top, \quad \widetilde{f}(t) = \Big(f(t, x_1), \ldots, f(t, x_{N-1})\Big)^\top.$$

Die Eigenwerte der symmetrischen Matrix A kann man explizit angeben:

$$\lambda_i = -\frac{4}{(\triangle x)^2} \sin^2\left(\frac{i\pi}{2N}\right) < 0, \quad i = 1, \ldots, N - 1.$$

Für feiner werdendes Ortsgitter $(\triangle x \to 0)$ gilt

$$\lambda_1 \approx -\pi^2, \quad \lambda_{N-1} \approx -\frac{4}{(\triangle x)^2} \to -\infty.$$

Die Norm der Matrix A, der Jacobi-Matrix des Systems, strebt daher gegen Unendlich, die logarithmische Matrixnorm $\mu_2[A] = \lambda_1$ (vgl. Satz 7.2.4) gegen $-\pi^2$. Das bei der Semidiskretisierung entstandene gewöhnliche Differentialgleichungssystem ist also für kleine $\triangle x$ sehr steif. Wegen $\mu_2[A] < 0$ ist es exponentiell kontraktiv und damit asymptotisch stabil. $\square$

8 Einschritt- und Extrapolationsverfahren

Gegenstand dieses Kapitels sind implizite und linear-implizite Runge-Kutta-Verfahren sowie Extrapolationsverfahren zur numerischen Lösung steifer Systeme. Schwerpunkte sind Konvergenz, Stabilität und das Konzept der B-Konvergenz. Ferner befassen wir uns mit der Implementierung impliziter Runge-Kutta-Verfahren, die wesentlich schwieriger ist als die der expliziten Verfahren.

8.1 Implizite Runge-Kutta-Verfahren

Ein implizites Runge-Kutta-Verfahren für das Anfangswertproblem

$$y' = f(t, y), \quad y(t_0) = y_0 \tag{8.1.1}$$

ist gegeben durch

$$u_{m+1} = u_m + h \sum_{i=1}^{s} b_i f(t_m + c_i h, u_{m+1}^{(i)})$$

$$u_{m+1}^{(i)} = u_m + h \sum_{j=1}^{s} a_{ij} f(t_m + c_j h, u_{m+1}^{(j)}), \quad i = 1, \dots, s. \tag{8.1.2}$$

Eine äquivalente Darstellung ist (2.4.3).

Die Berechnung der Stufenwerte $u_{m+1}^{(i)}$ erfordert die Lösung nichtlinearer Gleichungssysteme der Dimension ns. Trotz dieses hohen Rechenaufwandes pro Schritt sind implizite RK-Verfahren für steife Systeme aufgrund der besseren Stabilitätseigenschaften wesentlich effizienter als explizite RK-Verfahren. Bezüglich der Lösbarkeit des nichtlinearen Gleichungssystems für die Stufenwerte gilt der

Satz 8.1.1. *Sei $f(t, y)$ auf dem Streifen $S := \{(t, y) : t_0 \le t \le t_e, y \in \mathbb{R}^n\}$ Lipschitz-stetig mit der Lipschitz-Konstanten L. Dann existiert für alle Schrittweiten h mit*

$$h < (L\|A\|_\infty)^{-1}$$

und alle $(t, y) \in [t_0, t_e] \times \mathbb{R}^n$ eine eindeutige Lösung $u_{m+1}^{(1)}, \dots, u_{m+1}^{(s)}$.

Beweis. Sei $U := \left((u_{m+1}^{(1)})^\top, \ldots, (u_{m+1}^{(s)})^\top\right)^\top \in \mathbb{R}^{ns}$. Dann kann das nichtlineare Gleichungssystem in der Form

$$U = \Phi(U) \quad \text{mit} \quad \Phi_i(U) = u_m + h \sum_{j=1}^{s} a_{ij} f(t_m + c_j h, u_{m+1}^{(j)}), \quad i = 1, \ldots, s$$

geschrieben werden, d. h., es handelt sich um ein Fixpunktproblem. Der Operator Φ bildet den $\mathbb{R}^{ns}$ in sich ab. Wir verwenden im $\mathbb{R}^{ns}$ die Norm

$$\|U\|_L = \max_{i=1}^{s} \|U_i\|.$$

Für beliebige $U, V \in \mathbb{R}^{ns}$ gilt mit der Lipschitz-Stetigkeit von f

$$\|\Phi(U) - \Phi(V)\|_L = \max_{i=1}^{s} \|h \sum_{j=1}^{s} a_{ij} (f(t_m + c_j h, u_{m+1}^{(j)}) - f(t_m + c_j h, v_{m+1}^{(j)}))\|$$

$$\leq h \max_{i=1}^{s} \sum_{j=1}^{s} |a_{ij}| L \|U_j - V_j\|$$

$$\leq h L \|A\|_\infty \max_{j=1}^{s} \|U_j - V_j\|$$

$$= h L \|A\|_\infty \|U - V\|_L.$$

Für $h < (L\|A\|_\infty)^{-1}$ ist Φ kontraktiv, nach dem Banachschen Fixpunktsatz existiert daher eine eindeutige Lösung $U = \Phi(U)$. ∎

8.1.1 Die vereinfachenden Bedingungen

Bei der Konstruktion expliziter Runge-Kutta-Verfahren hoher Ordnung, vgl. Abschnitt 2.4.4, hatten wir zur Lösung des nichtlinearen Gleichungssystems für die Runge-Kutta-Koeffizienten (b, A, c) die vereinfachenden Bedingungen $D(1)$ und $D(2)$ verwendet. Allgemein haben sich zur Bestimmung der Runge-Kutta-Parameter die von Butcher eingeführten vereinfachenden Bedingungen als hilfreich erwiesen, vgl. [53].

Definition 8.1.1. Die Bedingungen

$$B(p): \quad \sum_{i=1}^{s} b_i c_i^{k-1} = \frac{1}{k}, \qquad\qquad k = 1, \ldots, p$$

$$C(l): \quad \sum_{j=1}^{s} a_{ij} c_j^{k-1} = \frac{1}{k} c_i^k, \qquad\quad i = 1, \ldots, s, \quad k = 1, \ldots, l$$

$$D(m): \quad \sum_{i=1}^{s} b_i c_i^{k-1} a_{ij} = \frac{1}{k} b_j (1 - c_j^k), \qquad j = 1, \ldots, s, \quad k = 1, \ldots, m$$

mit $0^0 = 1$ heißen *vereinfachende Bedingungen*. □

Die vereinfachenden Bedingungen $B(p)$ und $C(l)$ gestatten eine einfache Interpretation. Wir betrachten das spezielle Anfangswertproblem

$$y'(t) = f(t), \quad y(t_m) = 0 \tag{8.1.3}$$

mit der Lösung

$$y(t_m + h) = \int_{t_m}^{t_{m+1}} f(t)\,dt.$$

Ein s-stufiges implizites RK-Verfahren (8.1.2) liefert bei Anwendung auf (8.1.3)

$$\widetilde{u}_{m+1} = h \sum_{i=1}^{s} b_i f(t_m + c_i h).$$

Speziell für $f(t) = (t - t_m)^{k-1}$ ist

$$y(t_m + h) = \int_{t_m}^{t_{m+1}} (t - t_m)^{k-1}\,dt = \frac{1}{k} h^k,$$

und das RK-Verfahren ergibt

$$\widetilde{u}_{m+1} = h^k \sum_{i=1}^{s} b_i c_i^{k-1}.$$

Der lokale Fehler ist

$$y(t_{m+1}) - \widetilde{u}_{m+1} = \left(\frac{1}{k} - \sum_{i=1}^{s} b_i c_i^{k-1} \right) h^k.$$

Wollen wir diesen Fehler für $k \leq p$ eliminieren, so muss die Bedingung $B(p)$ erfüllt sein, d. h., Polynome bis zum Grad $p - 1$ werden exakt integriert. Man sagt, die Quadraturmethode besitzt den *Genauigkeitsgrad* $p - 1$.

Wir betrachten nun die Zwischenwerte $u_{m+1}^{(i)}$ des RK-Verfahrens. Bei Anwendung auf (8.1.3) liefert das Runge-Kutta-Verfahren

$$\widetilde{u}_{m+1}^{(i)} = h \sum_{j=1}^{s} a_{ij} f(t_m + c_j h).$$

Für $f(t) = (t - t_m)^{k-1}$ ergibt sich

$$\widetilde{u}_{m+1}^{(i)} = h \sum_{j=1}^{s} a_{ij} c_j^{k-1} h^{k-1},$$

während die exakte Lösung durch

$$y(t_m + c_i h) = \int_{t_m}^{t_m + c_i h} f(t)\, dt = \frac{1}{k} c_i^k h^k$$

gegeben ist. Der lokale Fehler der i-ten Stufe ist

$$y(t_m + c_i h) - \widetilde{u}_{m+1}^{(i)} = \left(\frac{1}{k} c_i^k - \sum_{j=1}^{s} a_{ij} c_j^{k-1} \right) h^k.$$

Fordern wir, dass dieser für $k = 1, \ldots, l$ verschwinden soll, so führt dies auf

$$\sum_{j=1}^{s} a_{ij} c_j^{k-1} = \frac{1}{k} c_i^k, \quad i = 1, \ldots, s, \quad k = 1, \ldots, l,$$

d. h. auf die Bedingung $C(l)$.

Bemerkung 8.1.1. Die vereinfachende Bedingung $C(1)$ ist gerade die Knotenbedingung (2.4.4). □

Die vereinfachenden Bedingungen können mit Hilfe der Wurzelbäume aus Abschnitt 2.4.2 veranschaulicht werden. Die Bedingung $B(p)$ ist äquivalent zu den Ordnungsbedingungen für alle „buschartigen" Bäume (engl. *bushy trees*)

$$\bullet, \, \mathsf{I}, \, \vee, \, \vee\!\!\!\vee, \, \vee\!\!\!\vee\!\!\!\vee, \, \vee\!\!\!\vee\!\!\!\vee\!\!\!\vee, \ldots$$

mit bis zu p Knoten. Nach Satz 2.4.4 ist die Bedingung $B(p)$ auch notwendig, d. h., alle RK-Verfahren der Ordnung p erfüllen $B(p)$.

Mit Hilfe der Bedingungen $C(l)$ und $D(m)$ können Ordnungsbedingungen für bestimmte Bäume auf andere Bäume reduziert werden. Wir betrachten zunächst die Bedingung $C(k)$ und einen Wurzelbaum $\mathbf{t}$, der an einer beliebigen Stelle einen Teilbaum der Form

$$\mathbf{t}_1 = \; \vee \; = [[\bullet^{k-1}]]$$

mit $k + 1$ Knoten enthält. Dabei kann $\mathbf{t}_1$ auch ganz $\mathbf{t}$ umfassen. Das elementare Gewicht $\Phi(\mathbf{t})$ enthält dann nach Definition 2.4.4 den Faktor $\sum_j a_{ij} c_j^{k-1}$. Ersetzen wir in $\mathbf{t}$ den Teilbaum $\mathbf{t}_1$ durch den buschartigen Baum $\mathbf{r}_1 = \vee\!\!\!\vee$ mit $k + 1$ Knoten, so enthält das elementare Gewicht des dazugehörigen Baumes $\mathbf{r}$ den Faktor c_i^k anstelle von $\sum_j a_{ij} c_j^{k-1}$. Nach Definition 2.4.3 gilt für die Dichten $\gamma(\mathbf{t}_1) = (k+1)k$ und $\gamma(\mathbf{r}_1) = k + 1$, also folgt aus der Ordnungsbedingung $\Phi(\mathbf{t}) = \frac{1}{\gamma(\mathbf{t})}$ für den Baum $\mathbf{t}$ die Ordnungsbedingung $\Phi(\mathbf{r}) = \frac{1}{\gamma(\mathbf{r})}$ für den Baum $\mathbf{r}$, falls $C(k)$ erfüllt ist. Die wiederholte Anwendung dieser Teilbaumersetzung liefert folgendes

Lemma 8.1.1. *Gilt die vereinfachende Bedingung $C(l)$, so ist die Ordnungsbedingung für einen beliebigen Baum $\mathbf{t}$ äquivalent zur Ordnungsbedingung für den Baum $\mathbf{r}$, der aus $\mathbf{t}$ entsteht, wenn alle Teilbäume mit bis zu $l + 1$ Knoten durch buschartige Bäume mit gleicher Knotenzahl ersetzt werden.*

Beispiel 8.1.1.   (a) Der Baum kann wie folgt reduziert werden:

(b) Um den „hohen" Baum (engl. *tall tree*) mit fünf Knoten auf den buschartigen Baum zu reduzieren, benötigen wir $C(4)$:

□

Die Reduktion mit Hilfe von $D(1)$ aus Satz 2.4.5 lässt sich wie folgt verallgemeinern:

Lemma 8.1.2. *Gilt die vereinfachende Bedingung $D(m)$, so ist die Ordnungsbedingung für einen Baum der Form*

$$= [[\mathbf{t}_1, \mathbf{t}_2, \ldots, \mathbf{t}_k], \bullet^{m-1}]$$

automatisch erfüllt, falls die Ordnungsbedingungen für

$$= [\mathbf{t}_1, \mathbf{t}_2, \ldots, \mathbf{t}_k]$$

und

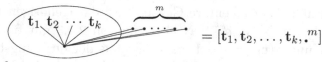

$$= [\mathbf{t}_1, \mathbf{t}_2, \ldots, \mathbf{t}_k, \bullet^m]$$

erfüllt sind.

Beweis. *Analog zum Beweis von Satz 2.4.5.* ∎

Beispiel 8.1.2. Mit Lemma 8.1.2 kann der Baum wie folgt reduziert werden:

$$\underset{D(1)}{\Longrightarrow} \text{ und}$$

$$\underset{D(3)}{\Longrightarrow} \text{ und}$$

$$\underset{D(4)}{\Longrightarrow} \text{ und}$$

$$\underset{D(6)}{\Longrightarrow} : \text{ und}$$

Dabei haben wir stets mit dem Baum mit acht Knoten weiter gerechnet, die im Verlauf der Rechnung entstandenen Bäume und niedrigerer Ordnung können analog reduziert werden. $\square$

Der folgende Satz von Butcher (1964, [43]) stellt den Zusammenhang zwischen den vereinfachenden Bedingungen und der Konsistenzordnung eines Runge-Kutta-Verfahrens her.

Satz 8.1.2. *Seien $B(p)$, $C(l)$, $D(m)$ mit $p \leq l + m + 1$ und $p \leq 2l + 2$ erfüllt. Dann hat das Runge-Kutta-Verfahren die Konsistenzordnung p.*

Beweis. Wir zeigen, dass die Ordnungsbedingungen für alle Bäume mit bis zu p Knoten mit Hilfe der vereinfachenden Bedingungen $C(l)$ und $D(m)$ auf die Ordnungsbedingungen für die buschartigen Bäume mit gleicher Knotenzahl reduziert werden können. Gilt $B(1)$, so hat das Verfahren die Konsistenzordnung 1. Per Induktion setzen wir voraus, dass die Ordnungsbedingungen für alle Bäume mit $p^* - 1$ Knoten erfüllt sind.

Sei $\mathbf{t} = [\mathbf{t}_1, \mathbf{t}_2, \ldots, \mathbf{t_k}]$ ein beliebiger Baum mit $\rho(\mathbf{t}) = p^*$ mit $p^* \leq p$. Haben alle Teilbäume $[\mathbf{t}_i]$ höchstens $l + 1$ Knoten, so kann der Baum $\mathbf{t}$ durch Reduktion mit $C(l)$ aus Lemma 8.1.1 auf den buschartigen Baum mit p^* Knoten reduziert werden. Wegen $B(p^*)$ ist die Ordnungsbedingung für diesen Baum erfüllt.

Zu untersuchen bleibt der Fall, dass es Teilbäume $\mathbf{t}_i$ mit mehr als l Knoten gibt. Da $2(l + 1) + 1 = 2l + 3 > p$ ist, kann es höchstens einen solchen Teilbaum geben. Dieser sei ohne Beschränkung der Allgemeinheit $\mathbf{t}_1$, d. h. $\rho(\mathbf{t}_1) > l$. Durch Anwendung von Lemma 8.1.1 lassen sich alle übrigen Teilbäume durch buschartige Bäume ersetzen, d. h., $\mathbf{t}$ wird reduziert auf einen Baum der Form

$$\widetilde{\mathbf{t}} = [\mathbf{t}_1, \cdot^r]$$

mit $r = p^* - \rho(t_1) - 1$. Da $r \leq p - (l+1) - 1 < m$ ist, kann nun die Reduktion mit Hilfe von $D(r+1)$ aus Lemma 8.1.2 auf $\widetilde{t}$ angewendet werden. Dadurch erhält man einen neuen Baum der Form

$$\widehat{t} = [\widehat{t}_1, .^{\widehat{r}}],$$

mit $\rho(\widehat{t}_1) < \rho(t_1)$. Ist $\rho(\widehat{t}_1) \leq l$, so lässt sich Lemma 8.1.1 auf $[\widehat{t}_1]$ anwenden, andernfalls lässt sich $\widehat{t}$ wie $\widetilde{t}$ mit Lemma 8.1.2 weiter reduzieren, bis schließlich nur ein buschartiger Baum mit p^* Knoten übrig bleibt. ∎

Auf der Grundlage dieses Satzes lassen sich mit Hilfe der vereinfachenden Bedingungen implizite RK-Verfahren hoher Ordnung konstruieren. Gibt man die Knoten c_i vor, dann stellen die vereinfachenden Bedingungen nur noch ein lineares Gleichungssystem für die Koeffizienten b_i und a_{ij} dar. Speziell ist die Wahl der c_i als Stützstellen bekannter Quadraturmethoden günstig. Wir werden im Folgenden auf diese Weise s-stufige implizite RK-Verfahren der Ordnung $2s$, $2s - 1$ und $2s - 2$ herleiten. Dabei verwenden wir die folgende Beziehung zwischen den vereinfachenden Bedingungen:

Lemma 8.1.3. *Ein s-stufiges RK-Verfahren besitze Gewichte $b_i \neq 0$, $i = 1, \ldots, s$, und die Knoten $c_1, \ldots, c_s$ seien paarweise verschieden. Dann gilt*

> *a) Aus $B(s + m)$ und $C(s)$ folgt $D(m)$,*
>
> *b) Aus $B(s + l)$ und $D(s)$ folgt $C(l)$.*

Beweis. a) Wir betrachten

$$r_{jk} = \sum_{i=1}^{s} b_i c_i^{k-1} a_{ij} - \frac{b_j}{k}(1 - c_j^k), \quad j = 1, \ldots, s, \quad k = 1, \ldots, m.$$

Wir zeigen die Beziehung

$$\sum_{j=1}^{s} r_{jk} c_j^{\nu-1} = 0, \quad \nu = 1, \ldots, s,$$

d. h.

$$
\begin{pmatrix}
1 & \cdots & 1 \\
c_1 & \cdots & c_s \\
\vdots & & \vdots \\
c_1^{s-1} & \cdots & c_s^{s-1}
\end{pmatrix}
\begin{pmatrix}
r_{1k} \\
\vdots \\
r_{sk}
\end{pmatrix} = 0.
$$

Da die Knoten c_i paarweise verschieden sind, ist die Koeffizientenmatrix regulär, so dass daraus $r_{1k} = \cdots = r_{sk} = 0$ folgt. Für $\nu = 1, \ldots, s$ ist

$$\sum_{j=1}^{s} r_{jk} c_j^{\nu-1} = \sum_{j=1}^{s} \sum_{i=1}^{s} b_i a_{ij} c_i^{k-1} c_j^{\nu-1} - \sum_{j=1}^{s} \frac{b_j}{k} (1 - c_j^k) c_j^{\nu-1}$$

$$= \sum_{i=1}^{s} b_i c_i^{k-1} \underbrace{\sum_{j=1}^{s} a_{ij} c_j^{\nu-1}}_{C(s):\ \frac{1}{\nu} c_i^\nu} - \frac{1}{k} \underbrace{\sum_{j=1}^{s} b_j c_j^{\nu-1}}_{B(s+m):\ \frac{1}{\nu}} + \frac{1}{k} \underbrace{\sum_{j=1}^{s} b_j c_j^{k+\nu-1}}_{B(s+m):\ \frac{1}{k+\nu}}$$

$$= \frac{1}{\nu(k+\nu)} - \frac{1}{k}\left(\frac{1}{\nu} - \frac{1}{k+\nu}\right) = 0 \quad \text{für } k = 1, \ldots, m, \ \nu = 1, \ldots, s.$$

b) Durch Betrachtung von

$$r_{ik} = \sum_{j=1}^{s} a_{ij} c_j^{k-1} - \frac{c_i^k}{k}$$

folgt die Behauptung in analoger Weise. ∎

Bezüglich der maximal erreichbaren Ordnung eines s-stufigen RK-Verfahrens gilt

Lemma 8.1.4. *Die Ordnung eines s-stufigen RK-Verfahrens kann $2s$ nicht überschreiten.*

Beweis. Wir zeigen indirekt, dass $p = 2s + 1$ nicht gelten kann. Für die Ordnung $p = 2s + 1$ müssen die Konsistenzbedingungen

$$\sum_{i=1}^{s} b_i c_i^{l-1} = \frac{1}{l}, \quad l = 1, \ldots, 2s + 1$$

erfüllt sein, d. h., es muss $B(2s + 1)$ gelten. Die zugehörige Quadraturformel

$$\int_{t_m}^{t_{m+1}} f(t)\, dt \approx h \sum_{i=1}^{s} b_i f(t_m + c_i h)$$

ist auf dem Intervall $[t_m, t_{m+1}]$ exakt für alle Polynome vom Grad $\leq 2s$. Wir wählen

$$f(t) = \prod_{i=1}^{s} (t - t_m - c_i h)^2.$$

Offensichtlich ist $\int_{t_m}^{t_{m+1}} f(t)\, dt > 0$. Andererseits gilt $\sum_{i=1}^{s} b_i f(t_m + c_i h) = 0$, das Polynom kann nicht exakt integriert werden. Der Genauigkeitsgrad ist daher $\leq 2s - 1$ und die Konsistenzordnung $p \leq 2s$. ∎

Wir führen folgende Bezeichnungen ein:

$$C_s = (c_i^j/j) = \begin{pmatrix} c_1^1/1 & c_1^2/2 & \cdots & c_1^s/s \\ \cdots\cdots\cdots\cdots\cdots\cdots \\ c_s^1/1 & c_s^2/2 & \cdots & c_s^s/s \end{pmatrix}, \quad e_H = \left(1, \frac{1}{2}, \dots, \frac{1}{s}\right)^\top,$$

$$c^k = (c_1^k, \dots, c_s^k)^\top, \quad B = \operatorname{diag}(b_i), \tag{8.1.4}$$

$$N_s = (1/j) = \begin{pmatrix} 1 & \frac{1}{2} & \cdots & \frac{1}{s} \\ \cdots\cdots\cdots\cdots \\ 1 & \frac{1}{2} & \cdots & \frac{1}{s} \end{pmatrix}, \quad V_s = (c_i^{j-1}) = \begin{pmatrix} 1 & c_1 & \cdots & c_1^{s-1} \\ \cdots\cdots\cdots\cdots \\ 1 & c_s & \cdots & c_s^{s-1} \end{pmatrix}.$$

Damit lassen sich die vereinfachenden Bedingungen $B(s)$, $C(s)$ und $D(s)$ in der kompakten Form

$$\begin{aligned} B(s): \quad & V_s^\top b = e_H \\ C(s): \quad & A V_s = C_s \\ D(s): \quad & V_s^\top B A = (N_s - C_s)^\top B \end{aligned} \tag{8.1.5}$$

schreiben. Hierbei ist A die Verfahrensmatrix und b der Gewichtsvektor des RK-Verfahrens.

8.1.2 Gauß-Verfahren

Die Knoten c_i eines s-stufigen Gauß-Verfahrens sind die paarweise verschiedenen Nullstellen des verschobenen *Legendre-Polynoms*

$$\widehat{P}_s(x) = P_s(2x - 1) = \frac{1}{s!} \frac{d^s}{dx^s}[x^s(x-1)^s] \tag{8.1.6}$$

vom Grad s, d. h. die Gauß-Legendre-Punkte in $(0, 1)$. Speziell ist

$$\begin{aligned} \widehat{P}_0(x) &= 1, & \widehat{P}_1(x) &= 2x - 1, \\ \widehat{P}_2(x) &= 6x^2 - 6x + 1, & \widehat{P}_3(x) &= 20x^3 - 30x^2 + 12x - 1. \end{aligned}$$

$\widehat{P}_s(x)$ ist bez. des Skalarproduktes

$$\langle q, w \rangle = \int_0^1 q(x)w(x)dx$$

orthogonal zu allen Polynomen $Q(x)$ vom Grad $< s$, d. h.

$$\langle \widehat{P}_s, Q \rangle = 0 \quad \text{falls Grad } Q(x) < s.$$

Speziell gilt

$$\langle \widehat{P}_s, \widehat{P}_l \rangle = 0 \quad \text{für } l \neq s.$$

Die verschobenen Legendre-Polynome bilden folglich eine orthogonale Basis, jedes Polynom vom Grad r lässt sich eindeutig darstellen als

$$p_r(x) = \sum_{i=0}^{r} a_i \widehat{P}_i(x).$$

Der Gewichtsvektor b wird bestimmt aus der Forderung $B(s)$, die Koeffizienten-matrix A aus $C(s)$. Da die Matrix V_s regulär ist, ergibt sich mit (8.1.5)

$$b^\top = e_H^\top V_s^{-1}, \quad A = C_s V_s^{-1}.$$

Eine s-stufige Gauß-Methode ist dann charakterisiert durch das Parameterschema

$$\begin{array}{c|c} c & C_s V_s^{-1} \\ \hline & e_H^\top V_s^{-1} \end{array}$$

Satz 8.1.3. *Das s-stufige Gauß-Verfahren besitzt die Konsistenzordnung $p = 2s$.*

Beweis. Die zugrunde liegende Quadraturmethode besitzt den Genauigkeitsgrad $2s - 1$, d. h., $B(2s)$ ist erfüllt. Durch die Wahl der a_{ij} ist $C(s)$ erfüllt. Da für die Gewichte der Quadraturmethode $b_i > 0$ gilt, ist nach Lemma 8.1.3 $D(s)$ erfüllt und aus Satz 8.1.2 folgt $p = 2s$. ∎

Beispiel 8.1.3. Die Gauß-Verfahren mit $s = 1, 2, 3$ sind

$$\begin{array}{c|c} \frac{1}{2} & \frac{1}{2} \\ \hline & 1 \end{array}
\qquad
\begin{array}{c|cc} \frac{3-\sqrt{3}}{6} & \frac{1}{4} & \frac{3-2\sqrt{3}}{12} \\ \frac{3+\sqrt{3}}{6} & \frac{3+2\sqrt{3}}{12} & \frac{1}{4} \\ \hline & \frac{1}{2} & \frac{1}{2} \end{array}$$

$$\begin{array}{c|ccc} \frac{5-\sqrt{15}}{10} & \frac{5}{36} & \frac{10-3\sqrt{15}}{45} & \frac{25-6\sqrt{15}}{180} \\ \frac{1}{2} & \frac{10+3\sqrt{15}}{72} & \frac{2}{9} & \frac{10-3\sqrt{15}}{72} \\ \frac{5+\sqrt{15}}{10} & \frac{25+6\sqrt{15}}{180} & \frac{10+3\sqrt{15}}{45} & \frac{5}{36} \\ \hline & \frac{5}{18} & \frac{4}{9} & \frac{5}{18} \end{array}$$

Das einstufige Gauß-Verfahren ist die *implizite Mittelpunktregel*

$$u_{m+1} = u_m + hf(t_m + \frac{1}{2}h, \frac{1}{2}(u_m + u_{m+1})). \quad \square$$

8.1.3 Radau-Verfahren

Die Gauß-Verfahren besitzen für gegebene Stufenzahl s die maximal mögliche Ordnung eines impliziten RK-Verfahrens, aber ihre Stabilitätseigenschaften sind nicht optimal, vgl. Abschnitt 8.2. Es gibt Verfahren der Ordnung $p = 2s - 1$ mit besserer Stabilität.

Satz 8.1.4. *Ein Runge-Kutta-Verfahren besitze die Ordnung $p = 2s - 1$. Dann sind die Knoten c_i die Nullstellen eines Polynoms*

$$P_{s,\xi}(2x - 1) = P_s(2x - 1) + \xi P_{s-1}(2x - 1), \quad \xi \in \mathbb{R}. \qquad (8.1.7)$$

Beweis. Das RK-Verfahren erfüllt $B(2s - 1)$. Für ein beliebiges Polynom $Q(x)$ vom Grad $< 2s - 1$ gilt dann

$$\int_0^1 Q(x)dx = \sum_{i=1}^s b_i Q(c_i).$$

Sei $Q(x) = q(x)v(x)$, $v(x)$ ein beliebiges Polynom vom Grad $< s - 1$ und

$$q(x) = \prod_{i=1}^s (x - c_i).$$

Dann ist

$$\langle q, v \rangle = \int_0^1 q(x)v(x)dx = \sum_{i=1}^s b_i q(c_i)v(c_i) = 0,$$

d. h., $q(x)$ ist im Intervall $[0,1]$ orthogonal zu allen Polynomen vom Grad $< s-1$. Wegen der Orthogonalität der Legendre-Polynome $P_l(2x - 1)$ im Intervall $[0,1]$ ist $q(x)$ folglich eine Linearkombination von $P_s(2x - 1)$ und $P_{s-1}(2x - 1)$, also

$$q(x) = \lambda P_{s,\xi}(2x - 1) \quad \text{mit } \lambda \in \mathbb{R}.$$

Die Knoten c_i des RK-Verfahrens sind die Nullstellen von $q(x)$ und damit von $P_{s,\xi}(2x - 1)$. ∎

Von besonderem Interesse sind die Fälle $\xi = 1$ und $\xi = -1$. Die entsprechenden Quadraturmethoden sind die linksseitige ($c_1 = 0$) und die rechtsseitige ($c_s = 1$) Radau-Quadraturmethode. Die zugehörigen RK-Verfahren werden als *Radau-I-Verfahren* und *Radau-II-Verfahren* bezeichnet.

Satz 8.1.5. *Die Knoten c_i, $i = 1, \ldots, s$, eines Radau-I-Verfahrens sind die s Nullstellen des Polynoms*

$$\frac{d^{s-1}}{dx^{s-1}}[x^s(x - 1)^{s-1}].$$

Sie sind paarweise verschieden und liegen im Intervall $[0, 1)$ mit $c_1 = 0$.

Die Knoten eines Radau-II-Verfahrens sind die s Nullstellen des Polynoms

$$\frac{d^{s-1}}{dx^{s-1}}[x^{s-1}(x-1)^s].$$

Sie sind paarweise verschieden und liegen im Intervall $(0, 1]$ mit $c_s = 1$.

Beweis. Wir betrachten den Fall der Radau-I-Verfahren, d. h. $\xi = 1$. Mit (8.1.6) und (8.1.7) gilt

$$P_{s,1}(2x-1) = \frac{1}{s!}\frac{d^s}{dx^s}[x^s(x-1)^s] + \frac{1}{(s-1)!}\frac{d^{s-1}}{dx^{s-1}}[x^{s-1}(x-1)^{s-1}]$$

$$= \frac{1}{(s-1)!}\frac{d^{s-1}}{dx^{s-1}}\left\{\frac{1}{s}\frac{d}{dx}[x^s(x-1)^s] + x^{s-1}(x-1)^{s-1}\right\}$$

$$= \frac{2}{(s-1)!}\frac{d^{s-1}}{dx^{s-1}}[x^s(x-1)^{s-1}].$$

Das Polynom $x^s(x-1)^{s-1}$ besitzt eine s-fache Nullstelle in $x = 0$ und eine $(s-1)$-fache in $x = 1$. Die $(s-1)$-fache Anwendung des Satzes von Rolle ergibt, dass $\frac{d^{s-1}}{dx^{s-1}}[x^s(x-1)^{s-1}]$ eine einfache Nullstelle in $x = 0$ und $s-1$ einfache Nullstellen im Innern des Intervalls $[0, 1]$ hat. Da ein Polynom vom Grad s genau s Nullstellen besitzt, folgt unmittelbar die Behauptung.

Der Fall $\xi = -1$ wird analog bewiesen. ∎

Die Gewichte b_i eines Radau-Verfahrens werden durch $B(s)$ festgelegt. Die Verfahrensmatrix A kann auf verschiedene Weise bestimmt werden:

Radau-IA-Verfahren (Ehle (1968), [96]): A ist durch $D(s)$ bestimmt.

Radau-IIA-Verfahren (Ehle (1968), [96]): A ist durch $C(s)$ bestimmt.

Ein Radau-IA-Verfahren ist mit (8.1.5) durch das Parameterschema

$$\begin{array}{c|c} c & B^{-1}(V_s^\top)^{-1}(N_s - C_s)^\top B \\ \hline & e_H^\top V_s^{-1} \end{array}$$

gegeben, die Radau-IIA-Verfahren besitzen das Parameterschema

$$\begin{array}{c|c} c & C_s V_s^{-1} \\ \hline & e_H^\top V_s^{-1} \end{array}.$$

Bezüglich der Konsistenzordnung gilt der

Satz 8.1.6. *Die s-stufigen Radau-IA- und Radau-IIA-Verfahren haben die Konsistenzordnung $p = 2s - 1$.*

Beweis. Eine Radau-Quadraturmethode besitzt den Genauigkeitsgrad $2s - 2$, so dass sie $B(2s - 1)$ erfüllt. Ein Radau-IA-Verfahren erfüllt ferner $D(s)$. Nach Lemma 8.1.3 folgt damit $C(s - 1)$ und nach Satz 8.1.2 $p = 2s - 1$. Ein Radau-IIA-Verfahren erfüllt $C(s)$ und damit nach Lemma 8.1.3 auch $D(s - 1)$. Wieder liefert Satz 8.1.2 $p = 2s - 1$. ∎

Wir geben nun die Parameterschemata bis zur Stufenzahl $s = 3$ an.

Beispiel 8.1.4. Radau-IA-Verfahren.

$$
\begin{array}{c|c}
0 & 1 \\
\hline
 & 1
\end{array}
\qquad\qquad
\begin{array}{c|cc}
0 & \frac{1}{4} & \frac{-1}{4} \\
\frac{2}{3} & \frac{1}{4} & \frac{5}{12} \\
\hline
 & \frac{1}{4} & \frac{3}{4}
\end{array}
$$

$$
\begin{array}{c|ccc}
0 & \frac{1}{9} & \frac{-1-\sqrt{6}}{18} & \frac{-1+\sqrt{6}}{18} \\[4pt]
\frac{6-\sqrt{6}}{10} & \frac{1}{9} & \frac{88+7\sqrt{6}}{360} & \frac{88-43\sqrt{6}}{360} \\[4pt]
\frac{6+\sqrt{6}}{10} & \frac{1}{9} & \frac{88+43\sqrt{6}}{360} & \frac{88-7\sqrt{6}}{360} \\[4pt]
\hline
 & \frac{1}{9} & \frac{16+\sqrt{6}}{36} & \frac{16-\sqrt{6}}{36}
\end{array}
$$

Man beachte, dass das einstufige Radau-IA-Verfahren nicht die Knotenbedingung (2.4.4) erfüllt. Das widerspricht nicht der Bemerkung 8.1.1, da $C(1)$ erst für $s > 1$ gilt. □

Beispiel 8.1.5. Radau-IIA-Verfahren.

$$
\begin{array}{c|c}
1 & 1 \\
\hline
 & 1
\end{array}
\qquad\qquad
\begin{array}{c|cc}
\frac{1}{3} & \frac{5}{12} & \frac{-1}{12} \\
1 & \frac{3}{4} & \frac{1}{4} \\
\hline
 & \frac{3}{4} & \frac{1}{4}
\end{array}
$$

$$
\begin{array}{c|ccc}
\frac{4-\sqrt{6}}{10} & \frac{88-7\sqrt{6}}{360} & \frac{296-169\sqrt{6}}{1800} & \frac{-2+3\sqrt{6}}{225} \\[4pt]
\frac{4+\sqrt{6}}{10} & \frac{296+169\sqrt{6}}{1800} & \frac{88+7\sqrt{6}}{360} & \frac{-2-3\sqrt{6}}{225} \\[4pt]
1 & \frac{16-\sqrt{6}}{36} & \frac{16+\sqrt{6}}{36} & \frac{1}{9} \\[4pt]
\hline
 & \frac{16-\sqrt{6}}{36} & \frac{16+\sqrt{6}}{36} & \frac{1}{9}
\end{array}
$$

Das einstufige Radau-IIA-Verfahren ist das implizite Euler-Verfahren (2.1.4). □

Die Familie der Raudau-IIA-Verfahren ist im Code RADAU [142] implementiert. Er gehört zu den besten Codes für steife Differentialgleichungen und für differential-algebraische Gleichungen.

8.1.4 Lobatto-Verfahren

Wir betrachten jetzt RK-Verfahren der Ordnung $2s - 2$. Analog zu Satz 8.1.4 beweist man

Satz 8.1.7. *Ein s-stufiges RK-Verfahren habe die Ordnung $p = 2s - 2$. Dann sind die Knoten c_i die Nullstellen eines Polynoms*

$$P_{s,\xi,\mu}(2x - 1) = P_s(2x - 1) + \xi P_{s-1}(2x - 1) + \mu P_{s-2}(2x - 1) \ \text{mit} \ \xi, \mu \in \mathbb{R}. \quad \sqcap$$

Von speziellem Interesse ist der Fall $\xi = 0$, $\mu = -1$. Die zugrunde liegenden Quadraturformeln sind dann die *Lobatto-Formeln*. Sie besitzen den Genauigkeitsgrad $2s - 3$ und enthalten beide Randpunkte als Stützstellen, d. h. $c_1 = 0$, $c_s = 1$. Die entsprechenden RK-Verfahren heißen Lobatto-III-Verfahren.
Analog zu Satz 8.1.5 gilt

Satz 8.1.8. *Die Knoten c_i eines s-stufigen Lobatto-III-Verfahrens sind die s Nullstellen des Polynoms*

$$\frac{d^{s-2}}{dx^{s-2}}[x^{s-1}(x - 1)^{s-1}].$$

Sie sind paarweise verschieden und liegen im Intervall $[0, 1]$ mit $c_1 = 0$ und $c_s = 1$. □

Die Gewichte b_i sind durch die Quadraturmethode festgelegt. Für die Wahl der Verfahrensmatrix A gibt es verschiedene Möglichkeiten, bekannte Verfahren sind

Lobatto-IIIA-Verfahren: A ist durch $C(s)$ bestimmt
(Ehle (1968), [96])

Lobatto-IIIB-Verfahren: A ist durch $D(s)$ bestimmt
(Ehle (1968), [96])

Lobatto-IIIC-Verfahren: A ist bestimmt durch $C(s - 1)$ und die
(Chipman (1971), [71]) zusätzlichen Bedingungen $a_{i1} = b_1$, $i = 1, \ldots, s$.

Man erhält dann die folgenden Parameterschemata:

$$\text{Lobatto-IIIA:} \quad \frac{c \; \bigl|\; C_s V_s^{-1}}{\; \bigl|\; e_H^\top V_s^{-1}}$$

$$\text{Lobatto-IIIB:} \quad \frac{c \; \bigl|\; B^{-1}(V_s^\top)^{-1}(N_s - C_s)^\top B}{\; \bigl|\; e_H^\top V_s^{-1}}$$

$$\text{Lobatto-IIIC:} \quad \frac{c \; \bigl|\; A}{\; \bigl|\; e_H^\top V_s^{-1}}$$

Dabei gilt für die Lobatto-IIIC-Verfahren $a_{i1} = b_1$, $i = 1, \ldots, s$. Damit und unter Beachtung von $c_1 = 0$ lautet $C(s-1)$

$$\begin{pmatrix} b_1 & a_{12} & \cdots & a_{1s} \\ b_1 & a_{22} & \cdots & a_{2s} \\ \cdots\cdots\cdots\cdots\cdots \\ b_1 & a_{s2} & \cdots & a_{ss} \end{pmatrix} \begin{pmatrix} 1 & 0 & \cdots & 0 \\ 1 & c_2 & \cdots & c_2^{s-2} \\ \cdots\cdots\cdots\cdots\cdots \\ 1 & c_s & \cdots & c_s^{s-2} \end{pmatrix} = \begin{pmatrix} 0 & 0 & \cdots & 0 \\ c_2 & c_2^2/2 & \cdots & c_2^{s-1}/(s-1) \\ \cdots\cdots\cdots\cdots\cdots\cdots\cdots \\ c_s & c_s^2/2 & \cdots & c_s^{s-1}/(s-1) \end{pmatrix},$$

woraus sich die restlichen a_{ij} ergeben zu

$$\begin{pmatrix} a_{12} & \cdots & a_{1s} \\ a_{22} & \cdots & a_{2s} \\ \cdots\cdots\cdots\cdots \\ a_{s2} & \cdots & a_{ss} \end{pmatrix} = \begin{pmatrix} -b_1 & 0 & \cdots & 0 \\ c_2 - b_1 & c_2^2/2 & \cdots & c_2^{s-1}/(s-1) \\ \cdots\cdots\cdots\cdots\cdots\cdots\cdots \\ c_s - b_1 & c_s^2/2 & \cdots & c_s^{s-1}/(s-1) \end{pmatrix} \begin{pmatrix} 1 & c_2 & \cdots & c_2^{s-2} \\ 1 & c_3 & \cdots & c_3^{s-2} \\ \cdots\cdots\cdots\cdots \\ 1 & c_s & \cdots & c_s^{s-2} \end{pmatrix}^{-1}.$$

Satz 8.1.9. *Die s-stufigen Lobatto-IIIA-, Lobatto-IIIB- und Lobatto-IIIC-Methoden besitzen die Konsistenzordnung $p = 2s - 2$.*

Beweis. Durch den Genauigkeitsgrad $2s - 3$ der Lobatto-Quadraturmethode gilt $B(2s - 2)$. Nach Lemma 8.1.3 folgt für die Lobatto-IIIA-Verfahren $D(s - 2)$ und für die Lobatto-IIIB-Verfahren $C(s - 2)$. Satz 8.1.2 liefert dann die Behauptung.

Zum Nachweis der Ordnung der Lobatto-IIIC-Verfahren zeigen wir zuerst, dass sie $D(s - 1)$ erfüllen. Wir betrachten dazu analog zum Beweis von Lemma 8.1.3

$$r_{jk} = \sum_{i=1}^{s} b_i c_i^{k-1} a_{ij} - \frac{b_j}{k}(1 - c_j^k).$$

Aufgrund von $C(s-1)$ und $B(2s-2)$ gilt

$$\sum_{j=1}^{s} r_{jk} c_j^{\nu-1} = 0, \quad k = 1, \ldots, s-1, \ \nu = 1, \ldots, s-1. \tag{8.1.8}$$

Durch die Wahl $a_{i1} = b_1$, $i = 1, \ldots, s$, folgt sofort $r_{1k} = 0$, $k = 1, \ldots, s-1$. Damit stellt (8.1.8) für jedes k ein lineares homogenes Gleichungssystem von $s-1$ Gleichungen für die restlichen $s-1$ Unbekannten $r_{2k}, \ldots, r_{sk}$ mit Vandermondescher Koeffizientenmatrix dar, woraus unmittelbar $r_{ik} = 0$, $i = 2, \ldots, s-1$, und damit $D(s-1)$ folgt. Satz 8.1.2 liefert dann die Konsistenzordnung $p = 2s-2$. ∎

Beispiel 8.1.6. Lobatto-IIIA-Verfahren.

$$
\begin{array}{c|cc}
0 & 0 & 0 \\
1 & \frac{1}{2} & \frac{1}{2} \\
\hline
& \frac{1}{2} & \frac{1}{2}
\end{array}
\qquad
\begin{array}{c|ccc}
0 & 0 & 0 & 0 \\
\frac{1}{2} & \frac{5}{24} & \frac{1}{3} & -\frac{1}{24} \\
1 & \frac{1}{6} & \frac{2}{3} & \frac{1}{6} \\
\hline
& \frac{1}{6} & \frac{2}{3} & \frac{1}{6}
\end{array}
$$

Das zweistufige Lobatto-IIIA-Verfahren ist die Trapezregel

$$u_{m+1} = u_m + \frac{h}{2}(f(t_m, u_m) + f(t_{m+1}, u_{m+1})). \qquad \square$$

Beispiel 8.1.7. Lobatto-IIIB-Verfahren.

$$
\begin{array}{c|cc}
0 & \frac{1}{2} & 0 \\
1 & \frac{1}{2} & 0 \\
\hline
& \frac{1}{2} & \frac{1}{2}
\end{array}
\qquad
\begin{array}{c|ccc}
0 & \frac{1}{6} & -\frac{1}{6} & 0 \\
\frac{1}{2} & \frac{1}{6} & \frac{1}{3} & 0 \\
1 & \frac{1}{6} & \frac{5}{6} & 0 \\
\hline
& \frac{1}{6} & \frac{2}{3} & \frac{1}{6}
\end{array}
$$

Das zweistufige Verfahren erfüllt nicht die Knotenbedingung (2.4.4). Durch die Nullen in der letzten Spalte der Verfahrensmatrix kann bei Lobatto-IIIB-Verfahren der Zwischenwert $u_{m+1}^{(s)}$ explizit berechnet werden. $\square$

Beispiel 8.1.8. Lobatto-IIIC-Verfahren.

$$
\begin{array}{c|cc}
0 & \frac{1}{2} & -\frac{1}{2} \\
1 & \frac{1}{2} & \frac{1}{2} \\
\hline
& \frac{1}{2} & \frac{1}{2}
\end{array}
\qquad
\begin{array}{c|ccc}
0 & \frac{1}{6} & -\frac{1}{3} & \frac{1}{6} \\
\frac{1}{2} & \frac{1}{6} & \frac{5}{12} & -\frac{1}{12} \\
1 & \frac{1}{6} & \frac{2}{3} & \frac{1}{6} \\
\hline
& \frac{1}{6} & \frac{2}{3} & \frac{1}{6}
\end{array}
\qquad \square
$$

8.1.5 Kollokationsverfahren

Wir betrachten das Anfangswertproblem (8.1.1) auf dem Intervall $[t_0, t_0 + h]$ und bezeichnen das Polynom $w_s(t)$ vom Grad s als Kollokationspolynom, falls für paarweise verschiedene c_i gilt

$$w_s(t_0) = y_0 \tag{8.1.9a}$$
$$w_s'(t_0 + c_i h) = f(t_0 + c_i h, w_s(t_0 + c_i h)), \quad i = 1, \ldots, s. \tag{8.1.9b}$$

Eine Näherung für $y(t_0 + h)$ ist dann gegeben durch

$$u_1 = w_s(t_0 + h). \tag{8.1.9c}$$

Die Punkte $t_0 + c_i h$ heißen *Kollokationspunkte*, $w_s(t)$ erfüllt in ihnen die Differentialgleichung.

Das nichtlineare Gleichungssystem

$$w_s(t_0 + c_i h) = y_0 + h \sum_{j=1}^{s} \left(\int_0^{c_j} L_j(x)\, dx \right) f(t_0 + c_j h, w_s(t_0 + c_j h)) \tag{8.1.10}$$

mit den Lagrange-Polynomen

$$L_j(x) = \prod_{\substack{l=1 \\ l \neq j}}^{s} \frac{x - c_l}{c_j - c_l}. \tag{8.1.11}$$

besitzt für hinreichend kleine h stets eine eindeutige Lösung $w_s(t_0 + c_i h)$, $i = 1, \ldots, s$. Der Beweis ist analog zum Beweis von Satz 8.1.1. Das gesuchte Kollokationspolynom ist dann

$$w_s(t) = y_0 + \sum_{j=1}^{s} f(t_0 + c_j h, w_s(t_0 + c_j h)) \int_{t_0}^{t} L_j\left(\frac{\tau - t_0}{h} \right) d\tau. \tag{8.1.12}$$

(8.1.10) ähnelt den Gleichungen für die Stufenwerte eines RK-Verfahrens. Das ist kein Zufall, wie der folgende Satz zeigt.

Satz 8.1.10. *Das Kollokationsverfahren* (8.1.9) *ist äquivalent zu einem s-stufigen impliziten RK-Verfahren mit Koeffizienten*

$$a_{ij} = \int_0^{c_i} L_j(x)\, dx, \quad b_j = \int_0^{1} L_j(x)\, dx, \quad i, j = 1, \ldots, s. \tag{8.1.13}$$

Beweis. Das Polynom $w_s'(t)$ besitzt die Darstellung

$$w_s'(t_0 + xh) = \sum_{j=1}^{s} w_s'(t_0 + c_j h) L_j(x).$$

Daraus folgt mit (8.1.9)

$$w_s(t_0 + c_i h) = w_s(t_0) + h \int_0^{c_i} \sum_{j=1}^{s} w_s'(t_0 + c_j h) L_j(x)\, dx$$

$$= y_0 + h \sum_{j=1}^{s} a_{ij} f(t_0 + c_j h, w_s(t_0 + c_j h))$$

und

$$w_s(t_0 + h) = y_0 + h \sum_{i=1}^{s} b_i f(t_0 + c_i h, w_s(t_0 + c_i h)).$$

Setzt man

$$u_0 = y_0, \quad u_1^{(i)} = w_s(t_0 + c_i h), \quad i = 1, \dots, s, \quad \text{und} \quad u_1 = w_s(t_0 + h),$$

so erhält man die Gleichungen für ein implizites Runge-Kutta-Verfahren (8.1.2). ∎

Abbildung 8.1.1 veranschaulicht den Zusammenhang zwischen Kollokationspolynom und RK-Verfahren. In den Kollokationspunkten gilt $w_s'(t_0 + c_i h) = f(t_0 + c_i h, u_1^{(i)})$.

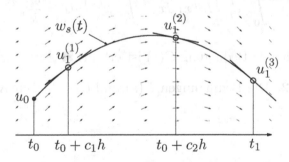

Abbildung 8.1.1: 3-stufiges Kollokationsverfahren

Beispiel 8.1.9. Sei $s = 1$. Das Kollokationspolynom ist dann gegeben durch

$$w_1(t) = y_0 + (t - t_0) f(t_0 + c_1 h, w_1(t_0 + c_1 h)).$$

Für $c_1 = 0$ erhalten wir das explizite Euler-Verfahren $u_1 = y_0 + h f(t_0, y_0)$, $c_1 = 1$ liefert das implizite Euler-Verfahren $u_1 = y_0 + h f(t_0 + h, u_1)$ und $c_1 = 1/2$ ergibt die implizite Mittelpunktregel $u_1 = y_0 + h f(t_0 + h/2, (y_0 + u_1)/2)$. □

Jedes Kollokationspolynom ist durch die Stützstellen $c_1, \ldots, c_s$ eindeutig festgelegt. Statt der $2s + s^2$ Koeffizienten (b, c, A) eines s-stufigen impliziten Runge-Kutta-Verfahrens müssen jetzt nur noch diese s Koeffizienten betrachtet werden. Dies legt die Vermutung nahe, dass damit bereits einige der für die Runge-Kutta-Koeffizienten (b, c, A) gültigen Bedingungsgleichungen erfüllt sind. Es gilt folgendes

Lemma 8.1.5. *Die Koeffizienten eines durch Kollokation erzeugten s-stufigen impliziten Runge-Kutta-Verfahrens erfüllen die vereinfachenden Bedingungen $B(s)$ und $C(s)$.*

Beweis. Mit den Lagrange-Polynomen (8.1.11) gilt

$$x^{k-1} = \sum_{i=1}^{s} c_i^{k-1} L_i(x), \quad k = 1, \ldots, s.$$

Daraus folgt mit (8.1.13)

$$\frac{1}{k} = \int_0^1 x^{k-1}\, dx = \sum_{i=1}^{s} c_i^{k-1} \int_0^1 L_i(x)\, dx = \sum_{i=1}^{s} b_i c_i^{k-1},$$

d. h., die vereinfachende Bedingung $B(s)$ ist erfüllt. Entsprechend ergibt sich mit (8.1.13)

$$\sum_{j=1}^{s} a_{ij} c_j^{k-1} = \sum_{j=1}^{s} \int_0^{c_i} c_j^{k-1} L_j(x)\, dx = \int_0^{c_i} x^{k-1}\, dx = \frac{c_i^k}{k}, \quad i, k = 1 \ldots, s,$$

d. h., die vereinfachende Bedingung $C(s)$ ist erfüllt. ∎

Bemerkung 8.1.2. Die Bedingungen $B(s)$ und $C(s)$ heißen *Kollokationsbedingungen.* □

Ferner gilt der

Satz 8.1.11. *Ein s-stufiges implizites Runge-Kutta-Verfahren mit paarweise verschiedenen Knoten c_i und einer Ordnung $p \geq s$ ist genau dann eine Kollokationsmethode, wenn $C(s)$ gilt.*

Beweis. Sei $C(s)$ erfüllt. Dann ist die Verfahrensmatrix A des RK-Verfahrens eindeutig festgelegt. $C(s)$ impliziert für Polynome $p(x)$ vom Grad $\leq s - 1$

$$\sum_{j=1}^{s} a_{ij} p(c_j) = \int_0^{c_i} p(x)\, dx = \int_0^{c_i} \sum_{j=1}^{s} p(c_j) L_j(x)\, dx$$

mit L_j aus (8.1.11). Da wegen $p \geq s$ auch $B(s)$ erfüllt ist, gilt

$$\sum_{j=1}^{s} b_j p(c_j) = \int_0^1 p(x)\,dx = \int_0^1 \sum_{j=1}^{s} p(c_j) L_j(x)\,dx,$$

woraus (8.1.13) folgt, das RK-Verfahren ist eine Kollokationsmethode. Die Rückrichtung folgt aus Lemma 8.1.5. ∎

Folgerung 8.1.1. *Die Gauß-Verfahren, die Radau-IIA- und die Lobatto-IIIA-Verfahren sind Kollokationsverfahren.* □

Wir wenden uns nun der Frage zu, welche Konsistenzordnung ein durch Kollokation erzeugtes Runge-Kutta-Verfahren haben kann. Es zeigt sich, dass diese im Wesentlichen durch die Eigenschaften der entsprechenden Quadraturmethode bestimmt ist.

Satz 8.1.12. *Ein durch Kollokation erzeugtes implizites Runge-Kutta-Verfahren hat die Konsistenzordnung p genau dann, wenn die durch die Stützstellen c_i und Gewichte b_i gegebene Quadraturmethode die Ordnung p hat.*

Beweis. Nach Voraussetzung ist $B(p)$ erfüllt und nach Lemma 8.1.5 gilt dabei $p \geq s$. Da weiterhin nach Lemma 8.1.5 $C(s)$ gilt, folgt mit Lemma 8.1.3 $D(p-s)$. Satz 8.1.2 liefert die Konsistenzordnung p.

Hat andererseits das Verfahren die Konsistenzordnung p, so muss auch die Quadraturmethode die Ordnung p haben. ∎

8.1.6 Diagonal-implizite Runge-Kutta-Verfahren

Bei den bisher betrachteten s-stufigen impliziten RK-Verfahren muss zur Bestimmung der Werte $u_{m+1}^{(i)}$ bzw. k_i ein nichtlineares Gleichungssystem der Dimension ns gelöst werden. Diagonal-implizite RK-Verfahren (DIRK-Verfahren) sind dadurch charakterisiert, dass die Verfahrensmatrix A eine untere Dreiecksmatrix ist, das nichtlineare Gleichungssystem (8.1.2) lautet damit

$$u_{m+1}^{(i)} = u_m + h \sum_{j=1}^{i} a_{ij} f(t_m + c_j h, u_{m+1}^{(j)}), \quad i = 1, \ldots, s, \qquad (8.1.14)$$

so dass die Stufenwerte $u_{m+1}^{(i)}$ nacheinander berechnet werden können. Anstelle eines nichtlinearen Gleichungssystems der Dimension ns hat man jetzt nur noch s nichtlineare Gleichungssysteme der Dimension n zu lösen. Dazu benötigt man nur eine LR-Zerlegung, wenn man ein vereinfachtes Newton-Verfahren verwendet und alle Diagonalelemente gleich sind, d.h., $a_{ii} = \gamma$, $i = 1, \ldots, s$. Man spricht in diesem Fall von einfach-diagonal-impliziten RK-Verfahren (SDIRK-Verfahren, von der englischen Bezeichnung *singly diagonally implicit Runge-Kutta methods*). Das Parameterschema besitzt die Gestalt

$$
\begin{array}{c|ccccc}
\gamma & \gamma \\
c_2 & a_{21} & \gamma \\
\vdots & \vdots & & \ddots \\
c_s & a_{s1} & \cdots & a_{s,s-1} & \gamma \\
\hline
& b_1 & \cdots & b_{s-1} & b_s
\end{array}
$$

Der Vorteil der effektiven Implementierung wird, da man jetzt weniger Parameter zur Verfügung hat, durch eine Einschränkung der maximalen Konsistenzordnung erkauft.

Beispiel 8.1.10. Im Fall $s = 1$ gibt es keinen Unterschied zwischen impliziten und diagonal-impliziten RK-Verfahren. Alle konsistenten RK-Verfahren, die die Knotenbedingung erfüllen, besitzen das Parameterschema

$$
\begin{array}{c|c}
\gamma & \gamma \\
\hline
& 1
\end{array}
$$

Sie haben für $\gamma \neq \frac{1}{2}$ die Konsistenzordnung 1, für $\gamma = \frac{1}{2}$ ergibt sich die implizite Mittelpunktregel der Ordnung 2. $\square$

Beispiel 8.1.11. Das zweistufige SDIRK-Verfahren

$$
\begin{array}{c|cc}
\gamma & \gamma \\
c_2 & c_2 - \gamma & \gamma \\
\hline
& b_1 & b_2
\end{array}
$$

mit $b_2 \neq 0$ besitzt für

$$
b_1 = \frac{c_2 - \frac{1}{2}}{c_2 - \gamma}, \quad b_2 = \frac{\frac{1}{2} - \gamma}{c_2 - \gamma}, \quad c_2 \neq \gamma
$$

die Konsistenzordnung $p = 2$, wie man leicht aus den Konsistenzbedingungen von Tabelle 2.4.2 sieht. Für $c_2 = 1 - \gamma$ und $\gamma = \frac{1}{2} \pm \frac{1}{6}\sqrt{3}$ besitzt es sogar die Ordnung 3, die Ordnung 4 ist nicht erreichbar. $\square$

Beispiel 8.1.12. Dreistufige SDIRK-Verfahren mit $p = 4$ sind durch das folgende Parameterschema gegeben (Alexander [5]):

$$
\begin{array}{c|ccc}
\frac{1+\alpha}{2} & \frac{1+\alpha}{2} & & \\[4pt]
\frac{1}{2} & \frac{-\alpha}{2} & \frac{1+\alpha}{2} & \\[4pt]
\frac{1-\alpha}{2} & 1+\alpha & -1-2\alpha & \frac{1+\alpha}{2} \\[4pt]
\hline
 & \frac{1}{6\alpha^2} & 1-\frac{1}{3\alpha^2} & \frac{1}{6\alpha^2}
\end{array}
\tag{8.1.15}
$$

mit $\alpha^3 - \alpha = \frac{1}{3}$. Die Nullstellen dieser kubischen Gleichung sind

$$
\alpha_1 = \frac{2}{3}\sqrt{3}\cos(10°), \quad \alpha_2 = -\frac{2}{3}\sqrt{3}\cos(70°), \quad \alpha_3 = -\frac{2}{3}\sqrt{3}\cos(50°). \qquad \square
$$

8.1.7 Stetige implizite Runge-Kutta-Verfahren

Wie bei expliziten Runge-Kutta-Verfahren ist man für gewisse Problemstellungen auch bei impliziten Runge-Kutta-Verfahren an einer stetigen numerischen Lösung zur Berechnung von Näherungswerten an beliebigen Zwischenpunkten interessiert. Besonders gut geeignet dafür sind Kollokationsverfahren.

Satz 8.1.13. *Für s-stufige Kollokationsverfahren* (8.1.9) *mit paarweise verschiedenen Knoten* $0 \leq c_i \leq 1$ *stellt das Kollokationspolynom*

$$
w_s(t_m + \theta h) = u_m + h \sum_{i=1}^{s} f(t_m + c_i h, w_s(t_m + c_i h)) \int_0^{\theta} L_i(\tau)\, d\tau
$$

ein stetiges RK-Verfahren der gleichmäßigen Ordnung s dar.

Beweis. Wir betrachten das Intervall $[t_m, t_m + h]$ und $u_m = y(t_m)$. Weiterhin setzen wir voraus, dass die Lösung $y(t)$ hinreichend glatt ist. Die exakte Lösung erfüllt offensichtlich die Kollokationsbedingungen in allen Punkten,

$$
y'(t) = f(t, y(t)), \quad t_m \leq t \leq t_m + h.
$$

Mit der Lagrangeschen Interpolationsformel zu den s Stützstellen $t_m + c_j h$, $j = 1, \ldots, s$, erhalten wir mit (8.1.11)

$$
y'(t) = \sum_{j=1}^{s} f(t_m + c_j h, y(t_m + c_j h)) L_j\left(\frac{t - t_m}{h}\right) + g(t), \quad t_m \leq t \leq t_m + h,
$$

wobei $g(t)$ den Interpolationsfehler bezeichnet, der von der Ordnung $\mathcal{O}(h^s)$ ist. Durch Integration folgt

$$
y(t_m + \theta h) = y(t_m) + \sum_{j=1}^{s} f(t_m + c_j h, y(t_m + c_j h)) h \int_0^{\theta} L_j(\tau)\, d\tau + \mathcal{O}(h^{s+1}).
$$

Für die Differenz zwischen exakter Lösung und Kollokationslösung ergibt sich

$$y(t_m + \theta h) - w_s(t_m + \theta h) = h \sum_{j=1}^{s} \left[f(t_m + c_j h, y(t_m + c_j h)) \right.$$

$$\left. - f(t_m + c_j h, w_s(t_m + c_j h)) \right] \int_0^\theta L_j(\tau)\, d\tau + \mathcal{O}(h^{s+1}).$$

Mit der Bezeichnung

$$B = \max_{0 \le \xi \le 1} \sum_{j=1}^{s} | \int_0^\xi L_j(\tau) d\tau |$$

und mit der Lipschitz-Konstanten L von f erhält man

$$\max_{0 \le \theta \le 1} \|y(t_m + \theta h) - w_s(t_m + \theta h)\| \le hLB \max_{0 \le \theta \le 1} \|y(t_m + \theta h) - w_s(t_m + \theta h)\|$$

$$+ Ch^{s+1}.$$

Für hinreichend kleine h folgt daraus

$$\max_{0 \le \theta \le 1} \|y(t_m + \theta h) - w_s(t_m + \theta h)\| \le C_1 h^{s+1},$$

d. h. die gleichmäßige Ordnung s. ∎

Folgerung 8.1.2. *Die Gauß-Verfahren, die Radau-IIA- und die Lobatto-IIIA-Verfahren besitzen die gleichmäßige Ordnung s.* □

Bemerkung 8.1.3. Für die Ableitungen der Kollokationslösung kann man analog zeigen

$$\max_{0 \le \theta \le 1} \|y^{(l)}(t_m + \theta h) - w_s^{(l)}(t_m + \theta h)\| = \mathcal{O}(h^{s+1-l}), \quad l = 1, \ldots, s. \quad □$$

Beispiel 8.1.13. Die stetige Näherungslösung der Ordnung 2 für die Trapezregel ist gegeben durch

$$w_s(t_m + \theta h) = u_m + h \left((\theta - \frac{\theta^2}{2}) f(t_m, u_m) + \frac{\theta^2}{2} f(t_{m+1}, u_{m+1}) \right). \quad □$$

8.2 Stabilität von Runge-Kutta-Verfahren

8.2.1 Die Stabilitätsfunktion

Im Unterschied zur Konvergenztheorie ($h \to 0$) auf endlichen Intervallen interessieren wir uns jetzt für das asymptotische Verhalten der numerischen Lösung für $t \to \infty$ bei fester Schrittweite h.

Wir betrachten die skalare Testgleichung

$$y'(t) = \lambda y(t), \quad \lambda \in \mathbb{C}, \tag{8.2.1}$$

vgl. Dahlquist [81]. Trotz ihrer Einfachheit spiegelt sie wesentliche Eigenschaften steifer Systeme wider und hat sich als Testgleichung für numerische Verfahren bewährt.

Ein Runge-Kutta-Verfahren liefert bei Anwendung auf (8.2.1) das lineare Gleichungssystem

$$u_{m+1}^{(i)} = u_m + h\lambda \sum_{j=1}^{s} a_{ij} u_{m+1}^{(j)}, \quad i = 1, \ldots, s$$

$$u_{m+1} = u_m + h\lambda \sum_{j=1}^{s} b_j u_{m+1}^{(j)},$$

d. h.

$$U_m := \begin{pmatrix} u_{m+1}^{(1)} \\ \vdots \\ u_{m+1}^{(s)} \end{pmatrix} = \begin{pmatrix} u_m \\ \vdots \\ u_m \end{pmatrix} + h\lambda A \begin{pmatrix} u_{m+1}^{(1)} \\ \vdots \\ u_{m+1}^{(s)} \end{pmatrix}, \quad U_m \in \mathbb{C}^s,$$

bzw.

$$(I - h\lambda A)U_m = \mathbb{1} u_m.$$

Ist $(I - h\lambda A)$ regulär, so folgt

$$U_m = (I - h\lambda A)^{-1} \mathbb{1} u_m \tag{8.2.2}$$

und

$$u_{m+1} = u_m + h\lambda b^\top U_m$$
$$= (1 + z b^\top (I - zA)^{-1} \mathbb{1}) u_m, \quad z = h\lambda. \tag{8.2.3}$$

Definition 8.2.1. Die komplexe Funktion

$$R_0(z) = 1 + z b^\top (I - zA)^{-1} \mathbb{1} \tag{8.2.4}$$

heißt *Stabilitätsfunktion* des Runge-Kutta-Verfahrens. □

Beispiel 8.2.1. Das explizite Euler-Verfahren besitzt die Stabilitätsfunktion

$$R_0(z) = 1 + z,$$

das implizite Euler-Verfahren

$$R_0(z) = \frac{1}{1-z}$$

und die implizite Mittelpunktregel

$$R_0(z) = \frac{1 + \frac{1}{2}}{1 - \frac{1}{2}}. \quad \square$$

Für Stabilitätsuntersuchungen von Runge-Kutta-Verfahren erweist sich eine andere Darstellung der Stabilitätsfunktion als nützlich, vgl. Stetter [266].

Lemma 8.2.1. *Die Stabilitätsfunktion eines RK-Verfahrens ist gegeben durch*

$$R_0(z) = \frac{\det(I - zA + z\mathbb{1}b^\top)}{\det(I - zA)}. \tag{8.2.5}$$

Beweis. Die Gleichungen (8.2.2) und (8.2.3) sind äquivalent zu

$$\begin{pmatrix} I - zA & 0 \\ -zb^\top & 1 \end{pmatrix} \begin{pmatrix} U_m \\ u_{m+1} \end{pmatrix} = \begin{pmatrix} \mathbb{1} \\ 1 \end{pmatrix} u_m.$$

Mit der Cramerschen Regel folgt

$$u_{m+1} = \frac{\det \begin{pmatrix} I - zA & \mathbb{1}u_m \\ -zb^\top & u_m \end{pmatrix}}{\det(I - zA)} = \frac{\det \begin{pmatrix} I - zA & \mathbb{1} \\ -zb^\top & 1 \end{pmatrix}}{\det(I - zA)} u_m.$$

Mit $u_{m+1} = R_0(z)u_m$ folgt

$$R_0(z) = \frac{\det \begin{pmatrix} I - zA & \mathbb{1} \\ -zb^\top & 1 \end{pmatrix}}{\det(I - zA)}.$$

Subtrahiert man in der Zählerdeterminante die letzte Zeile von den anderen Zeilen, so folgt unmittelbar die Behauptung. ∎

Folgerung 8.2.1. *Die Stabilitätsfunktion eines impliziten s-stufigen RK-Verfahrens ist eine rationale Funktion, wobei Zähler und Nenner höchstens vom Grad s sind.* $\square$

Die exakte Lösung von (8.2.1) ist $y(t_m + h) = e^z y(t_m)$, $R_0(z)$ stellt also eine Approximation an die Exponentialfunktion dar.

Folgerung 8.2.2. *Besitzt das Runge-Kutta-Verfahren die Ordnung p, so ist die Stabilitätsfunktion eine rationale Approximation der Ordnung p an die Exponentialfunktion*

$$R_0(z) = \exp(z) + \mathcal{O}(z^{p+1}), \quad z \to 0. \quad \square$$

Bemerkung 8.2.1. Für s-stufige explizite Runge-Kutta-Verfahren ist A eine strikt untere Dreiecksmatrix. In (8.2.5) ist $\det(I - zA) = 1$, so dass die Stabilitätsfunktion ein Polynom vom Grad $\leq s$ ist. $\quad \square$

In Verallgemeinerung der Testgleichung (8.2.1) betrachten wir nun lineare homogene Systeme

$$y'(t) = Jy(t), \quad J \in \mathbb{R}^{n,n}. \tag{8.2.6}$$

Wir setzen voraus, dass die Matrix J diagonalisierbar ist, d. h., es gilt

$$QJQ^{-1} = \Lambda, \quad \Lambda = \mathrm{diag}(\lambda_1, \ldots, \lambda_n), \quad \lambda_i \in \mathbb{C}$$

mit einer invertierbaren Matrix Q. Mit der Transformation

$$\tilde{y}(t) = Qy(t) \tag{8.2.7}$$

folgt aus (8.2.6)

$$\tilde{y}'(t) = \Lambda \tilde{y}(t),$$

also

$$\tilde{y}_k'(t) = \lambda_k \tilde{y}_k(t), \quad k = 1, \ldots, n. \tag{8.2.8}$$

Im transformierten System (8.2.8) erkennt man die Testdifferentialgleichung (8.2.1) wieder.

Für $\mathrm{Re}\,\lambda_k < 0$, $k = 1, \ldots, n$, geht $\tilde{y}(t)$ und damit auch $y(t)$ gegen null für $t \to \infty$. Wenden wir die Transformation $\tilde{u}_m = Qu_m$ auf das RK-Verfahren an, so folgt analog

$$\tilde{u}_{m+1,k} = R_0(h\lambda_k)\tilde{u}_{m,k}, \quad k = 1, \ldots, n.$$

Für $\mathrm{Re}\,h\lambda_k < 0$ und $|R_0(h\lambda_k)| < 1$, $k = 1, \ldots, n$ gilt

$$\lim_{m \to \infty} u_m = Q^{-1} \lim_{m \to \infty} \tilde{u}_m = 0,$$

d. h., die numerische Lösung zeigt das gleiche asymptotische Verhalten wie die analytische Lösung.

Bemerkung 8.2.2. Ein Runge-Kutta-Verfahren für (8.2.6) ist *invariant* unter der Transformation (8.2.7). Das Ergebnis ist unabhängig davon, ob das RK-Verfahren auf das ursprüngliche System angewendet wird oder auf das transformierte System und anschließend zurück transformiert wird. $\quad \square$

8.2.2 A-Stabilität, A(α)-Stabilität und L-Stabilität

Man möchte, dass das numerische Verfahren die qualitativen Eigenschaften der exakten Lösung möglichst gut reproduziert. Für (8.2.1) mit $\operatorname{Re} z \leq 0$, $z = h\lambda$, sind das speziell

$$|y(t_m + h)| \leq |y(t_m)| \quad \text{und} \quad \lim_{\operatorname{Re} z \to -\infty} y(t_m + h) = 0.$$

Das führt auf

Definition 8.2.2. Ein Runge-Kutta-Verfahren heißt *A-stabil*, wenn gilt

$$|R_0(z)| \leq 1 \text{ für alle } z \in \mathbb{C} \text{ mit } \operatorname{Re} z \leq 0.$$

Es heißt *L-stabil*, wenn es A-stabil ist und wenn zusätzlich gilt

$$\lim_{\operatorname{Re} z \to -\infty} R_0(z) = 0.$$

Die Stabilitätsfunktion heißt dann entsprechend A- bzw. L-verträglich. Erfüllt ein A-stabiles numerisches Verfahren die Beziehung

$$\lim_{\operatorname{Re} z \to -\infty} |R_0(z)| < 1,$$

so heißt es *stark A-stabil*. $\square$

Definition 8.2.3. Die Menge

$$S := \{z \in \mathbb{C} : |R_0(z)| \leq 1\}$$

heißt *Stabilitätsgebiet* (Bereich der absoluten Stabilität) des RK-Verfahrens. $\square$

Die A-Stabilität ist für manche Verfahren eine zu starke Bedingung, so dass man Abschwächungen davon betrachtet. Dies führt zum Begriff der A(α)-Stabilität bzw. zum Begriff der A_0-Stabilität. Diese Stabilitätsbegriffe sind vor allem bei linearen Mehrschrittverfahren, vgl. Kapitel 9.2, von Bedeutung.

Definition 8.2.4.   1. Ein Runge-Kutta-Verfahren heißt *A(α)-stabil* für $\alpha \in (0, \frac{\pi}{2})$, wenn gilt

$$|R_0(z)| \leq 1 \text{ für alle } z \in \mathbb{C}^- \text{ mit } |\arg(z) - \pi| \leq \alpha$$

mit $\mathbb{C}^- = \{z \in \mathbb{C} : \operatorname{Re}(z) \leq 0\}$.

2. Ein Runge-Kutta-Verfahren heißt A_0-stabil, falls

$$|R_0(z)| \leq 1 \text{ für } z \in \mathbb{R}^-.   \square$$

Ist die Verfahrensmatrix A eines RK-Verfahrens regulär, so folgt aus (8.2.4)

$$R_0(\infty) = 1 - b^\top A^{-1}\mathbb{1}. \tag{8.2.9}$$

Der folgende Satz gibt hinreichende Bedingungen für $R_0(\infty) = 0$ an.

Satz 8.2.1. *Sei die Verfahrensmatrix A eines RK-Verfahrens nichtsingulär. Dann gilt $R_0(\infty) = 0$, wenn eine der beiden folgenden Bedingungen erfüllt ist:*

$$a_{si} = b_i, \quad i = 1, \dots, s,$$
$$oder \quad a_{i1} = b_1, \quad i = 1, \dots, s.$$

Beweis. Mit $a_{si} = b_i$ ergibt sich

$$b^\top A^{-1} = (0, \dots, 0, 1),$$

woraus sofort die Behauptung folgt.

Da im Fall $a_{i1} = b_1$ der Vektor $\mathbb{1}$ die mit $\frac{1}{b_1}$ multiplizierte erste Spalte der Matrix A darstellt, folgt $A^{-1}\mathbb{1} = \frac{1}{b_1}(1, 0, \dots, 0)^\top$. Hieraus ergibt sich unmittelbar die Behauptung. ∎

Bemerkung 8.2.3. RK-Verfahren mit der Eigenschaft $b_i = a_{si}$, $i = 1, \dots, s$, nennt man *steif genau* (engl. *stiffly accurate*). Für diese Verfahren gilt offensichtlich $u_{m+1} = u_{m+1}^{(s)}$. □

Wir schreiben nun die Stabilitätsfunktion eines s-stufigen Runge-Kutta-Verfahrens in der Form

$$R_0(z) = \frac{P(z)}{Q(z)},$$

wobei $P(z)$ und $Q(z)$ Polynome vom Grad höchstens s sind. Ferner definieren wir das E-Polynom, Nørsett [206]:

$$E(y) = Q(iy)Q(-iy) - P(iy)P(-iy).$$

Satz 8.2.2. *Ein RK-Verfahren mit der Stabilitätsfunktion $R_0(z) = P(z)/Q(z)$ ist A-stabil genau dann, wenn folgende Bedingungen erfüllt sind*

(i) alle Pole von $R_0(z)$ liegen in der rechten komplexen Halbebene,

(ii) $E(y) \geq 0$ für alle reellen y.

Beweis. Notwendigkeit: Ist $z^* \in \mathbb{C}^-$ ein Pol von $R_0(z)$, so ist $\lim_{z \to z^*} |R_0(z)| = \infty$ und folglich $|R_0(z)| > 1$ für $z \to z^*$. $E(y) < 0$ impliziert

$$\frac{P(iy)P(-iy)}{Q(iy)Q(-iy)} = |R_0(iy)|^2 > 1,$$

so dass für $z = -\varepsilon + iy$ mit $\varepsilon \geq 0$ (hinreichend klein) folgt $|R_0(z)| > 1$.

Hinlänglichkeit: (i) impliziert, dass $R_0(z)$ analytisch in der linken komplexen Halbebene ist. Ist $|R_0(z)| > 1$ für ein $z \in \mathbb{C}^-$, dann folgt nach dem Maximumprinzip für analytische Funktionen $|R(iy)| > 1$ für ein $y \in \mathbb{R}$, was ein Widerspruch zu (ii) ist. ∎

8.2.3 Padé-Approximationen der Exponentialfunktion

Definition 8.2.5. Sei $g(z)$ eine in der Umgebung von $z = 0$ analytische Funktion. Dann heißt die rationale Funktion

$$R_{jk}(z) = \frac{P_{jk}(z)}{Q_{jk}(z)} = \frac{\sum_{l=0}^{k} a_l z^l}{\sum_{l=0}^{j} b_l z^l}$$

mit $b_0 = 1$ *Padé-Approximation* an $g(z)$ vom Index (j, k), wenn gilt

$$R_{jk}^{(l)}(0) = g^{(l)}(0) \quad \text{für} \quad l = 0, \ldots, j + k. \qquad \square \qquad (8.2.10)$$

Die Bedingungen (8.2.10) sind äquivalent zu

$$R_{jk}(z) = g(z) + \mathcal{O}(z^{j+k+1}) \quad \text{für} \quad z \to 0, \qquad (8.2.11)$$

d.h., die Padé-Approximation besitzt die *Approximationsordnung* $r = j + k$ an $g(z)$. Der Spezialfall $j = 0$ liefert für $R_{0k}(z)$ die Taylorapproximation von $g(z)$ an der Stelle $z = 0$ bis einschließlich z^k, für $k = 0$ erhält man für $R_{j0}(z)$ die Taylorapproximation von $1/g(z)$.

Mit $g(z) = \sum_{l=0}^{\infty} c_l z^l$, $c_l \in \mathbb{R}$, ist (8.2.11) äquivalent zu

$$\sum_{l=0}^{k} a_l z^l - \left(\sum_{l=0}^{j} b_l z^l \right) \left(\sum_{l=0}^{\infty} c_l z^l \right) = \mathcal{O}(z^{j+k+1}) \quad \text{für} \quad z \to 0.$$

Daraus ergeben sich für eine Padé-Approximation von $g(z)$ vom Index (j, k) die Bedingungsgleichungen

$$\sum_{l=0}^{\rho} c_{r-l} b_l = a_r \quad \text{für } r = 0, \ldots, k \quad \text{mit } \rho = \min(j, r)$$

$$\sum_{l=0}^{\sigma} c_{j+k-\nu-l} b_l = 0 \quad \text{für } \nu = 0, \ldots, j-1 \quad \text{mit } \sigma = \min(j, j+k-\nu) \qquad (8.2.12)$$

mit $b_0 = 1$. Hat dieses lineare Gleichungssystem für die $(j + k + 1)$ Unbekannten $a_0, \ldots, a_k, b_1, \ldots, b_j$ eine Lösung, so liefert sie uns die gewünschte Padé-Approximation. Die Padé-Approximation existiert nicht zu jedem Index für beliebige analytische Funktionen.

Lemma 8.2.2. *Wenn die Padé-Approximation existiert, dann ist sie eindeutig.*

Beweis. Indirekt. Seien R_{jk} und R_{jk}^* zwei Padé-Approximationen zum gleichen Index. Dann gilt

$$w(z) = P_{jk}(z)Q_{jk}^*(z) - Q_{jk}(z)P_{jk}^*(z) = \mathcal{O}(z^{j+k+1}) \quad \text{für } z \to 0.$$

Da $w(z)$ ein Polynom vom Grad $\leq j + k$ ist, muss $w(z) \equiv 0$ sein. Hieraus folgt aber

$$R_{jk}(z) = R_{jk}^*(z).$$

∎

Wir sind speziell interessiert an Padé-Approximationen an $\exp(z)$.

Satz 8.2.3. *Die Padé-Approximation an e^z existiert für jeden Index. Sie ist gegeben durch*

$$P_{jk}(z) = \sum_{l=0}^{k} \frac{k!(j+k-l)!}{(k-l)!(j+k)!l!} z^l$$

$$Q_{jk}(z) = \sum_{l=0}^{j} \frac{j!(j+k-l)!}{(j-l)!(j+k)!l!} (-z)^l.$$

Beweis. Die Behauptung folgt unter Beachtung von $c_l = 1/l!$ durch Einsetzen in (8.2.12) nach einigen aufwendigen Umformungen. ∎

Offensichtlich gilt

$$Q_{jk}(z) = P_{kj}(-z).$$

Es ist üblich, die Padé-Approximationen in einer *Padé-Tafel* anzuordnen:

$$
\begin{array}{cccc}
R_{00} & R_{01} & R_{02} & \cdots \\
R_{10} & R_{11} & R_{12} & \cdots \\
R_{20} & R_{21} & R_{22} & \cdots \\
\vdots & \vdots & \vdots & \ddots
\end{array}
$$

Tabelle 8.2.1 gibt die ersten Padé-Approximationen an $\exp(z)$ an.

Der folgende Satz stellt den Zusammenhang zwischen den Stabilitätsfunktionen von RK-Verfahren hoher Ordnung und Padé-Approximationen her.

	$k = 0$	$k = 1$	$k = 2$
$j = 0$	$\dfrac{1}{1}$	$\dfrac{1 + z}{1}$	$\dfrac{1 + z + \frac{1}{2}z^2}{1}$
$j = 1$	$\dfrac{1}{1 - z}$	$\dfrac{1 + \frac{1}{2}z}{1 - \frac{1}{2}z}$	$\dfrac{1 + \frac{2}{3}z + \frac{1}{6}z^2}{1 - \frac{1}{3}z}$
$j = 2$	$\dfrac{1}{1 - z + \frac{1}{2}z^2}$	$\dfrac{1 + \frac{1}{3}z}{1 - \frac{2}{3}z + \frac{1}{6}z^2}$	$\dfrac{1 + \frac{1}{2}z + \frac{1}{12}z^2}{1 - \frac{1}{2}z + \frac{1}{12}z^2}$

Tabelle 8.2.1: Padé-Approximationen $R_{jk}(z)$ an $\exp(z)$

Satz 8.2.4. *Die Stabilitätsfunktion $R_0(z)$ des s-stufigen Gauß-Verfahrens ist die Padé-Approximation vom Index (s, s), der s-stufigen Radau-IIA- und Radau-IA-Verfahren die Padé-Approximation vom Index $(s, s - 1)$. Für die s-stufigen Lobatto-Verfahren ist die Stabilitätsfunktion die Padé-Approximation vom Index $(s - 1, s - 1)$ für die IIIA- und IIIB-Verfahren und vom Index $(s, s - 2)$ für die IIIC-Verfahren.*

Beweis. Das s-stufige Gauß-Verfahren besitzt die Konsistenzordnung $2s$, woraus speziell für die Testgleichung (8.2.1) mit (8.2.3)

$$R_0(z) = e^z + \mathcal{O}(z^{2s+1}) \quad \text{für} \quad z \to 0$$

folgt. Mit Folgerung 8.2.1 und Definition 8.2.5 ergibt sich die Behauptung.
Für die Radau-IA-Verfahren gilt

$$Ae_1 = B^{-1}(V_s^\top)^{-1}(N_s - C_s)^\top Be_1$$
$$= B^{-1}(V_s^\top)^{-1}(N_s - C_s)^\top b_1 e_1.$$

Unter Beachtung von $c_1 = 0$ folgt hieraus

$$Ae_1 = b_1 B^{-1}(V_s^\top)^{-1}e_H = b_1 B^{-1}b^\top = b_1 \mathbb{1},$$

d. h., es gilt

$$a_{i1} = b_1, \quad i = 1, \ldots, s.$$

Für die Radau-IIA-Verfahren haben wir

$$e_s^\top A = e_s^\top C_s V_s^{-1} = e_H^\top V_s^{-1} = b^\top,$$

d. h., es besteht die Beziehung

$$a_{si} = b_i, \quad i = 1, \ldots, s.$$

Damit gilt nach Satz 8.2.1 für beide Verfahren $R_0(\infty) = 0$, der Zählergrad von $R_0(z)$ ist kleiner als der Nennergrad. Aus der Ordnung $2s-1$ folgt die Behauptung.

Wegen $c_1 = 0$ bestehen die erste Zeile der Verfahrensmatrix A der Lobatto-IIIA-Verfahren und wegen $c_s = 1$ die letzte Spalte der Lobatto-IIIB-Verfahren nur aus Nullen. Nach (8.2.5) besitzt der Nenner der Stabilitätsfunktion daher höchstens den Grad $s - 1$. Analog sieht man, dass für die IIIA-Verfahren die letzte Zeile und für die IIIB-Verfahren die erste Spalte von $A - \mathbb{1}b^\top$ nur aus Nullen bestehen. Der Zählergrad ist daher auch höchstens $s - 1$. Aus der Ordnung $2s - 2$ folgt die Behauptung.

Nach Definition gilt für die Lobatto-IIIC-Verfahren $a_{i1} = b_1$. Mit $c_s = 1$ ergibt sich $e_s^\top A = b^\top$, d. h. $a_{si} = b_i$. Damit besteht sowohl die erste Spalte als auch die letzte Zeile von $A - \mathbb{1}b^\top$ nur aus Nullen, der Grad des Zählerpolynoms ist nach (8.2.5) höchstens $s - 2$. Aus der Ordnung $2s - 2$ ergibt sich die Behauptung. ∎

8.2.4 A-Stabilität von Runge-Kutta-Verfahren hoher Ordnung

Für den Nachweis der A-Stabilität für die Gauß-, Radau- und Lobatto-Verfahren benötigen wir einige Relationen zwischen den Padé-Approximationen, vgl. dazu [53].

Satz 8.2.5. *Sei* $m \geq 2$. *Dann gelten für die Nenner von Padé-Approximationen an* $exp(z)$ *folgende Beziehungen*

$$Q_{mm}(z) = Q_{m-1,m-1}(z) + \frac{z^2}{4(2m - 1)(2m - 3)}Q_{m-2,m-2}(z), \qquad (8.2.13)$$

$$Q_{m,m-1}(z) = (1 - \frac{m - 1}{(2m - 1)(2m - 2)}z)Q_{m-1,m-1}(z)$$
$$+ \frac{z^2}{4(2m - 1)(2m - 3)}Q_{m-2,m-2}(z),$$

$$Q_{m,m-2}(z) = (1 - \frac{1}{2m - 2}z)Q_{m-1,m-1}(z) + \frac{z^2}{4(m - 1)(2m - 3)}Q_{m-2,m-2}(z).$$

Beweis. Wir betrachten (8.2.13). Der Beweis ergibt sich durch Koeffizientenvergleich. Für $Q_{m-1,m-1}(z)$ ist der Koeffizient bei $(-z)^l$

$$\frac{(m - 1)!(2m - 2 - l)!}{(2m - 2)!l!(m - 1 - l)!},$$

und für $\frac{z^2}{4(2m-1)(2m-3)}Q_{m-2,m-2}(z)$ ist er

$$-\frac{(m - 2)!(2m - 2 - l)!}{4(2m - 1)(2m - 3)(2m - 4)!(l - 2)!(m - l)!}.$$

Durch Addition beider Terme ergibt sich der Koeffizient von $Q_{mm}(z)$ und somit folgt (8.2.13).

Der Beweis für die beiden anderen Rekursionen ist analog. ∎

Wir wollen jetzt zeigen, dass die Padé-Approximationen vom Index $(m+2, m)$, $(m+1, m)$ und (m, m) A-stabil sind. Gemäß Satz 8.2.2 muss gezeigt werden, dass die Nenner keine Nullstellen in $\mathbb{C}^-$ besitzen und dass $E(y) \geq 0$ für alle $y \in \mathbb{R}$ ist.

Satz 8.2.6. *Die Padé-Approximationen vom Index (m, l) mit $m - 2 \leq l \leq m$ besitzen keine Polstellen für* Re $z \leq 0$.

Beweis. Wir beweisen die Behauptung für $m = l$. Wegen $b_0 = 1$ ist $z = 0$ keine Polstelle. Sei nun Re $z \leq 0$, $z \neq 0$. Für $Q_{00} = 1$, $Q_{11} = 1 - z/2$ ist die Behauptung offensichtlich erfüllt. Sei

$$ r_k = \frac{Q_{kk}}{Q_{k-1,k-1}}. $$

Nach (8.2.13) gilt dann für $m \geq 2$

$$ r_m = 1 + \frac{z^2}{4(2m-1)(2m-3)} r_{m-1}^{-1} $$
$$ \frac{r_m}{z} = \frac{1}{z} + \frac{1}{4(2m-1)(2m-3)} \left(\frac{r_{m-1}}{z}\right)^{-1}. $$

Durch Induktion ergibt sich, dass alle $\frac{r_m}{z}$ einen negativen Realteil besitzen. Damit sind alle r_m verschieden von null. Wegen

$$ Q_{mm} = r_m r_{m-1} \cdots r_1 $$

ist damit auch $Q_{mm}(z) \neq 0$ für $z \in \mathbb{C}^-$.

Der Beweis für die beiden ersten subdiagonalen Padé-Approximationen ist analog. ∎

Satz 8.2.7. *Für die Padé-Approximationen $R_{m+d,m}(z)$, $d = 0, 1, 2$, gilt $E(y) \geq 0$ für alle $y \in \mathbb{R}$.*

Beweis. Das E-Polynom ist definiert durch

$$ E(y) = Q_{m+d,m}(iy) Q_{m+d,m}(-iy) - P_{m+d,m}(iy) P_{m+d,m}(-iy). $$

Wegen der Approximationsordnung $2m + d$ der Padé-Approximation gilt

$$ Q_{m+d,m}(iy) e^{iy} = P_{m+d,m}(iy) + \mathcal{O}(y^{2m+d+1}) \quad \text{für} \quad y \to 0. $$

Es folgt

$$E(y) = Q_{m+d,m}(iy)\underbrace{e^{iy}e^{-iy}}_{=1}Q_{m+d,m}(-iy) - P_{m+d,m}(iy)P_{m+d,m}(-iy)$$
$$= \mathcal{O}(y^{2m+d+1}).$$

Da $E(y)$ vom Grad $\leq 2m + 2d$ und eine gerade Funktion ist, folgt

$$E(y) = \begin{cases} 0, & d = 0 \\ c_1 y^{2m+2}, & d = 1 \\ c_2 y^{2m+4}, & d = 2. \end{cases}$$

Wegen $E(y) > 0$ für $y \to \infty$ für $d = 1, 2$ gilt $c_1, c_2 > 0$ und damit $E(y) \geq 0$ für alle $y \in \mathbb{R}$. ∎

Satz 8.2.8. *Die Padé-Approximationen vom Index (m, l) sind A-verträglich genau dann, wenn gilt*

$$m - 2 \leq l \leq m.$$

Für $l = m - 1, m - 2$ sind sie sogar L-verträglich.

Beweis. Der erste Teil der Aussage folgt aus den Sätzen 8.2.6 und 8.2.7. Dass Padé-Approximationen mit $m - 2 > l$ nicht A-stabil sind, wird im Abschnitt 8.3 gezeigt. Für $l > m$ folgt die Aussage aus $|R_{ml}(\infty)| = \infty$. ∎

Aus den Sätzen 8.2.4 und 8.2.8 ergibt sich für die entsprechenden RK-Verfahren:

Satz 8.2.9. *Die Gauß-, Lobatto-IIIA- und Lobatto-IIIB-Verfahren sind A-stabil, die Radau-IA-, Radau-IIA- und Lobatto-IIIC-Verfahren sind L-stabil.* □

8.2.5 A-Stabilität von SDIRK-Verfahren

Mit der Bezeichnung $A = \widehat{A} + \gamma I$, $\widehat{A}$ eine strikt untere Dreiecksmatrix, erhält man aus (8.2.4) für die Stabilitätsfunktion eines SDIRK-Verfahrens

$$R_0(z) = 1 + zb^\top((1 - \gamma z)I - z\widehat{A})^{-1}\mathbb{1}$$
$$= 1 + wb^\top(I - w\widehat{A})^{-1}\mathbb{1}$$

mit $w = z/(1 - \gamma z)$. Wegen der Nilpotenz von $\widehat{A}$ ($\widehat{A}^s = 0$) ergibt sich mit der Neumann-Reihe

$$R_0(z) = 1 + \sum_{j=1}^{s} b^\top\widehat{A}^{j-1}\mathbb{1}w^j, \tag{8.2.14}$$

d. h., die Stabilitätsfunktion ist ein Polynom vom Grad s in der transformierten Variablen w. Bezüglich z ergibt sich

$$R_0(z) = \frac{\sum_{l=0}^{s} a_l z^l}{(1 - \gamma z)^s}. \tag{8.2.15}$$

Im Folgenden betrachten wir SDIRK-Verfahren, bei denen die Stabilitätsfunktion die Approximationsordnung $r = s$ an $\exp(z)$ besitzt. Dann muss gelten

$$\sum_{l=0}^{s} a_l z^l = e^z (1 - \gamma z)^s + \mathcal{O}(z^{s+1}).$$

Die Koeffizienten a_l sind dann gegeben durch

$$a_l = \sum_{i=0}^{l} \frac{1}{i!} \binom{s}{l-i} (-\gamma)^{l-i}$$

$$= (-\gamma)^l \sum_{i=0}^{l} \frac{1}{i!} \binom{s}{l-i} (-\gamma)^{-i}$$

$$= (-\gamma)^l L_l^{(s-l)}(\gamma^{-1}).$$

Die L_l sind die sog. verallgemeinerten *Laguerre-Polynome*.

Definition 8.2.6. Die Polynome

$$L_l^{(\mu)}(x) = \sum_{k=0}^{l} (-1)^k \binom{l+\mu}{l-k} \frac{x^k}{k!}, \quad \text{für} \quad \mu \in \mathbb{N} \tag{8.2.16}$$

vom Grad l heißen verallgemeinerte Laguerre-Polynome. Für $\mu = 0$ erhält man die klassischen Laguerre-Polynome. □

Die Stabilitätsfunktion eines s-stufigen SDIRK-Verfahrens der Ordnung $p \geq s$ hat damit die Gestalt

$$R_0(z) = \frac{\sum_{j=0}^{s} L_j^{(s-j)}(\gamma^{-1})(-\gamma z)^j}{(1 - \gamma z)^s}. \tag{8.2.17}$$

Für die Approximationsordnung $s + 1$ muss zusätzlich gelten

$$0 = \sum_{i=1}^{s+1} \frac{1}{i!} b_{s+1-i} = \sum_{i=1}^{s+1} \frac{1}{i!} \binom{s}{s+1-i} (-\gamma)^{s+1-i}$$

$$= \sum_{l=0}^{s} \frac{1}{(l+1)!} \binom{s}{s-l} (-\gamma)^{s-l}.$$

Wegen

$$\binom{s}{s-l} = \binom{s+1}{s-l}\frac{l+1}{s+1}$$

ist diese Bedingung äquivalent zu

$$0 = \frac{(-\gamma)^s}{s+1} \sum_{l=0}^{s} \frac{1}{l!} \binom{s+1}{s-l}(-1)^l \gamma^{-l},$$

d. h., γ^{-1} muss eine Nullstelle des verallgemeinerten Laguerre-Polynoms (8.2.16) sein:

$$L_s^{(1)}(\gamma^{-1}) = 0. \tag{8.2.18}$$

Die Betrachtung des Koeffizienten bei z^{s+2} zeigt, dass eine Approximationsordnung $s+2$ an $\exp(z)$ nicht möglich ist. Eine Konsequenz hieraus ist

Satz 8.2.10. *Die maximale Konsistenzordnung eines s-stufigen SDIRK-Verfahrens ist $p = s+1$.* $\square$

Da die Resultate bezüglich der A-Verträglichkeit von Padé-Approximationen für die Stabilitätsfunktionen (8.2.15) nicht anwendbar sind, wird die A-Stabilität der SDIRK-Verfahren direkt anhand von Satz 8.2.2 gezeigt. Für $\gamma > 0$ folgt sofort, dass $R_0(z)$ analytisch in $\mathbb{C}^-$ ist.

Beispiel 8.2.2. Sei $s = 2$. Für Stabilitätsfunktionen der Approximationsordnung $r \geq s$ gilt nach (8.2.17)

$$R_0(z) = \frac{1 + (1-2\gamma)z + (\frac{1}{2} - 2\gamma + \gamma^2)z^2}{(1-\gamma z)^2}.$$

Das E-Polynom ist gegeben durch

$$E(y) = (1-i\gamma y)^2(1+i\gamma y)^2 - \left(1 + (1-2\gamma)iy - (\frac{1}{2} - 2\gamma + \gamma^2)y^2\right) \times$$

$$\times \left(1 - (1-2\gamma)iy - (\frac{1}{2} - 2\gamma + \gamma^2)y^2\right)$$

$$= (\gamma^4 - (\frac{1}{2} - 2\gamma + \gamma^2)^2)y^4$$

$$= (2\gamma - 1)^2(\gamma - \frac{1}{4})y^4.$$

Es gilt daher $E(y) \geq 0$ genau dann, wenn $\gamma \geq \frac{1}{4}$, die Stabilitätsfunktion ist also genau für diese γ A-verträglich.

$R_0(\infty) = 0$ erfordert den Grad 1 des Zählers, d. h. $\frac{1}{2} - 2\gamma + \gamma^2 = 0$, was für

$$\gamma = 1 \pm \frac{\sqrt{2}}{2}$$

der Fall ist. Da diese beiden γ-Werte größer $\frac{1}{4}$ sind, ist die Stabilitätsfunktion dann L-verträglich.

Die Approximationsordnung $r = 3$ erfordert nach (8.2.18)

$$L_2^{(1)}(\gamma^{-1}) = 3 - 3\gamma^{-1} + \frac{\gamma^{-2}}{2} = 0,$$

woraus

$$\gamma_1 = \frac{3 + \sqrt{3}}{6}, \quad \gamma_2 = \frac{3 - \sqrt{3}}{6}$$

folgt. Von diesen beiden Werten ist nur $\gamma_1 > \frac{1}{4}$. Das heißt, für $\gamma = \frac{3+\sqrt{3}}{6}$ besitzt die Stabilitätsfunktion die Approximationsordnung $r = 3$ und ist A-verträglich.   □

Die Abhängigkeit der Stabilität von (8.2.15) von γ ist ausführlich untersucht worden. Tabelle 8.2.2, die aus Burrage [38] und Wanner [283] entnommen wurde, fasst die Ergebnisse zusammen. Anhand dieser Tabelle kann die A- bzw. L-Stabilität der SDIRK-Verfahren der Ordnung $p \geq s$ abgelesen werden. Neben der Stabilität ist für die praktische Anwendung auch noch die Genauigkeit der Approximation wichtig. Gilt

$$R_0(z) - e^z = c_{r+1} z^{r+1} + \mathcal{O}(z^{r+2}) \quad \text{für} \quad z \to 0,$$

so wird man versuchen, $|c_{r+1}|$ klein zu halten. Man wird also einen Kompromiss zwischen Stabilität und Genauigkeit eingehen.

8.2.6 AN-stabile Runge-Kutta-Verfahren

In Verallgemeinerung der linearen Testdifferentialgleichung (8.2.1) für die A-Stabilität betrachten wir jetzt die skalare, nichtautonome Differentialgleichung

$$y' = \lambda(t)y, \quad \lambda(t) \in \mathbb{C}^-. \tag{8.2.19}$$

Ein s-stufiges RK-Verfahren liefert bei Anwendung auf (8.2.19)

$$U_m = \mathbb{1}u_m + AZU_m$$
$$u_{m+1} = u_m + b^\top Z U_m$$

mit

$$Z = \text{diag}(z_1, \dots, z_s), \quad z_j = h\lambda(t_m + c_j h).$$

	A-verträglich	L-verträglich	A-verträglich und $r = s + 1$
$s = 1$	$\gamma \in [\frac{1}{2}, \infty)$	$\gamma = 1$	$\gamma = \frac{1}{2}$
$s = 2$	$\gamma \in [\frac{1}{4}, \infty)$	$\gamma = 1 \pm \frac{\sqrt{2}}{2}$	$\gamma = \frac{3+\sqrt{3}}{6}$
$s = 3$	$\gamma \in [\frac{1}{3}, 1.06858]$	$\gamma = 0.435866$	$\gamma = 1.06858$
$s = 4$	$\gamma \in [0.39434, 1.28057]$	$\gamma = 0.57282$	$-$
$s = 5$	$\gamma \in [0.24651, 0.36180] \cup$ $[0.42079, 0.47328]$	$\gamma = 0.27805$	$\gamma = 0.47328$
$s = 6$	$\gamma \in [0.28407, 0.54090]$	$\gamma = 0.33414$	$-$

Tabelle 8.2.2: Eigenschaften von Stabilitätsfunktionen (8.2.15) der Ordnung $r \geq s$ in Abhängigkeit von γ

Ist $I - AZ$ regulär, so erhält man

$$u_{m+1} = K(Z)u_m,$$

wobei die verallgemeinerte Stabilitätsfunktion $K(Z)$ gegeben ist durch

$$K(Z) = 1 + b^\top Z(I - AZ)^{-1}\mathbb{1}. \qquad (8.2.20)$$

Definition 8.2.7. Ein Runge-Kutta-Verfahren heißt AN-stabil, wenn für alle $z_i \in \mathbb{C}^-$, $i = 1, \ldots, s$, mit $z_i = z_j$ für $c_i = c_j$ gilt

$$\det(I - AZ) \neq 0 \quad \text{und} \quad |K(Z)| \leq 1. \quad \square$$

Da (8.2.1) ein Spezialfall von (8.2.19) ist, gilt offensichtlich

Satz 8.2.11. *Ist ein Runge-Kutta-Verfahren AN-stabil, dann ist es A-stabil.* $\quad \square$

Beispiel 8.2.3. Wir betrachten die 2-stufige Radau-IIA-Methode, vgl. Beispiel 8.1.5. Man erhält

$$\det(I - AZ) = 1 - (\frac{5}{12}z_1 + \frac{1}{4}z_2) + \frac{1}{6}z_1 z_2.$$

Für $\operatorname{Re} z_j \leq 0$, $j = 1, 2$, ist $\det(I - AZ) \neq 0$. Die verallgemeinerte Stabilitätsfunktion $K(Z)$ ist gegeben durch

$$K(Z) = \frac{1 + \frac{1}{3}z_1}{1 - (\frac{5}{12}z_1 + \frac{1}{4}z_2) + \frac{1}{6}z_1 z_2},$$

sie reduziert sich für $\lambda(t) = \lambda$ auf die $(2,1)$-Padé-Approximation

$$R(z) = \frac{1 + \frac{1}{3}z}{1 - \frac{2}{3}z + \frac{1}{6}z^2}.$$

Der Nenner von $K(Z)$ ist für $\mathrm{Re}\, z_j \leq 0$, $j = 1, 2$, von null verschieden. Zum Nachweis von $|K(Z)| \leq 1$ kann demzufolge das Maximumprinzip für analytische Funktionen zweier komplexer Variablen verwendet werden. Das heißt, es bleibt zu zeigen

$$|K(i\xi)| \leq 1 \quad \text{für} \quad \xi = \mathrm{diag}(\xi_1, \xi_2).$$

Es ist

$$|K(i\xi)|^2 = \frac{1 + \frac{1}{9}\xi_1^2}{(1 - \frac{1}{6}\xi_1\xi_2)^2 + (\frac{5}{12}\xi_1 + \frac{1}{4}\xi_2)^2}.$$

Mit der Beziehung

$$(1 - \frac{1}{6}\xi_1\xi_2)^2 + (\frac{5}{12}\xi_1 + \frac{1}{4}\xi_2)^2 = 1 + \frac{1}{9}\xi_1^2 + \frac{9}{144}(\xi_1 - \xi_2)^2 + \frac{1}{36}\xi_1^2\xi_2^2$$

ergibt sich unmittelbar die Behauptung.   □

Das folgende Beispiel zeigt, dass es A-stabile RK-Verfahren gibt, die nicht AN-stabil sind.

Beispiel 8.2.4. Wir betrachten die 2-stufige Lobatto-IIIA-Methode, d. h. die Trapezregel, vgl. Beispiel 8.1.6. Die verallgemeinerte Stabilitätsfunktion ist gegeben durch

$$K(Z) = \frac{1 + z_1/2}{1 - z_2/2}$$

Für $z_2 = 0$ und $z_1 \to -\infty$ folgt, dass die Trapezregel nicht AN-stabil ist.   □

8.2.7 BN-stabile Runge-Kutta-Verfahren

In Verallgemeinerung der linearen Stabilität (A- und AN-Stabilität) betrachten wir jetzt nichtlineare Anfangswertaufgaben (8.1.1) mit der Eigenschaft

$$\langle f(t,u) - f(t,v), u - v \rangle \leq 0 \qquad (8.2.21)$$

auf dem Streifen S. Dann gilt für je zwei Lösungen $u(t)$ und $v(t)$ von (8.1.1) mit den Anfangswerten u_0, v_0

$$\|u(t_{m+1}) - v(t_{m+1})\| \leq \|u(t_m) - v(t_m)\|, \quad m \geq 0,$$

vgl. Abschnitt 7.2. Wir möchten, dass sich diese Eigenschaft auf die numerischen Lösungen überträgt.

Definition 8.2.8. (Burrage/Butcher [39]) Ein s-stufiges Runge-Kutta-Verfahren heißt *BN-stabil*, wenn es bei Anwendung auf ein System mit der Eigenschaft (8.2.21) zu beliebigen Anfangswerten u_0, v_0 und beliebigen Schrittweiten $h > 0$ Näherungsfolgen $\{u_m\}_{m=0}^{\infty}$, $\{v_m\}_{m=0}^{\infty}$ liefert, für die gilt

$$\|u_{m+1} - v_{m+1}\| \le \|u_m - v_m\|, \quad m \ge 0. \quad \square$$

Bemerkung 8.2.4. Für autonome Systeme mit der Eigenschaft (8.2.21) spricht man von B-Stabilität [48]. $\quad \square$

Das implizite Euler-Verfahren erfüllt diese Bedingung. Für zwei Lösungsfolgen

$$u_{m+1} = u_m + hf(t_{m+1}, u_{m+1}), \quad v_{m+1} = v_m + hf(t_{m+1}, v_{m+1})$$

ergibt sich mit $w = h(f(t_{m+1}, u_{m+1}) - f(t_{m+1}, v_{m+1}))$

$$\|u_{m+1}-v_{m+1}\|^2 = \langle u_m-v_m+w, u_m-v_m+w \rangle = \|u_m-v_m\|^2 + 2\langle u_m-v_m, w \rangle + \langle w, w \rangle.$$

Mit $u_m - v_m = u_{m+1} - v_{m+1} - w$ erhält man

$$\|u_{m+1} - v_{m+1}\|^2 = \|u_m - v_m\|^2 + 2\underbrace{\langle u_{m+1} - v_{m+1}, w \rangle}_{\le 0 \text{ nach } (8.2.21)} - \underbrace{\langle w, w \rangle}_{\ge 0}.$$

Also gilt

$$\|u_{m+1} - v_{m+1}\|^2 \le \|u_m - v_m\|^2.$$

Zur Charakterisierung BN-stabiler RK-Verfahren erweist sich der von Burrage und Butcher [39] sowie Crouzeix [74] eingeführte Begriff der *algebraischen Stabilität* als fundamental. Dieser stellt bestimmte Bedingungen an die Koeffizienten eines RK-Verfahrens.

Definition 8.2.9. Ein s-stufiges RK-Verfahren heißt algebraisch stabil, wenn gilt
  (i) $B = \mathrm{diag}(b_1, \ldots, b_s) \ge 0$
  (ii) $M = BA + A^\top B - bb^\top$ ist positiv semidefinit, d. h.

$$w^\top M w \ge 0 \text{ für alle } w \in \mathbb{R}^s. \quad \square$$

Die algebraische Stabilität ist eine hinreichende Bedingung für die BN-Stabilität.

Satz 8.2.12. *Ein algebraisch stabiles RK-Verfahren ist BN-stabil.*

Beweis. Mit der Bezeichnung

$$w_i = h(f(t_m + c_i h, u_{m+1}^{(i)}) - f(t_m + c_i h, v_{m+1}^{(i)}))$$

folgt aus (8.1.2) für die numerischen Lösungen u_{m+1}, v_{m+1} zu u_m, v_m in der Skalarproduktnorm

$$
\begin{aligned}
\|u_{m+1} - v_{m+1}\|^2 &= \|u_m - v_m + \sum_{i=1}^{s} b_i w_i\|^2 \\
&= \langle u_m - v_m + \sum_{i=1}^{s} b_i w_i, u_m - v_m + \sum_{i=1}^{s} b_i w_i \rangle \qquad (8.2.22) \\
&= \|u_m - v_m\|^2 + 2\sum_{i=1}^{s} b_i \langle w_i, u_m - v_m \rangle + \sum_{i,j=1}^{s} b_i b_j \langle w_i, w_j \rangle.
\end{aligned}
$$

Mit $u_m - v_m = u_{m+1}^{(i)} - v_{m+1}^{(i)} - \sum_{j=1}^{s} a_{ij} w_j$ für $i = 1, \ldots, s$ erhält man aus (8.2.22)

$$
\begin{aligned}
\|u_{m+1} - v_{m+1}\|^2 =& \|u_m - v_m\|^2 + 2\sum_{i=1}^{s} b_i \langle u_{m+1}^{(i)} - v_{m+1}^{(i)}, w_i \rangle \\
& - 2\sum_{i,j=1}^{s} b_i a_{ij} \langle w_i, w_j \rangle + \sum_{i,j=1}^{s} b_i b_j \langle w_i, w_j \rangle \\
=& \|u_m - v_m\|^2 + 2\sum_{i=1}^{s} b_i \underbrace{\langle u_{m+1}^{(i)} - v_{m+1}^{(i)}, w_i \rangle}_{\leq 0 \text{ nach } (8.2.21)} \\
& - \sum_{i,j=1}^{s} \underbrace{(b_i a_{ij} + b_j a_{ji} - b_i b_j)}_{m_{ij}} \langle w_i, w_j \rangle.
\end{aligned}
$$

Aufgrund der Semidefinitheit von M folgt

$$\|u_{m+1} - v_{m+1}\|^2 \leq \|u_m - v_m\|^2,$$

d. h. BN-Stabilität. ∎

Beispiel 8.2.5. 1. Für das zweistufige Radau-IIA-Verfahren gilt $b_1, b_2 > 0$ und

$$M = \frac{1}{16} \begin{pmatrix} 1 & -1 \\ -1 & 1 \end{pmatrix},$$

d. h., M ist positiv semidefinit. Das Verfahren ist algebraisch stabil und nach Satz 8.2.12 BN-stabil.

2. Für die Trapezregel ist

$$M = \frac{1}{4} \begin{pmatrix} -1 & 0 \\ 0 & 1 \end{pmatrix}.$$

M ist offensichtlich indefinit, die Trapezregel ist nicht algebraisch stabil.

3. Die einstufigen impliziten RK-Verfahren (Beispiel 8.1.10) sind wegen

$$M = 2\gamma - 1$$

algebraisch stabil und damit BN-stabil für $\gamma \geq \frac{1}{2}$.

4. Mit $c_2 = 1 - \gamma$ gilt für das zweistufige SDIRK-Verfahren von Beispiel 8.1.11 $b_1 = b_2 = \frac{1}{2}$ und

$$M = (\gamma - \frac{1}{4}) \begin{pmatrix} 1 & -1 \\ -1 & 1 \end{pmatrix}.$$

Das Verfahren ist folglich algebraisch stabil für $\gamma \geq \frac{1}{4}$. $\square$

Satz 8.2.13. *Die Gauß-, Radau-IA-, Radau-IIA- und die Lobatto-IIIC-Verfahren sind algebraisch stabil und damit BN-stabil.*

Beweis. Es ist zu zeigen, dass die b_i nichtnegativ sind und dass die Matrix M positiv semidefinit ist. Aus der Theorie der Quadraturverfahren ist bekannt, dass die Gewichte der Gauß-, Radau- und Lobatto-Formeln positiv sind. Da diese Verfahren paarweise verschiedene Knoten besitzen, ist V_s regulär und damit die Matrix M genau dann positiv semidefinit, wenn die Matrix

$$Q = V_s^\top M V_s$$

positiv semidefinit ist. Mit den Elementen von M

$$m_{ij} = b_i a_{ij} + b_j a_{ji} - b_i b_j$$

erhalten wir für die Elemente von Q

$$q_{kl} = \sum_{i,j=1}^{s} (b_i a_{ij} + b_j a_{ji} - b_i b_j) c_i^{k-1} c_j^{l-1}.$$

Die Gauß-Verfahren erfüllen $B(2s)$ und $C(s)$, so dass

$$\sum_{i,j=1}^{s} b_i c_i^{k-1} b_j c_j^{l-1} = \frac{1}{kl}, \quad k,l = 1, \ldots, s$$

$$\sum_{i,j=1}^{s} b_i c_i^{k-1} a_{ij} c_j^{l-1} = \frac{1}{l(k+l)},$$

und damit

$$q_{kl} = \frac{1}{l(k+l)} + \frac{1}{k(k+l)} - \frac{1}{kl} = 0 \quad \text{für } k, l = 1, \ldots, s.$$

Q ist also die Nullmatrix und daher trivialerweise positiv semidefinit.

Für die Radau-IA-Verfahren gilt $B(2s-1)$, $D(s)$ und damit $C(s-1)$. Man erhält

$$q_{kl} = 0 \text{ für alle } k, l = 1, \ldots, s \text{ außer } k = l = s.$$

Für q_{ss} gilt wegen $D(s)$ und $B(2s-1)$

$$q_{ss} = \frac{2}{s} \sum_{j=1}^{s} b_j(1 - c_j^s)c_j^{s-1} - \frac{1}{s^2} = \frac{1}{s^2} - \frac{2}{s} \sum_{j=1}^{s} b_j c_j^{2s-1}. \qquad (8.2.23)$$

Da alle Elemente von Q außer q_{ss} null sind, bleibt für die positive Semidefinitheit $q_{ss} \geq 0$ zu zeigen. Wir betrachten dazu das Polynom

$$P(x) = x(x - c_2)^2 \cdots (x - c_s)^2 = x^{2s-1} + P^*(x),$$

wobei $P^*(x)$ ein Polynom vom Grad $\leq 2s - 2$ ist. Es gilt

$$0 = \sum_{j=1}^{s} b_j P(c_j) = \sum_{j=1}^{s} b_j c_j^{2s-1} + \sum_{j=1}^{s} b_j P^*(c_j)$$

$$\leq \int_0^1 P(x)\,dx = \int_0^1 x^{2s-1}\,dx + \int_0^1 P^*(x)\,dx$$

$$= \frac{1}{2s} + \int_0^1 P^*(x)\,dx.$$

Da die Radau-Methode Polynome vom Grad $\leq 2s - 2$ exakt integriert, folgt

$$\sum_{j=1}^{s} b_j c_j^{2s-1} \leq \frac{1}{2s}$$

und mit (8.2.23) $q_{ss} \geq 0$.

Der Beweis für die Radau-IIA-Verfahren ist analog.

Für das Lobatto-IIIC-Verfahren erhält man unter Beachtung von $B(2s-2)$, $C(s-1)$ und $D(s-1)$

$$q_{kl} = 0 \text{ für alle } k, l \text{ außer } k = l = s.$$

Es bleibt $q_{ss} \geq 0$ zu zeigen. Es gilt

$$\frac{q_{ss}}{2} = \sum_{i,j=1}^{s} b_i c_i^{s-1} a_{ij} c_j^{s-1} - \frac{1}{2s^2}.$$

Das können wir interpretieren als

$$\frac{q_{ss}}{2} = \sum_{i,j=1}^{s} b_i p(c_i) a_{ij} c_j^{s-1} - \int_0^1 p(x) \frac{x^s}{s} \, dx \tag{8.2.24}$$

mit $p(x) = x^{s-1}$. Wir zerlegen p in $p = p_1 + p_2 + p_3$ mit

$$p_1(x) = x(x - c_2) \cdots (x - c_{s-1}),$$

$$p_2(x) = (c_2 + \cdots + c_{s-1})x^{s-2} = \frac{s-2}{2} x^{s-2},$$

$$p_3(x) \text{ ein Polynom vom Grad } \leq s - 3.$$

Wegen $B(2s - 2)$ und $D(s - 1)$ fallen in (8.2.24) die Terme mit $p_3(x)$ weg. Es bleibt

$$\frac{q_{ss}}{2} = \sum_{i,j=1}^{s} b_i p_1(c_i) a_{ij} c_j^{s-1} + \sum_{i,j=1}^{s} b_i p_2(c_i) a_{ij} c_j^{s-1} - \frac{1}{s} \int_0^1 p_1(x) x^s \, dx$$

$$- \frac{1}{s} \int_0^1 p_2(x) x^s \, dx.$$

Wegen $p_1(c_i) = 0$ für alle $i \neq s$ folgt

$$\sum_{i,j=1}^{s} b_i p_1(c_i) a_{ij} c_j^{s-1} = \sum_{j=1}^{s} b_s (1 - c_2) \cdots (1 - c_{s-1}) a_{sj} c_j^{s-1}$$

$$= \frac{b_s}{s} (1 - c_2) \cdots (1 - c_{s-1}) \text{ wegen } a_{sj} = b_j.$$

Damit haben wir die a_{ij} eliminiert. Für den zweiten Summanden ergibt sich mit $D(s - 1)$

$$\frac{s-2}{2} \sum_{i,j=1}^{s} b_i c_i^{s-2} a_{ij} c_j^{s-1} = \frac{s-2}{2(s-1)} \sum_{j=1}^{s} b_j (1 - c_j^{s-1}) c_j^{s-1}$$

$$= \frac{s-2}{2(s-1)} \left(\frac{1}{s} - \sum_{j=1}^{s} b_j c_j^{2s-2} \right).$$

Unter Beachtung von

$$\int_0^1 p_2(x) x^s \, dx = \frac{s-2}{2(2s-1)}$$

erhalten wir

$$\frac{q_{ss}}{2} = \frac{b_s}{s} (1 - c_2) \cdots (1 - c_{s-1}) + \frac{s-2}{2(s-1)} \left(\frac{1}{s} - \sum_{j=1}^{s} b_j c_j^{2s-2} \right)$$

$$- \frac{1}{s} \int_0^1 p_1(x) x^s \, dx - \frac{s-2}{2s(2s-1)}.$$

Diesen Ausdruck können wir nun auffassen als

$$\frac{q_{ss}}{2} = \sum_{j=1}^{s} b_j q(c_j) - \int_0^1 q(x)\,dx \text{ mit}$$

$$q(x) = \frac{1}{s} x^{s+1}(x - c_2) \cdots (x - c_{s-1}) - \frac{s-2}{2(s-1)} x^{2s-2}.$$

Wir zerlegen wieder $q(x) = q_1 + q_2$ mit

$$q_1(x) = \frac{1}{s} x (x - c_2)^2 \cdots (x - c_{s-1})^2 (x - 1) \left(x + \frac{s}{2(s-1)} \right),$$

$q_2(x)$ ein Polynom vom Grad $\leq 2s - 3$.

Wegen $B(2s - 2)$ wird q_2 durch die Quadraturformel exakt integriert. Weiterhin gilt $q_1(c_i) = 0$ für $i = 1, \ldots, s$. Damit ergibt sich

$$\frac{q_{ss}}{2} = - \int_0^1 q_1(x)\,dx,$$

woraus wegen $q_1(x) \leq 0$ in $[0, 1]$ schließlich $q_{ss} \geq 0$ folgt. $\blacksquare$

Weiterhin gilt

Satz 8.2.14. *BN-Stabilität impliziert AN-Stabilität.*

Beweis. Mit $y(t) = \xi(t) + i\eta(t)$ und $\lambda(t) = \alpha(t) + i\beta(t)$ ist

$$y'(t) = \lambda(t) y(t) \tag{8.2.25}$$

äquivalent zu

$$\zeta'(t) = \begin{pmatrix} \alpha(t) & -\beta(t) \\ \beta(t) & \alpha(t) \end{pmatrix} \zeta(t), \quad \zeta(t) = \begin{pmatrix} \xi(t) \\ \eta(t) \end{pmatrix}. \tag{8.2.26}$$

Ist $\alpha(t) \leq 0$ für $0 \leq t < \infty$, dann erfüllt (8.2.26) die Kontraktivitätsbedingung (8.2.21), und (8.2.25) ist die Testgleichung (8.2.19) der AN-Stabilität. Ein BN-stabiles RK-Verfahren ist folglich auch AN-stabil. $\blacksquare$

Satz 8.2.15. *(Burrage/Butcher [39]) Ein AN-stabiles RK-Verfahren mit paarweise verschiedenen Knoten c_i ist algebraisch stabil.*

Beweis. Wegen $c_i \neq c_j$ für $i \neq j$ kann $Z = \text{diag}(z_1, \ldots, z_s)$ in der linken komplexen Halbebene beliebig gewählt werden.

a) Angenommen, es sei $b_i < 0$ für ein $i \in \{1, \ldots, s\}$. Wir wählen

$$z_i = -\varepsilon \quad \text{mit } \varepsilon > 0, \quad z_j = 0 \quad \text{für} \quad j \neq i.$$

Für hinreichend kleine ε ist die Matrix $(I - AZ)$ regulär und aus (8.2.20) folgt für diese ε

$$K(Z) = 1 - \frac{b_i \varepsilon}{1 + a_{ii}\varepsilon},$$

so dass $K(Z) > 1$ gilt. Das heißt, AN-Stabilität impliziert $b_i \geq 0$ für $i = 1, \ldots, s$.

b) Für den Nachweis der nichtnegativen Definitheit von M wählen wir

$$Z = i\varepsilon \, \text{diag}(\xi_1, \xi_2, \ldots, \xi_s).$$

mit $\xi = (\xi_1, \ldots, \xi_s)^\top$, $\varepsilon \in \mathbb{R} \setminus \{0\}$. Für hinreichend kleine $|\varepsilon|$ ist $(I - AZ)$ regulär und es gilt

$$(I - AZ)^{-1}\mathbb{1} = \mathbb{1} + i\varepsilon A\xi + \mathcal{O}(\varepsilon^2).$$

Aus (8.2.20) folgt

$$K(Z) = 1 + i\varepsilon b^\top \xi - \varepsilon^2 \xi^\top BA\xi + \mathcal{O}(\varepsilon^3).$$

Daraus ergibt sich

$$|K(Z)|^2 = (1 + i\varepsilon \xi^\top b - \varepsilon^2 \xi^\top BA\xi + \mathcal{O}(\varepsilon^3))(1 - i\varepsilon b^\top \xi - \varepsilon^2 \xi^\top A^\top B\xi + \mathcal{O}(\varepsilon^3))$$
$$= 1 - \varepsilon^2 \xi^\top \underbrace{(BA + A^\top B - bb^\top)}_{M}\xi + \mathcal{O}(\varepsilon^3).$$

AN-Stabilität impliziert

$$1 - \varepsilon^2 \xi^\top M\xi + \mathcal{O}(\varepsilon^3) \leq 1 \quad \text{für } |\varepsilon| \text{ hinreichend klein, d.h. } \xi^\top M\xi \geq 0.$$

∎

Folgerung 8.2.3. *Ein RK-Verfahren mit paarweise verschiedenen Knoten c_i ist AN-stabil genau dann, wenn es BN-stabil ist.* □

Die vorstehenden Ergebnisse über die verschiedenen Stabilitätseigenschaften fassen wir zusammen in dem

Satz 8.2.16. *Für ein Runge-Kutta-Verfahren mit paarweise verschiedenen Knoten c_i, $i = 1, \ldots, s$, gilt*

  (i) Algebraische Stabilität ⇔ BN-Stabilität

  (ii) Algebraische Stabilität ⇔ AN-Stabilität

 (iii) AN-Stabilität ⇒ A-Stabilität

Für allgemeine Runge-Kutta-Verfahren gelten die Implikationen ⇒. □

In der Tabelle 8.2.3 geben wir eine Zusammenfassung der Eigenschaften der von uns betrachteten RK-Verfahren hoher Ordnung.

	charakterisiert durch	Eigenschaften
Gauß	$B(2s)$, $C(s)$, $D(s)$	$p = 2s$, $R_0(z) = R_{ss}(z)$, A regulär, $R_0(\infty) = (-1)^s$, BN-stabil
Radau-IA	$B(2s-1)$, $C(s-1)$, $D(s)$, $c_1 = 0$	$p = 2s-1$, $R_0(z) = R_{s,s-1}(z)$, A regulär, $R_0(\infty) = 0$, BN-stabil
Radau-IIA	$B(2s-1)$, $C(s)$, $D(s-1)$, $c_s = 1$	$p = 2s-1$, $R_0(z) = R_{s,s-1}(z)$, A regulär, $a_{si} = b_i$, $R_0(\infty) = 0$, BN-stabil
Lobatto-IIIA	$B(2s-2)$, $C(s)$, $D(s-2)$, $c_1 = 0$, $c_s = 1$	$p = 2s-2$, $R_0(z) = R_{s-1,s-1}(z)$, A singulär, $a_{1i} = 0$, $a_{si} = b_i$, $R_0(\infty) = (-1)^{s-1}$
Lobatto-IIIB	$B(2s-2)$, $C(s-2)$, $D(s)$, $c_1 = 0$, $c_s = 1$	$p = 2s-2$, $R_0(z) = R_{s-1,s-1}(z)$, A singulär, $a_{si} = 0$, $R_0(\infty) = (-1)^{s-1}$
Lobatto-IIIC	$B(2s-2)$, $C(s-1)$, $D(s-1)$, $c_1 = 0$, $c_s = 1$	$p = 2s-2$, $R_0(z) = R_{s,s-2}(z)$, A regulär, $a_{si} = b_i$, $R_0(\infty) = 0$, BN-stabil

Tabelle 8.2.3: Eigenschaften spezieller impliziter RK-Verfahren

8.2.8 Stabilitätsgebiete expliziter Runge-Kutta-Verfahren

Die Stabilitätsfunktion eines s-stufigen expliziten RK-Verfahrens ist ein Polynom vom Grad $\leq s$, vgl. Bemerkung 8.2.1. Für ein Verfahren der Konsistenzordnung p stimmen die Koeffizienten bei z^l, $l \leq p$, mit denen der Exponentialfunktion überein. Die Stabilitätsfunktion hat demzufolge die Gestalt

$$R_0(z) = \sum_{l=0}^{p} \frac{z^l}{l!} + \sum_{l=p+1}^{s} \frac{a_l}{l!} z^l.$$

Für die Verfahren der optimalen Ordnung $p = s$, $s = 1, \ldots, 4$, ist sie eindeutig bestimmt.

Beispiel 8.2.6. Die Stabilitätsfunktion des klassischen Runge-Kutta-Verfahrens ist

$$R_0(z) = 1 + z + \frac{z^2}{2} + \frac{z^3}{6} + \frac{z^4}{24},$$

und vom Verfahren DOPRI5 (Beispiel 2.5.4)

$$R_0(z) = 1 + z + \frac{z^2}{2} + \frac{z^3}{6} + \frac{z^4}{24} + \frac{z^5}{120} + \frac{z^6}{600}. \qquad \Box$$

Explizite RK-Verfahren können wegen $\lim_{z \to \infty} |R_0(z)| = \infty$ nicht A-stabil sein. Zur Einschätzung ihrer Stabilitätseigenschaften dient das Stabilitätsgebiet S, vgl. Definition 8.2.3.

Satz 8.2.17. *Das Stabilitätsgebiet eines konsistenten, s-stufigen expliziten RK-Verfahrens ist nicht leer, beschränkt und liegt lokal links vom Nullpunkt.*

Beweis. Die Beschränktheit ist offensichtlich. Für $p \geq 1$ gilt

$$R_0(z) = 1 + z + \mathcal{O}(z^2) \text{ für } z \to 0.$$

Daraus folgt

$$|R_0(z)| \begin{cases} > 1 & \text{für } z \in \mathbb{R},\ z > 0,\ z \text{ klein} \\ < 1 & \text{für } z \in \mathbb{R},\ z < 0,\ |z| \text{ klein,} \end{cases}$$

d. h., das Stabilitätsgebiet ist nicht leer und liegt lokal links vom Nullpunkt. ∎

Um eine stabile numerische Lösung für die Testgleichung (8.2.1) zu erhalten, muss daher die Schrittweite so beschränkt werden, dass $h\lambda$ im Stabilitätsgebiet liegt. Bei sehr steifen Problemen mit $|\lambda| \gg 1$ ist das eine starke Einschränkung an die Schrittweite. Abbildung 8.2.1 zeigt die Stabilitätsgebiete der Verfahren der optimalen Ordnung $p = s$ und des Verfahrens DOPRI5. Um den Rand des Stabilitätsgebietes zu bestimmen, sind die Wurzeln $z(\varphi)$ der Gleichung

$$R_0(z) = e^{i\varphi}, \quad \varphi \in [0, 2\pi]$$

zu berechnen.

8.3 Ordnungssterne

Für A-stabile RK-Verfahren ist nach Definition 8.2.2 der Betrag der Stabilitätsfunktion $R_0(z)$ auf der imaginären Achse stets kleiner gleich eins. Um zu zeigen, dass ein Verfahren *nicht* A-stabil ist, genügt es daher, ein $y \in \mathbb{R}$ mit $|R_0(iy)| > 1$ zu finden. Da die Exponentialfunktion auf der imaginären Achse stets Betrag eins hat, können wir das auch schreiben als $|R_0(iy)| > |e^{iy}|$. Diese scheinbar bedeutungslose Umformulierung verdeutlicht das Zusammenspiel von Ordnung und Stabilität, wenn wir nun wieder Argumente aus ganz $\mathbb{C}$ zulassen. Dies führt auf die grundlegende ([284], [165])

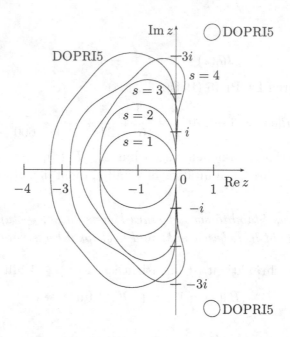

Abbildung 8.2.1: Stabilitätsgebiete expliziter RK-Verfahren

Definition 8.3.1. Sei $R_0(z)$ die Stabilitätsfunktion eines Runge-Kutta-Verfahrens. Dann heißt die Menge

$$S_r = \{z \in \mathbb{C} : |R_0(z)| > |e^z|\} = \{z \in \mathbb{C} : |R_0(z)e^{-z}| > 1\}$$

Ordnungsstern. □

Mit Satz 8.2.2 ergibt sich unmittelbar die

Folgerung 8.3.1. *Ist die Schnittmenge des Ordnungssterns eines RK-Verfahrens mit der imaginären Achse nicht leer, so ist das Verfahren nicht A-stabil.* □

In Abbildung 8.3.1 sind die Ordnungssterne für das explizite und das implizite Euler-Verfahren sowie DOPRI5 zusammen mit den dazugehörigen Stabilitätsgebieten dargestellt. Dass die beiden expliziten Verfahren nicht A-stabil sind, erkennt man nach Folgerung 8.3.1 daran, dass Teile der imaginären Achse jeweils zu S_r gehören. Angesichts des Verhaltens am Koordinatenursprung wird deutlich, warum die Menge S_r als Stern bezeichnet wird, es gilt folgendes

Lemma 8.3.1. *Der Ordnungsstern S_r zu einem RK-Verfahren der Ordnung p hat am Ursprung die Form eines Sterns, d. h., der Rand ∂S_r teilt $\mathbb{C}$ am Ursprung in $2p + 2$ Sektoren, die tangential zu Halbstrahlen mit Argument $\phi_l = 2\pi(\frac{1}{2} + l)/(2p+2)$, $l = 0, \ldots, 2p+1$, verlaufen und von denen $p+1$ Sektoren zu S_r und $p+1$ Sektoren zum Komplement von S_r gehören.*

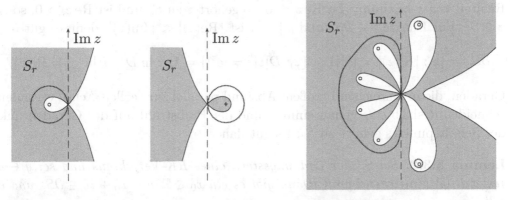

Abbildung 8.3.1: Ordnungsstern und Rand des Stabilitätsgebietes für das explizite Euler-Verfahren (links), das implizite Euler-Verfahren (Mitte) und DOPRI5 (rechts). Die Nullstellen von $R_0(z)$ sind durch Kreise ($\circ$) und die Polstelle beim impliziten Euler-Verfahren durch ein Pluszeichen ($+$) markiert.

Beweis. Wir betrachten Halbstrahlen $z = re^{i\varphi}$ mit festem φ für $r \to 0$. Nach Definition 8.3.1 ist $z \in S_r$, falls $|R_0(z)e^{-z}| > 1$ ist. Da $R_0(z)$ die Exponentialfunktion mit Ordnung p approximiert, gilt

$$R_0(z) = e^z - Cz^{p+1} + \mathcal{O}(z^{p+2})$$

und somit

$$R_0(z)e^{-z} = 1 - Cz^{p+1} + O(z^{p+2}).$$

In der Umgebung des Ursprungs dürfen wir den $\mathcal{O}(z^{p+2})$-Term vernachlässigen. Für $\arg(Cz^{p+1}) \in (-\frac{\pi}{2}, \frac{\pi}{2})$ ist $\operatorname{Re}(Cz^{p+1}) > 0$ und damit $|1 - Cz^{p+1}| < 1$ und $z \notin S_r$. Für $\arg(Cz^{p+1}) \in (\frac{\pi}{2}, \pi] \cup (-\pi, -\frac{\pi}{2})$ ist $z \in S_r$. Das heißt, S_r und das Komplement von S_r wechseln ab, wenn

$$\arg(Cz^{p+1}) = \pm\frac{\pi}{2}$$

ist. Mit

$$\arg(Cz^{p+1}) = (p+1)\arg(z) + \begin{cases} 0 & \text{für } C > 0 \\ \pi & \text{für } C < 0 \end{cases}$$

folgt die Behauptung. ∎

Wenden wir uns nun dem asymptotischen Verhalten für $|z| \gg 1$ zu. Dann gilt $|R_0(z)| \approx D|z|^k$ mit $D > 0$, wobei $k \in \mathbb{Z}$ die Differenz von Zähler- und Nennergrad der rationalen Funktion $R_0(z)$ ist. Da die Exponentialfunktion stärker wächst bzw. fällt als jede Potenz, wird $|R_0(z)e^{-z}|$ für $|z| \gg 1$ im Wesentlichen durch den

Realteil von z bestimmt: Ist $\operatorname{Re} z \ll 0$, so gehört z zu S_r und ist $\operatorname{Re} z \gg 0$, so ist $z \notin S_r$. Für Punkte $z \in \partial S_r$ und $|z| \gg 1$ ist $|\operatorname{Re}(z)| \ll |\operatorname{Im}(z)|$, denn es gilt

$$\partial S_r = \{z : |R_0(z)| = |e^z|\} \approx \{z : D|z|^k = |e^z|\} = \{z : \ln D + k \ln |z| = \operatorname{Re} z\}.$$

Geraden, die in hinreichend großem Abstand parallel zur reellen Achse verlaufen, schneiden deshalb ∂S_r genau einmal, und der Halbstrahl auf der Geraden links des Schnittpunktes gehört zu S_r. Es gilt daher

Lemma 8.3.2. *Sei S_r der Ordnungsstern eines RK-Verfahrens und sei $y \in \mathbb{R}$ fest mit $|y|$ hinreichend groß. Dann gibt es ein $x_0 \in \mathbb{R}$ mit $x_0 + iy \in \partial S_r$ und es gilt*

$$\{x + iy : x \in (-\infty, x_0)\} \subset S_r \quad und \quad \{x + iy : x \in [x_0, \infty)\} \subset \mathbb{C} \setminus S_r.$$

Punkte z mit $\operatorname{Re}(z) < 0$ und $|z|$ hinreichend groß liegen in S_r. $\square$

Die letzten beiden Lemmata beschreiben das Verhalten von S_r in der Nähe des Ursprungs bzw. für $|z| \to \infty$. Wir können die Aussagen nun zu einem Gesamtbild kombinieren, da $R_0(z)e^{-z}$ in $\mathbb{C}$ bis auf endlich viele Polstellen analytisch ist.

Lemma 8.3.3. *Sei S_r der Ordnungsstern zu einem RK-Verfahren der Ordnung p mit der Stabilitätsfunktion $R_0(z)$. Dann gilt:*

(a) *Eine beschränkte Menge $F \subset S_r$ mit $\partial F \subset \partial S_r$ enthält im Inneren mindestens einen Pol von $R_0(z)$.*

(b) *Eine beschränkte Menge $F^* \subset \mathbb{C} \setminus S_r$ mit $\partial F^* \subset \partial S_r$ enthält im Inneren mindestens eine Nullstelle von $R_0(z)$.*

Beweis. (a) Die Existenz des Pols folgt aus dem Maximumprinzip, da der Betrag von $R_0(z)e^{-z}$ im Inneren von F größer ist als auf dem Rand.

(b) Wir wenden das Maximumprinzip auf die Funktion $\phi(z) = R_0(z)^{-1}e^z$ an. Auf dem Rand von F^* ist der Betrag von $\phi(z)$ gleich 1 und daher muss es im Inneren eine Polstelle geben. Nach der Definition von ϕ ist diese Polstelle von $\phi(z)$ eine Nullstelle von $R_0(z)$.

∎

Bemerkung 8.3.1. Wenn die beschränkten Mengen F bzw. F^* mehrere Sektoren des Ordnungssterns am Ursprung umfassen, so kann die Aussage des Lemmas verschärft werden [143]: Enthält die Menge $F \subset S_r$ mit $\partial F \subset \partial S_r$ m Sektoren am Ursprung, so liegen im Inneren von F mindestens m Pole; und enthält die Menge $F^* \subset S_r$ mit $\partial F^* \subset \partial S_r$ m Sektoren am Ursprung, so liegen im Inneren von F^* mindestens m Nullstellen. $\square$

Die Aussagen von Lemma 8.3.2 sind in Abbildung 8.3.2 veranschaulicht. Wegen ihrer Form werden die beschränkten Gebiete aus S_r auch als „Finger", die entsprechenden beschränkten Gebiete aus $\mathbb{C} \setminus S_r$ als „duale Finger" bezeichnet. Dargestellt sind die Padé-Approximationen fünfter Ordnung vom Index (4,1), (3,2) und (2,3). In jedem Finger liegt mindestens ein Pol (+) und in jedem dualen Finger mindestens eine Nullstelle (○). Der mittlere Ordnungsstern ergibt sich z. B. für das dreistufige Radau-IIA-Verfahren, d. h., die Approximation ist L-stabil. Die beiden anderen Ordnungssterne überlappen bzw. überdecken die imaginäre Achse, also sind die Approximationen nicht A-verträglich.

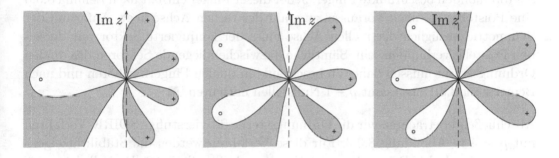

Abbildung 8.3.2: Ordnungssterne für Padé-Approximation mit Approximationsordnung 5. Der Grad des Nenners ist aus der Anzahl der Pole (+) ersichtlich.

Mit Hilfe der Ordnungssterne wollen wir, wie angekündigt, den zweiten Teil der Aussage von Satz 8.2.8 beweisen.

Satz 8.3.1 (Vermutung von Ehle [96]). *Die Padé-Approximationen vom Index (m, l) mit $m > l + 2$ sind nicht A-verträglich.*

Beweis. Sei $p = m + l$ die Ordnung der Padé-Approximation. Nach Lemma 8.3.1 besteht der Ordnungsstern am Ursprung aus $p + 1$ Sektoren, von denen höchstens die Hälfte vollständig in der rechten Halbebene liegt. Das heißt, mindestens $l + 2$ Sektoren liegen in der Nähe des Ursprungs teilweise in der linken Halbebene. Wir nehmen nun an, das Verfahren sei A-stabil. Dann überlappt der Ordnungsstern die imaginäre Achse nicht und alle Finger, die am Ursprung zu Sektoren der linken Halbebene gehören, liegen vollständig in der linken Halbebene. Zwischen diesen $l + 2$ aus S_r liegen $l + 1$ Sektoren aus $\mathbb{C} \setminus S_r$. Nach Lemma 8.3.2 folgt, dass jeder dieser Sektoren zu einem dualen Finger gehört. Gemäß Lemma 8.3.3 liegt in jedem dieser dualen Finger mindestens eine Nullstelle. Also hat $R_0(z)$ mindestens $l + 1$ Nullstellen, was der Voraussetzung, dass der Zähler von $R_0(z)$ den Grad l hat, widerspricht. Aus diesem Widerspruch folgt, dass $R_0(z)$ nicht A-verträglich ist. ∎

Für die Implementierung der RK-Verfahren ist es günstig, wenn der Nenner von $R_0(z)$ nur reelle Nullstellen besitzt, vgl. Abschnitt 8.6.1. Dann ist die maximale Ordnung jedoch höchstens $s + 1$, wie der folgende Satz zeigt.

Satz 8.3.2. *Sei $R_0(z)$ die Stabilitätsfunktion eines s-stufigen RK-Verfahrens der Ordnung p. Hat $R_0(z)$ nur reelle Polstellen, so ist $p \leq s + 1$.*

Beweis. Wir zeigen, dass $R_0(z)$ mindestens $p-1$ Nullstellen besitzt, also $s \geq p-1$ ist. Nach Lemma 8.3.1 besteht der Ordnungsstern S_r am Ursprung aus $p+1$ Sektoren. Zwei dieser Sektoren gehören zum unbeschränkten Teil von S_r und $p - 1$ Sektoren bilden beschränkte Finger. Jeder dieser Finger enthält nach Lemma 8.3.3 eine Polstelle, die nach Voraussetzung auf der reellen Achse liegt. Aufgrund der Symmetrie bezüglich der reellen Achse muss der konjugierte Sektor mit derselben Polstelle verbunden sein. Sämtliche dazwischen liegende Sektoren des dualen Ordnungssterns müssen daher zu beschränkten dualen Fingern gehören und nach Bemerkung 8.3.1 insgesamt $p - 1$ Nullstellen enthalten. ∎

Abschließend betrachten wir die Ordnungssterne für vierstufige SDIRK-Verfahren mit $p \geq 4$ in Abbildung 8.3.3. Für diese Verfahren werden die Stabilitätseigenschaften durch den Parameter γ bestimmt, vgl. Tabelle 8.2.2. Deshalb ist es interessant zu untersuchen, wie die Form der Ordnungssterne von γ abhängt. Nur der rechts abgebildete Ordnungsstern gehört zu einer A-verträglichen Stabilitätsfunktion. Die beiden anderen Approximationen sind nicht A-verträglich, der linke Ordnungsstern überlappt die imaginäre Achse im dargestellten Ausschnitt und der mittlere etwas außerhalb des Ausschnittes bei $z \approx 8.751i$. Die Approximation in der Mitte ist von Ordnung 5, was man nach Lemma 8.3.1 daran erkennt, dass der Ursprung in $12 = 2(p + 1)$ Sektoren geteilt ist. Nach Lemma 8.3.3 liegt rechts ein Pol, erkennbar am + Zeichen bei $z = 1/\gamma$. Beim linken Ordnungsstern liegt eine Nullstelle (∘) sehr nah an diesem Pol. Eine kleine Umgebung dieser Nullstelle gehört nicht zu S_r. Erhöht man γ, so bildet sich aus diesem „Loch" ein weiterer dualer Finger, der diese Nullstelle mit dem Ursprung verbindet und so Ordnung 5 ermöglicht.

8.4 Das Konzept der B-Konvergenz

8.4.1 Motivation

Bei den bisherigen Untersuchungen von Konsistenz- und Konvergenzordnung waren die Abschätzungen von Schranken für die partiellen Ableitungen der Funktion f abhängig, so geht z. B. in Satz 2.2.1 die Lipschitz-Konstante L der Funktion f ein. Bei steifen Systemen ist diese sehr groß, so dass die Fehlerschranken für praktisch relevante Schrittweiten wertlos sind. Es entsteht die Frage, ob der Einfluss

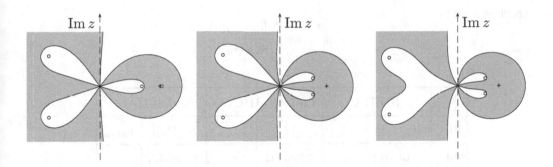

Abbildung 8.3.3: Ordnungssterne für vierstufige SDIRK-Verfahren mit Ordnung $p \geq 4$ mit $\gamma = 0.3$ (links), $\gamma = 0.388858\ldots$ (Mitte) und $\gamma = 0.45$

der Lipschitz-Konstante nur von beweistheoretischer Art ist, oder ob sich tatsächlich für den Fall $h \to 0$ aber $hL \nrightarrow 0$ andere Aussagen ergeben. Zur Illustration betrachten wir die Prothero-Robinson-Gleichung

$$y' = \lambda(y - g(t)) + g'(t),\qquad\qquad(8.4.1)$$

vgl. Beispiel 1.4.2, mit der exakten Lösung

$$y(t) = e^{\lambda(t-t_0)}(y_0 - g(t_0)) + g(t).$$

Wir wenden darauf für

$$t_0 = 0,\quad t_e = 1,\quad g(t) = \sin(3t) + e^{2t},\quad y_0 = g(0)$$

mit konstanter Schrittweite $h = 2^{-k}$ folgende Verfahren an:

SDIRK   : Beispiel 8.1.11, $\gamma = \frac{1}{2} + \frac{1}{6}\sqrt{3}$, $p = 3$

Lobatto-IIIC(3) : 3-stufiges Verfahren mit $p = 4$

Radau-IIA(3)   : 3-stufiges Verfahren mit $p = 5$.

Wir betrachten die Werte $\lambda = -1$ (entspricht einem nichtsteifen Problem) und $\lambda = -10^8$ (steifes Problem). Wegen $y(0) = g(0)$ ist die exakte Lösung $y(t) = g(t)$ unabhängig von λ. Die Tabellen 8.4.1 und 8.4.2 enthalten den Betrag des globalen Fehlers $e_h(t_e)$. Weiterhin geben wir die numerisch bestimmte Konvergenzordnung an. Diese lässt sich aus (3.1.3)

$$e_h(t_e) = e_p(t_e)h^p + \mathcal{O}(h^{p+1})$$

$$e_{h/2}(t_e) = e_p(t_e)\left(\frac{h}{2}\right)^p + \mathcal{O}(h^{p+1})$$

berechnen zu

$$p_{num} = \log_2 \frac{|e_h(t_e)|}{|e_{h/2}(t_e)|}.$$

k	SDIRK $|e_h(t_e)|$	p_{num}	Lobatto-IIIC(3) $|e_h(t_e)|$	p_{num}	Radau-IIA(3) $|e_h(t_e)|$	p_{num}
4	6.4e−03		8.2e−04		1.6e−05	
8	8.8e−04	2.86	5.2e−05	3.98	5.1e−07	4.98
16	1.2e−04	2.93	3.3e−06	3.99	1.6e−08	4.99
32	1.5e−05	2.96	2.1e−07	4.00	5.1e−10	5.00
64	1.9e−06	2.98	1.3e−08	4.00	1.6e−11	5.00
128	2.4e−07	2.99	8.0e−10	4.00	5.0e−13	5.00
256	3.0e−08	3.00	5.0e−11	4.00	1.6e−14	5.00

Tabelle 8.4.1: Ergebnisse für $\lambda = -1$

Für $\lambda = -1$ stimmen die numerisch beobachteten Konvergenzordnungen sehr gut mit den theoretisch abgeleiteten überein, für $\lambda = -10^8$ liegt die beobachtete Konvergenzordnung aber darunter. Man spricht von einer *Ordnungsreduktion*.

k	SDIRK $|e_h(t_e)|$	p_{num}	Lobatto-IIIC(3) $|e_h(t_e)|$	p_{num}	Radau-IIA(3) $|e_h(t_e)|$	p_{num}
4	1.3e−01		3.8e−09		2.6e−10	
8	3.5e−02	1.89	1.0e−09	1.88	3.2e−11	3.01
16	9.1e−03	1.96	2.7e−10	1.94	4.0e−12	3.00
32	2.3e−03	1.99	6.9e−11	1.97	4.9e−13	3.00
64	5.7e−04	2.00	1.7e−11	1.99	6.2e−14	3.00
128	1.4e−04	2.00	4.3e−12	1.99	7.7e−15	3.00
256	3.6e−05	2.00	1.1e−12	2.00	9.7e−16	3.00

Tabelle 8.4.2: Ergebnisse für $\lambda = -10^8$

Diese wurde auch bei zahlreichen Rechnungen an steifen Systemen aus praktischen Aufgabenstellungen beobachtet. Die bisher betrachtete (klassische) Konvergenzordnung liefert also keine zuverlässigen Aussagen über die tatsächliche Konvergenzordnung von Diskretisierungsverfahren bei steifen Systemen.

8.4.2 B-Konsistenz und B-Konvergenz

Numerische Verfahren für steife Systeme sind nur dann effektiv, wenn zumindest in der glatten Phase $hL \gg 1$ gilt. Man ist daher an Ordnungsaussagen und Fehlerschranken interessiert, die unabhängig von der Steifheit sind. Dabei betrachtet man gewisse Problemklassen. Die ersten Untersuchungen in dieser Richtung wurden von Prothero/Robinson [222] für die Modellgleichung (8.4.1) durchgeführt. Eine Ausdehnung dieser Untersuchungen auf nichtlineare Probleme wurde 1981 von Frank/Schneid/Ueberhuber [103] vorgenommen. Sie betrachteten die Klasse $\mathcal{F}_\nu$ von Systemen, die einer einseitigen Lipschitz-Bedingung genügen

$$\mathcal{F}_\nu: \quad \langle f(t,y) - f(t,v), y - v \rangle \leq \nu \|y - v\|^2 \text{ für alle } y, v \in \mathbb{R}^n. \tag{8.4.2}$$

Für $\nu < 0$ ist das System kontraktiv, für $\nu = 0$ schwach kontraktiv.

Frank/Schneid/Ueberhuber führten die Begriffe der *B-Konsistenz* und *B-Konvergenz* ein. Hier hängen die Schranken für den lokalen und globalen Fehler nicht mehr von der klassischen Lipschitz-Konstanten L, sondern von der einseitigen Lipschitz-Konstanten ν ab.

Definition 8.4.1. Ein RK-Verfahren heißt B-konsistent von der Ordnung q auf der Klasse $\mathcal{F}_\nu$, wenn für den lokalen Diskretisierungsfehler (2.2.3) gilt

$$\max_{t+h \in I_h} \|le(t+h)\| \leq C_1 h^{q+1} \text{ für } h \leq h_0.$$

Hierbei können die Konstanten C_1 und h_0 abhängen von ν und von Schranken für Ableitungen der exakten Lösung $y(t)$. $\square$

Beispiel 8.4.1. Wir betrachten das implizite Euler-Verfahren. Für das Residuum

$$\Delta_{m+1} := y(t_{m+1}) - y(t_m) - \underbrace{hf(t_{m+1}, y(t_{m+1}))}_{hy'(t_{m+1})}$$

erhält man mittels Taylor-Entwicklung

$$\|\Delta_{m+1}\| \leq \frac{1}{2} h^2 M_2.$$

Für den lokalen Diskretisierungsfehler $le_{m+1} = y(t_{m+1}) - \widetilde{u}_{m+1}$ ergibt sich

$$\begin{aligned}
le_{m+1} &= y(t_{m+1}) - y(t_m) - hf(t_{m+1}, \widetilde{u}_{m+1}) \\
&= y(t_{m+1}) - y(t_m) - hf(t_{m+1}, y(t_{m+1})) \\
&\quad + h(f(t_{m+1}, y(t_{m+1})) - f(t_{m+1}, \widetilde{u}_{m+1})).
\end{aligned}$$

Daraus folgt mittels der Cauchy-Schwarzschen-Ungleichung

$$\|le_{m+1}\|^2 = h\langle f(t_{m+1}, y(t_{m+1})) - f(t_{m+1}, \tilde{u}_{m+1}), y(t_{m+1}) - \tilde{u}_{m+1}\rangle$$

$$+ \langle \Delta_{m+1}, y(t_{m+1}) - \tilde{u}_{m+1}\rangle \le h\nu\|le_{m+1}\|^2 + \frac{1}{2}h^2 M_2\|le_{m+1}\|.$$

Daraus ergibt sich

$$\|le_{m+1}\| \le \frac{1}{1 - h\nu}\frac{1}{2}M_2 h^2 \quad \text{für} \quad h\nu \le 1,$$

d. h., das implizite Euler-Verfahren besitzt für die Klasse $\mathcal{F}_\nu$ die B-Konsistenzordnung $q = 1$.   □

Bemerkung 8.4.1. Zwischen Residuum Δ_{m+1} und lokalem Diskretisierungsfehler le_{m+1} besteht ein wesentlicher Unterschied. Das Residuum hängt nur von der Glattheit der Lösung $y(t)$ ab, d. h., wenn man Δ_{m+1} an der Stelle t_m nach Taylor entwickelt, so treten nur Ableitungen von $y(t)$ auf. Bei einer Taylor-Entwicklung des lokalen Fehlers an der Stelle $(t_m, y(t_m))$ treten elementare Differentiale auf, die sich nicht durch Ableitungen von $y(t)$ ausdrücken lassen.   □

Definition 8.4.2. Ein RK-Verfahren besitzt die B-Konvergenzordnung q für die Klasse $\mathcal{F}_\nu$, wenn für den globalen Fehler gilt

$$\max_{t\in I_h}\|e_h(t)\| \le C_2 h_{max}^q \quad \text{für} \quad h_{max} \le h_0.$$

Hierbei können die Konstanten C_2 und h_0 abhängen von ν und von Schranken für Ableitungen der exakten Lösung $y(t)$.   □

Im Unterschied zur klassischen Konsistenz- und Konvergenzordnung dürfen die Konstanten nicht abhängen von Schranken für die partiellen Ableitungen von f, insbesondere nicht von der Lipschitz-Konstanten L. Wir sagen dazu kurz, dass sie unabhängig von der Steifheit des Problems sind.

Für den Zusammenhang von B-Konsistenz und B-Konvergenz benötigen wir den von Dekker/Verwer [86] eingeführten Begriff der *C-Stabilität*.

Definition 8.4.3. Ein RK-Verfahren heißt C-stabil auf der Klasse $\mathcal{F}_\nu$, wenn reelle Zahlen $h_0 > 0$ und C_0 existieren, so dass für alle Probleme aus $\mathcal{F}_\nu$ für zwei numerische Lösungen u_{m+1}, v_{m+1} für alle $h \le h_0$ gilt

$$\|u_{m+1} - v_{m+1}\| \le (1 + C_0 h)\|u_m - v_m\|,$$

wobei h_0 und C_0 nicht von der Steifheit abhängen.   □

Satz 8.4.1. *Ein RK-Verfahren besitze die B-Konsistenzordnung q und sei C-stabil. Dann ist es B-konvergent von der Ordnung q.*

Beweis. Für den globalen Fehler gilt

$$e_h(t_{m+1}) = y(t_{m+1}) - u_{m+1} = y(t_{m+1}) - \widetilde{u}_{m+1} + \widetilde{u}_{m+1} - u_{m+1}$$

$$\|e_h(t_{m+1})\| \leq \|y(t_{m+1}) - \widetilde{u}_{m+1}\| + \|\widetilde{u}_{m+1} - u_{m+1}\|$$

$$\leq C_1 h_m^{q+1} + (1 + C_0 h_m)\|e_h(t_m)\|$$

$$\leq C_1 h_{max}^q h_m$$

$$\quad + (1 + C_0 h_m)(C_1 h_{max}^q h_{m-1} + (1 + C_0 h_{m-1})\|e_h(t_{m-1})\|)$$

$$\leq C_1 h_{max}^q \sum_{l=0}^{m} h_l \prod_{k=l+1}^{m} (1 + C_0 h_k) \quad \text{(wegen } e_h(t_0) = 0\text{)}$$

$$\leq C_1 h_{max}^q \sum_{l=0}^{m} h_l e^{C_0 \sum_{k=l+1}^{m} h_k} \quad \text{(wegen } 1 + x \leq e^x \text{ für } x \geq 0\text{)}$$

$$\leq C_1 h_{max}^q e^{C_0(t_e - t_0)}(t_e - t_0)$$

$$= C_2 h_{max}^q,$$

d. h., das Verfahren besitzt die B-Konvergenzordnung q. ∎

Zur Formulierung von Kriterien für die B-Konsistenz eines RK-Verfahrens erweisen sich folgende zwei Definitionen [86] als nützlich:

Definition 8.4.4. Ein RK-Verfahren besitzt die Stufenordnung q, wenn q die größte natürliche Zahl ist, für die das Verfahren die vereinfachenden Bedingungen $B(q)$ und $C(q)$ erfüllt. □

Definition 8.4.5. Sei A die Koeffizientenmatrix eines RK-Verfahrens und invertierbar. Für eine Diagonalmatrix $D = \text{diag}(d_1, \ldots, d_s)$ mit $d_i > 0$ definieren wir

$$\alpha_D(A^{-1}) = \min_{w \neq 0,\, w \in \mathbb{R}^s} \frac{w^\top D A^{-1} w}{w^\top D w}$$

und

$$\alpha_0(A^{-1}) = \sup_D \alpha_D(A^{-1}). \qquad \Box \tag{8.4.3}$$

Bemerkung 8.4.2. Man kann zeigen, dass für stetig differenzierbare Funktionen f, die (8.4.2) erfüllen, die nichtlinearen Gleichungssysteme für die $u_{m+1}^{(i)}$ in (8.1.2) für

$$h\nu < \alpha_0(A^{-1})$$

eine eindeutige Lösung besitzen. □

In der folgenden Übersicht (vgl. [143]) geben wir die Werte für $\alpha_0(A^{-1})$ für einige s-stufige RK-Verfahren an:

$$\text{Gauß:} \quad \alpha_0(A^{-1}) = \min_{i=1,\ldots,s} \frac{1}{2c_i(1-c_i)},$$

$$\text{Radau-IA:} \quad \alpha_0(A^{-1}) = \begin{cases} 1 & \text{für } s = 1, \\ \frac{1}{2(1-c_2)} & \text{für } s > 1, \end{cases}$$

$$\text{Radau-IIA:} \quad \alpha_0(A^{-1}) = \begin{cases} 1 & \text{für } s = 1, \\ \frac{1}{2c_{s-1}} & \text{für } s > 1, \end{cases}$$

$$\text{Lobatto-IIIC:} \quad \alpha_0(A^{-1}) = \begin{cases} 1 & \text{für } s = 2, \\ 0 & \text{für } s > 2, \end{cases}$$

$$\text{SDIRK:} \quad \alpha_0(A^{-1}) = \frac{1}{\gamma}.$$

Für die B-Konsistenz von RK-Verfahren gilt dann [143]

Satz 8.4.2. *Sei die Koeffizientenmatrix A eines RK-Verfahrens invertierbar und gelte $\alpha_0(A^{-1}) > 0$. Besitzt das Verfahren die Stufenordnung q, dann ist es B-konsistent von der Ordnung q auf $\mathcal{F}_\nu$.* $\square$

Satz 8.4.3. *Ein RK-Verfahren sei algebraisch stabil und besitze eine invertierbare Koeffizientenmatrix A. Weiterhin sei $\alpha_0(A^{-1}) > 0$. Dann ist das Verfahren auf $\mathcal{F}_\nu$ C-stabil.* $\square$

Mit Satz 8.4.1 ergibt sich unmittelbar

Folgerung 8.4.1. *Die s-stufigen Gauß- und Radau-IIA-Verfahren sind B-konvergent von der Ordnung $q = s$ auf $\mathcal{F}_\nu$. Die Radau-IA-Verfahren sind B-konvergent von der Ordnung $q = s - 1$, und das 2-stufige Lobatto-IIIC-Verfahren ist B-konvergent von der Ordnung 1.* $\square$

Bemerkung 8.4.3. (i) Mit $\gamma > 0$ haben SDIRK-Verfahren nur die Stufenordnung $q = 1$, so dass die vorangegangenen Sätze nur eine B-Konvergenzordnung 1 garantieren. Für konstante Schrittweiten kann bei einer Stufenordnung q die B-Konvergenzordnung allerdings mitunter $q + 1$ betragen (vgl. Tabelle 8.4.2).

(ii) Für konstante Schrittweiten kann für s-stufige Lobatto-IIIC-Verfahren auf $\mathcal{F}_\nu$ mit $\nu < 0$ die B-Konvergenzordnung $s - 1$ gezeigt werden [241]. $\square$

Eine ausführliche Darstellung von B-Konvergenzaussagen findet man in Dekker/Verwer [86] und Hairer/Wanner [143].

8.5 W-Transformation

Bei der Untersuchung der algebraischen Stabilität in Abschnitt 8.2.7 erwies es sich als günstig, nicht direkt die Matrix M, sondern die transformierte Matrix $V_s^\top M V_s$ auf positive Semidefinitheit zu untersuchen. Eine andere wichtige Transformation bei der Untersuchung impliziter RK-Verfahren ist die von Hairer und Wanner eingeführte *W-Transformation* [140]. Die Elemente der Transformationsmatrix W sind dabei durch die verschobenen Legendre-Polynome (8.1.6) bestimmt, wobei diese jetzt so normiert werden, dass sie orthonormal sind:

$$P_l(x) = \frac{\sqrt{2l+1}}{l!}\frac{d^l}{dx^l}(x^l(x-1)^l) = \sqrt{2l+1}\sum_{j=0}^{l}(-1)^{j+l}\binom{l}{j}\binom{j+l}{j}x^j \quad (8.5.1)$$

mit

$$\int_0^1 P_k(x)P_l(x)\,dx = \delta_{kl}. \quad (8.5.2)$$

Wir betrachten eine Quadraturmethode (b,c) mit s Gewichten $b_i \neq 0$ und paarweise verschiedenen Knoten c_i. Für ein darauf basierendes RK-Verfahren lassen sich die vereinfachenden Bedingungen $B(m)$, $C(m)$ und $D(m)$ mit Hilfe der $P_l(x)$ schreiben in der Form (Aufgabe 6)

$$B(m): \quad \sum_{i=1}^{s} b_i P_{k-1}(c_i) \quad = \int_0^1 P_{k-1}(\xi)\,d\xi, \quad k = 1, \dots, m \quad (8.5.3)$$

$$C(m): \quad \sum_{j=1}^{s} a_{ij} P_{k-1}(c_j) \quad = \int_0^{c_i} P_{k-1}(\xi)\,d\xi, \quad i = 1, \dots, s,\ k = 1, \dots, m \quad (8.5.4)$$

$$D(m): \quad \sum_{i=1}^{s} b_i P_{k-1}(c_i) a_{ij} = b_j \int_{c_j}^{1} P_{k-1}(\xi)\,d\xi, \quad j = 1, \dots, s,\ k = 1, \dots, m. \quad (8.5.5)$$

Mit Hilfe der Knoten der Quadraturmethode definieren wir eine Matrix W durch

$$W = \begin{pmatrix} P_0(c_1) & P_1(c_1) & \cdots & P_{s-1}(c_1) \\ P_0(c_2) & P_1(c_2) & \cdots & P_{s-1}(c_2) \\ \vdots & \vdots & & \vdots \\ P_0(c_s) & P_1(c_s) & \cdots & P_{s-1}(c_s) \end{pmatrix}. \quad (8.5.6)$$

Im Folgenden untersuchen wir für RK-Verfahren mit der Verfahrensmatrix A und $B = \text{diag}(b_i)$ die Eigenschaften der transformierten Matrix

$$X = W^\top BAW. \quad (8.5.7)$$

Bemerkung 8.5.1. Erfüllt das Runge-Kutta-Verfahren die vereinfachende Bedingung $B(2s-1)$, dann gilt für die Elemente z_{ij} von $Z = W^\top BW$

$$z_{ij} = \sum_{l=1}^{s} b_l P_{i-1}(c_l)P_{j-1}(c_l) = \int_0^1 P_{i-1}(\xi)P_{j-1}(\xi)\,d\xi = \delta_{ij}.$$

Es ist $Z = W^\top BW = I$, also $W^\top B = W^{-1}$. Für diese Verfahren kann X in der Form $X = W^{-1}AW$ geschrieben werden. $\square$

Als Erstes betrachten wir die Gauß-Methoden aus Abschnitt 8.1.2 der Ordnung $p = 2s$. Es gilt [143]

Satz 8.5.1. *Sei W durch (8.5.6) gegeben. Dann gilt für die Gauß-Methode mit s Stufen*

$$X_G = W^\top BAW = \begin{pmatrix} 1/2 & -\xi_1 & & & \\ \xi_1 & 0 & -\xi_2 & & \\ & \xi_2 & \ddots & \ddots & \\ & & \ddots & 0 & -\xi_{s-1} \\ & & & \xi_{s-1} & 0 \end{pmatrix} \tag{8.5.8}$$

mit $\xi_k = \frac{1}{2\sqrt{4k^2-1}}$.

Beweis. Für das Element x_{ij} von X_G gilt

$$x_{ij} = \sum_{l=1}^{s}\sum_{k=1}^{s} b_l P_{i-1}(c_l)a_{lk}P_{j-1}(c_k)$$

$$= \sum_{l=1}^{s} b_l P_{i-1}(c_l)\int_0^{c_l} P_{j-1}(\xi)\,d\xi \quad \text{wegen } C(s)$$

$$= \int_0^1 P_{i-1}(c)\int_0^c P_{j-1}(\xi)\,d\xi dc \quad \text{wegen } B(2s).$$

Durch partielle Integration erhalten wir daraus

$$x_{ij} = \int_0^1 P_{i-1}(\xi)\,d\xi \int_0^1 P_{j-1}(\xi)\,d\xi - \int_0^1\int_0^c P_{i-1}(\xi)\,d\xi P_{j-1}(c)\,dc$$

$$= \delta_{i1}\delta_{j1} - x_{ji} \quad \text{wegen (8.5.2).}$$

Es gilt folglich

$$x_{ij} + x_{ji} = \delta_{i1}\delta_{j1}.$$

Damit ergibt sich

$$x_{11} = 1/2$$
$$x_{ii} = 0, \quad i = 2, \ldots, s$$
$$x_{ij} = -x_{ji} \quad \text{sonst.}$$

Es reicht also, die Elemente im unteren Dreieck von X_G zu berechnen. Für $i \geq j+1$ ist

$$x_{ij} = \int_0^1 P_{i-1}(c)q(c)\,dc,$$

wobei q ein Polynom vom Grad j ist. Wegen der Orthogonalität der Legendre-Polynome folgt

$$x_{ij} = 0 \quad \text{für } i > j+1.$$

Es bleibt der Fall $i = j+1$:

$$x_{j+1,i} = \int_0^1 P_j(c)q(c)\,dc.$$

q ist ein Polynom vom Grad j und darstellbar in der Form

$$q(c) = \alpha P_j(c) + q_{j-1}(c) \tag{8.5.9}$$

mit einem Polynom q_{j-1} vom Grad $j-1$. Es folgt wieder aus der Orthogonalität

$$x_{j+1,j} = \int_0^1 \alpha P_j^2(c)\,dc = \alpha.$$

Der Koeffizient bei ξ^{j-1} von $P_{j-1}(\xi)$ ist $\sqrt{2j-1}\binom{2j-2}{j-1}$ und damit ergibt sich für den Koeffizienten von c^j bei $q(c)$ bei der Integration $\frac{1}{j}\sqrt{2j-1}\binom{2j-2}{j-1}$. Mit (8.5.9) folgt hieraus

$$\frac{1}{j}\sqrt{2j-1}\binom{2j-2}{j-1} = \alpha\sqrt{2j+1}\binom{2j}{j}.$$

und damit

$$x_{j+1,j} = \alpha = \frac{1}{2\sqrt{4j^2-1}} = \xi_j.$$

■

Für RK-Verfahren, die nicht $B(2s)$ und $C(s)$ erfüllen, besitzt die Matrix X zumindest teilweise die Gestalt von X_G. Es gilt

Satz 8.5.2. *Ein s-stufiges RK-Verfahren erfülle die Bedingung $B(s+m)$. Dann gilt für die Matrix $X = W^\top BAW$:*

1. *Das RK-Verfahren erfüllt die vereinfachende Bedingung $C(m)$ genau dann, wenn die ersten m Spalten von X mit denen von X_G übereinstimmen.*

2. *Das RK-Verfahren erfüllt $D(m)$ genau dann, wenn die ersten m Zeilen von X mit denen von X_G übereinstimmen.*

Beweis. 1. Wenn $C(m)$ erfüllt ist, dann folgt die Aussage für die Spalten von X direkt aus dem Beweis von Satz 8.5.1.

Wir nehmen jetzt an, dass die Spalten x_j, $j = 1, \ldots, m$, von X mit denen von X_G übereinstimmen, d.h.

$$x_j = W^\top B v_j \quad \text{mit } v_j = \left(\int_0^{c_l} P_{j-1}(\xi)\, d\xi \right)_{l=1}^s .$$

Andererseits ist nach Definition

$$x_j = W^\top B g_j \quad \text{mit } g_j = \left(\sum_{k=1}^s a_{lk} P_{j-1}(c_k) \right)_{l=1}^s .$$

Daraus folgt mit der Regularität von W und B $g_j = v_j$, d.h.

$$\sum_{k=1}^s a_{lk} P_{j-1}(c_k) = \int_0^{c_l} P_{j-1}(\xi)\, d\xi, \quad l = 1, \ldots, s,$$

und damit $C(m)$.

2. Die Gauß-Methoden erfüllen auch $D(s)$. Damit ergibt sich eine andere Darstellung für die Elemente x_{ij} von X_G zu

$$x_{ij} = \sum_{k=1}^s P_{j-1}(c_k) b_k \int_{c_k}^1 P_{i-1}(\xi)\, d\xi = \int_0^1 P_{j-1}(c) \int_c^1 P_{i-1}(\xi)\, d\xi dc. \qquad (8.5.10)$$

Offensichtlich stimmen mit $D(m)$ die ersten m Zeilen von X und X_G überein. Seien jetzt die ersten m Zeilen identisch. Dann gilt für $i \le m$, $j = 1, \ldots, s$

$$x_{ij} = \int_0^1 P_{j-1}(c) \int_c^1 P_{i-1}(\xi)\, d\xi dc$$

$$= \sum_{k=1}^s P_{j-1}(c_k) b_k \int_{c_k}^1 P_{i-1}(\xi)\, d\xi \quad \text{wegen } B(s+m).$$

Andererseits gilt

$$x_{ij} = \sum_{k=1}^s P_{j-1}(c_k) \sum_{l=1}^s b_l a_{lk} P_{i-1}(c_l).$$

Daraus folgt

$$\sum_{l=1}^{s} b_l a_{lk} P_{i-1}(c_l) = b_k \int_{c_k}^{1} P_{i-1}(\xi)\, d\xi,$$

d. h. $D(m)$.

∎

Beispiel 8.5.1. Wir betrachten eine Quadraturmethode (b, c) vom Genauigkeitsgrad $2s - 2$, d. h., es gilt $B(2s - 1)$. Wir suchen eine Darstellung der darauf basierenden RK-Verfahren, die $C(s - 1)$ und $D(s - 1)$ erfüllen. Nach Satz 8.5.2 unterscheidet sich X nur im Element $x_{ss} = r$ von X_G, d. h.

$$X = \begin{pmatrix} 1/2 & -\xi_1 & & & \\ \xi_1 & 0 & -\xi_2 & & \\ & \xi_2 & \ddots & \ddots & \\ & & \ddots & 0 & -\xi_{s-1} \\ & & & \xi_{s-1} & r \end{pmatrix}.$$

Für jedes r erhält man mit $A = WXW^{-1}$ (vgl. Bemerkung 8.5.1) ein RK-Verfahren mit den gesuchten Eigenschaften. Speziell für Radau-Knoten und $r = 1/(4s - 2)$ (vgl. [143]) erhält man die Radau IA- bzw. Radau IIA-Verfahren.   □

Für weitere Anwendungen der W-Transformation zur Konstruktion und Untersuchung der algebraischen Stabilität von RK-Verfahren verweisen wir auf [143].

8.6 Implementierung impliziter Runge-Kutta-Verfahren

8.6.1 Lösung der nichtlinearen Gleichungssysteme

Die Effektivität eines Verfahrens zur Lösung gewöhnlicher Differentialgleichungen wird zum einen bestimmt durch die Größe der Schrittweite und zum anderen durch den Aufwand für einen Integrationsschritt. Dabei wird die Schrittweite bei steifen Systemen außer durch Genauigkeitsforderungen wesentlich durch die Stabilität der Verfahren bestimmt. Implizite RK-Verfahren verbinden hohe Konsistenzordnung mit ausgezeichneten Stabilitätseigenschaften, sie erlauben im Vergleich mit anderen Verfahren i. Allg. größere Schrittweiten. Wenn in der Praxis trotzdem häufig andere Verfahren bevorzugt werden, so liegt das am sehr großen Aufwand pro Integrationsschritt der impliziten RK-Verfahren.

Der Hauptaufwand eines RK-Schrittes besteht in der Lösung der nichtlinearen Gleichungssysteme (8.1.2), die für ein s-stufiges RK-Verfahren ein nichtlineares Gleichungssystem der Dimension sn darstellen. Mit Hilfe des Kronecker-Produktes (Definition 3.3.1) und den Bezeichnungen

$$U_m = \begin{pmatrix} u_{m+1}^{(1)} \\ \vdots \\ u_{m+1}^{(s)} \end{pmatrix} \in \mathbb{R}^{sn}, \qquad F(t_m, U_m) = \begin{pmatrix} f(t_m + c_1 h, u_{m+1}^{(1)}) \\ \vdots \\ f(t_m + c_s h, u_{m+1}^{(s)}) \end{pmatrix} \in \mathbb{R}^{sn}$$

lautet die Darstellung

$$U_m = \mathbb{1} \otimes u_m + h(A \otimes I_n)F(t_m, U_m) \tag{8.6.1}$$

$$u_{m+1} = u_m + h(b^\top \otimes I_n)F(t_m, U_m). \tag{8.6.2}$$

Die Konvergenz der wenig aufwendigen Funktionaliteration

$$U_m^{(l+1)} = \mathbb{1} \otimes u_m + h(A \otimes I_n)F(t_m, U_m^{(l)})$$

ist unter der Voraussetzung

$$h < \frac{1}{L \max_i \sum_{j=1}^s |a_{ij}|}$$

garantiert, vgl. Satz 8.1.1. Für steife Systeme ist das eine zu starke Einschränkung, der Vorteil einer größeren Schrittweite gegenüber expliziten Verfahren durch bessere Stabilitätseigenschaften geht wieder verloren. Man verwendet daher das Newton-Verfahren in verschiedenen Modifikationen zur Lösung von (8.6.1).

Das Newton-Verfahren zur Lösung eines nichtlinearen Gleichungssystems

$$g(x) = 0, \quad g: \mathbb{R}^n \to \mathbb{R}^n$$

hat für eine gewählte Startlösung $x^{(0)}$ die Form

$$g_x(x^{(l)})\triangle x = -g(x^{(l)}), \quad x^{(l+1)} = x^{(l)} + \triangle x, \quad l = 0, 1, \dots$$

mit der Jacobi-Matrix $g_x = \frac{\partial g}{\partial x}$. Es führt die Lösung eines nichtlinearen Gleichungssystems zurück auf eine Folge von linearen Gleichungssystemen.

Für (8.6.1) ist die Koeffizientenmatrix im l-ten Iterationsschritt

$$\begin{pmatrix} I_n - ha_{11}f_y(t_m + c_1 h, u_{m+1}^{(1,l)}) & \cdots & -ha_{1s}f_y(t_m + c_s h, u_{m+1}^{(s,l)}) \\ \vdots & & \vdots \\ -ha_{s1}f_y(t_m + c_1 h, u_{m+1}^{(1,l)}) & \cdots & I_n - ha_{ss}f_y(t_m + c_s h, u_{m+1}^{(s,l)}) \end{pmatrix}.$$

Man muss also in jedem Iterationsschritt s Jacobi-Matrizen f_y berechnen. Dieser Aufwand ist viel zu hoch, so dass man stattdessen das *vereinfachte Newton-Verfahren* verwendet. Hierbei werden in allen Iterationsschritten die Jacobi-Matrizen $f_y(t_m + c_i h, u_{m+1}^{(i,l)})$ durch die Jacobi-Matrix an der Stelle (t_m, u_m) ersetzt. Man benötigt jetzt nur noch eine Jacobi-Matrix für alle Iterationsschritte, die i. Allg. mittels Differenzenquotienten approximiert wird:

$$\frac{\partial f_i(t_m, u_m)}{\partial y_j} \approx \frac{f_i(t_m, u_m + \delta_j e_j) - f_i(t_m, u_m)}{\delta_j}, \quad j = 1, \ldots, n, \ i = 1, \ldots, n,$$

wobei z. B. $\delta_j \sim \sqrt{eps} \cdot \max(1, |u_{m,j}|)$ gewählt wird, *eps* die relative Computergenauigkeit. Neben dem Funktionsaufruf an der Stelle (t_m, u_m) erfordert das n zusätzliche Funktionsaufrufe, insgesamt also $n + 1$ Funktionsaufrufe. Dabei können alle Elemente einer Spalte der Jacobi-Matrix gleichzeitig berechnet werden. Zwar geht die quadratische Konvergenz beim vereinfachten Newton-Verfahren verloren, der Gesamtaufwand ist aber erheblich geringer. Mit

$$Z_m = U_m - \mathbb{1} \otimes u_m$$

lautet jetzt die Iterationsvorschrift

$$[I_{sn} - hA \otimes f_y(t_m, u_m)] \triangle Z_m = -Z_m^{(l)} + h(A \otimes I_n) F(t_m, Z_m^{(l)} + \mathbb{1} \otimes u_m) \quad (8.6.3)$$
$$Z_m^{(l+1)} = Z_m^{(l)} + \triangle Z_m, \quad l = 0, 1, \ldots$$

Wegen $u_{m+1}^{(i)} = u_m + \mathcal{O}(h)$ kann man als Startwerte für das Newton-Verfahren

$$Z_m^{(0)} = 0$$

verwenden. Für spezielle Verfahren, insbesondere Kollokationsmethoden, sind auch bessere Startwerte möglich.

Nach Berechnung des Stufenvektors U_m wird die neue Näherung u_{m+1} ohne weitere Funktionsauswertung bestimmt. Dadurch kann der Einfluss von Störungen reduziert werden (Aufgabe 7):

Beispiel 8.6.1. Wir betrachten das implizite Euler-Verfahren

$$u_{m+1} = u_m + h f(u_{m+1})$$

und führen genau einen Newton-Schritt mit dem Startwert $u_{m+1}^{(0)} = u_m$ aus (linear-implizites Euler-Verfahren):

$$u_{m+1}^{(1)} = u_m + h(I - hT)^{-1} f(u_m), \quad T = f_y(u_m).$$

Für die Berechnung von u_{m+1} betrachten wir zwei Varianten:

$$\text{I}: \quad u_{m+1} = u_m + hf(u_{m+1}^{(1)})$$
$$\text{II}: \quad u_{m+1} = u_{m+1}^{(1)}.$$

Wir haben beide Varianten mit Schrittweitensteuerung durch Richardson-Extrapolation implementiert, wobei in beiden Schritten mit $h/2$ die gleiche Matrix $T = f_y(u_m)$ verwendet wurde. Tabelle 8.6.1 gibt die Anzahl der benötigten Schritte (einschl. Wiederholungen) und die Fehler für das Testbeispiel ROBER (1.4.6) mit $t_e = 400$ für verschiedene Toleranzen tol an. Ein „*" bedeutet, dass keine brauchbare Lösung berechnet werden konnte.

	Variante I		Variante II	
tol	Schritte	Fehler	Schritte	Fehler
$1e{-}2$	*	*	58	$1.7e{-}3$
$1e{-}3$	*	*	71	$4.9e{-}4$
$1e{-}4$	2615	$5.2e{-}4$	143	$5.6e{-}5$
$1e{-}5$	2061	$3.6e{-}6$	385	$5.9e{-}6$
$1e{-}6$	1183	$5.8e{-}7$	1160	$6.0e{-}7$
$1e{-}7$	3630	$6.0e{-}8$	3637	$6.0e{-}8$
$1e{-}8$	11474	$6.0e{-}9$	11477	$6.0e{-}9$
$1e{-}9$	36282	$6.0e{-}10$	36285	$6.0e{-}10$

Tabelle 8.6.1: Linear-implizites Euler-Verfahren angewendet auf ROBER

Die Ergebnisse zeigen deutlich den Vorteil der Variante II ohne abschließenden Funktionsaufruf bei groben Toleranzen. $\square$

Falls die Verfahrensmatrix A regulär ist, erhält man aus (8.6.2) mit (3.3.3) und (3.3.4) die Darstellung

$$u_{m+1} = u_m + (b^\top A^{-1} \otimes I_n)(U_m - \mathbb{1} \otimes u_m), \tag{8.6.4}$$

was sich für Methoden mit $a_{si} = b_i$ weiter zu $u_{m+1} = u_{m+1}^{(s)}$ vereinfacht.

Die Anzahl der Iterationsschritte wird maßgeblich durch das Abbruchkriterium beim Newton-Verfahren beeinflusst. Das vereinfachte Newton-Verfahren konvergiert linear, d. h., es gilt

$$\|Z_m^{(l+1)} - Z_m^{(l)}\| \le \theta \|Z_m^{(l)} - Z_m^{(l-1)}\|,$$

wobei die Konvergenzgeschwindigkeit θ durch

$$\theta_l = \frac{\|Z_m^{(l+1)} - Z_m^{(l)}\|}{\|Z_m^{(l)} - Z_m^{(l-1)}\|}$$

geschätzt werden kann. Falls θ zu groß ist (speziell $\theta > 1$), so wird man die Iteration abbrechen und die Schrittweite verkleinern. Ist für den lokalen Diskretisierungsfehler eine Schranke tol vorgegeben, so ist es nicht sinnvoll, für das Newton-Verfahren wesentlich schärfere Genauigkeitsforderungen zu verwenden. Man wird die Iteration beenden, wenn in einer geeigneten Norm

$$\|Z_m^{(l+1)} - Z_m^*\| \le \varkappa \cdot tol$$

gilt, wobei Z_m^* die (unbekannte) exakte Lösung des nichtlinearen Gleichungssystems ist. Nach dem Banachschen Fixpunktsatz lässt sich dies näherungsweise ersetzen durch

$$\|Z_m^{(l+1)} - Z_m^{(l)}\| \le \varkappa \frac{1 - \theta_l}{\theta_l} tol.$$

Man wählt i. Allg. $\varkappa \approx 10^{-3}$ bis 10^{-1}.

Als wesentlicher Aufwand beim vereinfachten Newton-Verfahren bleibt die LR Zerlegung einer Matrix der Dimension sn, was in erster Näherung $\frac{(sn)^3}{3}$ Operationen erfordert. Für große s ist das im Vergleich zu $\frac{n^3}{3}$ Operationen bei einem linearen Mehrschrittverfahren erheblich mehr. Wir werden daher im Folgenden untersuchen, wie sich dieser Aufwand reduzieren lässt. Besonders vorteilhaft erweisen sich dabei SDIRK- und SIRK-Verfahren.

Bei einem SDIRK-Verfahren (Abschnitt 8.1.6) können die Zwischenwerte $u_{m+1}^{(i)}$ sukzessiv berechnet werden, statt eines Systems der Dimension sn hat man dann s Systeme der Dimension n zu lösen. Das geschieht wieder mit dem vereinfachten Newton-Verfahren (8.6.3), das hier die folgende Form hat:

$$[I - h\gamma f_y(t_m, u_m)]\triangle u = u_m - u_{m+1}^{(i,l)} + h\sum_{j=1}^{i-1} a_{ij} f(t_m + c_j h, u_{m+1}^{(j)})$$

$$+ h\gamma f(t_m + c_i h, u_{m+1}^{(i,l)}) \tag{8.6.5}$$

$$u_{m+1}^{(i,l+1)} = u_{m+1}^{(i,l)} + \triangle u, \quad l = 0, \dots, \quad i = 1, \dots, s.$$

Es braucht jetzt nur noch eine Matrix der Dimension n faktorisiert zu werden. Außerdem lassen sich bei der Berechnung von $u_{m+1}^{(i)}$ unter Verwendung der bereits berechneten Werte $u_{m+1}^{(j)}$, $j = 1, \dots, i-1$, bessere Startwerte bestimmen, wodurch sich in den höheren Stufen die Anzahl der Iterationsschritte reduziert.

Es ist allerdings schwierig, geeignete SDIRK-Verfahren höherer Konsistenzordnung zu konstruieren, außerdem besitzen sie nur die Stufenordnung $q = 1$, was zur

Ordnungsreduktion bei steifen Systemen führen kann (vgl. Bemerkung 8.4.3). Diese Schranke gilt nicht für eine andere interessante Klasse impliziter RK-Verfahren, die sog. einfach-impliziten RK-Verfahren (*SIRK-Verfahren*, [207], [41]) von der englischen Bezeichnung *singly implicit RK-methods*. Hier muss die Verfahrensmatrix A keine untere Dreiecksgestalt besitzen, hat aber wie bei SDIRK-Verfahren einen s-fachen Eigenwert und nur einen Eigenvektor. Die Konstruktion von SIRK-Verfahren der Ordnung $p = s$ oder $p = s + 1$ für beliebiges s ist unproblematisch. Mit Hilfe einer von Butcher [49] und Bickart [26] vorgeschlagenen Transformation lässt sich der Aufwand für die vereinfachte Newton-Iteration (8.6.3) wesentlich reduzieren. Wegen der speziellen Eigenschaften von A existiert eine Matrix R, die γA^{-1} auf Jordanform transformiert, so dass gilt

$$
\gamma R^{-1} A^{-1} R = J = \begin{pmatrix} 1 & 0 & 0 & \cdots & 0 \\ 1 & 1 & 0 & \cdots & 0 \\ 0 & 1 & 1 & \cdots & 0 \\ \vdots & & \ddots & \ddots & \\ 0 & & \cdots & 1 & 1 \end{pmatrix}.
$$

R und R^{-1} müssen dabei nur einmal berechnet werden. Mit der Variablentransformation

$$
W_m = \frac{1}{\gamma}(R^{-1} \otimes I)Z_m
$$

ergibt sich aus (8.6.3) mit der Abkürzung $f_y = f_y(t_m, u_m)$

$$
[\gamma R \otimes I - h\gamma AR \otimes f_y]\triangle W_m = -\gamma(R \otimes I)W_m^{(l)}
$$
$$
+ h(A \otimes I)F(t_m, \gamma(R \otimes I)W_m^{(l)} + \mathbb{1} \otimes u_m),
$$

und durch Multiplikation mit $R^{-1}A^{-1} \otimes I$ die Iterationsvorschrift

$$
[J \otimes I - h\gamma I \otimes f_y]\triangle W_m = -(J \otimes I)W_m^{(l)} \tag{8.6.6}
$$
$$
+ h(R^{-1} \otimes I)F(t_m, \gamma(R \otimes I)W_m^{(l)} + \mathbb{1} \otimes u_m)
$$
$$
W_m^{(l+1)} = W_m^{(l)} + \triangle W_m.
$$

Die Koeffizientenmatrix hat jetzt die einfache Struktur

$$
\begin{pmatrix} I - h\gamma f_y & 0 & \cdots & 0 \\ I & I - h\gamma f_y & \cdots & 0 \\ 0 & \ddots & \ddots & \vdots \\ 0 & \cdots & I & I - h\gamma f_y \end{pmatrix}, \tag{8.6.7}
$$

so dass nur die LR-Faktorisierung einer (n, n)-Matrix erforderlich ist.

Bemerkung 8.6.1. Im Unterschied zu den SDIRK-Verfahren erfolgt die Entkopplung hier nicht schon beim nichtlinearen Gleichungssystem, sondern erst auf der Ebene der linearen Gleichungssysteme. Während man bei SDIRK-Verfahren auch bei einer Ersetzung des vereinfachten durch ein echtes Newton-Verfahren (z. B. bei schlechter Konvergenz der Iteration) nur Gleichungssysteme der Dimension n lösen muss, ist das bei den SIRK-Verfahren nicht möglich. Sie sind an das vereinfachte Newton-Verfahren gebunden. $\square$

Es kommen im Vergleich zu SDIRK-Verfahren in jedem Iterationsschritt zusätzliche Operationen hinzu

a) die Berechnung von $(\gamma R \otimes I)W_m^{(l)}$, $\sim ns^2$ Operationen,

b) die Berechnung von Summen der Form

$$\sum_{j=i}^{s}(R^{-1} \otimes I)_{i,j}F_j(t_m, \gamma(R \otimes I)W_m^{(l)} + \mathbb{1} \otimes u_m), \quad \sim \frac{ns(s+1)}{2} \text{ Operationen.}$$

Dieser zusätzliche Aufwand ist speziell für größere s recht erheblich.

Die Idee der Transformation von A^{-1} auf Jordansche Normalform kann auch für beliebige RK-Verfahren angewendet werden. Für RK-Verfahren hoher Ordnung ist die Jordanform eine Diagonalmatrix, allerdings besitzen die Verfahren zwangsläufig komplexe Eigenwerte, vgl. Satz 8.3.2. Das erfordert die Lösung linearer Gleichungssysteme in komplexer Arithmetik, oder es treten bei reeller Arithmetik entsprechende Diagonalblöcke für die konjugiert komplexen Eigenwerte auf. Dieses Vorgehen ist im Code RADAU von Hairer und Wanner [142] implementiert. Er ist eine Erweiterung des bekannten Codes RADAU5 [143] und enthält die Radau-IIA-Verfahren mit $s = 3, 5, 7$. Zwischen den einzelnen Verfahren wird dabei automatisch umgeschalten (Ordnungssteuerung), wobei als Kriterium das Verhalten der Zuwächse ΔW_m beim Newton-Verfahren dient [142].

8.6.2 Fehlerschätzung und Schrittweitensteuerung

Die Fehlerschätzung und Schrittweitensteuerung mittels Richardson-Extrapolation ist problemlos für implizite RK-Verfahren anwendbar. Etwas schwieriger ist die Fehlerschätzung durch ein eingebettetes Verfahren. Durch die Forderung $B(s)$ sind bei gegebenen Knoten c_i die Gewichte b_i eindeutig festgelegt. Bei den von uns betrachteten Verfahren hoher Ordnung erfüllen die b_i und c_i dann auch noch $B(2s-2)$ (Lobatto), $B(2s-1)$ (Radau) bzw. $B(2s)$ (Gauß), d. h., es ist nur durch eine andere Wahl der Gewichte b_i kein Näherungswert der Ordnung $s \leq q < p$ zu bekommen. Man kann aber z. B. unter zusätzlicher Verwendung von $f(t_m, u_m)$

eine Vergleichslösung der Ordnung s bestimmen [142]:

$$\widehat{u}_{m+1} = u_m + h \sum_{i=1}^{s} \widehat{b}_i f(t_m + c_i h, u_{m+1}^{(i)}) + h\gamma_0 f(t_m, u_m).$$

Da die beiden Näherungslösungen unterschiedliche Stabilitätseigenschaften besitzen, wird der Fehler häufig noch mit $(I - h\gamma f_y)^{-1}$ multipliziert [143]:

$$err = \|(I - h\gamma f_y)^{-1}(\widehat{u}_{m+1} - u_{m+1})\|$$

mit einer Norm wie in (2.5.8). In RADAU wird für γ der reelle Eigenwert der Matrix A genommen (existiert für ungerade s). Dadurch wird eine zusätzliche Faktorisierung vermieden. Für SDIRK- und SIRK-Verfahren der Ordnung $p = s$ ist die Gewinnung eines eingebetteten Verfahrens problemlos möglich, für Details siehe z. B. [273]. SIRK-Verfahren sind im Code STRIDE [41] implementiert.

Hat man den Fehler des Verfahrens geschätzt, dann kann die neue Schrittweite gemäß (2.5.10) oder (2.5.13) bestimmt werden.

Bemerkung 8.6.2. Zahlreiche Anwendungen, z. B. die Semidiskretisierung parabolischer Anfangsrandwertprobleme mittels finiter Elemente, führen auf Anfangswertprobleme der Form

$$My' = f(t, y), \quad y(t_0) = y_0$$

mit einer regulären, konstanten Matrix M. Dabei ist M häufig von spezieller Struktur (z. B. Bandmatrix, schwach besetzt). Direktes Auflösen nach y' wäre wegen der Berechnung von M^{-1} sehr aufwendig. Da M^{-1} i. Allg. voll besetzt ist, würde auch die Struktur verloren gehen. Implizite RK-Verfahren lassen sich einfach auf diese Aufgabenklasse anwenden, wenn man das System formal in die Form $y' = M^{-1}f(t, y)$ bringt, die Runge-Kutta-Gleichungen aufschreibt und mit M multipliziert. So ergibt sich z. B. für die SIRK-Verfahren unmittelbar die Iterationsvorschrift

$$[J \otimes M - h\gamma I \otimes f_y]\triangle W_m = -(J \otimes M)W_m^{(l)}$$
$$+ h(R^{-1} \otimes I)F(t_m, \gamma(R \otimes I)W_m^{(l)} + \mathbb{1} \otimes u_m)$$
$$W_m^{(l+1)} = W_m^{(l)} + \triangle W_m. \qquad \Box$$

8.7 ROW- und W-Methoden

Im Unterschied zu impliziten RK-Verfahren erfordern *linear-implizite Runge-Kutta-Verfahren* (LIRK-Verfahren) nur die Lösung *linearer* Gleichungssysteme.

Dies wird erreicht durch direkte Einbeziehung einer Approximation der Jacobi-Matrix in die Verfahrensvorschrift. Die Idee stammt von Rosenbrock [229].

Die bekanntesten LIRK-Verfahren sind die *ROW-* und *W-Methoden*, auf die wir im Folgenden genauer eingehen. Sie werden häufig auch als *Rosenbrock-Typ-Methoden* bezeichnet. Weiterhin gehören zu den LIRK-Verfahren die *adaptiven Runge-Kutta-Verfahren*, die wir in Abschnitt 11.6 betrachten.

Rosenbrock-Typ-Methoden können in gewissem Sinn als diagonal-implizite RK-Verfahren mit fester Anzahl von Iterationsschritten beim Newton-Verfahren interpretiert werden. Dabei gehen z. T. die guten nichtlinearen Stabilitätseigenschaften (B-Stabilität) verloren. Andererseits bleiben die linearen Stabilitätseigenschaften (A-, L-Stabilität) erhalten und die Implementierung ist einfacher, so dass diese Verfahren häufig wesentlich effizienter als implizite RK-Verfahren sind.

8.7.1 Herleitung der Methoden

Die Lösung der nichtlinearen Gleichungssysteme mittels Newton-ähnlicher Verfahren bei der Implementierung impliziter RK-Verfahren bringt verschiedene Probleme mit sich, die sich auf die Effektivität der Verfahren auswirken können. Das ist insbesondere der komplizierte Zusammenhang zwischen der Genauigkeitsforderung für die Lösung der nichtlinearen Gleichungssysteme und für den lokalen Fehler, wodurch die Anzahl der Iterationen und damit der Aufwand wesentlich beeinflusst werden. Diese Probleme werden bei den Rosenbrock-Typ-Methoden umgangen. Man kann sie für autonome Systeme als DIRK-Verfahren interpretieren, bei denen in jeder Stufe genau ein Iterationsschritt mit einem vereinfachten Newton-Verfahren zur Lösung von (2.4.3)

$$k_i = f(u_m + h \sum_{j=1}^{i} a_{ij} k_j), \quad i = 1, \dots, s$$

ausgeführt wird. Mit einer Approximation T_i an die Jacobi-Matrix ergibt sich damit in der i-ten Stufe

$$(I - h a_{ii} T_i)(k_i^{(1)} - k_i^{(0)}) = -k_i^{(0)} + f(u_m + h \sum_{j=1}^{i-1} a_{ij} k_j + h a_{ii} k_i^{(0)}).$$

Wählt man die Startwerte $k_i^{(0)}$ jeweils als Linearkombination der bereits berechneten Steigungswerte

$$k_i^{(0)} = -\frac{1}{a_{ii}} \sum_{j=1}^{i-1} \gamma_{ij} k_j, \quad \gamma_{ij} \in \mathbb{R},$$

so erhält man mit den Bezeichnungen

$$k_i = k_i^{(1)}, \quad \alpha_{ij} = a_{ij} - \gamma_{ij}, \quad \gamma_{ii} = a_{ii}$$

die Rosenbrock-Typ-Methode

$$(I - h\gamma_{ii}T_i)k_i = f(u_m + h\sum_{j=1}^{i-1}\alpha_{ij}k_j) + hT_i\sum_{j=1}^{i-1}\gamma_{ij}k_j, \quad i = 1,\dots,s$$

$$u_{m+1} = u_m + h\sum_{i=1}^{s}b_ik_i. \tag{8.7.1}$$

Derartige Methoden wurden erstmals 1963 von Rosenbrock [229] mit

$$\gamma_{ij} = 0 \text{ für } i \neq j \text{ und } T_i = f_y(u_m + h\sum_{j=1}^{i-1}\alpha_{ij}k_j)$$

eingeführt. Man hat hier keine nichtlinearen, sondern nur noch lineare Gleichungssysteme zu lösen. Mit der Wahl

$$\gamma_{ii} = \gamma, \quad T_i = T \text{ für alle } i$$

reduziert sich der Aufwand auf eine LR-Zerlegung und s Rücksubstitutionen pro
Integrationsschritt. Die Koeffizienten γ_{ij} für $i > j$ wurden 1977 von Wanner [282]
eingeführt.

Für eine beliebige Matrix T erhält man auf diese Weise (auch für nichtautonome
Systeme) die sog. *W-Methoden* (Steihaug/Wolfbrandt [262])

$$(I - h\gamma T)k_i = f(t_m + c_ih, u_m + h\sum_{j=1}^{i-1}\alpha_{ij}k_j) + hT\sum_{j=1}^{i-1}\gamma_{ij}k_j, \quad i = 1,\dots,s$$

$$u_{m+1} = u_m + h\sum_{i=1}^{s}b_ik_i. \tag{8.7.2}$$

Für autonome Systeme und die spezielle Wahl $T = f_y(u_m)$ ergeben sich die
ROW-Methoden. Diese haben den Vorteil, dass wegen der exakten Jacobi-Matrix
(damit gilt $Tf = f_yf = y''$ für autonome Systeme) wesentlich weniger Ordnungsbedingungen auftreten als bei W-Methoden, so dass mit weniger Stufen
eine höhere Konsistenzordnung erreicht werden kann. Um diesen Vorteil auch für
nichtautonome Systeme zu behalten, muss die partielle Ableitung f_t in die Verfahrensvorschrift eingebaut werden. Eine nichtautonome ROW-Methode besitzt

dann die Gestalt

$$(I - h\gamma T)k_i = f(t_m + c_i h, u_m + h \sum_{j=1}^{i-1} \alpha_{ij} k_j) + hT \sum_{j=1}^{i-1} \gamma_{ij} k_j + h d_i f_t(t_m, u_m)$$

$$u_{m+1} = u_m + h \sum_{i=1}^{s} b_i k_i \qquad (8.7.3)$$

mit

$$c_i = \sum_{j=1}^{i-1} \alpha_{ij}, \quad d_i = \gamma + \sum_{j=1}^{i-1} \gamma_{ij}, \quad T = f_y(t_m, u_m).$$

Bemerkung 8.7.1. Ein Nachteil der ROW-Methoden im Vergleich zu W-Methoden besteht in der Notwendigkeit, in jedem Integrationsschritt die Jacobi-Matrix zu berechnen und eine neue LR-Zerlegung durchzuführen. Verwer, Scholz, Blom und Louter-Nool [280] verwenden daher die Jacobi-Matrix an einer zurückliegenden Stelle, Kaps/Ostermann [173] untersuchen für autonome Systeme allgemein Methoden mit $T = f_y(u_m) + \mathcal{O}(h)$. Novati [208] konstruiert für $T = f_y(u_m) + \mathcal{O}(h)$ 6 stufige eingebettete W-Methoden der Ordnung 4(3). □

8.7.2 Konsistenz

Die Koeffizienten einer W-Methode werden so bestimmt, dass die Verfahren eine möglichst hohe Konsistenzordnung und gute Stabilitätseigenschaften besitzen. Bei der Ableitung der Ordnungsbedingungen treten außer den elementaren Differentialen der exakten Lösung zusätzlich elementare Differentiale auf, die die Matrix T des Verfahrens enthalten.

Beispiel 8.7.1. Wir betrachten die einstufige W-Methode

$$(I - h\gamma T)k_1 = f(t_m, u_m)$$
$$u_{m+1} = u_m + hk_1.$$

Die Entwicklung der zum Anfangswert $y(t_m)$ gehörenden numerischen Lösung $\tilde{u}_{m+1}$ für autonome Systeme lautet

$$\tilde{u}_{m+1} = y(t_m) + hf(y(t_m)) + h^2 \gamma T f + \mathcal{O}(h^3).$$

Das elementare Differential Tf taucht für beliebiges T in der Entwicklung der exakten Lösung $y(t_{m+1})$ nicht auf, die Konsistenzordnung der einstufigen W-Methode ist daher $p = 1$. Für $T = f_y(u_m)$ (ROW-Methode) und $\gamma = \frac{1}{2}$ gilt $p = 2$.
□

Wie in Abschnitt 2.4.2 wollen wir die Ordnungsbedingungen für W-Methoden mit Hilfe von Wurzelbäumen angeben. Dafür benötigen wir einen neuen Knotentyp, der die Matrix T repräsentiert. Weil die Multiplikation mit T nur einen Vektor als Argument benötigt, hängt an jedem solchen Knoten genau ein Teilbaum **t**. Das dazugehörige elementare Differential wird rekursiv erklärt. Dazu erweitern wir die Definition 2.4.2 um den Fall

$$F(\overset{\mathbf{t}}{\overset{|}{\circ}})(y(t_m)) = TF(\mathbf{t})(y(t_m)).$$

Es gibt nur einen Baum mit zwei Knoten, dessen elementares Differential T enthält, nämlich $\overset{|}{\circ}$ für das elementare Differential Tf. Für die Ordnung $p = 3$ sind es drei Bäume, $\overset{|}{\circ}$, $\overset{|}{\circ}$ und $\overset{|}{\circ}$ für $f'Tf$, $Tf'f$ und TTf. Für $p = 4$ sind es die folgenden neun:

$$f''(f,Tf) \quad Tf''(f,f) \quad f'^2Tf \quad f'Tf'f \quad Tf'^2f \quad Tf'Tf \quad f'T^2f \quad T^2f'f \quad T^3f$$

Mittels Rekursion können wir wie in Gleichung (2.4.10) schrittweise alle Bäume aufzählen

$$\mathbf{T}^* := \{.\} \cup \{[\mathbf{t}_1, \mathbf{t}_2, \ldots, \mathbf{t}_k] : \mathbf{t}_i \in \mathbf{T}^*\} \cup \{T\mathbf{t} : \mathbf{t} \in \mathbf{T}^*\}.$$

Für die Bäume bis zur Ordnung p schreiben wir $\mathbf{T}_p^* = \{\mathbf{t} \in \mathbf{T}^* : \rho(\mathbf{t}) \le p\}$, dabei ist $\rho(\mathbf{t})$ die Anzahl der Knoten von $\mathbf{t}$. Analog zur Definition 2.4.3 erklärt man Dichte $\gamma(\mathbf{t})$ und Symmetrie $\sigma(\mathbf{t})$ und beweist dann wie bei Satz 2.4.3 die folgende Aussage über die Entwicklung der numerischen Lösung.

Satz 8.7.1. *Sei $\widetilde{u}_{m+1}$ die numerische Lösung einer s-stufigen W-Methode für ein autonomes Differentialgleichungssystem zu exaktem Anfangswert, d. h.*

$$\widetilde{u}_{m+1} = y(t_m) + \sum_{i=1}^{s} hb_i k_i,$$

$$k_i = f(y(t_m) + \sum_{i=1}^{i-1} \alpha_{ij} hk_j) + T\sum_{j=1}^{i} \gamma_{ij} hk_j, \quad i = 1, 2, \ldots, s.$$

Dann gelten die Entwicklungen

$$\widetilde{u}_{m+1} = y(t_m) + \sum_{\mathbf{t} \in \mathbf{T}_p^*} \sum_{i=1}^{s} b_i \Phi_i^*(t) \frac{h^{\rho(\mathbf{t})}}{\sigma(\mathbf{t})} F(\mathbf{t})(y(t_m)) + \mathcal{O}(h^{p+1}), \tag{8.7.4}$$

$$hk_i = \sum_{\mathbf{t} \in \mathbf{T}_p^*} \sum_{j=1}^{i} \gamma_{ij} \Phi_j^*(t) \frac{h^{\rho(\mathbf{t})}}{\sigma(\mathbf{t})} F(\mathbf{t})(y(t_m)) + \mathcal{O}(h^{p+1}), \ i = 1, 2, \ldots, s, \tag{8.7.5}$$

wobei das elementare Gewicht Φ_i^* rekursiv durch

$$\Phi_i^*(.) = 1,$$

$$\Phi_i^*(T\mathbf{t}) = \sum_{j=1}^{i} \gamma_{ij} \Phi_j^*(\mathbf{t}),$$

$$\Phi_i^*([\mathbf{t}_1, \mathbf{t}_2, \ldots, \mathbf{t}_k]) = \sum_{j=1}^{i-1} \alpha_{ij} \Phi_j^*(\mathbf{t}_1) \Phi_j^*(\mathbf{t}_2) \cdots \Phi_j^*(\mathbf{t}_k)$$

definiert ist. □

Vergleicht man die Entwicklung der numerischen Lösung mit der analytischen Lösung (2.4.13), so erhält man analog zu Satz 2.4.4 die Ordnungsbedingungen. Der einzige Unterschied sind Terme für Bäume aus $\mathbf{T}_p^* \setminus \mathbf{T}_p$. Da die analytische Lösung nicht von T abhängt, müssen die entsprechenden Koeffizienten vor den dazugehörigen elementaren Differentialen auch in der numerischen Lösung verschwinden.

Satz 8.7.2. *Eine W-Methode mit beliebiger Matrix T hat für eine autonome Differentialgleichung die Ordnung p, falls*

$$\sum_{i=1}^{s} b_i \Phi_i^*(\mathbf{t}) = \begin{cases} \frac{1}{\gamma(\mathbf{t})} & \text{für } \mathbf{t} \in \mathbf{T}_p, \\ 0 & \text{für } \mathbf{t} \in \mathbf{T}_p^* \setminus \mathbf{T}_p \end{cases}$$

gilt. □

Im Folgenden verwenden wir die Abkürzungen

$$\beta_{ij} = \alpha_{ij} + \gamma_{ij}, \quad \beta_i = \sum_{j=1}^{i-1} \beta_{ij}, \quad c_i = \sum_{j=1}^{i-1} \alpha_{ij}. \tag{8.7.6}$$

Beispiel 8.7.2. Nach Satz 8.7.2 lautet die Ordnungsbedingung für den Baum zum elementaren Differential $Tf'f$ der Ordnung 3

$$0 = \sum_{i=1}^{s} b_i \Phi_i^*(\mathbf{t}) = \sum_{i=1}^{s} b_i \sum_{j=1}^{i} \gamma_{ij} \Phi_j^*(\mathbf{t}) = \sum_{i=1}^{s} b_i \sum_{j=1}^{i} \gamma_{ij} \sum_{l=1}^{j-1} \alpha_{jl}.$$

Mit (8.7.6) ersetzen wir γ_{ij} und $\sum_{l=1}^{j-1} \alpha_{jl}$ und erhalten mit $\gamma_{ii} = \gamma$

$$0 = \sum_{i=1}^{s} b_i \Phi_i^*(\mathbf{t}) = \sum_{i=1}^{s} b_i \left(\sum_{j=1}^{i-1} (\beta_{ij} - \alpha_{ij}) c_j + \gamma c_i \right)$$

und schließlich

$$\sum_{i=1}^{s} b_i \sum_{j=1}^{i-1} \beta_{ij} c_j = \sum_{i=1}^{s} b_i \sum_{j=1}^{i-1} \alpha_{ij} c_j - \gamma \sum_{i=1}^{s} b_i c_i. \qquad (8.7.7)$$

Setzen wir $p \geq 2$ voraus, so gilt $\sum_{i=1}^{s} \Phi_i^*(\textbf{!}) = \sum_i b_i c_i = \frac{1}{2}$. Der andere Summand in (8.7.7) entsteht auch in der Ordnungsbedingung

$$0 = \sum_{i,j} b_i \alpha_{ij} c_j - \frac{1}{6} \qquad (8.7.8)$$

für den Baum $\textbf{!}$ zum elementaren Differential $f'f'f$. Betrachtet man nun die Differenz von (8.7.7) und (8.7.8), so erhält man die Bedingung dafür, dass in der numerischen Lösung der Koeffizient vor dem Term $(T - f')f'f$ verschwindet. Sie lautet

$$\sum_{i,j} b_i \beta_{ij} c_j = \frac{1}{6} - \frac{\gamma}{2}. \qquad \square$$

Wir geben in Tabelle 8.7.1 die Ordnungsbedingungen einer W-Methode bis zur Ordnung $p = 4$ an. Um daraus unmittelbar die Bedingungen für spezielle Matrizen T abzulesen, sind dabei die elementaren Differentiale wie in Beispiel 8.7.2 angeordnet. In Kaps/Ostermann [172] sind die Ordnungsbedingungen bis zur Ordnung $p = 5$, das sind bereits 58 Bedingungen, angegeben. Tabelle 8.7.2 zeigt, wie die Anzahl der Ordnungsbedingungen mit p wächst.

Die Anwendung einer W-Methode auf ein nichtautonomes System (1.1.2) ist äquivalent mit der Anwendung der Methode mit der Matrix

$$\widetilde{T} = \begin{pmatrix} T & 0 \\ 0 & 0 \end{pmatrix} \qquad (8.7.9)$$

auf das in autonome Form (1.1.4) gebrachte System (Aufgabe 8). Die Ordnungsbedingungen für eine beliebige Matrix T für autonome Systeme garantieren dann die entsprechende Ordnung auch für nichtautonome Systeme.

Aus den Differentialen in Tabelle 8.7.1 ist ersichtlich, dass für die spezielle Wahl $T = f_y(u_m)$ bzw. $T = f_y(u_m) + \mathcal{O}(h)$ zahlreiche Ordnungsbedingungen entfallen bzw. erst für eine höhere Konsistenzordnung relevant werden. Dabei ist $T = f_y(u_m) + \mathcal{O}(h)$ charakteristisch für den Fall, dass die Jacobi-Matrix über mehrere Integrationsschritte bei der Implementierung konstant gehalten wird. Tabelle 8.7.3 gibt für diese Fälle die verbleibenden Ordnungsbedingungen an. Die maximale Konsistenzordnung einer s-stufigen W-Methode für beliebiges T kann offensichtlich die Ordnung des zugeordneten expliziten RK-Verfahrens ($T = 0$) nicht

p	Nr.	Differential	Ordnungsbedingungen	
1	1	f	$\sum b_i$	$= 1$
2	2	$(f' - T)f$	$\sum b_i c_i$	$= \frac{1}{2}$
	3	Tf	$\sum b_i \beta_i$	$= \frac{1}{2} - \gamma$
3	4	$f''(f, f)$	$\sum b_i c_i^2$	$= \frac{1}{3}$
	5	$(f' - T)(f' - T)f$	$\sum b_i \alpha_{ij} c_j$	$= \frac{1}{6}$
	6	$(f' - T)Tf$	$\sum b_i \alpha_{ij} \beta_j$	$= \frac{1}{6} - \frac{\gamma}{2}$
	7	$T(f' - T)f$	$\sum b_i \beta_{ij} c_j$	$= \frac{1}{6} - \frac{\gamma}{2}$
	8	TTf	$\sum b_i \beta_{ij} \beta_j$	$= \frac{1}{6} - \gamma + \gamma^2$
4	9	$f'''(f, f, f)$	$\sum b_i c_i^3$	$= \frac{1}{4}$
	10	$f''((f' - T)f, f)$	$\sum b_i c_i \alpha_{ij} c_j$	$= \frac{1}{8}$
	11	$f''(Tf, f)$	$\sum b_i c_i \alpha_{ij} \beta_j$	$= \frac{1}{8} - \frac{\gamma}{3}$
	12	$(f' - T)f''(f, f)$	$\sum b_i \alpha_{ij} c_j^2$	$= \frac{1}{12}$
	13	$Tf''(f, f)$	$\sum b_i \beta_{ij} c_j^2$	$= \frac{1}{12} - \frac{\gamma}{3}$
	14	$(f' - T)(f' - T)(f' - T)f$	$\sum b_i \alpha_{ij} \alpha_{jk} c_k$	$= \frac{1}{24}$
	15	$(f' - T)(f' - T)Tf$	$\sum b_i \alpha_{ij} \alpha_{jk} \beta_k$	$= \frac{1}{24} - \frac{\gamma}{6}$
	16	$(f' - T)T(f' - T)f$	$\sum b_i \alpha_{ij} \beta_{jk} c_k$	$= \frac{1}{24} - \frac{\gamma}{6}$
	17	$(f' - T)TTf$	$\sum b_i \alpha_{ij} \beta_{jk} \beta_k$	$= \frac{1}{24} - \frac{\gamma}{3} + \frac{\gamma^2}{2}$
	18	$T(f' - T)(f' - T)f$	$\sum b_i \beta_{ij} \alpha_{jk} c_k$	$= \frac{1}{24} - \frac{\gamma}{6}$
	19	$T(f' - T)Tf$	$\sum b_i \beta_{ij} \alpha_{jk} \beta_k$	$= \frac{1}{24} - \frac{\gamma}{3} + \frac{\gamma^2}{2}$
	20	$TT(f' - T)f$	$\sum b_i \beta_{ij} \beta_{jk} c_k$	$= \frac{1}{24} - \frac{\gamma}{3} + \frac{\gamma^2}{2}$
	21	$TTTf$	$\sum b_i \beta_{ij} \beta_{jk} \beta_k$	$= \frac{1}{24} - \frac{\gamma}{2} + \frac{3\gamma^2}{2} - \gamma^3$

Tabelle 8.7.1: Differentiale und Ordnungsbedingungen für W-Methoden

übersteigen. Für ROW-Methoden sind höhere Ordnungen möglich. Da die Stabilitätsfunktion einer ROW-Methode aber die Form (8.2.15) besitzt (vgl. (8.7.12)), ist analog zu Satz 8.2.10 die maximale Konsistenzordnung p^* einer s-stufigen

p	1	2	3	4	5	6	7	8	9	10	11	12
N_p	1	3	8	21	58	166	498	1540	4900	15919	52641	176516

Tabelle 8.7.2: Anzahl der Bedingungsgleichungen N_p für W-Methoden der Ordnung p

p	$T = f_y(u_m) + \mathcal{O}(h)$	$T = f_y(u_m)$ ROW-Methoden
1	1	1
2	3	3
3	$2, 4, 8$	$4, 8$
4	$6, 7, 9, 11, 13, 21$	$9, 11, 13, 21$

Tabelle 8.7.3: In Tabelle 8.7.1 verbleibende Ordnungsbedingungen für spezielle Wahl von T und autonome Systeme

ROW-Methode eingeschränkt durch $p^* \leq s + 1$. Genauer gilt [175]

s	1	2	3	4
p^*	2	3	4	4

Beispiel 8.7.3. Die 2-stufige W-Methode

$$(I - h\gamma T)k_1 = f(t_m, u_m)$$
$$(I - h\gamma T)k_2 = f(t_m + \alpha_{21}h, u_m + h\alpha_{21}k_1) - 2\alpha_{21}\gamma hTk_1 \qquad (8.7.10)$$
$$u_{m+1} = u_m + h[(1 - \frac{1}{2\alpha_{21}})k_1 + \frac{1}{2\alpha_{21}}k_2]$$

besitzt für $\alpha_{21} \neq 0$ die Konsistenzordnung $p = 2$. Für autonome Systeme, $T = f_y(u_m) + \mathcal{O}(h)$, $\alpha_{21} = \frac{2}{3}$ und $\gamma = \frac{1}{2} + \frac{\sqrt{3}}{6}$ ist die Ordnung 3. $\quad\square$

Beispiel 8.7.4. ROW-Methode GRK4T (Kaps/Rentrop [174]), $s = p = 4$.

$$\alpha_{21} = 0.462, \qquad \alpha_{31} = -0.0815668168327, \quad \alpha_{32} = 0.961775150166$$
$$\alpha_{41} = \alpha_{31}, \qquad \alpha_{42} = \alpha_{32}, \qquad \alpha_{43} = 0$$
$$\gamma_{21} = -0.270629667752, \quad \gamma_{31} = 0.311254483294, \quad \gamma_{32} = 0.00852445628482$$
$$\gamma_{41} = 0.282816832044, \quad \gamma_{42} = -0.457959483281, \quad \gamma_{43} = -0.111208333333$$
$$b_1 = 0.217487371653, \qquad b_2 = 0.486229037990, \qquad b_3 = 0$$
$$b_4 = 0.296283590357, \qquad \gamma = 0.231.$$

Durch die spezielle Wahl der α_{4i} werden nur 3 Funktionsaufrufe benötigt. Weiterhin kann mit Hilfe von

$$\widetilde{b}_1 = -0.717088504499, \quad \widetilde{b}_2 = 1.77617912176, \quad \widetilde{b}_3 = -0.0590906172617$$

eine Näherungslösung 3. Ordnung berechnet werden, die eine Schrittweitensteuerung mit Hilfe von Einbettung erlaubt. Der Algorithmus GRK4T liefert bei steifen Systemen sehr gute numerische Ergebnisse.   □

ROW-Methoden höherer Ordnung werden von Kaps und Wanner in [175] untersucht.

8.7.3 Stabilität

Wir untersuchen jetzt die A-Stabilität von W- und ROW-Methoden. Bei Anwendung auf (8.2.1) liefern die Methoden mit $T = \lambda$, $z = h\lambda$

$$(1 - \gamma z)k_i = \lambda u_m + z \sum_{j=1}^{i-1} \alpha_{ij} k_j + z \sum_{j=1}^{i-1} \gamma_{ij} k_j.$$

Mit den Bezeichnungen

$$\alpha = \begin{pmatrix} 0 \\ \alpha_{21} & 0 \\ \alpha_{31} & \alpha_{32} & 0 \\ \vdots & & \ddots \\ \alpha_{s1} & \alpha_{s2} & \cdots & \alpha_{s,s-1} & 0 \end{pmatrix}, \quad \Gamma = \begin{pmatrix} 0 \\ \gamma_{21} & 0 \\ \gamma_{31} & \gamma_{32} & 0 \\ \vdots & & \ddots \\ \gamma_{s1} & \gamma_{s2} & \cdots & \gamma_{s,s-1} & 0 \end{pmatrix} \quad (8.7.11)$$

$$\beta = \alpha + \Gamma, \quad b^\top = (b_1, \dots, b_s)$$

folgt

$$\begin{pmatrix} k_1 \\ \vdots \\ k_s \end{pmatrix} = \lambda \big((1 - \gamma z)I - z\beta \big)^{-1} \mathbb{1} u_m$$

und damit

$$u_{m+1} = \left(1 + \frac{z}{1 - \gamma z} b^\top \left(I - \frac{z}{1 - \gamma z} \beta \right)^{-1} \mathbb{1} \right) u_m.$$

Wegen $\beta^s = 0$ besitzen ROW- und W-Methoden daher die Stabilitätsfunktion

$$R_0(z) = 1 + \sum_{j=1}^{s} b^\top \beta^{j-1} \mathbb{1} \left(\frac{z}{1 - \gamma z} \right)^j. \tag{8.7.12}$$

Damit gilt

Satz 8.7.3. *Die Stabilitätsfunktion einer W- oder ROW-Methode stimmt mit der einer SDIRK-Methode (8.2.14) mit $\beta = \widehat{A}$ überein.* $\square$

Für Methoden der Konsistenzordnung $p \geq s$ ist die Stabilitätsfunktion eindeutig durch den Parameter γ festgelegt und durch (8.2.17) gegeben. Die Stabilitätseigenschaften lassen sich für diese Verfahren daher unmittelbar aus Tabelle 8.2.2 ablesen, es existieren A- und L-stabile Verfahren.

Wegen ihrer linearen Struktur können W- und ROW-Methoden nicht B-stabil sein. Damit können sie für allgemeine nichtlineare Probleme aus der Klasse $\mathcal{F}_\nu$ (8.4.2) nicht B-konvergent sein. Man untersucht daher die Anwendung von LIRK-Verfahren auf Probleme, wo die Steifheit durch einen konstanten linearen Anteil hervorgerufen wird. Mit solchen Problemen, (11.1.1) mit den Bedingungen (11.1.8) und (11.1.10), werden wir uns ausführlich in Kapitel 11 befassen. Es zeigt sich, dass ROW- und W-Methoden als spezielle adaptive Runge-Kutta-Verfahren geschrieben werden können. Damit lassen sich die entsprechenden Aussagen zur B-Konsistenz direkt übertragen, siehe dazu Abschnitt 11.6.

8.7.4 Bemerkungen zur Implementierung

W- und ROW-Methoden (8.7.2) erfordern in jedem Integrationsschritt die Lösung s linearer Gleichungssysteme mit ein und derselben Koeffizientenmatrix. Dies erfordert eine LR-Faktorisierung und s Rücksubstitutionen. Eine Ausnutzung spezieller Struktur der Jacobi-Matrix (Bandmatrix, schwach besetzte Matrix) bereitet keine Schwierigkeiten. Für hinreichend kleine Schrittweiten h sind die linearen Gleichungssysteme stets eindeutig lösbar, da $I - h\gamma T$ regulär ist. Bei dissipativen Differentialgleichungen mit $\nu \leq 0$ ist $I - h\gamma T$ für $\gamma > 0$ für alle Schrittweiten regulär, vgl. (7.2.7).

Die Jacobi-Matrix wird i. Allg. durch finite Differenzen berechnet. Bei W-Methoden kann die Jacobi-Matrix mehrere Integrationsschritte konstant gehalten werden.

Zur Vermeidung der Matrix-Vektor-Multiplikationen werden die linearen Gleichungssysteme (8.7.2) in folgender äquivalenter Form geschrieben:

$$(I - h\gamma T)(k_i + \sum_{j=1}^{i-1} \frac{\gamma_{ij}}{\gamma} k_j) = f(t_m + c_i h, u_m + h \sum_{j=1}^{i-1} \alpha_{ij} k_j) + \sum_{j=1}^{i-1} \frac{\gamma_{ij}}{\gamma} k_j. \tag{8.7.13}$$

Für ROW-Methoden kommt bei nichtautonomen Systemen noch $hd_i f_t(t_m, u_m)$ hinzu, vgl. (8.7.3). Die Methoden lassen sich auch unmittelbar auf Systeme

$$My' = f(t, y), \quad M \text{ eine konstante, reguläre Matrix,}$$

übertragen. Die linearen Gleichungssysteme haben dann die Form

$$(M - h\gamma T)(k_i + \sum_{j=1}^{i-1} \frac{\gamma_{ij}}{\gamma} k_j) = f(t_m + c_i h, u_m + h \sum_{j=1}^{i-1} \alpha_{ij} k_j) + M \sum_{j=1}^{i-1} \frac{\gamma_{ij}}{\gamma} k_j,$$

die explizite Berechnung von M^{-1} ist also nicht erforderlich.

Für die Fehlerschätzung und Schrittweitensteuerung werden Einbettung und Richardson-Extrapolation verwendet. Bei Verwendung von Richardson-Extrapolation werden für W-Methoden für den zweiten Schritt mit $\frac{h}{2}$ keine neue Jacobi-Matrix und keine neue LR-Zerlegung berechnet.

ROW-Methoden sind wegen ihrer einfachen Struktur und guten Stabilitätseigenschaften für steife Systeme sehr gut geeignet, insbesondere bei geringen bis mittleren Genauigkeitsforderungen. Ein sehr effizienter Code ist RODAS [143]. Er basiert auf einer eingebetteten 6-stufigen ROW-Methode der Ordnung 4(3). Diese Methode erfüllt zusätzlich die Bedingung

$$c_s = 1, \quad b_s = \gamma, \quad b_j = \beta_{sj}, \quad j = 1, \ldots, s - 1,$$

sie ist *steif genau*, vgl. Bemerkung 8.2.3. Eine Erweiterung von RODAS, die spezielle günstige Eigenschaften für lineare parabolische Probleme besitzt, ist RODASP von Steinebach [263]. Diese Verfahren eignen sich auch sehr gut für semi-explizite differential-algebraische Gleichungen, vgl. Abschnitt 14.2.2.

In MATLAB ist im Code ode23s das Verfahren (8.7.10) mit $\alpha_{21} = 1/2$ und $\gamma = 1 - \sqrt{2}/2$ implementiert. Durch die Wahl von γ ist es L-stabil. Es besitzt die Konsistenzordnung $p = 2$ unabhängig von der Wahl von T. Die Fehlerschätzung geschieht durch Hinzunahme einer weiteren Stufe k_3, die mit

$$\alpha_{31} = 0, \quad \alpha_{32} = 1, \quad \gamma_{31} = 3 - \sqrt{2}, \quad \gamma_{32} = -5 + 2\sqrt{2}$$

berechnet wird. Eine Näherungslösung 3. Ordnung wird dann durch

$$\widehat{u}_{m+1} = u_m + \frac{h}{6}(k_1 + 4k_2 + k_3)$$

bestimmt. Die Berechnung der Lösung 3. Ordnung ist nicht aufwendig, da das Verfahren wegen

$$f(t_m + h, u_m + hk_2) = f(t_m + h, u_{m+1})$$

die FSAL-Eigenschaft besitzt, so dass im Fall der Annahme des Schrittes dieser Wert sowieso berechnet wird. Die Weiterrechnung in ode23s erfolgt mit dem Verfahren 2. Ordnung.

8.7.5 Partitionierte Verfahren

Wegen ihres beschränkten Stabilitätsgebietes und der damit verbundenen Schritt-weiteneinschränkung $hL \leq C$ sind nichtsteife Integratoren (explizite RK-Verfah-ren, Adams-Verfahren) zur Lösung steifer Systeme nicht geeignet. Steife Integra-toren erlauben für diese Probleme eine wesentlich größere Schrittweite, die den höheren Aufwand in einem Integrationsschritt (Berechnung der Jacobi-Matrix, Lösung nichtlinearer bzw. linearer Gleichungssysteme) mehr als kompensiert. Wendet man dagegen ein steifes Verfahren zur Lösung eines nichtsteifen Problems an, so entfällt der Vorteil der größeren Schrittweite, da diese jetzt durch die Ge-nauigkeitsforderung bestimmt wird. Ein steifes Verfahren ist daher für nichtsteife Systeme wesentlich aufwendiger als ein nichtsteifes, die Relation verschlechtert sich mit wachsender Dimension n.

Ist nur ein Teil der Komponenten eines Differentialgleichungssystems steif, so ist es sinnvoll, nur diese mit einem impliziten oder linear-impliziten Verfahren zu lösen, da sich dadurch die Dimension der Gleichungssysteme auf die Anzahl der steifen Komponenten reduziert. Dieses Vorgehen bezeichnet man als Partitionie-rung des Differentialgleichungssystems, die Verfahren als *partitionierte Verfahren*. Die Anzahl der Komponenten, die als steif angesehen werden müssen, ist abhängig vom verwendeten Verfahren, von der vorgegebenen Toleranz und vom Lösungs-verlauf. Eine *automatische Partitionierung* ist daher sehr schwierig, Möglichkeiten dazu findet man in [286]. Wir betrachten hier zwei Spezialfälle:

1. *Automatische Steifheitserkennung* für das Gesamtsystem. Es wird für jeden Integrationsschritt entschieden, ob das Gesamtsystem steif ist, und entspre-chend wird ein steifes oder nichtsteifes Verfahren ausgewählt.

2. *Feste, komponentenweise Partitionierung*. Hier werden die steifen Kompo-nenten als bekannt vorausgesetzt, d. h., das System besteht aus miteinan-der gekoppelten steifen und nichtsteifen Teilsystemen. Zur Lösung dieser Probleme werden Verfahren mit fester Partitionierung verwendet, die diese Struktur effektiv ausnutzen.

Bei vielen Problemen aus der Praxis kann aus Erfahrung eingeschätzt werden, ob ein steifes oder nichtsteifes Differentialgleichungssystem vorliegt. Mitunter ist die richtige Einordnung des Problems aber schwierig, zumal der Charakter des Systems sich in Abhängigkeit von Parametern und Anfangswerten sehr stark ändern kann.

Beispiel 8.7.5. Zur Illustration betrachten wir folgendes System [244], [224]:

$$y_1' = 100(y_3 - y_1)y_1/y_2, \qquad\qquad y_1(0) = 1$$
$$y_2' = -100(y_3 - y_1), \qquad\qquad y_2(0) = 1$$
$$y_3' = (0.9 - 1000(y_3 - y_5) - 100(y_3 - y_1)y_3)/y_4, \quad y_3(0) = 1 \qquad (8.7.14)$$
$$y_4' = 100(y_3 - y_1), \qquad\qquad y_4(0) = -10$$
$$y_5' = 100(y_3 - y_5), \qquad\qquad y_5(0) = \ldots$$

im Intervall $t \in [0, 1]$.

Wir lösen dieses Anfangswertproblem für zwei verschiedene Werte von $y_5(0)$ mit den für nichtsteife bzw. steife Systeme geeigneten MATLAB-Codes ode45 bzw. ode23s. Tabelle 8.7.4 enthält die Anzahl der jeweils benötigten Schritte (steps), Funktionsaufrufe (nfcn) und den Fehler im Endpunkt (err) für verschiedene Toleranzen $atol = rtol = tol$. Für $y_5(0) = 0.995$ ist das Beispiel nichtsteif. Wegen der

Verf.	tol	$y_5(0) = 0.995$			$y_5(0) = 0.99$		
		steps	nfcn	err	steps	nfcn	err
ode45	10^{-4}	26	181	7.6e-5	26369	163513	5.7e-3
	10^{-6}	54	343	4.1e-7	26749	170785	1.0e-5
	10^{-8}	123	757	3.3e-9	26887	171625	2.6e-8
ode23s	10^{-4}	49	395	4.3e-4	68	547	3.1e-2
	10^{-6}	225	1803	2.2e-5	310	2483	1.4e-3
	10^{-8}	1039	8315	1.0e-6	1436	11491	6.8e-5

Tabelle 8.7.4: Numerische Ergebnisse für ode45 und ode23s für (8.7.14) für verschiedene Werte von $y_5(0)$

geringeren Ordnung benötigt ode23s mehr Schritte als ode45. Für $y_5(0) = 0.99$ wächst der Aufwand des expliziten Verfahrens ode45 sprunghaft an. Die Ursache liegt in der Steifheit des Systems:

Berechnet man den betragsmäßig größten Eigenwert der Jacobi-Matrix entlang der numerischen Lösung, so zeigt sich, dass dieser sich für $y_5(0) = 0.99$ von -100 bis $-1.1 \cdot 10^6$ ändert. Die Norm der Jacobi-Matrix und damit die Lipschitz-Konstante L werden sehr groß, das System wird steif. Das explizite Verfahren ist zu einer starken Einschränkung der Schrittweite gezwungen, was den hohen Aufwand hervorruft. Charakteristisch für die Anwendung eines nichtsteifen Integrators auf ein steifes System ist die relative Unabhängigkeit der Schrittzahl von der Toleranz, vgl. Tabelle 8.7.4. Im Gegensatz dazu wächst bei ode23s die Anzahl der Schritte mit schärferen Genauigkeitsforderungen.   □

Dieses Beispiel zeigt, wie empfindlich der Charakter des Systems von gewissen Parametern abhängen, und wie unsicher demzufolge eine nur auf Erfahrung basierende Einteilung steif – nichtsteif sein kann. Daher ist die Konstruktion von Algorithmen wünschenswert, die aus Verfahren für steife und nichtsteife Systeme bestehen und automatisch das entsprechende Verfahren auswählen. Es bietet sich hierbei eine Kopplung von expliziten und impliziten bzw. linear-impliziten RK-Verfahren an. In den Intervallen, in denen das System nichtsteif ist, wird ein „billiges" explizites Verfahren verwendet. Sobald die Schrittweite durch Stabilitätsforderungen eingeschränkt ist, wird ein implizites oder linear-implizites Verfahren benutzt. Im Laufe der Rechnung kann wiederholt zwischen den Verfahren umgeschaltet werden.

Ein geeignetes Umschaltkriterium ist der Test

$$hL \leq C, \tag{8.7.15}$$

wobei C eine vom konkreten expliziten Verfahren abhängige Konstante ist. Für die Testgleichung $y' = \lambda y$ kann man C als Radius eines Halbkreises interpretieren, der das Stabilitätsgebiet für $\mathrm{Re}\, z \leq 0$ approximiert.

Der Test (8.7.15) erfordert eine Schätzung der Lipschitz-Konstante L. Wird das steife Verfahren verwendet, so ist eine Approximation an die aktuelle Jacobi-Matrix vorhanden, die Lipschitz-Konstante kann durch die Norm dieser Approximation angenähert werden. Schwieriger ist es, wenn mit dem nichtsteifen Verfahren gerechnet wird. Es gibt hier verschiedene Möglichkeiten, die Lipschitz-Konstante zu schätzen. Speziell für autonome Systeme kann man bereits vom Verfahren berechnete Zwischenwerte ausnutzen, um untere Schranken für L zu bekommen [51]:

$$L \geq \frac{\|f(u_{m+1}^{(i)}) - f(u_{m+1}^{(j)})\|}{\|u_{m+1}^{(i)} - u_{m+1}^{(j)}\|}.$$

Eine sehr zuverlässige, aber auch etwas aufwendigere Methode besteht darin, auch bei expliziter Rechnung von Zeit zu Zeit die Jacobi-Matrix zu berechnen und für (8.7.15) wieder die Norm der Jacobi-Matrix zu verwenden. Der Test (8.7.15) kann vor jedem Integrationsschritt mit der neu vorgeschlagenen Schrittweite durchgeführt werden, während dabei die Jacobi-Matrix bei expliziter Rechnung nur von Zeit zu Zeit neu berechnet werden muss. Diese Art der automatischen Verfahrenswahl findet man in [35].

Eine andere Form der Partitionierung ist die feste, komponentenweise Partitionierung. Steife Systeme aus praktischen Anwendungen bestehen mitunter aus miteinander gekoppelten Teilsystemen, von denen einige steif, andere aber nichtsteif sein können. Wir betrachten hier die Kopplung eines steifen und eines nichtsteifen Teilsystems:

$$
\begin{aligned}
u'(t) &= g(t, u, v), \quad u(t_0) = u_0 \\
v'(t) &= f(t, u, v), \quad v(t_0) = v_0.
\end{aligned}
\tag{8.7.16}
$$

Hierbei bezeichnet $u(t) \in \mathbb{R}^N$ den Vektor der steifen und $v(t) \in \mathbb{R}^{n-N}$ den Vektor der nichtsteifen Komponenten, d. h. (bei $t_e - t_0$ von moderater Größe)

$$
\|g_u\| \gg \|(f_u, f_v)\|.
$$

Die Größe von $\|g_v\|$ beschreibt die Stärke der Kopplung zwischen beiden Teilsystemen. Eine solche Partitionierung in steife und nichtsteife Teilsysteme ist häufig aus Kenntnissen über den durch das Anfangswertproblem beschriebenen realen Prozess möglich, ein wichtiger Spezialfall sind singulär gestörte Systeme, vgl. Abschnitt 13.4.3.

Wegen $\|g_u\| \gg 1$ ist die Anwendung eines Verfahrens mit unbeschränktem Stabilitätsgebiet erforderlich. Ist andererseits $N \ll n$, so erfordert die effiziente numerische Lösung die Ausnutzung der speziellen Struktur von (8.7.16), es sollen nur Gleichungssysteme der Dimension N gelöst werden. Es ist naheliegend, in den Verfahren anstelle der vollen Jacobi-Matrix nur die Jacobi-Matrix g_u des steifen Teilsystems zu verwenden:

$$
T = \begin{pmatrix} T_1 & 0 \\ 0 & 0 \end{pmatrix}.
\tag{8.7.17}
$$

Dabei ist T_1 eine Approximation an $g_u(t_m, u_m, v_m)$. Zum Beispiel lautet die Iterationsvorschrift für das implizite Euler-Verfahren bei vereinfachter Newton-Iteration dann

$$
\begin{pmatrix} I - hT_1 & 0 \\ 0 & I \end{pmatrix}
\begin{pmatrix} u_{m+1}^{(l+1)} - u_{m+1}^{(l)} \\ v_{m+1}^{(l+1)} - v_{m+1}^{(l)} \end{pmatrix}
=
\begin{pmatrix} u_m - u_{m+1}^{(l)} + hg(t_{m+1}, u_{m+1}^{(l)}, v_{m+1}^{(l)}) \\ v_m - v_{m+1}^{(l)} + hf(t_{m+1}, u_{m+1}^{(l)}, v_{m+1}^{(l)}) \end{pmatrix}.
$$

Es werden folglich (auch bei mehrstufigen Verfahren) die nichtsteifen Komponenten durch billige Funktionaliteration bestimmt, für die steifen Komponenten ist die Lösung von Gleichungssystemen der Dimension N erforderlich. Diese Art der Partitionierung hat keinen Einfluss auf die Konsistenzordnung und die Stabilität der Verfahren, sie beeinflusst lediglich die Konvergenzgeschwindigkeit der Newton-Iteration.

Für partitionierte linear-implizite Runge-Kutta-Verfahren bieten sich W-Methoden (oder auch adaptive RK-Verfahren, s. Abschnitt 11.6) an. Im Gegensatz zu ROW-Methoden ist hier die Konsistenzordnung unabhängig von T, es gilt damit

Satz 8.7.4. *Partitionierte W-Methoden und partitionierte adaptive RK-Verfahren haben die gleiche Konsistenzordnung wie die zugehörigen Grundverfahren.* $\square$

Eine partitionierte W-Methode für (8.7.16) hat mit (8.7.17) die Gestalt

$$(I - h\gamma T_1)k_i = g(t_m + c_i h, u_m + h\sum_{j=1}^{i-1}\alpha_{ij}k_j, v_m + h\sum_{j=1}^{i-1}\alpha_{ij}l_j) + hT_1\sum_{j=1}^{i-1}\gamma_{ij}k_j$$

$$l_i = f(t_m + c_i h, u_m + h\sum_{j=1}^{i-1}\alpha_{ij}k_j, v_m + h\sum_{j=1}^{i-1}\alpha_{ij}l_j) \qquad (8.7.18)$$

$$u_{m+1} = u_m + h\sum_{i=1}^{s}b_i k_i, \quad v_{m+1} = v_m + h\sum_{i=1}^{s}b_i l_i.$$

Solche Verfahren wurden erstmals von Rentrop [224] für autonome Systeme mit $T_1 = g_u(u_m, v_m)$ vorgeschlagen.

Bei ROW-Methoden entfällt mit (8.7.17) der Vorteil der exakten Jacobi-Matrix und damit die geringere Anzahl von Konsistenzbedingungen. Es ergeben sich auch mit der Wahl $T_1 = g_u(u_m, v_m)$ im Wesentlichen die gleichen Konsistenzbedingungen wie für W-Methoden, erst für $p = 4$ entfällt in Tabelle 8.7.1 Bedingung 19 (Aufgabe 9).

Das folgende Beispiel zeigt den Effekt der komponentenweisen Partitionierung in Abhängigkeit vom Verhältnis der Anzahl der steifen Komponenten zur Gesamtdimension.

Beispiel 8.7.6. Wir betrachten ein System von n Differentialgleichungen mit vollbesetzter Jacobi-Matrix, das auf einem von Watkins und Hansonsmith [285] vorgeschlagenen Modell zum Test partitionierter Methoden basiert:

$$y_i' = 1 - 0.1\sum_{j=1}^{n}y_j - 0.01y_{i+1}y_{i-1} + r_i y_i, \quad i = 1,\dots,n \qquad (8.7.19)$$

mit

$$y_0 = y_n, \quad y_{n+1} = y_1, \quad t_0 = 0, \quad t_e = 10, \quad y_i(0) = 10 \text{ für alle } i.$$

Durch Wahl der Parameter r_i können die steifen Komponenten festgelegt werden. Wir setzen

$$r_1 = -1000, \quad r_2 = -1800, \quad r_3 = -500, \quad r_4 = -1000,$$
$$r_i = 0.1, \quad i = 5,\dots,n.$$

Die ersten vier Komponenten bilden damit das steife Teilsystem, $N = 4$. Für die Gesamtanzahl der Komponenten betrachten wir $n = 20$ und $n = 100$. Wir erwarten, dass für $n = 100$ ein partitioniertes Verfahren effizienter sein wird als ein Verfahren mit voller Jacobi-Matrix. Wir wählen eine zweistufige W-Methode mit den Koeffizienten des Basisverfahrens von ode23s. Das in ode23s verwendete 3-stufige Verfahren besitzt aber nur für $T = f_y + \mathcal{O}(h)$ die Ordnung $p = 3$, so dass bei partitionierter Rechnung beide Verfahren die Ordnung $p = 2$ besitzen und die Schrittweitensteuerung nicht mehr zuverlässig funktioniert. Wir haben daher in den folgenden Rechnungen mit MATLAB zur Fehlerschätzung das eingebettete einstufige Verfahren der Ordnung $p = 1$ verwendet. Die Abbildung 8.7.1 zeigt die Rechenzeit für das partitionierte Verfahren mit $T_1 \in \mathbb{R}^{4,4}$ und das nicht-partitionierte Verfahren mit $T = f_y(u_m)$. Die Matrizen T_1 bzw. T wurden in jedem Integrationsschritt berechnet. Man erkennt, dass für $n = 20$ beide

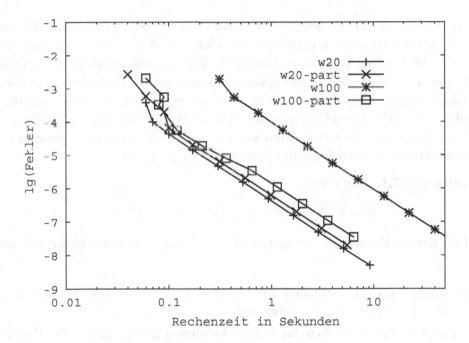

Abbildung 8.7.1: ode23s angewendet auf Beispiel (8.7.19) für Dimension 20 und 100 mit und ohne Partitionierung

Varianten annähernd gleiche Ergebnisse liefern. Für $n = 100$ zahlt sich beim partitionierten Verfahren die geringere Dimension der Jacobi-Matrix deutlich aus, die Rechenzeit ist etwa ein Zehntel der Zeit des nicht-partitionierten Verfahrens.
□

Aus Stabilitätsgründen sollte das linear-implizite Verfahren für das steife Teilsystem stark A-stabil sein. Stabilitätsuntersuchungen für partitionierte Verfahren sind kompliziert. Eine mögliche Testgleichung ist

$$u' = \mu u + a v$$
$$v' = b u + \varkappa v, \quad a, b, \mu, \varkappa \in \mathbb{R} \tag{8.7.20}$$

mit

$$\mu \ll \varkappa < 0, \quad ab < \mu \varkappa.$$

Unter diesen Voraussetzungen ist das System nach Satz 7.1.1 asymptotisch stabil, wobei die erste Gleichung steif ist. Für Stabilitätsuntersuchungen partitionierter Verfahren bez. dieser Testgleichung verweisen wir auf [272].

8.7.6 Krylov-W-Methoden

Wir betrachten im Folgenden Krylov-W-Methoden, die speziell für steife Systeme sehr großer Dimension entwickelt wurden. Die Bezeichnung beruht darauf, dass hier die linearen Gleichungssysteme in den einzelnen Stufen des Verfahrens durch sog. *Krylov-Methoden* gelöst werden. Man approximiert die exakte Lösung der Gleichungssysteme durch eine Näherung aus einem Unterraum geringerer Dimension. Die Basis dieses Unterraumes wird dabei während des Lösungsprozesses sukzessiv berechnet. In diesem Sinn kann man die Verfahren auch als eine Form der automatischen Partitionierung interpretieren [58], [59].

Definition 8.7.1. Der Raum

$$\mathcal{K} = \mathcal{K}(A, \widehat{w}, \varkappa) = \text{span} \{\widehat{w}, A\widehat{w}, \dots, A^{\varkappa-1}\widehat{w}\}$$

wird als Krylov-Unterraum zur Matrix $A \in \mathbb{R}^{n,n}$ und zum Startvektor $\widehat{w}$ bezeichnet. □

In den folgenden Untersuchungen ist stets $A = f_y(t_m, u_m)$, außerdem werden wir immer die Euklidische Norm verwenden.

Die Produkte $A^l \widehat{w}$ verstärken die in $\widehat{w}$ vorhandenen Komponenten der Eigenvektoren von A zu den betragsgrößten Eigenwerten (Potenz-Methode). Daher kann man erwarten, dass $\mathcal{K}$ eine gute Approximation an den dominanten Unterraum der Jacobi-Matrix liefert, so dass speziell die steifen Komponenten gut repräsentiert werden.

Mit Hilfe des *Arnoldi-Verfahrens* wird eine orthonormale Basis

$$\{q_1, q_2, \dots, q_\varkappa\}$$

in $\mathcal{K}(A, \widehat{w}, \varkappa)$ berechnet. Das geschieht durch Verbindung von Krylov-Schritten (Av) und dem *modifizierten Gram-Schmidt-Verfahren* zur Orthogonalisierung:

$$q_1 = \widehat{w}/\|\widehat{w}\|$$

$$\text{for } j = 1 : \varkappa - 1$$
$$v = Aq_j$$
$$\text{for } i = 1 : j$$
$$h_{ij} = q_i^\top v$$
$$v = v - h_{ij}q_i$$
$$\text{end}$$
$$h_{j+1,j} = \|v\|$$
$$q_{j+1} = v/h_{j+1,j}$$
$$\text{end}$$

Der Prozess kann abbrechen, wenn $h_{j+1,j} = 0$ gilt. In diesem Fall ist der Krylov-Unterraum invariant, d. h. $Ax \in \mathcal{K}$ für alle $x \in \mathcal{K}$.

Die Basisvektoren $q_1, \ldots, q_\varkappa$ bilden die Spalten der orthogonalen Matrix

$$Q = (q_1, \ldots, q_\varkappa) \in \mathbb{R}^{n,\varkappa}. \tag{8.7.21}$$

Die h_{ij} sind Elemente der Matrix

$$H = Q^\top A Q \in \mathbb{R}^{\varkappa,\varkappa}. \tag{8.7.22}$$

Wegen $q_i \perp q_j$, $j = 1, \ldots, i - 1$ und $Aq_j \in \text{span}\{q_1, \ldots, q_{j+1}\}$ gilt

$$h_{ij} = q_i^\top A q_j = 0 \quad \text{für} \quad j \le i - 2.$$

H besitzt also Hessenberg-Form, für eine symmetrische Matrix A besitzt H Tridiagonalgestalt. Wir wollen betonen, dass die explizite Berechnung der Jacobi-Matrix A nicht notwendig ist, die Vektoren Aq_j können durch die Differenz zweier Funktionsaufrufe approximiert werden. Diese Methoden werden daher auch als „Matrix-freie Methoden" bezeichnet.

Zur Beschreibung der *Krylov-W-Methoden* betrachten wir zur Vereinfachung autonome Systeme. Wir schauen uns das Prinzip am Beispiel der einstufigen ROW-Methode

$$(I - h\gamma A)k_1 = f(u_m) =: w \tag{8.7.23}$$
$$u_{m+1} = u_m + hk_1$$

an. Wir suchen die Lösung k_1 der Stufengleichung im Krylov-Unterraum, d. h. in der Form

$$k_1 = Ql, \quad l \in \mathbb{R}^\varkappa. \tag{8.7.24}$$

Bei der Methode der vollständigen Orthogonalisierung (engl. *full orthogonalization method*, FOM) [233] fordert man, dass das Residuum orthogonal zum Krylov-Unterraum ist (Petrov-Galerkin-Bedingung):

$$Q^\top((I - h\gamma A)Ql - w) = 0. \tag{8.7.25}$$

Mit $Q^\top Q = I$ folgt

$$(I - h\gamma H)l = Q^\top w$$

und damit

$$k_1 = Q(I - h\gamma H)^{-1}Q^\top w. \tag{8.7.26}$$

Das lineare Gleichungssystem der Dimension $\varkappa$ wird durch LR- oder QR-Zerlegung gelöst.

Die Genauigkeit der Lösung wird charakterisiert durch das Residuum

$$r = (I - h\gamma A)k_1 - w.$$

Wegen (8.7.25) ist das äquivalent zu

$$\begin{aligned}
r &= (I - QQ^\top)[(I - h\gamma A)k_1 - w] \\
&= -h\gamma(I - QQ^\top)Ak_1 - (I - QQ^\top)w \\
&= -h\gamma(I - QQ^\top)AQl - (I - QQ^\top)w.
\end{aligned}$$

Durch Umstellen erhält man aus dem Arnoldi-Schritt

$$v = q_{j+1}h_{j+1,j} = Aq_j - \sum_{i=1}^{j} q_i h_{ij}$$

die Beziehung

$$\sum_{i=1}^{j+1} q_i h_{ij} = Aq_j, \quad j = 1, \ldots, \varkappa$$

und somit

$$QH + h_{\varkappa+1,\varkappa}q_{\varkappa+1}e_\varkappa^\top = AQ. \tag{8.7.27}$$

Für das Residuum gilt deshalb

$$r = -h\gamma(I - QQ^\top)[QH + h_{\varkappa+1,\varkappa}q_{\varkappa+1}e_\varkappa^\top]l - (I - QQ^\top)w.$$

Mit $(I - QQ^\top)Q = 0$ und $q_{\varkappa+1}^\top q_l = 0$ für $l \le \varkappa$ ergibt sich

$$r = -h\gamma h_{\varkappa+1,\varkappa}q_{\varkappa+1}e_\varkappa^\top l - (I - QQ^\top)w.$$

Der Term $(I - QQ^\top)w$ in der Darstellung des Residuums ist für theoretische Untersuchungen störend. Er entfällt, wenn die rechte Seite w von (8.7.23) im Krylov-Unterraum liegt, d. h. wenn

$$(I - QQ^\top)w = 0. \tag{8.7.28}$$

Im Allgemeinen wird daher der Krylov-Unterraum mit dem Startwert

$$q_1 = w/\|w\|$$

aufgebaut. Das Residuum vereinfacht sich damit zu

$$r = -h\gamma h_{\varkappa+1,\varkappa} q_{\varkappa+1} e_\varkappa^\top l. \tag{8.7.29}$$

Mit Hilfe von (8.7.29) lässt sich das Residuum in jedem Schritt mit geringem Aufwand bestimmen. Dabei ist zu beachten, dass $h_{\varkappa+1,\varkappa}$ und der Vektor $q_{\varkappa+1}$ sowieso für den nächsten Arnoldi-Schritt benötigt werden. Weiterhin ist $e_\varkappa^\top l$ die letzte Komponente des Lösungsvektors $l \in \mathbb{R}^\varkappa$, die ohne wesentlichen Aufwand berechnet werden kann, wenn die Faktorisierung von $I - h\gamma H$ aufdatiert wird, vgl. [233].

Bemerkung 8.7.2. Man erkennt, dass wir im Falle des Abbrechens des Arnoldi-Prozesses mit $h_{\varkappa+1,\varkappa} = 0$ die exakte Lösung gefunden haben, man spricht von einem „lucky breakdown". □

Zur Anwendung der Krylov-Techniken in linear-impliziten Verfahren ist eine andere Interpretation vorteilhaft.

Lemma 8.7.1. *Für reguläre Matrizen* $I - h\gamma H$ *gilt*

$$(I - h\gamma QQ^\top A)^{-1} = I + h\gamma Q(I - h\gamma H)^{-1}Q^\top A. \tag{8.7.30}$$

Beweis. Es ist

$$(I - h\gamma QQ^\top A)(I + h\gamma Q(I - h\gamma H)^{-1}Q^\top A)$$
$$= I - h\gamma QQ^\top A + h\gamma Q(I - h\gamma H)(I - h\gamma H)^{-1}Q^\top A$$
$$= I.$$

∎

Für hinreichend kleine h ist $I - h\gamma H$ stets regulär. Außerdem gilt für alle $v \in \mathbb{R}^n$ für die logarithmische Matrixnorm μ_2

$$v^\top Hv = v^\top Q^\top AQv = (Qv)^\top AQv$$
$$\leq \mu_2(A)\|Qv\|^2 = \mu_2(A)\|v\|^2,$$

d. h. $\mu_2(H) \leq \mu_2(A)$. Für dissipative Systeme mit $\mu_2(A) \leq 0$ ist daher $I - h\gamma H$ für alle $h\gamma > 0$ regulär.

Satz 8.7.5. *Sei $w \in \mathcal{K}$. Dann ist die FOM-Lösung $k_1 = Ql$ von (8.7.23) auch Lösung des linearen Gleichungssystems*

$$(I - h\gamma QQ^\top A)k_1 = w. \tag{8.7.31}$$

Beweis. Mit Lemma 8.7.1 ist die Lösung von (8.7.31)

$$k_1 = (I + h\gamma Q(I - h\gamma H)^{-1}Q^\top A)w.$$

Mit der Voraussetzung $QQ^\top w = w$ ergibt sich

$$
\begin{aligned}
k_1 &= (I + h\gamma Q(I - h\gamma H)^{-1}Q^\top A)QQ^\top w \\
&= Q(I + h\gamma(I - h\gamma H)^{-1}Q^\top AQ)Q^\top w \\
&= Q(I + h\gamma(I - h\gamma H)^{-1}H)Q^\top w \\
&= Q(I - h\gamma H)^{-1}Q^\top w,
\end{aligned}
$$

d. h. (8.7.26). ∎

Die einstufige ROW-Methode mit Lösung der Stufengleichung durch FOM ist also äquivalent zu einer W-Methode mit $T = QQ^\top A$. Das motiviert die Betrachtung mehrstufiger Krylov-W-Methoden, die durch folgende Eigenschaften charakterisiert sind:

1. In den Stufengleichungen (8.7.13) wird in der i-ten Stufe die Matrix $T_i = Q_iQ_i^\top A$ mit Q_i aus (8.7.21) verwendet.
2. Der Krylov-Unterraum der i-ten Stufe wird dabei so aufgebaut, dass die rechte Seite w_i des linearen Gleichungssystems

$$(I - hQ_iQ_i^\top A)\left(k_i + \sum_{j=1}^{i-1}\frac{\gamma_{ij}}{\gamma}k_j\right) = f\left(u_m + h\sum_{j=1}^{i-1}\alpha_{ij}k_j\right) + \sum_{j=1}^{i-1}\frac{\gamma_{ij}}{\gamma}k_j =: w_i \tag{8.7.32}$$

in $\mathcal{K}$ liegt.

Die Darstellung (8.7.32) ist für Untersuchungen der Konsistenzordnung und Stabilität gut geeignet, für die praktische Berechnung der k_i nutzt man nach Satz 8.7.5 die Darstellung

$$k_i = Q_i(I - h\gamma H_i)^{-1}Q_i^\top w_i - \sum_{j=1}^{i-1}\frac{\gamma_{ij}}{\gamma}k_j.$$

Man hat zur Berechnung der Stufenwerte k_i, $i = 1,\ldots,s$, also nur noch Gleichungssysteme mit den Koeffizientenmatrizen $I - h\gamma H_i$ der Dimension $\varkappa_i$ zu lösen. Für $\varkappa_i \ll n$ wird somit der Aufwand signifikant reduziert.

Damit besitzt eine Krylov-W-Methode für autonome Systeme die Gestalt

$$k_i = Q_i(I - h\gamma H_i)^{-1}Q_i^\top w_i - \sum_{j=1}^{i-1} \frac{\gamma_{ij}}{\gamma} k_j \qquad (8.7.33)$$

$$w_i = f\left(u_m + h\sum_{j=1}^{i-1} \alpha_{ij} k_j\right) + \sum_{j=1}^{i-1} \frac{\gamma_{ij}}{\gamma} k_j, \quad i = 1,\dots,s$$

$$u_{m+1} = u_m + h\sum_{i=1}^{s} b_i k_i.$$

Die Krylov-W-Methode verwendet in unterschiedlichen Stufen unterschiedliche Matrizen $T_i = Q_i Q_i^\top A$, die Konsistenzordnung der W-Methode ist daher nicht mehr garantiert. Da die T_i aber andererseits Informationen der Jacobi-Matrix A verwenden, kann man unter bestimmten Bedingungen an den Krylovprozess die Ordnung der ROW-Methode erhalten.

Beispiel 8.7.7. Für die einstufige Krylov-W-Methode mit $T_1 = Q_1 Q_1^\top A$ gilt bez. der Ordnung mit $\tilde{u}_m = y(t_m)$

$$k_1 = (I + h\gamma Q_1 Q_1^\downarrow A + \mathcal{O}(h^2))f(y(t_m))$$
$$\tilde{u}_{m+1} = y(t_m) + hy'(t_m) + h^2\gamma Q_1 Q_1^\top Af(y(t_m)) + \mathcal{O}(h^3).$$

Mit $q_1 = f(y(t_m))/\|f(y(t_m))\|$ ist für $\varkappa \geq 1$ die Methode für beliebiges γ von der Ordnung $p = 1$. Für $\varkappa \geq 2$ gilt

$$Q_1 Q_1^\top Af(y(t_m)) = Af(y(t_m)),$$

die Methode besitzt für $\gamma = 1/2$ wie die ROW-Methode die Konsistenzordnung $p = 2$. $\quad\Box$

Für die Konstruktion der Q_i in mehrstufigen Krylov-W-Methoden werden in [236] verschiedene Zugänge untersucht. Eine naheliegende Möglichkeit ist, in jeder Stufe einen neuen Krylovprozess mit der jeweiligen rechten Seite als Startvektor aufzubauen. Dabei gehen aber die Informationen der Krylov-Unterräume der vorangegangenen Stufen verloren. Außerdem sind Aussagen über die Konsistenzordnung nur bei Vernachlässigung der Residuen möglich. Eine andere Variante ist die Erweiterung des alten Krylov-Unterraumes unter Einbeziehung der neuen rechten Seite. Dabei geht die Hessenberg-Struktur der H_i verloren, es bleibt aber eine verallgemeinerte Hessenberg-Struktur erhalten, die bei der Lösung der Gleichungssysteme mit den Koeffizientenmatrizen $I - h\gamma H_i$ ausgenutzt werden kann. Für einen speziellen Algorithmus zur Erweiterung des Krylov-Unterraumes (mehrfacher Arnoldi-Prozess, MAP) wird in [289] gezeigt, dass die so konstruierte Krylov-W-Methode die gleiche Ordnung wie die entsprechende ROW-Methode besitzt. Man zeigt stufenweise die Beziehung

$$\widetilde{k}_i - k_i = \mathcal{O}(h^p),$$

wobei $\widetilde{k}_i$ die Stufenlösungen der ROW-Methode mit exakter Jacobi-Matrix und k_i die Stufenwerte der Krylov-W-Methode sind. Die Anzahl der dafür erforderlichen Krylovschritte wird explizit angegeben.

Der MAP wurde im Fortran-Code ROWMAP [290] realisiert, eine MATLAB-Variante stammt von Beck [23]. In der ersten Stufe wird der Krylov-Unterraum aufgebaut, bis das Residuum (8.7.29) eine vorgegebene Genauigkeit erreicht, die an die Toleranzvorgaben für die Integration gekoppelt ist. Damit wird gleichzeitig die Stabilität des Verfahrens gesteuert [59]. In den weiteren Stufen wird der Krylov-Unterraum entsprechend MAP mit vorgegebenen Dimensionen erweitert, es erfolgt keine Berechnung des Residuums mehr. Dieses Vorgehen sichert die Konsistenzordnung der zugrunde liegenden ROW-Methode und erlaubt damit gleichzeitig die Übernahme der Schrittweitensteuerung des Basisverfahrens durch Einbettung.

ROWMAP enthält mehrere ROW-Methoden wie GRK4T oder RODAS als Basisverfahren zur Auswahl und hat sich in zahlreichen Tests an sehr großen steifen Systemen als robust und effizient erwiesen [290].

8.8 Bemerkungen zu Extrapolationsverfahren

Die in Kapitel 3 betrachteten expliziten Extrapolationsverfahren, insbesondere der GBS-Algorithmus, sind speziell für hohe Genauigkeitsforderungen sehr effiziente Verfahren zur Lösung nichtsteifer Probleme. Abbildung 8.8.1 zeigt das Stabilitätsgebiet der Werte T_{kk}, $k = 1, \ldots, 4$, für das GBS-Verfahren mit und ohne Glättungsschritt unter Verwendung der doppelten harmonischen Schrittweitenfolge. Die Stabilitätsgebiete ohne Glättung sind gerade die Stabilitätsgebiete der entsprechenden Taylorpolynome. Man erkennt, dass der Glättungsschritt eine Vergrößerung der Stabilitätsgebiete bewirkt. Da die Stabilitätsgebiete beschränkt sind, treten aber bei der Anwendung auf steife Systeme analog zu expliziten Runge-Kutta-Verfahren Einschränkungen an die Schrittweite auf, so dass diese Verfahren für steife Systeme nicht geeignet sind. Es liegt daher nahe, als Grundverfahren zur Extrapolation für steife Systeme A-stabile Verfahren zu verwenden. Besonders günstig sind symmetrische Grundverfahren, da sie nach Satz 3.2.6 eine Entwicklung in geraden h-Potenzen besitzen. Solche Verfahren sind die Trapezregel

$$u_{m+1} = u_m + \frac{h}{2}(f(t_m, u_m) + f(t_{m+1}, u_{m+1}))$$

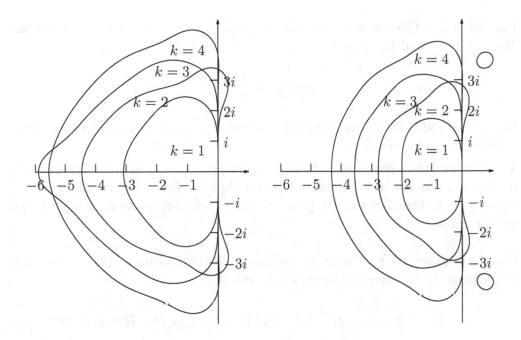

Abbildung 8.8.1: Stabilitätsgebiete des Gragg-Bulirsch-Stoer-Verfahrens mit und ohne Glättungsschritt

und die implizite Mittelpunktregel

$$u_{m+1} = u_m + hf(t_m + \frac{h}{2}, \frac{1}{2}(u_m + u_{m+1})).$$

Es zeigt sich allerdings, dass durch die Extrapolation die A-Stabilität der Verfahren verloren gehen kann.

Beispiel 8.8.1. Die Trapezregel liefert bei Anwendung auf die Testgleichung der A-Stabilität (8.2.1)

$$u_{m+1} = \frac{1 + \frac{z}{2}}{1 - \frac{z}{2}} u_m.$$

Für die Werte T_{l1} in der ersten Spalte des Extrapolationstableaus ergibt sich

$$T_{l1} = \underbrace{\left(\frac{1 + \frac{z}{2n_l}}{1 - \frac{z}{2n_l}}\right)^{n_l}}_{=:R_{l1}} u_m, \quad z = H\lambda.$$

Nach (3.3.10) lassen sich dann die Stabilitätsfunktionen der extrapolierten Werte rekursiv berechnen durch

$$R_{l,k+1}(z) = R_{lk}(z) + \frac{R_{lk}(z) - R_{l-1,k}(z)}{(n_l/n_{l-k})^2 - 1}. \tag{8.8.1}$$

Für die ersten Glieder der harmonischen Folge $n_1 = 1$, $n_2 = 2$ ergibt sich mit $R_{11}(\infty) = -1$ und $R_{21}(\infty) = 1$

$$R_{22}(\infty) = \frac{5}{3} > 1.$$

Die A-Stabilität der Trapezregel geht folglich bei der Extrapolation mit dieser Schrittweitenfolge verloren.

Von Stetter [266] wurde vorgeschlagen, anstelle der harmonischen Folge die Folge der geraden Zahlen zu verwenden. Man erhält dann $R_{l1}(\infty) = 1$ und aus (8.8.1) $R_{lk}(\infty) = 1$. Die A-Stabilität geht allerdings bei der Extrapolation trotzdem verloren [143].   □

Um diese Stabilitätsprobleme zu umgehen, führte Lindberg [187] analog zum GBS-Algorithmus einen Glättungsschritt ein

$$T_{l1} = \frac{1}{4}(u_{h_l}(t + H - h_l) + 2u_{h_l}(t + H) + u_{h_l}(t + H + h_l)).$$

Es wird wieder mit der jeweiligen Schrittweite $h_l = H/n_l$ ein zusätzlicher Schritt bis $t + H + h_l$ ausgeführt und T_{l1} durch Mittelung bestimmt. Die Stabilitätsfunktionen $R_{l1}(z)$ ergeben sich jetzt zu

$$R_{l1}(z) = \frac{1}{4}\left[\left(\frac{1 + \frac{z}{2n_l}}{1 - \frac{z}{2n_l}}\right)^{n_l-1} + 2\left(\frac{1 + \frac{z}{2n_l}}{1 - \frac{z}{2n_l}}\right)^{n_l} + \left(\frac{1 + \frac{z}{2n_l}}{1 - \frac{z}{2n_l}}\right)^{n_l+1}\right]$$

$$= \frac{1}{\left(1 - \frac{z}{2n_l}\right)^2}\left(\frac{1 + \frac{z}{2n_l}}{1 - \frac{z}{2n_l}}\right)^{n_l-1}. \tag{8.8.2}$$

Offensichtlich sind alle R_{l1} L-verträglich. Die nach (8.8.1) berechneten Stabilitätsfunktionen R_{lk} besitzen ebenfalls die Eigenschaft $R_{lk}(\infty) = 0$, sind aber i. Allg. nur noch A(α)-stabil, vgl. Tabelle 8.8.1.

Implizite Extrapolationsverfahren erfordern die Lösung nichtlinearer Gleichungssysteme durch Newton-Iteration. Die Genauigkeit, mit der diese nichtlinearen Gleichungssysteme gelöst werden, hat wesentlichen Einfluss auf die Gültigkeit der asymptotischen Entwicklung des globalen Fehlers und damit auf die Effektivität der Schrittweitensteuerung. Linear-implizite Runge-Kutta-Verfahren vermeiden die Lösung nichtlinearer Gleichungssysteme, sind aber nicht symmetrisch. Die Konstruktion darauf beruhender Extrapolationsverfahren mit einer h^2-Entwicklung ist daher nicht möglich. Bader und Deuflhard [20] gelang es 1983, ein auf der linear-impliziten Mittelpunktregel basierendes linear-implizites Zweischritt-

Extrapolationsverfahren mit einer h^2-Entwicklung zu gewinnen:

$$(I - hA)(u_1 - u_0) = hf(t_0, u_0)$$
$$(I - hA)(u_{j+1} - u_j) = (I + hA)(u_{j-1} - u_j) + 2hf(t_j, u_j),$$
$$j = 1, \ldots, 2N \qquad (8.8.3)$$
$$S_h(t_0 + 2Nh) = \frac{1}{2}(u_{2N-1} + u_{2N+1})$$

mit $u_0 = y_0$, $t_j = t_0 + jh$.

Satz 8.8.1. (Bader/Deuflhard [20]). *Sei $f(t, y)$ hinreichend oft differenzierbar und sei A eine beliebige Matrix. Dann besitzt die numerische Lösung (8.8.3) für $0 \le h \le h_0$ eine asymptotische Entwicklung der Form*

$$y(t) - S_h(t) = \sum_{j=1}^{N} e_j(t) h^{2j} + h^{2N+2} E_{2N+2}(t, h),$$

wobei E_{2N+2} gleichmäßig beschränkt ist. Für $A = 0$ gilt $e_j(t_0) = 0$. $\square$

Zur Anwendung auf steife Systeme bietet sich die Wahl $A = f_y(t_0, u_0)$ an. Zur Berechnung der Werte T_{l1} ist daher für jedes l nur jeweils eine LR-Faktorisierung erforderlich. Bei Anwendung auf die Testgleichung der A-Stabilität (8.2.1) mit $A = \lambda$ ergibt sich

$$S_h(t_0 + 2Nh) = \frac{1}{2}(u_{2N-1} + u_{2N+1})$$
$$= \frac{1}{2}\left[\left(\frac{1 + h\lambda}{1 - h\lambda}\right)^{N-1} + \left(\frac{1 + h\lambda}{1 - h\lambda}\right)^{N}\right] u_1$$
$$= \frac{1}{(1 - h\lambda)^2}\left(\frac{1 + h\lambda}{1 - h\lambda}\right)^{N-1} u_0.$$

Das ist genau die Stabilitätsfunktion der extrapolierten Trapezregel (8.8.2). Für die von Bader und Deuflhard [20] vorgeschlagene Unterteilungsfolge

$$\{n_l\} = \{2, 6, 10, 14, 22, 34, 50, \ldots\}$$

besitzen die extrapolierten Werte gute Stabilitätseigenschaften, sie sind A(α)-stabil mit recht großem α. Tabelle 8.8.1 (Hairer/Wanner [143]) gibt die entsprechenden Werte für α an.

Das beschriebene Extrapolationsverfahren auf der Basis der linear-impliziten Mittelpunktregel wurde im Code METAN1 (Bader und Deuflhard [20]) implementiert. Zur Vermeidung von Matrix-Vektor-Produkten wurde dabei die äquivalente Form

$$(I - hA)(\triangle u_j - \triangle u_{j-1}) = 2(hf(t_j, u_j) - \triangle u_{j-1}), \quad \triangle u_j = u_{j+1} - u_j$$

	$k=1$	2	3	4	5	6	7
$l=1$	90°						
2	90°	90°					
3	90°	90°	90°				
4	90°	89.34°	87.55°	87.34°			
5	90°	88.80°	86.87°	86.10°	86.02°		
6	90°	88.49°	87.30°	86.61°	86.36°	86.33°	
7	90°	88.43°	87.42°	87.00°	86.78°	86.70°	86.69°

Tabelle 8.8.1: Winkel α der A(α)-Stabilität von T_{lk}

genutzt. Schrittweiten- und Ordnungssteuerung sind in [87] beschrieben. Eine etwas geänderte Implementierung SODEX findet man in [143].

Verzichtet man auf die asymptotische h^2-Entwicklung, dann kann als Grundverfahren auch das linear-implizite Euler-Verfahren verwendet werden. Hierbei erhöht sich die Ordnung in jeder Spalte des Extrapolationstableaus nur um eins, dafür kann man als Schrittweitenfolge z. B. die harmonische Folge verwenden. In [143] ist mit der Folge $\{2, 3, 4, 5, 6, \dots\}$ ein entsprechender Code SEULEX beschrieben, in [88] EULSIM mit etwas anderer Implementierung.

Linear-implizite Extrapolationscodes für steife Systeme haben sich in numerischen Tests [143], [88] den impliziten Extrapolationsverfahren als überlegen erwiesen. Für sehr steife Probleme hat sich dabei das linear-implizite Euler-Verfahren als Basisverfahren für die Extrapolation im Vergleich zur linear-impliziten Mittelpunktregel als robuster gezeigt.

8.9 Weiterführende Bemerkungen

Implizite RK-Verfahren wurden in zahlreichen Arbeiten untersucht. Für eine ausführliche Darstellung und Untersuchung der Verfahren und einen umfassenden Literaturüberblick verweisen wir auf die Bücher von Butcher [53] und Hairer/Wanner [143].

Die Konsistenzordnung von RK-Verfahren haben wir mit Hilfe der Butcher-Theorie untersucht. Ein anderer Zugang wurde von Albrecht [3], [4] vorgeschlagen, der mittels einer linearen Darstellung der RK-Verfahren Mehrschritt-Techniken zur Ableitung der Konsistenzbedingungen verwendet. Dabei werden die RK-Verfahren als sog. A-Verfahren interpretiert und die für diese Klasse entwickelten Theorien benutzt, vgl. dazu auch Lambert [184].

Neben den betrachteten gibt es noch verschiedene andere Stabilitätsbegriffe. So führten

Prothero und Robinson [222] 1974 anhand der Testgleichung (8.4.1) das Konzept der S-Stabilität ein. Als wesentliche Voraussetzung für S-Stabilität erweist sich starke A-Stabilität. Prothero und Robinson führten für RK-Verfahren, die der Bedingung $a_{si} = b_i$ genügen, den Begriff „steif genau" (engl. stiffly accurate) ein.

SIRK-Verfahren sind im Code STRIDE [41] implementiert, waren aber in numerischen Tests nicht konkurrenzfähig [141]. Zur Verbesserung der Effizienz führten daher Butcher und Cash [54] zusätzliche diagonal-implizite Stufen ein. Die Kombination dieser Methoden mit dem Konzept der „effektiven Ordnung", das eine Erhöhung der Konvergenzordnung für konstante Schrittweiten erlaubt, führt zu den sog. DESIRE-Methoden (engl. diagonally extended singly implicit Runge-Kutta effective order methods), [53], [55].

Konsistenzbedingungen für ROW-Methoden bis zur Ordnung $p = 6$ und numerische Ergebnisse für ROW-Methoden hoher Ordnung findet man in Kaps/Wanner [175]. Ostermann [212] untersucht die stetige Erweiterung von ROW-Methoden und zeigt, dass jede Methode der Ordnung p eine stetige Methode der Ordnung $q = \lfloor (p + 1)/2 \rfloor$ besitzt. Untersuchungen zur nichtlinearen Stabilität linear-impliziter RK-Verfahren werden in [133] durchgeführt. Für eine ausführliche Darstellung linear-impliziter RK-Verfahren verweisen wir auf Strehmel/Weiner [272].

Weitere Untersuchungen zur automatischen Steifheitserkennung wurden von Shampine [245], [246], [248], Sottas [261] und Wolfbrandt [294] durchgeführt. Codes mit automatischer Steifheitserkennung sind z. B. PAI4 (Bruder [34], Bruder/Strehmel/Weiner [35]), RKF4RW (Rentrop [224]) und LSODA (Hindmarsh [151], Petzold [216]).

Neben dem vorgestellten Prinzip der komponentenweisen festen Partitionierung mittels Approximation der Jacobi-Matrix durch eine geeignete Matrix T können auch zwei verschiedene Verfahren für die Teilsysteme miteinander gekoppelt werden. Hofer [161] kombiniert die explizite Mittelpunktregel mit der Trapezregel, Griepentrog [121] ein explizites und ein diagonal-implizites RK-Verfahren und Söderlind [258] ein explizites RK-Verfahren mit BDF.

Während bei diesen Verfahren die Partitionierung bez. steifer und nichtsteifer Komponenten erfolgt, zeigte es sich, dass partitionierte RK-Verfahren, die durch Kopplung zweier verschiedener RK-Verfahren entstehen, sehr gute Eigenschaften im Hinblick auf Strukturerhaltung besitzen können. Strukturerhaltende („geometrische") Integratoren reproduzieren gewisse qualitative Eigenschaften von Hamilton-Systemen, z. B. Symplektizität. In diesem Zusammenhang spricht man auch von symplektischen Verfahren. Ein s-stufiges partitioniertes Runge-Kutta-Verfahren für das partitionierte System (8.7.16) in autonomer Form $u' = g(u, v)$, $v' = f(u, v)$ lautet

$$k_i = g(u_m + h \sum_{j=1}^{s} a_{ij} k_j, v_m + h \sum_{j=1}^{s} \widehat{a}_{ij} l_j)$$

$$l_i = f(u_m + h \sum_{j=1}^{s} a_{ij} k_j, v_m + h \sum_{j=1}^{s} \widehat{a}_{ij} l_j)$$

$$u_{m+1} = u_m + h \sum_{i=1}^{s} b_i k_i, \quad v_{m+1} = v_m + h \sum_{i=1}^{s} \widehat{b}_i l_i.$$

Durch Kopplung von explizitem und implizitem Euler-Verfahren entstehen (je nach Anordnung) die beiden *symplektischen Euler-Verfahren*

$$(a) \begin{cases} u_{m+1} = u_m + hg(u_m, v_{m+1}) \\ v_{m+1} = v_m + hf(u_m, v_{m+1}) \end{cases} \quad (b) \begin{cases} u_{m+1} = u_m + hg(u_{m+1}, v_m) \\ v_{m+1} = v_m + hf(u_{m+1}, v_m). \end{cases}$$

Betrachtet man das spezielle System 2. Ordnung $u'' = f(u)$ bzw.

$$u' = v$$
$$v' = f(u),$$

so entsteht durch Verkettung der beiden symplektischen Euler-Verfahren der Ordnung $p = 1$ (ein Schritt der Länge $h/2$ mit (a) gefolgt von einem Schritt der Länge $h/2$ mit (b)) das symplektische *Störmer-Verlet-Verfahren*

$$v_{m+1/2} = v_m + \frac{h}{2} f(u_m)$$
$$u_{m+1} = u_m + hv_{m+1/2} \tag{8.9.1}$$
$$v_{m+1} = v_{m+1/2} + \frac{h}{2} f(u_{m+1}).$$

Es ist von der Ordnung $p = 2$ und für diese Gleichung explizit. Es wurde von Störmer für Berechnungen in der Astronomie und von Verlet in der Molekulardynamik verwendet und wird in zahlreichen weiteren Anwendungen benutzt. Für eine ausführliche Diskussion symplektischer Verfahren und geometrischer Integration verweisen wir auf [137].

Die automatische Partitionierung unter Verwendung der explizit berechneten Jacobi-Matrix wird z. B. von Enright/Kamel [99], Watkins/Hansonsmith [285], Björck [27], Higham [148] und Weiner u. a. [286] untersucht. Die Anwendung von Krylov-Techniken ist sehr populär, da hier auf die explizite Berechnung der Jacobi-Matrix verzichtet werden kann. Die ersten Untersuchungen dafür wurden in Brown/Hindmarsh [33], Gear/Saad [114], Gallopoulos/Saad [105] durchgeführt. Die Anwendung auf mehrstufige Verfahren wurde erstmals in Büttner/Schmitt/Weiner [58] betrachtet.

Wir haben uns bei der Betrachtung der Extrapolationsverfahren auf den klassischen Fall $hL \to 0$ beschränkt, die Koeffizienten der Entwicklungen können also von der Steifheit abhängen und mit wachsender Steifheit unter Umständen sehr groß werden. Fordert man die Beschränktheit unabhängig von der Steifheit, so kommt es i. Allg. zu einer Ordnungs-reduktion. Deuflhard, Hairer und Zugck [90] weisen für differential-algebraische Gleichun-gen vom Index 1 eine asymptotische Entwicklung des globalen Diskretisierungsfehlers für das extrapolierte linear-implizite Euler-Verfahren nach. Hairer und Lubich [135] erwei-tern diese Aussagen auf singulär-gestörte Systeme, wobei die Fehlerterme unabhängig vom Steifheitsparameter ε sind. Es zeigt sich, dass dann i. Allg. nicht in jeder Spalte des Extrapolationstableaus eine Erhöhung der Ordnung auftritt.

Systeme der Gestalt $y'' = f(t, y)$ sind durch (ungedämpfte) Schwingungen charakterisiert. Die Schrittweite ist hier aus Genauigkeitsgründen beschränkt, so dass implizite Verfahren i. Allg. keine Vorteile bringen. Sind allerdings die hochfrequenten Lösungskomponenten nicht in der zu berechnenden Lösung enthalten, dann ist es sinnvoll, Verfahren zu verwen-den, die diese Anteile ohne starke Schrittweiteneinschränkung stabil integrieren. In [164] werden explizite Runge-Kutta-Nyström-Verfahren mit ausgedehntem Stabilitätsintervall untersucht, Verfahren mit unbeschränktem Stabilitätsintervall für diese Problemklasse findet man z. B. in [132], [270], [70]. Einen numerischen Vergleich von Integratoren für steife oszillatorische Probleme findet man in Cash [67].

8.10 Aufgaben

1. Man bestimme das einstufige implizite RK-Verfahren maximaler Konsistenzordnung.

2. Man bestimme für das SDIRK-Verfahren

$$
\begin{array}{c|cc}
\gamma & \gamma & \\
1+\gamma & 1 & \gamma \\
\hline
 & \frac{1}{2}+\gamma & \frac{1}{2}-\gamma
\end{array}
$$

   die Konsistenzordnung und die Stabilitätsfunktion. Ist die Konsistenzordnung abhängig von γ?

3. Man bestimme ein 2-stufiges einfach-diagonal-implizites Runge-Kutta-Verfahren maximaler Konsistenzordnung.

4. Man zeige, dass für diagonal-implizite RK-Verfahren der Nenner der Stabilitätsfunktion ein Produkt reeller linearer Faktoren ist.

5. Man betrachte die Padé-Approximation $R_{40}(z)$, d. h. mit Zählergrad 0 und Nennergrad 4. Man zeige, dass diese Stabilitätsfunktion nicht A-verträglich ist. Dazu gebe man ein $z \in \mathbb{C}^-$ an, für das $|R_{40}(z)| > 1$ gilt.

6. Man zeige die Beziehungen (8.5.4) und (8.5.5).

7. Die beiden Varianten des impliziten Euler-Verfahrens aus Beispiel 8.6.1 werden auf die Testgleichung $y' = \lambda y$ mit einer gestörten Matrix $T = \lambda(1+\varepsilon)$ angewandt. Bestimmen Sie die entsprechenden Stabilitätsfunktionen. Wie wirken sich die kleinen Störungen ε für $\lambda \to -\infty$ in beiden Varianten aus?

8. Man zeige, dass die Anwendung einer W-Methode auf ein nichtautonomes System (1.1.3) äquivalent mit der Anwendung der Methode mit der Matrix (8.7.9) auf das in autonome Form (1.1.4) gebrachte System ist.

9. Man zeige, dass für autonome partitionierte Systeme (8.7.16) mit T nach (8.7.17) für $T_1 = g_u(u_m, v_m)$ das elementare Differential $T(f' - T)Tf$ aus Tabelle 8.7.1 in der numerischen Lösung nicht auftritt.

10. In welches Verfahren geht für autonome Systeme ein einstufiges implizites Runge-Kutta-Verfahren über, wenn zur Lösung des nichtlinearen Gleichungssystems nur ein Newton-Schritt unter Verwendung von $f_y(u_m)$ ausgeführt wird? Man bestimme die Konsistenzordnung und die Stabilitätsfunktion. Sind diese abhängig von den Startwerten der Newton-Iteration?

9 Lineare Mehrschrittverfahren

Dieses Kapitel befasst sich mit der linearen Stabilität von Mehrschrittverfahren. Die zweite Dahlquist-Schranke, d. h., die maximale Ordnung eines A-stabilen linearen Mehrschrittverfahrens ist 2, wird hergeleitet. Um diese Ordnungsbarriere zu umgehen, betrachten wir anschließend eine Klasse linearer Mehrschrittverfahren mit leicht schwächeren Stabilitätseigenschaften, die BDF-Verfahren. Ferner werden One-Leg-Methoden eingeführt und G-Stabilität untersucht.

9.1 Stabilitätsgebiete und zweite Dahlquist-Schranke

Wie bei Einschrittverfahren sind auch bei linearen Mehrschrittverfahren zur Lösung steifer Systeme gute Stabilitätseigenschaften von entscheidender Bedeutung. Zur Einschätzung der linearen Stabilität dient wieder die Testdifferentialgleichung der A-Stabilität

$$y'(t) = \lambda y(t), \quad \lambda \in \mathbb{C}. \tag{9.1.1}$$

Wird ein lineares k-Schrittverfahren

$$\sum_{l=0}^{k} \alpha_l u_{m+l} = h \sum_{l=0}^{k} \beta_l f(t_{m+l}, u_{m+l}) \tag{9.1.2}$$

auf (9.1.1) angewendet, so erhält man die lineare, homogene Differenzengleichung k-ter Ordnung

$$\sum_{l=0}^{k} \alpha_l u_{m+l} = z \sum_{l=0}^{k} \beta_l u_{m+l}, \quad z = h\lambda$$

bzw. in der Schreibweise mit den erzeugenden Polynomen

$$\rho(E_h)u_m = z\sigma(E_h)u_m.$$

Der Ansatz $u_m = \xi^m$ (vgl. Abschnitt 4.2) liefert nach Division durch ξ^m die charakteristische Gleichung

$$\rho(\xi) - z\sigma(\xi) = 0. \tag{9.1.3}$$

Damit die Differenzengleichung für beliebige Startwerte stabile Lösungen besitzt, muss nach Satz 4.2.5 gelten:

1. Für alle Nullstellen ξ_l der charakteristischen Gleichung gilt $|\xi_l| \leq 1$,
2. Mehrfache Nullstellen sind betragsmäßig kleiner als 1.

Definition 9.1.1. Die Menge

$$S = \{z \in \mathbb{C} : \text{für alle Nullstellen } \xi_l \text{ von } (9.1.3) \text{ gilt } |\xi_l| \leq 1;$$
$$\text{falls } \xi_l \text{ mehrfache Nullstelle, so gilt } |\xi_l| < 1\} \tag{9.1.4}$$

heißt *Stabilitätsgebiet* (Bereich der absoluten Stabilität) des linearen Mehrschrittverfahrens (9.1.2). □

Bemerkung 9.1.1. Für $z = 0$ sind die Forderungen an die Nullstellen der charakteristischen Gleichung (9.1.3) gerade die Wurzelbedingung (vgl. Satz 4.2.7). Die Nullstabilität eines linearen Mehrschrittverfahrens lässt sich mit Hilfe des Stabilitätsgebietes daher in der Form

$$0 \in S$$

schreiben. □

Definition 9.1.2. Ein lineares Mehrschrittverfahren heißt A-stabil, wenn gilt

$$\mathbb{C}^- \subset S,$$

es heißt A(α)-stabil mit $\alpha \in (0, \frac{\pi}{2})$, wenn

$$\{z \in \mathbb{C}^- \text{ mit } |\arg(z) - \pi| \leq \alpha\} \subset S. \qquad □$$

Für explizite lineare Mehrschrittverfahren lautet die charakteristische Gleichung

$$\alpha_k \xi^k + (\alpha_{k-1} - z\beta_{k-1})\xi^{k-1} + \cdots + (\alpha_0 - z\beta_0) = 0.$$

Es existiert mindestens ein $\beta_l \neq 0$. Der entsprechende Koeffizient bei ξ^l strebt für $|z| \to \infty$ betragsmäßig gegen Unendlich, und nach dem Vieta'schen Wurzelsatz mindestens eine Nullstelle ebenfalls. Explizite lineare Mehrschrittverfahren besitzen folglich kein unbeschränktes Stabilitätsgebiet und sind für steife Systeme nicht geeignet.

Der Rand des Stabilitätsgebietes eines linearen Mehrschrittverfahrens ist dadurch charakterisiert, dass (mindestens) eine Nullstelle den Betrag 1 hat. Dies nutzt man bei der praktischen Bestimmung des Stabilitätsgebietes aus. Man stellt die charakteristische Gleichung (9.1.3) nach z um und bestimmt für $|\xi| = 1$, d.h. $\xi = e^{i\varphi}$, $\varphi \in [0, 2\pi]$, die zugehörigen z. Das ergibt die sog. *Wurzelortskurve* (engl. *root locus curve*)

$$\Gamma = \{z \in \mathbb{C} : z = \frac{\rho(e^{i\varphi})}{\sigma(e^{i\varphi})}, \ \varphi \in [0, 2\pi]\}.$$

Für den Rand ∂S des Stabilitätsgebietes gilt offensichtlich

$$\partial S \subset \Gamma.$$

Beispiel 9.1.1. Die explizite Mittelpunktregel ist gegeben durch

$$u_{m+2} = u_m + 2hf(t_{m+1}, u_{m+1}).$$

Die charakteristische Gleichung (9.1.3) ist für dieses Verfahren

$$\xi^2 - 2z\xi - 1 = 0$$

mit den Nullstellen

$$\xi_{1,2} = z \pm \sqrt{z^2 + 1}.$$

Man erkennt sofort, dass für reelle $z \neq 0$ stets eine Nullstelle betragsmäßig größer 1 ist. Mit

$$z = \frac{\rho(e^{i\varphi})}{\sigma(e^{i\varphi})} = \frac{e^{2i\varphi} - 1}{2e^{i\varphi}} = \frac{1}{2}(e^{i\varphi} - e^{-i\varphi}) = i\sin\varphi$$

ist die Wurzelortskurve für die explizite Mittelpunktregel gegeben durch

$$\Gamma = \{z \in \mathbb{C} : \; z = iy, \; y \in (-1, 1)\}.$$

Für diese y besitzt die charakteristische Gleichung zwei verschiedene Nullstellen vom Betrag 1, die für $y = 1$ bzw. $y = -1$ in die doppelte Nullstelle $\xi_{1,2} = i$ bzw. $\xi_{1,2} = -i$ übergehen. Das Stabilitätsgebiet der expliziten Mittelpunktregel besteht also nur aus dem Intervall $(-i, i)$ auf der imaginären Achse. $\qquad \square$

Beispiel 9.1.2. Wir betrachten die θ-*Methode*

$$u_{m+1} = u_m + h[(1 - \theta)f_m + \theta f_{m+1}]. \tag{9.1.5}$$

Sie enthält als Sonderfälle das explizite Euler-Verfahren ($\theta = 0$), das implizite Euler-Verfahren ($\theta = 1$) und die Trapezregel ($\theta = \frac{1}{2}$). Die Konsistenzordnung ist $p = 2$ für $\theta = \frac{1}{2}$, ansonsten 1. Die charakteristische Gleichung lautet

$$(1 - \theta z)\xi - 1 - (1 - \theta)z = 0$$

mit der Nullstelle

$$\xi = \frac{1 + (1 - \theta)z}{1 - \theta z}. \tag{9.1.6}$$

Die Wurzelortskurve ist gegeben durch

$$z = \frac{e^{i\varphi} - 1}{1 - \theta + \theta e^{i\varphi}}, \quad \varphi \in [0, 2\pi].$$

Für $\theta = \frac{1}{2}$, d.h. für die Trapezregel, ist die Wurzelortskurve gerade die imaginäre Achse, die Methode ist A-stabil. Für $\theta \neq \frac{1}{2}$ erhält man nach einigen Umformungen

$$z - \frac{1}{2\theta - 1} = \frac{1}{2\theta - 1} \left\{ \frac{e^{i\varphi}(\theta - 1) - \theta}{e^{i\varphi}\theta + 1 - \theta} \right\}.$$

Der Ausdruck in geschweiften Klammern stellt eine Abbildung des Einheitskreises in sich dar. Die Wurzelortskurve ist damit der Rand eines Kreises mit dem Mittelpunkt $\frac{1}{2\theta-1}$ und dem Radius $\frac{1}{|2\theta-1|}$. Aus (9.1.6) folgt für $|z| \to \infty$

$$|\xi| = \frac{|1 - \theta|}{|\theta|} \begin{cases} > 1 & \text{für } \theta < \frac{1}{2} \\ < 1 & \text{für } \theta > \frac{1}{2}. \end{cases}$$

Das Stabilitätsgebiet der θ-Methode ist für $\theta < \frac{1}{2}$ der abgeschlossene Kreis und damit beschränkt, für $\theta > \frac{1}{2}$ das abgeschlossene Äußere des Kreises. Es enthält im letzteren Fall die linke komplexe Halbebene, die Methode ist A-stabil. $\quad\square$

Beispiel 9.1.3. Stabilitätsgebiete der Adams-Verfahren

Die k-Schritt-Adams-Bashforth-Verfahren

$$u_{m+k} = u_{m+k-1} + h \sum_{l=0}^{k-1} \gamma_l \nabla^l f_{m+k-1}, \qquad (9.1.7)$$

vgl. Abschnitt 4.1, sind explizit und besitzen daher nur ein beschränktes Stabilitätsgebiet. Bei Anwendung auf (9.1.1) erhält man

$$u_{m+k} = u_{m+k-1} + z \sum_{l=0}^{k-1} \gamma_l \nabla^l u_{m+k-1}.$$

Mit dem Ansatz $u_{m+k-1} = \xi^{m+k-1}$ und anschließender Division durch ξ^{m+k-1} ergibt sich

$$\xi - 1 = z \left\{ \gamma_0 + \gamma_1 \left(1 - \frac{1}{\xi} \right) + \gamma_2 \left(1 - \frac{2}{\xi} + \frac{1}{\xi^2} \right) + \cdots \right\}$$

$$= z \sum_{l=0}^{k-1} \gamma_l (1 - \frac{1}{\xi})^l.$$

Die Wurzelortskurve ist folglich gegeben durch

$$z = \frac{\xi - 1}{\sum_{l=0}^{k-1} \gamma_l (1 - \frac{1}{\xi})^l} \quad \text{mit} \quad \xi = e^{i\varphi}, \quad 0 \leq \varphi \leq 2\pi.$$

Die k-Schritt-Adams-Moulton-Verfahren

$$u_{m+k} = u_{m+k-1} + h \sum_{l=0}^{k} \gamma_l^* \nabla^l f_{m+k}$$

enthalten für $k = 0$ das implizite Euler-Verfahren und für $k = 1$ die Trapezregel, die beide A-stabil sind. Für $k \geq 2$ verschlechtern sich die Stabilitätseigenschaften allerdings wesentlich, die Verfahren besitzen nur noch ein beschränktes Stabilitätsgebiet. Bei Anwendung auf (9.1.1) erhält man

$$u_{m+k} = u_{m+k-1} + z \sum_{l=0}^{k} \gamma_l^* \nabla^l u_{m+k}. \qquad (9.1.8)$$

Setzt man $u_{m+k-1} = \xi^{m+k-1}$ und dividiert durch ξ^{m+k}, so folgt

$$1 - \frac{1}{\xi} = z \left\{ \gamma_0^* + \gamma_1^* \left(1 - \frac{1}{\xi} \right) + \gamma_2^* \left(1 - \frac{2}{\xi} + \frac{1}{\xi^2} \right) + \cdots \right\}.$$

Daraus ergibt sich für die Wurzelortskurve die Darstellung

$$z = \frac{1 - \frac{1}{\xi}}{\sum_{l=0}^{k} \gamma_l^* (1 - \frac{1}{\xi})^l} \quad \text{mit} \quad \xi = e^{i\varphi}, \quad 0 \leq \varphi \leq 2\pi.$$

Die Abbildung 9.1.1 zeigt die Stabilitätsgebiete einiger expliziter und impliziter Adams-Verfahren. Man erkennt, dass die impliziten Adams-Verfahren wesentlich größere Stabilitätsgebiete besitzen als die expliziten Adams-Verfahren.   □

Beispiel 9.1.4. Stabilitätsgebiet der Adams-PECE-Verfahren

Mit dem k-Schritt-Adams-Bashforth-Verfahren als Prädiktor und dem k-Schritt-Adams-Moulton-Verfahren als Korrektor gilt bei Anwendung auf (9.1.1)

$$u_{m+k}^P = u_{m+k-1} + z\sigma_P(E_h)u_m$$
$$u_{m+k} = u_{m+k-1} + z\big((\sigma_C(E_h) - \beta_k E_h^k)u_m + \beta_k(u_{m+k-1} + z\sigma_P(E_h)u_m)\big).$$

Die charakteristische Gleichung ist

$$\xi^k - \xi^{k-1} - z\big(\sigma_C(\xi) - \beta_k \xi^k + \beta_k(\xi^{k-1} + z\sigma_P(\xi))\big) = 0.$$

Die Lösungen dieser bez. z quadratischen Gleichung für $\xi = e^{i\varphi}$, $\varphi \in [0, 2\pi]$, bilden die Wurzelortskurve, die den Rand des Stabilitätsgebietes bestimmt. Abbildung 9.1.2 zeigt die Stabilitätsgebiete für $k = 2, \ldots, 5$. Man könnte vermuten, dass das Stabilitätsgebiet eines $P(EC)^M E$-Verfahrens mit wachsendem M monoton größer wird und sich dem Stabilitätsgebiet des impliziten Adams-Verfahrens annähert. Das ist aber nicht der Fall, wie Abbildung 9.1.3 zeigt.   □

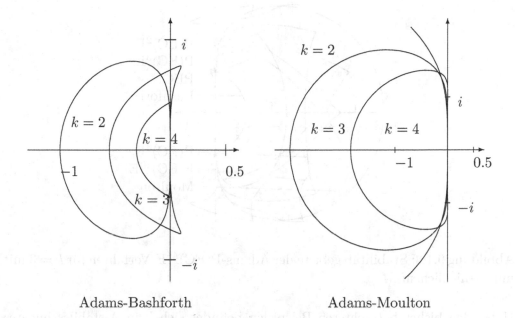

Adams-Bashforth   Adams-Moulton

Abbildung 9.1.1: Stabilitätsgebiete der Adams-Methoden

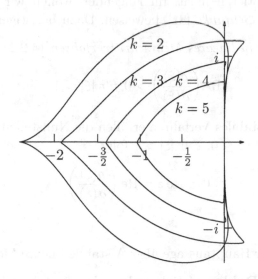

Abbildung 9.1.2: Stabilitätsgebiete der Adams-PECE-Verfahren

Bemerkung 9.1.2. Das Stabilitätsgebiet eines k-Schritt-Adams-PEC-Verfahrens ist wegen Satz 4.3.2 identisch mit dem des $(k + 1)$-Schritt-Adams-Bashforth-Verfahrens, vgl. dazu auch [124]. Aussagen zu Stabilitätsgebieten von PEC-Verfahren mit allgemeinen Prädiktoren und Korrektoren findet man in [182]. $\square$

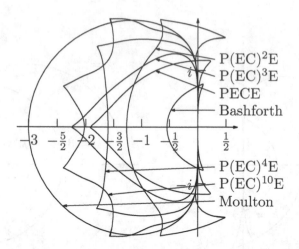

Abbildung 9.1.3: Stabilitätsgebiete der Adams-P(EC)^{M}E-Verfahren für $k = 3$ mit unterschiedlichem M

Unter den bisher betrachteten Beispielen befindet sich kein A-stabiles lineares Mehrschrittverfahren mit einer Ordnung $p > 2$. Dies ist nicht zufällig so, denn solche Verfahren existieren nicht. Im Folgenden wollen wir diese Aussage, die sog. *zweite Dahlquist-Schranke* [81], beweisen. Dazu benötigen wir folgendes

Lemma 9.1.1. *Sei ein lineares Mehrschrittverfahren* (4.2.1) *A-stabil. Dann gilt*

$$\mathrm{Re}\left(\frac{\rho(\xi)}{\sigma(\xi)}\right) > 0 \ \textit{für} \ |\xi| > 1. \tag{9.1.9}$$

Beweis. Für ein A-stabiles Verfahren erfüllen die Nullstellen von (9.1.3) die Bedingung $|\xi| \leq 1$ für $\mathrm{Re}\, z \leq 0$. Für $|\xi| > 1$ folgt

$$0 < \mathrm{Re}\, z = \mathrm{Re}\left(\frac{\rho(\xi)}{\sigma(\xi)}\right).$$

∎

Wir kommen nun zur Hauptaussage über A-stabile lineare Mehrschrittverfahren:

Satz 9.1.1 (Zweite Dahlquist-Schranke). *Ein A-stabiles lineares Mehrschrittverfahren besitzt höchstens die Ordnung $p = 2$. Wenn die Ordnung 2 ist, dann genügt die Fehlerkonstante der Bedingung*

$$C_3^* \leq -\frac{1}{12}. \tag{9.1.10}$$

Die Trapezregel besitzt von allen A-stabilen linearen Mehrschrittverfahren der Ordnung 2 mit $C_3^* = -\frac{1}{12}$ die betragsmäßig kleinste Fehlerkonstante.

Wir folgen hier dem Beweis von Hairer/Wanner [143].

Beweis. Nach (4.2.13) gilt für $h \to 0$

$$\rho(e^h) - h\sigma(e^h) = C_{p+1}h^{p+1} + \mathcal{O}(h^{p+2})$$

bzw. nach Division durch $h\rho(e^h)$

$$\frac{1}{h} - \frac{\sigma(e^h)}{\rho(e^h)} = \frac{C_{p+1}}{\rho(e^h)}h^p + \frac{1}{\rho(e^h)}\mathcal{O}(h^{p+1}).$$

Aus

$$\rho(e^h) = \rho(1 + h + \mathcal{O}(h^2)) = \rho(1) + \rho'(1)h + \mathcal{O}(h^2)$$

folgt mit den Konsistenzbedingungen (4.2.11)

$$\rho(e^h) = \sigma(1)h + \mathcal{O}(h^2)$$

und mit (4.2.17)

$$\frac{1}{h} - \frac{\sigma(e^h)}{\rho(e^h)} = C_{p+1}^* h^{p-1} + \mathcal{O}(h^p) \quad \text{für} \quad h \to 0.$$

Mit $\xi = e^h$ erhalten wir hieraus

$$\frac{1}{\ln \xi} - \frac{\sigma(\xi)}{\rho(\xi)} = C_{p+1}^*(\xi - 1)^{p-1} + \mathcal{O}((\xi - 1)^p) \quad \text{für} \quad \xi \to 1. \tag{9.1.11}$$

Speziell für die Trapezregel ergibt sich

$$\frac{1}{\ln \xi} - \frac{\sigma_T(\xi)}{\rho_T(\xi)} = -\frac{1}{12}(\xi - 1) + \mathcal{O}((\xi - 1)^2) \quad \text{für} \quad \xi \to 1 \tag{9.1.12}$$

mit

$$\rho_T(\xi) = \xi - 1, \quad \sigma_T(\xi) = \frac{1}{2}(\xi + 1).$$

Wir betrachten von jetzt an $p \geq 2$, da für $p = 1$ nichts zu zeigen ist. (9.1.11) lautet dann

$$\frac{1}{\ln \xi} - \frac{\sigma(\xi)}{\rho(\xi)} = C_3^*(\xi - 1) + \mathcal{O}((\xi - 1)^2) \quad \text{für} \quad \xi \to 1, \tag{9.1.13}$$

wobei $C_3^* = 0$ für $p > 2$ ist. Subtraktion von (9.1.13) von (9.1.12) eliminiert den Logarithmus-Term und liefert

$$d(\xi) = \frac{\sigma(\xi)}{\rho(\xi)} - \frac{\sigma_T(\xi)}{\rho_T(\xi)} = (-\frac{1}{12} - C_3^*)(\xi - 1) + \mathcal{O}((\xi - 1)^2) \text{ für } \xi \to 1. \tag{9.1.14}$$

Aus Lemma 9.1.1 folgt für ein A-stabiles Verfahren

$$\mathrm{Re}\left(\frac{\rho(\xi)}{\sigma(\xi)}\right) > 0 \text{ bzw. } \mathrm{Re}\left(\frac{\sigma(\xi)}{\rho(\xi)}\right) > 0 \quad \text{für} \quad |\xi| > 1.$$

Für die Trapezregel gilt für $|\xi| = 1$, d. h. $\xi = e^{i\varphi}$, gerade

$$\mathrm{Re}\left(\frac{\sigma_T(\xi)}{\rho_T(\xi)}\right) = \mathrm{Re}\left(\frac{\frac{1}{2}(e^{i\varphi} + 1)}{e^{i\varphi} - 1}\right) = \mathrm{Re}\left(\frac{\cos\frac{\varphi}{2}}{2i\sin\frac{\varphi}{2}}\right) = 0.$$

Damit folgt

$$\liminf_{\substack{\xi\to\xi_0 \\ |\xi|>1}} \mathrm{Re}\, d(\xi) \geq 0 \quad \text{für } |\xi_0| = 1. \tag{9.1.15}$$

Aus der A-Stabilität folgt die Nullstabilität und damit, dass außerhalb des Einheitskreises keine Nullstellen von $\rho(\xi)$ liegen, d. h. keine Polstellen von $d(\xi)$. Folglich ist $d(\xi)$ außerhalb des Einheitskreises analytisch und nach dem Maximumprinzip für harmonische Funktionen (z. B. [72]) gilt überall außerhalb des Einheitskreises

$$\mathrm{Re}\, d(\xi) \geq 0.$$

Setzen wir insbesondere $\xi = 1 + \varepsilon$ mit $\varepsilon > 0$, hinreichend klein, so folgt aus (9.1.14)

$$0 \leq \mathrm{Re}\, d(\xi) = \left(-\frac{1}{12} - C_3^*\right)\varepsilon + \mathcal{O}(\varepsilon^2)$$

und damit

$$C_3^* \leq -\frac{1}{12}.$$

Die Ordnung $p > 2$, was $C_3^* = 0$ erfordert, ist folglich nicht möglich. Für ein A-stabiles Verfahren 2. Ordnung folgt

$$|C_3^*| \geq \frac{1}{12},$$

d. h., die Trapezregel besitzt die betragsmäßig kleinste Fehlerkonstante. ∎

Bemerkung 9.1.3. Gilt für ein A-stabiles Verfahren $p = 2$ und $C_3^* = -\frac{1}{12}$, so folgt aus (9.1.14), dass $d(\xi)$ bei $\xi = 1$ eine mehrfache Nullstelle hat. Das ist wegen $\mathrm{Re}\, d(\xi) \geq 0$ für $|\xi| > 1$ aber nur für $d(\xi) \equiv 0$ möglich. Setzen wir Teilerfremdheit von $\rho(\xi)$ und $\sigma(\xi)$ voraus, so ist die Trapezregel das einzige A-stabile lineare Mehrschrittverfahren der Ordnung 2 mit $C_3^* = -\frac{1}{12}$. □

Die bisherigen Ergebnisse über die A-Stabilität linearer Mehrschrittverfahren sind nicht sehr optimistisch. Allerdings können unter Abschwächung der Stabilitätsforderungen (A(α)- statt A-Stabilität) geeignete Verfahren zur Lösung steifer Systeme gefunden werden. Die wichtigste Klasse solcher Verfahren sind die BDF-Methoden.

9.2 BDF-Methoden

9.2.1 Darstellung und Eigenschaften

Die zweite Dahlquist-Schranke zeigt, dass ein lineares Mehrschrittverfahren der Ordnung $p > 2$ nicht A-stabil sein kann. Wir beschränken uns demzufolge auf die Forderung der $A(\alpha)$-Stabilität mit möglichst großem Winkel α. Bei Einschrittverfahren haben wir gesehen, dass es insbesondere bei sehr steifen Systemen zweckmäßig ist, dass die Stabilitätsfunktion $R_0(z)$ des Einschrittverfahrens die zusätzliche Forderung $R_0(\infty) = 0$ erfüllt, die der Eigenschaft

$$\lim_{\mathrm{Re}\, z \to -\infty} \exp(z) = 0$$

der Exponentialfunktion entspricht. Für lineare Mehrschrittverfahren entspricht diese Dämpfungseigenschaft der Forderung, dass in (9.1.3) für $|z| \to \infty$ alle k Nullstellen $\xi_1, \ldots, \xi_k$ der charakteristischen Gleichung gegen Null konvergieren. Das ist wegen

$$\frac{\rho(\xi)}{z} - \sigma(\xi) = 0$$

für $|z| \to \infty$ äquivalent zu

$$\sigma(\xi) = \beta_k \xi^k, \quad \beta_k \neq 0,$$

d. h., es gilt $\beta_0 = \cdots = \beta_{k-1} = 0$. Legt man $\beta_k = 1$ fest, so besitzen die entsprechenden linearen Mehrschrittverfahren die Gestalt

$$\alpha_k u_{m+k} + \cdots + \alpha_0 u_m = h f(t_{m+k}, u_{m+k}). \tag{9.2.1}$$

Man erkennt, dass das Polynom $\sigma(\xi)$ eine besonders einfache Darstellung besitzt, während das Polynom $\rho(\xi)$ von allgemeiner Gestalt

$$\rho(\xi) = \sum_{l=0}^{k} \alpha_l \xi^l$$

ist. Bei den Adams-Verfahren war die Situation gerade umgekehrt, dort war das Polynom $\rho(\xi)$ sehr einfach aufgebaut.

Für die Festlegung der Koeffizienten α_l bietet sich ein vergleichbares Vorgehen wie bei den Adams-Methoden an. Allerdings wird jetzt das Interpolationspolynom durch u-Werte und nicht durch f-Werte bestimmt.

Wir legen ein äquidistantes Gitter $I_h = \{t_0 + hl, l = 0, \ldots, N\}$ zugrunde und nehmen an, dass bereits Näherungswerte $u_m, u_{m+1}, \ldots, u_{m+k-1}$ an den Stützstellen $t_m, t_{m+1}, \ldots, t_{m+k-1}$ bekannt sind. Dann bestimmen wir das Interpolationspolynom durch die Stützpunkte (t_{m+l}, u_{m+l}), $l = 0, \ldots, k-1$, und durch (t_{m+k}, u_{m+k}), wobei u_{m+k} der noch unbekannte Näherungswert an der Stelle t_{m+k} ist. Dieses Interpolationspolynom ist entsprechend (4.1.10) in der Newton-Darstellung gegeben durch

$$P(t) = P(t_{m+k-1} + sh) = \sum_{l=0}^{k}(-1)^l \binom{-s+1}{l} \nabla^l u_{m+k}. \qquad (9.2.2)$$

Der unbekannte Wert u_{m+k} wird jetzt durch die Forderung festgelegt, dass das Interpolationspolynom die Differentialgleichung an der Stelle t_{m+k} erfüllen soll, d. h.

$$P'(t_{m+k}) = f(t_{m+k}, u_{m+k}),$$

vgl. Abbildung 9.2.1.

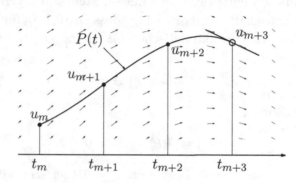

Abbildung 9.2.1: BDF3-Verfahren. Im Punkt (t_{m+3}, u_{m+3}) verläuft das Interpolationspolynom $P(t)$ tangential zum Richtungsfeld.

Es gilt

$$\frac{dP(t)}{dt}\bigg|_{t=t_{m+k}} = \frac{1}{h}\frac{dP(t_{m+k-1}+sh)}{ds}\bigg|_{s=1} = \frac{1}{h}\sum_{l=0}^{k}(-1)^l \underbrace{\frac{d}{ds}\binom{-s+1}{l}\bigg|_{s=1}}_{=:\delta_l} \nabla^l u_{m+k}.$$

Unter Beachtung von

$$(-1)^l \binom{-s+1}{l} = \frac{1}{l!}(s-1)s(s+1)\cdots(s+l-2) \quad \text{für } l > 0$$

und $\binom{-s+1}{0} = 1$ ergibt sich

$$\delta_0 = 0, \quad \delta_l = \frac{1}{l} \quad \text{für } l \geq 1.$$

Damit erhält man letztendlich die *rückwärtigen Differentiationsformeln* (engl. *backward differentiation formulas*), kurz als BDF-Methoden bezeichnet:

$$\sum_{l=1}^{k} \frac{1}{l} \nabla^l u_{m+k} = h f_{m+k}. \tag{9.2.3}$$

Wie bei den Adams-Verfahren zeigt die Darstellung (9.2.3) die Möglichkeit einer Ordnungserhöhung durch Hinzunahme weiterer Stützpunkte.

Diese Verfahrensklasse, die auf numerischer Differentiation beruht, wurde von Curtiss und Hirschfelder [78] eingeführt und vor allem durch die Untersuchungen von Gear [109] bekannt.

Im Gegensatz zu den Adams-Verfahren ist die Nullstabilität der BDF-Verfahren nicht durch die Konstruktion (geeignete Festlegung von $\rho(\xi)$) garantiert und muss anhand des Polynoms $\rho(\xi)$ für jedes k überprüft werden. Es zeigt sich, dass für $k \leq 6$ die Verfahren nullstabil sind, was man durch Berechnung der Nullstellen von $\rho(\xi)$ leicht nachweist, für $k > 6$ sind sie aber instabil, vgl. Cryer [75]. Von praktischem Interesse sind daher nur die Methoden für $k \leq 6$. Diese sind nach Auflösen der rückwärtsgenommenen Differenzen gegeben durch:

$$k = 1: \quad h f_{m+1} = u_{m+1} - u_m$$

$$k = 2: \quad h f_{m+2} = \frac{1}{2}(3u_{m+2} - 4u_{m+1} + u_m)$$

$$k = 3: \quad h f_{m+3} = \frac{1}{6}(11u_{m+3} - 18u_{m+2} + 9u_{m+1} - 2u_m)$$

$$k = 4: \quad h f_{m+4} = \frac{1}{12}(25u_{m+4} - 48u_{m+3} + 36u_{m+2} - 16u_{m+1} + 3u_m)$$

$$k = 5: \quad h f_{m+5} = \frac{1}{60}(137u_{m+5} - 300u_{m+4} + 300u_{m+3} - 200u_{m+2}$$
$$+ 75u_{m+1} - 12u_m) \tag{9.2.4}$$

$$k = 6: \quad h f_{m+6} = \frac{1}{60}(147u_{m+6} - 360u_{m+5} + 450u_{m+4} - 400u_{m+3}$$
$$+ 225u_{m+2} - 72u_{m+1} + 10u_m)$$

Durch Einsetzen in die Konsistenzbedingungen (4.2.7) und (4.2.8) erhält man:

Satz 9.2.1. *Die BDF-Methoden (9.2.4) besitzen die Konsistenzordnung $p = k$. Die Fehlerkonstante ist gegeben durch*

$$C_{p+1}^* = -\frac{1}{k+1}. \qquad \square$$

Aufgrund der Nullstabilität sind die Verfahren nach Satz 4.2.10 damit auch konvergent von der Ordnung p.

Ziel bei der Herleitung der BDF-Verfahren war die Gewinnung A(α)-stabiler Verfahren, bei denen für $|z| \to \infty$ alle Nullstellen der charakteristischen Gleichung gegen null konvergieren. Die zweite Forderung ist durch die Festlegung von $\sigma(\xi)$ erfüllt. Wie sieht es mit der A(α)-Stabilität aus? Zu diesem Zweck betrachten wir wieder die Wurzelortskurve. Sie ist mit (vgl. Aufgabe 7)

$$\rho(\xi) = \sum_{l=1}^{k} \frac{1}{l}(1 - \frac{1}{\xi})^l \xi^k, \quad \sigma(\xi) = \xi^k$$

gegeben durch

$$\Gamma = \left\{ z \in \mathbb{C} : z = \sum_{l=1}^{k} \frac{1}{l}\left(1 - \frac{1}{\xi}\right)^l, \quad \xi = e^{i\varphi}, \quad \varphi \in [0, 2\pi] \right\}.$$

Für $k = 1$ erhalten wir das L-stabile implizite Euler-Verfahren mit dem Stabilitätsgebiet $S = \{z \in \mathbb{C} : |z - 1| \geq 1\}$. Für $k = 2$ gilt für alle z auf der Wurzelortskurve

$$z = \frac{3}{2} - 2e^{-i\varphi} + \frac{1}{2}e^{-2i\varphi}, \quad \varphi \in [0, 2\pi].$$

Daraus folgt

$$\operatorname{Re} z = \frac{3}{2} - 2\cos\varphi + \frac{1}{2}\cos 2\varphi = (1 - \cos\varphi)^2 \geq 0 \quad \text{für alle } \varphi.$$

Die 2-Schritt-BDF-Methode ist folglich A-stabil, für $k > 2$ haben wir nur noch A(α)-Stabilität.

Die Abbildung 9.2.2 zeigt die Stabilitätsgebiete der BDF-Methoden für $k \leq 6$. Tabelle 9.2.1 gibt die entsprechenden Werte für den Winkel α an, vgl. [143].

k	1	2	3	4	5	6
α	90°	90°	86.03°	73.35°	51.84°	17.84°

Tabelle 9.2.1: Werte für α bei der A(α)-Stabilität der BDF-Methoden

Wir wenden uns jetzt BDF-Methoden auf variablem Gitter zu. Die Herleitung der Methoden ist analog zum Fall konstanter Schrittweiten. Man stellt das Interpolationspolynom (9.2.2) mit Hilfe der dividierten Differenzen für nichtäquidistante Gitterpunkte dar:

$$P(t) = \sum_{l=0}^{k} \prod_{i=0}^{l-1} (t - t_{m+k-i}) u[t_{m+k}, \ldots, t_{m+k-l}].$$

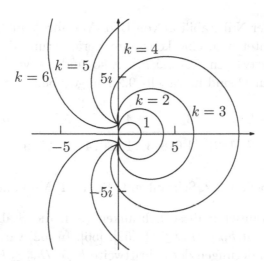

Abbildung 9.2.2: Stabilitätsgebiete der BDF-Methoden. Die Beschriftung (1 bzw. $k = 2$, $k = 3$ usw.) befindet sich an der entsprechenden Wurzelortskurve, das Stabilitätsgebiet selbst ist jeweils das unbeschränkte Gebiet außerhalb der Wurzelortskurve.

Den unbekannten Wert u_{m+k} bestimmt man wieder aus der Forderung

$$P'(t_{m+k}) = f(t_{m+k}, u_{m+k}).$$

Damit ergeben sich die BDF-Methoden auf variablem Gitter zu

$$\sum_{l=1}^{k} h_{m+k-1} \prod_{i=1}^{l-1} (t_{m+k} - t_{m+k-i}) u[t_{m+k}, \ldots, t_{m+k-l}] = h_{m+k-1} f(t_{m+k}, u_{m+k}).$$

Die Bestimmung der Koeffizienten ist hier wesentlich einfacher als bei den Adams-Verfahren, vgl. Abschnitt 4.4.2. Gemäß Definition 4.4.2 besitzen die BDF-Methoden auf variablem Gitter ebenfalls die Konsistenzordnung $p = k$.

Beispiel 9.2.1. Wir betrachten die 2-Schritt-BDF-Methode auf variablem Gitter. Mit $h_l = t_{l+1} - t_l$ lautet das Interpolationspolynom

$$P(t) = u_{m+2} + \frac{u_{m+2} - u_{m+1}}{h_{m+1}} (t - t_{m+2})$$

$$+ \frac{1}{h_m + h_{m+1}} \left(\frac{u_{m+2} - u_{m+1}}{h_{m+1}} - \frac{u_{m+1} - u_m}{h_m} \right) (t - t_{m+1})(t - t_{m+2}).$$

Aus der Forderung $P'(t_{m+2}) = f_{m+2}$ erhält man mit $\omega_{m+1} = h_{m+1}/h_m$ die Methode für variables Gitter

$$u_{m+2} - \frac{(1 + \omega_{m+1})^2}{1 + 2\omega_{m+1}} u_{m+1} + \frac{\omega_{m+1}^2}{1 + 2\omega_{m+1}} u_m = \frac{1 + \omega_{m+1}}{1 + 2\omega_{m+1}} h_{m+1} f_{m+2}. \quad \square$$

Die Untersuchung der Nullstabilität von BDF-Verfahren auf variablem Gitter ist kompliziert. Betrachtet man eine konstante Veränderung der Schrittweite, d. h. eine Folge von Schrittweiten $h, \omega h, \omega^2 h, \ldots$, so sind die Verfahren stabil für $0 < \omega \leq \Omega$. Die Werte für Ω sind in Tabelle 9.2.2 angegeben.

k	1	2	3	4	5	6
Ω	∞	2.41421	1.61803	1.28074	1.12709	1.04430

Tabelle 9.2.2: Schranken Ω für BDF-Methoden

Für $k = 1, 2, 3$ garantieren diese Schranken auch die Stabilität für beliebige Schrittweitenfolgen mit $h_{m+1}/h_m \leq \Omega$, [62], [56]. In [62] wird weiterhin gezeigt, dass für beliebige Änderungen der Schrittweite $h_{m+1}/h_m \leq \Omega^*$ Stabilität garantiert ist mit $\Omega^* = 1.101$ für $k = 4$ und $\Omega^* = 1.01$ für $k = 5$.

Bemerkung 9.2.1. Die Werte in Tabelle 9.2.2 sind für praktische Rechnungen oft zu pessimistisch. Unter verschiedenen sinnvollen Voraussetzungen an die Schrittweitenfolgen (nicht zu schnelle Änderung der Schrittweiten, einige Schritte mit konstanter Schrittweite, ...) erhält man günstigere Aussagen über die Stabilität, vgl. Gear und Tu [115].   □

Aus Satz 4.4.2 folgt unter den dort gemachten Voraussetzungen die Konvergenzordnung $p = k$ für die BDF-Methoden auf variablem Gitter.

Die BDF-Methoden bilden die Basis der meisten Mehrschritt-Codes zur Lösung steifer Systeme. Wegen des kleinen α-Wertes für $k = 6$ werden dabei i. Allg. nur die Verfahren für $k \leq 5$ verwendet. In MATLAB ist der Code ode15s [251] implementiert. Es handelt sich um eine Variante der BDF-Verfahren, die sog. NDF-Methoden, die wir im Folgenden kurz beschreiben.

In jedem Integrationsschritt eines BDF-Verfahrens ist ein nichtlineares Gleichungssystem der Form

$$G(u_{m+k}) = u_{m+k} - \frac{h}{\alpha_k} f(t_{m+k}, u_{m+k}) + r_{m+k} = 0 \qquad (9.2.5)$$

zu lösen. Dabei fasst r_{m+k} die bereits bekannten Werte u_{m+l}, $l = 0, \ldots, k-1$, zusammen. Wegen der großen Lipschitz-Konstante bei steifen Systemen wird (9.2.5) durch ein vereinfachtes Newton-Verfahren gelöst. Aus Stabilitätsgründen ist es dabei nicht sinnvoll, den Startwert $u_{m+k}^{(0)}$ durch ein explizites Prädiktor-Verfahren zu bestimmen, sondern durch Interpolation von zurückliegenden Werten von u_{m+k}. Shampine/Reichelt [251] verwenden den Prädiktor

$$u_{m+k}^{(0)} = \sum_{l=0}^{k} \nabla^l u_{m+k-1}. \qquad (9.2.6)$$

Der Prädiktor (9.2.6) geht zurück bis zum Wert u_{m-1}, während das BDF-Verfahren (9.2.3) nur bis zum Wert u_m zurückreicht. Klopfenstein [176] betrachtet Verfahren der Gestalt

$$\sum_{l=0}^{k} \frac{1}{l} \nabla^l u_{m+k} - \varkappa \gamma_k (u_{m+k} - u_{m+k}^{(0)}) = h f_{m+k}, \tag{9.2.7}$$

die er als *Numerical Differentiation Formulas* (NDF-Verfahren) bezeichnet. Im Vergleich zu den BDF-Methoden kommt der Korrekturterm $-\varkappa \gamma_k (u_{m+k} - u_{m+k}^{(0)})$ hinzu. Hierbei ist $\varkappa$ ein skalarer Parameter und die Koeffizienten γ_k sind durch $\gamma_k = \sum_{j=1}^{k} \frac{1}{j}$ gegeben. Mittels der Rekursionsformel

$$\nabla^{k+1} u_{m+k} = \nabla^k u_{m+k} - \nabla^k u_{m+k-1} \quad \text{für} \quad k \geq 0$$

und der Beziehung (9.2.6) ergibt sich

$$u_{m+k} - u_{m+k}^{(0)} = \nabla^{k+1} u_{m+k}.$$

Das heißt, in (9.2.7) wird jetzt auch der Wert u_{m-1} berücksichtigt. Mit den Konsistenzbedingungen (4.2.7) und (4.2.8) folgt

Satz 9.2.2. *Die NDF-Verfahren (9.2.7) besitzen für jedes $\varkappa$ (mindestens) die Konsistenzordnung $p = k$. Die Fehlerkonstante ist*

$$C_{p+1}^* = -\left(\frac{1}{k+1} + \varkappa \gamma_k \right). \quad \square \tag{9.2.8}$$

Beispiel 9.2.2. Das NDF1-Verfahren der Ordnung 1 ist gegeben durch

$$u_{m+1} - u_m - \varkappa (u_{m+1} - 2u_m + u_{m-1}) = h f_{m+1}.$$

Die Wurzelortskurve ergibt sich mit $\xi = e^{i\varphi}$ zu

$$\Gamma = \left\{ z \in \mathbb{C} : z = 1 - \frac{1}{\xi} - \varkappa \left(1 - \frac{2}{\xi} + \frac{1}{\xi^2} \right) \right\}.$$

Für alle z auf Γ gilt $\operatorname{Re} z = 1 - (1 - 2\varkappa) \cos \varphi - 2\varkappa \cos^2 \varphi$. Für $1 - 2\varkappa \geq 0$ ist das NDF1-Verfahren A-stabil. $\square$

Klopfenstein nutzte den Parameter $\varkappa$ zur Verbesserung der Stabilität. In ode15s wird ein anderer Weg beschritten. Man nutzt $\varkappa$, um die Fehlerkonstante zu verkleinern, und nimmt dabei geringe Verschlechterungen der Stabilität in Kauf. Die bessere Fehlerkonstante erlaubt für gleiche Genauigkeit eine um den Faktor η größere Schrittweite. Tabelle 9.2.1 [251] gibt die in ode15s verwendeten Werte $\varkappa$, den Schrittweitenfaktor η und den Winkel der A(α)-Stabilität an. Wegen des bereits sehr kleinen α-Winkels für $k = 5$ wird diese Methode nicht modifiziert.

k	$\varkappa$	η	α für BDF	α für NDF
1	-0.1850	1.26	90°	90°
2	-1/9	1.26	90°	90°
3	-0.0823	1.26	86°	80°
4	-0.0415	1.12	73°	66°
5	0	1.00	51°	51°

Tabelle 9.2.3: Vergleich BDF- und NDF-Verfahren

9.2.2 Nordsieck-Darstellung

Ein Nachteil der BDF-Methoden auf variablem Gitter ist die Abhängigkeit der Koeffizienten von den verwendeten Schrittweitenverhältnissen. Um die Neuberechnung der Koeffizienten zu vermeiden, kann man alternativ mit konstanten Koeffizienten rechnen und die Schrittweitenwechsel mittels Interpolation realisieren. Diese Form lässt sich mit Hilfe der Nordsieck-Darstellung (vgl. Abschnitt 4.4.3) sehr effizient implementieren. Zur Vereinfachung betrachten wir eine skalare Differentialgleichung. Wir schreiben die BDF-Methoden als „Block-Einschrittverfahren" in der Form

$$
\underbrace{\begin{pmatrix} u_{m+1} \\ u_m \\ u_{m-1} \\ \vdots \\ u_{m-k+2} \\ hf_{m+1} \end{pmatrix}}_{=u^{[m+1]}} = \underbrace{\begin{pmatrix} -\frac{\alpha_{k-1}}{\alpha_k} & -\frac{\alpha_{k-2}}{\alpha_k} & \cdots & -\frac{\alpha_0}{\alpha_k} & 0 \\ 1 & 0 & \cdots & 0 & 0 \\ 0 & 1 & \cdots & 0 & 0 \\ \multicolumn{5}{c}{\dotfill} \\ 0 & 0 & \cdots & 0 & 0 \\ 0 & 0 & \cdots & 0 & 0 \end{pmatrix}}_{=A} \underbrace{\begin{pmatrix} u_m \\ u_{m-1} \\ u_{m-2} \\ \vdots \\ u_{m-k+1} \\ hf_m \end{pmatrix}}_{=u^{[m]}} + \begin{pmatrix} \frac{1}{\alpha_k} \\ 0 \\ 0 \\ \vdots \\ 0 \\ 1 \end{pmatrix} hf_{m+1}.
$$

Der Vektor $u^{[m]}$ wird wieder mit Hilfe einer Matrix W^{-1} in den Nordsieckvektor $z^{[m]}$ überführt, $z^{[m]} = W^{-1}u^{[m]}$. Mit der entsprechenden Taylorentwicklung der exakten Lösung bestimmt man W aus

$$
\begin{pmatrix} y(t_m) \\ y(t_{m-1}) \\ y(t_{m-2}) \\ \vdots \\ y(t_{m-k+1}) \\ hy'(t_m) \end{pmatrix} = \underbrace{\begin{pmatrix} 1 & 0 & 0 & \ldots & 0 \\ 1 & -1 & 1 & \ldots & (-1)^k \\ 1 & -2 & 4 & \ldots & (-2)^k \\ \multicolumn{5}{c}{\dotfill} \\ 1 & 1-k & (1-k)^2 & \ldots & (1-k)^k \\ 0 & 1 & 0 & \ldots & 0 \end{pmatrix}}_{=W} \begin{pmatrix} y(t_m) \\ hy'(t_m) \\ \frac{h^2}{2!}y''(t_m) \\ \vdots \\ \frac{h^{k-1}}{(k-1)!}y^{(k-1)}(t_m) \\ \frac{h^k}{k!}y^{(k)}(t_m) \end{pmatrix} + \mathcal{O}(h^{k+1}).
$$

Wir erhalten damit das Nordsieckverfahren wie in (4.4.23)

$$
z^{[m+1]} = W^{-1}AWz^{[m]} + lhf_{m+1} = Pz^{[m]} + l\Delta_m,
$$

mit $\Delta_m = hf_{m+1} - \sum_{j=1}^{k} jz_j^{[m]}$ und $P_{ij} = \binom{j-1}{i-1}$, $i,j = 1,\ldots,k+1$. Die Koeffizienten $l = W^{-1}(1/\alpha_k, 0, 0, \ldots, 0, 1)^\top$ sind für $k = 1,\ldots,6$ in Tabelle 9.2.4 angegeben. Um die Schrittweite von h auf $h_{\mathrm{neu}} = \omega h$ zu ändern, setzt man nun $z_{\mathrm{neu}}^{[m+1]} = D(\omega)z^{[m+1]}$ mit $D(\omega) = \mathrm{diag}(1, \omega, \omega^2, \ldots, \omega^k)$.

Die Stabilität der BDF-Methoden in Nordsieckform ist schlechter als die der BDF-Methoden auf variablem Gitter. Bezüglich der Nullstabilität sind die Nordsieck-Verfahren für Schrittweitenverhältnisse $h_{\mathrm{neu}}/h > \Omega$ mit Ω aus Tabelle 9.2.5 nicht mehr stabil. Für $k \leq 4$ sind die Werte für Ω z. T. deutlich geringer als die entsprechenden Werte in Tabelle 9.2.2. Für $z \to \infty$ treten weitere Einschränkungen auf [63]. Bei einigen Implementierungen von BDF-Verfahren in Nordsieckform wird daher die Schrittweite über mehrere Schritte konstant gehalten [61].

	$k=1$	$k=2$	$k=3$	$k=4$	$k=5$	$k=6$
l_1	1	$\frac{2}{3}$	$\frac{6}{11}$	$\frac{12}{25}$	$\frac{60}{137}$	$\frac{20}{49}$
l_2	1	1	1	1	1	1
l_3		$\frac{1}{3}$	$\frac{6}{11}$	$\frac{7}{10}$	$\frac{225}{274}$	$\frac{58}{63}$
l_4			$\frac{1}{11}$	$\frac{1}{5}$	$\frac{85}{274}$	$\frac{5}{12}$
l_5				$\frac{1}{50}$	$\frac{15}{274}$	$\frac{25}{252}$
l_6					$\frac{1}{274}$	$\frac{1}{84}$
l_7						$\frac{1}{1764}$

Tabelle 9.2.4: Nordsieck-Koeffizienten für BDF-Methoden

k	1	2	3	4	5	6
Ω	∞	1.73205	1.40628	1.24102	1.13083	1.05216

Tabelle 9.2.5: Schranken Ω für BDF-Methoden in Nordsieckform

Bemerkung 9.2.2. Bei numerischen Tests [61] hat sich gezeigt, dass die BDF-Verfahren mit variablen Koeffizienten trotz der besseren Stabilitätseigenschaften oft nicht so effizient sind wie die BDF-Verfahren in der Nordsieckform. Ausschlaggebend dafür ist weniger der Aufwand zur Neuberechnung der Koeffizienten als vielmehr die Tatsache, dass der führende Koeffizient α_k von $k-1$ zurückliegenden Schrittweitenverhältnissen abhängt. Dadurch ist es i. Allg. nicht möglich, die LR-Faktorisierung der Koeffizientenmatrix $(I - \frac{1}{\alpha_k}h_{m+k-1}f_y)$ des vereinfachten Newton-Verfahrens wiederzuverwenden – selbst dann nicht, wenn die letzten $k-2$ Schrittweiten gleich sind und f_y sich nur wenig geändert hat. Von Jackson/Sacks-Davis [167] wurden deshalb BDF-Verfahren mit festem führenden Koeffizienten (engl. *fixed leading coefficient*) vorgeschlagen. Dafür wählt man in

$$\sum_{l=0}^{k} \alpha_l u_{m+l} = h_{m+k-1}(f_{m+k} + \beta_{k-1}f_{m+k-1})$$

α_k fest wie für BDF-Verfahren mit konstanter Schrittweite. Die $k+1$ verbleibenden Parameter werden anschließend für beliebige Gitter aus der Ordnungsbedingung

$$\sum_{l=0}^{k} \alpha_l y(t_{m+l}) = h_{m+k-1}(y'(t_{m+k}) + \beta_{k-1}y'(t_{m+k-1})) + \mathcal{O}(h_{m+k-1}^{p+1})$$

bestimmt. Zum Beispiel erhält man für $k = 2$

$$\alpha_0 = \frac{\omega_{m+1}^2}{2}, \quad \alpha_1 = \frac{1}{2}, \quad \alpha_2 = \frac{3}{2}, \quad \beta_1 = \frac{1}{2}(1 - \omega_{m+1})$$

und für $k = 3$

$$\alpha_0 = -\frac{\omega_{m+1}^3 \omega_{m+2}^2 (1 + 7\omega_{m+2})}{6(1 + \omega_{m+1})^2}, \quad \alpha_1 = \frac{1}{6}\omega_{m+2}^2(1 + \omega_{m+1} + 7\omega_{m+1}\omega_{m+2}),$$

$$\alpha_2 = -\frac{11(1 + \omega_{m+1})^2 + (1 + 3\omega_{m+1}(1 + \omega_{m+1}))\omega_{m+2}^2 + 7\omega_{m+1}(1 + 2\omega_{m+1})\omega_{m+2}^3}{6(1 + \omega_{m+1})^2},$$

$$a_3 = \frac{11}{6}, \quad \beta_2 = -\frac{-5 + \omega_{m+2} + \omega_{m+1}(1 + \omega_{m+2})(7\omega_{m+2} - 5)}{6(1 + \omega_{m+1})}.$$

Für konstante Schrittweiten $\omega_{m+1} = \omega_{m+2} = 1$ verschwindet β_{k-1} und man erhält die bekannten Koeffizienten. BDF-Verfahren mit festem führenden Koeffizienten sind z. B. im Fortran-Code VODE [32] implementiert. Für anspruchsvolle Probleme kann VODE aufgrund der besseren Stabilitätseigenschaften effizienter sein als BDF-Methoden in Nordsieckform wie z. B. LSODE [150].   □

9.3 One-Leg-Methoden und G-Stabilität

One-Leg-Methoden wurden 1975 von Dahlquist [82] eingeführt. Wir betrachten ein lineares Mehrschrittverfahren

$$\sum_{l=0}^{k} \alpha_l u_{m+l} = h \sum_{l=0}^{k} \beta_l f(t_{m+l}, u_{m+l}) \quad \text{bzw.}$$

$$\rho(E_h)u_m = h\sigma(E_h)f(t_m, u_m),$$

(9.3.1)

wobei die erzeugenden Polynome

$$\rho(\xi) = \sum_{l=0}^{k} \alpha_l \xi^l, \quad \sigma(\xi) = \sum_{l=0}^{k} \beta_l \xi^l$$

teilerfremd sind und die Koeffizienten β_l der Normierungsbedingung

$$\sigma(1) = 1$$

genügen. Dann ist die zugehörige *One-Leg-Methode* gegeben durch

$$\sum_{l=0}^{k} \alpha_l v_{m+l} = h f(\sum_{l=0}^{k} \beta_l \tau_{m+l}, \sum_{l=0}^{k} \beta_l v_{m+l}) \quad \text{bzw.}$$

$$\rho(E_h)v_m = h f(\sigma(E_h)\tau_m, \sigma(E_h)v_m).$$

(9.3.2)

Bei One-Leg-Methoden tritt also keine Linearkombination von Funktionswerten auf, sondern ein Funktionsaufruf, dessen Argumente Linearkombinationen von τ- und v-Werten sind.

Bemerkung 9.3.1. Das explizite Euler-Verfahren und das implizite Euler-Verfahren sind beide One-Leg-Methoden. Jede lineare Mehrschritt-Methode, für die genau ein β_j von Null verschieden ist, ist eine One-Leg-Methode. Die BDF-Methoden und die explizite Mittelpunktregel (2.1.5) sind folglich One-Leg-Methoden.   □

Im allgemeinen Fall liefern die Verfahren (9.3.1) und (9.3.2) unterschiedliche Näherungslösungen, die aber eng miteinander zusammenhängen.

Beispiel 9.3.1. Für die θ-Methode

$$u_{m+1} = u_m + h[(1-\theta)f(t_m, u_m) + \theta f(t_{m+1}, u_{m+1})] \qquad (9.3.3)$$

ist die zugehörige One-Leg-Methode gegeben durch

$$v_{m+1} = v_m + hf(\tau_m + \theta h, (1-\theta)v_m + \theta v_{m+1}). \qquad (9.3.4)$$

Zwischen beiden Methoden besteht folgende Beziehung:

Ist $\{t_m, u_m\}$ Lösung der θ-Methode (9.3.3), dann ist

$$v_m = u_m - h\theta f(t_m, u_m), \quad \tau_m = t_m - \theta h$$

Lösung der One-Leg-Methode (9.3.4). Ist umgekehrt $\{\tau_m, v_m\}$ Lösung der One-Leg-Methode (9.3.4), dann ist

$$u_m = (1-\theta)v_m + \theta v_{m+1}, \quad t_m = \tau_m + \theta h$$

Lösung der θ-Methode (9.3.3). $\square$

Der folgende Satz verallgemeinert dieses Resultat auf allgemeine lineare Mehrschrittverfahren und zugehörige One-Leg-Methoden. Der Einfachheit halber betrachten wir autonome Systeme. Dann gilt [276]

Satz 9.3.1. *Gegeben sei ein lineares k-Schrittverfahren (9.3.1) mit teilerfremden Polynomen $\rho(\xi)$ und $\sigma(\xi)$ und die zugehörige One-Leg-Methode (9.3.2). Dann existieren Polynome P und Q vom Grad $k-1$ mit*

$$P(\xi)\sigma(\xi) - Q(\xi)\rho(\xi) = 1. \qquad (9.3.5)$$

Ist $\{u_m\}$ Lösung des linearen Mehrschrittverfahrens (9.3.1) und wird v_m definiert durch

$$v_m = P(E_h)u_m - hQ(E_h)f(u_m), \qquad (9.3.6)$$

dann ist $u_m = \sigma(E_h)v_m$, und $\{v_m\}$ ist Lösung der One-Leg-Methode (9.3.2).

Ist umgekehrt $\{v_m\}$ Lösung der One-Leg-Methode (9.3.2) und wird u_m definiert durch $u_m = \sigma(E_h)v_m$, dann ist $\{u_m\}$ Lösung des linearen Mehrschrittverfahrens (9.3.1) und v_m erfüllt (9.3.6).

Beweis. Die Existenz der Polynome P und Q folgt aus dem Euklidischen Algorithmus.

Sei u_m Lösung des linearen Mehrschrittverfahrens. Durch Multiplikation von (9.3.6) mit $\sigma(E_h)$ ergibt sich

$$\begin{aligned}
\sigma(E_h)v_m &= \sigma(E_h)P(E_h)u_m - h\sigma(E_h)Q(E_h)f(u_m) \\
&= [\sigma(E_h)P(E_h) - \rho(E_h)Q(E_h)]u_m \quad \text{wegen (9.3.1)} \qquad (9.3.7) \\
&= u_m \quad \text{mit (9.3.5).}
\end{aligned}$$

Bei Multiplikation von (9.3.6) mit $\rho(E_h)$ erhalten wir

$$\begin{aligned}
\rho(E_h)v_m &= P(E_h)\rho(E_h)u_m - hQ(E_h)\rho(E_h)f(u_m) \\
&= hP(E_h)\sigma(E_h)f(u_m) - hQ(E_h)\rho(E_h)f(u_m) \\
&= hf(u_m) = hf(\sigma(E_h)v_m) \quad \text{wegen (9.3.7)},
\end{aligned}$$

d. h., v_m ist Lösung der One-Leg-Methode (9.3.2).

Die andere Richtung zeigt man analog. ∎

Für die θ-Methode (9.3.3) und zugehörige One-Leg-Methode (9.3.4) ist

$$\rho(\xi) = \xi - 1, \quad \sigma(\xi) = 1 - \theta + \theta\xi \quad \text{und} \quad P(\xi) = 1, \quad Q(\xi) = \theta.$$

Außer den in Bemerkung 9.3.1 genannten One-Leg-Methoden, die gleichzeitig lineare Mehrschrittverfahren sind, und der einer θ-Methode zugehörigen One-Leg-Methode werden One-Leg-Methoden in der Praxis kaum verwendet. Ihre Bedeutung liegt vor allem darin, dass für sie einfacher Aussagen über nichtlineare Kontraktivität gezeigt werden können, die sich dann wegen Satz 9.3.1 auf die zugehörigen linearen Mehrschrittverfahren übertragen lassen.

Wir betrachten ein Differentialgleichungssystem $y' = f(t, y)$ mit

$$\langle f(t, u) - f(t, v), u - v \rangle \leq 0, \quad t \in [t_0, t_e], \quad u, v, \in \mathbb{R}^n. \tag{9.3.8}$$

Nach Definition 7.2.2 ist das System schwach kontraktiv (dissipativ). Die entsprechende Forderung an die numerische Lösung führt für Mehrschrittverfahren zum Begriff der *G-Stabilität*. Da im Unterschied zu Einschrittverfahren die numerische Lösung u_{m+k} nicht nur von u_{m+k-1}, sondern von $u_{m+k-1}, \ldots, u_m$ abhängt, ist die Forderung $\|u_{m+k} - v_{m+k}\| \leq \|u_{m+k-1} - v_{m+k-1}\|$ i. Allg. nicht erfüllbar. Man betrachtet daher den Vektor

$$U_m = (u_{m+k-1}^\top, \ldots, u_m^\top)^\top$$

und fordert dafür schwache Kontraktivität in der Norm

$$\|U_m\|_G^2 = \sum_{i=1}^{k} \sum_{j=1}^{k} g_{ij} \langle u_{m+k-i}, u_{m+k-j} \rangle. \tag{9.3.9}$$

Dabei ist $\langle ., . \rangle$ das Skalarprodukt aus (9.3.8), und die Matrix

$$G = (g_{ij})_{i,j=1}^{k} \in \mathbb{R}^{k,k}$$

ist symmetrisch und positiv definit.

Definition 9.3.1. (vgl. [83]) Die One-Leg-Methode (9.3.2) heißt *G-stabil*, wenn eine reelle, symmetrische und positiv definite Matrix G existiert, so dass für beliebig vorgegebene Startwerte U_0, V_0 gilt

$$\|U_{m+1} - V_{m+1}\|_G \le \|U_m - V_m\|_G \tag{9.3.10}$$

für alle Schrittweiten $h > 0$ und alle Systeme, die (9.3.8) erfüllen. $\square$

Ein lineares Mehrschrittverfahren und die zugehörige One-Leg-Methode sind bei Anwendung auf $y' = \lambda y$ wegen

$$\rho(E_h)v_m = hf(\sigma(E_h)\tau_m, \sigma(E_h)v_m) = h\lambda\sigma(E_h)v_m$$

äquivalent. Eine Konsequenz hieraus ist, dass die zweite Dahlquist-Schranke auch für One-Leg-Methoden gilt, d.h., es gibt keine A-stabile One-Leg-Methode der Ordnung $p > 2$.

Satz 9.3.2. *G-Stabilität impliziert A-Stabilität.*

Beweis. Der Beweis kann analog zum Beweis von Satz 8.2.14 geführt werden ∎

Dahlquist zeigte 1978 [83] die Äquivalenz von A- und G-Stabilität. Das heißt, die Stabilität für eine lineare Testgleichung ist in gewissem Sinne äquivalent zur Stabilität für nichtlineare, schwach kontraktive Systeme.

Satz 9.3.3. *Eine One-Leg-Methode mit teilerfremden Polynomen ρ und σ ist G-stabil genau dann, wenn sie A-stabil ist.* $\square$

Zum Beweis verweisen wir auf Dahlquist [83].

Folgerung 9.3.1. *Ein lineares Mehrschrittverfahren mit teilerfremden erzeugenden Polynomen ρ und σ ist A-stabil genau dann, wenn die zugehörige One-Leg-Methode G-stabil ist.* $\square$

Abschließend wollen wir noch ein Beispiel betrachten:

Beispiel 9.3.2. Die 2-Schritt-BDF-Methode

$$\frac{3}{2}u_{m+2} - 2u_{m+1} + \frac{1}{2}u_m = hf(t_{m+2}, u_{m+2}) \tag{9.3.11}$$

ist A-stabil und folglich nach Satz 9.3.3 G-stabil. Um (9.3.10) direkt nachzuweisen, setzen wir (vgl. [53])

$$W_m = U_m - V_m = \begin{pmatrix} u_{m+1} - v_{m+1} \\ u_m - v_m \end{pmatrix} \quad \text{und} \quad G = \begin{pmatrix} 5 & -2 \\ -2 & 1 \end{pmatrix}.$$

Dann gilt

$$\|W_m\|_G^2 - \|W_{m+1}\|_G^2 = \langle W_m, W_m \rangle_G - \langle W_{m+1}, W_{m+1} \rangle_G$$

$$= \langle w_m, w_m \rangle + 4\langle -w_m + w_{m+1} + w_{m+2}, w_{m+1} \rangle - 5\langle w_{m+2}, w_{m+2} \rangle$$

$$= \|w_{m+2} - 2w_{m+1} + w_m\|_2^2 - 4\left\langle \frac{3}{2}w_{m+2} - 2w_{m+1} + \frac{1}{2}w_m, w_{m+2} \right\rangle \geq 0$$

wegen (9.3.11) und (9.3.8) □.

9.4 Weiterführende Bemerkungen

Die zweite Dahlquist-Schranke führte zur Einführung der A(α)-Stabilität, die speziell auf lineare Mehrschrittverfahren zugeschnitten ist. Betrachtet man das Stabilitätsgebiet der BDF-Methoden, so erkennt man, dass aber auch die A(α)-Stabilität die Besonderheiten dieses Stabilitätsgebietes nicht voll erfasst. Gear [108] führte daher den Begriff steif-stabil ein.

Definition 9.4.1. Ein Verfahren heißt *steif-stabil*, wenn das Stabilitätsgebiet die Gebiete $D_1 = \{z : \operatorname{Re} z < -a\}$ und $D_2 = \{z : -a \leq \operatorname{Re} z < 0, -c \leq \operatorname{Im} z \leq c\}$ mit positiven reellen Zahlen a und c enthält. □

Die folgende Abbildung stellt das entsprechende Gebiet dar:

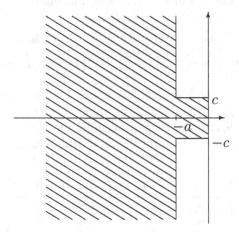

Steif-stabile Verfahren sind dann geeignet, wenn keine Eigenwerte der Jacobi-Matrix mit kleinem negativen Realteil und großem Imaginärteil auftreten. Ein steif-stabiles Verfahren ist auch A(α)-stabil mit $\alpha = \arctan(c/a)$.

Die BDF-Methoden sind steif-stabil. Der zugehörige Parameter a ist der Tabelle 9.4.1 angegeben, vgl. [143].

Da die Winkel α für BDF-Methoden hoher Ordnung klein sind, hat man versucht, andere lineare Mehrschrittverfahren hoher Ordnung mit großem α zu finden. Grigorieff und

k	1	2	3	4	5	6
a	0	0	0.083	0.667	2.327	6.075

Tabelle 9.4.1: Parameter a für die BDF-Methoden

Schroll [125] zeigten, dass für jeden Winkel $\alpha < \pi/2$ und für jedes $k \in \mathbb{N}$ ein A(α)-stabiles lineares k-Schrittverfahren der Ordnung $p = k$ existiert. Wenn trotzdem die BDF-Methoden immer noch die am meisten verwendeten linearen Mehrschrittverfahren für steife Systeme sind, dann liegt das daran, dass die Fehlerkonstanten für A(α)-stabile Methoden hoher Ordnung mit α nahe $\pi/2$ sehr groß werden (Jeltsch und Nevanlinna [170]). Diese Methoden besitzen daher keine praktische Bedeutung.

Eine Möglichkeit zur Überwindung der zweiten Dahlquist-Schranke besteht darin, die Verfahren geeignet zu modifizieren, d. h., man geht ab von reinen linearen Mehrschrittverfahren. Eine solche Modifikation ist die Verwendung von zweiten Ableitungen (engl. *second derivative multistep methods*). Derartige Verfahren wurden von Enright [98] untersucht. Er betrachtet eine Klasse von k-Schrittverfahren der Gestalt

$$u_{m+k} = u_{m+k-1} + h \sum_{l=0}^{k} \beta_l f_{m+l} + h^2 \gamma_k g_{m+k} \qquad (9.4.1)$$

mit $g = f_t + f_y f$. Die Koeffizienten in (9.4.1) werden so bestimmt, dass das Verfahren die Ordnung $p = k + 2$ besitzt. Für $k = 1, 2$ bekommt man

$$k = 1: \quad u_{m+1} = u_m + h\left(\tfrac{2}{3}f_{m+1} + \tfrac{1}{3}f_m\right) - \tfrac{1}{6}h^2 g_{m+1}$$
$$k = 2: \quad u_{m+2} = u_{m+1} + h\left(\tfrac{29}{48}f_{m+2} + \tfrac{5}{12}f_{m+1} - \tfrac{1}{48}f_m\right) - \tfrac{1}{8}h^2 g_{m+2}.$$

Bezüglich der Koeffizienten für $k = 3, \ldots, 7$ verweisen wir auf [98]. Die Verfahren (9.4.1) sind für $k = 1$ (Ordnung $p = 3$) und $k = 2$ (Ordnung $p = 4$) A-stabil und für $k = 3, \ldots, 7$ steif-stabil. Die Tabelle 9.4.2, vgl. [98], [143], gibt die Ordnung p, den Winkel α der A(α)-Stabilität und den Parameter a für die Steif-Stabilität an.

k	1	2	3	4	5	6	7
p	3	4	5	6	7	8	9
α	90°	90°	87.88°	82.03°	73.10°	59.95°	37.61°
a	0	0	0.103	0.526	1.339	2.728	5.182

Tabelle 9.4.2: Werte für α und a für Enright-Verfahren der Ordnung p

Eine andere Art der Modifikation besteht in der expliziten Einbeziehung der Jacobi-Matrix in die Verfahrensvorschrift, ähnlich wie bei W-Methoden. Man verbindet eine

Adams-Moulton-Methode mit k Schritten

$$u_{m+k} = u_{m+k-1} + h \sum_{l=0}^{k} \beta_l^{AM} f_{m+l}$$

und eine BDF-Methode mit k Schritten

$$\sum_{l=0}^{k} \alpha_l^{BDF} u_{m+l} = h f_{m+k}$$

zu einer „gemischten" Methode (engl. *blended multistep method*), Skeel und Kong [256]:

$$u_{m+k} = u_{m+k-1} + h \sum_{l=0}^{k} \beta_l^{AM} f_{m+l} - \gamma_k J(-\sum_{l=0}^{k} \alpha_l^{BDF} u_{m+l} + h f_{m+k}), \qquad (9.4.2)$$

wobei J eine Approximation an die Jacobi-Matrix ist. Diese Methode besitzt die Ordnung $p = k + 1$. Für nichtsteife Systeme ($\|hJ\|$ klein) liefert das Adams-Verfahren den Hauptanteil, für steife Systeme ($\|hJ\|$ groß) die BDF-Methode. Die Stabilitätseigenschaften hängen wesentlich von γ_k ab. Skeel und Kong [256] haben optimale Werte für γ_k berechnet. Die entsprechenden Verfahren sind bis zur Ordnung $p = 4$ A-stabil, bis zur Ordnung 12 steif-stabil. Dabei beträgt der Stabilitätswinkel α für $p = 8$ noch 77°. Auf diesen Methoden basierende Codes können durchaus konkurrenzfähig zu den BDF-Methoden sein.

Eine weitere Möglichkeit, die zweite Dahlquist-Schranke zu brechen, besteht im Hinzufügen von „off-step points". Cash [68] erweitert die BDF-Methoden durch Hinzunahme eines „super-future point" u_{m+k+1}. Diese Verfahren der Ordnung $p = k + 1$, die *extended BDF-Methoden (EBDF-Methoden)*, sind gegeben durch

$$\sum_{l=0}^{k} \alpha_l u_{m+l} = h \beta_k f_{m+k} + h \beta_{k+1} f_{m+k+1}. \qquad (9.4.3)$$

Setzt man voraus, dass bereits Näherungswerte u_{m+l} in t_{m+l} für $l = 0, \ldots, k-1$ vorliegen, so besteht eine EBDF-Methode aus folgenden Schritten:

Schritt 1: Berechne eine Näherungslösung $\bar{u}_{m+k}$ mit der k-Schritt-BDF-Methode

$$\bar{u}_{m+k} + \sum_{l=0}^{k-1} \widehat{\alpha}_l u_{m+l} = h \widehat{\beta}_k f(t_{m+k}, \bar{u}_{m+k}). \qquad (9.4.4a)$$

Schritt 2: Berechne eine Näherungslösung $\bar{u}_{m+k+1}$ mit der gleichen k-Schritt-BDF-Methode

$$\bar{u}_{m+k+1} + \widehat{\alpha}_{k-1} \bar{u}_{m+k} + \sum_{l=0}^{k-2} \widehat{\alpha}_l u_{m+l+1} = h \widehat{\beta}_k f(t_{m+k+1}, \bar{u}_{m+k+1}) \qquad (9.4.4b)$$

und setze $\bar{f}_{m+k+1} = f(t_{m+k+1}, \bar{u}_{m+k+1})$.

Schritt 3: Berechne eine korrigierte Näherungslösung u_{m+k} in t_{m+k} aus

$$u_{m+k} + \sum_{l=0}^{k-1} \alpha_l u_{m+l} = h\beta_k f_{m+k} + h\beta_{k+1} \overline{\overline{f}}_{m+k+1}. \qquad (9.4.4c)$$

Dann gilt, Cash [68]: Hat die k-Schritt-EBDF-Methode (9.4.3) die Ordnung $k+1$ und die BDF-Methoden in (9.4.4a) und (9.4.4b) die Ordnung k, dann ist das Verfahren (9.4.4) von der Ordnung $k+1$.

Zur Vermeidung einer zusätzlichen LR-Faktorisierung schlägt Cash [66] vor, den Schritt 3 zu ersetzen durch

Schritt 3*:

$$u_{m+k} + \sum_{l=0}^{k-1} \alpha_l u_{m+l} = h\widehat{\beta}_k f_{m+k} + h(\beta_k - \widehat{\beta}_k)\overline{f}_{m+k} + h\beta_{k+1} \overline{\overline{f}}_{m+k+1}. \qquad (9.4.5)$$

Die modifizierten EBDF-Methoden (MEBDF-Methoden) (9.4.4a), (9.4.4b) und (9.4.5) besitzen die gleiche Ordnung wie die EBDF-Methoden. Zur Lösung der nichtlinearen Gleichungssysteme mittels vereinfachtem Newton-Verfahren kann jetzt in allen drei Stufen die gleiche LR-Zerlegung verwendet werden. Die Verfahren sind A-stabil bis zur Ordnung $p = 4$ und steif-stabil bis zur Ordnung $p = 9$, vgl. Cash [66]. Die Tabelle 9.4.3 gibt die Ordnung und den Winkel der A(α)-Stabilität an. Die zugehörigen Stabilitätsgebiete findet man in [143].

k	1	2	3	4	5	6	7	8
p	2	3	4	5	6	7	8	9
α	90°	90°	90°	88.4°	83.1°	74.5°	62°	42.9°

Tabelle 9.4.3: Werte für α für MEBDF-Verfahren der Ordnung p

9.5 Aufgaben

1. Wir betrachten das 2-Schrittverfahren

$$u_{m+2} - (1+\alpha)u_{m+1} + \alpha u_m = \frac{h}{12}\left[(5+\alpha)f_{m+2} + 8(1-\alpha)f_{m+1} - (1+5\alpha)f_m\right].$$

Man ermittle die Ordnung und das Stabilitätsintervall (z reell) in Abhängigkeit von α. Für $\alpha = 1$ und $\alpha = -1$ bestimme man mit Hilfe der Wurzelortskurve das Stabilitätsgebiet S des Verfahrens.

2. Man bestimme das Stabilitätsgebiet der 3-Schritt-Nyström-Methode

$$u_{m+3} = u_{m+1} + \frac{h}{3}(7f_{m+2} - 2f_{m+1} + f_m).$$

3. Mit Hilfe der Wurzelortskurve Γ zeige man, dass das Stabilitätsgebiet S des 2-Schritt-verfahrens

$$u_{m+2} - u_m = \frac{1}{2}h(f_{m+1} + 3f_m)$$

ein Kreis mit dem Mittelpunkt $(-\frac{2}{3}, 0)$ und dem Radius $\frac{2}{3}$ ist.

4. Man untersuche die A-Stabilität des Verfahrens

$$u_{m+2} - u_m = h[\beta f_{m+2} + 2(1-\beta)f_{m+1} + \beta f_m]$$

in Abhängigkeit von β.

5. Für das $P(EC)^M E$-Verfahren mit dem expliziten Euler-Verfahren als Prädiktor und der Trapezregel als Korrektor bestimme man die Stabilitätsgebiete

$$S^{(M)} = \{z \in \mathbb{C} : \quad |\xi_1^{(M)}(z)| < 1\}$$

für $M = 1, 2, 3$. Dabei ist $\xi_1^{(M)}(z)$ die Wurzel des zum $P(EC)^M E$-Verfahren gehörenden charakteristischen Polynoms. Was ergibt sich für $M \to \infty$?

6. Man bestimme das Stabilitätsgebiet des modifizierten Euler-Verfahrens

$$u_{m+1} = u_m + hf(t_m + \frac{h}{2}, u_m + \frac{h}{2}f(t_m, u_m)).$$

7. Zeigen Sie, dass für ein k-Schritt-BDF-Verfahren

$$\rho(\xi) = \sum_{l=1}^{k} \frac{1}{l}\xi^{k-l}(\xi - 1)^l$$

gilt.

8. Man konstruiere gemäß (9.4.2) das gemischte 2-Schrittverfahren und bestimme die Konsistenzordnung.

10 Linear-implizite Peer-Methoden

In Kapitel 5 haben wir explizite Peer-Methoden untersucht, die sich in den numerischen Tests als sehr effizient für nichtsteife Systeme erwiesen haben. Für steife Systeme sind sie aber ungeeignet, da sie nur ein beschränktes Stabilitätsgebiet besitzen. Abbildung 10.0.1 zeigt das Stabilitätsgebiet des Verfahrens peer5 (vgl. Beispiel 5.3.1).

In diesem Kapitel stehen linear-implizite Peer-Methoden für steife Systeme im Mittelpunkt, die 2004 von Schmitt und Weiner [237] zuerst mit Blick auf eine Implementierung auf Parallelrechnern eingeführt wurden. Später wurden sie verallgemeinert auf sequentielle Verfahren [219]. Diese Methoden zeichnen sich durch eine hohe Stufenordnung aus und vermeiden dadurch die Ordnungsreduktion linear-impliziter RK-Verfahren bei steifen Systemen. Weiterhin gehen wir kurz auf implizite Peer-Methoden ein.

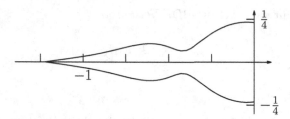

Abbildung 10.0.1: Stabilitätsgebiet des expliziten Verfahrens peer5

10.1 Definition der Verfahren und Konsistenzaussagen

Eine s-stufige linear-implizite Peer-Methode zur Lösung des Anfangswertproblems (2.0.1) ist gegeben durch

$$(I - h_m \gamma T_m) Y_{m,i} = \sum_{j=1}^{s} b_{ij} Y_{m-1,j} + h_m \sum_{j=1}^{s} a_{ij} \left(F_{m-1,j} - T_m Y_{m-1,j} \right)$$

$$+ h_m T_m \sum_{j=1}^{i-1} g_{ij} Y_{m,j}, \quad i = 1, \dots, s. \tag{10.1.1}$$

Wie bei expliziten Peer-Methoden werden s Näherungen $Y_{m,i} \approx y(t_{mi}) = y(t_m + c_i h_m)$ berechnet. Zur Abkürzung haben wir $F_{m,i} = f(t_m + c_i h_m, Y_{m,i})$ gesetzt. T_m ist wie bei W-Methoden eine beliebige Matrix, aus Stabilitätsgründen wird aber eine Approximation an die Jacobi-Matrix verwendet. Man hat also s lineare Gleichungssysteme mit gleicher Koeffizientenmatrix zu lösen, wofür nur eine LR-Zerlegung erforderlich ist.

Die Koeffizienten b_{ij}, a_{ij}, g_{ij}, c_i fassen wir für eine kompakte Schreibweise zusammen in (s, s)-Matrizen B_m, A_m, G_0 und dem Vektor c. Dabei ist G_0 eine streng untere Dreiecksmatrix. Die Koeffizienten B_m, A_m und $G = G_0 + \gamma I$ mit $\gamma > 0$ können vom Verhältnis der Schrittweiten $\sigma_m = h_m/h_{m-1}$ abhängen. Wir werden hier aber Methoden betrachten, bei denen die untere Dreiecksmatrix G konstant ist. Im Weiteren beschränken wir uns zur Vereinfachung der Darstellung auf skalare Differentialgleichungen. Die Methode ist dann gegeben durch

$$(I - h_m G T_m)Y_m = B_m Y_{m-1} + h_m A_m (F_{m-1} - T_m Y_{m-1}).$$

Bemerkung 10.1.1. Für $G_0 = 0$ können alle s Stufen parallel berechnet werden. In diesem Fall kann auch die Verwendung unterschiedlicher γ-Werte in den einzelnen Stufen sinnvoll sein [240]. □

Für Konsistenzaussagen betrachten wir wie bei expliziten Peer-Methoden das Residuum bei Einsetzen der exakten Lösung in (10.1.1):

$$\Delta_m = Y(t_m) - h_m G T_m Y(t_m) - B_m Y(t_{m-1}) - h_m A_m \left(Y'(t_{m-1}) - T_m Y(t_{m-1}) \right) \tag{10.1.2}$$

mit

$$Y(t_m) = \begin{pmatrix} y(t_m + c_1 h_m) \\ \vdots \\ y(t_m + c_s h_m) \end{pmatrix}, \quad Y(t_{m-1}) = \begin{pmatrix} y(t_{m-1} + c_1 h_{m-1}) \\ \vdots \\ y(t_{m-1} + c_s h_{m-1}) \end{pmatrix}.$$

Definition 10.1.1. Die Peer-Methode besitzt die Konsistenzordnung p, wenn

$$\Delta_m = \mathcal{O}(h_m^{p+1}) \text{ für } h_m \to 0$$

gilt. □

Wir fordern also, dass in allen Stufen $\Delta_{mi} = \mathcal{O}(h_m^{p+1})$ gilt, d.h., für Peer-Methoden sind Stufenordnung und Konsistenzordnung gleich.

Mit der Taylorentwicklung der exakten Lösung (vgl. (5.1.5)) erhalten wir für das Residuum

$$\Delta_m = \sum_{l=0}^{p} \left(c^l - \frac{1}{\sigma_m^l} B_m (c - \mathbb{1})^l - \frac{l}{\sigma_m^{l-1}} A_m (c - \mathbb{1})^{l-1} \right) \frac{h_m^l}{l!} y^{(l)}(t_m)$$

$$- \sum_{l=0}^{p-1} \left(Gc^l - \frac{1}{\sigma_m^l} A_m (c - \mathbb{1})^l \right) \frac{h_m^{l+1}}{l!} T_m y^{(l)}(t_m) + \mathcal{O}(h_m^{p+1}).$$

(10.1.3)

Im Unterschied zu expliziten Peer-Methoden treten hier Terme auf, die die Matrix T_m enthalten.

Durch Nullsetzen der Koeffizienten von $\frac{h_m^l}{l!} y^{(l)}(t_m)$ und $\frac{h_m^{l+1}}{l!} T_m y^{(l)}(t_m)$ erhalten wir Ordnungsbedingungen für die Koeffizienten des Verfahrens. Mit den Bezeichnungen

$$AB(l) := c^l - B_m \frac{(c - \mathbb{1})^l}{\sigma_m^l} - l A_m \frac{(c - \mathbb{1})^{l-1}}{\sigma_m^{l-1}},$$

$$G(l) := Gc^l - A_m \frac{(c - \mathbb{1})^l}{\sigma_m^l}$$

gilt dann offensichtlich

Satz 10.1.1. *Seien die Bedingungen $AB(l) = 0$ erfüllt für $l = 0, \ldots, p$ und $G(l) = 0$ für $l = 0, \ldots, p-1$. Dann besitzt die Peer-Methode für beliebige Matrizen T_m die Konsistenzordnung p.* $\square$

Im Folgenden geben wir eine explizite Darstellung von Verfahren der Ordnung $p = s - 1$, indem wir A_m und B_m durch c und G ausdrücken. Dafür benötigen wir nach Satz 10.1.1 $AB(l) = 0$ für $l = 0, \ldots, s - 1$ und $G(l) = 0$ für $l = 0, \ldots, s - 2$. Wir fordern zur Vereinfachung zusätzlich $G(s - 1) = 0$, da die Darstellung dann eindeutig wird. Wir schreiben die Bedingungen in Matrixform auf (jedes l entspricht einer Spalte). Für $AB(l) = 0$, $l = 0, \ldots, s - 1$ ergibt sich

$$(\mathbb{1}, c, \ldots, c^{s-1}) = B_m (\mathbb{1}, c - \mathbb{1}, \ldots, (c - \mathbb{1})^{s-1}) S_m^{-1}$$
$$+ A_m (0, \mathbb{1}, c - \mathbb{1}, \ldots, (c - \mathbb{1})^{s-2}) \mathrm{diag}(0, 1, 2/\sigma_m, \ldots, (s - 1)/\sigma_m^{s-2})$$

und für $G(l) = 0$, $l = 0, \ldots, s - 1$

$$G(\mathbb{1}, c, \ldots, c^{s-1}) = A_m (\mathbb{1}, c - \mathbb{1}, \ldots, (c - \mathbb{1})^{s-1}) S_m^{-1}, \quad S_m = \mathrm{diag}(1, \sigma_m, \ldots, \sigma_m^{s-1}).$$

Mit den im Kapitel 5 eingeführten Matrizen (vgl. (5.1.11)) und

$$F_0 = [e_2, e_3, \ldots, e_s, 0] = \begin{pmatrix} 0 & 0 & \cdots & 0 & 0 \\ 1 & 0 & \cdots & 0 & 0 \\ & & \ddots & \ddots & \\ 0 & 0 & \cdots & 1 & 0 \end{pmatrix}$$

erhalten wir

$$A_m = GV_0 S_m V_1^{-1}, \tag{10.1.4}$$

$$B_m = (V_0 - A_m V_1 S_m^{-1} D F_0^\top) S_m V_1^{-1} = (V_0 - G V_0 D F_0^\top) S_m V_1^{-1}. \tag{10.1.5}$$

Die Koeffizienten G und c sind noch frei. Sie können dazu verwendet werden, L(α)-stabile Verfahren mit möglichst großem Winkel α zu konstruieren.

10.2 Stabilität und Konvergenz

Anwendung einer Peer-Methode auf die Testgleichung der A-Stabilität $y' = \lambda y$ mit $T_m = \lambda$ liefert:

$$Y_m = M(z) Y_{m-1}, \quad M(z) = (I - zG)^{-1} B_m, \tag{10.2.1}$$

mit der Stabilitätsmatrix $M(z)$.

Betrachten wir Nullstabilität, d. h. $z = 0$, so folgt

$$M(0) = B_m.$$

Analog zu Definition 5.1.2 ist eine linear-implizite Peer-Methode dann nullstabil (stabil) auf variablem Gitter, wenn (5.1.14) gilt. Aus $AB(0) = 0$ folgt sofort

$$B_m \mathbb{1} = \mathbb{1},$$

d. h., alle B_m besitzen einen Eigenwert 1 mit dem zugehörigen Eigenvektor $\mathbb{1}$.

Für nullstabile linear-implizite Peer-Methoden können wir den folgenden Konvergenzsatz zeigen:

Satz 10.2.1. *Sei die Peer-Methode* (10.1.1) *konsistent von der Ordnung p und nullstabil. Die Schrittweitenquotienten seien beschränkt durch $\sigma_m \le \sigma_{max}$ und die Verfahrenskoeffizienten seien beschränkt. Wenn weiterhin die Startwerte Y_{0i} der Beziehung*

$$Y_{0i} - y(t_0 + c_i h_0) = \mathcal{O}(h_0^p), \quad i = 1, \dots, s$$

genügen, dann ist das Verfahren konvergent von der Ordnung p.

Beweis. Es gilt

$$\begin{aligned} Y(t_m) - Y_m = (I - h_m G T_m)^{-1} \big\{ &B_m \big(Y(t_{m-1}) - Y_{m-1} \big) \\ &+ h_m A_m \big(F(t_{m-1}, Y(t_{m-1})) - F(t_{m-1}, Y_{m-1}) \big) \\ &- h_m A_m T_m \big(Y(t_{m-1}) - Y_{m-1} \big) + \Delta_m \big\}. \end{aligned}$$

Mit $(I - h_m G T_m)^{-1} = I + \mathcal{O}(h_m)$ erhalten wir

$$Y(t_m) - Y_m = B_m\big(Y(t_{m-1}) - Y_{m-1}\big)$$
$$+ h_m\big(\phi(t_{m-1}, Y(t_{m-1}), h_m) - \phi(t_{m-1}, Y_{m-1}, h_m)\big) + \widetilde{\Delta}_m$$

mit $\widetilde{\Delta}_m = \Delta_m + \mathcal{O}(h_m^{p+2})$. Durch Induktion folgt

$$Y(t_m) - Y_m = (B_m B_{m-1} \cdots B_1)(Y(t_0) - Y_0)$$
$$+ \sum_{j=1}^{m} h_j (B_m B_{m-1} \cdots B_{j+1})\big(\phi(t_{j-1}, Y(t_{j-1}), h_j) - \phi(t_{j-1}, Y_{j-1}, h_j)\big)$$
$$+ \sum_{j=1}^{m} (B_m B_{m-1} \cdots B_{j+1})\widetilde{\Delta}_j.$$

Wir haben damit eine Rekursion wie in (4.4.18). Der Rest des Beweises ist analog zum Beweis von Satz 4.4.2. ∎

Da wir mit (10.1.4) und (10.1.5) die Konsistenzordnung $p = s - 1$ garantieren, bleibt für die Konvergenzordnung $p = s - 1$ nur noch die Sicherung der Nullstabilität. Wir konstruieren im Folgenden Peer-Methoden, die für alle Schrittweitenfolgen nullstabil sind. Dazu betrachten wir zu B_m ähnliche Matrizen

$$Q_m = V_1^{-1} B_m V_1 = P(I - V_0^{-1} G V_0 D F_0^\top) S_m$$

mit der Pascal-Matrix P, wobei wir die Beziehung $V_0 = V_1 P$ (Aufgabe 1 aus Kapitel 5) verwendet haben. Wir fordern:

$$Q_m - e_1 e_1^\top \text{ ist eine streng obere Dreiecksmatrix.} \tag{10.2.2}$$

Mit diesen Matrizen können wir leicht Nullstabilität nachweisen, da sich alle Produkte in (5.1.14) auf „kurze" Produkte reduzieren. Es gilt

Lemma 10.2.1. *Sei* (10.2.2) *erfüllt. Dann gilt für* $k \geq s - 1$

$$B_{m+k} B_{m+k-1} \cdots B_m = V_1 e_1 e_1^\top Q_{m+s-2} Q_{m+s-3} \cdots Q_m V_1^{-1},$$

wir haben also nur noch $s - 1$ *Faktoren* Q_l.

Beweis. Es ist

$$B_{m+k} \cdots B_m = V_1 Q_{m+k} \cdots Q_m V_1^{-1}.$$

Wegen (10.2.2) ist $Q_l = e_1 e_1^\top + M_l$ mit einer streng oberen Dreiecksmatrix M_l. Aus $M_l e_1 = 0$ folgt $Q_l e_1 = e_1$. Damit ergibt sich (Aufgabe 1)

$$Q_{m+s-1} Q_{m+s-2} \cdots Q_m = e_1 e_1^\top Q_{m+s-2} \cdots Q_m + M_{m+s-1} \cdots M_m$$
$$= e_1 e_1^\top Q_{m+s-2} \cdots Q_m, \tag{10.2.3}$$

da die M_l streng obere Dreiecksmatrizen sind. Wegen $Q_l e_1 = e_1$ gilt dann

$$Q_{m+k} Q_{m+k-1} \cdots Q_m = e_1 e_1^\top Q_{m+s-2} \cdots Q_m$$

für alle $k \geq s - 1$. ∎

Wir geben jetzt Bedingungen an G an, so dass (10.2.2) erfüllt ist.

Definition 10.2.1. Sei $A \in \mathbb{R}^{s,s}$. Mit $X = \mathrm{tril}(A)$ bezeichnen wir eine Matrix, deren linkes unteres Dreieck durch das linke untere Dreieck von A gebildet wird und deren restliche Elemente null sind:

$$x_{ij} = \begin{cases} a_{ij} & \text{falls } i \geq j \\ 0 & \text{sonst.} \end{cases}$$

Analog bezeichnet $\mathrm{tril}^*(A)$ die Matrix, die den streng unteren Teil von A enthält, d. h.

$$x_{ij} = \begin{cases} a_{ij} & \text{falls } i > j \\ 0 & \text{sonst.} \end{cases}$$

□

Die Forderung an Q_m kann damit kompakt geschrieben werden in der Form

$$\mathrm{tril}(Q_m - e_1 e_1^\top) = 0.$$

Es ist mit $X = V_0^{-1} G V_0 D F_0^\top$

$$\mathrm{tril}(Q_m - e_1 e_1^\top) = \mathrm{tril}(P(I - X)S_m - e_1 e_1^\top)$$
$$= \mathrm{tril}(P(I - X)S_m - P e_1 e_1^\top S_m) = \mathrm{tril}(P(I - X - e_1 e_1^\top)S_m).$$

Da P eine obere Dreiecksmatrix mit Einsen auf der Diagonale ist und S_m eine Diagonalmatrix, folgt

$$\mathrm{tril}(P(I - X - e_1 e_1^\top)S_m) = 0$$

aus

$$\mathrm{tril}(X) = \mathrm{tril}(V_0^{-1} G V_0 D F_0^\top) = I - e_1 e_1^\top = F_0 F_0^\top. \tag{10.2.4}$$

Wir bezeichnen $W = V_0^{-1} G V_0$. Dann ist

$$WDF_0^\top = \begin{pmatrix} 0 & w_{11} & 2w_{12} & \cdots & (s-1)w_{1s} \\ 0 & w_{21} & 2w_{22} & \cdots & (s-1)w_{2s} \\ & & \cdots & & \\ 0 & w_{s1} & 2w_{s2} & \cdots & (s-1)w_{s,s-1} \end{pmatrix}.$$

Die erste Spalte besitzt bereits die gewünschte Form. Durch die Gestalt von $F_0^\top$ wird der restliche untere Teil von $WDF_0^\top$ durch den streng unteren Teil von W bestimmt. Das sind $s(s-1)/2$ Gleichungen. Genauere Analyse zeigt

Lemma 10.2.2. *Für gegebene c_i und γ kann (10.2.4) durch die Wahl der $s(s-1)/2$ Elemente unterhalb der Diagonale von G erfüllt werden.* $\square$

Für den Beweis verweisen wir auf [219].

Durch die entsprechende Bestimmung dieser Elemente und mit (10.1.4), (10.1.5) haben wir ein Verfahren der Konsistenzordnung $p = s - 1$. Als freie Parameter bleiben die Knoten c_i und γ.

In [219] werden die c_i als verschobene Tschebyscheff-Knoten

$$c_i = -\frac{\cos\left((i - \frac{1}{2})\pi/s\right)}{\cos\left(\frac{1}{2}\pi/s\right)}, \quad i = 1,\ldots,s \tag{10.2.5}$$

gewählt. Diese Knoten liegen im Intervall $[-1, 1]$ und haben den Vorteil, dass die Kondition der Matrix V_0 klein ist, was für die Genauigkeit der Berechnung der Koeffizienten (Rundungsfehlereinfluss), speziell für größere s, vorteilhaft ist [240].

Die Wahl von γ erfolgt aus Stabilitätsbetrachtungen. Hierbei betrachten wir konstante Schrittweiten. Aus der Gestalt der Stabilitätsmatrix $M(z)$ (10.2.1) folgt unmittelbar, dass die Methoden die für steife Systeme wünschenswerte Eigenschaft

$$M(\infty) = 0$$

besitzen. In Analogie zu RK-Verfahren bezeichnen wir diese Eigenschaft als *steif genau*. Eine A(α)-stabile linear-implizite Peer-Methode wird damit automatisch L(α)-stabil. Durch die Wahl von γ wird der Winkel α beeinflusst. Numerische Untersuchungen in [219] zeigen:

Die Methoden sind L-stabil für

$$\gamma \in [0.308, 1.0464] \quad \text{für } s = 4,$$
$$\gamma \in [0.2765, 1.1554] \quad \text{für } s = 5,$$
$$\gamma \in [0.3447, 0.93235] \quad \text{für } s = 6,$$
$$\gamma \in [0.2567, 0.8258] \quad \text{für } s = 7,$$
$$\gamma \in [0.35, 0.83] \quad \text{für } s = 8.$$

Die Stabilitätseigenschaften sind damit deutlich besser als die linearer Mehrschrittverfahren, es gibt keine Ordnungsbarriere $p = 2$ für A-Stabilität.

10.3 Bestimmung konkreter Verfahren

Für die Implementierung linear-impliziter Peer-Methoden ist (bei guter Stabilität) eine möglichst hohe Konvergenzordnung wünschenswert. Bisher haben wir Methoden der Ordnung $p = s - 1$ betrachtet. Eine Erhöhung der Konvergenzordnung analog der Superkonvergenz aus Abschnitt 5.3 ist für variable Schrittweiten nicht möglich, da die Matrizen B_m nicht mehr konstant sind. Daher wollen wir versuchen, Konvergenzordnung $p = s$ für konstante Schrittweiten zu erhalten. Der entscheidende Term in der Rekursion des globalen Fehlers ist $\sum_{l=0}^{m-1} B^l \Delta_{m-l}$. Falls

$$B^l \Delta_{m-l} = \mathcal{O}(h^{s+1}) \qquad (10.3.1)$$

für $l \geq s$ gilt, dann erhält man für die Summe $\mathcal{O}(h^s)$. Wegen Lemma 10.2.2 gilt für $l \geq s$

$$\begin{aligned} B^l &= V_1 e_1 e_1^\top Q^{s-1} V_1^{-1} \\ &= V_1 e_1 v^\top V_1^{-1} \quad \text{mit} \quad v^\top := e_1^\top Q^{s-1}. \end{aligned}$$

Da wir bei der Konstruktion $G(s - 1)$ gefordert hatten, folgt (10.3.1) aus der Bedingung

$$v^\top V_1^{-1} \Lambda B(s) = v^\top V_1^{-1}(c^s - B(c - \mathbb{1})^s - sA(c - \mathbb{1})^{s-1}) = 0. \qquad (10.3.2)$$

Für gewählte Knoten c_i ist hier nur γ ein freier Parameter. Es zeigt sich, dass (10.3.2) eine Bedingung an die Nullstellen eines Polynoms $p_s(\gamma)$ vom Grad s ist. Für Tschebyscheff-Knoten (10.2.5) gibt es für $s = 4, \ldots, 8$ jeweils s positive reelle Nullstellen γ (vgl. [219]), die zu Verfahren der Konvergenzordnung $p = s$ für konstante Schrittweiten führen. Darunter gibt es jeweils einen γ-Wert, der auf ein L-stabiles Verfahren führt. In praktischen Tests liefern wegen kleinerer Fehlerkonstanten aber häufig andere dieser s Werte bessere Ergebnisse. Tabelle 10.3.1 gibt für Tschebyscheff-Knoten einige γ-Werte mit $p = s$ und guter Stabilität an. Wesentlicher Vorteil linear-impliziter Peer-Methoden gegenüber linear-impliziten RK-Verfahren ist die hohe Stufenordnung, wodurch eine Ordnungsreduktion vermieden wird. Das folgende Beispiel illustriert diese Tatsache.

Beispiel 10.3.1. Wir betrachten die Van der Pol Gleichung (1.4.2)

$$\begin{aligned} y' &= z \\ \varepsilon z' &= (1 - y^2)z - y, \quad \varepsilon = 10^{-5}, \quad 0 \leq t \leq 0.5 \\ y(0) &= 2, \quad z(0) = -0.6666654321121172. \end{aligned}$$

Abbildung 10.3.1 zeigt für konstante Schrittweiten den Fehler der z-Komponente am Endpunkt. Wir vergleichen die mit einem „*" gekennzeichneten Peer-Methoden

	s	γ	α
*	4	0.30074836217942170	89.9°
	4	1.03888182868010988	90.0°
*	5	0.26036881402181763	89.3°
	5	0.56147312920978467	90°
*	6	0.19942255252118767	85.4°
	6	0.34763568282211337	90°
*	7	0.24256912841054176	89.4°
	7	0.58711723028670171	90°
	8	0.18481054336428444	85.4°
	8	0.39345299165596424	90°

Tabelle 10.3.1: Einige Werte für γ und die entsprechenden Winkel der L(α)-Stabilität

der Ordnung s aus Tabelle 10.3.1 für konstante Schrittweiten mit den bekannten ROW-Methoden RODAS und RODASP (vgl. Abschnitt 8.7.4) und mit ROS3P [185]. ROS3P ist eine speziell für parabolische Probleme konstruierte ROW-Methode 3. Ordnung, bei der für das Beispiel keine Ordnungsreduktion auftritt. Die Konstruktion von ROW-Methoden höherer Ordnung ohne Ordnungsreduktion ist im Unterschied zu Peer-Methoden nicht praktikabel.

10.4 Verallgemeinerungen

Analog zur Herleitung bei ROW-Methoden können wir die zuvor betrachteten linear-impliziten Peer-Methoden als Ergebnis eines Newton-Schrittes in einem impliziten Verfahren auffassen. Implizite Peer-Methoden für autonome Differentialgleichungen sind gegeben durch

$$Y_m = BY_{m-1} + h_m GF(Y_m). \tag{10.4.1}$$

Dabei ist G wieder eine untere Dreiecksmatrix mit $g_{ii} = \gamma$. Diese Methoden wurden mit $G = \gamma I$ in [238] eingeführt. Mit dieser Wahl können alle Stufen parallel berechnet werden. Aus der Forderung $p = s - 1$ erhält man durch Einsetzen der exakten Lösung wieder die Beziehung

$$B = (V_0 - GV_0 DF_0^\top)S_m V_1^{-1}. \tag{10.4.2}$$

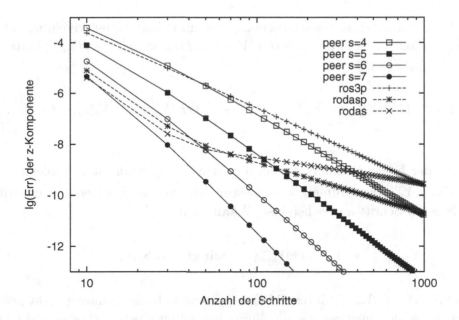

Abbildung 10.3.1: Fehler der z-Komponente für die Van der Pol Gleichung

Betrachten wir zur Vereinfachung der Schreibweise wieder skalare Gleichungen, so können wir mit der Bezeichnung

$$y^{[m]} = V_1^{-1} Y_{m-1}$$

und mit (10.4.2) die Peer-Methode in der Form einer allgemeinen linearen Methode (5.5.2) schreiben:

$$\begin{pmatrix} Y_m \\ y^{[m+1]} \end{pmatrix} = \left(\begin{array}{c|c} G & V_0 - GV_0 DF_0^\top \\ \hline V_1^{-1}G & V_1^{-1}(V_0 - GV_0 DF_0^\top) \end{array} \right) \begin{pmatrix} h_m F(Y_m) \\ S_m y^{[m]} \end{pmatrix}. \qquad (10.4.3)$$

Setzt man für Y_{m-1} die exakten Werte $Y(t_{m-1}) = \big(y(t_m + (c_i - 1)h_m)\big)$ ein, so erhält man

$$y^{[m]} = \begin{pmatrix} y(t_m) \\ h_{m-1}y'(t_m) \\ \vdots \\ \frac{h_{m-1}^{s-1}}{(s-1)!}y^{(s-1)}(t_m) \end{pmatrix} + \mathcal{O}(h_{m-1}^s).$$

Wir können daher (10.4.3) als *Nordsieck-Form* einer impliziten Peer-Methode auffassen. Eine Änderung der Schrittweite wird durch die Multiplikation von $y^{[m]}$ mit S_m realisiert, es ist keine Neuberechnung von Koeffizienten erforderlich.

Die Lösung des nichtlinearen Gleichungssystems erfolgt mittels vereinfachter New-ton-Iteration. Unter Beachtung von $(V_0 - GV_0 DF_0^\top)S_m y^{[m]} = BY_{m-1}$ lautet diese mit $T = f_y(Y_{m-1,s})$

$$(I - h_m GT)(Y_m^{(l+1)} - Y_m^{(l)}) = -Y_m^{(l)} + h_m GF(Y_m^{(l)}) + BY_{m-1}, \quad l = 0, 1, \dots$$
$$(10.4.4)$$

Wegen der hohen Ordnung der Stufenwerte $Y_{m-1,i}$ kann man problemlos einen Prädiktor $Y_m^{(0)}$ der Ordnung $s - 1$ bestimmen, so dass aus Genauigkeitsgründen ein Newton-Schritt ausreichend ist. Wählt man

$$Y_m^{(0)} = \Theta Y_{m-1}, \quad \text{mit } \Theta = V_0 S_m V_1^{-1} \tag{10.4.5}$$

und ersetzt $F(\Theta Y_{m-1})$ durch $\Theta F(Y_{m-1})$, wodurch die Ordnung nicht geändert wird, so erhält man gerade die linear-impliziten Peer-Methoden (10.1.1) mit (10.1.4), (10.1.5).

Eine Modifikation der Verfahren (10.1.1) besteht nun darin, einen allgemeineren Prädiktor zu verwenden. Dieser kann Funktionswerte des letzten Schrittes, Funktionswerte der bereits neu berechneten Werte Y_{mj} sowie alle Komponenten von $y^{[m]}$ enthalten.

Bezüglich der Testgleichung $y' = \lambda Y$ ergibt sich mit $T_m = \lambda$ in (10.4.4) unabhängig vom Prädiktor $Y_m^{[0]}$

$$Y_m = M(z)Y_{m-1}$$

mit der Stabilitätsmatrix (10.2.1). Die Stabilität und auch die Werte für γ für Superkonvergenz, vgl. Tabelle 10.3.1, sind unabhängig von der konkreten Wahl des Prädiktors $Y_m^{[0]}$.

In [220] wird als Prädiktor

$$Y_m^{(0)} = h_m \widehat{A} F(Y_m) + \widehat{\Theta} y^{[m]} \tag{10.4.6}$$

mit einer streng unteren Dreiecksmatrix $\widehat{A}$ vorgeschlagen. $\widehat{\Theta}$ ist unter der Forderung, dass der Prädiktor $Y_m^{[0]}$ die Ordnung $s - 1$ besitzt, eindeutig bestimmt aus $\widehat{A}$. In [220] wird dabei $\widehat{A}$ so gewählt, dass die Frobeniusnorm von $\widehat{\Theta}$ minimal wird. Diese Verfahren liefern in [220] sehr gute numerische Ergebnisse, sie zeigen für grobe Toleranzen leichte Vorteile gegenüber Verfahren mit dem Prädiktor (10.4.5).

10.5 Weiterführende Bemerkungen

In [264] wird eine Variante linear-impliziter Peer-Methoden betrachtet und auf Flachwassergleichungen angewendet, die zusätzlich die neuen Funktionswerte nutzt:

$$(I - h_m\gamma T_m)Y_{m,i} = \sum_{j=1}^{s} b_{ij}Y_{m-1,j} + h_m \sum_{j=1}^{s} a_{ij}(F_{m-1,j} - T_mY_{m-1,j})$$

$$+ h_mT_m \sum_{j=1}^{i-1} g_{ij}Y_{m,j} + h_m \sum_{j=1}^{i-1} r_{ij}F_{m,j}, \quad i = 1,\ldots,s. \qquad (10.5.1)$$

Die zusätzlichen Parameter haben keinen Einfluss auf die Nullstabilität und die Ordnung. Sie werden mit dem Ziel bestimmt, den Fehlerterm $\|Gc^s - A(c - \mathbb{1})^s\|$ zu minimieren und die Stabilität bei Verwendung einer inexakten Jacobi-Matrix zu verbessern. Das ist dann wichtig, wenn die Matrix T wie in [264] über mehrere Integrationsschritte konstant gehalten wird.

Sind in (10.1.1) die Koeffizienten $g_{ij} = 0$, dann können alle s Stufen mit s Prozessoren parallel berechnet werden. Diese Verfahren eignen sich speziell für Computer mit einer geringen Anzahl von Prozessoren. Numerische Tests dieser Methoden auf einem Parallelrechner wurden in [240] und [291] an semidiskretisierten partiellen Differentialgleichungen durchgeführt. Dabei wurden die linearen Gleichungssysteme iterativ mit FOM gelöst. Linear implizite Peer-Methoden wurden weiterhin als eine Option im FEM-Programm KARDOS [100] implementiert und in [116] getestet.

10.6 Aufgaben

1. Man beweise die Beziehung (10.2.3).

2. Man bestimme das Polynom $p_4(\gamma)$ zu (10.3.2) zu beliebigen Knoten. Für verschobene Tschebyscheff-Knoten (10.2.5) bestimme man die Nullstellen und vergleiche sie mit den Werten in Tabelle 10.3.1.

3. Man bestimme für eine 3-stufige Methode G_0 aus (10.2.4).

11 Exponentielle Integratoren

Exponentielle Integratoren sind dadurch gekennzeichnet, dass sie direkt Exponentialmatrizen und daraus abgeleitete verwandte Funktionen in der Verfahrensvorschrift verwenden, wobei die Argumente dieser Matrixfunktionen Approximationen der Jacobi-Matrix sind. Die ersten exponentiellen Integratoren wurden von Certaine [69] vorgestellt. Inzwischen gibt es eine große Vielfalt solcher Methoden, die auf unterschiedlichen Ansätzen zur Konstruktion beruhen. Einen Überblick über die verschiedenen Klassen exponentieller Integratoren und ausführliche Literaturhinweise findet man in [200] und in [159]. Die Effizienz dieser Verfahren hängt wesentlich von Methoden zur Berechnung der Exponentialmatrizen ab. In den letzten Jahren wurden diesbezüglich große Fortschritte erzielt, was zu einem verstärkten Interesse an exponentiellen Integratoren führte.

11.1 Motivation und theoretische Grundlagen

Wir betrachten hier Verfahren, die auf einer Linearisierung des Differentialgleichungssystems

$$y' = f(t, y) = Ty + g(t, y), \quad g(t, y) = f(t, y) - Ty \tag{11.1.1}$$

beruhen. Dabei ist T eine Approximation an die Jacobi-Matrix, die i. Allg. längere Zeit konstant gehalten wird. Häufig geht man auch direkt von der Formulierung (11.1.1) mit einer konstanten Matrix T im gesamten Intervall aus. Dabei entsteht T oft aus der Linienmethode durch Diskretisierung der Ortsableitungen in zeitabhängigen partiellen Differentialgleichungen.

Eine Idee zur Konstruktion exponentieller Integratoren besteht nun darin, die Funktion $g(t, y)$ im Intervall $[t_m, t_{m+1}]$ durch ein Polynom

$$g(t, y) \approx p_\varrho(t) = \sum_{l=0}^{\varrho} a_l (t - t_m)^l$$

zu approximieren und das entstehende lineare Differentialgleichungssystem

$$y' = Ty + p_\varrho(t) \tag{11.1.2}$$

exakt zu lösen. Die exakte Lösung enthält dann Exponentialmatrizen, woher auch die Bezeichnung „exponentielle Integratoren" stammt.

Zur Darstellung der exakten Lösung werden die sog. φ-Funktionen verwendet. Die Funktionen $\varphi_l(z)$ sind für $z \in \mathbb{C}$ definiert durch

$$\varphi_0(z) = \exp(z) \tag{11.1.3}$$

$$\varphi_l(z) = \int_0^1 e^{(1-\tau)z} \frac{\tau^{l-1}}{(l-1)!} \, d\tau, \quad l \geq 1.$$

Aus der Definition folgt sofort

$$\varphi_l(0) = \frac{1}{l!}. \tag{11.1.4}$$

Durch partielle Integration erhält man

$$\varphi_1(z) = \int_0^1 e^{(1-\tau)z} \, d\tau = \frac{\varphi_0(z) - 1}{z}$$

$$\varphi_l(z) = \frac{\tau^l}{l!} e^{(1-\tau)z} \Big|_0^1 + z \int_0^1 e^{(1-\tau)z} \frac{\tau^l}{l!} \, d\tau$$

$$= \frac{1}{l!} + z\varphi_{l+1}(z), \quad l \geq 1.$$

Die Funktionen erfüllen damit die Rekursion

$$\varphi_{l+1}(z) = \frac{\varphi_l(z) - \frac{1}{l!}}{z}, \quad l \geq 0. \tag{11.1.5}$$

Mit den Funktionen $\varphi_l(z)$ gilt

Satz 11.1.1. *Die exakte Lösung von*

$$y' = Ty + \sum_{l=0}^{\varrho} a_l(t - t_m)^l, \quad y(t_m) = u_m \tag{11.1.6}$$

ist gegeben durch

$$y(t) = \varphi_0(T(t - t_m))u_m + \sum_{l=0}^{\varrho} l!\varphi_{l+1}((t - t_m)T)a_l(t - t_m)^{l+1}.$$

Beweis. Mit $\varphi_0(tT) = \exp(tT)$ ist die allgemeine Lösung der homogenen Gleichung $y_h(t) = \varphi_0(tT)c$. Die Lösung der inhomogenen Gleichung bestimmen wir durch Variation der Konstanten, d.h., wir setzen $y(t) = \varphi_0(tT)c(t)$. Einsetzen liefert für $c(t)$

$$c' = \varphi_0(-tT) \sum_{l=0}^{\varrho} a_l(t - t_m)^l$$

mit der Lösung

$$c(t) = c(t_m) + \sum_{l=0}^{\varrho} \int_{t_m}^{t} \varphi_0(-\tau T) a_l (\tau - t_m)^l \, d\tau.$$

Aus der Anfangsbedingung folgt sofort $c(t_m) = \varphi_0(-t_m T) u_m$. Wir erhalten

$$y(t) = \varphi_0(T(t - t_m)) u_m + \sum_{l=0}^{\varrho} \int_{t_m}^{t} \varphi_0((t - \tau)T) a_l (\tau - t_m)^l \, d\tau.$$

Für das Integral ergibt sich mit der Substitution $\xi = (\tau - t_m)/(t - t_m)$ und (11.1.3)

$$\int_{t_m}^{t} \varphi_0((t - \tau)T) a_l (\tau - t_m)^l \, d\tau = (t - t_m)^{l+1} \int_0^1 \varphi_0((1 - \xi)(t - t_m)T) a_l \xi^l \, d\xi$$

$$= (t - t_m)^{l+1} l! \varphi_{l+1}((t - t_m)T) a_l$$

und damit

$$y(t) = \varphi_0(T(t - t_m)) u_m + \sum_{l=0}^{\varrho} l! \varphi_{l+1}((t - t_m)T) a_l (t - t_m)^{l+1}.$$

∎

Beispiel 11.1.1. Wird die Funktion $g(t, y)$ durch das Polynom 0-ten Grades

$$a_0 = f(t_m, u_m) - T u_m$$

ersetzt

$$y' = Ty + a_0 = Ty + f(t_m, u_m) - T u_m,$$

so erhalten wir die *exponentielle Euler-Methode*

$$u_{m+1} = \varphi_0(hT) u_m + h \varphi_1(hT) g(t_m, u_m)$$
$$= u_m + h \varphi_1(hT) f(t_m, u_m). \tag{11.1.7}$$

Für $T = 0$ ergibt sich das explizite Euler-Verfahren.   □

Die Matrix T entsteht, wie bereits erwähnt, sehr oft durch die Ortsdiskretisierung in Anfangs-Randwert-Problemen partieller Differentialgleichungen, $\|T\|$ kann folglich sehr groß werden. Wir werden in unseren Untersuchungen stets voraussetzen, dass die Matrix T eine logarithmische Matrixnorm von moderater Größe besitzt

$$\mu(T) \leq \mu_0. \tag{11.1.8}$$

Mit (7.2.9) folgt

$$\|\varphi_0(hT)\| = \|\exp(hT)\| \le e^{h\mu_0}. \qquad (11.1.9)$$

Aus der Rekursion (11.1.5) folgt unmittelbar die Beschränktheit von $\|\varphi_l(hT)\|$ und $\|hT\varphi_l(hT)\|$ für $l \ge 1$ unabhängig von $\|hT\|$.

Im Weiteren werden wir einige spezielle Klassen exponentieller Integratoren betrachten. Dabei sind wir insbesondere an Ordnungsaussagen interessiert, bei denen die Fehlerschranken von Ableitungen der exakten Lösung und von μ_0 abhängen können, aber unabhängig von $\|T\|$ sind. Wir bezeichnen die entsprechende Konsistenzordnung analog zu impliziten RK-Verfahren als B-Konsistenzordnung, häufig spricht man bei exponentiellen Integratoren auch von „steifer" Ordnung, während wir bei Abhängigkeit von $\|T\|$ von der klassischen oder „nichtsteifen" Ordnung sprechen. Wir werden stets voraussetzen, dass die Funktion g eine Lipschitz-Bedingung

$$\|g(t,u) - g(t,v)\| \le L\|u - v\| \quad \text{für alle } t \in [t_0, t_e], \ u, v \in \mathbb{R}^n \qquad (11.1.10)$$

mit einer Lipschitz-Konstanten von moderater Größe erfüllt.

11.2 Exponentielle Runge-Kutta-Verfahren

Wir betrachten die folgende Klasse exponentieller s-stufiger RK-Verfahren für (11.1.1)

$$u_{m+1}^{(i)} = \varphi_0(c_i hT)u_m + h\sum_{j=1}^{i-1} A_{ij}(c_i hT)g(t_m + c_j h, u_{m+1}^{(j)}), \ i = 1, \ldots, s$$

$$\qquad (11.2.1)$$

$$u_{m+1} = \varphi_0(hT)u_m + h\sum_{j=1}^{s} B_j(hT)g(t_m + c_j h, u_{m+1}^{(j)}).$$

Das Verfahren liefert offensichtlich für $y' = Ty$ mit exaktem Startwert die exakte Lösung, auch für die Stufenwerte. Die Verfahren sind damit trivialerweise A- und L-stabil. Für $T = 0$ gehen die Verfahren in ein explizites RK-Verfahren mit den Koeffizienten

$$b_j = B_j(0), \quad a_{ij} = A_{ij}(0) \qquad (11.2.2)$$

über. Wir setzen die Matrixfunktionen $A_{ij}(c_i hT)$ und $B_j(hT)$ als Linearkombination der φ_l, $l \ge 1$, an. Wegen (11.1.9) folgt die gleichmäßige Beschränktheit dieser Funktionen.

Im Folgenden wollen wir Bedingungen für die B-Konsistenzordnung p der Verfahren herleiten. Dazu benötigen wir Aussagen über die Ordnung der einzelnen Stufen des Verfahrens.

Definition 11.2.1. Das Verfahren (11.2.1) besitzt in der i-ten Stufe die B-Stufen-ordnung q_i für (11.1.1), wenn gilt

$$\|y(t_m + c_i h) - \tilde{u}_{m+1}^{(i)}\| \le D_i h^{q_i + 1} \quad \text{für } h \le h_0. \tag{11.2.3}$$

Es besitzt die B-Konsistenzordnung q, wenn gilt

$$\|y(t_m + h) - \tilde{u}_{m+1}\| \le D h^{q+1} \quad \text{für } h \le h_0. \tag{11.2.4}$$

Dabei ist $\tilde{u}$ die numerische Lösung mit $\tilde{u}_m = y(t_m)$, und die Konstanten D_i, D und h_0 sind unabhängig von $\|T\|$. $\square$

Für die Bestimmung der B-Stufenordnung betrachten wir zuerst die Residuen der einzelnen Stufen bei Einsetzen der exakten Lösung:

$$\Delta_i = y(t_m + c_i h) - \varphi_0(c_i h T) y(t_m) - h \sum_{j=1}^{i-1} A_{ij}(c_i h T) g(t_m + c_j h, y(t_m + c_j h)).$$

Taylorentwicklung der exakten Lösung liefert bei entsprechender Glattheit unter Beachtung von $g(t_m + c_j h, y(t_m + c_j h)) = y'(t_m + c_j h) - T y(t_m + c_j h)$

$$\Delta_i = \left(I - \varphi_0(c_i h T) + h T \sum_{j=1}^{i-1} A_{ij}(c_i h T) \right) y(t_m)$$

$$+ \sum_{l=1}^{r_i} \frac{h^l}{l!} \left[c_i^l I - \sum_{j=1}^{i-1} A_{ij}(c_i h T) \left(l c_j^{l-1} I - h T c_j^l \right) \right] y^{(l)}(t_m) + \mathcal{O}(h^{r_i+1})$$

bzw.

$$\Delta = \left(I - \varphi_0(h T) + h T \sum_{j=1}^{i-1} B_j(h T) \right) y(t_m)$$

$$+ \sum_{l=1}^{r} \frac{h^l}{l!} \left[I - \sum_{j=1}^{s} B_j(h T) \left(l c_j^{l-1} I - h T c_j^l \right) \right] y^{(l)}(t_m) + \mathcal{O}(h^{r+1}).$$

Mit dieser Entwicklung folgt

Satz 11.2.1. *Sei die Lösung $y(t)$ hinreichend oft stetig differenzierbar. Sei*

$$\sum_{j=1}^{i-1} A_{ij}(c_i h T) c_j^l = l! c_i^{l+1} \varphi_{l+1}(c_i h T) \quad \text{für } l = 0, \dots, r_i, \tag{11.2.5}$$

$$\sum_{j=1}^{s} B_j(h T) c_j^l = l! \varphi_{l+1}(h T) \quad \text{für } l = 0, \dots, r. \tag{11.2.6}$$

Dann gilt

$$\Delta_i = \mathcal{O}(h^{r_i+1}) \quad und \quad \Delta = \mathcal{O}(h^{r+1}).$$

Beweis. Mit (11.2.5) und der Definition von φ_1 folgt in der Entwicklung von Δ_i für $l = 0$

$$I - \varphi_0(c_i h T) + h T \sum_{j=1}^{i-1} A_{ij}(c_i h T) = -c_i h T \varphi_1(c_i h T) + h T \sum_{j=1}^{i-1} A_{ij}(c_i h T)$$

$$= -c_i h T \varphi_1(c_i h T) + c_i h T \varphi_1(c_i h T) = 0.$$

Für $l = 1, \dots, r_i$ gilt mit der Rekursion (11.1.2)

$$c_i^l I - l \sum_{j=1}^{i-1} A_{ij}(c_i h T) c_j^{l-1} + h T \sum_{j=1}^{i-1} A_{ij}(c_i h T) c_j^l$$

$$= c_i^l I - l! c_i^l \varphi_l(c_i h T) + h T l! c_i^{l+1} \varphi_{l+1}(c_i h T)$$

$$= c_i^l l! \left(c_i h T \varphi_{l+1}(c_i h T) - \left(\varphi_l(c_i h T) - \frac{1}{l!} I \right) \right) = 0.$$

Die Aussage für Δ folgt analog. ∎

Bemerkung 11.2.1. Die Bedingungen (11.2.5) und (11.2.6) für $l = 0$

$$\sum_{j=1}^{s} B_j(h T) = \varphi_1(h T), \quad \sum_{j=1}^{i-1} A_{ij}(c_i h T) = c_i \varphi_1(c_i h T), \quad i = 2, \dots, s, \quad (11.2.7)$$

garantieren, dass eine Gleichgewichtslage w durch das numerische Verfahren reproduziert wird. Mit $u_m = w$ und $f(t, w) = 0$ folgt für eine beliebige Matrix T durch Induktion über die Stufen

$$u_{m+1}^{(i)} = \varphi_0(c_i h T) w - h T \sum_{j=1}^{i-1} A_{ij}(c_i h T) w = (\varphi_0(c_i h T) - c_i h T \varphi_1(c_i h T)) = w.$$

Analog ergibt sich $u_{m+1} = w$. □

Wegen $c_1 = 0$ ist $\widetilde{u}_{m+1}^{(1)} = y(t_m)$ und wir setzen $r_1 = \infty$. Für den lokalen Fehler der i-ten Stufe ergibt sich

$$le_i = y(t_m + c_i h) - \widetilde{u}_{m+1}^{(i)}$$

$$= \Delta_i + h \sum_{j=1}^{i-1} A_{ij}(c_i h T) \left(g(t_m + c_j h, y(t_m + c_j h)) - g(t_m + c_j h, \widetilde{u}_{m+1}^{(j)}) \right).$$

Mit (11.1.10) folgt

$$\|le_i\| \le \|\Delta_i\| + hL \sum_{j=1}^{i-1} \|A_{ij}(c_i hT)\| \|le_j\|.$$

Der Fehler in der i-ten Stufe hängt also von den Fehlern der Stufen ab, die in die Berechnung der i-ten Stufe eingehen ($A_{ij}(c_i hT) \ne 0$). Mit den Indexmengen

$$K_i = \{j : A_{ij}(z) \ne 0\}, \quad K = \{j : B_j(z) \ne 0\} \tag{11.2.8}$$

erhalten wir damit sofort

Satz 11.2.2. *Das exponentielle RK-Verfahren besitzt in der i-ten Stufe die B-Stufenordnung*

$$q_i = \min\left(r_i, 1 + \min_{j \in K_i} q_j\right).$$

Es besitzt die B-Konsistenzordnung

$$q = \min\left(r, 1 + \min_{j \in K} q_j\right). \qquad \square$$

Durch Ausblenden der Stufen geringer B-Stufenordnung kann also die Ordnung sukzessiv erhöht werden. Satz 11.2.2 gibt Bedingungen für die minimale garantierte B-Ordnung der Verfahren an. Häufig wird die tatsächliche Ordnung für konkrete Beispiele höher sein. Für nichtsteife Probleme erhält man die Ordnung des zugrunde liegenden expliziten RK-Verfahrens (11.2.2). Für autonome Systeme ergibt sich ebenfalls eine höhere Ordnung. Hier gilt

$$Ty' = y'' - g_y y'$$

usw. Bei entsprechender Glattheit der exakten Lösung und der Funktion $g(y)$ ist $Ty^{(l)}$ gleichmäßig beschränkt. Damit gilt in der Entwicklung von Δ für den Summand bei h^{r+1}

$$\frac{h^{r+1}}{(r+1)!}\left[I - \sum_{j=1}^{s} B_j(hT)\left((r+1)c_j^r I - hT c_j^{r+1}\right)\right] y^{(r+1)}(t_m)$$

$$= \frac{h^{r+1}}{(r+1)!}\left[I - (r+1)\sum_{j=1}^{s} B_j(hT)c_j^r\right] y^{(r+1)}(t_m) + \mathcal{O}(h^{r+2})$$

$$= \frac{h^{r+1}}{(r+1)!}\left[I - (r+1)! \varphi_{r+1}(hT)\right] y^{(r+1)}(t_m) + \mathcal{O}(h^{r+2})$$

$$= h^{r+1} hT \varphi_{r+2}(hT) y^{(r+1)}(t_m) + \mathcal{O}(h^{r+2})$$

$$= \mathcal{O}(h^{r+2}).$$

Für die Stufenwerte gilt das analog. Damit bekommen wir für autonome Systeme die verbesserte Aussage:

Folgerung 11.2.1. *Seien für autonome Probleme* (11.1.1) *die Lösung* $y(t)$ *und die Funktion* $g(y)$ *hinreichend oft stetig differenzierbar. Seien die Bedingungen* (11.2.5) *bis* r_i *und* (11.2.6) *bis* r *erfüllt. Dann besitzt das exponentielle RK-Verfahren in der* i-*ten Stufe die B-Stufenordnung*

$$q_i = \min\left(r_i, \min_{j \in K_i} q_j\right) + 1.$$

Es besitzt die B-Konsistenzordnung

$$q = \min\left(r, \min_{j \in K} q_j\right) + 1.$$

Bemerkung 11.2.2. Für nichtautonome Gleichungen muss Ty' nicht beschränkt sein, wie man an der Prothero-Robinson-Gleichung

$$y' = \lambda(y - v(t)) + v'(t)$$

sieht. Es ist $\lambda y' = y'' + \lambda v' - v''$ und der Term $\lambda v'$ ist nicht unabhängig von $|\lambda|$ beschränkt. Andererseits kann Ty' auch bei nichtautonomen Systemen gleichmäßig beschränkt sein, z. B. bei Systemen, die durch Semidiskretisierung gewisser partieller Differentialgleichungen mit homogenen Randbedingungen entstehen. So ist im Beispiel 7.4.4 Ay' für $\triangle x \to 0$ gleichmäßig beschränkt, falls $\widetilde{f}'(t)$ und $y''(t)$ beschränkt sind.   □

Wir wollen jetzt einige Beispiele betrachten.

Beispiel 11.2.1. Das exponentielle Euler-Verfahren (11.1.7) besitzt für autonome System die B-Konsistenzordnung $q = 1$, im allgemeinen Fall ist die B-Konsistenzordnung aber nur $q = 0$.   □

Beispiel 11.2.2. Für das zweistufige Verfahren

$$
\begin{array}{c|cc}
0 & & \\
1 & \varphi_1 & \\
\hline
 & \varphi_1 - \varphi_2 & \varphi_2
\end{array}
$$

gilt $r_1 = \infty$, $r_2 = 0$, $r = 1$. Das Verfahren besitzt die B-Konsistenzordnung $q = 1$. Für autonome Systeme erhalten wir $q_2 = 1$ und damit $q = 2$.   □

Beispiel 11.2.3. Das 4-stufige Verfahren von Krogstad [178]

$$
\begin{array}{c|cccc}
0 & & & & \\
\frac{1}{2} & \frac{1}{2}\varphi_1 & & & \\
\frac{1}{2} & \frac{1}{2}\varphi_1 - \varphi_2 & \varphi_2 & & \\
1 & \varphi_1 - 2\varphi_2 & 0 & 2\varphi_2 & \\
\hline
& \varphi_1 - 3\varphi_2 + 4\varphi_3 & 2\varphi_2 - 4\varphi_3 & 2\varphi_2 - 4\varphi_3 & 4\varphi_3 - \varphi_2
\end{array}
$$

erfüllt $r_1 = \infty$, $r_2 = 0$, $r_3 = 0$, $r_4 = 1$ und $r = 2$. Es besitzt die B-Konsistenzordnung $q = 1$, für autonome Systeme $q = 2$. $\square$

Beispiel 11.2.4. Das 4-stufige Verfahren

$$
\begin{array}{c|cccc}
0 & & & & \\
\frac{1}{2} & \frac{1}{2}\varphi_1 & & & \\
\frac{1}{2} & \frac{1}{2}\varphi_1 - \frac{1}{2}\varphi_2 & \frac{1}{2}\varphi_2 & & \\
1 & \varphi_1 - 2\varphi_2 & -2\varphi_2 & 4\varphi_2 & \\
\hline
& \varphi_1 - 3\varphi_2 + 4\varphi_3 & 0 & 4\varphi_2 - 8\varphi_3 & 4\varphi_3 - \varphi_2
\end{array}
$$

erfüllt $r_1 = \infty$, $r_2 = 0$, $r_3 = 1$, $r_4 = 1$ und $r = 2$. Da die zweite Stufe ausgeblendet ist ($B_2 = 0$), besitzt es die B-Konsistenzordnung $q = 2$, für autonome Systeme $q = 3$. $\square$

Abschließend wollen wir noch einen Konvergenzsatz beweisen.

Satz 11.2.3. *Für* (11.1.1) *seien* (11.1.8) *und* (11.1.10) *erfüllt. Dann ist ein exponentielles RK-Verfahren der B-Konsistenzordnung q konvergent von der Ordnung q.*

Beweis. Es ist

$$
\varepsilon_{m+1} = y(t_{m+1}) - u_{m+1} = y(t_{m+1}) - \tilde{u}_{m+1} + \tilde{u}_{m+1} - u_{m+1},
$$

wobei $\tilde{u}_{m+1}$ die numerische Lösung mit $\tilde{u}_m = y(t_m)$ bezeichnet. Wegen der B-Konsistenzordnung q gilt $y(t_{m+1}) - \tilde{u}_{m+1} = \mathcal{O}(h_m^{q+1})$. Damit ergibt sich für den globalen Fehler

$$
\|\varepsilon_{m+1}\| \le C h_m^{q+1} + \|\varphi_0(h_m T)\| \|\varepsilon_m\|
$$

$$
+ h_m \sum_{j=1}^{s} \|B_j(h_m T)\| \|g(t_m + c_j h_m, \tilde{u}_{m+1}^{(j)}) - g(t_m + c_j h_m, u_{m+1}^{(j)})\|.
$$

Durch Induktion (Aufgabe 2) zeigt man

$$\widetilde{u}_{m+1}^{(i)} - u_{m+1}^{(i)} = (\varphi_0(c_i h_m T) + \mathcal{O}(h_m))(y(t_m) - u_m).$$

Damit und mit (11.1.9) und (11.1.10) folgt

$$\|\varepsilon_{m+1}\| \leq C h_m^{q+1} + (1 + D h_m)\|\varepsilon_m\|,$$

und analog zum Beweis von Satz 2.2.1

$$\|\varepsilon_m\| \leq \widetilde{C} h_{max}^q.$$

■

Bemerkung 11.2.3. Für $\mu_0 < 0$ und hinreichend kleine Lipschitz-Konstanten L erhält man für konstante Schrittweiten in der Rekursion für den globalen Fehler

$$\|\varepsilon_{m+1}\| \leq \alpha\|\varepsilon_m\| + C h^{q+1}$$

mit $\alpha = e^{h\mu_0} + Dh < 1$. Das liefert mit $\varepsilon_0 = 0$

$$\|\varepsilon_{m+1}\| \leq \frac{C}{1 - \alpha} h^{q+1}.$$

Das Verfahren verhält sich für hinreichend kleine α also wie ein Verfahren der Ordnung $p = q + 1$, ein Effekt, der bei Tests mit konstanter Schrittweite häufig zu beobachten ist. □

Bemerkung 11.2.4. Unsere Sätze über die B-Konsistenzordnung bez. (11.1.1) basieren auf der Voraussetzung $\mu(T) \leq \mu_0$. Die bei der Semidiskretisierung partieller Differentialgleichungen entstehenden Systeme weisen häufig spezielle Beschränktheitseigenschaften auf, z. B. bei homogenen oder periodischen Randbedingungen. In numerischen Tests an semidiskretisierten partiellen Differentialgleichungen mit konstanter Schrittweite wird daher i. Allg. eine höhere Konvergenzordnung der Verfahren beobachtet [25]. Eine ausführliche Diskussion der Ordnung exponentieller RK-Verfahren unter diesem Aspekt findet man in Hochbruck/Ostermann [157]. In [160] werden für autonome Systeme exponentielle Rosenbrock-Methoden untersucht, bei denen $T_m = f_y(u_m)$ gesetzt wird. Implizite exponentielle RK-Verfahren vom Kollokationstyp findet man in [158]. □

11.3 Exponentielle Mehrschrittverfahren

Ausgehend vom linearisierten System

$$y' = Ty + g(t, y) \quad \text{mit} \quad g(t, y) = f(t, y) - Ty$$

betrachten wir ein $(k+1)$-Schrittverfahren und nehmen an, dass wir bereits Näherungen u_{m-j} an den Stellen $t_m - c_j h_m$, $j = 0, \ldots, k$, berechnet haben. Dabei ist $c_0 = 0$ und für konstante Schrittweiten gilt $c_j = j$. Wir untersuchen exponentielle Mehrschrittverfahren der Form

$$u_{m+1} = \varphi_0(h_m T) u_m + h_m \sum_{j=0}^{k} B_j(h_m T) g(t_m - c_j h_m, u_{m-j}). \qquad (11.3.1)$$

Für variable Schrittweiten sind die Koeffizienten B_j abhängig von den c_j, die durch die verwendeten Schrittweiten bestimmt sind. Wir wollen jetzt Konsistenzbedingungen für (11.3.1) herleiten. Zur Vereinfachung der Schreibweise ersetzen wir im Weiteren h_m durch h.

Satz 11.3.1. *Sei*

$$\sum_{j=0}^{k} B_j(hT)(-c_j)^l = l! \varphi_{l+1}(hT), \quad l = 0, \ldots, r. \qquad (11.3.2)$$

Dann besitzt das exponentielle Mehrschrittverfahren (11.3.1) die klassische Konsistenzordnung $p = r+1$ für variable Schrittweiten.

Beweis. Wir setzen die exakte Lösung in die Verfahrensvorschrift ein und bestimmen das Residuum Δ_m:

$$\Delta_m = y(t_m + h) - \varphi_0(hT) y(t_m) - h \sum_{j=0}^{k} B_j(hT)[y'(t_m - c_j h) - T y(t_m - c_j h)].$$

Taylorentwicklung liefert für die Koeffizienten d_l bei $\frac{h^l}{l!} y^{(l)}(t_m)$

$$d_0 = I - \varphi_0(hT) + hT \sum_{j=0}^{k} B_j(hT)$$

$$= 0 \quad \text{wegen } z\varphi_1(z) = \varphi_0(z) - 1.$$

$$d_l = I - \sum_{j=0}^{k} (-c_j)^{l-1} l B_j(hT) + hT \sum_{j=0}^{k} B_j(hT)(-c_j)^l$$

$$= I - l! \varphi_l(hT) + l! \left(\varphi_l(hT) - \frac{1}{l!} I\right)$$

$$= 0 \quad \text{für} \quad l = 1, \ldots, r.$$

$$d_{r+1} = I - \sum_{j=0}^{k} (-c_j)^r (r+1) B_j(hT) + hT \sum_{j=0}^{k} B_j(hT)(-c_j)^{r+1}$$

$$= I - (r+1)!\varphi_{r+1}(hT) + hT \sum_{j=0}^{k} B_j(hT)(-c_j)^{r+1}$$

$$= \mathcal{O}(h) \quad \text{wegen} \quad \varphi_{r+1}(0) = \frac{1}{(r+1)!}.$$

Damit folgt

$$\Delta_m = \mathcal{O}(h^{r+2}).$$

∎

(11.3.2) stellt ein lineares Gleichungssystem für die $k+1$ Matrixkoeffizienten $B_j(hT)$ dar. Für $r = k$ haben wir genauso viele Gleichungen wie Unbekannte. Das Gleichungssystem lautet dann

$$\underbrace{\begin{pmatrix} 1 & 1 & 1 & \cdots & 1 \\ 0 & (-c_1) & (-c_2) & \cdots & (-c_k) \\ & & \cdots & & \\ 0 & (-c_1)^k & (-c_2)^k & \cdots & (-c_k)^k \end{pmatrix}}_{=:V} \begin{pmatrix} B_0 \\ B_1 \\ \vdots \\ B_k \end{pmatrix} = \begin{pmatrix} \varphi_1 \\ \varphi_2 \\ \vdots \\ k!\varphi_{k+1} \end{pmatrix}. \tag{11.3.3}$$

Die Vandermonde-Matrix V ist regulär, wir können daher aus (11.3.3) stets die Matrix-Koeffizienten $B_l(hT)$ bestimmen. Sie ergeben sich als Linearkombinationen der Funktionen $\varphi_l(hT)$. In diesem Fall folgt aus (11.1.9) die gleichmäßige Beschränktheit von $\|B_j(hT)\|$ und $\|hTB_j(hT)\|$ unabhängig von $\|T\|$. Wir bekommen damit

Folgerung 11.3.1. *Sei (11.3.2) erfüllt mit $r = k$. Dann besitzt das exponentielle Mehrschrittverfahren die B-Konsistenzordnung $p = k$ und die klassische Ordnung $p = k + 1$.* $\square$

Wir werden stets voraussetzen, dass die Koeffizienten Linearkombinationen der $\varphi_l(hT)$ sind, so dass sie gleichmäßig beschränkt sind. Bez. der Konvergenzordnung gilt

Satz 11.3.2. *Das exponentielle Mehrschrittverfahren (11.3.1) besitze die B-Konsistenzordnung p und die Startwerte $u_0,\ldots,u_k$ seien von der Ordnung p. Die Schrittweitenquotienten h_m/h_{m-1} seien gleichmäßig beschränkt. Dann ist das Verfahren konvergent von der Ordnung p.*

Beweis. Für den globalen Fehler gilt

$$y(t_{m+1}) - u_{m+1} = \varphi_0(h_m T)(y(t_m) - u_m)$$

$$+ h_m \sum_{j=0}^{k} B_j(h_m T)\big(g(t_m - c_j h_m, y(t_m - c_j h_m)) - g(t_m - c_j h_m, u_{m-j})\big) + \Delta_m.$$

Mit (11.1.9) und (11.1.10) folgt

$$\|\varepsilon_{m+1}\| = \|y(t_{m+1}) - u_{m+1}\| \le e^{\mu_0 h_m}\|\varepsilon_m\| + h_m D_0 \sum_{j=0}^{k} \|\varepsilon_{m-j}\| + \|\Delta_m\|.$$

Für

$$E_m = \begin{pmatrix} \varepsilon_m \\ \vdots \\ \varepsilon_{m-k} \end{pmatrix}, \quad \|E_m\|_\infty = \max_{l=m-k,\ldots,m} \|\varepsilon_l\|$$

erhalten wir

$$\|E_{m+1}\|_\infty \le (1 + h_m D_1)\|E_m\|_\infty + D_2 h_m^{p+1},$$

woraus analog zum Beweis von Satz 2.2.1 die B-Konvergenzordnung p folgt. ∎

Bemerkung 11.3.1. Analog zu exponentiellen RK-Verfahren kann für spezielle Probleme die Ordnung der Verfahren höher sein, vgl. die Bemerkungen 11.2.3 und 11.2.4. □

Beispiel 11.3.1. Wir betrachten die exponentiellen Mehrschrittverfahren, die nach Folgerung 11.3.1 konstruiert werden. Diese Verfahren wurden von Nørsett [205] eingeführt.

$k = 1$: Wir erhalten aus (11.3.3)

$$B_1 = -\varphi_2/c_1, \quad B_0 = \varphi_1 + \varphi_2/c_1.$$

Für $T = 0$ bekommen wir

$$B_0(0) = 1 + \frac{1}{2c_1}, \quad B_1(0) = -\frac{1}{2c_1},$$

d.h.

$$u_{m+1} = u_m + h_m \left[(1 + \frac{1}{2c_1}) f_m - \frac{1}{2c_1} f_{m-1} \right].$$

Wegen

$$c_1 = \frac{h_{m-1}}{h_m} =: \frac{1}{\omega}$$

ergibt sich

$$u_{m+1} = u_m + h_m(1 + \frac{\omega}{2})f_m - h_m\frac{\omega}{2}f_{m-1},$$

d. h. das explizite Adams-Verfahren für variable Schrittweiten aus Beispiel 4.4.1. Für äquidistantes Gitter bekommen wir $B_1 = -\varphi_2$, $B_0 = \varphi_1 + \varphi_2$ und für $T = 0$ die explizite 2-Schritt-Adams-Methode mit $b_1 = B_1(0) = -1/2$, $b_0 = B_0(0) = 3/2$.

$k = 2$: Aus (11.3.3) erhalten wir

$$B_1 = \frac{-2\varphi_3 - c_2\varphi_2}{c_1(c_2 - c_1)}, \quad B_2 = \frac{2\varphi_3 + c_1\varphi_2}{c_2(c_2 - c_1)}, \quad B_0 = \varphi_1 - B_1 - B_2.$$

Für konstante Schrittweiten, d. h. $c_1 = 1$, $c_2 = 2$, erhalten wir

$$B_0 = \varphi_1 + \frac{3}{2}\varphi_2 + \varphi_3, \quad B_1 = -2(\varphi_2 + \varphi_3), \quad B_2 = \frac{1}{2}\varphi_2 + \varphi_3.$$

Für $T = 0$ ergibt sich die explizite 3-Schritt-Adams-Methode mit $b_0 = \frac{23}{12}$, $b_1 = -\frac{4}{3}$, $b_2 = \frac{5}{12}$.

$k = 3$: Für konstante Schrittweiten erhält man

$$B_0 = \varphi_1 + \frac{11}{6}\varphi_2 + 2\varphi_3 + \varphi_4, \quad B_1 = -3\varphi_2 - 5\varphi_3 - 3\varphi_4,$$

$$B_2 = \frac{3}{2}\varphi_2 + 4\varphi_3 + 3\varphi_4, \quad B_3 = -\frac{1}{3}\varphi_2 - \varphi_3 - \varphi_4, \quad (11.3.4)$$

und für $T = 0$ das explizite 4-Schritt-Adams-Verfahren mit $b_0 = 55/24$, $b_1 = -59/24$, $b_2 = 37/24$, $b_3 = -9/24$. $\square$

11.4 Exponentielle Peer-Methoden

Wir wollen in diesem Abschnitt eine Klasse exponentieller Peer-Methoden betrachten, die auf den expliziten Peer-Methoden aus Kapitel 5 basieren. Zur Vereinfachung beschränken wir uns dabei auf konstante Schrittweiten.

Exponentielle Peer-Methoden wurden in [288] eingeführt. Eine s-stufige Methode ist für (11.1.1) gegeben durch

$$Y_{mi} = \varphi_0(\alpha_i hT)\sum_{j=1}^{s}b_{ij}Y_{m-1,j} + h\sum_{j=1}^{s}A_{ij}(\alpha_i hT)g_{m-1,j} + h\sum_{j=1}^{i-1}R_{ij}(\alpha_i hT)g_{m,j},$$

$$i = 1, 2, \ldots, s \quad (11.4.1)$$

mit den Koeffizienten

$$B = (b_{ij})_{i,j=1}^{s}, \quad A = (A_{ij})_{i,j=1}^{s}, \quad R = (R_{ij})_{i,j=1}^{s}, \quad c = (c_i)_{i=1}^{s}, \quad \alpha = (\alpha_i)_{i=1}^{s}.$$

Dabei sind die b_{ij}, c_i und α_i konstant mit $\alpha_i \geq 0$. Die Knoten c_i sind paarweise verschieden mit $0 \leq c_i \leq 1$, $c_s = 1$. $g_{m,j}$ steht für $g(t_m + c_j h, Y_{m,j})$. Für $T = 0$ reduziert sich (11.4.1) auf eine explizite Peer-Methode.

Bemerkung 11.4.1. Die Matrixfunktionen $A_{ij}(c_i hT)$ und $R_{ij}(c_i hT)$ setzen wir als Linearkombinationen der Funktionen φ_l (11.1.3), $l \geq 1$, an. Wegen (11.1.8) sind sie und ihre Produkte mit hT gleichmäßig beschränkt. $\square$

Wir wollen die Koeffizienten so festlegen, dass die Methode eine möglichst hohe B-Konsistenzordnung für (11.1.1) besitzt. Bei Betrachtung des linearen Problems $y' = Ty$ entfallen die Koeffizienten A_{ij} und R_{ij} und wir können die Koeffizienten b_{ij} separat bestimmen.

Satz 11.4.1. *Wenn die exponentielle Peer-Methode die Bedingungen*

$$\sum_{j=1}^{s} b_{ij}(c_j - 1)^l = (c_i - \alpha_i)^l, \quad l = 0, 1, \ldots, q, \tag{11.4.2}$$

erfüllt, dann besitzt sie die B-Konsistenzordnung $p = q$ für das lineare System $y' = Ty$.

Beweis. Für $y' = Ty$ ergibt sich für das Residuum der i-ten Stufe

$$\Delta_{m,i} = y(t_m + c_i h) - \varphi_0(\alpha_i hT) \sum_{j=1}^{s} b_{ij} y(t_m + (c_j - 1)h)$$

$$= \varphi_0(c_i hT) y(t_m) - \varphi_0(\alpha_i hT) \sum_{j=1}^{s} b_{ij} \varphi_0((c_j - 1)hT) y(t_m).$$

Mit der Beziehung (Aufgabe 3)

$$\varphi_0(z) = \sum_{l=0}^{q} \frac{z^l}{l!} + z^{q+1} \varphi_{q+1}(z)$$

folgt

$$\Delta_{m,i} = \sum_{l=0}^{q} \left[c_i^l - \sum_{j=1}^{s} b_{ij}(\alpha_i + c_j - 1)^l \right] \frac{h^l T^l}{l!} y(t_m) + h^{q+1} \left\{ c_i^{q+1} \varphi_{q+1}(c_i hT) \right.$$

$$\left. - \sum_{j=1}^{s} b_{ij}(\alpha_i + c_j - 1)^{q+1} \varphi_{q+1}((\alpha_i + c_j - 1)hT) \right\} T^{q+1} y(t_m).$$

Der Restterm ist dabei $\mathcal{O}(h^{q+1})$ unabhängig von $\|T\|$, da wegen $T^{q+1}y(t_m) = y^{(q+1)}(t_m)$ nur Ableitungen der exakten Lösung eingehen. Für die Koeffizienten von $\frac{h^l T^l}{l!}y(t_m)$ für $l = 0, \ldots, q$ gilt

$$c_i^l - \sum_{j=1}^{s} b_{ij}(\alpha_i + c_j - 1)^l = c_i^l - \sum_{j=1}^{s} b_{ij} \sum_{k=0}^{l} \binom{l}{k}(c_j - 1)^k \alpha_i^{l-k}$$

$$= c_i^l - \sum_{k=0}^{l} \binom{l}{k}\alpha_i^{l-k} \sum_{j=1}^{s} b_{ij}(c_j - 1)^k$$

$$= c_i^l - \sum_{k=0}^{l} \binom{l}{k}\alpha_i^{l-k}(c_i - \alpha_i)^k = c_i^l - c_i^l = 0.$$

Das Verfahren besitzt daher die B-Konsistenzordnung $p = q$ für das lineare System. ∎

Folgerung 11.4.1. *Sei*

$$B = V_\alpha V_1^{-1} \tag{11.4.3}$$

mit

$$V_\alpha = \left(\mathbb{1}, \quad c - \alpha, \quad \ldots, \quad (c - \alpha)^{s-1}\right), \quad V_1 = \left(\mathbb{1}, \quad c - 1, \quad \ldots, \quad (c - 1)^{s-1}\right).$$

Dann besitzt das Verfahren die B-Konsistenzordnung $p = s - 1$ für $y' = Ty$. □

Folgerung 11.4.2. *Sei $\alpha = c$, $c_s = 1$ und B durch (11.4.3) definiert. Dann ist (11.4.1) für alle l erfüllt, die exponentielle Peer-Methode löst $y' = Ty$ exakt.*

Beweis. Mit den Voraussetzungen folgt $B = \mathbb{1}e_s^\top$ und $\sum_{j=1}^{s} b_{ij}(c_j - 1)^l$ reduziert sich auf $(c_s - 1)^l$. Mit $c_s = 1$ folgt die Behauptung. ∎

Für gegebene Vektoren α und c ist B durch Satz 11.4.1 bestimmt. Wir schauen uns jetzt das allgemeine Problem (11.1.1) an und leiten Bedingungen für A_{ij} und R_{ij} ab.

Satz 11.4.2. *Sei (11.4.1) erfüllt für $l = 0, \ldots, q$, und $A_{ij}(\alpha_i hT)$ und $R_{ij}(\alpha_i hT)$ als Linearkombinationen von $\varphi_1(\alpha_i hT), \ldots, \varphi_{q+1}(\alpha_i hT)$ erfüllen die Bedingung*

$$\sum_{j=1}^{s} A_{ij}(\alpha_i hT)(c_j - 1)^r + \sum_{j=1}^{i-1} R_{ij}(\alpha_i hT)c_j^r$$

$$= \sum_{l=0}^{r} l! \alpha_i^{l+1} \binom{r}{l}(c_i - \alpha_i)^{r-l}\varphi_{l+1}(\alpha_i hT) \tag{11.4.4}$$

für $r = 0, \ldots, q$. Dann ist die exponentielle Peer-Methode B-konsistent von der Ordnung $p = q$ für (11.1.1).

Beweis. Taylor-Entwicklung der exakten Lösung liefert

$$y(t_{mj}) = y(t_m + c_j h) = \sum_{r=0}^{q} \frac{h^r c_j^r}{r!} y^{(r)}(t_m) + \mathcal{O}(h^{q+1}),$$

wobei der $\mathcal{O}$-Term gleichmäßig beschränkt ist. Analoge Entwicklungen gelten für $y(t_{m-1,j})$, $y'(t_{mj})$ und $y'(t_{m-1,j})$. Damit folgt für die Residuen

$$\Delta_{m,i} = y(t_{mi}) - \varphi_0(\alpha_i hT) \sum_{j=1}^{s} b_{ij} y(t_{m-1,j}) - h \sum_{j=1}^{s} A_{ij}(\alpha_i hT)[y'(t_{m-1,j})$$

$$- Ty(t_{m-1,j})] - h \sum_{j=1}^{i-1} R_{ij}(\alpha_i hT)[y'(t_{mj}) - Ty(t_{mj})], \quad i = 1, \dots, s,$$

$$= \sum_{r=0}^{q} \left\{ c_i^r I - \varphi_0(\alpha_i hT) \sum_{j=1}^{s} b_{ij}(c_j - 1)^r - r \sum_{j=1}^{s} A_{ij}(\alpha_i hT)(c_j - 1)^{r-1} \right.$$

$$+ hT \sum_{j=1}^{s} A_{ij}(\alpha_i hT)(c_j - 1)^r - r \sum_{j=1}^{i-1} R_{ij}(\alpha_i hT)c_j^{r-1}$$

$$\left. + hT \sum_{j=1}^{i-1} R_{ij}(\alpha_i hT)c_j^r \right\} \frac{h^r}{r!} y^{(r)}(t_m) + \mathcal{O}(h^{q+1}).$$

Das Restglied ist $\mathcal{O}(h^{q+1})$ unabhängig von $\|T\|$, vgl. Bemerkung 11.4.1. Für B-Konsistenzordnung q müssen die Koeffizienten bei $y^{(r)}(t_m)$ null sein für $r = 0, \dots, q$. Für $r = 0$ gilt

$$I - \varphi_0(\alpha_i hT) \sum_{j=1}^{s} b_{ij} + hT \sum_{j=1}^{s} A_{ij}(\alpha_i hT) + hT \sum_{j=1}^{i-1} R_{ij}(\alpha_i hT)$$

$$= I - \varphi_0(\alpha_i hT) + \alpha_i hT \varphi_1(\alpha_i hT) = 0 \quad \text{wegen (11.1.5).}$$

Für $r = 1, \dots, q$ ergibt sich

$$c_i^r I - \varphi_0(\alpha_i hT) \sum_{j=1}^{s} b_{ij}(c_j - 1)^r - r \sum_{j=1}^{s} A_{ij}(\alpha_i hT)(c_j - 1)^{r-1}$$

$$- r \sum_{j=1}^{i-1} R_{ij}(\alpha_i hT)c_j^{r-1} + hT \sum_{j=1}^{s} A_{ij}(\alpha_i hT)(c_j - 1)^r + hT \sum_{j=1}^{i-1} R_{ij}(\alpha_i hT)c_j^r$$

$$= c_i^r I - \varphi_0(\alpha_i hT)(c_i - \alpha_i)^r - r \sum_{l=0}^{r-1} \alpha_i^{l+1} \binom{r-1}{l} (c_i - \alpha_i)^{r-1-l} l! \varphi_{l+1}(\alpha_i hT)$$

$$+ hT \sum_{l=0}^{r} \alpha_i^{l+1} \binom{r}{l} (c_i - \alpha_i)^{r-l} l! \varphi_{l+1}(\alpha_i hT) \quad \text{wegen (11.4.4)}$$

$$= c_i^r I - \varphi_0(\alpha_i hT)(c_i - \alpha_i)^r - r \sum_{l=1}^{r} \alpha_i^l \binom{r-1}{l-1} (c_i - \alpha_i)^{r-l} (l-1)! \varphi_l(\alpha_i hT)$$

$$+ \sum_{l=0}^{r} \alpha_i^l \binom{r}{l} (c_i - \alpha_i)^{r-l} (l! \varphi_l(\alpha_i hT) - I) \quad \text{wegen (11.1.5)}$$

$$= c_i^r I - \varphi_0(\alpha_i hT)(c_i - \alpha_i)^r - \sum_{l=1}^{r} \alpha_i^l \binom{r}{l} (c_i - \alpha_i)^{r-l} l! \varphi_l(\alpha_i hT)$$

$$+ \sum_{l=0}^{r} \alpha_i^l \binom{r}{l} (c_i - \alpha_i)^{r-l} l! \varphi_l(\alpha_i hT) - c_i^r I = 0.$$

■

Bemerkung 11.4.2. Analog zu Abschnitt 11.2 ergeben sich für autonome Systeme und Probleme mit beschränktem Ty' wieder bessere Konsistenzaussagen.
□

Im Unterschied zu exponentiellen RK-Verfahren ist bei Zweischritt-Peer-Methoden die Nullstabilität nicht automatisch erfüllt. Für Methoden mit $\alpha = c$ folgt nach Folgerung 11.4.2 $B = \mathbb{1}e_s^\top$, die Methode ist optimal nullstabil, vgl (5.2.1). Die Wahl $\alpha = c$ hat allerdings den Nachteil, dass die φ-Funktionen s verschiedene Argumente besitzen. Da die Berechnung dieser Funktionen den Hauptaufwand bei der Implementierung darstellt, ist man an Verfahren mit möglichst wenig verschiedenen Argumenten, d. h. mit möglichst wenig verschiedenen α_i, interessiert. Eine solche Klasse von Verfahren mit nur zwei verschiedenen α_i wurde in [288] konstruiert. Man wählt

$$\alpha = (\alpha^*, \ldots, \alpha^*, 1)^\top, \quad c_i = (s-i)(\alpha_i - 1) + 1. \tag{11.4.5}$$

Man überprüft leicht, dass für

$$\frac{s-2}{s-1} \leq \alpha^* < 1$$

dann die c_i paarweise verschieden sind und $c_s = 1$ gilt.

Satz 11.4.3. *Die Matrix* $B = V_\alpha V_1^{-1}$ *ist mit* (11.4.5) *gegeben durch*

$$
B =
\begin{pmatrix}
0 & 1 & 0 & \cdots & 0 & 0 \\
0 & 0 & 1 & \cdots & 0 & 0 \\
\vdots & \vdots & \vdots & \ddots & \vdots & \vdots \\
0 & 0 & 0 & \cdots & 1 & 0 \\
0 & 0 & 0 & \cdots & 0 & 1 \\
0 & 0 & 0 & \cdots & 0 & 1
\end{pmatrix},
\tag{11.4.6}
$$

das Verfahren ist optimal nullstabil.

Beweis. (11.4.6) ist äquivalent zu

$$
BV_1 =
\begin{pmatrix}
1 & c_2 - 1 & \cdots & (c_2 - 1)^{s-1} \\
\vdots & \vdots & & \vdots \\
1 & c_{s-1} - 1 & \cdots & (c_{s-1} - 1)^{s-1} \\
1 & 0 & \cdots & 0 \\
1 & 0 & \cdots & 0
\end{pmatrix}
$$

Das ist genau dann V_α, wenn

$$
c_{s-1} = \alpha_{s-1},
$$
$$
c_{i+1} - 1 = c_i - \alpha_i, \quad i = 1, \ldots, s-1.
$$

Einsetzen von (11.4.5) beweist die Aussage. ∎

Satz 11.4.4. *Seien* α *und* c *gegeben durch* (11.4.5) *mit* $\frac{s-2}{s-1} \leq \alpha^* < 1$. *Sei* $B = V_\alpha V_1^{-1}$ *und* (11.4.4) *erfüllt für* $r = 0, \ldots, s-1$. *Für die Startwerte gelte* $Y_{0i} - y(t_0 + c_i h) = \mathcal{O}(h^{s-1})$. *Dann ist die exponentielle Peer-Methode B-konvergent von der Ordnung* $p = s - 1$.

Beweis. Für den globalen Fehler

$$
\varepsilon_{mi} = y(t_{mi}) - Y_{mi}
$$

gilt

$$
\varepsilon_{mi} = \varphi_0(\alpha_i hT) \sum_{j=1}^{s} b_{ij} \varepsilon_{m-1,j} + h \sum_{j=1}^{s} A_{ij}(\alpha_i hT)\big(g(t_{m-1,j}, y(t_{m-1,j}))
$$

$$
- g(t_{m-1,j}, Y_{m-1,j})\big) + h \sum_{j=1}^{i-1} R_{ij}(\alpha_i hT)\big(g(t_{mj}, y(t_{mj})) - g(t_{mj}, Y_{mj})\big) + \Delta_{m,i}.
$$

Mit (11.1.9), (11.1.10), Satz 11.4.3 und Bemerkung 11.4.1 gilt für $\|\varepsilon_{m-1}\| = \max_i \|\varepsilon_{m-1,i}\|$ mit $p = s - 1$

$$\|\varepsilon_{mi}\| \le (1 + C^* h)\|\varepsilon_{m-1}\| + hC_A L_g \|\varepsilon_{m-1}\| + hC_R L_g \sum_{j=1}^{i-1} \|\varepsilon_{mj}\| + Ch^{p+1},$$

wobei die Konstanten unabhängig von $\|T\|$ sind. Durch Induktion über die Stufen folgt

$$\|\varepsilon_{mi}\| \le (1 + h\gamma_i)\|\varepsilon_{m-1}\| + \delta_i h^{p+1}.$$

Damit erhalten wir die Rekursion

$$\|\varepsilon_m\| = \max_i \|\varepsilon_{mi}\| \le (1 + \widehat{C}h)\|\varepsilon_{m-1}\| + \widetilde{C}h^{p+1}$$

mit Konstanten $\widehat{C}$ und $\widetilde{C}$ unabhängig von $\|T\|$. B-Konvergenzordnung p folgt analog zum Beweis von Satz 5.2.1. ■

Bemerkung 11.4.3. Mit exakten Startwerten löst die exponentielle Peer-Methode (11.4.5), (11.4.6) das lineare Anfangswertproblem $y' = Ty$, $y(t_0) = y_0$ exakt, Aufgabe 4. □

Beispiel 11.4.1. Die Methode epm4 mit 4 Stufen aus [288] ist gegeben durch

$$\alpha = \left[\frac{3}{4}, \frac{3}{4}, \frac{3}{4}, 1\right]^\top, \quad c = \left[\frac{1}{4}, \frac{1}{2}, \frac{3}{4}, 1\right]^\top$$

und B nach (11.4.6).

$$A = \begin{pmatrix} A_{11} & A_{12} & A_{13} & A_{14} \\ 0 & A_{11} & A_{12} & A_{13} \\ 0 & 0 & A_{11} & A_{12} \\ 0 & 0 & 0 & A_{44} \end{pmatrix}, \quad R = \begin{pmatrix} 0 & 0 & 0 & 0 \\ A_{14} & 0 & 0 & 0 \\ A_{13} & A_{14} & 0 & 0 \\ R_{41} & R_{42} & R_{43} & 0 \end{pmatrix}$$

mit

$$A_{11} = -\frac{3}{4}\varphi_2 + \frac{27}{4}\varphi_3 - \frac{81}{4}\varphi_4, \qquad A_{12} = \frac{3}{4}\varphi_1 - \frac{9}{8}\varphi_2 - \frac{27}{2}\varphi_3 + \frac{243}{4}\varphi_4,$$

$$A_{13} = \frac{9}{4}\varphi_2 + \frac{27}{4}\varphi_3 - \frac{243}{4}\varphi_4, \qquad A_{14} = -\frac{3}{8}\varphi_2 + \frac{81}{4}\varphi_4,$$

$$A_{44} = \varphi_1 - \frac{22}{3}\varphi_2 + 32\varphi_3 - 64\varphi_4, \qquad R_{41} = 12\varphi_2 - 80\varphi_3 + 192\varphi_4,$$

$$R_{42} = -6\varphi_2 + 64\varphi_3 - 192\varphi_4, \qquad R_{43} = \frac{4}{3}\varphi_2 - 16\varphi_3 + 64\varphi_4.$$

Die Argumente der φ-Funktionen in A_{ij} und R_{ij} sind dabei jeweils $\alpha_i hT$. Die Methode ist B-konvergent von der Ordnung $p \ge 3$. □

11.5 Fragen der Implementierung und numerische Illustration

Die wesentliche Schwierigkeit bei der praktischen Verwendung exponentieller Integratoren besteht in der effizienten Implementierung der φ-Funktionen, d. h. in der Berechnung der Exponentialmatrix und verwandter Funktionen. Das war auch der Grund, weshalb nach Einführung der ersten exponentiellen Integratoren in den 60er Jahren diese Methoden relativ unbeachtet blieben. In den letzten Jahren wurde die Untersuchung geeigneter Algorithmen zur Berechnung von Exponentialmatrizen neu belebt. Insbesondere bei sehr großen Dimensionen können sich Krylovunterraum-Verfahren als günstig erweisen, wie sie z. B. im Code EXP4 [156] verwendet werden. Diese Methoden berechnen nicht die φ-Funktionen selbst, sondern stets die Anwendung auf einen Vektor, d. h. $\varphi_l(hT)v$.

Wir werden uns hier auf Probleme geringer Dimension beschränken. Eine Übersicht über Möglichkeiten zur Berechnung der φ-Funktionen für diesen Fall gibt [201]. Für die folgenden Tests nutzen wir das MATLAB-Program EXPINT [25]. Hier sind in einer Testumgebung verschiedene exponentielle Integratoren und Testbeispiele der Gestalt (11.1.1) implementiert. Die φ-Funktionen werden in EXPINT durch Padé-Approximationen in Verbindung mit „scaling and squaring" berechnet. Hierbei wird die Norm des Arguments $z = hT$ zuerst durch Skalierung reduziert

$$\tilde{z} = z/2^{\max(0,r+1)},$$

wobei r die kleinste ganze Zahl mit $2^r \geq \|z\|_\infty$ ist. Danach wird $\varphi_l(\tilde{z})$ durch eine diagonale Padé-Approximation berechnet und anschließend erfolgt die Rücktransformation. Die diagonalen (d, d)-Padé-Approximationen für die $\varphi_l(\tilde{z})$ sind gegeben durch [25]

$$\varphi_l(\tilde{z}) = \frac{N_d^l(\tilde{z})}{D_d^l(\tilde{z})} + \mathcal{O}(\tilde{z}^{2d+1}),$$

mit den Polynomen vom Grad d

$$N_d^l(\tilde{z}) = \frac{d!}{(2d+l)!} \sum_{i=0}^{d} \left[\sum_{j=0}^{i} \frac{(2d+l-j)!(-1)^j}{j!(d-j)!(l+i-j)!} \right] \tilde{z}^i$$

$$D_d^l(\tilde{z}) = \frac{d!}{(2d+l)!} \sum_{i=0}^{d} \left[\sum_{j=0}^{i} \frac{(2d+l-i)!}{i!(d-i)!} \right] (-\tilde{z})^i.$$

Für $l = 0$ ergibt sich die (d, d)-Padé-Approximation von $e^{\tilde{z}}$. In EXPINT wird $d = 6$ verwendet.

Durch die kleine Norm von $\tilde{z}$ ist die Approximation durch die Padé-Approximationen sehr genau und wird als exakte Funktion $\varphi_l(\tilde{z})$ angesehen. Abschließend muss wieder zurücktransformiert werden. Die Rücktransformation für $l \geq 1$ ist nicht trivial, es werden dabei folgende Relationen ausgenutzt [25]:

$$\varphi_{2l}(2z) = \frac{1}{2^{2l}} \left[\varphi_l(z)\varphi_l(z) + \sum_{j=l+1}^{2l} \frac{2}{(2l-j)!} \varphi_j(z) \right]$$

$$\varphi_{2l+1}(2z) = \frac{1}{2^{2l+1}} \left[\varphi_l(z)\varphi_{l+1}(z) + \sum_{j=l+2}^{2l+1} \frac{2}{(2l+1-j)!} \varphi_j(z) + \frac{1}{l!}\varphi_{l+1}(z) \right].$$

Zur Berechnung von $\varphi_l(z)$ werden also alle $\varphi_j(z)$ mit $j < l$ benötigt.

Diese aufwendige Berechnung muss neu ausgeführt werden, wenn sich T oder die Schrittweite h ändern. In EXPINT werden daher die Matrix T und die Schrittweite h über die gesamte Integration konstant gehalten, ein typisches Vorgehen in Implementierungen exponentieller Integratoren.

Wir wollen uns zur Illustration einige numerische Beispiele anschauen, wobei wir die Testumgebung von EXPINT nutzen. Alle Rechnungen erfolgen mit konstanten Schrittweiten.

Die verwendeten exponentiellen Integratoren sind

- ab4 – das exponentielle Mehrschrittverfahren (11.3.4),
- rkv – das 4-stufige exponentielle RK-Verfahren aus Beispiel 11.2.4,
- epm4 – die 4-stufige exponentielle Peer-Methode aus Beispiel 11.4.1,
- epm5 – eine 5-stufige exponentielle Peer-Methode aus [288]. Sie erfordert ebenso wie epm4 die Berechnung der φ-Funktionen für zwei verschiedene Argumente.

Das erste Beispiel ist die parabolische Differentialgleichung

$$u_t = u_{xx} - uu_x + \phi(t,x), \quad x \in [0,1], \quad t \in [0,1] \tag{11.5.1}$$

aus [214]. Die Funktion $\phi(t,x)$ ist so gewählt, dass $u(t,x) = x(1-x)e^{-t}$ die exakte Lösung ist. Die Anfangs- und die homogenen Dirichlet-Randbedingungen kommen von der exakten Lösung. Semidiskretisierung mit zentralen Differenzen ergibt ein System gewöhnlicher Differentialgleichungen der Dimension $n = 199$. Die Matrix T entsteht aus der Semidiskretisierung von u_{xx}.

In Abbildung 11.5.1 sind die Fehler im Endpunkt in der Maximumnorm in Relation zur verwendeten Schrittweite dargestellt. Das exponentielle Peer-Verfahren epm5 zeigt numerisch Konvergenzordnung 5, die restlichen Verfahren 4, vgl. Bemerkung 11.2.4.

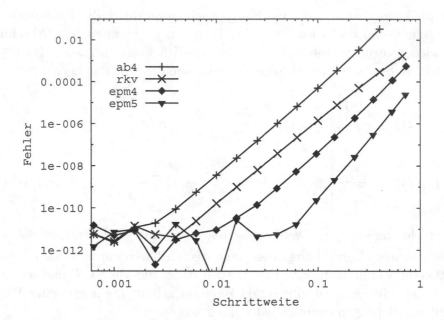

Abbildung 11.5.1: Ergebnisse für (11.5.1)

Das zweite Beispiel ist ebenfalls eine parabolische Gleichung

$$u_t = u_{xx} - 2u, \quad x \in [0, 1], \quad t \in [0, 1]. \tag{11.5.2}$$

Die Anfangs- und Dirichlet-Randbedingungen stammen von der exakten Lösung $u(t, x) = e^x e^{-t}$. Die Semidiskretisierung liefert wieder ein System mit 199 Gleichungen. Dieses Problem besitzt zeitabhängige Randbedingungen, was im Vergleich zum vorigen Beispiel zu einer Reduktion der Konvergenzordnung beim exponentiellen RK-Verfahren führt (Abbildung 11.5.2).

Exponentielle Integratoren sind insbesondere für Probleme mit großen Imaginärteilen der Eigenwerte der Jacobi-Matrix den nur $A(\alpha)$-stabilen BDF-Methoden überlegen. Als Beispiel betrachten wir die nichtlineare Schrödinger-Gleichung

$$iu_t = -u_{xx} + (V(x) + |u|^2)u, \quad x \in [-\pi, \pi], \quad t \in [0, 1], \tag{11.5.3}$$

mit $V(x) = \frac{1}{1+\sin^2(x)}$ und periodischen Randbedingungen aus [25]. Fourier-Diskretisierung liefert ein System von 128 gewöhnlichen Differentialgleichungen mit imaginärer Diagonalmatrix T. Alle exponentiellen Integratoren liefern für dieses Beispiel sehr gute Ergebnisse, s. Abbildung 11.5.3.

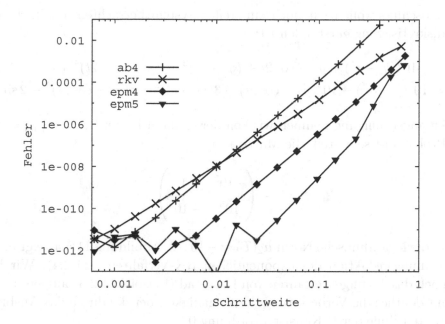

Abbildung 11.5.2: Ergebnisse für (11.5.2)

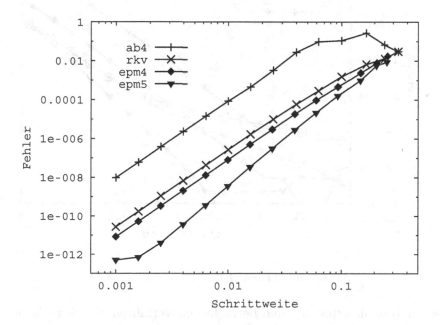

Abbildung 11.5.3: Ergebnisse für (11.5.3)

Zum Abschluss wollen wir noch ein steifes System betrachten, das nicht durch Semidiskretisierung entstanden ist:

$$y_1' = -10^5(y_1 - e^t) + y_2 - \cos 2t + (y_1 - e^t)^2 + 2(y_2 - \cos 2t)^4 + e^t \qquad (11.5.4)$$
$$y_2' = 10^5(y_1 - e^t) - 10^5(y_2 - \cos 2t) + 3(y_1 - e^t)^2 + 4(y_2 - \cos 2t)^4 - 2\sin 2t.$$

Die Anfangsbedingung nehmen wir von der exakten Lösung $y_1 = e^t$, $y_2 = \cos 2t$. Das Problem ist sehr steif, die Matrix

$$T = \begin{pmatrix} -10^5 & 1 \\ 10^5 & -10^5 \end{pmatrix}$$

besitzt die logarithmische Norm $\mu_2(T) \approx -10^5/2$. Abbildung 11.5.4 zeigt deutlich die Ordnungsreduktion des exponentiellen RK-Verfahrens (11.2.4). Wir haben hier noch das 4-stufige Verfahren von Krogstad (Beispiel 11.2.3) aufgeführt. Man erkennt deutlich die Verbesserung der Genauigkeit bei rkv durch das Ausblenden der zweiten Stufe der B-Konsistenzordnung 0.

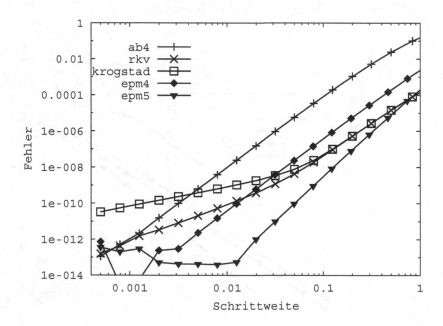

Abbildung 11.5.4: Ergebnisse für (11.5.4)

In unseren Tests lieferten von den betrachteten Verfahren die Peer-Methoden die genauesten Ergebnisse. Allerdings benötigen sie im Vergleich zum Mehrschrittverfahren die Berechnung der φ-Funktionen für zwei verschiedene Argumente. Dies trifft auch für das RK-Verfahren zu, wo als weiterer Nachteil die bei manchen Problemen erkennbare Ordnungsreduktion hinzukommt.

Insgesamt sind exponentielle Integratoren für Probleme der Form (11.1.1), bei denen die Steifheit vom linearen Teil kommt, sehr gut geeignet. Sie liefern schon für vergleichsweise große Schrittweiten sehr genaue Lösungen. Ein Vorteil der Verfahren im Vergleich zu den klassischen BDF-Methoden ist, dass große Imaginärteile der Eigenwerte der Jacobi-Matrix keine Schwierigkeiten bereiten.

Demgegenüber steht als wesentlicher Nachteil der Verfahren der hohe Aufwand zur Neuberechnung der φ-Funktionen bei einer Implementierung mit Schrittweitensteuerung.

11.6 Adaptive Runge-Kutta-Verfahren

Adaptive Runge-Kutta-Verfahren können interpretiert werden als exponentielle RK-Verfahren, bei denen die Funktionen $\varphi_l(z)$ durch rationale Matrixfunktionen $R_l(z)$ ersetzt werden. Man umgeht auf diese Weise die aufwendige Berechnung der φ-Funktionen, verliert aber die Eigenschaft, dass lineare Probleme (11.1.2) exakt gelöst werden. Die rationalen Funktionen können in unterschiedlichen Stufen des Verfahrens verschieden sein. Solche Verfahren wurden von Friedli [104] eingeführt und in [269] und [272] ausführlich untersucht.

Wir setzen in der i-ten Stufe

$$\varphi_0(z) \approx R_0^{(i)}(z)$$

$$\varphi_1(z) \approx R_1^{(i)}(z) = \frac{R_0^{(i)}(z) - 1}{z}$$

$$\varphi_{l+1}(z) \approx R_{l+1}^{(i)}(z) = \frac{R_l^{(i)}(z) - \frac{1}{l!}}{z}, \quad l = 1, \ldots, \varrho_i. \tag{11.6.1}$$

Damit ergibt sich ein *adaptives RK-Verfahren* für (11.1.1) zu

$$u_{m+1}^{(i)} = R_0^{(i)}(c_i hT)u_m + h \sum_{j=1}^{i-1} A_{ij}(c_i hT)g(t_m + c_j h, u_{m+1}^{(j)}), \quad i = 2, \ldots, s,$$

$$u_{m+1} = R_0(hT)u_m + h \sum_{j=1}^{s} B_j(hT)g(t_m + c_j h, u_{m+1}^{(j)}).$$

$$\tag{11.6.2}$$

Dabei ist $c_1 = 0$ und T ist eine Approximation an die Jacobi-Matrix, die sich von Schritt zu Schritt ändern kann. Die Matrixkoeffizienten $A_{ij}(z)$ und $B_j(z)$ werden als Linearkombinationen der rationalen Funktionen $R_l^{(i)}(z)$ und $R_l(z)$ angesetzt:

$$A_{ij}(c_i z) = \sum_{l=0}^{\varrho_i} R_{l+1}^{(i)}(c_i z) \xi_{lj}^{(i)} c_i^{l+1}, \quad B_j(z) = \sum_{l=0}^{\varrho} R_{l+1}(z) \xi_{lj}. \tag{11.6.3}$$

Für $T = 0$ geht das Verfahren in ein explizites RK-Verfahren mit den Koeffizienten

$$a_{ij} = A_{ij}(0), \quad b_j = B_j(0)$$

über, das sog. zugrunde liegende RK-Verfahren.

Der lokale Fehler eines adaptiven RK-Verfahrens hängt wesentlich davon ab, mit welcher Genauigkeit die rationalen Funktionen $R_0^{(i)}(z)$ die Exponentialfunktion approximieren. Wir setzen im Weiteren voraus, dass die rationalen Funktionen $R_0^{(i)}(z)$ bzw. $R_0(z)$ die Approximationsordnung r_i bzw. r an e^z besitzen, d. h.

$$e^z - R_0^{(i)}(z) = \mathcal{O}(z^{r_i+1}) \quad \text{bzw.} \quad e^z - R_0(z) = \mathcal{O}(z^{r+1}) \quad \text{für } z \to 0.$$

Zur Bestimmung der Näherungslösung müssen in jeder Stufe lineare Gleichungssysteme gelöst werden, wobei die Koeffizientenmatrix dieser Gleichungssysteme durch den Nenner der rationalen Funktionen bestimmt ist. Für hinreichend hohe Approximationsordnung besitzen alle $R_l(z)$ den gleichen Nenner.

Satz 11.6.1. *Die rationalen Funktionen $R_l^{(i)}(z)$ besitzen für $l = 1, \ldots, r_i + 1$ alle den Nenner von $R_0^{(i)}(z)$. Die rationalen Funktionen $R_l(z)$ besitzen für $l = 1, \ldots, r + 1$ alle den Nenner von $R_0(z)$.*

Beweis. Aus (11.6.1) und der Approximationsordnung r folgt (Aufgabe 5)

$$R_l(z) = \sum_{j=0}^{r-l} \frac{z^j}{(j+l)!} + \mathcal{O}(z^{r-l+1}), \quad l = 1, \ldots, r. \tag{11.6.4}$$

Hieraus folgt mit (11.6.1) die Aussage. Der Beweis für die Stufen ist analog. ∎

Die klassische Konsistenzordnung der Verfahren kann durch Taylorentwicklung [272] oder mit Hilfe von B-Reihen [34] bestimmt werden. Man erhält Bedingungen an die Koeffizienten $\xi_{lj}^{(i)}$ und ξ_{lj}. Tabelle 11.6.1 gibt die Ordnungsbedingungen bis zur Ordnung $p = 4$ an, wobei die Bezeichnungen

$$b_j^{(k)} = \sum_{l=0}^{\varrho} \frac{k!}{(l+k)!} \xi_{lj}, \quad a_{ij}^{(k)} = \sum_{l=0}^{\varrho_i} \frac{k!}{(l+k)!} \xi_{lj}^{(i)} c_i^{l+k} \tag{11.6.5}$$

verwendet werden mit $a_{ij}^{(1)} = a_{ij} = A_{ij}(0)$, $b_j^{(1)} = b_j = B_j(0)$. Zur Vereinfachung setzen wir voraus, dass die Approximationsordnung der rationalen Funktionen hinreichend hoch ist, wir fordern für ein Verfahren der Konsistenzordnung p

$$r \geq p, \quad r_i \geq p - 1, \quad i = 2, \ldots, s.$$

Weiterhin fordern wir, dass die Bedingungen (11.2.7) erfüllt sind (mit R_1 statt φ_1), d.h., wir fordern für die Koeffizienten

$$\sum_{j=1}^{s} \xi_{lj} = \begin{cases} 1, & l = 0 \\ 0, & l > 0 \end{cases}, \quad \sum_{j=1}^{i-1} \xi_{lj}^{(i)} = \begin{cases} 1, & l = 0 \\ 0, & l > 0 \end{cases}, \quad i = 2, \ldots, s. \quad (11.6.6)$$

p	Nr.	Differential	Ordnungsbedingungen	
1	1	f	$\sum b_i$	$= 1$
2	2	$(f' - T)f$	$\sum b_i c_i$	$= \frac{1}{2}$
3	3	$f''ff$	$\sum b_i c_i^2$	$= \frac{1}{3}$
	4	$T(f' - T)f$	$\sum h_i^{(2)} c_i$	$= \frac{1}{3}$
	5	$(f' - T)(f' - T)f$	$\sum b_i a_{ij} c_j$	$= \frac{1}{6}$
4	6	$f'''fff$	$\sum b_i c_i^3$	$= \frac{1}{4}$
	7	$f''(f' - T)ff$	$\sum b_i c_i a_{ij} c_j$	$= \frac{1}{8}$
	8	$(f' - T)f''ff$	$\sum b_i a_{ij} c_j^2$	$= \frac{1}{12}$
	9	$Tf''ff$	$\sum b_i^{(2)} c_i^2$	$= \frac{1}{6}$
	10	$TT(f' - T)f$	$\sum b_i^{(3)} c_i$	$= \frac{1}{4}$
	11	$T(f' - T)(f' - T)f$	$\sum b_i^{(2)} a_{ij} c_j$	$= \frac{1}{12}$
	12	$(f' - T)T(f' - T)f$	$\sum b_i a_{ij}^{(2)} c_j$	$= \frac{1}{12}$
	13	$(f' - T)(f' - T)(f' - T)f$	$\sum b_i a_{ij} a_{jk} c_k$	$= \frac{1}{24}$

Tabelle 11.6.1: Differentiale und Ordnungsbedingungen für adaptive RK-Verfahren

Die Konsistenzbedingungen garantieren die Ordnung p für eine beliebige Matrix T und für nichtautonome Systeme. Für $T = 0$ ergeben die Bedingungen 1, 2, 3, 5, 6, 7, 8, 13 gerade die Konsistenzbedingungen für das zugrunde liegende explizite RK-Verfahren.

Für autonome Systeme und $T = f_y(u_m)$ bzw. $T = f_y(u_m) + \mathcal{O}(h)$ verringert sich die Anzahl der Bedingungen. Tabelle 11.6.2 gibt die noch zu erfüllenden Bedingungen an.

p	$T = f_y(u_m) + \mathcal{O}(h)$	$T = f_y(u_m)$
1	1	1
2	–	–
3	2, 3	3
4	4, 6, 9	6, 9

Tabelle 11.6.2: In Tabelle 11.6.1 verbleibende Ordnungsbedingungen für spezielle Wahl von T und autonome Systeme

Bemerkung 11.6.1. In [272], [273] wurden die rationalen Funktionen $R_l(z)$ nicht als Approximation der Funktionen $\varphi_l(z)$, sondern leicht modifizierter Funktionen $e_l(z) = (l-1)!\varphi_l(z)$ gewählt. Wir verwenden hier die φ-Funktionen. Das hat zur Folge, dass sich die Ordnungsbedingungen in Tabelle 11.6.1 leicht von denen in [272], [273] unterscheiden. □

Bemerkung 11.6.2. Analog zu W-Methoden lassen sich durch entsprechende Wahl von T partitionierte adaptive RK-Verfahren gleicher Konsistenzordnung gewinnen, wodurch die Dimension der zu lösenden linearen Gleichungssysteme reduziert werden kann. □

Bei der praktischen Konstruktion eines adaptiven RK-Verfahrens geht man von einem expliziten RK-Verfahren der Ordnung p aus. Für $p = 4$ sind damit die Bedingungen $1, 2, 3, 5, 6, 7, 8, 13$ erfüllt. Dann werden die Parameter $\xi_{lj}^{(i)}$ aus (11.2.7) und den verbleibenden Bedingungen aus Tabelle 11.6.1 bestimmt. Auf diese Weise kann zu jedem expliziten RK-Verfahren ein adaptives RK-Verfahren gleicher Ordnung konstruiert werden, es gilt [34]:

Satz 11.6.2. *Zu jedem s-stufigen expliziten RK-Verfahren der Ordnung p gibt es für $r_i \geq p - 1$, $i = 2, \ldots, s$, $r \geq p$ mit $\rho_i \geq \max(0, p - 3)$, $i = 2, \ldots, s$, $\rho \geq \max(0, p - 2)$ ein s-stufiges adaptives RK-Verfahren der gleichen Ordnung p.*
□

Beispiel 11.6.1. Die zweistufigen adaptiven RK-Verfahren mit $c_2 \neq 0$

$$
\begin{array}{c|cc}
0 & & \\
c_2 & c_2 R_1^{(2)} & \\
\hline
& R_1^{(3)} - \frac{1}{c_2} R_2^{(3)} & \frac{1}{c_2} R_2^{(3)}
\end{array}
\tag{11.6.7}
$$

mit dem zugeordneten zweistufigen expliziten RK-Verfahren der Ordnung $p = 2$

$$
\begin{array}{c|cc}
0 & & \\
c_2 & c_2 & \\
\hline
& 1 - \frac{1}{2c_2} & \frac{1}{2c_2}
\end{array}
$$

besitzen mit $r_2 \geq 1$, $r_3 \geq 2$ die Konsistenzordnung $p = 2$ für beliebige Matrizen T. $\square$

Beispiel 11.6.2. Aus dem Verfahren aus Beispiel 11.2.4 entsteht das adaptive RK-Verfahren

$$
\begin{array}{c|cccc}
0 & & & & \\
\frac{1}{2} & \frac{1}{2}R_1^{(2)} & & & \\
\frac{1}{2} & \frac{1}{2}R_1^{(3)} - \frac{1}{2}R_2^{(3)} & \frac{1}{2}R_2^{(3)} & & \\
1 & R_1^{(4)} - 2R_2^{(4)} & -2R_2^{(4)} & 4R_2^{(4)} & \\
\hline
& R_1 - 3R_2 + 4R_3 & 0 & 4R_2 - 8R_3 & 4R_3 - R_2
\end{array}
$$

Mit $r_i \geq 3$, $i = 2, 3, 4$, und $r \geq 4$ besitzt es die Konsistenzordnung $p = 4$ für alle T. Für $T = 0$ ergibt sich das explizite RK-Verfahren

$$
\begin{array}{c|cccc}
0 & & & & \\
\frac{1}{2} & \frac{1}{2} & & & \\
\frac{1}{2} & \frac{1}{4} & \frac{1}{4} & & \\
1 & 0 & -1 & 2 & \\
\hline
& \frac{1}{6} & 0 & \frac{2}{3} & \frac{1}{6}
\end{array}
$$

der Ordnung $p = 4$. $\square$

Wendet man ein adaptives RK-Verfahren auf die Testgleichung der A-Stabilität (8.2.1) mit $T = \lambda$ an, so ergibt sich

$$
u_{m+1}^{(i)} = R_0^{(i)}(c_i z)u_m, \quad u_{m+1} = R_0(z)u_m.
$$

Die Stabilität wird folglich durch die Wahl von $R_0(z)$, der Stabilitätsfunktion des adaptiven RK-Verfahrens, bestimmt. Entsprechend wird die interne Stabilität durch die internen Stabilitätsfunktionen $R_0^{(i)}(z)$ bestimmt. Es gilt offensichtlich

Satz 11.6.3. *Mit einer A- bzw. L-verträglichen Stabilitätsfunktion $R_0(z)$ ist das adaptive RK-Verfahren A- bzw. L-stabil.* $\square$

Der Aufwand eines adaptiven RK-Verfahrens hängt wesentlich von der Wahl der rationalen Funktionen $R_0^{(i)}(z)$ ab. Besonders günstig sind rationale Funktionen mit mehrfacher reeller Nennernullstelle

$$R_0^{(i)}(z) = \sum_{j=0}^{k_i} \frac{a_j z^j}{(1 - \gamma_i z)^{k_i}}. \tag{11.6.8}$$

Dadurch werden Matrizenmultiplikationen vermieden. Die linearen Gleichungs-systeme in den einzelnen Stufen werden durch LR-Zerlegung und k_i Rücksubsti-tutionen gelöst. Legt man die Parameter γ_i durch

$$\gamma_i = \frac{\gamma}{c_i}$$

fest, so ist pro Integrationsschritt wegen

$$I - h\gamma_i c_i T = I - h\gamma T$$

nur eine LR-Zerlegung erforderlich. Der Parameter γ wird aus Stabilitätsgründen bestimmt, für $r_i \geq k_i$ aus Tabelle 8.2.2. Die Eigenschaften der internen Stabili-tätsfunktionen $R_0^{(i)}$ sind dabei abhängig von γ, c_i, k_i.

Mit der Wahl (11.6.8) können ähnlich wie bei W-Methoden auch bei adaptiven RK-Verfahren Matrix-Vektor-Multiplikationen vermieden werden. Wir schauen uns das am Beispiel von Verfahren (11.6.7) an.

Beispiel 11.6.3. Mit

$$R_0^{(2)}(z) = \frac{1 + (1 - \gamma_2)z}{1 - \gamma_2 z}, \quad R_0^{(3)}(z) = \frac{1 + (1 - 2\gamma)z + (\frac{1}{2} - 2\gamma + \gamma^2)z^2}{(1 - \gamma z)^2}$$

und $\gamma = 1 \pm \frac{1}{2}\sqrt{2}$ ist das Verfahren L-stabil. Es lässt sich dann mit $\gamma_2 = \frac{\gamma}{c_2}$ für $y' = f(t, y)$ in folgender Form implementieren:

$$(I - h\gamma T)(u_{m+1}^{(2)} - u_m) = c_2 h f(t_m, u_m)$$
$$(I - h\gamma T)((I - h\gamma T)(u_{m+1} - v_3) - v_2) = v_1$$

mit

$$v_1 = h(1 - \gamma)(1 - \gamma_2)f(t_m, u_m) + h\gamma_2(1 - \gamma)f(t_m + c_2 h, u_{m+1}^{(2)})$$
$$\quad + (1 - \gamma)\frac{1}{c_2}(u_m - u_{m+1}^{(2)})$$
$$v_2 = \gamma_2[u_m - u_{m+1}^{(2)} - h(f(t_m, u_m) - f(t_m + c_2 h, u_{m+1}^{(2)}))] + h\gamma f(t_m, u_m)$$
$$v_3 = (1 - \frac{1}{c_2})u_m + \frac{1}{c_2}u_{m+1}^{(2)}.$$

Es werden keine Matrix-Vektor-Multiplikationen mehr benötigt.
In der Endstufe wird durch aufeinanderfolgendes Lösen von

$$(I - h\gamma T)w = v_1$$
$$(I - h\gamma T)(u_{m+1} - v_3) = w + v_2$$

der neue Näherungswert u_{m+1} berechnet. $\square$

Besitzen die rationalen Funktionen $R_0^{(i)}(z)$ und $R_0(z)$ keine Polstellen für Re $z \leq 0$
und sind beschränkt für $z \to \infty$, so sind $|A_{ij}(z)|$, $|zA_{ij}(z)|$, $|B_j(z)|$ und $|zB_j(z)|$
gleichmäßig beschränkt für Re $z \leq 0$. Bei genügend hohen Approximationsord-
nungen r_i und r an die Exponentialfunktion folgen dann Resultate über die
B-Konsistenz adaptiver RK-Verfahren für (11.1.1) unter den Voraussetzungen
(11.1.8) und (11.1.10) analog zu den Aussagen für exponentielle RK-Verfahren.
Es sind lediglich in (11.2.5) und (11.2.6) die $\varphi_l(z)$ durch die rationalen Funktionen
$R_l(z)$ zu ersetzen. Bez. der B-Konvergenz gilt dann

Satz 11.6.4. *Sei das adaptive RK-Verfahren B-konsistent von der Ordnung q und
sei $R_0(z)$ A-verträglich. Dann ist das Verfahren B-konvergent von der Ordnung
q.* $\square$

Für Details zur Untersuchung der B-Konvergenz linear-impliziter RK-Verfahren
verweisen wir auf [271] und [275].

Beispiel 11.6.4. Die zweistufigen adaptiven RK-Verfahren

$$\begin{array}{c|cc}
0 & & \\
1 & R_1^{(2)} & \\
\hline
& \frac{1}{2}R_1^{(3)} & \frac{1}{2}R_1^{(3)}
\end{array} \tag{11.6.9}$$

und

$$\begin{array}{c|cc}
0 & & \\
1 & R_1^{(2)} & \\
\hline
& R_1^{(3)} - R_2^{(3)} & R_2^{(3)}
\end{array} \tag{11.6.10}$$

besitzen beide die Konsistenzordnung $p = 2$. Wegen

$$B_1(z) + B_2(z) = R_1^{(3)}(z) \quad \text{und} \quad B_2(z)c_2 = R_2^{(3)}(z)$$

besitzt (11.6.10) die B-Konsistenzordnung $q = 1$. Das Verfahren (11.6.9) erfüllt
die zweite Bedingung nicht, daher ist hier $q = 0$.

Um den Effekt der höheren B-Konsistenzordnung bei steifen Problemen zu illustrieren, betrachten wir folgendes System:

$$y_1' = \lambda(-2y_1 - y_1^2 y_2 + \cos^2 t \sin t + 2\cos t) - y_2, \quad y_1(0) = 1$$
$$y_2' = y_1 - y_2 + \sin t, \qquad\qquad\qquad\qquad\qquad y_2(0) = 0 \qquad (11.6.11)$$

für $0 \le t \le 1$. Die exakte Lösung ist $y_1 = \cos t$, $y_2 = \sin t$.

Wir haben beide Verfahren einheitlich mit Schrittweitensteuerung durch Richardson-Extrapolation implementiert mit den Stabilitätsfunktionen

$$R_0^{(2)}(z) = \frac{1 + (1-\gamma)z}{1 - \gamma z}, \quad R_0^{(3)}(z) = \frac{1 + (1-2\gamma)z + (\frac{1}{2} - 2\gamma + \gamma^2)z^2}{(1 - \gamma z)^2}.$$

Mit $\gamma = 1 - \frac{1}{2}\sqrt{2}$ ist das Verfahren L-stabil. Tabelle 11.6.3 gibt die Anzahl der Schritte (steps), die Anzahl der Funktionsaufrufe (nfcn, einschließlich der zur Approximation der Jacobi-Matrix mittels Differenzenquotienten benötigten f-Aufrufe) und die Euklidische Norm des Fehlers im Endpunkt (err) für $\lambda = 1$ und $\lambda = 10^6$ an.

	tol	$\lambda = 1$			$\lambda = 10^6$		
		steps	nfcn	err	steps	nfcn	err
Verfahren	10^{-2}	5	35	3e-4	12	78	1e-2
(11.6.9)	10^{-4}	11	77	2e-6	434	3017	7e-5
	10^{-6}	41	287	1e-8	44517	311574	8e-8
Verfahren	10^{-2}	5	35	6e-4	6	42	2e-3
(11.6.10)	10^{-4}	9	73	6e-6	24	159	3e-5
	10^{-6}	33	231	1e-7	172	1195	5e-6

Tabelle 11.6.3: Numerische Ergebnisse für das System (11.6.11)

Für $\lambda = 1$ ist das System nicht steif, beide Verfahren liefern vergleichbare Ergebnisse. Für $\lambda = 10^6$ wird das System sehr steif. Der Aufwand von Verfahren (11.6.9) wächst für schärfere Genauigkeitsforderungen drastisch an. Die Ursache hierfür liegt in der B-Konsistenzordnung $q = 0$ (nicht in den Stabilitätseigenschaften, wie die Werte für $tol = 10^{-2}$ zeigen). Das Verfahren mit $q = 1$ hat auch für $\lambda = 10^6$ keine Probleme.   □

Beispiel 11.6.5. Das adaptive RK-Verfahren aus Beispiel 11.6.2 ist mit geeigneten Stabilitätsfunktionen B-konsistent und B-konvergent von der Ordnung $q = 2$. □

Bemerkung 11.6.3. W- und ROW-Methoden können als spezielle Klasse adaptiver RK-Verfahren geschrieben werden, so dass sich die Aussagen zur B-Konsistenz und B-Konvergenz direkt übertragen lassen. Mit den Bezeichnungen

$$A(z) = \begin{pmatrix} 0 & & & & \\ A_{21} & & & & \\ A_{31} & A_{32} & & & \\ \vdots & & \ddots & & \\ A_{s1} & A_{s2} & \cdots & A_{s,s-1} & 0 \end{pmatrix}, \quad B^\top(z) = (B_1, B_2, \ldots, B_s)$$

und (8.7.11) sind die Koeffizienten des adaptiven RK-Verfahrens gegeben durch

$$A = \alpha(I - \gamma z I - z\beta)^{-1}, \quad B^\top = b^\top(I - \gamma z I - z\beta)^{-1}$$

sowie

$$R_0^{(i)}(z) = 1 + z \sum_{j=1}^{i-1} A_{ij}(z), \quad i = 2, \ldots, s,$$

$$R_0^{(s+1)}(z) = 1 + z \sum_{j=1}^{s} B_j(z).$$

Eine Formulierung der Bedingungen für B-Konsistenz direkt mit den Koeffizienten der ROW- und W-Methode ohne die Überführung in adaptive RK-Verfahren findet man in [274]. □

11.7 Weiterführende Bemerkungen

Zur Berechnung der φ-Funktionen in exponentiellen Integratoren werden in der Literatur verschiedene Methoden vorgeschlagen, einen Überblick über die Möglichkeiten findet man in [201]. Die populärste Methode bei kleinen Dimensionen ist *scaling and squaring*, wie es in [25] verwendet wird. Bei konstantem T in (11.1.1) und konstanter Schrittweite werden dabei die Funktionen $\varphi_l(hT)$ nur einmal berechnet. Für große Dimensionen ist das nicht mehr effizient. Hier nutzt man aus, dass die Verfahren nicht $\varphi_l(hT)$ separat benötigen, sondern nur Ausdrücke der Form $\varphi_l(hT)v$ mit einem Vektor $v \in \mathbb{R}^n$. Als geeignete Methode zur Approximation von Produkten $\varphi_l(A)v$ haben sich Krylov-Methoden erwiesen. Hier wird mit dem Arnoldi-Verfahren ein sog. *Krylovunterraum*

$$\mathcal{K}_m = \text{span}\left\{v, Av, \ldots, A^{m-1}v\right\}$$

der Dimension $m \ll n$ mit der orthonormalen Basis $v_1, \ldots, v_m$ erzeugt. Fasst man die Basisvektoren in einer Matrix $V_m = (v_1, \ldots, v_m)$ zusammen, so kann man das Produkt $\varphi_l(A)v$ approximieren durch [105]

$$\varphi_l(A)v \approx V_m \varphi_l(H_m)e_1 \|v\|, \quad H_m = V_m^\top A V_m$$

mit $e_1 = (1, 0, \ldots, 0)^\top \in \mathbb{R}^m$. Man muss damit φ_l nur noch von der oberen Hessenberg-Matrix $H_m \in \mathbb{R}^{m,m}$ kleiner Dimension berechnen. Konvergenzuntersuchungen in [155] zeigen, dass diese Approximation i. Allg. schon für kleine m gute Ergebnisse liefert. Diese Technik wurde im bekannten Code EXP4 von Hochbruck, Lubich und Selhofer [156] implementiert. EXP4 ist eine exponentielle W-Methode, bei der nur $\varphi_1(hT)$ verwendet wird. Von Sidje [252] wurde das Paket EXPOKIT entwickelt, das Fortran- und MATLAB-Programme zur Berechnung von $\varphi_0(A)v = e^A v$ enthält. Neben der Berechnung durch Krylov-Approximation gibt es darin auch eine Variante mit rationaler Tschebyscheff-Approximation. Andere Approximationen mit rationalen Funktionen und Polynomen werden z. B. in [1] und [235] untersucht.

Exponentielle Integratoren erfordern die Berechnung von Ausdrücken der Form

$$\varphi_0(A)v_0 + \sum_{l=1}^{q} \varphi_l(A)v_l.$$

Das kann zurückgeführt werden auf die Berechnung von $\varphi_0(\widetilde{A})b$ mit einer etwas größeren Matrix $\widetilde{A} \in \mathbb{R}^{n+q,n+q}$ und einem Vektor $b \in \mathbb{R}^{n+q}$, so dass z. B. EXPOKIT dafür verwendet werden kann. Mit

$$\widetilde{A} = \begin{pmatrix} A & W \\ 0 & J \end{pmatrix}, \quad W = \begin{pmatrix} v_q & v_{q-1} & \cdots & v_1 \end{pmatrix}, \quad J = \begin{pmatrix} 0 & I_{q-1} \\ 0 & 0 \end{pmatrix}, \quad b = \begin{pmatrix} v_0 \\ e_q \end{pmatrix}$$

gilt [1]

$$\varphi_0(A)v_0 + \sum_{l=1}^{q} \varphi_l(A)v_l = \begin{pmatrix} I_n & 0 \end{pmatrix} \varphi_0(\widetilde{A})b,$$

wobei e_q der q-te Einheitsvektor ist.

Wir haben die adaptiven RK-Verfahren hergeleitet, indem wir die φ-Funktionen in den exponentiellen RK-Verfahren durch rationale Matrixfunktionen approximiert haben. Van der Houwen [163] ersetzt formal die skalaren Koeffizienten von expliziten RK-Verfahren durch Matrixfunktionen und gewinnt auf diese Weise verallgemeinerte RK-Verfahren, Stabilitätsuntersuchungen dieser Methoden findet man in Verwer [279]. Eine Erweiterung auf verallgemeinerte Mehrschrittverfahren erfolgt in [278].

Analog zu W-Methoden eignen sich adaptive RK-Verfahren sehr gut als Basisverfahren für partitionierte Methoden. Mit

$$T = \begin{pmatrix} T_1 & 0 \\ 0 & 0 \end{pmatrix}, \quad T_1 \in \mathbb{R}^{N,N}$$

haben die rationalen Matrixkoeffizienten die gleiche Struktur. Da die Ordnung unabhängig von T ist, bleibt die Ordnung für das partitionierte Verfahren erhalten. Alle auftretenden Gleichungssysteme sind nur von der Dimension N, der Anzahl der steifen Komponenten. Stabilitätsuntersuchungen und numerische Tests findet man in [272]. In Kombination mit expliziten RK-Verfahren lassen sich adaptive RK-Verfahren auch zur automatischen Verfahrenswahl nutzen. Stellt man anhand geeigneter Kriterien fest, dass das System nicht steif ist, so wird das explizite RK-Verfahren verwendet, wird das System als steif erkannt, so wird ein adaptives RK-Verfahren mit guten Stabilitätseigenschaften genutzt. Eine ausführliche Diskussion geeigneter Umschaltkriterien findet man in [272], numerische Tests in [35].

11.8 Aufgaben

1. Man beweise für die φ-Funktionen die Entwicklung

$$\varphi_l(z) = \sum_{k=0}^{\infty} \frac{z^k}{(k+l)!}, \quad l \geq 1.$$

2. Man beweise die Beziehung

$$\widetilde{u}_{m+1}^{(i)} - u_{m+1}^{(i)} = (\varphi_0(c_i hT) + \mathcal{O}(h))(y(t_m) - u_m)$$

   aus dem Beweis von Satz 11.2.3.

3. Man beweise die Beziehung

$$\varphi_0(z) = \sum_{l=0}^{q} \frac{z^l}{l!} + z^{q+1}\varphi_{q+1}(z).$$

4. Man beweise, dass mit exakten Startwerten die exponentielle Peer-Methode (11.4.5), (11.4.6) das lineare Anfangswertproblem $y' = Ty$, $y(t_0) = y_0$ exakt löst.

5. Man beweise: Aus der Approximationsordnung r von $R_0(z)$ folgt (11.6.4).

6. Man konstruiere ein 2-stufiges adaptives RK-Verfahren, das bei Verwendung einer Stabilitätsfunktion der Approximationsordnung 4 für autonome Systeme mit $T = f_y(u_m)$ die Konsistenzordnung $p = 4$ besitzt.

12 Numerischer Vergleich steifer Integratoren

In Abschnitt 6 haben wir einige Programme zur numerischen Lösung von Anfangswertproblemen kennengelernt und typische nichtsteife Testprobleme mit Hilfe von MATLAB-Codes gelöst. Auch für steife Differentialgleichungen gibt es in MATLAB sehr gute Verfahren, z. B. ode15s. Da jedoch bei anspruchsvolleren Differentialgleichungen der Lösungsaufwand wegen der zu lösenden Gleichungssysteme mitunter sehr hoch ist, verwenden wir für den folgenden Vergleich in Fortran implementierte Verfahren:

- VODE [32] – BDF-Verfahren mit festem führenden Koeffizienten (vgl. Bemerkung 9.2.2) mit Ordnungssteuerung ($1 \leq p \leq 5$), Implementierung von Brown, Hindmarsh und Byrne, Version von 2003,
- RADAU [142] – RADAU-IIA-Methode mit Ordnungssteuerung ($p = 5,9,13$), Implementierung von Hairer und Wanner, Version von 2002,
- RODAS [143] – Rosenbrock-Verfahren der Ordnung $p = 4$, Implementierung von Hairer und Wanner, Version von 1996,
- PEER6 [220] – Linear-implizite Peer-Methode der Ordnung $p = 5$ und $\gamma = \frac{1}{3}$,
- MEBDF [68] – modifizierte BDF-Verfahren (9.4.5) mit Ordnungssteuerung ($2 \leq p \leq 9$), Implementierung von Cash, Version von 1998.

Alle Codes verwenden eine automatische Schrittweitensteuerung. Bei den folgenden Rechnungen nutzen wir die Option zur numerischen Berechnung der Jacobi-Matrix mit Differenzenapproximation und geben nur die rechte Seite der Differentialgleichung vor. Aus dem IVP-Testset [199] (Version von 2008) wählen wir folgende Beispiele aus:

- BEAM – Semilineares System mit $n = 80$ Gleichungen,
- HIRES – Nichtlineares System mit $n = 8$ Gleichungen,
- MEDAKZO – Semidiskretisierte Reaktions-Diffusionsgleichung mit $n = 400$, Jacobi-Matrix hat Bandstruktur,
- PLATE [143] – Semilineares System mit $n = 80$ Gleichungen,
- OREGO – Oregonator-Reaktionssystem mit $n = 3$ Gleichungen.

Zur Illustration des Abschneidens steifer Integratoren bei Anwendung auf ein nichtsteifes Problem betrachten wir zusätzlich PLEI, vgl. Kapitel 6.

In den Abbildungen 12.0.1 bis 12.0.5 ist die jeweils erreichte Genauigkeit für Toleranzen $atol = rtol = 10^{-k}$, $k = 2, \ldots, 10$ gegenüber der Rechenzeit aufgetragen. Da der Verlauf der Kurven von einer Vielzahl von Faktoren (Betriebssystem, Compiler, Optimierungseinstellungen, CPU-Typ, LAPACK-Implementierung für LR-Zerlegung,...) abhängt, muss man bei der Interpretation der Ergebnisse vorsichtig sein. Auf einem anderen Computer-System können sich die Rechenzeitverhältnisse der Verfahren erheblich verschieben. Wir beschränken uns bei der Auswertung der Diagramme deshalb auf folgende qualitative Aussagen:

- In der Regel – aber nicht immer – wird ein Verfahren genauer, wenn man die vorgegebene Toleranz verkleinert. Verfahren fester Ordnung (RODAS, PEER6) sind tendentiell eher „toleranzproportional" als Verfahren mit Ordnungssteuerung (RADAU). Um abzuschätzen, ob eine numerische Lösung wirklich die gewünschte Genauigkeit besitzt, sollte man das gleiche Problem mit anderen Verfahren und anderen Toleranzen noch einmal lösen.

- Bei BEAM sind Eigenwerte der Jacobi-Matrix imaginär. Deshalb sind für dieses Beispiel die A-stabilen Verfahren (RADAU, RODAS, PEER6) besser geeignet als die Mehrschrittverfahren (VODE, MEBDF).

- Die Rechenzeit wird erheblich durch die Anzahl der Auswertungen und Zerlegungen der Jacobi-Matrix bestimmt. Für PLATE berechnet RODAS mit $atol = 10^{-5}$ mit 87 Schritten und 537 Funktionsauswertungen eine Lösung mit einer Genauigkeit von $6 \cdot 10^{-7}$. VODE erreicht eine ähnliche Genauigkeit mit $atol = 10^{-8}$ mit 221 Schritten und 593 Funktionsauswertungen. Da VODE viel weniger Matrixfaktorisierungen als RODAS benötigt, ist es jedoch um mehr als Faktor drei schneller.

- Das nichtsteife Problem PLEI kann auch mit impliziten Verfahren gelöst werden. Der Aufwand dafür ist aber wesentlich höher als der von expliziten Verfahren wie z. B. DOPRI5.

- Die Testergebnisse zeigen generell einen Vorteil der Verfahren mit Ordnungssteuerung gegenüber denen mit fester Ordnung.

Abschließend wollen wir das Beispiel HIRES auch mit den in MATLAB verfügbaren Integrationsverfahren ode15s (NDF-Methoden [251], Implementierung in MATLAB (Version R2010b) und ode45 (explizites RK-Verfahren von Dormand/Prince aus Beispiel 2.5.4, Implementierung in MATLAB) sowie DOPRI5 (Fortran-Implementierung von E. Hairer und G. Wanner (Version von 1996)) lösen, siehe Abbildung 12.0.7. Man erkennt, dass alle Verfahren die Differentialgleichung lösen können und dass die erreichte Genauigkeit annähernd proportional zur Toleranz ist. Weil die Differentialgleichung steif ist, verlaufen die Linien für die

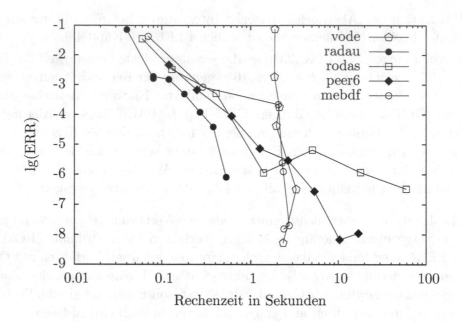

Abbildung 12.0.1: Ergebnisse für BEAM

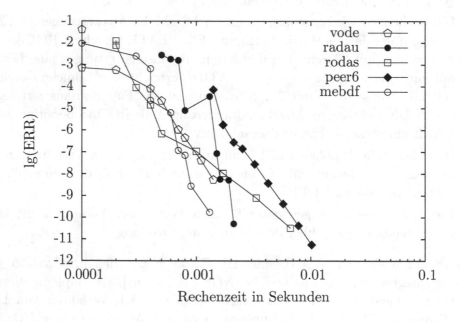

Abbildung 12.0.2: Ergebnisse für HIRES

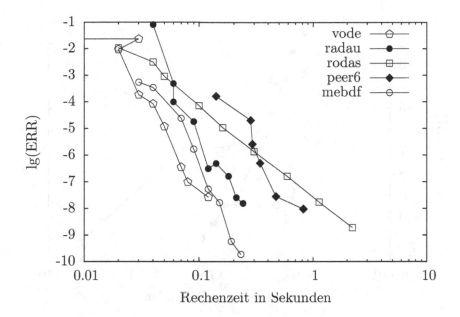

Abbildung 12.0.3: Ergebnisse für MEDAKZO

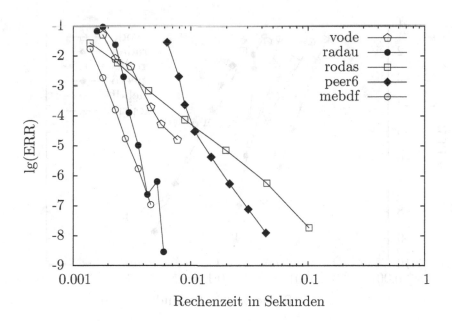

Abbildung 12.0.4: Ergebnisse für OREGO

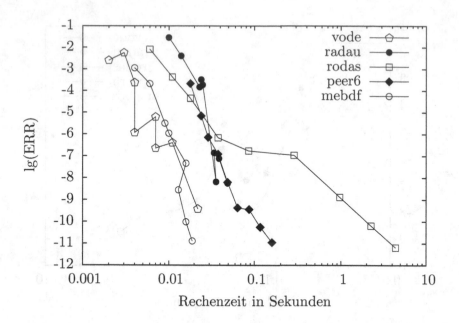

Abbildung 12.0.5: Ergebnisse für PLATE

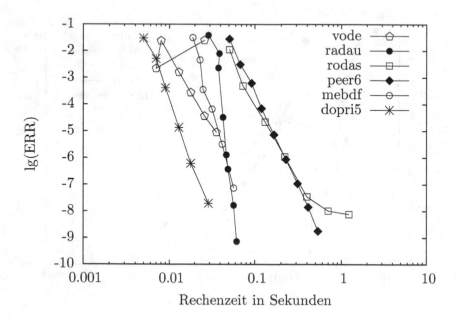

Abbildung 12.0.6: Ergebnisse für PLEI

expliziten Verfahren nahezu senkrecht. Betrachtet man die Funktionsauswertungen, so verhalten sich VODE und ode15s bzw. DOPRI5 und ode45 sehr ähnlich. Am rechten Bild sieht man, dass Fortran-Code wesentlich effizienter ausgeführt werden kann, als interpretierter MATLAB-Code: das für dieses steife Problem eigentlich weniger gut geeignete Verfahren DOPRI5 ist noch deutlich schneller als ode15s.

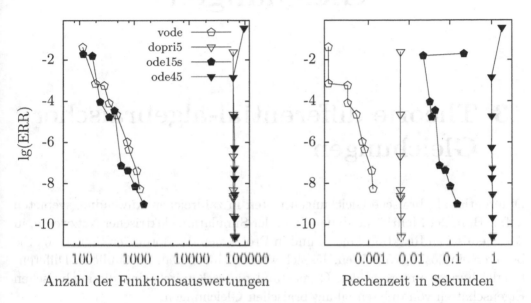

Abbildung 12.0.7: Aufwand für die Lösung von HIRES in MATLAB und Fortran

Teil III

Differential-algebraische Gleichungen

13 Theorie differential-algebraischer Gleichungen

Differential-algebraische Gleichungen treten in zahlreichen Anwendungsgebieten auf, z. B. in der Mehrkörperdynamik, in der Simulation elektrischer Netzwerke, in der chemischen Reaktionskinetik und in Problemen der optimalen Steuerung. Sie besitzen ein Lösungsverhalten, das sich wesentlich von dem gewöhnlicher Differentialgleichungen unterscheidet. Gegenstand dieses Kapitels sind die analytischen Eigenschaften von differential-algebraischen Gleichungen.

13.1 Einführung

Seit Beginn der 80er Jahre hat man sich verstärkt der analytischen und numerischen Behandlung allgemeiner (nichtlinearer) Differentialgleichungen der Gestalt

$$F(t, y(t), y'(t)) = 0 \qquad (13.1.1)$$

mit $F\colon [t_0, t_e] \times \mathbb{R}^n \times \mathbb{R}^n \to \mathbb{R}^n$ zugewandt, siehe z. B. Griepentrog/März [122], Hairer/Lubich/Roche [136], Kunkel/Mehrmann [180], Hairer/Wanner [143] und Brenan/Campbell/Petzold [31].

Im Folgenden setzen wir stets voraus, dass F hinreichend oft differenzierbar ist. Ist die Jacobi-Matrix $\frac{\partial F}{\partial y'}$ in einer Umgebung der Lösung $y(t)$ regulär, so ist nach dem Satz über implizite Funktionen (13.1.1) nach $y'(t)$ lokal auflösbar, d. h.

$$y'(t) = \phi(t, y(t)),$$

und (13.1.1) stellt ein System gewöhnlicher Differentialgleichungen erster Ordnung in impliziter Form dar. Ist jedoch $\frac{\partial F}{\partial y'}$ singulär in einer Umgebung der Lösung, so nennt man die Gleichung (13.1.1) eine *differential-algebraische Gleichung* (engl. *differential-algebraic equation, DAE*).

In vielen Fällen besitzt (13.1.1) die Struktur

$$y'(t) = f(t, y(t), z(t))$$
$$0 = g(t, y(t), z(t))$$

(13.1.2)

mit Funktionen $f \colon [t_0, t_e] \times \mathbb{R}^{n_y} \times \mathbb{R}^{n_z} \to \mathbb{R}^{n_y}$ und $g \colon [t_0, t_e] \times \mathbb{R}^{n_y} \times \mathbb{R}^{n_z} \to \mathbb{R}^{n_z}$. Man spricht dann von einer *semi-expliziten* DAE. Hier sind die abhängigen Variablen a priori partitioniert in die *differentiellen Variablen* y und in die *algebraischen Variablen* z. Die algebraische Nebenbedingung $0 = g(t, y(t), z(t))$ spiegelt z. B. Erhaltungssätze oder geometrische Zwangsbedingungen wider. Sie wird daher häufig auch *Zwangsbedingung* genannt. Die Bezeichnung „algebraisch" bedeutet hier, dass keine Ableitungen auftreten. Die Form (13.1.2) ergibt sich z. B. bei der Behandlung mechanischer Mehrkörpersysteme, vgl. Abschnitt 13.4.

Das allgemeine System (13.1.1) lässt sich durch Einführung einer zusätzlichen Variablen z in ein äquivalentes semi-explizites differential-algebraisches System von doppelter Dimension

$$y'(t) - z(t)$$
$$0 = F(t, y(t), z(t))$$

überführen.

13.2 Lineare Systeme mit konstanten Koeffizienten

Lineare differential-algebraische Gleichungen mit konstanten Koeffizienten sind Systeme der Gestalt

$$Ay'(t) + By(t) = f(t) \qquad (13.2.1)$$

mit $A, B \in \mathbb{R}^{n,n}$, A singulär, und einer gegebenen Funktion $f(t)$.

13.2.1 Eigenschaften linearer DAEs

Wir betrachten einige einfache Beispiele, an denen wir charakteristische Merkmale von linearen DAEs aufzeigen.

Beispiel 13.2.1. Gegeben sei die DAE

$$y_1'(t) - y_2(t) = 0$$
$$y_2(t) - y_3(t) = f_2(t)$$
$$y_1(t) + y_3(t) = 0.$$

Für die Lösung des Systems gilt

$$y_2(t) = f_2(t) - y_1(t), \quad y_3(t) = -y_1(t),$$

wobei $y_1(t)$ Lösung der linearen gewöhnlichen Differentialgleichung

$$y_1'(t) = -y_1(t) + f_2(t)$$

ist, d. h.

$$y_1(t) = e^{-(t-t_0)}\Big(y_1(t_0) + \int_{t_0}^t e^{s-t_0} f_2(s)\, ds\Big).$$

Man benötigt hier nur Differenzierbarkeit von $y_1(t)$ und nicht die Differenzierbarkeit aller Komponenten. Im Gegensatz zu Anfangswertaufgaben gewöhnlicher Differentialgleichungen kann man hier nur den Anfangswert für die Komponente $y_1(t)$ beliebig vorgeben. Die Anfangswerte $y_{2,0}$ sind bestimmt durch $y_{2,0} = f_2(t_0) - y_1(t_0)$ und $y_{3,0}$ durch $y_{3,0} = -y_1(t_0)$.   □

Beispiel 13.2.2. Die Lösung der semi-expliziten DAE

$$y_1'(t) = y_2(t)$$
$$0 = y_2(t) - f_2(t)$$

ist gegeben durch

$$y_2(t) = f_2(t), \quad y_1(t) = y_1(t_0) + \int_{t_0}^t f_2(s)\, ds.$$

Der Anfangswert $y_{2,0}$ ist hier durch die Funktion $f_2(t)$ festgelegt.   □

Beispiel 13.2.3. Es sei

$$\begin{aligned}
y_2'(t) + y_1(t) &= f_1(t) \\
y_3'(t) + y_2(t) &= f_2(t) \\
y_3(t) &= f_3(t).
\end{aligned} \tag{13.2.2}$$

Sind die Komponenten $f_k(t)$ des inhomogenen Terms $f(t)$ hinreichend oft differenzierbar ($f_k \in C^{k-1}([t_0, t_e])$), so ist die Lösung eindeutig bestimmt durch

$$\begin{aligned}
y_1(t) &= f_1(t) - f_2'(t) + f_3''(t) \\
y_2(t) &= f_2(t) - f_3'(t) \\
y_3(t) &= f_3(t).
\end{aligned} \tag{13.2.3}$$

Im Gegensatz zu gewöhnlichen Differentialgleichungen, deren Lösung durch Integration bestimmt wird, ergibt sich hier die Lösung durch Differentiation. Dies stellt weitere Anforderungen an die Funktion $f(t)$, es werden auch höhere Ableitungen für die Lösung benötigt. Die Komponente $f_2(t)$ muss einmal und $f_3(t)$ zweimal differenzierbar sein. Das Anfangswertproblem hat genau dann eine Lösung, wenn die Anfangswerte $y_0 = (y_{1,0}, y_{2,0}, y_{3,0})^\top$ *konsistent* zur DAE sind, d. h., wenn gilt $y_{i,0} = y_i(t_0)$, $i = 1, 2, 3$, mit den in (13.2.3) gegebenen Funktionen $y_i(t)$. Wendet man ein Diskretisierungsverfahren auf (13.2.2) an, so werden numerisch höhere Ableitungen von $f(t)$ berechnet, was zu numerischen Instabilitäten führt. □

Die in den Beispielen angegebenen Besonderheiten bezüglich des Lösungsverhaltens sind charakteristisch für lineare DAEs mit konstanten Koeffizienten. Man erkennt, dass sich das Lösungsverhalten grundsätzlich von dem bei linearen Differentialgleichungen mit konstanten Koeffizienten unterscheidet.

Im Folgenden wollen wir auf die Lösbarkeit linearer DAEs mit konstanten Koeffizienten eingehen. Bei allgemeinen nichtlinearen DAEs (13.1.1) ist die Untersuchung der Lösbarkeit wesentlich schwieriger.

13.2.2 Weierstraß-Kronecker-Normalform

Die Lösbarkeit von (13.2.1) ist abhängig von der Familie $\{A, B\} := \{\mu A + B : \mu \subset \mathbb{R}\}$, die *Matrixbüschel* (engl. *matrix pencil*) der DAE (13.2.1) genannt wird.

Definition 13.2.1. Das Matrixbüschel $\{A, B\}$ heißt *regulär*, wenn ein $c \in \mathbb{R}$ existiert, so dass $(cA + B)$ regulär ist, d. h. $\det(cA + B) \neq 0$, andernfalls heißt es *singulär*. □

Ist das Matrixbüschel $\{A, B\}$ singulär, so ist (13.2.1) nicht eindeutig lösbar. Es existieren entweder keine oder unendlich viele Lösungen.

Beispiel 13.2.4. Wir betrachten die DAE

$$Ay'(t) + By(t) = f(t)$$

mit

$$A = \begin{pmatrix} 0 & 0 & 1 \\ 0 & 1 & 0 \\ 0 & 0 & 0 \end{pmatrix}, \quad B = \begin{pmatrix} 1 & 0 & 0 \\ 0 & 0 & 0 \\ 0 & 1 & 0 \end{pmatrix}, \quad f(t) = \begin{pmatrix} f_1(t) \\ f_2(t) \\ f_3(t) \end{pmatrix}$$

bzw. in Komponentenschreibweise

$$y_3'(t) + y_1(t) = f_1(t)$$
$$y_2'(t) = f_2(t)$$
$$y_2(t) = f_3(t).$$

Für $f_3'(t) \not\equiv f_2(t)$ existiert keine Lösung. Für $f_3'(t) \equiv f_2(t)$ erhält man als Lösung

$$y_1(t) = \text{beliebige stetige Funktion}$$
$$y_2(t) = f_3(t)$$
$$y_3(t) = \text{Stammfunktion von } f_1(t) - y_1(t).$$

Es gibt also unendlich viele Lösungen, und zwar auch dann, wenn ein Anfangswert für y_3 vorgegeben wird.   □

Im Weiteren betrachten wir daher reguläre Matrixbüschel $\{A, B\}$.

Zum Nachweis der Lösbarkeit von (13.2.1) benötigen wir die *Jordansche Normalform* einer Matrix Q, vgl. Golub/van Loan [117].

Satz 13.2.1. *Zu jeder Matrix $Q \in \mathbb{R}^{n,n}$ gibt es eine reguläre Matrix $T \in \mathbb{C}^{n,n}$, so dass*

$$T^{-1}QT = J = \text{diag}(J_1, \ldots, J_r) \quad mit \quad J_i = \begin{pmatrix} \lambda_i & 1 & & 0 \\ 0 & \lambda_i & \ddots & \vdots \\ & \ddots & \ddots & 1 \\ 0 & \cdots & 0 & \lambda_i \end{pmatrix} \in \mathbb{C}^{m_i, m_i}$$

und $m_1 + \cdots + m_r = n$ gilt.   □

Die Matrix J wird *Jordansche Normalform* von Q genannt, die J_i heißen *Jordanblöcke*, wobei λ_i die Eigenwerte von Q sind. Die Matrix J ist bis auf die Anordnung der Diagonalblöcke eindeutig durch Q festgelegt. Falls Q nur reelle Eigenwerte hat, kann T reell gewählt werden.

Eine simultane Transformation der Matrizen A und B von (13.2.1) ermöglicht die Trennung in differentielle und algebraische Variablen.

Satz 13.2.2. *Sei $\{A, B\}$ ein reguläres Matrixbüschel. Dann existieren reguläre Matrizen $P, Q \in \mathbb{C}^{n,n}$, so dass gilt*

$$PAQ = \begin{pmatrix} I_d & 0 \\ 0 & N \end{pmatrix}, \quad PBQ = \begin{pmatrix} R & 0 \\ 0 & I_{n-d} \end{pmatrix}, \tag{13.2.4}$$

wobei die blockdiagonale Matrix N durch

$$N = \text{diag}(N_1, \ldots, N_r) \quad mit \quad N_i = \begin{pmatrix} 0 & 1 & & 0 \\ & \ddots & \ddots & \\ & & 0 & 1 \\ 0 & & & 0 \end{pmatrix} \in \mathbb{R}^{n_i, n_i} \tag{13.2.5}$$

gegeben ist und R Jordansche Normalform hat.

Beweis. Da $\{A, B\}$ ein reguläres Matrixbüschel ist, existiert eine reelle Zahl c, so dass $(cA + B)$ regulär ist. Wir setzen

$$\widehat{A} = (cA + B)^{-1}A, \quad \widehat{B} = (cA + B)^{-1}B.$$

Offensichtlich gilt

$$\widehat{B} = I - c\widehat{A}. \tag{13.2.6}$$

Sei $J_{\widehat{A}}$ die Jordansche Normalform von $\widehat{A}$, d. h., es gibt eine reguläre Matrix T_1, so dass gilt

$$T_1^{-1}\widehat{A}T_1 := J_{\widehat{A}} = \begin{pmatrix} W & 0 \\ 0 & \widetilde{N} \end{pmatrix}.$$

Hierbei enthält die Matrix W die Jordanblöcke mit Eigenwerten, die verschieden von null sind, und die Matrix $\widetilde{N}$ die Jordanblöcke zum Eigenwert null. Die Matrix $\widetilde{N}$ ist folglich *nilpotent*, d. h., es existiert eine natürliche Zahl k, so dass $\widetilde{N}^k = 0$ und $\widetilde{N}^{k-1} \neq 0$ gilt.

Gemäß (13.2.6) ist die Jordansche Normalform $J_{\widehat{B}}$ von $\widehat{B}$ gegeben durch

$$T_1^{-1}\widehat{B}T_1 = J_{\widehat{B}} = \begin{pmatrix} I - cW & 0 \\ 0 & I - c\widetilde{N} \end{pmatrix}.$$

Die beiden folgenden Transformationen überführen $J_{\widehat{A}}$ und $J_{\widehat{B}}$ in die gewünschte Struktur. Mit

$$T_2 := \begin{pmatrix} W & 0 \\ 0 & I - c\widetilde{N} \end{pmatrix}$$

wird zunächst $J_{\widehat{A}}$ transformiert in

$$T_2^{-1}J_{\widehat{A}} = \begin{pmatrix} I & 0 \\ 0 & (I - c\widetilde{N})^{-1}\widetilde{N} \end{pmatrix}$$

und $J_{\widehat{B}}$ in

$$T_2^{-1}J_{\widehat{B}} = \begin{pmatrix} W^{-1} - cI & 0 \\ 0 & I \end{pmatrix}.$$

Sei nun R die Jordansche Normalform von $(W^{-1}-cI)$ und N die von $(I-c\widetilde{N})^{-1}\widetilde{N}$, d. h., es gilt

$$T_W^{-1}(W^{-1} - cI)T_W = R \quad \text{und} \quad T_{\widetilde{N}}^{-1}(I - c\widetilde{N})^{-1}\widetilde{N}T_{\widetilde{N}} = N.$$

Die Matrizen $\widetilde{N}$ und $(I - c\widetilde{N})^{-1}$ kommutieren. Daraus folgt

$$N^k = T_{\widetilde{N}}^{-1}(I - c\widetilde{N})^{-k}\widetilde{N}^k\widetilde{N}T_{\widetilde{N}} = T_{\widetilde{N}}^{-1}\widetilde{N}^k T_{\widetilde{N}}.$$

Die nilpotente Matrix N hat demzufolge ebenfalls den Nilpotenzindex k. Eine Transformation mit

$$T_3 := \begin{pmatrix} T_W & 0 \\ 0 & T_{\widetilde{N}} \end{pmatrix}$$

überführt $T_2^{-1}J_{\widehat{A}}$ in die Jordansche Normalform

$$J_{\widetilde{A}} := T_3^{-1}T_2^{-1}J_{\widehat{A}}T_3 = T_3^{-1}T_2^{-1}T_1^{-1}\widehat{A}T_1T_3 = \begin{pmatrix} I & 0 \\ 0 & N \end{pmatrix}$$

und $T_2^{-1}J_{\widehat{B}}$ in die Jordansche Normalform

$$J_{\widetilde{B}} := T_3^{-1}T_2^{-1}J_{\widehat{B}}T_3 = T_3^{-1}T_2^{-1}T_1^{-1}\widehat{B}T_1T_3 = \begin{pmatrix} R & 0 \\ 0 & I \end{pmatrix}.$$

Setzt man nun

$$P = T_3^{-1}T_2^{-1}T_1^{-1}(cA + B)^{-1} \quad \text{und} \quad Q = T_1T_3,$$

so ergibt sich die Behauptung. ∎

Definition 13.2.2. Das Matrixpaar

$$\{A^*, B^*\} = \{PAQ, PBQ\}$$

mit P und Q aus Satz 13.2.2 heißt *Weierstraß-Kronecker-Normalform* des regulären Matrixbüschels $\{A, B\}$.   □

Definition 13.2.3. Der Nilpotenzindex k aus der Weierstraß-Kronecker-Form eines regulären Matrixbüschels $\{A, B\}$ mit einer singulären Matrix A heißt *Kronecker-Index* von $\{A, B\}$. Wir schreiben dafür $\text{ind}\{A, B\}$. Für reguläre Matrizen A wird $\text{ind}\{A, B\} = 0$ gesetzt.   □

Definition 13.2.4. Eine lineare DAE (13.2.1) heißt DAE in Weierstraß-Kronecker-Normalform, wenn gilt

$$A = \begin{pmatrix} I & 0 \\ 0 & N \end{pmatrix}, \quad B = \begin{pmatrix} R & 0 \\ 0 & I \end{pmatrix},$$

wobei N eine nilpotente Jordan-Blockmatrix ist.   □

Folgerung 13.2.1. *Jede lineare DAE* (13.2.1) *mit einem regulären Matrixbüschel* $\{A, B\}$ *lässt sich in eine DAE in Weierstraß-Kronecker-Normalform überführen.* $\square$

Lemma 13.2.1. *(vgl. [180]) Der Kronecker-Index* $\text{ind}\{A, B\}$ *ist unabhängig von der Wahl der Matrizen* P *und* Q.

Beweis. Angenommen, das Matrixbüschel $\{A, B\}$ hat zwei verschiedene Weierstraß-Kronecker-Normalformen, d. h., es existieren reguläre quadratische Matrizen P, Q und $\widehat{P}, \widehat{Q}$, so dass gilt

$$PAQ = \begin{pmatrix} I_{d_1} & 0 \\ 0 & N \end{pmatrix}, \quad PBQ = \begin{pmatrix} R & 0 \\ 0 & I_{n-d_1} \end{pmatrix}, \tag{13.2.7}$$

und

$$\widehat{P}A\widehat{Q} = \begin{pmatrix} I_{d_2} & 0 \\ 0 & \widehat{N} \end{pmatrix}, \quad \widehat{P}B\widehat{Q} = \begin{pmatrix} \widehat{R} & 0 \\ 0 & I_{n-d_2} \end{pmatrix}. \tag{13.2.8}$$

Wir betrachten das Polynom

$$p(\lambda) = \det(\lambda A + B) = \det(P^{-1}) \det(\lambda I_{d_1} + R) \det(Q^{-1})$$
$$= \det(\widehat{P}^{-1}) \det(\lambda I_{d_2} + \widehat{R}) \det(\widehat{Q}^{-1}).$$

Es gilt

$$\text{Grad}(p(\lambda)) = d_1 = d_2,$$

d. h., die ersten Blöcke in (13.2.7) und (13.2.8) haben die gleiche Dimension. Mit den regulären Matrizen $\widetilde{P} := \widehat{P}P^{-1}$ und $\widetilde{Q} := \widehat{Q}^{-1}Q$ ergibt sich aus (13.2.7) und (13.2.8)

$$\widetilde{P} \begin{pmatrix} I & 0 \\ 0 & N \end{pmatrix} = \widehat{P}AQ = \begin{pmatrix} I & 0 \\ 0 & \widehat{N} \end{pmatrix} \widetilde{Q}, \quad \widetilde{P} \begin{pmatrix} R & 0 \\ 0 & I \end{pmatrix} = \widehat{P}BQ = \begin{pmatrix} \widehat{R} & 0 \\ 0 & I \end{pmatrix} \widetilde{Q},$$

so dass gilt

$$\begin{pmatrix} \widetilde{P}_{11} & \widetilde{P}_{12} \\ \widetilde{P}_{21} & \widetilde{P}_{22} \end{pmatrix} \begin{pmatrix} I & 0 \\ 0 & N \end{pmatrix} = \begin{pmatrix} I & 0 \\ 0 & \widehat{N} \end{pmatrix} \begin{pmatrix} \widetilde{Q}_{11} & \widetilde{Q}_{12} \\ \widetilde{Q}_{21} & \widetilde{Q}_{22} \end{pmatrix}$$

und

$$\begin{pmatrix} \widetilde{P}_{11} & \widetilde{P}_{12} \\ \widetilde{P}_{21} & \widetilde{P}_{22} \end{pmatrix} \begin{pmatrix} R & 0 \\ 0 & I \end{pmatrix} = \begin{pmatrix} \widehat{R} & 0 \\ 0 & I \end{pmatrix} \begin{pmatrix} \widetilde{Q}_{11} & \widetilde{Q}_{12} \\ \widetilde{Q}_{21} & \widetilde{Q}_{22} \end{pmatrix}.$$

Daraus folgen die Beziehungen

$$\widetilde{P}_{11} = \widetilde{Q}_{11}, \quad \widetilde{P}_{12}N = \widetilde{Q}_{12}, \quad \widetilde{P}_{21} = \widehat{N}\widetilde{Q}_{21}, \quad \widetilde{P}_{22}N = \widehat{N}\widetilde{Q}_{22}$$

und

$$\widetilde{P}_{11}R = \widehat{R}\widetilde{Q}_{11}, \quad \widetilde{P}_{12} = \widehat{R}\widetilde{Q}_{12}, \quad \widetilde{P}_{21}R = \widetilde{Q}_{21}, \quad \widetilde{P}_{22} = \widetilde{Q}_{22}.$$

Damit ergibt sich

$$\widetilde{P}_{21} = \widehat{N}\widetilde{P}_{21}R = \widehat{N}^2\widetilde{P}_{21}R^2 = \cdots = \widehat{N}^{\widehat{k}}\widetilde{P}_{21}R^{\widehat{k}} = 0 \quad \text{und} \quad \widetilde{Q}_{21} = 0.$$

Hierbei ist $\widehat{k}$ der Nilpotenzindex von $\widehat{N}$. Auf analoge Weise erhält man

$$\widetilde{P}_{12} = \widehat{R}\widetilde{P}_{12}N = \widehat{R}^2\widetilde{P}_{12}N^2 \cdots = \widehat{R}^k\widetilde{P}_{12}N^k = 0,$$

wobei k der Nilpotenzindex von N ist. Aufgrund der Regularität der Transformationsmatrizen $\widetilde{P}$ und $\widetilde{Q}$ müssen die Blöcke

$$\widetilde{P}_{11} = \widetilde{Q}_{11} \quad \text{und} \quad \widetilde{P}_{22} = \widetilde{Q}_{22}$$

regulär sein. Ferner gilt jetzt

$$\widetilde{Q}_{11}R = \widehat{R}\widetilde{Q}_{11} \quad \text{und} \quad \widetilde{Q}_{22}N = \widehat{N}\widetilde{Q}_{22},$$

d.h., R und $\widehat{R}$ sowie N und $\widehat{N}$ sind ähnliche Matrizen. Damit folgt, dass die Jordansche Normalform von N und die von $\widehat{N}$ aus den gleichen nilpotenten Jordan-Blöcken bestehen und somit den Nilpotenzindex $\widehat{k} = k$ besitzen. ∎

Beispiel 13.2.5. Gegeben sei

$$\underbrace{\begin{pmatrix} 1 & 0 & 0 \\ 0 & 1 & 0 \\ 0 & 0 & 0 \end{pmatrix}}_{A} y'(t) + \underbrace{\begin{pmatrix} 0 & 0 & 1 \\ 1 & 0 & 0 \\ 0 & 1 & 0 \end{pmatrix}}_{B} y(t) = f(t).$$

Mit

$$P = I, \quad Q = \begin{pmatrix} 0 & 1 & 0 \\ 0 & 0 & 1 \\ 1 & 0 & 0 \end{pmatrix}$$

folgt

$$PAQ = \begin{pmatrix} 0 & 1 & 0 \\ 0 & 0 & 1 \\ 0 & 0 & 0 \end{pmatrix}, \quad PBQ = I,$$

d.h. $k = 3$. □

Wir geben folgende

Definition 13.2.5. Der Index $\mathrm{ind}(M)$ einer quadratischen Matrix M ist die kleinste nichtnegative ganze Zahl, für die gilt

$$\mathrm{rang}(M^k) = \mathrm{rang}(M^{k+1}). \quad \square$$

Dann gilt folgendes

Lemma 13.2.2. *Sei* $\{A, B\}$ *ein reguläres Matrixbüschel. Dann ist der Kronecker-Index* $k = \mathrm{ind}\{A, B\}$ *von* $\{A, B\}$ *gleich dem Index der Matrix* $(cA+B)^{-1}A$, *d. h., es gilt*

$$\mathrm{ind}\{A, B\} = \mathrm{ind}((cA + B)^{-1}A). \tag{13.2.9}$$

Beweis. Mit den Bezeichnungen aus Satz 13.2.2 folgt

$$(cA + B)^{-1}A = Q(P(cA + B)Q)^{-1}PAQQ^{-1}$$

$$= Q \begin{pmatrix} (cI + R)^{-1} & 0 \\ 0 & (I + cN)^{-1}N \end{pmatrix} Q^{-1}.$$

Da N nilpotent ist, ist $I + cN$ regulär. Wegen $((I + cN)^{-1}N)^l = (I + cN)^{-l}N^l$ folgt $((I + cN)^{-1}N)^l = 0$ genau dann, wenn $N^l = 0$ gilt. Für $l < k$ ist wegen (13.2.5) $\mathrm{rang}(N^l) > \mathrm{rang}(N^{l+1})$. Damit ist k die kleinste nichtnegative ganze Zahl, für die gilt

$$\mathrm{rang}\left((cA + B)^{-1}A\right)^k = \mathrm{rang}\left((cA + B)^{-1}A\right)^{k+1}.$$

∎

Mit der Beziehung (13.2.9) kann der Kronecker-Index eines regulären Matrixbüschels $\{A, B\}$ ohne Transformation auf Weierstraß-Kronecker-Normalform bestimmt werden.

Mit Satz 13.2.2 kann die lineare DAE (13.2.1) transformiert werden:

Multipliziert man (13.2.1) von links mit P, so erhält man

$$PAy'(t) + PBy(t) = Pf(t).$$

Setzt man

$$y = Q \begin{pmatrix} u \\ v \end{pmatrix}, \quad Pf(t) = \begin{pmatrix} s(t) \\ q(t) \end{pmatrix} \quad \text{mit} \quad u, s \in \mathbb{R}^d,$$

so ergibt sich

$$u'(t) + Ru(t) = s(t)$$
$$Nv'(t) + v(t) = q(t). \tag{13.2.10}$$

Die erste Gleichung ist eine lineare Differentialgleichung erster Ordnung und besitzt für beliebige Anfangswerte $u_0 \in \mathbb{R}^d$ eine eindeutige Lösung $u(t)$ in $[t_0, t_e]$. Setzen wir zusätzlich $q(t) \in C^{k-1}([t_0, t_e])$ voraus, so folgt aus (13.2.10) durch Differentiation

$$v(t) = q(t) - Nv'(t) = q(t) - N(q(t) - Nv'(t))' = q - Nq' + N^2 v''$$
$$= q - Nq' + N^2(q - Nv')'' = q - Nq' + N^2 q'' - N^3 v'''$$

$$\vdots$$

$$= q - Nq' + \cdots + (-1)^{k-1} N^{k-1} q^{(k-1)} + (-1)^k \underbrace{N^k v^{(k)}}_{=0}$$

$$= \sum_{i=0}^{k-1} (-1)^i N^i q^{(i)}(t), \tag{13.2.11}$$

wobei k der Nilpotenzindex der Jordan-Blockmatrix N (Kronecker-Index des Matrixbüschels $\{A, B\}$) ist. Der Ausdruck (13.2.11) liefert eine explizite Darstellung der Lösung $v(t)$ in $[t_0, t_e]$ mit $v(t) \in \mathbb{R}^{n-d}$. Er zeigt die Abhängigkeit der Lösung $v(t)$ von Ableitungen der Funktion $q(t)$. Je größer der Kronecker-Index k ist, desto mehr Differentiationen von $q(t)$ müssen durchgeführt werden. Nur im Index-1-Fall, d. h. $N = 0$, sind keine Differentiationen von $q(t)$ erforderlich und wir haben $v(t) = q(t)$.

Für reguläre Matrixbüschel gilt also: Ist $s(t)$ stetig und $q(t)$ $(k-1)$-mal differenzierbar, so existiert zu jedem Anfangswert

$$y_0 = Q \begin{pmatrix} u_0 \\ v_0 \end{pmatrix}$$

eine eindeutige Lösung $y(t) = y(t, u_0)$, falls v_0 zu $q(t)$ konsistent vorgegeben ist, d. h., v_0 muss der *Konsistenzbedingung*

$$v_0 = v(t_0) = \sum_{i=0}^{k-1} (-1)^i N^i q^{(i)}(t_0)$$

genügen.

Der Kronecker-Index k zeigt, dass k Differentiationen erforderlich sind, um die lineare differential-algebraische Gleichung (13.2.1) in eine gewöhnliche Differentialgleichung zu überführen, vgl. (13.2.10), (13.2.11).

13.3 Indexbegriffe

Die Klassifizierung von differential-algebraischen Gleichungen erfolgt im Allgemeinen durch einen Index. Lineare DAE-Systeme mit konstanten Koeffizienten haben wir durch den Kronecker-Index charakterisiert. Für allgemeine nichtlineare DAEs (13.1.1) gibt es verschiedene Indexdefinitionen, die zu unterschiedlichen Charakterisierungen der differential-algebraischen Gleichungen führen können. Im Folgenden betrachten wir den *Differentiationsindex* (engl. *differentiation index*), vgl. Gear/Petzold 1984 [113], Gear 1990 [111], Campbell/Gear 1995 [64] und den von Hairer/Lubich/Roche 1989 [136] eingeführten *Störungsindex* (engl. *perturbation index*).

13.3.1 Der Differentiationsindex

Der Differentiationsindex gibt die Anzahl von Differentiationen nach der unabhängigen Variablen t an, die notwendig sind, um die DAE (13.1.1) in eine explizite gewöhnliche Differentialgleichung zu überführen. Er macht Aussagen über die Struktur der DAE und charakterisiert den algebraischen Teil der DAE. Da die numerische Differentiation ein instabiler Prozess ist, ist der Differentiationsindex ein Maß für den Schwierigkeitsgrad der numerischen Behandlung einer differential algebraischen Gleichung.

Definition 13.3.1. Sei die differential-algebraische Gleichung $F(t, y, y') = 0$ lokal eindeutig lösbar und die Funktion F hinreichend oft stetig differenzierbar. Zu einem gegebenen $m \in \mathbb{N}$ betrachte man die Gleichungen

$$F(t, y, y') = 0, \quad \frac{dF(t, y, y')}{dt} = 0, \quad \ldots \quad , \frac{d^m F(t, y, y')}{dt^m} = 0. \quad (13.3.1)$$

Die kleinste natürliche Zahl m, für die man aus (13.3.1) eindeutig $y'(t)$ als explizites System erster Ordnung in Ausdrücken von y und t bestimmen kann, d. h.

$$y' = \phi(t, y), \quad (13.3.2)$$

heißt *Differentiationsindex* (engl. *differentiation index*) $di = m$.

Die Differentialgleichung (13.3.2) heißt die der DAE $F(t, y, y') = 0$ *zugrunde liegende* gewöhnliche Differentialgleichung (engl. *underlying ordinary differential equation*). $\square$

Beispiel 13.3.1. Gegeben sei die differential-algebraische Gleichung

$$e^{y_1'(t)} + y_2'(t) + y_3(t) = f_1(t)$$
$$y_1'(t) + 2y_2(t) + y_3'(t) = f_2(t) \quad (13.3.3)$$
$$y_1(t) - y_2(t) = f_3(t).$$

Differentiation nach t ergibt

$$e^{y_1(t)}y_1''(t) + y_2''(t) + y_3'(t) = f_1'(t)$$
$$y_1''(t) + 2y_2'(t) + y_3''(t) = f_2'(t)$$
$$y_1'(t) - y_2'(t) = f_3'(t). \qquad (13.3.4)$$

Aus (13.3.3) und (13.3.4) erhält man das System

$$F(t, y(t), y'(t)) = \begin{pmatrix} e^{y_1(t)} + y_1'(t) + y_3(t) - f_1(t) - f_3'(t) \\ y_1'(t) + 2y_2(t) + y_3'(t) - f_2(t) \\ y_1'(t) - y_2'(t) - f_3'(t) \end{pmatrix} = 0 \qquad (13.3.5)$$

mit $y(t) = (y_1(t), y_2(t), y_3(t))^\top$. Die Jacobi-Matrix $\frac{\partial F}{\partial y'}$ ist regulär, (13.3.5) stellt ein implizites gewöhnliches Differentialgleichungssystem dar. Nach dem Satz über implizite Funktionen ist (13.3.5) nach $y'(t)$ auflösbar, d. h.

$$y'(t) = \phi(t, y(t)).$$

Das System (13.3.3) hat folglich den Differentiationsindex $di = 1$. $\square$

Bemerkung 13.3.1. 1. Nach Definition 13.3.1 hat eine explizite gewöhnliche Differentialgleichung den Differentiationsindex $di = 0$.

2. Eine algebraische Gleichung

$$F(t, y) = 0$$

mit regulärer Jacobi-Matrix $F_y(t, y)$ hat den Differentiationsindex $di = 1$. Nach einmaliger Differentiation erhält man die Gleichung

$$F_t(t, y) + F_y(t, y)y' = 0,$$

die nach y' auflösbar ist

$$y' = F_y^{-1}(t, y)F_t(t, y).$$

3. Für lineare differential-algebraische Gleichungen (13.2.1) mit regulärem Matrixbüschel fallen Differentiationsindex di und Kronecker-Index k zusammen, d. h. $di = k$. $\square$

Die zugrunde liegende Differentialgleichung spiegelt das qualitative Verhalten der zugehörigen differential-algebraischen Gleichung nicht immer korrekt wider.

Beispiel 13.3.2. (Führer/Leimkuhler 1989, vgl. März [196]) Gegeben sei die DAE

$$y_1' - y_2 + ay_1^2 = 0$$
$$y_2 - ay_1^2 = 0. \tag{13.3.6}$$

Die allgemeine Lösung von (13.3.6) ist

$$y_1(t) = c, \quad y_2(t) = ac^2 \quad \text{mit} \quad c \in \mathbb{R}.$$

Die Nulllösung $y_1 = 0$, $y_2 = 0$ stellt eine stabile Gleichgewichtslage dar. Differentiation von (13.3.6) liefert das System

$$y_1' - y_2 + ay_1^2 = 0$$
$$y_2 - ay_1^2 = 0$$
$$y_1'' - y_2' + 2ay_1y_1' = 0$$
$$y_2' - 2ay_1y_1' = 0.$$

Daraus ergibt sich die zugrunde liegende Differentialgleichung zu

$$y_1' = y_2 - ay_1^2$$
$$y_2' = 2ay_1(y_2 - ay_1^2).$$

Die allgemeine Lösung ist

$$y_1(t) = c_1 t + c_2$$
$$y_2(t) = c_1 + a(c_1 t + c_2)^2, \quad c_1, c_2 \in \mathbb{R}.$$

Die Nulllösung dieses System ist nicht stabil. □

Das folgende Beispiel, vgl. [19], zeigt, dass für nichtlineare DAEs (13.3.1) der Differentiationsindex eine lokale Eigenschaft ist.

Beispiel 13.3.3. Gegeben sei die DAE

$$y_1'(t) = y_3(t)$$
$$0 = y_2(t)(1 - y_2(t))$$
$$0 = y_1(t)y_2(t) + y_3(t)(1 - y_2(t)) - t.$$

Differentiation ergibt

$$y_1'' = y_3'$$
$$y_2'(1 - 2y_2) = 0$$
$$y_1'y_2 + y_1y_2' + y_3'(1 - y_2) - y_3y_2' - 1 = 0. \tag{13.3.7}$$

Offensichtlich besitzt die zweite Gleichung des Ausgangssystems zwei Lösungen $y_2(t) = 0$ und $y_2(t) = 1$.

1. Sei $y_2(t) = 0$. Durch Einsetzen erhält man

$$y_1' = y_3$$
$$y_2' = 0$$
$$y_3' = 1.$$

Das System hat den Differentiationsindex $di = 1$, und die Lösung ist gegeben durch

$$y(t) = (y_1(t_0) + t^2/2, 0, t)^\top.$$

2. Sei $y_2(t) = 1$. In diesem Fall haben wir keine Differentialgleichung für y_3. Nochmaliges Differenzieren von (13.3.7) liefert

$$y_1'' y_2 + 2y_1' y_2' + y_1 y_2'' + y_3''(1 - y_2) - 2y_3' y_2' - y_3 y_2'' = 0.$$

Einsetzen der bereits vorhandenen Differentialgleichungen und von $y_2(t) = 1$ ergibt hieraus

$$y_1'' = y_3' = 0.$$

Das System hat daher den Differentiationsindex $di = 2$. Die Lösung ist gegeben durch

$$y(t) = (t, 1, 1)^\top.$$

Im Index-2-Fall kann für keine Komponente $y_i(t)$ ein beliebiger Anfangswert vorgegeben werden. □

DAEs vom Differentiationsindex $di = 0$ oder $di = 1$ sind aus numerischer Sicht wesentlich einfacher zu lösen als DAEs vom Index ≥ 2, die häufig als DAEs von höherem Index bezeichnet werden. Man versucht daher, DAEs von höherem Index durch *Indexreduktion* numerisch leichter zugänglich zu machen, vgl. Abschnitt 14.4.

Die Bestimmung des Differentiationsindex kann für nicht strukturierte Systeme schwierig sein. Bei speziellen semi-expliziten DAEs vereinfacht sich die Indexbestimmung.

Index-1-Systeme in Hessenbergform

Gegeben sei das semi-explizite DAE-System

$$y'(t) = f(t, y(t), z(t))$$
$$0 = g(t, y(t), z(t)) \tag{13.3.8}$$

mit $f: [t_0, t_e] \times \mathbb{R}^{n_y} \times \mathbb{R}^{n_z} \to \mathbb{R}^{n_y}$ und $g: [t_0, t_e] \times \mathbb{R}^{n_y} \times \mathbb{R}^{n_z} \to \mathbb{R}^{n_z}$. Zur Bestimmung der zugrunde liegenden gewöhnlichen Differentialgleichung ist noch eine

Differentialgleichung für z' erforderlich. Differenziert man die Zwangsbedingung $0 = g(t, y(t), z(t))$ bezüglich t, so folgt

$$0 = g_t + g_y y' + g_z z' = g_t + g_y f + g_z z'. \tag{13.3.9}$$

Ist in einer Umgebung der Lösung von (13.3.8) die *Index-1-Bedingung*

$$g_z(t, y, z) \quad \text{regulär} \tag{13.3.10}$$

erfüllt, dann lässt sich (13.3.9) nach z' auflösen, und man erhält die zugrunde liegende Differentialgleichung

$$\begin{aligned} y' &= f(t, y, z) \\ z' &= -g_z^{-1}(t, y, z)[g_t(t, y, z) + g_y(t, y, z)f(t, y, z)]. \end{aligned} \tag{13.3.11}$$

Das System (13.3.8) hat also den Differentiationsindex $di = 1$. Anfangswerte (y_0, z_0) sind konsistent, wenn $g(t_0, y_0, z_0) = 0$ gilt.

Index-2-Systeme in Hessenbergform

Gegeben sei die semi-explizite DAE

$$y'(t) = f(t, y(t), z(t)) \tag{13.3.12a}$$
$$0 = g(t, y(t)) \tag{13.3.12b}$$

mit $f \colon [t_0, t_e] \times \mathbb{R}^{n_y} \times \mathbb{R}^{n_z} \to \mathbb{R}^{n_y}$ und $y \colon [t_0, t_e] \times \mathbb{R}^{n_y} \to \mathbb{R}^{n_z}$. Durch Differentiation der Zwangsbedingung $0 = g(t, y)$ bezüglich t erhalten wir die „versteckte" Zwangsbedingung (engl. *hidden constraint*)

$$0 = g_t(t, y) + g_y(t, y)y' = g_t(t, y) + g_y(t, y)f(t, y, z). \tag{13.3.13}$$

Ersetzt man in (13.3.12) die Zwangsbedingung $0 = g(t, y)$ durch die versteckte Zwangsbedingung (13.3.13), so ergibt sich eine DAE der Form (13.3.8), die durch eine weitere Differentiation der Zwangsbedingung (13.3.13)

$$0 = g_{tt} + 2g_{ty}f + g_{yy}(f, f) + g_y f_t + g_y f_y f + g_y f_z z'$$

in das der DAE (13.3.12) zugrunde liegende Differentialgleichungssystem

$$\begin{aligned} y' &= f(t, y(t), z(t)) \\ z' &= -(g_y f_z)^{-1}\left(g_{tt} + 2g_{ty}f + g_{yy}(f, f) + g_y f_t + g_y f_y f\right) \end{aligned}$$

überführt werden kann, wenn die *Index-2-Bedingung*

$$g_y(t, y)f_z(t, y, z) \quad \text{regulär} \tag{13.3.14}$$

in einer Umgebung der Lösung erfüllt ist. Bedingung (13.3.14) impliziert $n_z \le n_y$. Das System (13.3.12) mit (13.3.14) hat demzufolge den Differentiationsindex $di = 2$. Anfangswerte (y_0, z_0) sind konsistent, wenn $g(t_0, y_0) = 0$ und $g_t(t_0, y_0) + g_y(t_0, y_0)f(t_0, y_0, z_0) = 0$ gilt.

Beispiel 13.3.4. Wir betrachten folgendes DAE-System

$$y_1' = \alpha y_1 \tag{13.3.15a}$$

$$y_2' = \frac{z}{y_2} \tag{13.3.15b}$$

$$0 = y_1^2 + y_2^2 - 1, \tag{13.3.15c}$$

vgl. März [197]. Aufgrund der Zwangsbedingung (13.3.15c) muss die Lösung auf einem Kreiszylinder mit dem Radius 1 um die z-Achse liegen. Differentiation dieser Zwangsbedingung und Einsetzen von (13.3.15a) und (13.3.15b) führen auf die versteckte Zwangsbedingung

$$0 = \alpha y_1^2 + z. \tag{13.3.16}$$

Die Lösung von (13.3.4) muss also zusätzlich auf einem parabolischen Zylinder senkrecht zur (y_1, z)-Ebene liegen, vgl. Abbildung 13.3.1.

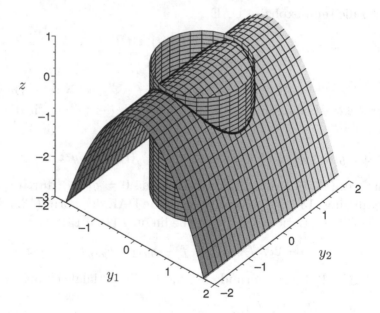

Abbildung 13.3.1: Schnitt von parabolischem Zylinder und Kreiszylinder

Differentiation von (13.3.16) und Einsetzen von (13.3.15a) liefern eine explizite Darstellung für $z'(t)$

$$z' = -2\alpha^2 y_1^2. \tag{13.3.17}$$

Die Gleichungen (13.3.15a), (13.3.15b) und (13.3.17) bilden das der DAE (13.3.4) zugrunde liegende Differentialgleichungssystem. Die DAE (13.3.4) hat also den

Differentiationsindex $di = 2$. Die Gleichungen (13.3.15c) und (13.3.16) bilden das System der Zwangsbedingungen. □

Index-3-Systeme in Hessenbergform

Ist für die semi-explizite DAE

$$z'(t) = k(t, z(t), y(t), w(t))$$
$$y'(t) = f(t, z(t), y(t)) \qquad\qquad (13.3.18)$$
$$0 = g(t, y(t))$$

mit $f\colon [t_0, t_e] \times \mathbb{R}^{n_z} \times \mathbb{R}^{n_y} \to \mathbb{R}^{n_y}$, $k\colon [t_0, t_e] \times \mathbb{R}^{n_z} \times \mathbb{R}^{n_y} \times \mathbb{R}^{n_w} \to \mathbb{R}^{n_z}$ und $g\colon [t_0, t_e] \times \mathbb{R}^{n_y} \to \mathbb{R}^{n_w}$ die *Index-3-Bedingung*

$$[g_y f_z k_w](t, y, z, w) \quad \text{regulär} \qquad\qquad (13.3.19)$$

in einer Umgebung der Lösung erfüllt, so ergibt sich der Differentiationsindex $di = 3$.

Allgemein gilt

Definition 13.3.2. (vgl. [31]) Eine differential-algebraische Gleichung heißt DAE in *Hessenbergform* der Größe r, $r \geq 2$, wenn sie die Blockstruktur

$$y_1'(t) = F_1(t, y_1, y_2, \dots, y_r), \quad y_i \in \mathbb{R}^{n_i}$$
$$y_i'(t) = F_i(t, y_{i-1}, y_i, \dots, y_{r-1}), \quad 2 \leq i \leq r-1 \qquad\qquad (13.3.20)$$
$$0 = F_r(t, y_{r-1})$$

hat, die Funktion F stetig differenzierbar ist und das Produkt

$$\left(\frac{\partial F_r}{\partial y_{r-1}}\right)\left(\frac{\partial F_{r-1}}{\partial y_{r-2}}\right) \cdots \left(\frac{\partial F_2}{\partial y_1}\right)\left(\frac{\partial F_1}{\partial y_r}\right) \qquad\qquad (13.3.21)$$

in einer Umgebung der Lösung regulär ist. □

Für genügend glatte Funktionen F besitzt eine differential-algebraische Gleichung in Hessenbergform der Größe r den Differentiationsindex $di = r$, vgl. Aufgabe 5. Die Bezeichnung „Hessenbergform" wurde gewählt, weil die Jacobi-Matrix $\partial F / \partial y$ eine Block-Hessenbergmatrix ist.

Bezüglich der Lösbarkeit von Anfangswertproblemen differential-algebraischer Gleichungen vom Index 1 in Hessenbergform gilt folgender

Satz 13.3.1. *Gegeben sei eine DAE* (13.3.8). *Sind die Funktionen f, $g_z^{-1} g_t$ und $g_z^{-1} g_y f$ stetig und Lipschitz-stetig bezüglich y und z und genügen die Anfangswerte y_0, z_0 der Konsistenzbedingung $0 = g(t_0, y_0, z_0)$, dann besitzt* (13.3.8) *mit $y(t_0) = y_0$, $z(t_0) = z_0$ auf $[t_0, t_e]$ eine eindeutige Lösung.*

Beweis. Das dem Index-1-System (13.3.8) zugrunde liegende gewöhnliche Differentialgleichungssystem (13.3.11) mit den Anfangswerten $y(t_0) = y_0$, $z(t_0) = z_0$ besitzt nach dem Satz von Picard-Lindelöf eine eindeutige Lösung auf $[t_0, t_e]$. Für die Lösung $y(t)$, $z(t)$ gilt nach (13.3.11)

$$0 = g_t(t, y(t), z(t)) + g_y(t, y(t), z(t))y'(t) + g_z(t, y(t), z(t))z'(t)$$

$$= \frac{d}{dt}g(t, y(t), z(t)), \quad t \in [t_0, t_e],$$

d. h.

$$g(t, y(t), z(t)) = const. = g(t_0, y_0, z_0) = 0.$$

Damit sind $y(t)$ und $z(t)$ auch Lösung der DAE (13.3.8). ∎

Bemerkung 13.3.2. Anfangswertprobleme semi-expliziter Index-2- bzw. semi-expliziter Index-3-Probleme in Hessenbergform haben bei entsprechenden Glattheitsvoraussetzungen und konsistenten Anfangswerten eine eindeutige Lösung auf $[t_0, t_e]$.

Für den Nachweis der eindeutigen Lösbarkeit führt man die DAE durch einmalige bzw. zweimalige Differentiation der Zwangsbedingung $0 = g(t, y(t))$ auf Satz 13.3.1 zurück.   □

Durch die Zwangsbedingungen werden die möglichen Zustandsänderungen auf eine Teilmenge des $\mathbb{R}^n$ eingeschränkt. Zur Illustration betrachten wir eine autonome DAE (13.3.12), für die die Index-2-Bedingung (13.3.14) erfüllt ist, so dass g_y Vollrang hat. Die Zwangsbedingung $g(y) = 0$ mit $g \colon \mathbb{R}^{n_y} \to \mathbb{R}^{n_z}$ $(n_z < n_y)$ definiert eine $(n_y - n_z)$-dimensionale Mannigfaltigkeit

$$\mathcal{M} := \{y \in \mathbb{R}^{n_y} : g(y) = 0\}.$$

Für ein festes $y \in \mathcal{M}$ bezeichnen wir mit

$$T_y \mathcal{M} := \{v \in \mathbb{R}^{n_y} : g_y(y)v = 0\} \tag{13.3.22}$$

den Tangentialraum von $\mathcal{M}$ im Punkt y. Nach dem Satz über implizite Funktionen ist die versteckte Zwangsbedingung

$$g_y(y)f(y, z) = 0$$

in einer Nachbarschaft der Lösung nach z auflösbar, d. h., es existiert eine Funktion $z = h(y)$. Setzt man diese in (13.3.12a) ein, so erhält man die Differentialgleichung

$$y' = f(y, h(y)). \tag{13.3.23}$$

Für jedes $y_0 \in \mathcal{M}$ verbleibt die Lösung von (13.3.23) in $\mathcal{M}$ für alle $t > 0$. Da $f(y, h(y))$ im Tangentialraum $T_y\mathcal{M}$ liegt, induziert die Differentialgleichung (13.3.23) ein Vektorfeld auf der Mannigfaltigkeit $\mathcal{M}$, d. h. eine Abbildung $v \colon \mathcal{M} \to \mathbb{R}^{n_y}$ mit $v(y) \in T_y\mathcal{M}$ für alle $y \in \mathcal{M}$. Man nennt daher $y' = f(y, h(y))$, $y \in \mathcal{M}$, eine *Differentialgleichung auf der Mannigfaltigkeit* $\mathcal{M}$. Sie ist äquivalent zur autonomen DAE (13.3.12).

Beispiel 13.3.5. Für das System (13.3.15) ist die Mannigfaltigkeit $\mathcal{M}$ eindimensional, sie ist gegeben durch

$$\mathcal{M} = \{(y_1, y_2) : y_1^2 + y_2^2 - 1 = 0\}.$$

Mit (13.3.16) ergibt sich die Differentialgleichung auf der Mannigfaltigkeit $\mathcal{M}$ zu

$$y_1'(t) = \alpha y_1(t)$$
$$y_2'(t) = -\frac{\alpha y_1^2}{y_2},$$

deren Lösung $y(t)$ für $y(0) \in \mathcal{M}$ für alle $t \geq 0$ in $\mathcal{M}$ verbleibt. $\quad\square$

Beispiel 13.3.6. Wir betrachten den Lorenz-Oszillator aus Beispiel 1.4.3 mit den Parametern $\sigma = 10$, $\rho = 28$ und $\beta = 8/3$ und dem Anfangswert $y(0) = [5, 5, 25]^\top$. Dieser Anfangswert $y(0)$ liegt auf der Mannigfaltigkeit $\mathcal{M}$ gegeben durch

$$0 = g(y) = y_1 - 5 - \frac{1}{4}((y_2 - 5)^2 + (y_3 - 25)^2). \tag{13.3.24}$$

Für $t > 0$ erfüllt die Lösung der Differentialgleichung (1.4.3) die Nebenbedingung $g(y(t)) = 0$ nicht mehr. Führen wir jedoch eine geeignete „Zwangskraft" ein, die senkrecht auf $g(y) = 0$ steht, so verbleibt die Lösung in der Mannigfaltigkeit. Dies führt uns auf das autonome Index-2-System

$$y_1' = \sigma(y_2 - y_1) + z g_{y_1}(y_1, y_2, y_3)$$
$$y_2' = (\varrho - y_3)y_1 - y_2 + z g_{y_2}(y_1, y_2, y_3)$$
$$y_3' = y_1 y_2 - \beta y_3 + z g_{y_3}(y_1, y_2, y_3)$$
$$0 = g(y_1, y_2, y_3). \tag{13.3.25}$$

Durch zweimaliges Differenzieren der Zwangsbedingung und Umstellen nach $z'(t)$ erhalten wir nach einer umfangreichen Rechnung (die wir einem Computeralgebraprogramm überlassen können) nun das zugrunde liegende Differentialgleichungssystem. Setzt man in die differenzierte Zwangsbedingung

$$g_{y_1} y_1' + g_{y_2} y_2' + g_{y_3} y_3' = 0$$

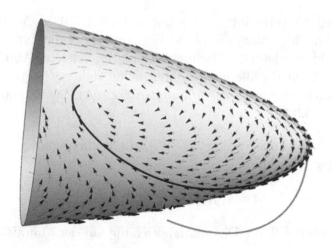

Abbildung 13.3.2: Lorenz-Oszillator mit Zwangsbedingung

den Anfangswert $y(0)$ ein und löst nach z, so erhält man die Anfangsbedingung $z(0) = 0$. Die y-Komponenten der Lösung dieses Systems verbleiben in $\mathcal{M}$, da die Ableitungen $y'(t)$ im Tangentialraum $T_y\mathcal{M}$ liegen, vgl. Abbildung 13.3.2. Dargestellt sind die Lösung des Systems ohne Zwangsbedingung (1.4.3) und die Lösung von (13.3.25), die in der Zwangsmannigfaltigkeit verbleibt. Beide Lösungen starten im Scheitelpunkt des Paraboloids und verlaufen in der Abbildung jeweils nach links.   □

Bemerkung 13.3.3. Die Bestimmung konsistenter Anfangswerte für DAEs der Form (13.1.1) ist i. Allg. schwierig. Sie müssen nicht nur die in der DAE enthaltenen Zwangsbedingungen erfüllen, sondern auch den versteckten Zwangsbedingungen genügen. Wesentlich einfacher ist die Bestimmung konsistenter Anfangswerte für semi-explizite DAEs.

Für Index-1-Systeme (13.3.8) lässt sich nach Vorgabe des Anfangswertvektors $y_0 \in \mathbb{R}^{n_y}$ für die differentiellen Variablen y aus dem nichtlinearen Gleichungssystem $g(t_0, y_0, z_0) = 0$ der Anfangswertvektor $z_0 \in \mathbb{R}^{n_z}$ für die algebraischen Variablen berechnen.

Gibt man sich für Index-2-Systeme (13.3.12) ein y_0 mit $g(t_0, y_0) = 0$ vor, so kann man anschließend aus dem nichtlinearen Gleichungssystem

$$g_y(t_0, y_0) f(t_0, y_0, z_0) = -g_t(t_0, y_0)$$

$z_0 \in \mathbb{R}^{n_z}$ berechnen.   □

13.3.2 Der Störungsindex

Der *Störungsindex pi* (engl. *perturbation index*) beschreibt die Kondition eines Anfangswertproblems bezüglich Störungen der rechten Seite.

Definition 13.3.3. Sei $y(t)$ die exakte Lösung von (13.1.1). Das differential-algebraische System (13.1.1) hat den Störungsindex $pi = k$ entlang der Lösung $y(t)$, $t_0 \leq t \leq t_e$, wenn es eine Zahl $k \in \mathbb{N}$ gibt, so dass für alle Funktionen $\widetilde{y}(t)$ mit $F(t, \widetilde{y}, \widetilde{y}') = \delta(t)$ eine Abschätzung

$$\|y(t) - \widetilde{y}(t)\| \leq C \left(\|y(t_0) - \widetilde{y}(t_0)\| + \sum_{j=0}^{k} \max_{t_0 \leq \xi \leq t} \left\| \int_{t_0}^{\xi} \frac{d^j \delta}{d\tau^j}(\tau)\, d\tau \right\| \right) \qquad (13.3.26)$$

existiert, falls die rechte Seite in (13.3.26) hinreichend klein ist, und k die kleinste solche Zahl ist. Die Konstante C ist abhängig von der Funktion F und der Länge des Integrationsintervalls. $\square$

Mit der Beziehung

$$\int_{t_0}^{\xi} \frac{d^j \delta}{d\tau^j}(\tau)\, d\tau = \frac{d^{j-1} \delta}{d\tau^{j-1}}(\xi) - \frac{d^{j-1} \delta}{d\tau^{j-1}}(t_0)$$

kann (13.3.26) für $k > 0$ vereinfacht werden zu

$$\|y(t) - \widetilde{y}(t)\| \leq \widetilde{C} \left(\|y(t_0) - \widetilde{y}(t_0)\| + \sum_{j=0}^{k-1} \max_{t_0 \leq \xi \leq t} \left\| \frac{d^j \delta}{d\tau^j}(\xi) \right\| \right). \qquad (13.3.27)$$

In [136] ist der Störungsindex für $k > 0$ definiert durch die Abschätzung (13.3.27). Sie zeigt, dass für $k > 1$ die Lösung nicht nur von der Störung δ abhängt, sondern auch von deren Ableitungen bis zur Ordnung $k - 1$, die groß werden können, selbst wenn die Störung klein ist. In diesem Sinne gehören DAEs mit einem Störungsindex $pi > 1$ zu der Klasse der schlecht konditionierten Probleme. Für die numerische Lösung hat das zur Folge, dass die bei der Anwendung eines Diskretisierungsverfahrens unvermeidbar auftretenden Fehler mit einer Größenordnung von $\mathcal{O}(1/h^{pi-1})$ in die Lösung eingehen. Für kleine Schrittweiten h können demzufolge Rundungs- und Diskretisierungsfehler die Näherungslösung stark verfälschen [11], [14], vgl. auch Beispiel 14.4.1.

Bemerkung 13.3.4. Für gewöhnliche Differentialgleichungen $y' = f(t, y)$ mit $f(t, y)$ Lipschitz-stetig in S erhält man mit Hilfe des Lemmas von Gronwall 1.2.1 die Abschätzung

$$\|y(t) - \widetilde{y}(t)\| \leq e^{L(t - t_0)} \left(\|y(t_0) - \widetilde{y}(t_0)\| + \max_{t_0 \leq \xi \leq t} \left\| \int_{t_0}^{\xi} \delta(\tau)\, d\tau \right\| \right). \qquad (13.3.28)$$

Gewöhnliche Differentialgleichungen mit Lipschitz-stetiger rechter Seite besitzen damit nach (13.3.26) den Störungsindex $pi = 0$. Differentiationsindex di und Störungsindex pi sind folglich gleich. □

Bemerkung 13.3.5. Im Fall linearer differential-algebraischer Systeme (13.2.1) mit regulärem Matrixbüschel $\{A, B\}$ kann die DAE

$$A(y'(t) - \widetilde{y}'(t)) + B(y(t) - \widetilde{y}(t)) = \delta(t)$$

nach Folgerung 13.2.1 transformiert werden in

$$u'(t) - \widetilde{u}'(t) + \widehat{R}(u(t) - \widetilde{u}(t)) = \delta_1(t)$$
$$N(v'(t) - \widetilde{v}'(t)) = \delta_2(t). \tag{13.3.29}$$

Aus der Lösungsdarstellung von (13.3.29), vgl. (13.2.11), folgt, dass der Störungsindex pi gleich dem Kronecker-Index k ist. Mit Bemerkung 13.3.1 gilt damit $k = di = pi$. □

Bezüglich des Störungsindex von (13.3.8) gilt der

Satz 13.3.2. *Das Hessenbergsystem* (13.3.8) *hat den Störungsindex* $pi = 1$.

Beweis. Die zu (13.3.8) gehörende gestörte DAE ist durch

$$\widetilde{y}'(t) - f(t, \widetilde{y}(t), \widetilde{z}(t)) = \delta_1(t), \quad \widetilde{y}(t_0) = \widetilde{y}_0$$
$$g(t, \widetilde{y}(t), \widetilde{z}(t)) = \delta_2(t), \quad \widetilde{z}(t_0) = \widetilde{z}_0 \tag{13.3.30}$$

gegeben. Unter der Voraussetzung der Invertierbarkeit von g_z und für hinreichend kleine $\|\delta_2(t)\|$ folgt mit dem Satz über implizite Funktionen

$$z(t) = \phi(t, y(t))$$
$$\widetilde{z}(t) = \phi(t, \widetilde{y}(t)) + \mathcal{O}(\delta_2(t)).$$

Die Lipschitz-Stetigkeit von ϕ liefert die Abschätzung

$$\|z(t) - \widetilde{z}(t)\| \le C(\|y(t) - \widetilde{y}(t)\| + \|\delta_2(t)\|). \tag{13.3.31}$$

Aus (13.3.8) und (13.3.30) folgt

$$y(t) - \widetilde{y}(t) = y(t_0) - \widetilde{y}(t_0) + \int_{t_0}^t [f(\tau, y(\tau), z(\tau)) - f(\tau, \widetilde{y}(\tau), \widetilde{z}(\tau))]\, d\tau$$

$$- \int_{t_0}^t \delta_1(\tau)\, d\tau. \tag{13.3.32}$$

Mit der Lipschitz-Bedingung von f ergibt sich daraus

$$\|y(t) - \widetilde{y}(t)\| \le \|y(t_0) - \widetilde{y}(t_0)\| + C_2 \int_{t_0}^{t} \|y(\tau) - \widetilde{y}(\tau)\| \, d\tau$$

$$+ C_3 \int_{t_0}^{t} \|z(\tau) - \widetilde{z}(\tau)\| \, d\tau + \int_{t_0}^{t} \|\delta_1(\tau)\| \, d\tau,$$

und mit (13.3.31) folgt die Abschätzung

$$\|y(t) - \widetilde{y}(t)\| \le \|y(t_0) - \widetilde{y}(t_0)\| + C_4 \int_{t_0}^{t} \|y(\tau) - \widetilde{y}(\tau)\| \, d\tau$$

$$+ \int_{t_0}^{t} \|\delta_1(\tau)\| \, d\tau + C_5 \int_{t_0}^{t} \|\delta_2(\tau)\| \, d\tau.$$

Mit dem Lemma von Gronwall erhält man die Abschätzung

$$\|y(t) - \widetilde{y}(t)\| \le C_6 \left(\|y(t_0) - \widetilde{y}(t_0)\| + \int_{t_0}^{t} \|\delta_1(\tau)\| \, d\tau + \int_{t_0}^{t} \|\delta_2(\tau)\| \, d\tau \right)$$

$$\le C_7 \left(\|y(t_0) - \widetilde{y}(t_0)\| + \max_{t_0 \le \xi \le t} \|\delta_1(\xi)\| + \max_{t_0 \le \xi \le t} \|\delta_2(\xi)\| \right).$$
$$(13.3.33)$$

Aus dieser Ungleichung zusammen mit (13.3.31) ergibt sich $pi = 1$, d. h. $pi = di$.
∎

Für den Störungsindex von (13.3.12) gilt der

Satz 13.3.3. *Die differential-algebraische Gleichung in Hessenbergform* (13.3.12) *besitzt den Störungsindex* $pi = 2$.

Beweis. Zur Vereinfachung der Schreibweise betrachten wir ein autonomes Anfangswertproblem

$$\begin{aligned} y'(t) - f(y(t), z(t)) &= 0, \quad y(t_0) = y_0 \\ g(y(t)) &= 0, \quad z(t_0) = z_0 \end{aligned} \tag{13.3.34}$$

mit konsistenten Anfangswerten y_0, z_0. Wir setzen voraus, dass (13.3.34) eine Lösung besitzt, f und g hinreichend oft differenzierbar sind und in einer Umgebung der Lösung die Index-2-Bedingung

$$g_y(y) f_z(y, z) \quad \text{regulär} \tag{13.3.35}$$

erfüllt ist. Differenziert man die Zwangsbedingung $g(y(t)) = 0$, so ergibt sich mit der ersten Gleichung von (13.3.34) das zugehörige Index-1-System

$$y'(t) - f(y(t), z(t)) = 0$$
$$g_y(y(t))f(y(t), z(t)) = 0. \tag{13.3.36}$$

Wir betrachten nun Funktionen $(\widetilde{y}(t), \widetilde{z}(t))$, die dem gestörten Index-2-System

$$\widetilde{y}'(t) - f(\widetilde{y}(t), \widetilde{z}(t)) = \delta(t), \quad \widetilde{y}(t_0) = \widetilde{y}_0$$
$$g(\widetilde{y}(t)) = \eta(t), \quad \widetilde{z}(t_0) = \widetilde{z}_0 \tag{13.3.37}$$

genügen, wobei die Störung $\delta(t)$ stetig und die Störung $\eta(t)$ stetig differenzierbar ist. Das zu (13.3.37) gehörige Index-1-System ist gegeben durch

$$\widetilde{y}'(t) - f(\widetilde{y}, \widetilde{z}) = \delta(t)$$
$$g_y(\widetilde{y})f(\widetilde{y}, \widetilde{z}) + g_y(\widetilde{y})\delta(t) = \eta'(t). \tag{13.3.38}$$

Ersetzt man in (13.3.30) $\delta_2(t)$ durch $\eta'(t) - g_y(\widetilde{y})\delta(t)$, so kann man unter der Index-2-Voraussetzung (13.3.35) die Abschätzung (13.3.33) verwenden. Man erhält

$$\|y(t) - \widetilde{y}(t)\| \leq C \left(\|y(t_0) - \widetilde{y}(t_0)\| + \int_{t_0}^{t} (\|\delta(\tau)\| + \|\eta'(\tau)\|)d\tau \right)$$
$$\|z(t) - \widetilde{z}(t)\| \leq C \left(\|y(t_0) - \widetilde{y}(t_0)\| + \max_{t_0 \leq \xi \leq t} \|\delta(\xi)\| + \max_{t_0 \leq \xi \leq t} \|\eta'(\xi)\| \right). \tag{13.3.39}$$

In die Abschätzung (13.3.39) geht die 1. Ableitung der Störung $\eta(t)$ ein. Nach Definition (13.3.3) hat die DAE (13.3.34) den Störungsindex $pi = 2$, d. h. $di = pi$.
■

Bemerkung 13.3.6. In Arnold [8] wird für die y-Komponente eine schärfere Abschätzung angegeben.   □

Auf ähnliche Weise wie im Index-2-Fall zeigt man für DAEs in Hessenbergform den

Satz 13.3.4. *Falls (13.3.21) regulär ist, so besitzt eine DAE in Hessenbergform (13.3.20) der Größe $r \geq 2$ den Störungsindex $pi = r$, d. h., Störungsindex und Differentiationsindex sind gleich.*   □

Das folgende Beispiel [136] zeigt, dass Differentiationsindex und Störungsindex nicht immer gleich sein müssen.

Beispiel 13.3.7. Wir betrachten die DAE

$$y_1' - y_3 y_2' + y_2 y_3' = 0$$
$$y_2 = 0, \tag{13.3.40}$$
$$y_3 = 0,$$

und die gestörte DAE

$$\widetilde{y}_1' - \widetilde{y}_3 \widetilde{y}_2' + \widetilde{y}_2 \widetilde{y}_3' = 0 \tag{13.3.41}$$
$$\widetilde{y}_2 = \varepsilon \sin \omega t \tag{13.3.42}$$
$$\widetilde{y}_3 = \varepsilon \cos \omega t, \quad \omega > 0, \tag{13.3.43}$$

mit der Störung $\delta(t) = (0, \varepsilon \sin \omega t, \varepsilon \cos \omega t)^\top$. Setzt man (13.3.42) und (13.3.43) in (13.3.41) ein, so erhält man $\widetilde{y}_1' = \varepsilon^2 \omega = |\varepsilon| \|\delta'(t)\|_2$. Für $y(t) - \widetilde{y}(t)$ ist damit eine Abschätzung der Form (13.3.26) mit $k = 2$, aber nicht mit $k = 1$ möglich. Das System (13.3.40) hat folglich den Störungsindex $pi = 2$, der Differentiationsindex ist $di = 1$. $\square$

Lange Zeit war man der Auffassung, dass der Störungsindex pi einer DAE gleich oder maximal um eins größer ist als der Differentiationsindex di: $di \leq pi \leq di+1$. Diese Annahme trifft auch für die meisten in den Anwendungen auftretenden Systeme zu. Das folgende Beispiel (vgl. Campbell/Gear 1995, [64]) zeigt aber, dass die beiden Indizes beliebig voneinander abweichen können.

Beispiel 13.3.8. Gegeben sei die DAE der Dimension n

$$F(y, y') = y_n \begin{pmatrix} 0 & 1 & 0 & \cdots & 0 \\ \vdots & \ddots & \ddots & \ddots & \vdots \\ \vdots & & \ddots & \ddots & 0 \\ \vdots & & & \ddots & 1 \\ 0 & \cdots & \cdots & \cdots & 0 \end{pmatrix} y' + y = 0.$$

Für die einzelnen Komponenten gilt

$$y_n y_2' + y_1 = 0$$
$$y_n y_3' + y_2 = 0$$
$$\vdots$$
$$y_n y_n' + y_{n-1} = 0$$
$$y_n = 0.$$

Somit besitzt die Gleichung den Differentiationsindex $di = 1$. Die Lösung ist $y(t) \equiv 0$. Wir betrachten nun die gestörte Gleichung $F(\widetilde{y}(t), \widetilde{y}'(t)) = \delta(t)$. Da im Allgemeinen die Komponente $\widetilde{y}_n(t) = \delta_n(t)$ von Null verschieden ist, folgt für die anderen Komponenten

$$\widetilde{y}_{n-1}(t) = \delta_{n-1} - \delta_n \delta_n'$$
$$\widetilde{y}_{n-2}(t) = \delta_{n-2} - \delta_n(\delta_{n-1}' - \delta_n' \delta_n' - \delta_n \delta_n'')$$
$$\vdots$$
$$\widetilde{y}_1(t) = \delta_1 - \delta_n[\cdots],$$

wobei der Ausdruck in der Klammer von $\delta_n^{(n-1)}(t)$ abhängt. Der Störungsindex ist somit $pi = n$. $\square$

13.4 Anwendungen

In diesem Abschnitt stellen wir elektrische Netzwerke und mechanische Mehrkörpersysteme mit Zwangsbedingungen vor, deren mathematische Modellierung auf differential-algebraische Gleichungen führt. Abschließend betrachten wir den Grenzprozess ($\varepsilon \to 0$) singulär gestörter Systeme.

13.4.1 Elektrische Netzwerke

Grundbausteine elektrischer Netzwerke sind Kondensatoren (Kapazitäten), Widerstände und Spulen (Induktivitäten). Grundgrößen ihrer physikalischen Beschreibung sind Ströme $i(t)$ und Spannungen $v(t)$ in Abhängigkeit von der Zeit t. Die Abbildung 13.4.1 zeigt die entsprechenden Schaltbilder.

Die Strom-Spannungs-Relationen der Bauelemente sind gegeben durch:

1. Für einen linearen Widerstand ist die Strom-Spannungs-Beziehung gegeben durch das Ohmsche Gesetz

   $$v(t) = R(t)i(t) \quad \text{bzw.} \quad i(t) = G(t)v(t),$$

   mit dem Widerstand $R(t)$ und der Leitfähigkeit $G(t)$. Für nichtlineare Widerstände lautet sie

   $$v(t) = r(i(t), t) \quad \text{bzw.} \quad i(t) = g(v(t), t)$$

   mit nichtlinearen Funktionen r und g.

2. Für lineare Kapazitäten ist die Strom-Spannungs-Beziehung gegeben durch

   $$i(t) = C(t)\frac{dv(t)}{dt} + \frac{dC(t)}{dt}v(t)$$

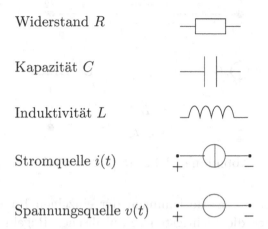

Abbildung 13.4.1: Grundbausteine elektrischer Netzwerke

mit einer zeitabhängigen Kapazität $C(t)$. Nichtlineare Kapazitäten werden durch

$$i(t) = \frac{d\psi_C(v(t), t)}{dt}$$

mit einer nichtlinearen Funktion ψ_C beschrieben.

3. Für lineare zeitabhängige Induktivitäten gilt die Strom-Spannungs-Beziehung

$$v(t) = L(t)\frac{di(t)}{dt} + \frac{dL(t)}{dt}i(t)$$

mit einer zeitabhängigen Induktivität $L(t)$. Für nichtlineare Induktivitäten ist

$$v(t) = \frac{d\phi_L(i(t), t)}{dt}$$

mit einer nichtlinearen Funktion ϕ_L.

Ein elektrisches Netzwerk besteht aus einer beliebigen Zusammenschaltung der beschriebenen Bauelemente. Die Verbindungsstellen zweier oder mehrerer Netzwerkelemente werden als Knoten bezeichnet. Ein Zweig des Netzwerkes verbindet genau zwei Knoten. Eine Masche (Pfad) des Netzwerkes ist ein geschlossener Weg durch das Netzwerk, der mindestens zwei Zweige und keinen Zweig mehrfach enthält.

Die Abbildung 13.4.2 zeigt ein *RCL-Netzwerk* bestehend aus einem Widerstand mit der Leitfähigkeit G, einem Kondensator mit der Kapazität C, einer Spule mit der Induktivität L und einer Spannungsquelle mit der Spannung v_s. RCL-Netzwerke sind Netzwerke aus linearen zeitunabhängigen Widerständen, Kapazitäten, Induktivitäten und unabhängigen Quellen.

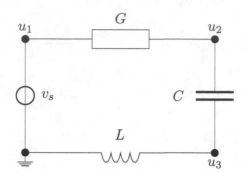

Abbildung 13.4.2: RCL-Netzwerk

Neben den Strom-Spannungs-Beziehungen der einzelnen Bauelemente sind die *Kirchhoffschen Gesetze* die wichtigsten physikalischen Regeln zur Modellierung elektrischer Netzwerke.

1. Kirchhoffsche Knotenregel für Ströme:

   In einem beliebigen Knoten mit den Strömen $i_1(t), i_2(t), \ldots, i_m(t)$ gilt zu jedem Zeitpunkt

$$\sum_{k=1}^{m} i_k(t) = 0$$

2. Kirchhoffsche Maschenregel für Spannungen:

   In einer beliebigen Masche mit m Spannungen $v_1(t), v_2(t), \ldots, v_m(t)$ gilt zu jedem Zeitpunkt

$$\sum_{k=1}^{m} v_k(t) = 0$$

Einem elektrischen Netzwerk ordnen wir nun einen gerichteten Graphen mit n Knoten und b Zweigen mit einer Orientierung zu. Ein Graph heißt verbunden, wenn zwischen je zwei Knoten mindestens ein Pfad besteht. Die Netzwerkelemente können hierbei vernachlässig werden. Abbildung 13.4.3 zeigt einen gerichteten Graph zum RCL-Netzwerk aus Abbildung 13.4.2.

Definition 13.4.1. Gegeben sei ein gerichteter Graph mit n Knoten und b Zweigen. Die *Inzidenzmatrix* $A_F = (a_{ij}) \in \mathbb{R}^{n,b}$ ist dann definiert durch

$$a_{ij} := \begin{cases} +1 & \text{falls der Zweig } j \text{ vom Knoten } i \text{ wegführt} \\ -1 & \text{falls der Zweig } j \text{ zum Knoten } i \text{ hinführt} \\ 0 & \text{sonst.} \end{cases} \quad \square$$

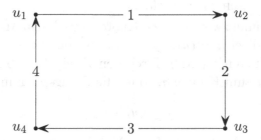

Abbildung 13.4.3: Gerichteter Graph zum RCL-Netzwerk

Diese Definition liefert für unseren Beispielgraphen folgende Inzidenzmatrix

$$A_F = \begin{pmatrix} 1 & 0 & 0 & -1 \\ -1 & 1 & 0 & 0 \\ 0 & -1 & 1 & 0 \\ 0 & 0 & -1 & 1 \end{pmatrix}.$$

Satz 13.4.1. *Sei* $i = (i_1, i_2, \ldots, i_b)^\top$ *der Vektor der Zweigströme eines elektrischen Netzwerkes. Dann gilt*

$$A_F i = 0.$$

Beweis. Für die k-te Zeile $a_k = (a_{k1}, a_{k2}, \ldots, a_{kb})$ der Inzidenzmatrix A_F ist

$$a_k i = \sum_{l=1}^{b} a_{kl} i_l.$$

Dies ist gerade die Summe der zu- und abfließenden Ströme im Knoten k. Die Kirchhoffsche Knotenregel für Ströme ergibt die Behauptung. ∎

Die Summe aller Zeilen der Inzidenzmatrix ist null. Zur vollständigen Beschreibung eines Netzwerkes ist folglich eine Zeile überflüssig.

Definition 13.4.2. Aus dem verbundenen Graph des Netzwerkes wird ein Knoten, z. B. der n-te Knoten, als Masseknoten oder Referenzknoten ausgewählt und die zugehörige Zeile wird aus der Inzidenzmatrix A_F gestrichen. Die so erhaltene Matrix $A \in \mathbb{R}^{n-1,b}$ heißt *reduzierte Inzidenzmatrix*. □

Folgerung 13.4.1. *Für die reduzierte Inzidenzmatrix gilt* $Ai = 0$. □

Satz 13.4.2. *Die reduzierte Inzidenzmatrix* A *eines verbundenen Graphen hat genau* $n-1$ *linear unabhängige Zeilen und somit vollen Zeilenrang.* □

Für den Beweis verweisen wir auf [257].

Sei nun u_i die Spannung zwischen dem Knoten i und dem Masseknoten n für alle $i = 1, \ldots, n-1$, und sei $u = (u_1, u_2, \ldots, u_{n-1})^\top$ der Vektor dieser Knotenspannungen. Sind die Knoten i und j durch den Zweig k verbunden und zeigt der Zweig vom Knoten i zum Knoten j, so ist die Zweigspannung v_k gegeben durch

$$v_k = u_i - u_j.$$

Durch diese Wahl ist die Kirchhoffsche Maschenregel automatisch erfüllt. Für den Vektor $v = (v_1, \ldots, v_b)^\top \in \mathbb{R}^b$ der Zweigspannungen und den Vektor u der Knotenspannungen ergibt sich

$$v = A^\top u. \tag{13.4.1}$$

Für die Netzwerkanalyse sortieren wir jetzt die Zweige der reduzierten Inzidenzmatrix A so, dass sie Blockgestalt hat

$$A = (A_R A_C A_L A_V A_I),$$

wobei A_R, A_C, A_L, A_V bzw. A_I alle zu den Widerständen, Kapazitäten, Induktivitäten, Spannungsquellen bzw. Stromquellen gehörenden Spalten enthalten.

Für unser Beispiel (Abbildung 13.4.3) ist die reduzierte Inzidenzmatrix A gegeben durch

$$A = \begin{pmatrix} 1 & 0 & 0 & -1 \\ -1 & 1 & 0 & 0 \\ 0 & -1 & 1 & 0 \end{pmatrix}$$

mit den Matrizen

$$A_R = \begin{pmatrix} 1 \\ -1 \\ 0 \end{pmatrix}, \quad A_C = \begin{pmatrix} 0 \\ 1 \\ -1 \end{pmatrix}, \quad A_L = \begin{pmatrix} 0 \\ 0 \\ 1 \end{pmatrix}, \quad A_V = \begin{pmatrix} -1 \\ 0 \\ 0 \end{pmatrix}. \tag{13.4.2}$$

Die Spalte für A_I fehlt in diesem Fall, da in unserem RCL-Netzwerk keine Stromquelle eingebaut ist.

Für die mathematische Beschreibung eines RCL-Netzwerkes verwenden wir die *modifizierte Knotenanalyse* (engl. *modified nodal analysis, MNA*) [154]. Sie benutzt als Unbekannte die Knotenspannungen u, die Ströme der Induktivitäten und die Ströme der Spannungsquellen und basiert auf den Netzwerkgleichungen

$$Ai(t) = 0 \tag{13.4.3}$$
$$v(t) = A^\top u(t), \tag{13.4.4}$$

vgl. Folgerung 13.4.1 und (13.4.1), sowie auf den Strom-Spannungs-Beziehungen aller Bauelemente. Ersetzen wir in (13.4.3) alle Zweigströme durch ihre Strom-Spannungs-Beziehung und alle Zweigspannungen durch ihre Knotenspannungen gemäß (13.4.4), so ergeben sich die MNA-Gleichungen zu

$$A_C C A_C^\top u' + A_R G A_R^\top u + A_L i_L + A_V i_V = -A_I i_s(t) \qquad (13.4.5a)$$

$$L i_L' - A_L^\top u = 0 \qquad (13.4.5b)$$

$$A_V^\top u = v_s(t), \qquad (13.4.5c)$$

wobei die Diagonalmatrizen C, G und L die Kapazitäten, Leitfähigkeiten und Induktivitäten enthalten.

Beispiel 13.4.1. Für das RCL-Netzwerk aus Abbildung 13.4.2 ergeben sich mit (13.4.2) die MNA-Gleichungen zu

$$\begin{pmatrix} 0 & 0 & 0 \\ 0 & C & -C \\ 0 & -C & C \end{pmatrix} \begin{pmatrix} u_1' \\ u_2' \\ u_3' \end{pmatrix} + \begin{pmatrix} G & -G & 0 \\ -G & G & 0 \\ 0 & 0 & 0 \end{pmatrix} \begin{pmatrix} u_1 \\ u_2 \\ u_3 \end{pmatrix} + \begin{pmatrix} 0 \\ 0 \\ i_L \end{pmatrix} + \begin{pmatrix} -i_V \\ 0 \\ 0 \end{pmatrix} = 0$$

$$L i_L' - u_3 = 0$$

$$-u_1 = v_s(t).$$

Durch einmalige Differentiation und algebraische Umformungen erhält man das gewöhnliche Differentialgleichungssystem

$$u_1' = -v_s'(t)$$

$$u_2' = -\frac{1}{LG} u_3 - v_s'(t)$$

$$u_3' = -\frac{1}{LG} u_3 - \frac{1}{C} i_L - v_s'(t)$$

$$i_L' = \frac{1}{L} u_3$$

$$i_V' = \frac{1}{L} u_3.$$

Der Differentiationsindex ist also $di = 1$. $\square$

Beispiel 13.4.2. Betrachtet man einen elektrischen Schaltkreis, der nur aus einer Spannungsquelle und einer linearen zeitunabhängigen Kapazität besteht, vgl. Abbildung 13.4.4, so führt die modifizierte Knotenanalyse auf die MNA-Gleichungen

$$\begin{pmatrix} C & 0 \\ 0 & 0 \end{pmatrix} \begin{pmatrix} u_1' \\ i_V' \end{pmatrix} + \begin{pmatrix} 0 & -1 \\ -1 & 0 \end{pmatrix} \begin{pmatrix} u_1 \\ i_V \end{pmatrix} = \begin{pmatrix} 0 \\ v_s(t) \end{pmatrix}.$$

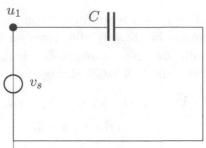

Abbildung 13.4.4: Schaltung aus linearer Kapazität und Spannungsquelle

Das System hat offensichtlich den Differentiationsindex $di = 2$ und nach Bemerkung 13.3.5 auch den Störungsindex $pi = 2$. Im mathematischen Modell bewirken kleine Störungen in der Spannungsquelle daher große Stromänderungen. Für das technische System bedeutet das, dass der Kondensator Spannungsänderungen entgegenwirkt, also die Spannungsquelle stabilisiert.   □

Bemerkung 13.4.1. Für elektrische Netzwerke, die nichtlineare differentielle Elemente, wie Kapazitäten und Induktivitäten enthalten, lauten die MNA-Gleichungen

$$A_C \frac{d\psi_C(A_C^\top u, t)}{dt} + A_R g(A_R^\top u, t) + A_L i_L + A_V i_V = -A_I i_s(t)$$

$$\frac{d\phi_L(i_L, t)}{dt} - A_L^\top u = 0$$

$$A_V^\top u = v_s(t).$$

Mit dem Vektor $y = (u^\top, i_l^\top, i_V^\top)^\top$ führt dies auf

$$Q_1(t, y)y' + f(t, y) + s(t) = 0. \tag{13.4.6}$$

Die Matrix $Q_1(t, y)$ enthält die nichtlinearen differentiellen Kapazitäten und Induktivitäten und ist somit lösungsabhängig. Das System (13.4.6) stellt i. Allg. ein singuläres quasilinear-implizites System gewöhnlicher Differentialgleichungen dar.   □

Zur mathematischen Modellierung elektrischer Netzwerke und ihrer Klassifizierung bez. der resultierenden differential-algebraischen Gleichungen gibt es umfangreiche Literatur, z. B. [127], [128], [242], [277] und [171].

13.4.2 Mechanische Mehrkörpersysteme

Mechanische Mehrkörpersysteme sind mechanische Systeme, die aus einer endlichen Anzahl starrer oder elastischer Körper bestehen und die untereinander durch feste Kopplungselemente (Gelenke, starre Verbindungen) verbunden sind. An den Körpern können zusätzlich noch Kräfte wirken. Diese können durch Kraftelemente wie z. B. Federn, Dämpfer und Motoren verursacht werden oder durch äußere Kräfte wie z. B. die Schwerkraft. Für die Modellierung eines Mehrkörpersystems wird angenommen, dass die komplette Masse des Systems in den Körpern konzentriert ist und die Kopplungselemente massenlos sind.

Wir beschränken uns im Weiteren auf Systeme von starren Körpern – die elastische Verformung der Körper wird vernachlässigt. Für energieerhaltende (konservative) Systeme können die Bewegungssgleichungen aus dem Hamiltonschen Prinzip der kleinsten Wirkung hergeleitet werden:

Sind $q(t) = (q_1(t), \ldots, q_{n_q}(t))^\top$ die verallgemeinerten Koordinaten des Systems, $T(q, \dot q)$ die kinetische Energie aller im System vorkommenden Körper und $U(q)$ die potentielle Energie des Systems, so ergeben sich mit der Lagrange-Funktion $L(q, \dot q) = T(q, \dot q) - U(q)$ die Bewegungsgleichungen des Systems aus der Forderung, dass das *Hamiltonsche Wirkungsfunktional* $\int_{t_0}^{t_e} (T(q, \dot q) - U(q)) \, dt$ einen extremalen („stationären") Wert annimmt, vgl. [102]:

$$\int_{t_0}^{t_e} (T(q, \dot q) - U(q)) \, dt \;\to\; \text{stationär.} \qquad (13.4.7)$$

Die kinetische Energie $T(q, \dot q)$ eines mechanischen Mehrkörpersystems ist dabei durch die bez. $\dot q$ homogene quadratische Funktion

$$T(q, \dot q) = \frac{1}{2} \dot q^\top M(q) \dot q$$

gegeben. $M \colon \mathbb{R}^{n_q} \to \mathbb{R}^{n_q, n_q}$ ist die symmetrische, positiv definite Massenmatrix des mechanischen Mehrkörpersystems. Wie in der Mechanik üblich, verwenden wir hier die Schreibweise $\frac{d}{dt} q(t) = \dot q(t)$.

Wir setzen voraus, dass $q(t)$ existiert und die Forderung (13.4.7) erfüllt. Bettet man $q(t)$ in eine Schar von Vergleichskurven $q(t) + \varepsilon w(t)$ ein mit $w(t) \in C^2[t_0, t_e]$, $w(t_0) = w(t_e) = 0$ und $\varepsilon \in \mathbb{R}$, $|\varepsilon|$ klein, so ergibt sich das Hamiltonsche Wirkungsfunktional für die Vergleichsfunktionen zu

$$S(\varepsilon) := \int_{t_0}^{t_e} (T(q + \varepsilon w, \dot q + \varepsilon \dot w) - U(q + \varepsilon w)) \, dt.$$

Es wird stationär, falls

$$\frac{d}{d\varepsilon} S(\varepsilon) \Big|_{\varepsilon=0} = \int_{t_0}^{t_e} \left(\frac{\partial T}{\partial q} w + \frac{\partial T}{\partial \dot q} \dot w - \frac{\partial U}{\partial q} w \right) dt = 0$$

erfüllt ist. Nach Ausführung der partiellen Integration

$$\int_{t_0}^{t_e} \frac{\partial T}{\partial \dot q} \dot w \, dt = \underbrace{\frac{\partial T}{\partial \dot q} w \Big|_{t_0}^{t_e}}_{=0} - \int_{t_0}^{t_e} \frac{d}{dt} \left(\frac{\partial T}{\partial \dot q} \right) w \, dt$$

folgt

$$\int_{t_0}^{t_e} \left(\frac{\partial T}{\partial q} - \frac{d}{dt}\frac{\partial T}{\partial \dot{q}} - \frac{\partial U}{\partial q} \right) w \, dt = 0. \tag{13.4.8}$$

Da (13.4.8) für jede Funktion $w(t)$ verschwinden muss, ist der Klammerausdruck null. Damit erhält man aus (13.4.8) die *Lagrangesche Bewegungsgleichung 2. Art*

$$\frac{d}{dt}\left(\frac{\partial}{\partial \dot{q}} T(q,\dot{q}) \right) - \frac{\partial}{\partial q} T(q,\dot{q}) = -\frac{\partial}{\partial q} U(q).$$

Führt man die zeitliche Differentiation aus, so ergibt sich mit $\frac{\partial^2 T(q,\dot{q})}{\partial \dot{q}^2} = M(q)$

$$M(q)\ddot{q} = f(q,\dot{q}). \tag{13.4.9}$$

Der Vektor $f(q,\dot{q})$ enthält die restlichen Ableitungen von T (Kreisel- und Corioliskräfte) und die Ableitung von U (Potentialkräfte). f wird daher als Kraftvektor bezeichnet. Das System (13.4.9) stellt die Bewegungsgleichungen in *Minimalkoordinaten* q dar. Die Dimension von q entspricht hier der Anzahl der Freiheitsgrade des mechanischen Mehrkörpersystems. Oft ist eine Beschreibung in Minimalkoordinaten nicht für alle Zustände möglich, bzw. die Auswahl oder Berechnung der Minimalkoordinaten schwierig. Man benutzt daher redundante (abhängige) Koordinaten, die zusätzliche algebraische Zwangsbedingungen erfüllen müssen. Wird die Menge der Zustände eingeschränkt durch n_λ Zwangsbedingungen

$$g(q) = (g_1(q), g_2(q), \dots, g_{n_\lambda}(q))^\top = 0,$$

so werden diese durch die Lagrange-Multiplikatoren $\lambda = (\lambda_1 \dots, \lambda_{n_\lambda})^\top$ an die Lagrange-Funktion angekoppelt und das Hamiltonsche Wirkungsfunktional lautet

$$\int_{t_0}^{t_e} (T(q,\dot{q}) - U(q) - g^\top(q)\lambda) \, dt \;\rightarrow\; \text{stationär}.$$

Als Vergleichsfunktionen werden $(q + \varepsilon w, \lambda + \varepsilon \sigma)$ zugelassen mit $w(t), \sigma(t) \in C^2[t_0, t_e], w(t_0) = w(t_e) = 0$, $\sigma(t_0) = \sigma(t_e) = 0$ und $\varepsilon \in \mathbb{R}$, $|\varepsilon|$ klein. Analoges Vorgehen wie oben liefert die *Lagrangesche Bewegungsgleichung 1. Art*

$$\frac{d}{dt}\left(\frac{\partial}{\partial \dot{q}} T(q,\dot{q}) \right) - \frac{\partial}{\partial q} T(q,\dot{q}) = -\frac{\partial}{\partial q} U(q) - \frac{\partial}{\partial q} g^\top(q)\lambda$$

$$0 = g(q).$$

Führt man die Geschwindigkeitskoordinate $\dot{q} = u$ ein, so erhält man nach Ausführen der zeitlichen Differentiation

$$\dot{q} = u \tag{13.4.10a}$$

$$M(q)\dot{u} = f(q,u) - G^\top(q)\lambda \tag{13.4.10b}$$

$$0 = g(q) \tag{13.4.10c}$$

mit den Zwangskräften $G^\top(q)\lambda$, die von den Lagrange-Multiplikatoren und der Jacobi-Matrix $G(q) = \frac{\partial g(q)}{\partial q}$ der Zwangsbedingungen abhängen.

Damit das System (13.4.10) eine eindeutige Lösung besitzt, vgl. Satz 13.4.16, setzen wir für alle q in einer Umgebung der Lösung voraus:

$$a) \quad G(q) \text{ hat Vollrang} \quad (\text{rang}\, G(q) = n_\lambda), \qquad\qquad (13.4.11a)$$

$$b) \quad M(q) \text{ ist symmetrisch und positiv definit.} \qquad\qquad (13.4.11b)$$

Die Bedingung (13.4.11a) garantiert, dass die Zwangsbedingungen des Systems widerspruchsfrei und nicht redundant sind, Bedingung (13.4.11b) impliziert, dass (13.4.10b) nach $\dot{u}$ aufgelöst werden kann. Das System (13.4.10) besteht aus $2n_q$ Differentialgleichungen erster Ordnung, gekoppelt mit n_λ algebraischen Gleichungen (Zwangsbedingungen) mit den $2n_q + n_\lambda$ Unbekannten q, u (differentielle Variablen) und λ (algebraische Variable).

Bemerkung 13.4.2. Die Rangbedingung rang $G(q) = n_\lambda$ wird in der Ingenieurliteratur als *Grübler-Bedingung* bezeichnet. $\quad\square$

Differenziert man die auf der Lageebene gegebene Zwangsbedingung (13.4.10c) nach t, so erhält man die versteckte Zwangsbedingung auf Geschwindigkeitsebene

$$0 = g_q(q)u = G(q)u(t), \qquad\qquad (13.4.12)$$

Eine weitere Differentiation ergibt die versteckte Zwangsbedingung auf Beschleunigungsebene

$$0 = g_{qq}(q)(u, u) + G(q)\dot{u}. \qquad\qquad (13.4.13)$$

Für jede Lösung $x(t) = (q^\top(t), u^\top(t), \lambda^\top(t))^\top$ des Mehrkörpersystems (13.4.10) müssen (13.4.12) und (13.4.13) gelten. Aus (13.4.10b) und (13.4.13) erhält man

$$\begin{pmatrix} M(q) & G^\top(q) \\ G(q) & 0 \end{pmatrix} \begin{pmatrix} \dot{u} \\ \lambda \end{pmatrix} = \begin{pmatrix} f(q, u) \\ -w(q, u) \end{pmatrix} \qquad\qquad (13.4.14)$$

mit $w(q, u) = g_{qq}(q)(u, u)$. Da $M(q)$ positiv definit ist und $G(q)$ Vollrang hat, ist die Matrix auf der linken Seite regulär. Damit ergibt sich aus (13.4.14)

$$\dot{u} = M^{-1}(q)\left(f(q, u) - G^\top(q)\lambda\right) \qquad\qquad (13.4.15a)$$

$$\lambda = \widehat{M}^{-1}(q)\left(G(q)M^{-1}(q)f(q, u) + w(q, u)\right), \qquad\qquad (13.4.15b)$$

wobei $\widehat{M}(q) = G(q)M^{-1}(q)G^\top(q)$ ist.

Differenziert man (13.4.15b) nach t, so erhält man mit (13.4.10a) und (13.4.15a) ein explizites System gewöhnlicher Differentialgleichungen erster Ordnung für den Lösungsvektor $x(t)$. Dieses System ist das der DAE (13.4.10) *zugrunde liegende Differentialgleichungssystem.* Das bedeutet:

a) Die DAE (13.4.10) mit der Zwangsbedingung auf der Lageebene hat den Differentiationsindex $di = 3$.

b) Die DAE (13.4.10a), (13.4.10b), (13.4.12) mit der Zwangsbedingung auf der Geschwindigkeitsebene hat den Differentiationsindex $di = 2$.

c) Die DAE (13.4.10a), (13.4.10b), (13.4.13) mit der Zwangsbedingung auf der Beschleunigungsebene hat den Differentiationsindex $di = 1$.

Der Anfangsvektor $x_0 = (q^\top(t_0), u^\top(t_0), \lambda^\top(t_0))^\top$ ist konsistent, wenn er die Zwangsbedingungen auf der Lage- und der Geschwindigkeitsebene erfüllt und $\lambda(t_0)$ der Beziehung (13.4.15b) genügt. Damit ist dann auch die Zwangsbedingung (13.4.13) auf der Beschleunigungsebene erfüllt. Zur Berechnung konsistenter Anfangswerte verweisen wir auf [186], [215], [254].

Die unterschiedlichen Formulierungen mechanischer Mehrkörpersysteme sind mathematisch äquivalent:

Sei x_0 ein konsistenter Anfangsvektor und $x(t)$ die eindeutige Lösung der zugrunde liegenden Differentialgleichung des mechanischen Mehrkörpersystems (13.4.10) in $[t_0, t_e]$. Dann erfüllt die Lösung $x(t)$ die Zwangsbedingungen auf der Lageebene, der Geschwindigkeitsebene und der Beschleunigungsebene. Das heißt, $x(t)$ ist auch Lösung des Index-3-Systems (13.4.10), des Index-2-Systems (13.4.10a), (13.4.10b), (13.4.12) und des Index-1-Systems (13.4.10a), (13.4.10b), (13.4.13).

Multipliziert man (13.4.10b) mit $M^{-1}(q)$, so geht die DAE (13.4.10) über in eine DAE in Hessenbergform der Größe $r = 3$, vgl. Definition 13.3.2, wobei die Variablen (u, q, λ) den Variablen (y_1, y_2, y_3) entsprechen. Die für ein Hessenbergsystem der Größe $r = 3$ geforderte Regularität der Matrix

$$\frac{\partial F_3}{\partial y_2} \frac{\partial F_2}{\partial y_1} \frac{\partial F_1}{\partial y_3}$$

in einer Umgebung der Lösung entspricht hier der Forderung

$$G(q)M^{-1}(q)G^\top(q) \quad \text{regulär}.$$

Die DAE (13.4.10) hat damit nach Satz 13.3.4 den Störungsindex $pi = 3$.

Bemerkung 13.4.3. Eine schärfere Abschätzung für den Störungsindex eines mechanischen Mehrkörpersystems findet man in [9]. Hier wird gezeigt, dass die zweite Ableitung der Störung $\delta(t)$ lediglich in die Abschätzung für den Lagrange-Multiplikator λ eingeht und nicht in die der Lagekoordinaten q und der Geschwindigkeitskoordinaten u. Man bezeichnet daher λ als Index-3- und q und u als Index-2-Variable.   □

Zum Nachweis der Existenz und Eindeutigkeit der Lösung werden die Bewegungsgleichungen in der Index-1-Formulierung

$$\dot{q} = u \tag{13.4.16a}$$

$$M(q)\dot{u} = f(q, u) - G^\top(q)\lambda \tag{13.4.16b}$$

$$0 = g_{qq}(q)(u, u) + G(q)\dot{u}. \tag{13.4.16c}$$

betrachtet, vgl. [97]. Setzt man (13.4.15b) in (13.4.16b) ein, so ergibt sich ein zu (13.4.16) äquivalentes gewöhnliches Differentialgleichungssystem

$$\dot{q} = u \tag{13.4.17a}$$

$$\dot{u} = M^{-1}(f - G^\top(GM^{-1}G^\top)^{-1}(g_{qq}(u, u) + GM^{-1}f)). \tag{13.4.17b}$$

Die Existenz und Eindeutigkeit der Lösung des Anfangswertproblems für dieses System folgt aus

Satz 13.4.3. *Gegeben seien stetige Funktionen* $f \colon \mathbb{R}^{n_q} \times \mathbb{R}^{n_q} \to \mathbb{R}^{n_q}$, $M \colon \mathbb{R}^{n_q} \to \mathbb{R}^{n_q, n_q}$ *und* $g \colon \mathbb{R}^{n_q} \to \mathbb{R}^{n_\lambda}$, *für die gilt*

(i) $g(q)$ *ist zweimal stetig differenzierbar,*

(ii) $M(q)$ *ist symmetrisch und positiv definit für alle* $q \in \mathbb{R}^{n_q}$,

(iii) $G(q) = \frac{\partial g(q)}{\partial q}$ *hat für beliebige* $q \in \mathbb{R}^{n_q}$ *vollen Rang* n_λ,

(iv) f, M^{-1}, g_{qq} *und* $(GM^{-1}G^\top)^{-1}$ *sind global Lipschitz-stetig bezüglich* q *und* u.

Dann hat das differential-algebraische Anfangswertproblem

$$\begin{aligned} \dot{q} &= u, & q(t_0) &= q_0 \\ M(q)\dot{u} &= f(q, u) - G^\top(q)\lambda, & u(t_0) &= u_0 \\ 0 &= g(q), & \lambda(t_0) &= \lambda_0 \end{aligned} \tag{13.4.18}$$

eine eindeutig bestimmte Lösung für $t \in [0, t_e]$, *wenn die Anfangswerte* (q_0, u_0, λ_0) *konsistent mit den Bewegungsgleichungen sind.*

Beweis. Unter den Voraussetzungen ist die rechte Seite von (13.4.17) Lipschitz-stetig bezüglich q und u und das Anfangswertproblem hat nach dem Satz von Picard-Lindelöf (Satz 1.2.1) eine eindeutige Lösung, welche mit der Lösung des differential-algebraischen Systems (13.4.18) übereinstimmt. ∎

Beispiel 13.4.3. Das ebene mathematische Pendel besteht aus einem Massepunkt M der Masse m, der sich auf einer Kreisbahn mit dem Radius l (Pendellänge) unter Einwirkung der Schwerkraft g bewegen kann (vgl. Abbildung 13.4.5). Die Reibung wird vernachlässigt. Mit den kartesischen Koordinaten $\xi(t) = q_1(t)$,

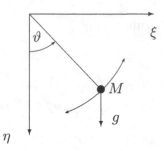

Abbildung 13.4.5: Ebenes mathematisches Pendel

$\eta(t) = q_2(t)$ sind die kinetische Energie T und potentielle Energie U des Pendels gegeben durch
$$T(\dot{\xi}, \dot{\eta}) = \frac{m}{2}(\dot{\xi}^2 + \dot{\eta}^2), \quad U(\eta) = -mg\eta,$$
und die Zwangsbedingung auf der Lageebene lautet $\xi^2 + \eta^2 - l^2 = 0$. Die Bewegung des Pendels wird damit nach (13.4.10) beschrieben durch die DAE

$$\begin{pmatrix} \dot{\xi} \\ \dot{\eta} \end{pmatrix} = \begin{pmatrix} u_1 \\ u_2 \end{pmatrix}$$

$$\begin{pmatrix} m & 0 \\ 0 & m \end{pmatrix} \begin{pmatrix} \dot{u}_1 \\ \dot{u}_2 \end{pmatrix} = \begin{pmatrix} 0 \\ mg \end{pmatrix} + \begin{pmatrix} -2\lambda\xi \\ -2\lambda\eta \end{pmatrix} \qquad (13.4.19)$$

$$0 = \xi^2 + \eta^2 - l^2.$$

Modelliert man andererseits das Pendel in Minimalkoordinaten (Auslenkungswinkel ϑ), so erhält man mit $\xi = l\sin\vartheta$, $\eta = l\cos\vartheta$ die Bewegungsgleichung

$$\vartheta''(t) = -\frac{g}{l}\sin\vartheta, \qquad (13.4.20)$$

also eine gewöhnliche Differentialgleichung zweiter Ordnung. Diese Zustandsform (13.4.20) lässt sich mit einem der bisher betrachteten Diskretisierungsverfahren für gewöhnliche Differentialgleichungen lösen. $\square$

Bemerkung 13.4.4. Die Form der Bewegungsgleichungen (13.4.10) wird häufig als *Deskriptorform* bezeichnet. Die Deskriptorform ergibt sich in natürlicher Weise aus einem Netzwerkkonzept zur Modellierung mechanischer Mehrkörpersysteme [162], nach dem industrielle Simulationspakete, wie z. B. SIMPACK [230], die Bewegungsgleichungen automatisiert generieren. Deshalb wendet man Diskretisierungsverfahren direkt auf die Deskriptorform an. $\square$

13.4.3 Grenzprozess singulär gestörter Systeme

Singulär gestörte Anfangswertprobleme gewöhnlicher Differentialgleichungen in autonomer Form sind gegeben durch

$$u'(t) = f(u(t), v(t)), \quad u(0) = u_0$$
$$\varepsilon v'(t) = g(u(t), v(t)), \quad v(0) = v_0, \qquad 0 < \varepsilon \ll 1. \tag{13.4.21}$$

Dabei ist $u(t) \in \mathbb{R}^{n_u}$ die langsam veränderliche und $v(t) \in \mathbb{R}^{n_v}$ die schnell veränderliche Komponente, vgl. Abschnitt 7.4.2. Die Funktionen f und g können auch glatt von ε abhängen.

Beispiel 13.4.4. Wir betrachten das Anfangswertproblem

$$u'(t) = v, \qquad u(0) = 0$$
$$\varepsilon v'(t) = -v + \sin(t), \quad v(0) = 0.$$

Die Losung $u(t), v(t)$ ist gegeben durch

$$u(t) = 1 - (1 + \varepsilon^2)^{-1}(\cos t + \varepsilon \sin t + \varepsilon^2 \exp(-t/\varepsilon))$$
$$v(t) = (1 + \varepsilon^2)^{-1}(\sin t - \varepsilon \cos t + \varepsilon \exp(-t/\varepsilon)).$$

Mit der Neumannschen Reihe von $(1 + \varepsilon^2)^{-1}$ ergibt sich die asymptotische Entwicklung

$$u(t) = 1 - \cos t - \varepsilon \sin t + \varepsilon^2 \cos t + \varepsilon^3 \sin t + \cdots - \varepsilon^2 \exp(-t/\varepsilon) + \ldots$$
$$v(t) = \sin t - \varepsilon \cos t - \varepsilon^2 \sin t + \varepsilon^3 \cos t + \cdots + \varepsilon \exp(-t/\varepsilon) - \varepsilon^3 \exp(-t/\varepsilon) + \ldots$$

Die Lösung setzt sich additiv zusammen aus den beiden Bestandteilen

$$\begin{pmatrix} \widetilde{u}(t, \varepsilon) \\ \widetilde{v}(t, \varepsilon) \end{pmatrix} = \begin{pmatrix} 1 - \cos t - \varepsilon \sin t + \varepsilon^2 \cos t + \varepsilon^3 \sin t + \ldots \\ \sin t - \varepsilon \cos t - \varepsilon^2 \sin t + \varepsilon^3 \cos t + \ldots \end{pmatrix}$$

und

$$\begin{pmatrix} \widehat{u}(t, \varepsilon) \\ \widehat{v}(t, \varepsilon) \end{pmatrix} = \begin{pmatrix} -\varepsilon^2 \exp(-t/\varepsilon) + \ldots \\ \varepsilon \exp(-t/\varepsilon) - \varepsilon^3 \exp(-t/\varepsilon) + \ldots \end{pmatrix}.$$

Für $\varepsilon \to 0$ strebt der zweite Bestandteil sehr schnell gegen 0. Er bestimmt das Lösungsverhalten lediglich in der Umgebung von $t = 0$. Danach wird die Lösung durch den ersten Bestandteil bestimmt. $\square$

Das Beispiel legt nahe, die Lösung von (13.4.21) in der Form

$$\begin{pmatrix} u(t) \\ v(t) \end{pmatrix} = \sum_{i=0}^{\infty} \begin{pmatrix} \widetilde{u}_i(t) \\ \widetilde{v}_i(t) \end{pmatrix} \varepsilon^i + \sum_{i=0}^{\infty} \begin{pmatrix} \varepsilon \widehat{u}_i(\tau) \\ \widehat{v}_i(\tau) \end{pmatrix} \varepsilon^i$$

$$= \begin{pmatrix} \widetilde{u}(t,\varepsilon) \\ \widetilde{v}(t,\varepsilon) \end{pmatrix} + \begin{pmatrix} \widehat{u}(\tau,\varepsilon) \\ \widehat{v}(\tau,\varepsilon) \end{pmatrix} \quad \text{mit} \quad \tau = t/\varepsilon \tag{13.4.22}$$

anzusetzen.

Unter den Voraussetzungen

(i) die Funktionen f und g seien hinreichend glatt und ebenso wie ihre partiellen Ableitungen gleichmäßig bez. ε beschränkt,

(ii) die logarithmische Norm der Jacobi-Matrix $g_v(u,v)$ sei in einer von ε unabhängigen Umgebung der Lösung von (13.4.21) streng negativ,

$$\mu[g_v(u,v)] \leq \mu_0 < 0, \tag{13.4.23}$$

besitzt die Lösung $u(t), v(t)$ von (13.4.21) eine asymptotische Entwicklung der Gestalt (13.4.22), wobei

1. $\widetilde{u}_i(t)$, $\widetilde{v}_i(t)$ und $\widehat{u}_i(\tau)$, $\widehat{v}_i(\tau)$, $i = 0,1,\ldots$, von ε unabhängige, glatte Funktionen sind, d. h., sie sind genügend oft stetig differenzierbar,

2. die Funktionen $\widehat{u}_i(\tau)$, $\widehat{v}_i(\tau)$, $i = 0,1,\ldots$, für $\tau \to \infty$ der Abklingbedingung

$$\|\widehat{u}_i(\tau)\| \leq \exp(-\varkappa\tau), \quad \|\widehat{v}_i(\tau)\| \leq \exp(-\varkappa\tau) \quad \text{mit} \quad \varkappa > 0 \tag{13.4.24}$$

genügen, vgl. [143], [211].

Die Lösung (13.4.22) setzt sich zusammen aus

1. einem glatten Lösungsanteil $\widetilde{u}(t,\varepsilon)$, $\widetilde{v}(t,\varepsilon)$, auch äußere Lösung genannt,

2. einem transienten (steifen) Lösungsanteil $\widehat{u}(t,\varepsilon)$, $\widehat{v}(t,\varepsilon)$, auch Grenzschichtlösung genannt, der für $\tau \to \infty$ exponentiell gegen Null strebt.

Außerhalb der Grenzschicht ist die Lösung durch den glatten Lösungsanteil $\widetilde{u}(t,\varepsilon)$, $\widetilde{v}(t,\varepsilon)$ bestimmt. Es gilt dort

$$\begin{aligned} u(t) &= \widetilde{u}_0(t) + \mathcal{O}(\varepsilon) \\ v(t) &= \widetilde{v}_0(t) + \mathcal{O}(\varepsilon). \end{aligned} \tag{13.4.25}$$

Mit der Differentialgleichung (13.4.21) folgt dann

$$\begin{aligned} \widetilde{u}_0' &= f(\widetilde{u}_0, \widetilde{v}_0) \\ 0 &= g(\widetilde{u}_0, \widetilde{v}_0). \end{aligned} \tag{13.4.26}$$

Aus (13.4.22) ergibt sich für von ε unabhängige Anfangswerte u_0, v_0

$$u_0 = \widetilde{u}_0(0), \qquad \widetilde{u}_i(0) + \widehat{u}_{i-1}(0) = 0, \quad i = 1, \ldots$$
$$v_0 = \widetilde{v}_0(0) + \widehat{v}_0(0), \qquad \widetilde{v}_i(0) + \widehat{v}_i(0) = 0, \quad i = 1, \ldots \tag{13.4.27}$$

Für $\varepsilon \to 0$ geht das singulär gestörte System (13.4.21) in die differential-algebraische Gleichung

$$\widetilde{u}_0'(t) = f(\widetilde{u}_0, \widetilde{v}_0), \quad \widetilde{u}_0(0) = u_0$$
$$0 = g(\widetilde{u}_0, \widetilde{v}_0) \tag{13.4.28}$$

über. Die glatte Lösung konvergiert gegen die Lösung von (13.4.28). Das System (13.4.28) heißt das zu (13.4.21) zugehörige reduzierte System. Aufgrund der Voraussetzung (13.4.23) ist es ein differential-algebraisches System vom Index 1. Die zweite Gleichung von (13.4.26) ist demzufolge lokal eindeutig nach $\widetilde{v}_0(t)$ auflösbar,

$$\widetilde{v}_0(t) = G(\widetilde{u}_0(t)). \tag{13.4.29}$$

Innerhalb der Grenzschicht gilt

$$u(t) = \widetilde{u}_0(t) + \varepsilon\widetilde{u}_1(t) + \varepsilon\widehat{u}_0(\tau) + \mathcal{O}(\varepsilon^2)$$
$$v(t) = \widetilde{v}_0(t) + \varepsilon\widetilde{v}_1(t) + \widehat{v}_0(\tau) + \varepsilon\widehat{v}_1(\tau) + \mathcal{O}(\varepsilon^2). \tag{13.4.30}$$

Daraus folgt

$$u'(t) = \widetilde{u}_0'(t) + \dot{\widehat{u}}_0(\tau) + \mathcal{O}(\varepsilon)$$
$$v'(t) = \widetilde{v}_0'(t) + \frac{1}{\varepsilon}\dot{\widehat{v}}_0(\tau) + \dot{\widehat{v}}_1(\tau) + \mathcal{O}(\varepsilon), \tag{13.4.31}$$

wobei „Strich" Ableitung nach t und „Punkt" Ableitung nach τ bedeutet. Mit der Differentialgleichung (13.4.21) und (13.4.30) erhält man aus (13.4.31)

$$\dot{\widehat{u}}_0(\tau) = f(\widetilde{u}_0(t) + \mathcal{O}(\varepsilon), \widetilde{v}_0(t) + \widehat{v}_0(\tau) + \mathcal{O}(\varepsilon))$$
$$- f(\widetilde{u}_0(t), \widetilde{v}_0(t)) + \mathcal{O}(\varepsilon)$$
$$\dot{\widehat{v}}_0(\tau) = g(\widetilde{u}_0(t) + \mathcal{O}(\varepsilon), \widetilde{v}_0(t) + \widehat{v}_0(\tau) + \mathcal{O}(\varepsilon))$$
$$- g(\widetilde{u}_0(t) + \mathcal{O}(\varepsilon), \widetilde{v}_0(t) + \mathcal{O}(\varepsilon)) + \mathcal{O}(\varepsilon).$$

Mit der Variablentransformation $t = \varepsilon\tau$ und Taylorentwicklung im Punkt $\varepsilon = 0$ ergibt sich

$$\dot{\widehat{u}}_0(\tau) = f(\widetilde{u}_0(0), \widetilde{v}_0(0) + \widehat{v}_0(\tau)) - f(\widetilde{u}_0(0), \widetilde{v}_0(0)) \tag{13.4.32a}$$
$$\dot{\widehat{v}}_0(\tau) = g(\widetilde{u}_0(0), \widetilde{v}_0(0) + \widehat{v}_0(\tau)) - g(\widetilde{u}_0(0), \widetilde{v}_0(0)). \tag{13.4.32b}$$

Nach Satz 7.2.5 folgt mit (13.4.23) aus (13.4.32b)

$$\|\widehat{v}_0(\tau)\| \leq \|\widehat{v}_0(0)\| \exp(\mu_0 \tau),$$

d. h., die Vektorfunktion $\widehat{v}_0(\tau)$ besitzt für $\tau \to \infty$ ein exponentielles Abkling-verhalten (13.4.24). Der Anfangswert $\widehat{v}_0(0)$ für (13.4.32b) ist nach (13.4.27) und (13.4.29) gegeben durch

$$\widehat{v}_0(0) = v_0 - G((\widetilde{u}(0)). \tag{13.4.33}$$

Aufgrund der Lipschitz-Stetigkeit von f ergibt (13.4.32a) die Abschätzung

$$\|\dot{\widehat{u}}_0(\tau)\| \leq L\|\widehat{v}_0(\tau))\| \leq L\|\widehat{v}_0(0)\| \exp(\mu_0 \tau).$$

Hat man die Lösung des Anfangswertproblems (13.4.32b), (13.4.33) bestimmt, so ergibt sich die Lösung von (13.4.32a) zu

$$\widehat{u}_0(\tau) = \widehat{u}_0(0) + \int_0^\tau \phi(\xi)\, d\xi,$$

wobei zur Abkürzung

$$\phi(\xi) = f(\widetilde{u}_0(0), \widetilde{v}_0(0) + \widehat{v}_0(\xi)) - f(\widetilde{u}_0(0), \widetilde{v}_0(0))$$

gesetzt wurde. Wegen der Abklingbedingung (13.4.24) ist

$$0 = \widehat{u}_0(\infty) = \widehat{u}_0(0) + \int_0^\infty \phi(\xi)\, d\xi,$$

so dass wir die Lösung in der Form

$$\widehat{u}_0(\tau) = \int_0^\tau \phi(\xi)\, d\xi - \int_0^\infty \phi(\xi)\, d\xi = -\int_\tau^\infty \phi(\xi)\, d\xi$$

schreiben können.

In analoger Weise bestimmt man die Koeffizientenfunktionen $\widetilde{u}_i(t)$, $\widehat{u}_i(\tau)$ sowie $\widetilde{v}_i(t)$, $\widehat{v}_i(\tau)$, $i = 1, \ldots$ Für die Funktion $\widetilde{u}_1(t)$ ist nach (13.4.27) der Anfangswert gegeben durch $\widetilde{u}_1(0) = \widehat{u}_0(0)$.

Beispiel 13.4.5 (Michaelis-Menten-Reaktion, vgl. [202]**).** Ein Enzym E reagiert mit einem Substrat S zu einem Übergangsstoff, dem Enzym-Substrat-Komplex oder auch Michaelis-Komplex C. Dieser zerfällt anschließend zum Produkt P, und das Enzym E wird regeneriert. Diese enzymkatalytische Reaktion lässt sich beschreiben durch

$$E + S \underset{k_{-1}}{\overset{k_1}{\rightleftharpoons}} C, \quad C \overset{k_2}{\longrightarrow} E + P,$$

wobei k_{-1}, k_1, k_2 die Reaktionskonstanten sind. Bezeichnen wir die Konzentrationen mit

$$s = [S], \quad e = [E], \quad c = [C], \quad p = [P],$$

dann erhalten wir aus (7.4.6) folgendes System nichtlinearer Reaktionsgleichungen

$$\frac{ds}{dt} = -k_1 es + k_{-1}c, \qquad \frac{de}{dt} = -k_1 es + (k_{-1} + k_2)c,$$

$$\frac{dc}{dt} = k_1 es - (k_{-1} + k_2)c, \qquad \frac{dp}{dt} = k_2 c. \tag{13.4.34}$$

Die Anfangswerte seien $s(0) = s_0$, $e(0) = e_0$, $c(0) = 0$, $p(0) = 0$.

Das System (13.4.34) kann weiter vereinfacht werden. Die letzte Gleichung ist entkoppelt und liefert

$$p(t) = k_2 \int_0^t c(x)\,dx, \tag{13.4.35}$$

d. h., $p(t)$ ist durch $c(t)$ eindeutig bestimmt. Ferner ergibt eine Addition der zweiten zur dritten Gleichung

$$\frac{de}{dt} + \frac{dc}{dt} = 0, \tag{13.4.36}$$

also ist $e(t) + c(t) = e_0$. Damit erhalten wir das vereinfachte System

$$\frac{ds}{dt} = -k_1 e_0 s + (k_1 s + k_{-1})c$$

$$\frac{dc}{dt} = k_1 e_0 s - (k_1 s + k_{-1} + k_2)c \tag{13.4.37}$$

mit den Anfangsbedingungen $s(0) = s_0$, $c(0) = 0$.

Mit der Transformation

$$\xi = k_1 e_0 t, \quad u(\xi) = \frac{s(t)}{s_0}, \qquad v(\xi) = \frac{c(t)}{e_0},$$

$$\lambda = \frac{k_2}{k_1 s_0}, \qquad K = \frac{k_{-1} + k_2}{k_1 s_0}, \qquad \varepsilon = \frac{e_0}{s_0}$$

ergibt sich aus (13.4.37) das dimensionslose System

$$\frac{du}{d\xi} = -u + (u + K - \lambda)v,$$

$$\varepsilon \frac{dv}{d\xi} = u - (u + K)v \tag{13.4.38}$$

mit den Anfangswerten $u(0) = 1$, $v(0) = 0$. Der Parameter ε liegt i. Allg. in der Größenordnung 10^{-6}. Mit den Lösungen $u(\xi)$, $v(\xi)$ erhält man dann $e(t)$ und $p(t)$ aus (13.4.36) bzw. (13.4.35). Für $\varepsilon = 0$ ergibt sich aus (13.4.38) die differential-algebraische Gleichung

$$\frac{dy}{d\xi} = -y + (y + K - \lambda)z, \quad y(0) = 1$$
$$0 = y - (y + K)z =: g(y, z)$$

(13.4.39)

mit der eindimensionalen Zwangsmannigfaltigkeit $\mathcal{M} = \{(y, z) \in \mathbb{R}^2 : y - (y + K)z = 0\}$. Wegen $g_z(y, z) = -(y + K) < 0$ sind die Voraussetzungen (i) und (ii) von Seite 436 erfüllt.

Die Abbildung 13.4.6 zeigt die Lösungen $u(\xi), v(\xi)$ des singulär gestörten Systems (13.4.38) sowie die Lösung $y(\xi), z(\xi)$ der DAE (13.4.39). Nur innerhalb der Grenzschicht ($0 \le \xi \ll 1$) erkennt man einen Unterschied zwischen $v(\xi)$ und $z(\xi)$. Für $\xi > 3 \cdot 10^{-6}$ stimmen die Lösungen $u(\xi), v(\xi)$ und $y(\xi), z(\xi)$ annähernd überein. Es gilt

$$\lim_{\xi \to \infty} (u(\xi) - y(\xi)) = 0 \quad \text{und} \quad \lim_{\xi \to \infty} (v(\xi) - z(\xi)) = 0. \qquad \Box$$

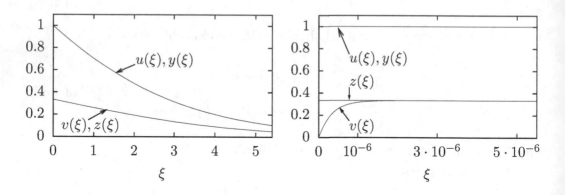

Abbildung 13.4.6: Lösung von (13.4.38) mit $\varepsilon = 10^{-6}$ und von (13.4.39) für $K = 2$, $\lambda = 1$. Das rechte Bild ist eine Ausschnittsvergrößerung und zeigt die Lösung in der transienten Phase.

Nicht immer liefert die Lösung der DAE (13.4.28) eine gute Approximation an die Lösung des singulär gestörten Systems (13.4.21) für $t \to \infty$.

Beispiel 13.4.6. Wir betrachten den harmonischen Oszillator

$$\frac{du}{dt} = v$$
$$\varepsilon \frac{dv}{dt} = -u, \quad \varepsilon = \mu^2$$

(13.4.40)

mit kleiner Masse μ und den Anfangswerten $u(0) = 0$ und $v(0) = 1$. Für $\varepsilon = 0$ ergibt sich die DAE

$$\frac{dy}{dt} = z, \quad 0 = y, \tag{13.4.41}$$

die nur die triviale Lösung $y = z = 0$ besitzt. Die Lösung des singulär gestörten Systems (13.4.40)

$$u(t) = \mu \sin\left(\frac{t}{\mu}\right), \quad v(t) = \cos\left(\frac{t}{\mu}\right)$$

besitzt für $t \to \infty$ keinen Grenzwert. Das heißt, nicht jede Lösung von (13.4.21) lässt sich in der Form (13.4.22) schreiben. □

Die DAE (13.4.28) haben wir aus (13.4.21) erhalten, indem wir den Parameter ε null setzten. Umgekehrt wird oft vorgeschlagen, eine DAE in ein singulär gestörtes System (13.4.21) einzubetten. Die vorangegangenen Betrachtungen zeigen jedoch, dass diese Vorgehensweise nur unter bestimmten Voraussetzungen sinnvoll ist. Die Theorie der gewöhnlichen Differentialgleichungen und die der differential-algebraischen Gleichungen sind zwar miteinander verknüpft, in weiten Teilen aber auch voneinander verschieden, vgl. Abschnitt 13.2 und Abschnitt 13.3. Differential-algebraische Gleichungen unterscheiden sich von gewöhnlichen Differentialgleichungen dadurch, dass die Lösungstrajektorien der DAEs auf Zwangsmannigfaltigkeiten liegen müssen.

13.5 Weiterführende Bemerkungen

Lineare differential-algebraische Gleichungen mit konstanten Koeffizienten wurden in zahlreichen Lehrbüchern behandelt, vgl. z. B. [31], [97], [122], [143], [106]. Eine explizite Lösungsdarstellung ohne Transformation auf Weierstraß-Kronecker-Normalform ist mittels der Drazin-Inverse möglich, vgl. [97], [254].

Lineare differential-algebraische Gleichungen mit variablen Koeffizienten

$$A(t)y'(t) + B(t)y(t) = f(t) \tag{13.5.1}$$

wurden von Kunkel und Mehrmann [180] untersucht. Multipliziert man (13.5.1) von links mit einer regulären Matrix $P(t)$ und substituiert anschließend $y(t) = Q(t)v(t)$, so erhält man das System

$$PAQv'(t) + (PAQ' + PBQ)v(t) = P(t)f(t), \tag{13.5.2}$$

welches zeigt, dass das Lösungsverhalten nicht mehr durch die Weierstraß-Kronecker-Normalform des Matrixbüschels $\{A(t), B(t)\}$ charakterisiert werden kann. Die Regularität des Matrixbüschels garantiert bei linearen Systemen mit variablen Koeffizienten nicht die Eindeutigkeit der Lösung, vgl. Aufgabe 2. Mit der Transformation (13.5.2) leiten Kunkel und Mehrmann eine Normalform für (13.5.1) her.

Neben den von uns betrachteten Differentiations- und Störungsindizes existieren weitere Indexbegriffe, z. B. der von Griepentrog und März [122] eingeführte *Traktabilitätsindex* und der von Kunkel und Mehrmann eingeführte *strangeness index* [180], der auch für über- und unterbestimmte DAEs definiert ist. Für lineare DAEs mit konstanten Koeffizienten stimmen Differentiationsindex, Traktabilitätsindex und Störungsindex überein. Für allgemeine DAEs trifft diese Aussage nicht mehr zu.

Die Betrachtung von differential-algebraischen Gleichungen als Differentialgleichungen auf Mannigfaltigkeiten findet man z. B. in Rheinboldt [226], für einen Überblick siehe [223].

13.6 Aufgaben

1. Für die differential-algebraische Gleichung

$$y_1' = y_2$$
$$y_2' = y_3$$
$$0 = y_2 - f(t)$$

bestimme man die Weierstraß-Kronecker-Normalform, den Kronecker-Index und den Differentiationsindex.

2. (vgl. [180]) Gegeben sei die lineare differential-algebraische Gleichung mit variablen Koeffizienten

$$A(t)y'(t) + B(t)y(t) = f(t). \tag{13.6.1}$$

a) Sei

$$A(t) = \begin{pmatrix} -t & t^2 \\ -1 & t \end{pmatrix}, \quad B(t) = \begin{pmatrix} 1 & 0 \\ 0 & -1 \end{pmatrix}, \quad f(t) = \begin{pmatrix} 0 \\ 0 \end{pmatrix}, \quad t \in \mathbb{R}.$$

Man zeige, dass Regularität des Matrixbüschels $\{A(t), B(t)\}$ keine eindeutige Lösbarkeit der DAE (13.6.1) garantiert.

b) Sei

$$A(t) = \begin{pmatrix} 0 & 0 \\ 1 & -t \end{pmatrix}, \quad B(t) = \begin{pmatrix} 1 & -t \\ 0 & 0 \end{pmatrix}, \quad f(t) = \begin{pmatrix} f_1(t) \\ f_2(t) \end{pmatrix}, \quad t \in \mathbb{R}$$

mit $f \in C^2(\mathbb{R})$. Man zeige, dass das Matrixbüschel $\{A(t), B(t)\}$ für alle $t \in \mathbb{R}$ singulär ist und dass die DAE (2) eine eindeutige Lösung hat.

3. Gegeben sei das Anfangswertproblem

$$y_1' = 1, \qquad\qquad y_1(0) = 0$$
$$y_2' = 2z, \qquad\qquad y_2(0) = 0$$
$$z' = \exp(\xi - 1), \quad z(0) = 0$$
$$0 = y_2 - y_1^2, \qquad \xi(0) = 1.$$

Bestimmen Sie den Differentiationsindex und die Lösung des Anfangswertproblems.

4. Bestimmen Sie die Lösung des Anfangswertproblems

$$
\begin{aligned}
y_1' &= y_1, & y_1(0) &= 1 \\
y_2' &= z - y_2, & y_2(0) &= 0 \\
z' &= z + y_2 - 2w, & z(0) &= 1 \\
0 &= y_1 - \exp(y_2), & w(0) &= 0.
\end{aligned}
$$

Welchen Differentiationsindex besitzt die DAE?

5. Man beweise: Eine differential-algebraische Gleichung in Hessenbergform der Größe r besitzt den Differentiationsindex $di = r$.

6. Man beweise: Sei $F(t, y, y') = 0$ eine lokale eindeutig lösbare DAE vom Differentiationsindex $di = m$. Dann hat die äquivalente semi-explizite differential-algebraische Gleichung

$$
y' = z
$$
$$
F(t, y, z) = 0
$$

den Differentiationsindex $di = m + 1$.

7. Geben Sie die Lösung des differential-algebraischen Systems

$$
\begin{aligned}
y_1'(t) &= y_1(t) \\
y_2'(t) &= y_3(t) + g(t) \\
0 &= y_1^2(t) - y_2(t) + f(t)
\end{aligned}
$$

an, und bestimmen Sie konsistente Anfangswerte $y_1(0)$, $y_2(0)$, $y_3(0)$.

8. Gegeben sei die lineare Schaltung

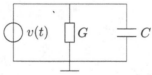

Die Spannung $v(t)$ sei stetig differenzierbar. Mit Hilfe der modifizierten Knotenanalyse bestimme man die zugehörige DAE, ihren Index und die Lösung.

Die Spannung $v(t)$ sei gegeben durch

$$
v(t) = 10 + \delta(t),
$$

mit einer kleinen Störung $\delta(t) = 10^{-2} \sin \omega t$. Man zeige, dass der Ausgangsstrom $i(t)$ sehr groß werden kann.

9. Gegeben sei die differential-algebraische Gleichung

$$
u' = v
$$

$$
\begin{pmatrix} 1 & 0 \\ 0 & \varepsilon \end{pmatrix} \Lambda(t)v + \Lambda(t)u = 0, \quad \Lambda(t) = \begin{pmatrix} \cos t & \sin t \\ -\sin t & \cos t \end{pmatrix}.
$$

Man beweise: a) Die DAE ist für $\varepsilon = 0$ vom Differentiationsindex 2.

b) Die DAE ist für $\varepsilon \neq 0$ äquivalent zu dem steifen Differentialgleichungssystem (System von Kreiss)

$$u' = -\Lambda^\top(t) \begin{pmatrix} 1 & 0 \\ 0 & 1/\varepsilon \end{pmatrix} \Lambda(t)u.$$

14 Diskretisierungsverfahren für differential-algebraische Gleichungen

Bei der numerischen Lösung differential-algebraischer Gleichungen können erhebliche Schwierigkeiten auftreten, die auf die algebraischen Zwangsbedingungen zurückzuführen sind, insbesondere auf die versteckten Zwangsbedingungen. Diese treten für DAEs mit Index ≥ 2 nicht explizit im System auf, so dass dem Index der DAE eine entscheidende Bedeutung zukommt.

Die im Folgenden betrachteten Diskretisierungsverfahren für DAEs basieren auf Runge-Kutta-Verfahren, Rosenbrock-Verfahren und linearen Mehrschrittverfahren. Ihr Einsatz wurde zuerst von Gear [110] für BDF und von Petzold [218] für Runge-Kutta-Verfahren vorgeschlagen. Die hier betrachteten Verfahren sind der speziellen Struktur der differential-algebraischen Systeme angepasst.

14.1 Ein Beispiel – Euler-Verfahren

Wie in Kapitel 13 starten wir mit linearen differential-algebraischen Gleichungen mit konstanten Koeffizienten

$$Ay'(t) + By(t) = f(t), \qquad (14.1.1)$$

die ein reguläres Matrixbüschel $\{A, B\}$ besitzen.

Das explizite Euler-Verfahrens, das wir in der Form

$$u_{m+1} = u_m + hu'_m$$

schreiben, liefert bei Anwendung auf (14.1.1)

$$A\frac{u_{m+1} - u_m}{h} + Bu_m = f(t_m).$$

Da A singulär ist, erhält man keine eindeutige Lösung für u_{m+1}. Anders sieht es beim impliziten Euler-Verfahren

$$u_{m+1} = u_m + hu'_{m+1}$$

aus. Man erhält

$$A\frac{u_{m+1} - u_m}{h} + Bu_{m+1} = f(t_{m+1}).$$

Daraus folgt

$$(\frac{1}{h}A + B)u_{m+1} - \frac{1}{h}Au_m = f(t_{m+1}).$$

Ist $(\frac{1}{h}A + B)$ regulär, existiert genau eine eindeutige Lösung u_{m+1}.
Bezüglich der Regularität der Matrix $(\frac{1}{h}A + B)$ gilt

Lemma 14.1.1. *Ist das Matrixbüschel $\{A, B\}$ regulär, dann ist $(\frac{1}{h}A + B)$ für hinreichend kleine $h > 0$ regulär.*

Beweis. Da das Matrixbüschel $\{A, B\}$ regulär ist, besitzt das Polynom $p(c) = \det(cA + B)$ endlich viele Nullstellen. Ist c^* diejenige Nullstelle mit dem größten absoluten Betrag, dann ist $(\frac{1}{h}A + B)$ regulär für alle $0 < h < \frac{1}{|c^*|}$. ∎

Das folgende Beispiel (vgl. [113]) zeigt, dass schon im Fall zeitabhängiger Matrizen $A(t)$, $B(t)$ auch das implizite Euler-Verfahren nicht immer eine Lösung liefert.

Beispiel 14.1.1. Gegeben sei die lineare differential-algebraische Gleichung

$$\begin{pmatrix} 0 & 0 \\ 1 & \eta t \end{pmatrix} \begin{pmatrix} y' \\ z' \end{pmatrix} + \begin{pmatrix} 1 & \eta t \\ 0 & 1 + \eta \end{pmatrix} \begin{pmatrix} y \\ z \end{pmatrix} = \begin{pmatrix} f(t) \\ g(t) \end{pmatrix} \qquad (14.1.2)$$

mit einem Parameter $\eta \in \mathbb{R}$. Dies ist ein implizites Index-2-System. Differenzieren wir die erste Gleichung

$$y' + \eta z + \eta t z' = f'(t),$$

und setzen dies in die zweite Gleichung ein, so erhalten wir

$$z = g(t) - f'(t).$$

Mit der ersten Gleichung von (14.1.2), $y = f(t) - \eta t z$, ergibt sich dann unabhängig von $\eta \neq 0$ der Differentiationsindex $di = 2$.
Die eindeutige Lösung von (14.1.2) ist

$$\begin{aligned} y(t) &= f(t) - \eta t(g(t) - f'(t)) \\ z(t) &= g(t) - f'(t). \end{aligned} \qquad (14.1.3)$$

Es gibt keine frei wählbaren Anfangswerte. Beide Lösungskomponenten hängen von der ersten Ableitung der Funktion $f(t)$ ab, das System hat den Störungsindex $pi = 2$.

Führt man die Variablen $\widehat{y} := y + \eta t z$, $\widehat{z} := z$ ein, d.h., es ist

$$\begin{pmatrix} y \\ z \end{pmatrix} = \begin{pmatrix} 1 & -\eta t \\ 0 & 1 \end{pmatrix} \begin{pmatrix} \widehat{y} \\ \widehat{z} \end{pmatrix}, \quad \begin{pmatrix} y' \\ z' \end{pmatrix} = \begin{pmatrix} 0 & -\eta \\ 0 & 0 \end{pmatrix} \begin{pmatrix} \widehat{y} \\ \widehat{z} \end{pmatrix} + \begin{pmatrix} 1 & -\eta t \\ 0 & 1 \end{pmatrix} \begin{pmatrix} \widehat{y}' \\ \widehat{z}' \end{pmatrix},$$

so wird (14.1.2) transformiert in das semi-explizite differential-algebraische System

$$\widehat{y}' + \widehat{z} = g(t), \quad \widehat{y} = f(t). \tag{14.1.4}$$

Die Anwendung des impliziten Euler-Verfahrens auf (14.1.4) liefert für $\widehat{y}(t_{m+1})$ und $\widehat{z}(t_{m+1})$ die Näherungen

$$\widehat{u}_{m+1} = f(t_{m+1}), \quad \widehat{v}_{m+1} = g(t_{m+1}) - \frac{f(t_{m+1}) - f(t_m)}{h}.$$

Für konsistente Anfangswerte $\widehat{y}_0 = f(t_0)$ und $\widehat{z}_0 = g(t_0) - f'(t_0)$ folgt dann

$$\widehat{v}_{m+1} = g(t_{m+1}) - f'(t_{m+1}) + \mathcal{O}(h) = z(t_{m+1}) + \mathcal{O}(h).$$

Das implizite Euler-Verfahren hat die Konvergenzordnung $p = 1$, so dass eine höhere Approximation von $\widehat{v}_m$ an $\widehat{z}(t_m)$ nicht zu erwarten ist.

Wird das implizite Euler-Verfahren direkt auf (14.1.2) angewendet, so erhält man

$$\begin{pmatrix} 0 & 0 \\ 1 & \eta t_{m+1} \end{pmatrix} \begin{pmatrix} \frac{u_{m+1} - u_m}{h} \\ \frac{v_{m+1} - v_m}{h} \end{pmatrix} + \begin{pmatrix} 1 & \eta t_{m+1} \\ 0 & 1 + \eta \end{pmatrix} \begin{pmatrix} u_{m+1} \\ v_{m+1} \end{pmatrix} = \begin{pmatrix} f(t_{m+1}) \\ g(t_{m+1}) \end{pmatrix}. \tag{14.1.5}$$

Schreibt man die erste Gleichung von (14.1.5) auch für den Gitterpunkt t_m auf

$$u_m + \eta t_m v_m = f(t_m)$$

und setzt beide Gleichungen in die zweite Gleichung von (14.1.5) ein, so ergibt sich für v_m die Rekursion

$$v_{m+1} = \frac{\eta}{1 + \eta} v_m + \frac{1}{1 + \eta} \left(g(t_{m+1}) - \frac{1}{h}(f(t_{m+1}) - f(t_m)) \right),$$

die offensichtlich für $\eta < -\frac{1}{2}$ unabhängig von h divergiert. Für $\eta = -1$ ist das lineare Gleichungssystem (14.1.5) nicht eindeutig lösbar. Nach (14.1.3) hat das System (14.1.2) jedoch eine eindeutige Lösung. $\square$

Die Transformation des Systems (14.1.2) auf die semi-explizite Form (14.1.4) trennt die Lösungskomponenten in die differentielle Variable $\widehat{y}$ und die algebraische Variable $\widehat{z}$. Das implizite Euler-Verfahren liefert für das semi-explizite System eine konvergente Näherung, für das System (14.1.2) divergiert die numerische Lösung.

Im Folgenden legen wir semi-explizite DAEs in Hessenbergform zugrunde, die in zahlreichen technischen Anwendungen auftreten. Ein systematischer Weg zur Konstruktion von Diskretisierungsverfahren für diese Aufgabenklasse ist der sog. direkte Zugang [136], vgl. auch [110], [216]. Er besteht darin, dass man die differential-algebraische Gleichung in ein singulär gestörtes Differentialgleichungs-system einbettet. Auf das singulär gestörte System wendet man dann ein geeignetes Diskretisierungsverfahren für gewöhnliche Differentialgleichungen an. Anschließend betrachtet man in der Verfahrensvorschrift den Grenzübergang $\varepsilon \to 0$ und erhält dann ein Diskretisierungsverfahren für die differential-algebraische Gleichung. Man spricht auch von ε-eingebetteten Methoden (engl. ε-embedding methods). Diese führen stets auf implizite Verfahrensvorschriften.

Für bestimmte Aufgabenklassen gibt es auch alternative Ansätze, die die Verwendung expliziter ODE-Verfahren erlauben, vgl. die Abschnitte 14.2 und 14.3.4.

14.2 Verfahren für Index-1-Systeme in Hessenbergform

Wir betrachten das semi-explizite Index-1-System in Hessenbergform

$$y' = f(y, z), \quad y \in \mathbb{R}^{n_y} \tag{14.2.1a}$$
$$0 = g(y, z), \quad z \in \mathbb{R}^{n_z}. \tag{14.2.1b}$$

Die Funktion $g(y, z)$ erfülle die Index-1-Bedingung

$$g_z \text{ invertierbar in einer Umgebung der Lösung,}$$

und es seien konsistente Anfangswerte y_0, z_0 gegeben, $g(y_0, z_0) = 0$.

Da g_z vollen Rang hat, ist (14.2.1b) nach dem Satz über implizite Funktionen lokal eindeutig nach z auflösbar, $z = G(y)$ mit einer stetig differenzierbaren Funktion $G \colon \mathbb{R}^{n_y} \to \mathbb{R}^{n_z}$. Nach Einsetzen von $z = G(y)$ in (14.2.1a) erhält man eine gewöhnliche Differentialgleichung

$$y' = \varphi(y) := f(y, G(y)), \tag{14.2.2}$$

die auch *Zustandsform* (engl. *state space form*) genannt wird. Sie kann mit einem beliebigen ODE-Solver gelöst werden. Dieses Vorgehen bezeichnet man als *indirekten Zugang*.

Beim *direkten Zugang* wird die DAE (14.2.1) in ein singulär gestörtes Problem

$$y' = f(y, z)$$
$$\varepsilon z' = g(y, z), \quad 0 < \varepsilon \ll 1 \tag{14.2.3}$$

eingebettet.

Bemerkung 14.2.1. Die ε-Einbettung lässt sich auf Systeme der Gestalt

$$Bw' = q(w)$$

mit einer konstanten, singulären Matrix B übertragen. Ausgehend von einer Singulärwertzerlegung

$$B = U \begin{pmatrix} \sigma & 0 \\ 0 & 0 \end{pmatrix} V^\top, \quad \sigma = \mathrm{diag}(\sigma_i) \in \mathbb{R}^{d,d}, \quad \sigma_i > 0$$

mit orthogonalen Matrizen U und V setzt man

$$\begin{pmatrix} y \\ z \end{pmatrix} = V^\top w, \quad y \in \mathbb{R}^d.$$

Man erhält

$$\begin{pmatrix} y' \\ \varepsilon z' \end{pmatrix} = \begin{pmatrix} \sigma^{-1} & 0 \\ 0 & I \end{pmatrix} U^\top q(w). \quad \square$$

14.2.1 Runge-Kutta-Verfahren

Wir betrachten zuerst den indirekten Zugang. Die Anwendung eines s-stufigen Runge-Kutta-Verfahrens (8.1.2) auf die Zustandsform (14.2.2) liefert

$$u_{m+1} = u_m + h \sum_{i=1}^{s} b_i f(u_{m+1}^{(i)}, G(u_{m+1}^{(i)}))$$

$$u_{m+1}^{(i)} = u_m + h \sum_{j=1}^{s} a_{ij} f(u_{m+1}^{(j)}, G(u_{m+1}^{(j)})), \quad i = 1, \ldots, s. \tag{14.2.4}$$

Dabei sind $u_{m+1}^{(i)}$, $v_{m+1}^{(i)} = G(u_{m+1}^{(i)})$ Näherungen für $y(t_m + c_i h)$, $z(t_m + c_i h)$ und u_{m+1}, $v_{m+1} = G(u_{m+1})$ Näherungen für $y(t_m + h)$, $z(t_m + h)$. Bei einem expliziten RK-Verfahren können $v_{m+1}^{(i)}$ und v_{m+1} direkt durch Auflösen der Zwangsbedingungen

$$0 = g(u_{m+1}, v_{m+1}), \quad 0 = g(u_{m+1}^{(i)}, v_{m+1}^{(i)}), \quad i = 1, \ldots, s \tag{14.2.5}$$

bestimmt werden. Für implizite RK-Verfahren werden in (14.2.5) für $u_{m+1}^{(i)}$ die aktuellen Näherungen des Newton-Verfahrens eingesetzt.

Das Verfahren (14.2.4), (14.2.5) bezeichnet man auch als *Zustandsform-Methode* (engl. *state space form method*). Im Fall nichtsteifer Differentialgleichungen sind dann explizite RK-Verfahren gut geeignet. Der zusätzliche Aufwand besteht in der Lösung eines nichtlinearen Gleichungssystems zur Bestimmung von $G(y)$ bei jeder neuen Auswertung von f. Konvergenzresultate von RK-Verfahren für gewöhnliche Differentialgleichungen übertragen sich offensichtlich auf die Zustandsform-Methode (14.2.4), (14.2.5). Es gilt

Satz 14.2.1. *Hat das s-stufige RK-Verfahren für gewöhnliche Differentialgleichungen die Konvergenzordnung p, so besitzt die Zustandsform-Methode (14.2.4), (14.2.5) die Ordnung p, d. h.*

$$\|y(t_m) - u_m\| = \mathcal{O}(h^p), \quad \|z(t_m) - v_m\| = \mathcal{O}(h^p), \quad \text{für} \quad t_m = t_0 + mh \leq t_e. \quad \square$$

Die zweite Beziehung ergibt sich mit der Lipschitz-Stetigkeit von G.

Der direkte Zugang liefert bei Anwendung eines impliziten Runge-Kutta-Verfahrens auf das singulär gestörte System (14.2.3)

$$u_{m+1}^{(i)} = u_m + h \sum_{j=1}^{s} a_{ij} f(u_{m+1}^{(j)}, v_{m+1}^{(j)}) \tag{14.2.6a}$$

$$\varepsilon v_{m+1}^{(i)} = \varepsilon v_m + h \sum_{j=1}^{s} a_{ij} g(u_{m+1}^{(j)}, v_{m+1}^{(j)}) \tag{14.2.6b}$$

$$u_{m+1} = u_m + h \sum_{i=1}^{s} b_i f(u_{m+1}^{(i)}, v_{m+1}^{(i)}) \tag{14.2.6c}$$

$$\varepsilon v_{m+1} = \varepsilon v_m + h \sum_{i=1}^{s} b_i g(u_{m+1}^{(i)}, v_{m+1}^{(i)}). \tag{14.2.6d}$$

Aus (14.2.6b) ergibt sich unter Verwendung des Kronecker-Produktes

$$\varepsilon \begin{pmatrix} v_{m+1}^{(1)} - v_m \\ v_{m+1}^{(2)} - v_m \\ \cdots \\ v_{m+1}^{(s)} - v_m \end{pmatrix} = h(A \otimes I) \begin{pmatrix} g(u_{m+1}^{(1)}, v_{m+1}^{(1)}) \\ g(u_{m+1}^{(2)}, v_{m+1}^{(2)}) \\ \cdots \\ g(u_{m+1}^{(s)}, v_{m+1}^{(s)}) \end{pmatrix}. \tag{14.2.7}$$

Ist die Matrix A des RK-Verfahrens invertierbar, so lässt sich (14.2.7) nach den Funktionswerten $g(u_{m+1}^{(i)}, v_{m+1}^{(i)})$ auflösen. Man erhält

$$hg(u_{m+1}^{(i)}, v_{m+1}^{(i)}) = \varepsilon \sum_{j=1}^{s} \mu_{ij}(v_{m+1}^{(j)} - v_m), \tag{14.2.8}$$

wobei μ_{ij} die Elemente von A^{-1} sind. Setzt man (14.2.8) in (14.2.6d) ein und setzt anschließend $\varepsilon = 0$ in (14.2.6b), so bekommt man für die DAE (14.2.3) das ε-eingebettete RK-Verfahren

$$u_{m+1}^{(i)} = u_m + h \sum_{j=1}^{s} a_{ij} f(u_{m+1}^{(j)}, v_{m+1}^{(j)}) \tag{14.2.9a}$$

$$0 = g(u_{m+1}^{(i)}, v_{m+1}^{(i)}), \quad i = 1, \ldots, s \tag{14.2.9b}$$

$$u_{m+1} = u_m + h \sum_{i=1}^{s} b_i f(u_{m+1}^{(i)}, v_{m+1}^{(i)}) \tag{14.2.9c}$$

$$v_{m+1} = (1 - \sum_{i,j=1}^{s} b_i \mu_{ij}) v_m + \sum_{i,j=1}^{s} b_i \mu_{ij} v_{m+1}^{(j)}. \tag{14.2.9d}$$

Zur Berechnung von $u_{m+1}^{(1)}, \ldots, u_{m+1}^{(s)}$ und $v_{m+1}^{(1)}, \ldots, v_{m+1}^{(s)}$ hat man in jedem Integrationsschritt ein nichtlineares Gleichungssystem (14.2.9a), (14.2.9b) zu lösen. Die Jacobi-Matrix J_h des Systems im Punkt u_m, v_m ist gegeben durch

$$J_h = \begin{pmatrix} I_{s \cdot n_y} - hA \otimes f_y(u_m, v_m) & -hA \otimes f_z(u_m, v_m) \\ I_s \otimes g_y(u_m, v_m) & I_s \otimes g_z(u_m, v_m) \end{pmatrix}.$$

Für hinreichend kleine h ist sie regulär, da nach Voraussetzung g_z invertierbar ist.

Nach (8.2.9) gilt für die Stabilitätsfunktion $R_0(z)$ eines Runge-Kutta-Verfahrens mit invertierbarer Matrix A

$$R_0(\infty) = 1 - b^\top A^{-1} \mathbb{1} = 1 - \sum_{i,j=1}^{s} b_i \mu_{ij},$$

was gerade der Faktor vor v_m in (14.2.9d) ist. Für steif genaue RK-Verfahren, d. h., für RK-Verfahren mit

$$a_{si} = b_i, \ i = 1, \ldots, s \iff A^\top e_s = b \text{ mit } e_s = (0, \ldots, 0, 1)^\top,$$

gilt für die Stabilitätsfunktion $R_0(z)$ nach Satz 8.2.1

$$R_0(\infty) = 0.$$

Wegen

$$\sum_{i,j=1}^{s} b_i \mu_{ij} v_{m+1}^{(j)} = \underbrace{b^\top A^{-1}}_{e_s^\top} V_m = v_{m+1}^{(s)},$$

wobei $V_m = (v_{m+1}^{(1)}, \ldots, v_{m+1}^{(s)})^\top$ ist, erhält man

$$u_{m+1} = u_{m+1}^{(s)}, \quad v_{m+1} = v_{m+1}^{(s)},$$

d. h., die Zwangsbedingung $0 = g(u_{m+1}, v_{m+1})$ ist stets erfüllt. Für steif genaue RK-Verfahren sind die ε-eingebettete implizite RK-Methode und die Zustands-form-Methode identisch. Griepentrog und März [122] sprechen von IRK(DAE)-Verfahren.

Bezüglich der Konvergenz der differentiellen Variablen y von (14.2.9) erhalten wir den

Satz 14.2.2. *Ein s-stufiges RK-Verfahren mit invertierbarer Verfahrensmatrix A habe für gewöhnliche Differentialgleichungen die Konvergenzordnung p. Dann gilt für die differentielle Variable y des ε-eingebetteten RK-Verfahrens (14.2.9)*

$$\|y(t_m) - u_m\| = \mathcal{O}(h^p) \quad \text{für} \quad t_m = t_0 + mh \leq t_e.$$

Beweis. Aus (14.2.9b) folgt $v_{m+1}^{(i)} = G(u_{m+1}^{(i)})$. Setzt man dies in (14.2.9a) und (14.2.9c) ein, so ergibt sich

$$u_{m+1}^{(i)} = u_m + h \sum_{j=1}^{s} a_{ij} f(u_{m+1}^{(j)}, G(u_{m+1}^{(j)})), \quad i = 1, \ldots, s$$

$$u_{m+1} = u_m + h \sum_{i=1}^{s} b_i f(u_{m+1}^{(i)}, G(u_{m+1}^{(i)})),$$

d. h., wir erhalten die Zustandsform-Methode (14.2.4). Satz 14.2.1 liefert die Behauptung. ∎

Für steif genaue RK-Verfahren haben wir für die algebraische Variable z ebenfalls die Konvergenzaussage

$$\|v(t_m) - v_m\| = \mathcal{O}(h^p) \quad \text{für} \quad t_m = t_0 + mh \leq t_e.$$

Für allgemeine implizite RK-Verfahren gilt bez. der Variablen z die folgende Konvergenzaussage:

Satz 14.2.3. *Gegeben sei ein implizites RK-Verfahren (8.1.2) mit invertierbarer Verfahrensmatrix A, Stufenordnung q und Konsistenzordnung p. Die DAE (14.2.1) sei vom Index 1 und habe konsistente Anfangswerte y_0, z_0. Dann gilt für den globalen Diskretisierungsfehler der algebraischen Variablen z von (14.2.9)*

$$\|z(t_m) - v_m\| = \mathcal{O}(h^r) \quad \text{für} \quad t_m = t_0 + mh \leq t_e,$$

wobei r gegeben ist durch

a) $r = p$ *für steif genaue Verfahren,*

b) $r = \min(p, q+1)$ *für* $-1 \leq R_0(\infty) < 1$,

c) $r = \min(p-1, q)$ *für* $R_0(\infty) = 1$.

d) *Für* $|R_0(\infty)| > 1$ *divergiert das RK-Verfahren.* □

Die Aussage a) wurde bereits gezeigt. Für den Beweis der Aussagen b) bis d) verweisen wir auf Hairer/Wanner [143], vgl. auch Kunkel/Mehrmann [180].

Die Tabelle 14.2.1 zeigt die Konvergenzordnung einiger ε-eingebetteter impliziter RK-Verfahren.

Verfahren	steif genau	Stufen	Ordnung für y	Ordnung für z
Gauß	nein	s ungerade	$2s$	$s+1$
Gauß	nein	s gerade	$2s$	s
Radau IA	nein	s	$2s-1$	s
Radau IIA	ja	s	$2s-1$	$2s-1$
Lobatto IIIC	ja	s	$2s-2$	$2s-2$
(8.1.15), $\alpha - \omega_1$	nein	3	4	2

Tabelle 14.2.1: Konvergenzordnung von ε-eingebetteten RK-Verfahren für Index-1-DAEs

14.2.2 Rosenbrock-Methoden

Ähnlich wie ein RK-Verfahren kann eine s-stufige ROW-Methode (8.7.3) auf eine DAE (14.2.1) angewendet werden.

Beim direkten Zugang führt die ROW-Methode (8.7.2) in der Form (8.7.13) bei Anwendung auf (14.2.1) zu

$$u_{m+1} = u_m + h \sum_{i=1}^{s} b_i k_i, \quad v_{m+1} = v_m + h \sum_{i=1}^{s} b_i l_i \qquad (14.2.10a)$$

$$u_{m+1}^{(i)} = u_m + h \sum_{j=1}^{i-1} \alpha_{ij} k_j, \quad v_{m+1}^{(i)} = v_m + h \sum_{j=1}^{i-1} \alpha_{ij} l_j \qquad (14.2.10b)$$

$$
\left[\begin{pmatrix} I & 0 \\ 0 & I \end{pmatrix} - h\gamma \begin{pmatrix} f_y & f_z \\ \frac{1}{\varepsilon}g_y & \frac{1}{\varepsilon}g_z \end{pmatrix} \right] \begin{pmatrix} k_i + \overline{k}_i \\ l_i + \overline{l}_i \end{pmatrix} = \begin{pmatrix} f(u_{m+1}^{(i)}, v_{m+1}^{(i)}) + \overline{k}_i \\ \frac{1}{\varepsilon}g(u_{m+1}^{(i)}, v_{m+1}^{(i)}) + \overline{l}_i \end{pmatrix},
$$

$$(14.2.10c)$$

wobei $\overline{k}_i = \sum_{j=1}^{i-1} \frac{\gamma_{ij}}{\gamma} k_j$ und $\overline{l}_i = \sum_{j=1}^{i-1} \frac{\gamma_{ij}}{\gamma} l_j$ ist und die Jacobi-Matrizen an der Stelle (u_m, v_m) genommen werden. Multiplizieren wir die zweite Zeile von (14.2.10c) mit ε und setzen dann $\varepsilon = 0$, so erhalten wir

$$
\left(\begin{pmatrix} I & 0 \\ 0 & 0 \end{pmatrix} - h\gamma \begin{pmatrix} f_y & f_z \\ g_y & g_z \end{pmatrix} \right) \begin{pmatrix} k_i + \overline{k}_i \\ l_i + \overline{l}_i \end{pmatrix} = \begin{pmatrix} f(u_{m+1}^{(i)}, v_{m+1}^{(i)}) + \overline{k}_i \\ g(u_{m+1}^{(i)}, v_{m+1}^{(i)}) \end{pmatrix}. \quad (14.2.11)
$$

Die Gleichungen (14.2.10a), (14.2.10b) und (14.2.11) liefern eine ε-eingebettete ROW-Methode für die DAE (14.2.1).

Der indirekte Zugang liefert die Zustandsform-ROW-Methode

$$
u_{m+1} = u_m + h \sum_{i=1}^{s} b_i k_i, \qquad 0 = g(u_{m+1}, v_{m+1}), \tag{14.2.12a}
$$

$$
u_{m+1}^{(i)} = u_m + h \sum_{j=1}^{i-1} \alpha_{ij} k_j, \qquad 0 = g(u_{m+1}^{(i)}, v_{m+1}^{(i)}), \quad i = 1, \ldots, s \tag{14.2.12b}
$$

$$
(I - h\gamma(f_y - f_z g_z^{-1} g_y))(k_i + \overline{k}_i) = f(u_{m+1}^{(i)}, v_{m+1}^{(i)}) + \overline{k}_i, \quad i = 1, \ldots, s, \tag{14.2.12c}
$$

mit $\overline{k}_i = \sum_{j=1}^{i-1} \frac{\gamma_{ij}}{\gamma} k_j$. Man kann das so konstruierte Verfahren auch mit den Jacobi-Matrizen von f und g schreiben. Dazu muss man die Gleichung (14.2.12c) ersetzen durch die äquivalente Gleichung

$$
\left[\begin{pmatrix} I & 0 \\ 0 & 0 \end{pmatrix} - h\gamma \begin{pmatrix} f_y & f_z \\ g_y & g_z \end{pmatrix} \right] \begin{pmatrix} k_i + \overline{k}_i \\ l_i \end{pmatrix} = \begin{pmatrix} f(u_{m+1}^{(i)}, v_{m+1}^{(i)}) + \overline{k}_i \\ 0 \end{pmatrix}. \quad (14.2.13)
$$

Die Variablen l_i werden nicht weiter verwendet.

Der Hauptvorteil der ε-eingebetteten ROW-Methode gegenüber der Zustandsform-ROW-Methode (14.2.12) besteht darin, dass nur lineare Gleichungssysteme gelöst werden müssen. Die Zwangsbedingung $g(u_{m+1}, v_{m+1}) = 0$ ist nur in der Größenordnung des Diskretisierungsfehlers erfüllt. Bei der Zustandsform-ROW-Methode dagegen ist die Zwangsbedingung $g(y, z) = 0$ in allen Stufen erfüllt. Die Koeffizientenmatrix des linearen Gleichungssystems (14.2.11) für die internen Steigungen k_i, l_i stimmt mit der des Gleichungssystems (14.2.13) für die internen Steigungen bei der Zustandsform-ROW-Methode überein. Die Konvergenzresultate von Rosenbrock-Verfahren für gewöhnliche Differentialgleichungen, vgl. Tabelle 8.7.1, übertragen sich auf die Zustandsform-ROW-Methode (14.2.12). Eine

ε-eingebettete ROW-Methode (14.2.10) muss dagegen neben den „klassischen" Ordnungsbedingungen noch zusätzliche „algebraische" Ordnungsbedingungen erfüllen. Ordnungsbedingungen für diese Verfahrensklasse findet man bei Roche [228], vgl. auch Hairer/Wanner [143]. Diese zusätzlichen Konsistenzbedingungen haben zur Folge, dass keine vierstufige ε-eingebettete ROW-Methode der Ordnung 4 existiert. Eine 4(3) ε-eingebettete Rosenbrock-Methode mit $s = 6$ Stufen, in der beide Verfahren steif genau sind, findet man in Hairer/Wanner [143]. Diese Verfahren sind im Code RODAS implementiert. Eine weitere 4(3) ε-eingebettete Rosenbrock-Methode mit ebenfalls 6 Stufen, die auf dem gleichen Konstruktionsprinzip wie RODAS beruht, wurde von Steinebach [263] vorgeschlagen und ist im Code RODASP implementiert. Während RODASP auch die B-Konvergenzordnung 4 für lineare steife Probleme hat, führt RODAS bei Anwendung auf steife Probleme i. Allg. zu einer Ordnungsreduktion.

14.2.3 Lineare Mehrschrittverfahren

Beim direkten Zugang führt ein lineares Mehrschrittverfahrens (4.2.1) bei Anwendung auf (14.2.1) zu

$$\sum_{l=0}^{k} \alpha_l u_{m+l} = h \sum_{l=0}^{k} \beta_l f(u_{m+l}, v_{m+l}), \quad l = 0, 1, \ldots, N - k$$

$$\varepsilon \sum_{l=0}^{k} \alpha_l v_{m+l} = h \sum_{l=0}^{k} \beta_l g(u_{m+l}, v_{m+l}).$$

Nach Übergang vom singulär gestörten Problem zur DAE (14.2.1) durch $\varepsilon \to 0$ erhalten wir das ε-eingebettete lineare Mehrschrittverfahren

$$\sum_{l=0}^{k} \alpha_l u_{m+l} = h \sum_{l=0}^{k} \beta_l f(u_{m+l}, v_{m+l}), \quad l = 0, 1, \ldots, N - k \qquad (14.2.14a)$$

$$0 = \sum_{l=0}^{k} \beta_l g(u_{m+l}, v_{m+l}). \qquad (14.2.14b)$$

Satz 14.2.4. *Ein implizites lineares Mehrschrittverfahren (4.2.1) der Konvergenzordnung p sei im Unendlichen stabil. Die Anfangswerte der DAE (14.2.1) seien konsistent, und für die Startwerte des linearen Mehrschrittverfahrens gelte*

$$y(t_m) - u_m = \mathcal{O}(h^p), \quad z(t_m) - v_m = \mathcal{O}(h^p) \ \text{für } m = 0, 1, \ldots, k - 1. \quad (14.2.15)$$

Dann ist das ε-eingebettete lineare Mehrschrittverfahren (14.2.14) konvergent von der Ordnung p, d. h., für den globalen Fehler des Verfahrens gilt

$$y(t_m) - u_m = \mathcal{O}(h^p), \quad z(t_m) - v_m = \mathcal{O}(h^p), \quad t_m = t_0 + mh \in [t_0, t_e].$$

Beweis. In der Umgebung von $z = \infty$ sind die Nullstellen der charakteristischen Gleichung $\rho(\xi) - z\sigma(\xi) = 0$ durch die Nullstellen von $\sigma(\xi)$ bestimmt. Da Unendlich im Stabilitätsgebiet S des Verfahrens liegt, liefert (14.2.14b) eine stabile Rekursion für $\delta_m = g(u_m, v_m)$. Aufgrund von (14.2.15) ergibt sich damit

$$\delta_m = \mathcal{O}(h^p) \quad \text{für alle} \quad m \geq 0.$$

Mit dem Satz über implizite Funktionen kann $g(u_m, v_m) = \mathcal{O}(h^p)$ nach v_m aufgelöst werden, man erhält

$$v_m = G(u_m) + \mathcal{O}(h^p).$$

Setzt man diese Beziehung in (14.2.14a) ein, so ergibt sich

$$\sum_{l=0}^{k} \alpha_l u_{m+l} = h \sum_{l=0}^{k} \beta_l f(u_{m+l}, G(u_{m+l})) + \mathcal{O}(h^{p+1}).$$

Dies ist ein lineares Mehrschrittverfahren für das Anfangswertproblem

$$u'(t) = f(u, G(u)), \quad u(t_0) = u_0$$

mit einer Störung $\mathcal{O}(h^{p+1})$. Die Behauptung folgt nun aus dem Konvergenzsatz 4.2.10 für lineare Mehrschrittverfahren. ∎

Zur Klasse von Mehrschrittverfahren, die den Voraussetzungen von Satz 14.2.4 genügen, gehören die BDF-Verfahren bis zur Ordnung $p = 6$, die bis zur Ordnung $p = 5$ im Integrator DASSL (Petzold [217], vgl. auch [31]) verwendet werden. DASSL ist einer der am häufigsten verwendeten Codes zur numerischen Lösung von DAEs in ingenieurtechnischen Anwendungen. Eine neuere Version von DASSL (IDA) ist Bestandteil des Programmsystems SUNDIALS.

Der indirekte Zugang ist für lineare Mehrschrittverfahren ebenfalls möglich. Man hat lediglich (14.2.14b) durch

$$g(u_{m+k}, v_{m+k}) = 0 \tag{14.2.16}$$

zu ersetzen. Für BDF-Methoden fallen direkter und indirekter Zugang zusammen. Das Verfahren (14.2.14a), (14.2.16) ist äquivalent zu dem, das sich bei Anwendung von (4.2.1) auf die Zustandsform (14.2.2) ergibt. Man hat demzufolge die gleiche Konvergenzordnung wie bei Mehrschrittverfahren für nichtsteife Anfangswertprobleme. Die Voraussetzung, dass Unendlich im Stabilitätsgebiet liegen muss, ist nicht erforderlich, so dass man insbesondere explizite lineare Mehrschrittverfahren anwenden kann.

14.3 Verfahren für Index-2-Systeme in Hessenbergform

Wie in Abschnitt 14.2.1 betrachten wir semi-explizite DAEs. Gegeben sei das Index-2-System in Hessenbergform

$$y' = f(y, z), \quad y \in \mathbb{R}^{n_y} \tag{14.3.1a}$$

$$0 = g(y), \quad z \in \mathbb{R}^{n_z}. \tag{14.3.1b}$$

Die Funktionen f und g seien hinreichend oft differenzierbar und erfüllen die Index-2-Bedingung

$$g_y(y) f_z(y, z) \quad \text{regulär in einer Umgebung der Lösung.}$$

Ferner seien die Anfangswerte y_0, z_0 konsistent: $g(y_0) = 0$, $g_y(y_0)f(y_0, z_0) = 0$. Sowohl implizite Runge-Kutta-Verfahren als auch lineare Mehrschrittverfahren lassen sich in gleicher Weise wie für Index-1-Probleme über den direkten Zugang auf Index-2-Probleme anwenden. Der indirekte Zugang ist hier nicht möglich, da g nicht von z abhängt.

14.3.1 Runge-Kutta-Verfahren

Für ein implizites RK-Verfahren (8.1.2) mit regulärer Koeffizientenmatrix A erhält man analog zu (14.2.9) für (14.3.1) das ε-eingebettete RK-Verfahren

$$u_{m+1}^{(i)} = u_m + h \sum_{j=1}^{s} a_{ij} f(u_{m+1}^{(j)}, v_{m+1}^{(j)}) \tag{14.3.2a}$$

$$0 = g(u_{m+1}^{(i)}), \quad i = 1, \ldots, s \tag{14.3.2b}$$

$$u_{m+1} = u_m + h \sum_{i=1}^{s} b_i f(u_{m+1}^{(i)}, v_{m+1}^{(i)}) \tag{14.3.2c}$$

$$v_{m+1} = (1 - \sum_{i,j=1}^{s} b_i \mu_{ij}) v_m + \sum_{i,j=1}^{s} b_i \mu_{ij} v_{m+1}^{(j)}. \tag{14.3.2d}$$

In diesem Fall ist die Jacobi-Matrix

$$J_h = \begin{pmatrix} I_{s \cdot n_y} - hA \otimes f_y(u_m, v_m) & -hA \otimes f_z(u_m, v_m) \\ I_s \otimes g_u(u_m) & 0 \end{pmatrix}$$

des nichtlinearen Gleichungssystems (14.3.2a), (14.3.2b) für $h = 0$ singulär. Falls die Näherungswerte u_m, v_m den Beziehungen

$$g(u_m) = \mathcal{O}(h^2), \quad g_u(u_m)f(u_m, v_m) = \mathcal{O}(h)$$

genügen, dann hat (14.3.2a), (14.3.2b) für hinreichend kleine h eine lokal eindeutig bestimmte Lösung, für die gilt [143]

$$u_{m+1}^{(i)} - u_m = \mathcal{O}(h), \quad v_{m+1}^{(i)} - v_m = \mathcal{O}(h), \quad i = 1, \ldots, s.$$

Mit den Zwischenwerten $u_{m+1}^{(i)}, v_{m+1}^{(i)}$ erhält man dann aus (14.3.2c) und (14.3.2d) die Näherungswerte u_{m+1}, v_{m+1} an der Stelle t_{m+1}. Für steif genaue ε-eingebettete RK-Verfahren (14.3.2) erfüllt die Näherung u_{m+1} wegen $u_{m+1} = u_{m+1}^{(s)}$ die Zwangsbedingung $g(y) = 0$.

Auf die Angabe spezieller Konvergenzsätze verzichten wir und verweisen auf [136], [143]. Dort findet man auch die in Tabelle 14.3.1 angegebenen Konvergenzordnungen für die ε-eingebetteten RK-Verfahren aus Tabelle 14.2.1. Man erkennt

Verfahren	Stufen	Ordnung für y	Ordnung für z
Gauß	s ungerade	$s + 1$	$s - 1$
Gauß	s gerade	s	$s - 2$
Radau IA	s	s	$s - 1$
Radau IIA	s	$2s - 1$	s
Lobatto IIIC	s	$2s - 2$	$s - 1$
(8.1.15), $\alpha = \alpha_1$	3	2	1

Tabelle 14.3.1: Konvergenzordnung von ε-eingebetteten RK-Verfahren für Index-2-DAEs

deutlich eine Ordnungsreduktion. Für die algebraische Variable erreicht man maximal die Ordnung s.

14.3.2 Projizierte implizite Runge-Kutta-Verfahren

Projizierte implizite Runge-Kutta-Verfahren für differential-algebraische Systeme (14.3.1) wurden in [15] und [192] untersucht. Sie garantieren die Einhaltung der Zwangsbedingung $g(y) = 0$ in jedem Gitterpunkt und erlauben schärfere Konvergenzaussagen.

Ein projiziertes implizites Runge-Kutta-Verfahren für (14.3.1) ist gegeben durch

$$u_{m+1}^{(i)} = u_m + h \sum_{j=1}^{s} a_{ij} f(u_{m+1}^{(j)}, v_{m+1}^{(j)})$$

$$0 = g(u_{m+1}^{(i)}), \quad i = 1, \ldots, s$$

$$\widehat{u}_{m+1} = u_m + h \sum_{i=1}^{s} b_i f(u_{m+1}^{(i)}, v_{m+1}^{(i)})$$

$$v_{m+1} = (1 - \sum_{i,j=1}^{s} b_i \mu_{ij}) v_m + \sum_{i,j=1}^{s} b_i \mu_{ij} v_{m+1}^{(j)}$$

$$u_{m+1} = \widehat{u}_{m+1} + f_z(\widehat{u}_{m+1}, v_{m+1}) \lambda_{m+1} \tag{14.3.3}$$

$$0 = g(u_{m+1}). \tag{14.3.4}$$

Es berechnet zunächst im Gitterpunkt t_{m+1} eine Näherung $\widehat{u}_{m+1}$, v_{m+1} mittels des ε-eingebetteten RK-Verfahrens (14.3.2) und projiziert dann $\widehat{u}_{m+1}$ durch (14.3.3), (14.3.4) auf die Zwangsmannigfaltigkeit $g(y) = 0$. Die Variable λ_{m+1} wird lediglich für die Projektion benötigt. Im Gitterpunkt t_{m+1} werden dann u_{m+1}, v_{m+1} als Näherungslösung verwendet. Die Bestimmung von u_{m+1}, λ_{m+1} erfordert die Lösung eines nichtlinearen Gleichungssystems. Die Jacobi Matrix von (14.3.3), (14.3.4)

$$\begin{pmatrix} I & -f_z(\widehat{u}_{m+1}, v_{m+1}) \\ g_y(\widehat{u}_{m+1}) & 0 \end{pmatrix}$$

ist wegen der Index-2-Voraussetzung regulär. Ist $\|g(\widehat{u}_{m+1})\|$ hinreichend klein, dann liefert ein vereinfachtes Newton-Verfahren mit den Startwerten $u_{m+1}^{(0)} = \widehat{u}_{m+1}$, $\lambda_{m+1}^{(0)} = 0$ eine lokal eindeutige Lösung u_{m+1}, λ_{m+1} des nichtlinearen Gleichungssystems.

Bemerkung 14.3.1. Durch zusätzliches Lösen von

$$0 = g_y(u_m) f(u_m, v_m)$$

kann man für die algebraische Variable z die gleiche Ordnung wie für die differentielle Variable y erhalten. □

Es gelten die folgende Konvergenzaussagen:

1. Für projizierte Runge-Kutta-Verfahren vom Kollokationstyp erhält man für die differentielle Variable y Superkonvergenz, auch wenn das zugehörige RK-Verfahren nicht steif genau ist, vgl. [15], [143]. Ein s-stufiges projiziertes

Gauß-Verfahren hat demzufolge in y die Ordnung $p = 2s$, ein s-stufiges projiziertes Lobatto-IIIA-Verfahren die Ordnung $p = 2s - 2$.

Für steif genaue RK-Verfahren, z. B. Radau-IIA-Verfahren ($p = 2s - 1$), stimmt das projizierte RK-Verfahren mit dem ε-eingebetteten RK-Verfahren (14.3.2) überein, da $\widehat{u}_{m+1} = u_{m+1}^{(s)}$ bereits die Zwangsbedingung erfüllt.

2. Ein s-stufiges projiziertes Radau-IA-Verfahren hat für semi-explizite Index-2-Probleme, die linear in z sind, für y die Ordnung $p = 2s - 1$, für nichtlineare Index-2-Probleme die Ordnung $p = 2s - 2$, vgl. [192].

Bezüglich weiterer Konvergenzaussagen verweisen wir auf [192], [143].

14.3.3 Lineare Mehrschrittverfahren

Ein lineares k-Schrittverfahren auf einem äquidistanten Gitter I_h ist für ein Index-2-Problem (14.3.1) durch die Vorgabe der Startwerte (u_m, v_m), $m = 0, 1, \ldots, k-1$, und durch die Verfahrensvorschrift

$$\sum_{l=0}^{k} \alpha_l u_{m+l} = h \sum_{l=0}^{k} \beta_l f(u_{m+l}, v_{m+l}), \quad l = 0, 1, \ldots, N - k$$
$$0 = g(u_{m+k}) \tag{14.3.5}$$

mit $\alpha_l, \beta_l \in \mathbb{R}$, $|\alpha_0| + |\beta_0| \neq 0$ festgelegt.

Eine weitere Möglichkeit, ein lineares Mehrschrittverfahren für (14.3.1) zu erhalten, besteht in der Anwendung des direkten Zuganges. Dieser liefert die Verfahrensvorschrift

$$\sum_{l=0}^{k} \alpha_l u_{m+l} = h \sum_{l=0}^{k} \beta_l f(u_{m+l}, v_{m+l}), \quad l = 0, 1, \ldots, N - k$$
$$0 = \sum_{l=0}^{k} \beta_l g(u_{m+l}). \tag{14.3.6}$$

Für BDF-Verfahren ($\beta_l = 0$ für $l = 0, 1, \ldots, k - 1$) sind (14.3.5) und (14.3.6) identisch.

Bezüglich der Lösung des nichtlinearen Gleichungssystems (14.3.5) für u_{m+k}, v_{m+k} gilt der folgende Satz [143]:

Satz 14.3.1. *Genügen die Startwerte (u_l, v_l), $l = 0, \ldots, k-1$, des linearen Mehrschrittverfahrens (14.3.5) den Bedingungen*

$$y(t_0 + lh) - u_l = \mathcal{O}(h), \quad z(t_0 + lh) - v_l = \mathcal{O}(h), \quad g(u_l) = \mathcal{O}(h^2),$$

und ist $\beta_k \neq 0$, so besitzt das nichtlineare Gleichungssystem (14.3.5) *für alle* $0 < h \leq h_0$ *eine lokal eindeutige Lösung, für die gilt*

$$y(t_{m+k}) - u_{m+k} = \mathcal{O}(h), \quad z(t_{m+k}) - v_{m+k} = \mathcal{O}(h). \qquad \square$$

Im Folgenden geben wir einen Konvergenzsatz für die Klasse der BDF-Verfahren an, vgl. Gear/Leimkuhler/Gupta [112], Lötstedt/Petzold [188].

Satz 14.3.2. *Gegeben sei ein Index-2-Problem* (14.3.5), *das die Index-2-Bedingung erfüllt. Dann ist ein BDF-Verfahren*

$$\sum_{l=0}^{k} \alpha_l u_{m+l} = hf(u_{m+k}, v_{m+k})$$

$$0 = g(u_{m+k})$$

mit $k \leq 6$ konvergent von der Ordnung $p = k$, d. h.

$$y(t_m) - u_m = \mathcal{O}(h^p), \quad z(t_m) - v_m = \mathcal{O}(h^p) \quad \text{für} \quad t_m = t_0 + mh \leq t_e,$$

wenn für die Startwerte u_l, $l = 0, 1 \ldots, k-1$, gilt $y(t_l) - u_l = \mathcal{O}(h^{p+1})$. $\square$

Die Konvergenzaussage von Satz 14.3.1 lässt sich auf variable Schrittweiten übertragen, vgl. Gear/Leimkuhler/Gupta [112].

Bemerkung 14.3.2. Ein lineares Mehrschrittverfahren für eine allgemeine implizite differential-algebraische Gleichung

$$0 = F(t, y(t), y'(t)), \quad \frac{\partial F}{\partial y'} \quad \text{singulär in einer Umgebung der Lösung} \quad (14.3.7)$$

ist gegeben durch

$$\sum_{l=0}^{k} \alpha_l u_{m+l} = h \sum_{l=0}^{k} \beta_l u'_{m+l} \quad \text{mit} \quad F(t_{m+k}, u_{m+k}, u'_{m+k}) = 0. \tag{14.3.8}$$

Entsprechend erhält man ein s-stufiges Runge-Kutta-Verfahren für (14.3.7), indem man zunächst ein s-stufiges implizites RK-Verfahren in der Form

$$u_{m+1}^{(i)} = u_m + h \sum_{j=1}^{s} a_{ij} u'^{(j)}_{m+1}, \quad i = 1, \ldots, s$$

$$u_{m+1} = u_m + h \sum_{i=1}^{s} b_i u'^{(i)}_{m+1}$$

schreibt. Anschließend setzt man in

$$0 = F(t_m + c_i h, y(t + c_i h), y'(t_m + c_i h)), \quad i = 1, \ldots, s$$

für $y(t_m + c_i h)$ und $y'(t_m + c_i h)$ die Näherungen $u_{m+1}^{(i)}$ und $u_{m+1}'^{(i)}$ ein. Dies ergibt für $F(t, y(t), y'(t)) = 0$ die Verfahrensvorschrift

$$u_{m+1}^{(i)} = u_m + h \sum_{j=1}^{s} a_{ij} u_{m+1}'^{(j)}, \quad i = 1, \ldots, s$$

$$u_{m+1} = u_m + h \sum_{i=1}^{s} b_i u_{m+1}'^{(i)} \tag{14.3.9}$$

$$0 = F(t_m + c_i h, u_m + h \sum_{j=1}^{s} a_{ij} u_{m+1}'^{(j)}, u_{m+1}'^{(j)}), \quad i = 1, \ldots, s.$$

Für semi-explizite DAEs in Hessenbergform führt die Verfahrensvorschrift (14.3.9) auf ε-eingebettete RK-Verfahren, (14.3.8) führt auf ε-eingebettete lineare Mehrschrittverfahren. $\square$

14.3.4 Partitionierte halb-explizite Runge-Kutta-Verfahren

Partitionierte Verfahren für Index-2-Systeme wurden von Hairer/Lubich/Roche [136] eingeführt. Sie betrachten *halb-explizite Runge-Kutta-Verfahren, HERK-Verfahren*. Diese kombinieren ein s-stufiges explizites Runge-Kutta-Verfahren für gewöhnliche Differentialgleichungen für die differentiellen Komponenten y mit der Lösung von s nichtlinearen Gleichungssystemen der Dimension n_z zur Bestimmung der Stufenvektoren $v_{m+1}^{(i)}$ für die algebraischen Komponenten z.

Ein HERK-Verfahren für (14.3.1) ist definiert durch

$$u_{m+1}^{(i)} = u_m + h \sum_{j=1}^{i-1} a_{ij} f(u_{m+1}^{(j)}, v_{m+1}^{(j)}) \tag{14.3.10a}$$

$$0 = g(u_{m+1}^{(i)}), \quad i = 1, \ldots, s \tag{14.3.10b}$$

$$u_{m+1} = u_m + h \sum_{i=1}^{s} b_i f(u_{m+1}^{(i)}, v_{m+1}^{(i)}) \tag{14.3.10c}$$

$$0 = g(u_{m+1}). \tag{14.3.10d}$$

Mit einem konsistenten Startwert u_m ist die Zwangsbedingung $g(u_m) = 0$ erfüllt. Zur Berechnung von $u_{m+1}^{(i)}$ für $i > 1$ werden die Stufenwerte $v_{m+1}^{(j)}$, $1 \le j < i$, benötigt. Sie sind bis auf $v_{m+1}^{(i-1)}$ aus den vorherigen Stufen bereits bekannt. Setzt man (14.3.10a) in (14.3.10b) ein, so erhält man zur Bestimmung von $v_{m+1}^{(i-1)}$ in der i-ten Stufe ein nichtlineares Gleichungssystem

$$0 = g\Big(u_m + h\sum_{j=1}^{i-2} a_{ij} f(u_{m+1}^{(j)}, v_{m+1}^{(j)}) + h a_{i,i-1} f(u_{m+1}^{(i-1)}, v_{m+1}^{(i-1)})\Big), \qquad (14.3.11)$$

das unter der Index-2-Voraussetzung für $a_{i,i-1} \neq 0$ eine lokal eindeutige Lösung $v_{m+1}^{(i-1)}$ besitzt. Mit $v_{m+1}^{(i-1)}$ kann dann $u_{m+1}^{(i)}$ aus (14.3.10a) berechnet werden. Entsprechend werden mit der Voraussetzung $b_s \neq 0$ die Näherungen u_{m+1} und $v_{m+1}^{(s)}$ aus (14.3.10c) und (14.3.10d) bestimmt. Der Wert v_{m+1} kann entweder aus der versteckten Zwangsbedingung

$$g_y(u_{m+1}) f(u_{m+1}, v_{m+1}) = 0$$

berechnet werden, oder man verwendet, wie in [136] vorgeschlagen, Verfahren mit $c_s = 1$ und setzt $v_{m+1} = v_{m+1}^{(s)}$ als Approximation für $z(t_m + h)$. Aufgrund der Bedingung (14.3.10d) ist die Zwangsbedingung für den Startwert des nächsten Schrittes automatisch erfüllt.

Beispiel 14.3.1. Das einfachste HERK-Verfahren ist das halb-explizite Euler-Verfahren

$$u_{m+1} = u_m + h f(u_m, v_m) \qquad (14.3.12a)$$
$$0 = g(u_{m+1}). \qquad (14.3.12b)$$

Die algebraische Komponente v_m ergibt sich als Lösung des nichtlinearen Gleichungssystems

$$0 = g(u_m + h f(u_m, v_m))$$

der Dimension n_z. Die differentielle Komponente u_{m+1} bestimmt sich dann explizit aus dem differentiellen Anteil (14.3.12a). $\square$

Die Koeffizienten a_{ij}, b_i eines HERK-Verfahrens müssen außer den klassischen Konsistenzbedingungen für ODEs noch zusätzliche Konsistenzbedingungen erfüllen, [136], [30]. Sie benötigen daher ab Ordnung $p = 3$ mehr Stufen als die expliziten Runge-Kutta-Verfahren, die z. B. mit 4 Stufen die Ordnung $p = 4$ und mit 6 Stufen die Ordnung $p = 5$ erreichen. Bekannte explizite Runge-Kutta-Verfahren, die für gewöhnliche Differentialgleichungen die Ordnung $p \geq 3$ haben, liefern für HERK-Verfahren (14.3.10) i. Allg. nur die Konvergenzordnung $p \leq 2$, [136].

Arnold [10] und Murua [203] haben unabhängig voneinander eine Modifikation der HERK-Verfahren vorgeschlagen, die die Ordnungsbedingungen vereinfachen und die bei gleicher Stufenzahl eine höhere Ordnung liefern. Die Idee besteht darin, eine explizite Stufe

$$u^{(2)}_{m+1} = u_m + ha_{21}f(u^{(1)}_{m+1}, v^{(1)}_{m+1}), \quad u^{(1)}_{m+1} = u_m, \quad v^{(1)}_{m+1} = v_m$$

einzufügen und auf die Erfüllung der Zwangsbedingung $g(u^{(2)}_{m+1}) = 0$ in der zweiten Stufe zu verzichten. Im ersten Integrationsschritt ($m = 0$) ist v_0 gleich dem konsistenten Anfangswert z_0. In den folgenden Schritten erhält man für v_m eine Approximation durch Hinzufügen neuer Stufen am Ende jedes Integrationsschrittes.

In Arnold/Murua [13] werden diese *partitionierten halb-expliziten Runge-Kutta-Verfahren mit expliziter erster Stufe (PHERK-Verfahren)* unter einheitlichem Gesichtspunkt dargestellt. Mit konsistenten Anfangswerten $u_0 = y_0$, $v_0 = z_0$ ist ein PHERK-Verfahren definiert durch

$$u^{(1)}_{m+1} = u_m, \quad v^{(1)}_{m+1} = v_m$$

$$u^{(i)}_{m+1} = u_m + h\sum_{j=1}^{i-1} a_{ij}f(u^{(j)}_{m+1}, v^{(j)}_{m+1})$$

$$\overline{u}^{(i)}_{m+1} = u_m + h\sum_{j=1}^{i} \overline{a}_{ij}f(u^{(j)}_{m+1}, v^{(j)}_{m+1}), \quad g(\overline{u}^{(i)}_{m+1}) = 0 \tag{14.3.13}$$

$$i = 2, \ldots, s+1$$

$$u_{m+1} = u^{(s+1)}_{m+1}, \quad v_{m+1} = v^{(s+1)}_{m+1},$$

wobei $a_{s+1,j} = \overline{a}_{sj}$ für alle j vorausgesetzt wird, so dass die Näherungslösung $u_{m+1} = u^{(s+1)}_{m+1} = \overline{u}^{(s)}_{m+1}$ die Zwangsbedingung $g(u_{m+1}) = 0$ erfüllt. Die versteckte Zwangsbedingung $g_y(y)f(y,z) = 0$ wird i. Allg. nicht erfüllt.

Wie beim halb-expliziten Euler-Verfahren (14.3.12) wird der Stufenvektor $u^{(i)}_{m+1}$ in (14.3.13) explizit berechnet und $v^{(i)}_{m+1}$ ergibt sich dann als Lösung eines nichtlinearen Gleichungssystems der Dimension n_z, indem $\overline{u}^{(i)}_{m+1}$ in $g(\overline{u}^{(i)}_{m+1}) = 0$ eingesetzt wird. Unter der Voraussetzung $\overline{a}_{ii} \neq 0$ für $i = 2, \ldots, s+1$ ist, wie bei den HERK-Verfahren (14.3.10), die Jacobi-Matrix $h\overline{a}_{ii}g_y(\overline{u}^{(i)}_{m+1})f_z(u^{(i)}_{m+1}, \xi)$ mit der Index-2-Voraussetzung regulär. Ein vereinfachtes Newton-Verfahren liefert dann für alle h, $0 < h \leq h_0$, eine lokal eindeutig bestimmte Lösung $v^{(i)}_{m+1}$.

Ist die Funktion g in (14.3.1) linear, d. h. $g(y) = Gy + c$, dann gilt

$$0 = g(\overline{u}^{(i)}_{m+1}) = G(u_m + \sum_{j=1}^{i} \overline{a}_{ij}f(u^{(j)}_{m+1}, v^{(j)}_{m+1})) + c, \quad i = 2, \ldots, s+1.$$

Ein Spezialfall von (14.3.13) ist, Arnold [10],

$$\bar{a}_{ij} = a_{i+1,j}, \quad 2 \leq i \leq s, \quad 1 \leq j \leq s. \tag{14.3.14}$$

Arnold [10] zeigt, dass die Erweiterung des Verfahrens von Dormand/Prince der Ordnung 5 mit 6 Stufen (DOPRI5), vgl. Beispiel 2.5.4, zu einem PHERK-Verfahren (HEDOP5) mit (14.3.14) möglich ist. Die Koeffizienten von HEDOP5 sind in Tabelle 14.3.2 im erweiterten Butcher-Schema angegeben.

0						
$\frac{1}{5}$	$\frac{1}{5}$					
$\frac{3}{10}$	$\frac{3}{40}$	$\frac{9}{40}$				
$\frac{4}{5}$	$\frac{44}{45}$	$-\frac{56}{15}$	$\frac{32}{9}$			
$\frac{8}{9}$	$\frac{19372}{6561}$	$-\frac{25360}{2187}$	$\frac{64448}{6561}$	$-\frac{212}{729}$		
1	$\frac{9017}{3168}$	$-\frac{355}{33}$	$\frac{46732}{5247}$	$\frac{49}{176}$	$-\frac{5103}{18656}$	
1	$\frac{35}{384}$	0	$\frac{500}{1113}$	$\frac{125}{192}$	$-\frac{2187}{6784}$	$\frac{11}{84}$
$\frac{19}{20}$	$\bar{a}_{71}$	$\bar{a}_{72}$	$\bar{a}_{73}$	$\bar{a}_{74}$	$\bar{a}_{75}$ $\bar{a}_{76}$ $\bar{a}_{77}$	

mit

$$\bar{a}_{71} = -\frac{18611506045861}{19738176307200}, \quad \bar{a}_{72} = \frac{59332529}{14479296}, \quad \bar{a}_{73} = -\frac{2509441598627}{893904224850},$$

$$\bar{a}_{74} = \frac{2763523204159}{3289696051200}, \quad \bar{a}_{75} = -\frac{41262869588913}{116235927142400}, \quad \bar{a}_{76} = \frac{46310205821}{287848404480},$$

$$\bar{a}_{77} = -\frac{3280}{75413}.$$

Tabelle 14.3.2: Parameter des HERK-Verfahrens HEDOP5

Bei Anwendung eines PHERK-Verfahrens (14.3.13) auf die Bewegungsgleichungen nichtsteifer mechanischer Mehrkörpersysteme mit Zwangsbedingungen in der Index-2-Formulierung

$$\dot{q}(t) = u$$
$$M(q)\dot{u}(t) = f(q, u) - G^{\top}(q)\lambda \tag{14.3.15}$$
$$0 = G(q)u,$$

vgl. Abschnitt 13.4.2, zeigt sich der entscheidende Vorteil dieser Verfahren, die iterative Lösung nichtlinearer Gleichungssysteme wird hier vollständig vermieden:

Seien die Näherungen $Q_{m+1}^{(j)}$, $U_{m+1}^{(j)}$, $\Lambda_{m+1}^{(j)}$ für $j = 2, \ldots, i-1$ berechnet. Wir setzen

$$\dot{U}_{m+1}^{(j)} = M^{-1}(Q_{m+1}^{(j)})(f(Q_{m+1}^{(j)}, U_{m+1}^{(j)}) - G^\top(Q_{m+1}^{(j)})\Lambda_{m+1}^{(j)}).$$

Für die i-te Stufe eines PHERK-Verfahrens ergibt sich damit die Verfahrensvorschrift

$$Q_{m+1}^{(i)} = Q_m + h \sum_{j=1}^{i-1} a_{ij} U_{m+1}^{(j)}$$

$$U_{m+1}^{(i)} = U_m + h \sum_{j=1}^{i-1} a_{ij} \dot{U}_{m+1}^{(j)}$$

$$\overline{Q}_{m+1}^{(i)} = Q_m + h \sum_{j=1}^{i} \overline{a}_{ij} U_{m+1}^{(j)}$$

$$\overline{U}_{m+1}^{(i)} = U_m + h \sum_{j=1}^{i} \overline{a}_{ij} \dot{U}_{m+1}^{(j)}, \quad 0 = G(\overline{Q}_{m+1}^{(i)})\overline{U}_{m+1}^{(i)}.$$

$\dot{U}_{m+1}^{(i)}$ und $\Lambda_{m+1}^{(i)}$ berechnen sich dann für $i = 2, \ldots, s+1$ aus dem linearen Gleichungssystem

$$\begin{pmatrix} M(Q_{m+1}^{(i)}) & G^\top(Q_{m+1}^{(i)}) \\ G(\overline{Q}_{m+1}^{(i)}) & 0 \end{pmatrix} \begin{pmatrix} \dot{U}_{m+1}^{(i)} \\ \Lambda_{m+1}^{(i)} \end{pmatrix} = \begin{pmatrix} f(Q_{m+1}^{(i)}, U_{m+1}^{(i)}) \\ r_i \end{pmatrix},$$

mit

$$r_i = -\frac{1}{h\overline{a}_{i,i}} G(\overline{Q}_{m+1}^{(i)}) \left(U_m + h \sum_{j=1}^{i-1} \overline{a}_{ij} \dot{U}_{m+1}^{(j)} \right).$$

Das PHERK-Verfahren HEDOP5 hat sich als effizienter Integrator für nichtsteife Bewegungsgleichungen mechanischer Mehrkörpersysteme in der Index-2-Formulierung erwiesen, vgl. [10].

Bemerkung 14.3.3. Auf die umfangreichen Konvergenzbeweise der Diskretisierungsverfahren haben wir in den meisten Fällen verzichtet.

Betrachtet man den ODE-Fall, so basieren die Konvergenzbeweise i. Allg. auf der Fehlerrekursion

$$\|globaler\ Fehler\|_{m+1} \le (1 + Ch)\|globaler\ Fehler\|_m + C^*\|lokaler\ Fehler\|_m,$$

sie erfordern die Untersuchung des lokalen Fehlers und der Fortpflanzung des globalen Fehlers, vgl. z. B. Satz 2.2.1.

Die Konvergenzbeweise für Verfahren zur Lösung von differential-algebraischen Gleichungen in Hessenbergform basieren auf der Darstellung

$$
\begin{pmatrix} \|\text{globaler Fehler}\|_{m+1}^{\text{diff}} \\ \|\text{globaler Fehler}\|_{m+1}^{\text{alg}} \end{pmatrix} \leq \begin{pmatrix} 1 + \mathcal{O}(h) & \mathcal{O}(h) \\ \mathcal{O}(1) & \alpha + \mathcal{O}(h) \end{pmatrix} \begin{pmatrix} \|\text{globaler Fehler}\|_{m}^{\text{diff}} \\ \|\text{globaler Fehler}\|_{m}^{\text{alg}} \end{pmatrix}
$$
$$
+ C \begin{pmatrix} \|\text{lokaler Fehler}\|_{m}^{\text{diff}} \\ \|\text{lokaler Fehler}\|_{m}^{\text{alg}} \end{pmatrix},
$$

wobei $(\cdot)^{\text{diff}}$ die differentielle-, $(\cdot)^{\text{alg}}$ die algebraische Komponente und α die *Kontraktivitätskonstante* bezeichnen. Die Konvergenzbeweise gliedern sich hier in die Untersuchung der lokalen Fehler der differentiellen und algebraischen Komponenten, der Fortpflanzung des globalen Fehlers und den Nachweis der Kontraktivitätsbedingung $0 \leq \alpha < 1$, vgl. [90], [136], [143], [10]. $\square$

14.4 Indexreduktion und Drift-off-Effekt

Der einfachste Weg, den Index einer DAE in Hessenbergform zu reduzieren, besteht in der wiederholten Ersetzung der algebraischen Zwangsbedingung durch ihre Ableitung. Die Differentialgleichung bleibt dabei unverändert. Im Allgemeinen wird empfohlen, die algebraischen Gleichungen so oft zu differenzieren, bis ein differential-algebraisches System vom Index 2 oder vom Index 1 vorliegt, das dann mit den Verfahren aus den Abschnitten 14.3 bzw. 14.2 integriert werden kann. Wegen des kleineren Störungsindex ist die Index-1-Formulierung vorteilhaft. Wird z. B. ein Index-3-Problem auf ein Index-1-Problem reduziert, so gehen keine Fehlerterme der Ordnung $\mathcal{O}(h^{-2})$ und $\mathcal{O}(h^{-1})$ in die Näherungslösung ein. Andererseits besitzt ein indexreduziertes System den Nachteil, dass sich während der Integration Rundungs- und Diskretisierungsfehler aufsummieren und zu Fehlern in den ursprünglichen algebraischen Zwangsbedingungen führen, so dass die Lösung nicht mehr die ursprüngliche Zwangsbedingung einhält. Der Fehler kann mit der Integrationszeit unbeschränkt anwachsen. Dieses Phänomen wird als *Drift-off-Effekt* bezeichnet.

Den Drift-off-Effekt wollen wir anhand der differential-algebraischen Gleichung in Hessenbergform

$$z'(t) = k(y(t), z(t), w(t)) \tag{14.4.1a}$$
$$y'(t) = f(y(t), z(t)) \tag{14.4.1b}$$
$$0 = g(y(t)) \tag{14.4.1c}$$

vom Index 3 mit konsistenten Anfangswerten y_0, z_0 und w_0 erläutern. Die Funktionen k, f und g seien hinreichend oft differenzierbar und genügen der Index-3-

Bedingung

$$[g_y f_z k_w](y, z, w) \quad \text{regulär in einer Umgebung der Lösung.}$$

Durch Indexreduktion mittels zweimaliger Differentiation der Zwangsbedingung $0 = g(y)$ ergibt sich das analytisch äquivalente Index-1-System

$$z'(t) = k(y(t), z(t), w(t))$$
$$y'(t) = f(y(t), z(t)) \tag{14.4.2}$$
$$0 = \frac{d^2}{dt^2} g(y(t)) = \ddot{g}(y(t)).$$

Seien u_m und v_m die Näherungen für die Lösung $y(t_m)$ und $z(t_m)$ für (14.4.2) zu den Anfangswerten y_0, z_0, w_0. Zusätzlich betrachten wir eine Lösung von (14.4.2), die zum Zeitpunkt t_m auf dieser numerischen Lösung startet, die Existenz und Eindeutigkeit folgt aus der Index-1-Voraussetzung. Wir bezeichnen diese Lösung zu den Anfangswerten u_m, v_m mit $y(t, t_m, u_m, v_m)$ und $z(t, t_m, u_m, v_m)$. Wegen $\ddot{g}(y(t)) = 0$ gilt

$$\dot{g}(y(t, t_m, u_m, v_m)) = [g_y f](y(t, t_m, u_m, v_m), z(t, t_m, u_m, v_m))$$
$$= [g_y f](u_m, v_m), \tag{14.4.3}$$
$$g(y(t, t_m, u_m, v_m)) = g(u_m) + (t - t_m)[g_y f](u_m, v_m).$$

Weiterhin gilt für ein Verfahren der Konsistenzordnung p

$$\|u_{m+1} - y(t_{m+1}, t_m, u_m, v_m)\| + \|v_{m+1} - z(t_{m+1}, t_m, u_m, v_m)\| \le C_1 h_m^{p+1}. \tag{14.4.4}$$

Wegen (14.4.3) gilt für $t = t_{m+1}$

$$[g_y f](u_{m+1}, v_{m+1}) = [g_y f](u_{m+1}, v_{m+1}) + [g_y f](u_m, v_m)$$
$$- [g_y f]\big(y(t_{m+1}, t_m, u_m, v_m), z(t_{m+1}, t_m, u_m, v_m)\big)$$

Daraus folgt mit (14.4.4) und der Lipschitz-Bedingung für $g_y f$ bez. y und z

$$\|[g_y f](u_{m+1}, v_{m+1})\| \le \|[g_y f](u_m, v_m)\| + \|[g_y f](u_{m+1}, v_{m+1})$$
$$- [g_y f]\big(y(t_{m+1}, t_m, u_m, v_m), z(t_{m+1}, t_m, u_m, v_m)\big)\|$$
$$\le \|[g_y f](u_m, v_m)\| + C_2 h_m^{p+1} \le \dots$$
$$\le \|[g_y f](u_0, v_0)\| + C_2 \sum_{l=0}^{m} h_l^{p+1} \le C_2(t_{m+1} - t_0) h_{max}^p,$$

mit $h_{max} = \max_l h_l$. Das heißt, die numerische Lösung driftet maximal linear mit der Zeit von der versteckten Zwangsmannigfaltigkeit $\mathcal{M}^* = \{(y, z) : g_y(y) f(y, z) = 0\}$ ab.

Aus (14.4.3) folgt

$$g(y(t_{m+1}, t_m, u_m, v_m)) = g(u_m) + h_m[g_y f](u_m, v_m)$$

und damit

$$g(u_{m+1}) = g(u_{m+1}) + g(u_m) + h_m[g_y f](u_m, v_m) - g(y(t_{m+1}, t_m, u_m, v_m)).$$

Wir erhalten die Abschätzung

$$\|g(u_{m+1})\| \leq \|g(u_m)\| + h_m\|[g_y f](u_m, v_m)\| + \|g(u_{m+1}) - g(y(t_{m+1}, t_m, u_m, v_m))\|$$
$$\leq \|g(u_m)\| + h_m C_2(t_m - t_0)h_{max}^p + C_3 h_m^{p+1} \leq \cdots$$
$$\leq \|g(u_0)\| + C_2(t_m - t_0)h_{max}^p \sum_{l=0}^{m} h_l + C_3 \sum_{l=0}^{m} h_l^{p+1}$$
$$\leq h_{max}^p \left(C_2(t_{m+1} - t_0)^2 + C_3(t_{m+1} - t_0) \right).$$

Der Abstand der numerischen Lösung von der durch die Zwangsbedingung definierten Mannigfaltigkeit $\mathcal{M} = \{y : g(y) = 0\}$ nimmt maximal quadratisch mit der Zeit zu.

Wird ein Index-k-Problem in Hessenbergform auf ein Index-1-Problem zurückgeführt (die Zwangsbedingung wird $(k-1)$-mal differenziert), so driftet die numerische Lösung von der Mannigfaltigkeit $\mathcal{M}$ höchstens wie ein Polynom $(k-1)$-ten Grades ab.

Für Systeme in Hessenbergform, zu denen die Bewegungsgleichungen mechanischer Mehrkörpersysteme gehören, lässt sich der Drift-off-Effekt durch zusätzliche *Stabilisierungsmethoden* abschwächen bzw. vermeiden. Alle diese Methoden beruhen darauf, die ursprünglichen Zwangsbedingungen im Integrationsverfahren zu berücksichtigen, ohne den Index des differential-algebraischen Systems zu erhöhen oder zusätzliche Schritte zur Korrektur der Lösung einzufügen. Im Folgenden beschreiben wir Stabilisierungsmethoden für die Bewegungsgleichungen mechanischer Mehrkörpersysteme.

Baumgarte-Stabilisierung

Eine Möglichkeit zur Reduktion des Fehlers in den Zwangsbedingungen der Bewegungsgleichungen mechanischer Mehrkörpersysteme ist die *Baumgarte-Stabilisierung* nach [22], vgl. auch [225]. Die klassische Baumgarte-Stabilisierung wird auf die Bewegungsgleichungen eines mechanischen Mehrkörpersystems in der Index-1-Formulierung

$$\dot{q} = u$$
$$\begin{pmatrix} M(q) & G^{\top}(q) \\ G(q) & 0 \end{pmatrix} \begin{pmatrix} \dot{u} \\ \lambda \end{pmatrix} = \begin{pmatrix} f(q, u) \\ -G_q(q)(u, u) \end{pmatrix}, \tag{14.4.5}$$

vgl. Abschnitt 13.4.2, angewendet. Die instabile Beschleunigungszwangsbedingung $0 = \ddot{g}(q(t))$ wird dabei durch eine Linearkombination der Lage-, Geschwindigkeits- und Beschleunigungszwangsbedingungen

$$0 = \ddot{g}(q(t)) + 2\alpha\dot{g}(q(t)) + \beta^2 g(q(t)) \tag{14.4.6}$$

ersetzt. Die Parameter α und β werden so gewählt, dass die Lösung der skalaren linearen Differentialgleichung

$$\ddot{w}(t) + 2\alpha\dot{w}(t) + \beta^2 w(t) = 0 \tag{14.4.7}$$

asymptotisch stabil ist. Meist setzt man $\alpha = \beta$ mit $\alpha > 0$ (aperiodischer Grenzfall), wobei der Parameter α frei wählbar ist. Dann besitzt (14.4.7) die Lösung

$$w(t) = (c_1 + c_2(t - t_0))\, e^{-\alpha(t-t_0)}, \quad c_1, c_2 \in \mathbb{R},$$

für die $\lim_{t\to\infty} w(t) = 0$ gilt.

Statt (14.4.5) ergibt sich mit (14.4.6) das stabilisierte Index-1-System

$$\dot{q} = u$$

$$\begin{pmatrix} M(q) & G^\top(q) \\ G(q) & 0 \end{pmatrix} \begin{pmatrix} \dot{u} \\ \lambda \end{pmatrix} = \begin{pmatrix} f(q,u) \\ -G_q(q)(u,u) - 2\alpha G(q)u - \alpha^2 g(q) \end{pmatrix}. \tag{14.4.8}$$

Die analytische Lösung dieses differential-algebraischen Systems stimmt für konsistente Anfangswerte mit der Lösung des Index-3-Systems (13.4.10) überein, da für die exakte Lösung die Lagezwangsbedingung und die versteckten Zwangsbedingungen erfüllt sind. Für $\alpha > 0$ nähern sich die Lösungen $q(t)$ von (14.4.8) für $t \to \infty$ der durch $g(q) = 0$ definierten Zwangsmannigfaltigkeit $\mathcal{M}_q = \{q : g(q) = 0\}$ an.

Gegenüber der Zwangsbedingung $G_q(q)(u,u) + G(q)\dot{u} = 0$ in (14.4.5) treten in (14.4.8) zusätzlich die beiden Terme

$$2\alpha G(q)u \quad \text{und} \quad \alpha^2 g(q)$$

(*stabilisierende Regelungsglieder*) auf. Für $\alpha = 0$ geht (14.4.8) in das nichtstabilisierte Index-1-System (14.4.5) über. Für $\alpha > 0$ werden bei der numerischen Integration auftretende Störungen in den Zwangsbedingungen über die Regelungsglieder exponentiell gedämpft. Die Festlegung des Baumgarte-Parameters α ist i. Allg. schwierig. Wird α zu klein gewählt, so erhält man kaum bessere Ergebnisse als für die Index-1-Formulierung. Ein sehr großer Wert von α kann eine Steifheit hervorrufen, die nicht den physikalischen Eigenschaften des Systems entspricht. Die Wahl von α wird von zahlreichen Faktoren beeinflusst, Untersuchungen hierzu findet man in Ascher/Chin/Reich [17].

Die Baumgarte-Stabilisierung kann in ähnlicher Form auf die Bewegungsgleichungen in Index-2-Formulierung (13.4.10a), (13.4.10b), (13.4.12) angewendet werden, vgl. [37], [231]. Dabei wird die Zwangsbedingung auf der Geschwindigkeitsebene um die Zwangsbedingung auf der Lageebene erweitert

$$0 = \dot{g}(q(t)) + \alpha g(q(t)). \tag{14.4.9}$$

Die lineare Differentialgleichung

$$\dot{w}(t) + \alpha w(t) = 0$$

ist für $\alpha > 0$ stabil, die Lösung $w(t) = ce^{-\alpha(t-t_0)}$, $c \in \mathbb{R}$, konvergiert für $t \to \infty$ gegen Null. In der Index-2-Formulierung wird dann statt der Zwangsbedingung (13.4.12) die Gleichung (14.4.9) in der Form

$$0 = G(q(t))u + \alpha g(q(t)) \tag{14.4.10}$$

verwendet. Die Lösung $q(t)$ dieses Index-2-Systems nähert sich für $t \to \infty$ der Zwangsmannigfaltigkeit $\mathcal{M}_q = \{q : g(q) = 0\}$ an.

Die Wahl des Parameters α bereitet auch hier Schwierigkeiten. Bei einem zu kleinen α reicht unter Umständen die Stabilisierungswirkung nicht aus und in der Lagezwangsbedingung kann ein großer Fehler auftreten. Bei einem zu großen Parameter α dominiert in (14.4.10) die Lagezwangsbedingung gegenüber der Geschwindigkeitszwangsbedingung. Das zu lösende differential-algebraische System verhält sich numerisch wie ein Index-3-System, vgl. [16].

Gear-Gupta-Leimkuhler-Stabilisierung

Eine weitere Stabilisierungsmethode ist die *Gear-Gupta-Leimkuhler-Formulierung (GGL-Formulierung)*, vgl. [112]. Dabei werden sowohl die Lage- als auch die Geschwindigkeitszwangsbedingungen verwendet. Zu diesen Zwangsbedingungen werden zusätzliche algebraische Variablen μ eingeführt, um ein überstimmtes System zu vermeiden. Zur Stabilisierung des Fehlers in der Lagezwangsbedingung wird die Differentialgleichung (13.4.10a) um einen zusätzlichen Term erweitert

$$\dot{q} = u - G^{\top}(q)\mu.$$

Zusammen mit der Lagezwangsbedingung $0 = g(q(t))$ und (13.4.15a) erhält man die GGL-Formulierung

$$\dot{q} = u - G^{\top}(q)\mu \tag{14.4.11a}$$

$$M(q)\dot{u} = f(q, u) - G^{\top}(q)\lambda \tag{14.4.11b}$$

$$0 = g(q) \tag{14.4.11c}$$

$$0 = G(q)u. \tag{14.4.11d}$$

Durch Differentiation von (14.4.11c) ergibt sich $0 = G(q)\dot{q}$. Nach Einsetzen von (14.4.11a) erhält man

$$0 = G(q)(u - G^\top(q)\mu).$$

Aufgrund der Vollrangbedingung (13.4.11a) von G ist diese Gleichung eindeutig nach μ auflösbar

$$\mu = (G(q)G^\top(q))^{-1}G(q)u.$$

Nach einmaliger Differentiation von (14.4.11d) und Einsetzen der Differential-gleichung (14.4.11b) lässt sich dann der Parameter λ eindeutig bestimmen. Da jeweils nur eine Differentiation der Zwangsbedingungen erforderlich ist, um die algebraischen Variablen zu berechnen, hat das System (14.4.11) den Index 2 und kann mit Verfahren für Index-2-Probleme gelöst werden. Für die exakte Lösung gilt $0 = G(q)u$ und damit $\mu = 0$. Die Lösung stimmt folglich mit der Lösung des ursprünglichen Systems (13.4.10a), (13.4.10b), (13.4.12) überein. Da die La-gezwangsbedingung im System enthalten ist, tritt kein Drift-off-Effekt auf. Die Anwendung auf die GGL-Formulierung der Bewegungsgleichungen mechanischer Mehrkörpersysteme führt auf effiziente Integrationsverfahren, vgl. [31].

Stabilisierung durch Projektion

Eine universelle Methode zur Reduzierung des Fehlers in den Zwangsbedingun-gen bei der Integration indexreduzierter Systeme ist die Projektion, vgl. Eich-Soellner/Führer [97], Hairer/Wanner [143], Lubich [190]. Die numerische Lö-sung des indexreduzierten Systems wird an geeigneten Zeitpunkten auf die durch die ursprüngliche Zwangsbedingung definierte Zwangsmannigfaltigkeit projiziert. Wir erläutern die Vorgehensweise am mechanischen Mehrkörpersystem in der Index-1-Formulierung (14.4.5).

Typischerweise reduziert man das System nur bis zum Index 1 und nicht bis zum Index 0, d. h. auf ein System von gewöhnlichen Differentialgleichungen, weil bereits beim Index-1-System die Lösung nicht mehr von Ableitungen einer Stö-rung abhängt. Eine weitere Reduktion würde den Drift-off-Effekt verstärken und zu mehrfach differenzierten und aufwendig auszuwertenden Zwangsbedingungen führen.

Seien Q_m, U_m und Λ_m konsistente Näherungen für $q(t_m)$, $u(t_m)$ und $\lambda(t_m)$ des mechanischen Mehrkörpersystems in der Index-3-Formulierung (13.4.10), d. h., sie erfüllen die Lagezwangsbedingung $g(q) = 0$ mit $g \colon \mathbb{R}^{n_q} \to \mathbb{R}^{n_\lambda}$, die Geschwin-digkeitszwangsbedingung $G(q)u = 0$ und die Beschleunigungszwangsbedingung $G_q(q)(u, u) + G(q)\dot{u} = 0$. Wendet man auf das Index-1-System (14.4.5) ein Ein-schrittverfahren an und berechnet mit Q_m, U_m und Λ_m Näherungen $\widetilde{Q}_{m+1}$, $\widetilde{U}_{m+1}$ und $\widetilde{\Lambda}_{m+1}$ zum Zeitpunkt t_{m+1}, so werden diese wegen des Drift-off-Effekts die Lagezwangsbedingung und die Geschwindigkeitszwangsbedingung i. Allg. nicht erfüllen. Da die Lagezwangsbedingung unabhängig von der Geschwindigkeit u ist, können die Projektionen von $\widetilde{Q}_{m+1}$ und $\widetilde{U}_{m+1}$ nacheinander durchgeführt werden. Man projiziert zuerst die Lösung auf die durch die Lagezwangsbedingung definierte Mannigfaltigkeit $\mathcal{M}_q = \{q : g(q) = 0\}$, vgl. Abbildung 14.4.1, und dann auf die durch die Geschwindigkeitszwangsbedingung definierte Mannigfaltigkeit $\mathcal{M}_u = \{u : G(q)u = 0\}$.

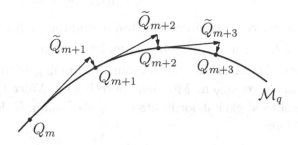

Abbildung 14.4.1: Projektion auf die Lagezwangsmannigfaltigkeit $\mathcal{M}_q = \{q : g(q) = 0\}$

Die projizierte Lagekoordinate Q_{m+1} ergibt sich als Lösung des nichtlinearen Optimierungsproblems mit Nebenbedingungen

$$\min_{Q}\{\frac{1}{2}\|Q - \widetilde{Q}_{m+1}\|^2 : g(Q) - 0\}. \tag{14.4.12}$$

Als Norm $\|\cdot\|$ wird die durch die positiv definite Massenmatrix M induzierte Norm

$$\|\xi\|_M = \sqrt{\xi^\top M \xi}$$

mit $M = M(\widetilde{Q}_{m+1})$ gewählt, vgl. Alishenas [6].

Ein klassischer Weg zur Bestimmung von Q_{m+1} als Lösung von (14.4.12) ist die Lagrange-Methode. Mit den Lagrange-Multiplikatoren $\mu = (\mu_1, \ldots, \mu_{n_\lambda})^\top$ bildet man zur Berechnung von Q_{m+1} die Lagrange-Funktion

$$L(Q, \mu) = \frac{1}{2}\|Q - \widetilde{Q}_{m+1}\|_M^2 + g^\top(Q)\mu$$
$$= \frac{1}{2}(Q - \widetilde{Q}_{m+1})^\top M(\widetilde{Q}_{m+1})(Q - \widetilde{Q}_{m+1}) + g^\top(Q)\mu.$$

Durch Differentiation nach Q und μ ergeben sich die notwendigen Bedingungen für ein lokales Minimum als nichtlineares Gleichungssystem

$$M(\widetilde{Q}_{m+1})(Q_{m+1} - \widetilde{Q}_{m+1}) + G^\top(Q_{m+1})\mu = 0$$
$$g(Q_{m+1}) = 0. \tag{14.4.13}$$

Wird (14.4.13) mittels vereinfachtem Newton-Verfahren gelöst, so muss in jedem Iterationsschritt die Matrix $G^\top(Q)$ neu berechnet werden. Dieser Aufwand ist sehr hoch. Daher betrachtet man statt (14.4.13) das Ersatzproblem

$$M(\tilde{Q}_{m+1})(Q_{m+1} - \tilde{Q}_{m+1}) + G^\top(\tilde{Q}_{m+1})\mu = 0$$
$$g(Q_{m+1}) = 0, \tag{14.4.14}$$

vgl. [143], das mittels vereinfachtem Newton-Verfahren gelöst wird, wobei die Startwerte $Q_{m+1}^{(0)} = \tilde{Q}_{m+1}$ und $\mu^{(0)} = 0$ verwendet werden.

Zur Projektion auf die Geschwindigkeitszwangsbedingung wird ähnlich wie bei der Lageprojektion vorgegangen: Mit dem berechneten Wert Q_{m+1} ergibt sich die projizierte Geschwindigkeitskoordinate U_{m+1} als Lösung U des quadratischen Optimierungsproblems

$$\min_U \{\frac{1}{2}\|U - \tilde{U}_{m+1}\|_M^2 : G(Q_{m+1})U = 0\}, \tag{14.4.15}$$

mit $M = M(Q_{m+1})$. Die notwendigen Bedingungen für ein lokales Minimum ergeben sich als lineares Gleichungssystem

$$M(Q_{m+1})(U_{m+1} - \tilde{U}_{m+1}) + G^\top(Q_{m+1})\mu = 0$$
$$G(Q_{m+1})U_{m+1} = 0, \tag{14.4.16}$$

vgl. Alishenas [6], Lubich [191]. Die Projektion (14.4.16) ist dadurch charakterisiert, dass sie bez. des Skalarproduktes

$$\langle \xi, \eta \rangle_M = \xi^\top M(Q_{m+1})\eta$$

orthogonal in den linearen Unterraum $\mathcal{M}_u = \{u : G(Q_{m+1})u = 0\}$ projiziert. Die Matrizen $M(Q_{m+1})$ und $G(Q_{m+1})$ können für den nächsten Integrationsschritt verwendet werden.

Abschließend wird Λ_{m+1} aus der Beziehung (13.4.15b) bestimmt. Damit ist auch die Zwangsbedingung auf der Beschleunigungsebene erfüllt. Die Rechnung wird dann mit den korrigierten Werten Q_{m+1}, U_{m+1} und Λ_{m+1} fortgesetzt.

Die Konvergenzordnung des zugrunde gelegten Diskretisierungsverfahrens wird durch die Projektionen (14.4.14) und (14.4.16) nicht beeinflusst. Bei Verwendung eines Einschrittverfahrens der Ordnung p gilt für den lokalen Diskretisierungsfehler

$$\|q(t_{m+1}) - \tilde{Q}_{m+1}\| = \mathcal{O}(h^{p+1}), \quad q(t_m) = Q_m$$
$$\|u(t_{m+1}) - \tilde{U}_{m+1}\| = \mathcal{O}(h^{p+1}), \quad u(t_m) = U_m. \tag{14.4.17}$$

Aus der Taylorentwicklung

$$g(\tilde{Q}_{m+1}) = g(q(t_{m+1})) + G(q(t_{m+1}))(\tilde{Q}_{m+1} - q(t_{m+1})) + \mathcal{O}(\|\tilde{Q}_{m+1} - q(t_{m+1})\|^2)$$

folgt mit (14.4.17),

$$g(\widetilde{Q}_{m+1}) = \mathcal{O}(h^{p+1}).$$ (14.4.18)

Wegen (14.4.12) ist

$$\|Q_{m+1} - \widetilde{Q}_{m+1}\|_M \leq \|q(t_{m+1}) - \widetilde{Q}_{m+1}\|_M = \mathcal{O}(h^{p+1}),$$

also

$$Q_{m+1} - \widetilde{Q}_{m+1} = \mathcal{O}(h^{p+1}).$$

Damit erhält man

$$\|Q_{m+1} - q(t_{m+1})\| \leq \|Q_{m+1} - \widetilde{Q}_{m+1}\| + \|\widetilde{Q}_{m+1} - q(t_{m+1})\| = \mathcal{O}(h^{p+1}).$$

In analoger Weise zeigt man

$$\|u(t_{m+1}) - \widetilde{U}_{m+1}\| = \mathcal{O}(h^{p+1}).$$

Die Konsistenzordnung wird folglich durch die Projektionsschritte (14.4.14) und (14.4.16) nicht beeinflusst. Die Projektionsmethode kann als Einschrittverfahren angesehen werden. Nach Satz 2.2.1 besitzt sie damit die Konvergenzordnung p, d. h., die Konvergenzeigenschaften werden durch die Projektionsschritte nicht gestört.

Beispiel 14.4.1. Zur Veranschaulichung des Drift-off-Effekts betrachten wir ein mathematisches Doppelpendel, vgl. Abbildung 14.4.2. Wir beschreiben die Lage der Massepunkte durch kartesische Koordinaten $(x_1(t), y_1(t))$ und $(x_2(t), y_2(t))$ und erhalten die Lagrange-Gleichung 1. Art (vgl. (13.4.10))

$$m_1\ddot{x}_1 = 2\left(-\lambda_1 x_1 + \lambda_2(x_2 - x_1)\right)$$ (14.4.19a)
$$m_1\ddot{y}_1 = -m_1 g + 2\left(-\lambda_1 y_1 + \lambda_2(y_2 - y_1)\right)$$ (14.4.19b)
$$m_2\ddot{x}_2 = -2\lambda_2(x_2 - x_1)$$ (14.4.19c)
$$m_2\ddot{y}_2 = -m_2 g - 2\lambda_2(y_2 - y_1)$$ (14.4.19d)
$$0 = x_1^2 + y_1^2 - l_1^2$$ (14.4.19e)
$$0 = (x_2 - x_1)^2 + (y_2 - y_1)^2 - l_2^2,$$ (14.4.19f)

wobei wir im Folgenden die Massen $m_1 = m_2 = 1$, die Pendellängen $l_1 = l_2 = 1$ und $g = 9.81$ verwenden. Zum Zeitpunkt $t = 0$ seien alle Geschwindigkeiten null und die Massen um die Winkel $\vartheta_1(0) = 1$ und $\vartheta_2(0) = 0$ ausgelenkt. Konsistente Anfangswerte $\lambda_1 = 3.1031251724084417$ und $\lambda_2 = 0.838312843024875$ erhalten wir durch zweimaliges Differenzieren der Lagezwangsbedingung. Zusätzlich zum Ausgangssystem (14.4.19) vom Index 3 betrachten wir die indexreduzierten

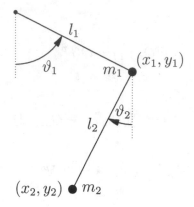

Abbildung 14.4.2: Mathematisches Doppelpendel

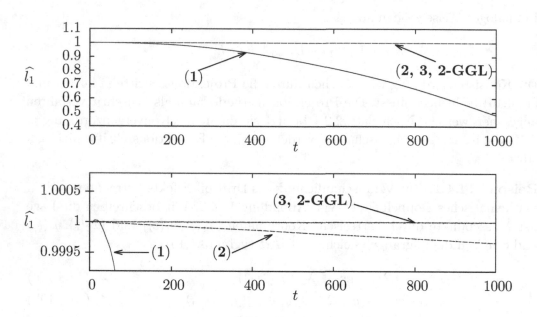

Abbildung 14.4.3: Die Pendellänge $\widehat{l}_1 = \sqrt{x_1^2 + y_1^2}$ verkürzt sich im Laufe der numerischen Integration mit RADAU. Dieser Drift ist in der Index-1-Formulierung (1) proportional zu t^2 und in der Index-2-Formulierung (2) proportional zu t. Bei Integration des stabilisierten Index-2-Systems (2-GGL) und des Index-3-Systems (3) bleibt die Abweichung in der Lagebedingung in der Größenordnung der Toleranz des Newton-Verfahrens. Das untere Bild zeigt eine Ausschnittsvergrößerung.

Systeme, die sich durch Differentiation der Zwangsbedingungen (14.4.19e) und (14.4.19f) ergeben. Für die numerische Lösung verwenden wir RADAU [142] mit fester Stufenzahl $s = 3$ und $atol = rtol = 10^{-4}$. Abbildung 14.4.3 zeigt, wie sich die Länge des oberen Pendels in der Index-1- und Index-2-Formulierung durch den Drift-off-Effekt verkürzt.

Betrachtet man den Fehler

$$\text{ERR} = \|(x_1, y_1, x_2, y_2)^\top - (x_1, y_1, x_2, y_2)_{\text{ref}}^\top\|_2$$

in den Lagekoordinaten für $t_e = 1000$ zu Toleranzen $atol = rtol = 10^{-4}, \ldots, 10^{-14}$, siehe Abbildung 14.4.4, so zeigt sich, dass die Index-2-Formulierung für dieses Beispiel die besten numerischen Ergebnissen liefert. Von der Genauigkeit vergleichbar, aber rechenaufwendiger, ist die Index-2-Formulierung mit GGL-Stabilisierung. Wegen des Drift-off-Effekts ist die Index-1-Formulierung für das lange Integrationsintervall nur für sehr scharfe Toleranzvorgaben konkurrenzfähig. Die Index-3-Formulierung führt zu relativ großen Fehlern in den Lagekoordinaten, für $atol = rtol < 10^{-11}$ bricht RADAU die Integration wegen zu kleiner Schrittweite ab. □

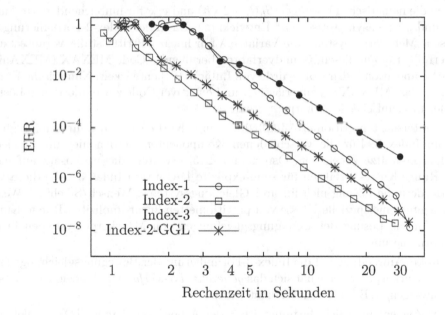

Abbildung 14.4.4: Fehler in den Lagekoordinaten des Doppelpendels für $t_e = 1000$ bei Rechnung mit RADAU

14.5 Weiterführende Bemerkungen

Neben den klassischen Methoden (BDF, implizite RK-Verfahren) mit den weitverbreiteten Codes DASSL und RADAU wurden für spezielle Aufgabenstellungen weitere Verfahren entwickelt.

Lubich [190] verallgemeinert das Extrapolationsverfahren von Gragg-Bulirsch-Stoer auf Index-2-Systeme in Hessenbergform. Mit einem Startwert $u_0 = y_0$, der die Zwangsbedingung $g(u_0) = 0$ erfüllt, ist der Extrapolationsalgorithmus definiert durch

$$u_1 = u_0 + hf(u_0, v_0), \qquad\qquad g(u_1) = 0$$
$$u_{m+1} = u_{m-1} + 2hf(u_m, v_m), \qquad g(u_{m+1}) = 0, \quad m = 1, \ldots, 2N$$
$$S_h(t_0 + 2Nh) = \frac{1}{4}(u_{2N-1} + 2u_{2N} + u_{2N+1}).$$

Dieser halb-explizite Extrapolationsalgorithmus setzt sich zusammen aus dem halb-expliziten Euler-Verfahren als Startschritt, aus $2N$ Schritten mit der halb-expliziten Mittelpunktregel und einem Glättungsschritt. Ist die Gleichung (14.3.1a) linear in der algebraischen Variablen z, d. h.

$$f(y, z) = f_0(y) + f_z(y)z, \tag{14.5.1}$$

so besitzen die numerischen Lösungen $S_h(t_0 + 2Nh)$ und v_{2N} für hinreichend glatte Funktionen f und g eine asymptotische h^2-Entwicklung. Da in der Index-2-Formulierung für mechanische Mehrkörpersysteme die Variable λ nur linear auftritt, ist die Voraussetzung (14.5.1) erfüllt. Ein auf diesem Grundverfahren beruhender Code MEXAX (MEXAnical systems eXtrapolation integrator) wurde von Lubich [191] entwickelt. Numerische Ergebnisse zeigen, dass MEXAX ein zuverlässiger und effektiver Code zur numerischen Lösung nichtsteifer mechanischer Mehrkörpersysteme ist.

Jay [168] untersucht partitionierte implizite Runge-Kutta-Verfahren für semi-explizite DAEs vom Index 3. Für die verschiedenen Komponenten werden hier unterschiedliche Koeffizientensätze zugelassen. Ostermann [213] erweitert diesen Ansatz auf halb-explizite Runge-Kutta-Verfahren für semi-explizite DAEs vom Index 3. Alle diese Verfahren erfordern die Lösung nichtlinearer Gleichungssysteme. Wensch/Strehmel/Weiner [293] betrachten eine spezielle Klasse von partitionierten linear-impliziten Runge-Kutta-Verfahren für die Lösung der Bewegungsgleichungen von Mehrkörpersystemen in der Index-3-Formulierung.

Für die direkte Anwendung auf die Index-3-Formulierung der Bewegungsgleichungen mechanischer Mehrkörpersysteme hat sich das *generalized α-Verfahren* als geeignet erwiesen, dessen Konvergenz z. B. in [12] untersucht wurde.

In jüngster Zeit hat man sich, beginnend mit der Arbeit von Campbell/Marszalek [65], der analytischen und numerischen Behandlung von Problemen zugewandt, die aus einer Kopplung von Gleichungen unterschiedlichen Typs, z. B. aus elliptischen, parabolischen, hyperbolischen Differentialgleichungen und algebraischen Gleichungen bestehen. Diese gemischten Systeme werden partielle differential-algebraische Gleichungen (engl. *partial differential algebraic equations, PDAEs*) genannt. Beispiele aus verschiedenen Anwendungsgebieten findet man in Debrabant [84]. Indexkonzepte für PDAEs wurden z. B. in den Arbeiten [194], [65] und [195] entwickelt. Im Wesentlichen beziehen sie sich auf lineare, örtlich eindimensionale PDAEs.

Die numerische Behandlung spezieller Klassen von PDAEs findet man z. B. in [84], [85], [193], [198], [253], [126].

14.6 Aufgaben

1. Geben Sie für die Bewegungsgleichungen eines mechanischen Mehrkörpersystems in der Index-2-Formulierung das halb-explizite Euler-Verfahren an.

2. Gegeben sei die Hessenberg-Index-3-DAE

$$y' = z$$
$$z' = w + f_1(t)$$
$$0 = y - f_2(t),$$

wobei die Funktionen hinreichend glatt sind.

a) Geben Sie für diese DAE die Baumgarte-Stabilisierung an.

b) Welche Bedingungen müssen die Funktionen $f_1(t)$ und $f_2(t)$ erfüllen, damit die Anfangswerte $y(0) = y_0$, $z(0) = z_0$, $w(0) = w_0$ konsistent sind?

3. Für das partitionierte steife Differentialgleichungssystem

$$y' = f(t, y, z), \quad y(t_0) = y_0$$
$$z' = g(t, y, z), \quad z(t_0) = z_0,$$

wobei $y(t) \in \mathbb{R}^{n_y}$ den Vektor nichtsteifen und $z(t) \in \mathbb{R}^{n_z}$, $n_y + n_z = n$, den Vektor der steifen Komponenten bezeichnet, lautet das partitionierte linear-implizite Euler-Verfahren

$$u_{m+1} = u_m + f(t_m, u_m, v_m)$$
$$[I - hT]v_{m+1} = v_m + h[g(t_m, u_m, v_m) - Tv_m], \quad T = g_z(t_m, u_m, v_m).$$

Durch Anwendung des direkten Weges leite man für das Index-1-System

$$y' = f(t, y, z)$$
$$0 = g(t, y, z)$$

das zugehörige partitionierte linear-implizite Euler-Verfahren

$$u_{m+1} = u_m + hf(t_m, u_m, v_m)$$
$$v_{m+1} = v_m - T^{-1}g(t_m, u_m, v_m)$$

her und zeige, dass es die Konvergenzordnung $p = 1$ hat.

Literaturverzeichnis

[1] Al-Mohy, A. H. und N. J. Higham: *Computing the action of the matrix exponential, with an application to exponential integrators*. MIMS EPrint 2010.30, Manchester Institute for Mathematical Sciences, The University of Manchester, 2010.

[2] Albrecht, P.: *Die numerische Behandlung gewöhnlicher Differentialglei-chungen*. Akademie-Verlag, Berlin, 1979. An introduction with special regard to cyclic methods.

[3] Albrecht, P.: *Numerical treatment of O.D.E.s: The theory of A-methods*. Numer. Math., 47:59–87, 1985.

[4] Albrecht, P.: *The extension of the theory of A-methods to RK-methods*. In: Strehmel, K. (Hrsg.): *Numerical Treatment of Differential Equations*, S. 8–18. Seminar "NUMDIFF–4", Halle, 1987, Teubner Leipzig, 1987.

[5] Alexander, R.: *Diagonally implicit Runge–Kutta methods for stiff ODEs*. SIAM J. Numer. Anal., 14:1006–1021, 1977.

[6] Alishenas, T.: *Zur numerischen Behandlung, Stabilisierung durch Projek-tion und Modellierung mechanischer Systeme mit Nebenbedingungen und Invarianten*. Dissertation, TRITA-NA-9202, Royal Institute of Technology, Stockholm, 1992.

[7] Arenstorf, R. F.: *Periodic solutions of the restricted three-body problem re-presenting analytic continuations of Keplerian elliptic motions*. Amer. J. Math., 85:27–35, 1963.

[8] Arnold, M.: *Stability of numerical methods for differential-algebraic equati-ons of higher index*. Appl. Numer. Math., 13(1-3):5–14, 1993.

[9] Arnold, M.: *A perturbation analysis for the dynamical simulation of mecha-nical multibody systems*. Appl. Numer. Math., 18(1-3):37–56, 1995. Seventh Conference on the Numerical Treatment of Differential Equations (Halle, 1994).

[10] Arnold, M.: *Half-explicit Runge-Kutta methods with explicit stages for differential-algebraic systems of index 2*. BIT, 38(3):415–438, 1998.

[11] Arnold, M.: *Zur Theorie und zur numerischen Lösung von Anfangs-wertproblemen für differentiell-algebraische Systeme von höherem Index*. Fortschritt-Berichte VDI, Reihe 20, Nr. 264, Düsseldorf, VDI-Verlag, 1998.

[12] Arnold, M. und O. Brüls: *Convergence of the generalized-α scheme for constrained mechanical systems*. Multibody Syst. Dyn., 18(2):185–202, 2007.

[13] Arnold, M. und A. Murua: *Non-stiff integrators for differential-algebraic systems of index 2*. Numer. Algorithms, 19(1-4):25–41, 1998.

[14] Arnold, M., K. Strehmel und R. Weiner: *Errors in the numerical solution of nonlinear differential-algebraic systems of index 2*. Report 11, FB Mathematik und Informatik, Universität Halle, 1995.

[15] Ascher, U. und L. R. Petzold: *Projected implicit Runge-Kutta methods for differential-algebraic equations*. SIAM J. Numer. Anal., 28:1097–1120, 1991.

[16] Ascher, U. M., H. Chin, L. R. Petzold und S. Reich: *Stabilization of constrained mechanical systems with DAEs and invariant manifolds*. Mech. Structures Mach., 23(2):135–157, 1995.

[17] Ascher, U. M., H. Chin und S. Reich: *Stabilization of DAEs and invariant manifolds*. Numer. Math., 67(2):131–149, 1994.

[18] Ascher, U. M., R. M. M. Mattheij und R. D. Russell: *Numerical solution of boundary value problems for ordinary differential equations*, Bd. 13 d. Reihe *Classics in Applied Mathematics*. Society for Industrial and Applied Mathematics (SIAM), Philadelphia, PA, 1995.

[19] Ascher, U. M. und L. R. Petzold: *Computer methods for ordinary differential equations and differential-algebraic equations*. Society for Industrial and Applied Mathematics (SIAM), Philadelphia, PA, 1998.

[20] Bader, G. und P. Deuflhard: *A semi-implicit mid-point rule for stiff systems of ordinary differential equations*. Numer. Math., 41:373–398, 1983.

[21] Barrio, R.: *Performance of the Taylor series method for ODEs/DAEs*. Appl. Math. Comput., 163(2):525–545, 2005.

[22] Baumgarte, J.: *Stabilization of Constraints and integrals of motion in dynamical systems*. Comp. Meth. Appl. Mech. Eng., 1:1–16, 1972.

[23] Beck, S.: *Implementierung eines Krylov-Solvers für große steife Systeme in MATLAB*. Diplomarbeit, Universität Halle, 2008.

[24] Bellen, A. und M. Zennaro: *Numerical methods for delay differential equations*. Numerical Mathematics and Scientific Computation. The Clarendon Press Oxford University Press, New York, 2003.

[25] Berland, H., B. Skaflestad und W. M. Wright: *EXPINT — A MATLAB Package for Exponential Integrators*. ACM Transactions on Mathematical Software, 33(1):4:1–4:17, März 2007.

[26] Bickart, T. A.: *An efficient solution process for implicit Runge-Kutta me-*

thods. SIAM J. Numer. Anal., 14:1022–1027, 1977.

[27] Björck, A.: *A block QR algorithm for partitioning stiff differential systems*. BIT, 23:329–345, 1983.

[28] Bogacki, P. und L. F. Shampine: *A 3(2) pair of Runge-Kutta formulas*. Appl. Math. Lett., 2(4):321–325, 1989.

[29] Bornemann, F.: *Runge–Kutta Methods, Trees and Maple*. Selcuk J. Appl. Math, 2:3–15, 2001.

[30] Brasey, V. und E. Hairer: *Half-explicit Runge-Kutta methods for differential-algebraic systems of index 2*. SIAM J. Numer. Anal., 30:538–552, 1993.

[31] Brenan, K. E., S. L. Campbell und L. R. Petzold: *Numerical solution of initial-value problems in differential-algebraic equations*, Bd. 14 d. Reihe *Classics in Applied Mathematics*. Society for Industrial and Applied Mathematics (SIAM), Philadelphia, PA, 1996. Revised and corrected reprint of the 1989 original.

[32] Brown, P. N., G. D. Byrne und A. C. Hindmarsh: *VODE: a variable coefficient ODE solver*. SIAM J. Sci. Statist. Comput., 10:1038–1051, 1989.

[33] Brown, P. N. und A. C. Hindmarsh: *Matrix-free methods for stiff systems of ODEs*. SIAM J. Numer. Anal., 23:610–638, 1986.

[34] Bruder, J.: *Numerische Lösung steifer und nichtsteifer Differentialgleichungssysteme mit partitionierten adaptiven Runge-Kutta-Methoden*. Dissertation, Halle, 1985.

[35] Bruder, J., K. Strehmel und R. Weiner: *Partitioned adaptive Runge-Kutta methods for the solution of nonstiff and stiff systems*. Numer. Math., 52:621–638, 1988.

[36] Bulirsch, R. und J. Stoer: *Numerical treatment of ordinary differential equations by extrapolation methods*. Numer. Math., 8:1–13, 1966.

[37] Burgermeister, B., M. Arnold und B. Esterl: *DAE time integration for real-time applications in multi-body dynamics*. ZAMM Z. Angew. Math. Mech., 86(10):759–771, 2006.

[38] Burrage, K.: *A special family of RK methods for solving stiff differential equations*. BIT, 18:22–41, 1978.

[39] Burrage, K. und J. C. Butcher: *Stability criteria for implicit Runge-Kutta methods*. SIAM J. Numer. Anal., 16(1):46–57, 1979.

[40] Burrage, K. und J. C. Butcher: *Nonlinear stability of a general class of differential equation methods*. BIT, 20(2):185–203, 1980.

[41] Burrage, K., J. C. Butcher und F. H. Chipman: *An implementation of singly-implicit Runge-Kutta methods*. BIT, 20:326–340, 1980.

[42] Butcher, J. C.: *Coefficients for the study of Runge-Kutta integration processes*. J. Austral. Math. Soc., 3:185–201, 1963.

[43] Butcher, J. C.: *Implicit Runge-Kutta processes*. Math. Comp., 18:50–64, 1964.

[44] Butcher, J. C.: *A modified multistep method for the numerical integration of ordinary differential equations*. J. ACM, 12:124–135, 1965.

[45] Butcher, J. C.: *On the attainable order of Runge-Kutta methods*. Math. Comp., 19:408–417, 1965.

[46] Butcher, J. C.: *On the convergence of numerical solutions to ordinary differential equations*. Math. Comp., 20:1–10, 1966.

[47] Butcher, J. C.: *An algebraic theory of integration methods*. Math. Comp., 26:79–106, 1972.

[48] Butcher, J. C.: *A stability property of implicit Runge-Kutta methods*. BIT, 15:358–361, 1975.

[49] Butcher, J. C.: *On the Implementation of implicit Runge-Kutta methods*. BIT, 16:237–240, 1976.

[50] Butcher, J. C.: *The non-existence of ten stage eighth order explicit Runge-Kutta methods*. BIT, 25:521–540, 1985.

[51] Butcher, J. C.: *Order, stepsize and stiffness switching*. Computing, 44:209–220, 1990.

[52] Butcher, J. C.: *General linear methods*. Acta Numer., 15:157–256, 2006.

[53] Butcher, J. C.: *Numerical methods for ordinary differential equations*. John Wiley & Sons Ltd., Chichester, 2. Aufl., 2008.

[54] Butcher, J. C. und J. R. Cash: *Towards efficient Runge-Kutta methods for stiff systems*. SIAM J. Numer. Anal., 27(3):753–761, 1990.

[55] Butcher, J. C. und M. T. Diamantakis: *DESIRE: diagonally extended singly implicit Runge-Kutta effective order methods*. Numer. Algorithms, 17(1-2):121–145, 1998.

[56] Butcher, J. C. und A. D. Heard: *Stability of numerical methods for ordinary differential equations*. Numer. Algorithms, 31(1-4):59–73, 2002.

[57] Butcher, J. C. und A. T. Hill: *Linear multistep methods as irreducible general linear methods*. BIT, 46(1):5–19, 2006.

[58] Büttner, M., B. A. Schmitt und R. Weiner: *Automatic partitioning in linearly-implicit Runge-Kutta methods*. Appl. Numer. Math., 13:41–55, 1993.

[59] Büttner, M., B. A. Schmitt und R. Weiner: *W-methods with automatic partitioning by Krylov techniques for large stiff systems*. SIAM J. Numer. Anal., 32:260–284, 1995.

[60] Byrne, G. D. und A. C. Hindmarsh: *A polyalgorithm for the numerical solution of ordinary differential equations*. ACM Trans. Math. Software, 1(1):71–96, 1975.

[61] Byrne, G. D., A. C. Hindmarsh, K. R. Jackson und H. G. Brown: *A comparison of two ODE Codes: GEAR and EPISODE*. Comput. Chem. Eng., 1:133–147, 1977.

[62] Calvo, M., T. Grande und R. D. Grigorieff: *On the zero stability of the variable order variable stepsize BDF-formulas*. Numer. Math., 57(1):39–50, 1990.

[63] Calvo, M., J. I. Montijano und L. Rández: A_0-*stability of variable stepsize BDF methods*. J. Comput. Appl. Math., 45(1-2):29–39, 1993.

[64] Campbell, S. L. und C. W. Gear: *The index of general nonlinear DAEs*. Numer. Math., 72:173–196, 1995.

[65] Campbell, S. L. und W. Marszalek: *The index of an infinite-dimensional implicit system*. Math. Comput. Model. Dyn. Syst., 5(1):18–42, 1999.

[66] Cash, J. R.: *The integration of stiff initial value problems in ODEs using modified extended backward differentiation formulae*. Comput. Math. Appl., 9(5):645–657, 1983.

[67] Cash, J. R.: *A comparison of some codes for the stiff oscillatory problem*. Comput. Math. Appl., 36(1):51–57, 1998.

[68] Cash, J. R.: *Efficient numerical methods for the solution of stiff initial-value problems and differential algebraic equations*. R. Soc. Lond. Proc. Ser. A Math. Phys. Eng. Sci., 459(2032):797–815, 2003.

[69] Certaine, J.: *The solution of ordinary differential equations with large time constants*. In: Ralston, A. und H. S. Wilf (Hrsg.): *Mathematical methods for digital computers*, S. 128–132. Wiley & Sons, 1960.

[70] Chawla, M. M. und P. S. Rao: *High accuracy P-stable Methods for $y'' = f(t, y)$*. IMA J. Numer. Anal., 5:215–220, 1985.

[71] Chipman, F. H.: *A-stable Runge-Kutta processes*. BIT, 11:384–388, 1971.

[72] Conway, J. B.: *Functions of one complex variable*. Springer-Verlag, 2. Aufl., 1986.

[73] Cooper, G. J. und J. H. Verner: *Some explicit Runge-Kutta methods of high order*. SIAM J. Numer. Anal., 9:389–405, 1972.

[74] Crouzeix, M.: *Sur la B-stabilité des méthodes de Runge-Kutta*. Numer. Math., 32:75–82, 1979.

[75] Cryer, C. W.: *On the instability of high order backward-difference multistep methods*. BIT, 12:17–25, 1972.

[76] Curtis, A. R.: *An eighth order Runge-Kutta process with eleven function*

evaluations per step. Numer. Math., 16:268–277, 1970.

[77] Curtis, A. R.: *High-order explicit Runge-Kutta formulae, their uses, and limitations*. J. Inst. Maths Applics, 16:35–55, 1975.

[78] Curtiss, C. F. und J. O. Hirschfelder: *Integration of stiff equations*. Proc. Nat. Acad. Sci., 38:235–243, 1952.

[79] Dahlquist, G.: *Convergence and stability in the numerical integration of ordinary differential equations*. Math. Scand., 4:33–53, 1956.

[80] Dahlquist, G.: *Stability and error bounds in the numerical integration of ordinary differential equations*. Trans. of Royal Inst. of Techn., No. 130, Stockholm, 1959.

[81] Dahlquist, G.: *A special stability problem for linear multistep methods*. BIT, 3:27–43, 1963.

[82] Dahlquist, G.: *Error analysis for a class of methods for stiff nonlinear initial value problems*. In: *Numerical Analysis, Dundee*, Bd. 506 d. Reihe *Lect. Notes Math.*, S. 60–74, 1975.

[83] Dahlquist, G.: *G-stability is equivalent to A-stability*. BIT, 18:384–401, 1978.

[84] Debrabant, K.: *Numerische Behandlung linearer und semilinearer partieller differentiell-algebraischer Systeme mit Runge-Kutta-Methoden*. Dissertation, Halle, 2004.

[85] Debrabant, K. und K. Strehmel: *Convergence of Runge-Kutta methods applied to linear partial differential-algebraic equations*. Appl. Numer. Math., 53(2-4):213–229, 2005.

[86] Dekker, K. und J. G. Verwer: *Stability of Runge-Kutta methods for stiff nonlinear differential equations*. North Holland, 1984.

[87] Deuflhard, P.: *Order and step-size control in extrapolation methods*. Numer. Math., 41:399–422, 1983.

[88] Deuflhard, P.: *Recent progress in extrapolation methods for ordinary differential equations*. SIAM J. Numer. Anal., 27:505–535, 1985.

[89] Deuflhard, P. und F. Bornemann: *Numerische Mathematik 2*. de Gruyter Lehrbuch. Walter de Gruyter & Co., Berlin, 2008. Gewöhnliche Differentialgleichungen.

[90] Deuflhard, P., E. Hairer und J. Zugck: *One step and extrapolation methods for differential-algebraic systems*. Numer. Math., 51:501–516, 1987.

[91] Deuflhard, P. und A. Hohmann: *Numerische Mathematik*. de Gruyter, 1991.

[92] Donelson, J. und E. Hansen: *Cyclic composite multistep predictor-corrector methods*. SIAM J. Numer. Anal., 8:137–157, 1971.

[93] Dormand, J. R. und P. J. Prince: *New Runge-Kutta algorithms for nume-rical simulation in dynamical astronomy*. Celestial Mechanics, 18:223–232, 1978.

[94] Dormand, J. R. und P. J. Prince: *A family of embedded Runge-Kutta for-mulae*. J. Comput. Appl. Math., 6:19–26, 1980.

[95] Edsberg, L.: *Introduction to computation and modeling for differential equa-tions*. John Wiley & Sons Inc., Hoboken, NJ, 2008.

[96] Ehle, B. L.: *High order A-stable methods for the numerical solution of sys-tems of DEs*. BIT, 8:276–278, 1968.

[97] Eich-Soellner, E. und C. Führer: *Numerical methods in multibody dyna-mics*. European Consortium for Mathematics in Industry. B. G. Teubner, Stuttgart, 1998.

[98] Enright, W. H.: *Second derivative multistep methods for stiff ordinary dif-ferential equations*. SIAM J. Numer. Anal., 11:321–331, 1974.

[99] Enright, W. H. und M. Kamel: *Automatic partitioning of stiff systems and exploiting the resulting structure*. ACM Trans. Math. Software, 5:374–385, 1979.

[100] Erdmann, B., J. Lang und R. Roitzsch: *KARDOS user's guide*. Tech. Rep. ZR 02-42, Konrad-Zuse-Zentrum Berlin, 2002.

[101] Fehlberg, E.: *Klassische Runge-Kutta-Formeln fünfter und siebenter Ord-nung mit Schrittweiten-Kontrolle*. Computing (Arch. Elektron. Rechnen), 4:93–106, 1969.

[102] Fließbach, T.: *Mechanik: Lehrbuch zur Theoretischen Physik I*. Spektrum Akademischer Verlag, 6. Aufl., 2009.

[103] Frank, R., J. Schneid und C. W. Ueberhuber: *The concept of B-convergence*. SIAM J. Numer. Anal., 18:753–780, 1981.

[104] Friedli, A.: *Verallgemeinerte Runge-Kutta Verfahren zur Lösung steifer Dif-ferentialgleichungssysteme*. Lect. Notes Math., 631:35–50, 1978. Springer-Verlag.

[105] Gallopoulos, E. und Y. Saad: *Efficient solution of parabolic equations by Krylov approximation methods*. SIAM J. Sci. Statist. Comp., 13:1236–1264, 1992.

[106] Gantmacher, F. R.: *Matrizentheorie*. Hochschulbücher für Mathematik [University Books for Mathematics], 86. VEB Deutscher Verlag der Wis-senschaften, Berlin, 1986.

[107] Gear, C. W.: *Hybrid methods for initial value problems in ordinary diffe-rential equations*. SIAM J. Numer. Anal., 2:69–86, 1965.

[108] Gear, C. W.: *The automatic integration of stiff ordinary differential equati-*

ons. In: Morrell, A. J. H. (Hrsg.): *Information Processing 68: Proc. IFIP Congress Edinburgh, 1968.* North-Holland, 1969.

[109] Gear, C. W.: *Numerical initial value problems in ordinary differential equations.* Prentice Hall, New York, 1971.

[110] Gear, C. W.: *Simultaneous numerical solution of differential-algebraic equations.* IEEE Trans. Circuit Theory, CT-18:89–95, 1971.

[111] Gear, C. W.: *Differential-algebraic equations, indices, and integral algebraic equations.* SIAM J. Numer. Anal., 27:1527–1534, 1990.

[112] Gear, C. W., B. Leimkuhler und G. K. Gupta: *Automatic integration of Euler-Lagrange equations with constraints.* J. Comput. Appl. Math., 12 & 13:77–90, 1985.

[113] Gear, C. W. und L. R. Petzold: *ODE methods for the solution of differential/algebraic systems.* SIAM J. Numer. Anal., 21(4):716–728, 1984.

[114] Gear, C. W. und Y. Saad: *Iterative solution of linear equations in ODE codes.* SIAM J. Sci. Statist. Comp., 4:583–601, 1983.

[115] Gear, C. W. und K. W. Tu: *The effect of variable meshsize on the stability of multistep methods.* SIAM J. Numer. Anal., 11:1025–1043, 1974.

[116] Gerisch, A., J. Lang, H. Podhaisky und R. Weiner: *High-order linearly implicit two-step peer—finite element methods for time-dependent PDEs.* Appl. Numer. Math., 59(3-4):624–638, 2009.

[117] Golub, G. H. und C. F. Van Loan: *Matrix computations.* Johns Hopkins Studies in the Mathematical Sciences. Johns Hopkins University Press, Baltimore, MD, 3. Aufl., 1996.

[118] Gragg, W. B.: *Repeated extrapolation to the limit in the numerical solution of ordinary differential equations.* Doktorarbeit, Univ. of California, 1964.

[119] Gragg, W. B.: *On extrapolation algorithms for ordinary initial value problems.* SIAM J. Numer. Anal., 2:384–403, 1965.

[120] Gragg, W. B. und H. J. Stetter: *Generalized multistep predictor-corrector methods.* J. ACM, 11:188–209, 1964.

[121] Griepentrog, E.: *Gemischte Runge-Kutta-Verfahren für steife Systeme.* Seminarbericht Nr. 11, Humboldt-Universität Berlin, Sektion Mathematik, 1978.

[122] Griepentrog, E. und R. März: *Differential-algebraic equations and their numerical treatment.* Teubner-Texte zur Mathematik, Band 88, Leipzig, 1986.

[123] Griewank, A. und A. Walther: *Evaluating derivatives.* Society for Industrial and Applied Mathematics (SIAM), Philadelphia, PA, 2. Aufl., 2008. Principles and techniques of algorithmic differentiation.

[124] Grigorieff, R. D.: *Numerik gewöhnlicher Differentialgleichungen 2*. Teubner Studienbücher, Stuttgart, 1977.

[125] Grigorieff, R. D. und J. Schroll: *Über A(α)-stabile Verfahren hoher Konsistenzordnung*. Computing, 20:343–350, 1978.

[126] Günther, M.: *Partielle differential-algebraische Systeme in der numerischen Zeitbereichsanalyse elektrischer Schaltungen*. Fortschritt-Berichte VDI, Reihe 20, Nr. 343, Düsseldorf, VDI-Verlag, 2001.

[127] Günther, M. und U. Feldmann: *CAD-based electric-circuit modeling in industry. I. Mathematical structure and index of network equations*. Surveys Math. Indust., 8(2):97–129, 1999.

[128] Günther, M. und U. Feldmann: *CAD-based electric-circuit modeling in industry. II. Impact of circuit configurations and parameters*. Surveys Math. Indust., 8(2):131–157, 1999.

[129] Gustafsson, K.: *Control-theoretic techniques for stepsize selection in explicit Runge-Kutta methods*. ACM Trans. Math. Software, 17(4):533–554, 1991.

[130] Gustafsson, K., M. Lundh und G. Söderlind: *A PI stepsize control for the numerical solution of ordinary differential equations*. BIT, 28(2):270–287, 1988.

[131] Hairer, E.: *A Runge-Kutta method of order 10*. J. Inst. Maths Applics, 21:47–59, 1978.

[132] Hairer, E.: *Unconditionally stable methods for second order differential equations*. Numer. Math., 32:373–379, 1979.

[133] Hairer, E., G. Bader und C. Lubich: *On the stability of semi-implicit methods for ordinary differential equations*. BIT, 22:211–232, 1982.

[134] Hairer, E. und C. Lubich: *Asymptotic expansions of the global error of fixed-stepsize methods*. Numer. Math., 45:345–360, 1984.

[135] Hairer, E. und C. Lubich: *Extrapolation at stiff differential equations*. Numer. Math., 52:377–400, 1988.

[136] Hairer, E., C. Lubich und M. Roche: *The numerical solution of differential-algebraic systems by Runge-Kutta methods*. Lect. Notes Math., 1409, 1989. Springer-Verlag.

[137] Hairer, E., C. Lubich und G. Wanner: *Geometric numerical integration*, Bd. 31 d. Reihe *Springer Series in Computational Mathematics*. Springer-Verlag, Berlin, 2. Aufl., 2006.

[138] Hairer, E., S. P. Nørsett und G. Wanner: *Solving Ordinary Differential Equations I*. Springer-Verlag, 2. Aufl., 1993.

[139] Hairer, E. und G. Wanner: *On the Butcher group and general multivalue methods*. Computing, 13:1–15, 1974.

[140] Hairer, E. und G. Wanner: *Algebraically stable and implementable Runge-Kutta methods of higher order*. SIAM J. Numer. Anal., 18(6):1098–1108, 1981.

[141] Hairer, E. und G. Wanner: *Solving Ordinary Differential Equations II*. Springer-Verlag, 1991.

[142] Hairer, E. und G. Wanner: *Stiff differential equations solved by Radau methods*. J. Comput. Appl. Math., 111(1-2):93–111, 1999. Numerical methods for differential equations (Coimbra, 1998).

[143] Hairer, E. und G. Wanner: *Solving ordinary differential equations. II*, Bd. 14 d. Reihe *Springer Series in Computational Mathematics*. Springer-Verlag, Berlin, 2010. Second revised edition, paperback.

[144] Hermann, M.: *Numerik gewöhnlicher Differentialgleichungen*. Oldenbourg Verlag, Munich, 2004.

[145] Hermann, M.: *Numerische Mathematik*. Oldenbourg Verlag, Munich, 2006.

[146] Heun, K.: *Neue Methode zur approximativen Integration der Differentialgleichungen einer unabhängigen Veränderlichen*. Zeitschr. für Math. und Phys., 45:23–38, 1900.

[147] Heuser, H.: *Gewöhnliche Differentialgleichungen*. B. G. Teubner, Stuttgart, 5. Aufl., 2006. Einführung in Lehre und Gebrauch.

[148] Higham, D. J.: *Analysis of the Enright-Kamel partitioning method for stiff ordinary differential equations*. IMA J. Numer. Anal., 9:1–14, 1989.

[149] Higham, N. J.: *The accuracy of floating point summation*. SIAM J. Sci. Comput., 14(4):783–799, 1993.

[150] Hindmarsh, A. C.: *LSODE and LSODI, two new initial value ordinary differential equation solvers*. ACM-SIGNUM Newsletter, 15:10–11, 1980.

[151] Hindmarsh, A. C.: *ODEPACK, a systemized collection of ODE solvers*. Lawrence Livermore National Laboratory, Rept. UCRL–88007, 1982.

[152] Hindmarsh, A. C., P. N. Brown, K. E. Grant, S. L. Lee, R. Serban, D. E. Shumaker und C. S. Woodward: *SUNDIALS: suite of nonlinear and differential/algebraic equation solvers*. ACM Trans. Math. Software, 31(3):363–396, 2005.

[153] Hindmarsh, A. C. und G. D. Byrne: *EPISODE: An effective package for the integration of systems of ordinary differential equations*. Report UCID–30112, Lawrence Livermore Laboratory, 1977.

[154] Ho, C. W., A. E. Ruehli und P. Brennan: *The modified nodal approach to network analysis*. IEEE Trans. Circuits Syst., CAS-22:505–509, 1975.

[155] Hochbruck, M. und C. Lubich: *On Krylov subspace approximations to the matrix exponential operator*. SIAM J. Numer. Anal., 34(5):1911–1925, 1997.

[156] Hochbruck, M., C. Lubich und H. Selhofer: *Exponential integrators for large systems of differential equations*. SIAM J. Sci. Comput., 19(5):1552–1574, 1998.

[157] Hochbruck, M. und A. Ostermann: *Explicit exponential Runge-Kutta methods for semilinear parabolic problems*. SIAM J. Numer. Anal., 43(3):1069–1090, 2005.

[158] Hochbruck, M. und A. Ostermann: *Exponential Runge-Kutta methods for parabolic problems*. Appl. Numer. Math., 53(2-4):323–339, 2005.

[159] Hochbruck, M. und A. Ostermann: *Exponential integrators*. Acta Numer., 19:209–286, 2010.

[160] Hochbruck, M., A. Ostermann und J. Schweitzer: *Exponential Rosenbrock-type methods*. SIAM J. Numer. Anal., 47(1):786–803, 2008/09.

[161] Hofer, E.: *A partially implicit method for large stiff systems of ODEs with only few equations introducing small time constants*. SIAM J. Numer. Anal., 13:645–663, 1976.

[162] Hoschek, M., P. Rentrop und Y. Wagner: *Network approach and differential-algebraic systems in technical applications*. Surveys Math. Indust., 9(1):49–75, 1999.

[163] Houwen, P. J. v. d.: *Construction of integration formulas for initial value problems*. North Holland, Amsterdam, 1977.

[164] Houwen, P. J. v. d.: *Stabilized Runge-Kutta methods for second order differential equations without first derivatives*. SIAM J. Numer. Anal., 16(3):523–537, 1979.

[165] Iserles, A. und S. P. Nørsett: *Order stars*, Bd. 2 d. Reihe *Applied Mathematics and Mathematical Computation*. Chapman & Hall, London, 1991.

[166] Jackiewicz, Z.: *General Linear Methods for Ordinary Differential Equations*. John Wiley & Sons Ltd., Chichester, 2009.

[167] Jackson, K. R. und R. Sacks-Davis: *An alternative implementation of variable step-size multistep formulas for stiff ODEs*. ACM Trans. Math. Software, 6(3):295–318, 1980.

[168] Jay, L.: *Runge-Kutta type methods for index three differential-algebraic equations with applications to Hamiltonian systems*. Dissertation, Univ. Genève, 1994.

[169] Jebens, S., R. Weiner, H. Podhaisky und B. A. Schmitt: *Explicit multi-step peer methods for special second-order differential equations*. Appl. Math. Comput., 202(2):803–813, 2008.

[170] Jeltsch, R. und O. Nevanlinna: *Stability and accuracy of time discretizations for initial value problems*. Numer. Math., 40:245–296, 1982.

[171] Kampowsky, W., P. Rentrop und W. Schmidt: *Classification and numerical simulation of electric circuits.* Surveys Math. Indust., 2(1):23–65, 1992.

[172] Kaps, P. und A. Ostermann: *Rosenbrock methods with few LU-decompositions.* Institutsnotiz No.3, Institut für Mathematik und Geometrie, Universität Innsbruck, 1985.

[173] Kaps, P. und A. Ostermann: *Rosenbrock methods using few LU-decompositions.* IMA J. Numer. Anal., 9:15–27, 1989.

[174] Kaps, P. und P. Rentrop: *Generalized Runge-Kutta methods of order four with stepsize control for stiff ordinary differential equations.* Numer. Math., 38:55–68, 1979.

[175] Kaps, P. und G. Wanner: *A study of Rosenbrock-type methods of high order.* Numer. Math., 38:279–298, 1981.

[176] Klopfenstein, R. W.: *Numerical differentiation formulas for stiff systems of ordinary differential equations.* RCA Rev., 32:447–462, 1971.

[177] Krogh, F. T.: *A variable step variable order multistep method for the numerical solution of ordinary differential equations.* In: *Information Processing 68*, S. 194–199. North Holland, 1969.

[178] Krogstad, S.: *Generalized integrating factor methods for stiff PDEs.* J. Comput. Phys., 203(1):72–88, 2005.

[179] Kulikov, G. Y. und R. Weiner: *Doubly quasi-consistent parallel explicit peer methods with built-in global error estimation.* J. Comput. Appl. Math., 233:2351–2364, 2010.

[180] Kunkel, P. und V. Mehrmann: *Differential-algebraic equations.* EMS Textbooks in Mathematics. European Mathematical Society (EMS), Zürich, 2006. Analysis and numerical solution.

[181] Kutta, W.: *Beitrag zur näherungsweisen Integration totaler Differentialgleichungen.* Zeitschr. für Math. und Phys., 46:435–453, 1901.

[182] Lambert, J. D.: *Predictor-corrector algorithms with identical regions of stability..* SIAM J. Numer. Anal., 8:337–344, 1971.

[183] Lambert, J. D.: *Computational methods in ordinary differential equations.* John Wiley, 1973.

[184] Lambert, J. D.: *Numerical Methods for Ordinary Differential Systems.* John Wiley & Sons, 1991.

[185] Lang, J. und J. Verwer: *ROS3P—an accurate third-order Rosenbrock solver designed for parabolic problems.* BIT, 41(4):731–738, 2001.

[186] Leimkuhler, B., L. R. Petzold und C. W. Gear: *Approximation methods for the consistent initialization of differential-algebraic equations.* SIAM J. Numer. Anal., 28(1):205–226, 1991.

[187] Lindberg, B.: *On smoothing and extrapolation for the trapezoidal rule*. BIT, 11:29–52, 1971.

[188] Lötstedt, P. und L. R. Petzold: *Numerical solution of nonlinear differential equations with algebraic constraints I: Convergence results for backward differentiation formulas*. Math. Comp., 46:491–516, 1986.

[189] Lozinskij, S. M.: *Fehlerabschätzung bei der numerischen Behandlung von gewöhnlichen Differentialgleichungen*. Izv. Vyssh. Uchebn. Zaved. Mat., 5:52–90, 1958. (russ.).

[190] Lubich, C.: *Extrapolation methods for differential-algebraic systems*. Numer. Math., 55:197–212, 1989.

[191] Lubich, C.: *Extrapolation integrators for constraint multibody systems*. IMPACT Comp. Sci. Eng., 3:213–234, 1991.

[192] Lubich, C.: *On projected Runge-Kutta methods for differential-algebraic equations*. BIT, 31:545–550, 1991.

[193] Lucht, W. und K. Debrabant: *On quasi-linear PDAEs with convection: applications, indices, numerical solution*. Appl. Numer. Math., 42(1-3):297–314, 2002. Ninth Seminar on Numerical Solution of Differential and Differential-Algebraic Equations (Halle, 2000).

[194] Lucht, W., K. Strehmel und C. Eichler-Liebenow: *Indexes and special discretization methods for linear partial differential algebraic equations*. BIT, 39(3):484–512, 1999.

[195] Martinson, W. S. und P. I. Barton: *A differentiation index for partial differential-algebraic equations*. SIAM J. Sci. Comput., 21(6):2295–2315, 2000.

[196] März, R.: *Numerical methods for differential algebraic equations*. Acta Numer., 1:141–198, 1992.

[197] März, R.: *EXTRA-ordinary differential equations: attempts to an analysis of differential-algebraic systems*. In: *European Congress of Mathematics, Vol. I (Budapest, 1996)*, Bd. 168 d. Reihe *Progr. Math.*, S. 313–334. Birkhäuser, Basel, 1998.

[198] Matthes, M. und C. Tischendorf: *Convergence analysis of a partial differential algebraic system from coupling a semiconductor model to a circuit model*. Appl. Numer. Math., 61(3):382–394, 2011.

[199] Mazzia, F. und C. Magherini: *Test set for initial value problem solvers*. Techn. Ber., University of Bari, 2008.

[200] Minchev, B. V. und W. H. Wright: *A review of exponential integrators for first order semi-linear problems*. Tech. report 2/05, Department of Mathematics, NTNU, 2005.

[201] Moler, C. und C. Van Loan: *Nineteen dubious ways to compute the exponential of a matrix, twenty-five years later*. SIAM Rev., 45(1):3–49, 2003.

[202] Murray, J. D.: *Mathematical biology. I*, Bd. 17 d. Reihe *Interdisciplinary Applied Mathematics*. Springer-Verlag, New York, 3. Aufl., 2002. An introduction.

[203] Murua, A.: *Partitioned half-explicit Runge-Kutta methods for differential-algebraic systems of index* 2. Computing, 59(1):43–61, 1997.

[204] Nordsieck, A.: *On numerical integration of ordinary differential equations*. Math. Comp., 16:22–49, 1962.

[205] Nørsett, S.: *An A-stable modification of the Adams-Bashforth methods*. In: *Conf. on Numerical Solution of Differential Equations (Dundee, 1969)*. Springer, Berlin, 1969.

[206] Nørsett, S. P.: *C-polynomials for rational approximation to the exponential function*. Numer. Math., 25:39–65, 1975.

[207] Nørsett, S. P.: *Runge-Kutta methods with a multiple real eigenvalue only*. BIT, 16:388–393, 1976.

[208] Novati, P.: *Some secant approximations for Rosenbrock W-methods*. Appl. Numer. Math., 58(3):195–211, 2008.

[209] Nyström, E. J.: *Ueber die numerische Integration von Differentialgleichungen*. Acta Soc. Sci. Fenn., 50(13):1–54, 1925.

[210] Oliver, J.: *A curiosity of low-order explicit Runge-Kutta methods*. Math. Comp., 29:1032–1036, 1975.

[211] O'Malley, Jr., R. E.: *Singular perturbation methods for ordinary differential equations*, Bd. 89 d. Reihe *Applied Mathematical Sciences*. Springer-Verlag, New York, 1991.

[212] Ostermann, A.: *Continuous extensions of Rosenbrock-type methods*. Computing, 44:59–68, 1990.

[213] Ostermann, A.: *A class of half-explicit Runge-Kutta methods for differential-algebraic systems of index 3*. Appl. Numer. Math., 13:165–179, 1993.

[214] Ostermann, A., M. Thalhammer und W. M. Wright: *A class of explicit exponential general linear methods*. BIT, 46(2):409–431, 2006.

[215] Pantelides, C. C.: *The consistent initialization of differential-algebraic systems*. SIAM J. Sci. Statist. Comput., 9(2):213–231, 1988.

[216] Petzold, L. R.: *Automatic selection of methods for solving stiff and nonstiff systems of ordinary differential equations*. SIAM J. Sci. Statist. Comput., 4(1):136–148, 1983.

[217] Petzold, L. R.: *A description of DASSL: a differential/algebraic system*

solver. In: *Scientific computing (Montreal, Que., 1982)*, IMACS Trans. Sci. Comput., I, S. 65–68. IMACS, New Brunswick, NJ, 1983.

[218] Petzold, L. R.: *Order results for implicit Runge-Kutta methods applied to differential/algebraic systems*. SIAM J. Numer. Anal., 23(4):837–852, 1986.

[219] Podhaisky, H., R. Weiner und B. A. Schmitt: *Rosenbrock-type 'peer' two-step methods*. Appl. Numer. Math., 53(2-4):409–420, 2005.

[220] Podhaisky, H., R. Weiner und B. A. Schmitt: *Linearly-implicit two-step methods and their implementation in Nordsieck form*. Appl. Numer. Math., 56(3-4):374–387, 2006.

[221] Prince, P. J. und J. R. Dormand: *High order embedded Runge-Kutta formulae*. J. Comp. Appl. Math., 7:67–75, 1981.

[222] Prothero, A. und A. Robinson: *On the stability and accuracy of one step methods for solving stiff systems of ordinary differential equations*. Math. Comp., 28:145–162, 1974.

[223] Rabier, P. J. und W. C. Rheinboldt: *Theoretical and numerical analysis of differential-algebraic equations*. In: *Handbook of numerical analysis, Vol. VIII*, Handb. Numer. Anal., VIII, S. 183–540. North-Holland, Amsterdam, 2002.

[224] Rentrop, P.: *Partitioned Runge-Kutta methods with stiffness detection and stepsize control*. Numer. Math., 47:545–564, 1985.

[225] Rentrop, P., K. Strehmel und R. Weiner: *Ein Überblick über Einschrittverfahren zur numerischen Integration in der technischen Simulation*. GAMM-Mitteilungen, (1):9 – 43, 1996.

[226] Rheinboldt, W. C.: *Differential-algebraic systems as differential equations on manifolds*. Math. Comp., 43:473–482, 1984.

[227] Robertson, H. H.: *The solution of a set of reaction rate equations*. In: Walsh, J. (Hrsg.): *Numerical Analysis, An Introduction*, S. 178–182. Academic Press, London, 1966.

[228] Roche, M.: *Rosenbrock methods for differential-algebraic systems*. Numer. Math., 52:45–63, 1988.

[229] Rosenbrock, H. H.: *Some general implicit processes for the numerical solution of differential equations*. Comp. J., 5:329–331, 1963.

[230] Rulka, W.: *SIMPACK – A computer program for simulation of large-motion multibody systems*. In: Schiehlen, W. O. (Hrsg.): *Multibody Systems Handbook*. Springer-Verlag, 1990.

[231] Rulka, W. und E. Pankiewicz: *MBS Approach to Generate Equations of Motions for HiL-Simulations in Vehicle Dynamics*. Multibody Sys. Dyn., 14(3–4):367–386, 2005.

[232] Runge, C.: *Über die numerische Auflösung von Differentialgleichungen.* Math. Ann., 46:167–178, 1895.

[233] Saad, Y.: *Iterative methods for sparse linear systems.* PWS Publishing Company, 1996.

[234] Scherer, R.: *A note on Radau and Lobatto formulae for ODEs.* BIT, 17:235–238, 1977.

[235] Schmelzer, T. und L. N. Trefethen: *Evaluating matrix functions for exponential integrators via Carathéodory-Fejér approximation and contour integrals.* Electron. Trans. Numer. Anal., 29:1–18, 2007/08.

[236] Schmitt, B. A. und R. Weiner: *Matrix-free W-methods using a multiple Arnoldi iteration.* Appl. Numer. Math., 18:307–320, 1995.

[237] Schmitt, B. A. und R. Weiner: *Parallel two-step W-methods with peer variables.* SIAM J. Numer. Anal., 42(1):265–282, 2004.

[238] Schmitt, B. A., R. Weiner und K. Erdmann: *Implicit parallel peer methods for stiff initial value problems.* Appl. Numer. Math., 53(2-4):457–470, 2005.

[239] Schmitt, D. A., R. Weiner und S. Jebens: *Parameter optimization for explicit parallel peer two-step methods.* Appl. Numer. Math., 59(3-4):769–782, 2009.

[240] Schmitt, B. A., R. Weiner und H. Podhaisky: *Multi-implicit peer two step W-methods for parallel time integration.* BIT, 45(1):197–217, 2005.

[241] Schneid, J.: *B-convergence of Lobatto IIIC formulas.* Numer. Math., 51:229–235, 1987.

[242] Schwarz, D. und C. Tischendorf: *Structural analysis for electric circuits and consequences for MNA.* Int. J. Circ. Theor. Appl., 28:131–162, 2000.

[243] Schwarz, H. R. und N. Köckler: *Numerische Mathematik.* Vieweg + Teubner, 2008.

[244] Scott, M. R. und H. A. Watts: *A systematical collection of codes for solving two-point boundary value problems.* SANDIA Report, SAND 75–0539, 1975.

[245] Shampine, L. F.: *Stiffness and nonstiff differential equations solvers, II: Detecting stiffness with RK methods.* ACM Trans. Math. Software, 3:44–53, 1977.

[246] Shampine, L. F.: *Implementation of Rosenbrock methods.* ACM Trans. Math. Software, 8:93–113, 1982.

[247] Shampine, L. F.: *Interpolation of Runge-Kutta methods.* SIAM J. Numer. Anal., 22:1014–1027, 1985.

[248] Shampine, L. F.: *Diagnosing stiffness for Runge-Kutta methods.* SIAM J. Sci. Statist. Comp., 12:260–272, 1991.

[249] Shampine, L. F. und L. S. Baca: *Smoothing the extrapolated midpoint rule.*

Numer. Math., 41:165–175, 1983.

[250] Shampine, L. F. und M. K. Gordon: *Computer Solution of Ordinary Differential Equations, The Initial Value Problem*. Freeman and Company, San Francisco, 1975.

[251] Shampine, L. F. und M. W. Reichelt: *The MATLAB ODE suite*. SIAM J. Sci. Comput., 18(1):1–22, 1997.

[252] Sidje, R.: *EXPOKIT: Software package for computing matrix exponentials*. ACM Trans. on Math. Software, 24(1):130–156, 1998.

[253] Simeon, B.: *Numerische Simulation gekoppelter Systeme von partiellen und differential-algebraischen Gleichungen in der Mehrkörperdynamik*. Habilitationsschrift, Fortschritt-Berichte VDI, Reihe 20, Nr. 325, Düsseldorf, VDI-Verlag, 2000.

[254] Simeon, B., C. Führer und P. Rentrop: *Differential-algebraic equations in vehicle system dynamics*. Surv. Math. Ind., 1:1–37, 1991.

[255] Skeel, R. D.: *Analysis of fixed-stepsize methods*. SIAM J. Numer. Anal., 13:664–685, 1976.

[256] Skeel, R. D. und A. K. Kong: *Blended linear multistep methods*. ACM Trans. Math. Software, 3:326–343, 1977.

[257] Slepian, P.: *Mathematical foundations of network analysis*. Springer Tracts in Natural Philosophy, Vol. 16. Springer-Verlag, New York, 1968.

[258] Söderlind, G.: *DASP3 - A program for the numerical integration of partitioned stiff ODEs and differential-algebraic systems*. TRITA–NA–8006, Royal Institut of Technology, Stockholm, 1980.

[259] Söderlind, G. und L. Wang: *Adaptive time-stepping and computational stability*. J. Comput. Appl. Math., 185(2):225–243, 2006.

[260] Söderlind, G. und L. Wang: *Evaluating numerical ODE/DAE methods, algorithms and software*. J. Comput. Appl. Math., 185(2):244–260, 2006.

[261] Sottas, G.: *Dynamic adaptive selection between explicit and implicit methods when solving ode's*. Report Universität Genf, 1984.

[262] Steihaug, T. und A. Wolfbrandt: *An attempt to avoid exact Jacobian and nonlinear equations in the numerical solution of stiff ordinary differential equations*. Math. Comp., 33:521–534, 1979.

[263] Steinebach, G. und P. Rentrop: *An adaptive method of lines approach for modelling flow and transport in rivers*. In: Wouver, A. V., P. Sauces und W. Schiesser (Hrsg.): *In: Adaptive method of lines*, S. 181–205. Chapman & Hall/CRC, 2001.

[264] Steinebach, G. und R. Weiner: *Peer methods for the one-dimensional shallow water equations with CWENO space discretization*. Erscheint in Appl.

Numer. Math.

[265] Stetter, H. J.: *Symmetric two-step algorithms for ordinary differential equations*. Computing, 5:267–280, 1970.

[266] Stetter, H. J.: *Analysis of discretization methods for ordinary differential equations*. Springer-Verlag, 1973.

[267] Stoer, J.: *Numerische Mathematik 1*. Springer-Verlag, 1989.

[268] Stoer, J. und R. Bulirsch: *Numerische Mathematik 2*. Springer-Verlag, 1990.

[269] Strehmel, K. und R. Weiner: *Behandlung steifer Anfangswertprobleme gewöhnlicher Differentialgleichungen mit adaptiven Runge-Kutta-Methoden*. Computing, 29:153–165, 1982.

[270] Strehmel, K. und R. Weiner: *Adaptive Nyström-Runge-Kutta-Methoden für gewöhnliche Differentialgleichungen zweiter Ordnung*. Computing, 30:35–47, 1983.

[271] Strehmel, K. und R. Weiner: *B-convergence results for linearly implicit one step methods*. BIT, 27:264–281, 1987.

[272] Strehmel, K. und R. Weiner: *Linear-implizite Runge-Kutta-Methoden und ihre Anwendung*. Teubner-Verlag Stuttgart-Leipzig, 1992.

[273] Strehmel, K. und R. Weiner: *Numerik gewöhnlicher Differentialgleichungen*. Teubner Studienbücherei Mathematik, Teubner Stuttgart, 1995.

[274] Strehmel, K., R. Weiner und M. Büttner: *Order results for Rosenbrock type methods on classes of stiff equations*. Numer. Math., 59:723–737, 1991.

[275] Strehmel, K., R. Weiner und I. Dannehl: *A study of B- convergence of linearly implicit Runge-Kutta methods*. Computing, 40:241–253, 1988.

[276] Stuart, A. M. und A. R. Humphries: *Dynamical systems and numerical analysis*, Bd. 2 d. Reihe *Cambridge Monographs on Applied and Computational Mathematics*. Cambridge University Press, Cambridge, 1998.

[277] Tischendorf, C.: *Model design criteria for integrated circuits to have a unique solution and good numerical properties*. In: *Scientific computing in electrical engineering (Warnemünde, 2000)*, Bd. 18 d. Reihe *Lect. Notes Comput. Sci. Eng.*, S. 179–198. Springer, Berlin, 2001.

[278] Verwer, J. G.: *On generalized linear multistep methods with zero-parasitic roots and an adaptive principal root*. Numer. Math., 27:143–155, 1977.

[279] Verwer, J. G.: *S-stability properties of generalized Runge-Kutta methods*. Numer. Math., 27:359–370, 1977.

[280] Verwer, J. G. und S. Scholz: *Rosenbrock-methods and time-lagged Jacobian*. Beiträge zur Numerischen Mathematik, 11:173–183, 1983.

[281] Walter, W.: *Gewöhnliche Differentialgleichungen*. Springer-Verlag, 2000.

[282] Wanner, G.: *On the integration of stiff differential equations*. In: Descloux, J. und J. Marti (Hrsg.): *Numerical Analysis*, S. 209–226. ISNM, Vol. 37, Birkhäuser, Basel, Stuttgart, 1977.

[283] Wanner, G.: *On the choice of γ for singly-implicit RK or Rosenbrock methods*. BIT, 20:102–106, 1980.

[284] Wanner, G., E. Hairer und S. P. Nørsett: *Order stars and stability theorems*. BIT, 18:475–489, 1978.

[285] Watkins, D. S. und R. W. Hansonsmith: *The numerical solution of separably stiff systems by precise partitioning*. ACM Trans. Math. Software, 9(3):293–301, 1983.

[286] Weiner, R., M. Arnold, P. Rentrop und K. Strehmel: *Partitioning strategies in Runge-Kutta type methods*. IMA J. Numer. Anal., 13:303–319, 1993.

[287] Weiner, R., K. Biermann, B. A. Schmitt und H. Podhaisky: *Explicit two-step peer methods*. Comput. Math. Appl., 55(4):609–619, 2008.

[288] Weiner, R. und T. El-Azab: *Exponential Peer Methods*. Erscheint in Appl. Numer. Math.

[289] Weiner, R. und B. A. Schmitt: *Order results for Krylov-W-methods*. Computing, 61(1):69–89, 1998.

[290] Weiner, R., B. A. Schmitt und H. Podhaisky: *ROWMAP – a ROW-code with Krylov techniques for large stiff ODEs*. Appl. Numer. Math., 25:303–319, 1997.

[291] Weiner, R., B. A. Schmitt und H. Podhaisky: *Parallel 'Peer' two-step W-methods and their application to MOL-systems*. Appl. Numer. Math., 48(3-4):425–439, 2004.

[292] Weiner, R., B. A. Schmitt, H. Podhaisky und S. Jebens: *Superconvergent explicit two-step peer methods*. J. Comput. Appl. Math., 223(2):753–764, 2009.

[293] Wensch, J., K. Strehmel und R. Weiner: *A class of linearly-implicit Runge-Kutta methods for multibody systems*. Appl. Numer. Math., 22(1-3):381–398, 1996.

[294] Wolfbrandt, A.: *Dynamic adaptive selection of integration algorithms when solving ode's*. BIT, 22:361–367, 1982.

Symbolverzeichnis

Sachverzeichnis

Printed in the United States
By Bookmasters